昆虫科学が拓く未来
Entomological Science and its Perspective

藤崎　憲治
西田　律夫
佐久間正幸
編

京都大学
学術出版会

はじめに

昆虫から学ぶ科学

藤崎　憲治

1 "エントモミメティクサイエンス"とは

　昆虫類は陸上の節足動物として，その出現以来4億年の進化的歴史を持ち，質的にも量的にも地球上で最も繁栄している巨大な生物種群である。既知の種だけでも100万種を超え，それは全動物種の4分の3，全生物種の3分の2を超える圧倒的なものである。またそのバイオマス（生物量）にしても，全人類の約15倍を超えるものと推定されている。地球が"虫の惑星"と呼ばれる所以である。このように昆虫は進化的に成功した生物である。昆虫がこれまで生き抜いてきたこの4億年のうちに，地球は何度も環境の大変動を繰り返してきた。彼らは苛酷な環境を生き延びるための方策を発達させながら，植物をはじめとする生物たちとの複雑で巧妙な生物間相互作用を取り結びつつ，生態系のなかでの不可欠な存在になっていった。昆虫がこのような繁栄を獲得するために発達させたその生命機構は，地球上における生物世界が究めた一つの到達点であると言えよう。それを生き延びるための"智恵"と呼ぶなら，私たち人類が，その智恵から学ぶことはすこぶる多いに違いない。

　昆虫学が近代科学としてほぼ体系化されたのは18世紀ごろであったが，20世紀になり，遺伝学，生理学，生態学などの基礎生物科学の発展に多大な貢献を果たすようになった。キイロショウジョウバエを用いた遺伝学や発生学の研究，カイコガを用いた性フェロモンに関する生理学的研究，あるいはアズキゾウムシを用いた密度効果理論に関する生態学的研究などがその典型である。そのことは，昆虫類がその興味深い習性ゆえに，あるいはモデル材料としての優れた特性ゆえに，生物科学の発展にいかに有用であったのかを物語っているだろう。

　もちろん，昆虫は生物科学の発展のためにだけ役立ったのではない。ミツバチやカイコのように，人類の長い歴史の中で"至福の恵み"をもたらした有用生物であった。その一方で，大変な害をもたらす敵対的な存在，すなわち害虫として君臨して

きたことも事実である。衛生害虫としての昆虫類の出現は人類の歴史とともに随分と過去に遡るし，農業害虫の場合でも農業が始まった少なくとも紀元前2000年以前に遡ることができよう。昆虫の生物体としての優れた特性が人類に対して発揮されたとき，きわめて手ごわい敵対的存在となってしまったわけである。そのため，昆虫に関する科学的研究が，害虫を防除するための研究に歴史的に偏ってしまったのも致し方なかったに違いない。害虫を防除するための「応用昆虫学」という学問分野が成立したのは明治以降であると言われる（瀬戸口 2004）。江戸時代までは，虫害は台風や地震と同じ，天災とみなされていたのである。わが国では，昆虫学に関する教育が，一部の理学部や医学部を除けば，圧倒的に農学部でなされてきたのは，「農作物の害虫を防除して農業生産を増大させる」という社会的・経済的ミッションが昆虫学に課せられていたためであろう。

　近年では，さらに状況が変わってきている。自然保護思想や環境保全意識の高まりとともに，あるいは自然生態系が人類社会に提供する，いわゆる「生態系サービス（ecosystem service）」の掛け替えのなさに関する認識の高まりとともに，自然界の生物との共存をはかり，生物多様性を維持していくことの重要性が認識されるようになってきた。そのなかの一つが，「バイオミミクリー（biomimicry）」といった新たな発想の学問分野である。このような新規学問分野の提唱者の一人である，アメリカのサイエンスライター，ジャニン・M・ベニュス女史によれば，それは「生物の天分を意識的に見習う，自然からのインスピレーションを得た革新技術である」と定義されている（Benyus 1997）。

　バイオミミクリーの基本的な概念は，以下の三つである。

(1) モデルとしての自然　Nature as model
(2) 尺度としての自然　Nature as measure
(3) 師としての自然　Nature as mentor

　(1)は自然界に存在する生物たちの優れたデザインや機能をモデルとして模倣し，産業や人間生活に役立てること，(2)は開発された革新的な技術が自然の在り方とは矛盾しない環境にやさしいものであるかを生態学的なものさしで測ること，(3)は自然と人間とのあるべき関係を師としての自然から学ぶことを意味している。

　バイオミミクリーとは，自然界から「搾りとれる」ものを重視した産業革命とは

違って,「学べる」ものを重視する時代を拓く先達であると位置づけられている。実は,このバイオミミクリーの対象となるモデル材料としてもっとも重要視されているのが,昆虫である。

　本書のキーワードである「エントモミメティクサイエンス」は,昆虫学を指す「エントモロジー」と,模倣を意味する「ミメティクス」を合体した造語であり,「昆虫模倣科学」あるいは「昆虫から学ぶ科学」と訳すことができる。それは,昆虫の生きる智恵を科学的に解析し,そこから得られた知見や技術を21世紀の最重要課題である食料問題や環境問題の解決に役立てようとするものである(図1)。すなわち,バイオミミクリーの昆虫バージョンといってよい。京都大学の農学研究科とフィールド科学教育研究センターは,平成16年度に21世紀COEプログラム「昆虫科学が拓く未来型食料環境学の創生」(以下「昆虫COE」)をこのような観点から立ち上げ,さまざまな教育・研究プログラムを展開してきた。昆虫学関連の大型研究プロジェクトといえば,旧蚕糸・昆虫農業技術研究所で1990年代の後半から実施された研究プロジェクト「昆虫機能研究」が先行したが,それは,カイコをはじめとした昆虫類のさまざまな生理的機能,産生物の利用,運動機能,有用物質の作成など,昆虫産業に繋がるものであった(竹田　2003)。

　わが国の戦前における輸出の花形は絹織物であり,カイコがわが国の外貨を稼いでいた。カイコが「おかいこさん」と敬称で呼ばれる所以である。それゆえ,養蚕学には力が入れられ,多くの世界的成果を産んだ。日本の昆虫生理学が世界的にも優れているのは,この伝統に裏打ちされたものである。私たちの研究も農水省のプロジェクト同様こうした学問的伝統の延長にあると自負している。

2　「未来型食料環境学」の提唱

　しかしながら,これまで20世紀の科学がそうであったように,昆虫関連の学問分野にしても細分化の方向をたどり,多くの学問分野が乱立してきた。いうまでもなく,20世紀の科学が還元的手法を採り,分析を主たる方法にしてきたからに他ならない。そのためには学問分野を狭くスペシャライズした方が効率的だからである。しかし,それはともすれば「木を見て森を見ない」ことに繋がり,マクロレベルの現象を解明するための方法としては,必ずしも有効ではなかった。21世紀の科学において"総合化"が必要であるとされる所以である。私たちのプロジェクト

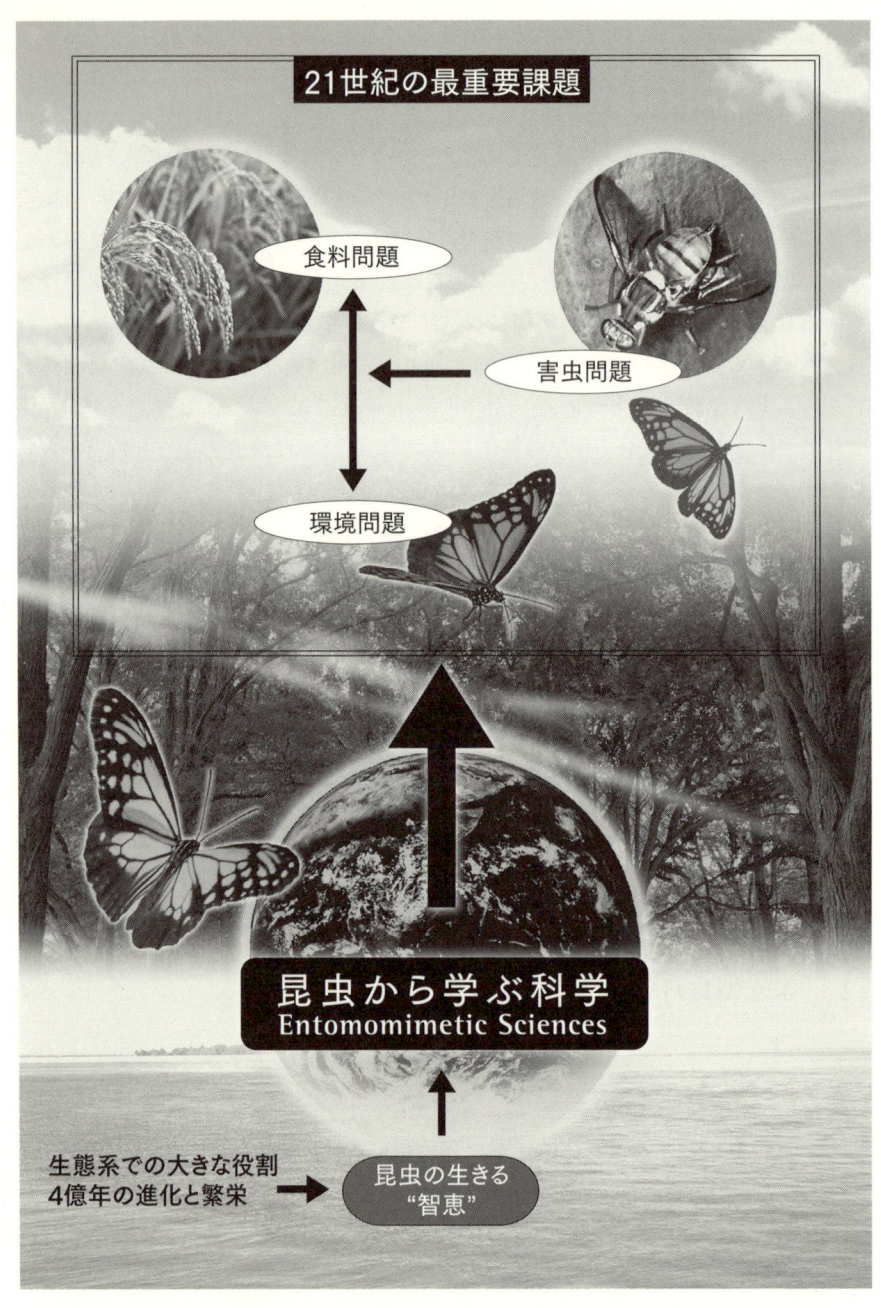

図1　エントモミメティクサイエンスの概念

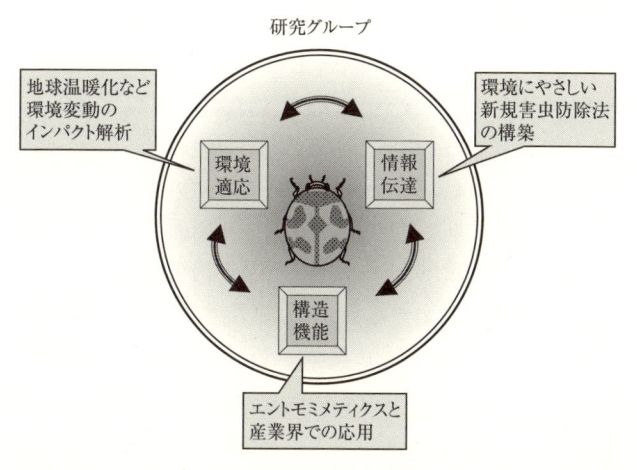

図2 エントモミメティクサイエンスの3分野と期待される研究成果

でもこのことが意識され，細分化された昆虫学関連の専門分野を「環境適応」，「情報伝達」ならびに「構造・機能」といった昆虫の優れた特性を反映した3グループに統合し，それぞれのグループ，あるいはグループ間での融合的研究をはかろうとした（図2）。環境適応グループでは，地球温暖化問題などの環境問題やそれと関連した害虫発生予察技術を，情報伝達グループでは生物間相互作用の生物学的・化学的解析を通じての新規害虫防除素材の開発を，そして構造・機能のグループでは，昆虫のデザインの生物力学的解析や神経生理学的研究を通して，将来のロボティクスや産業的応用にも結びつく研究を展開することをはかった。

そのなかでも，研究面では「総合的害虫管理」に焦点をあて，「生態調和型新規防除素材の開発」と「環境インパクトの解析」に最も力を入れてきた。前者は，ターゲットとなる害虫のみに作用する高選択性化学薬剤や，植物が本来持っている防御反応を活性化するような免疫賦活剤の開発，世界的大害虫であるミバエ類の根絶や抑圧防除に不可欠な未知誘引物質の探索などである。一方，後者の環境インパクトの解析は，温暖化インパクトと防除インパクトに焦点をあててきた。地球温暖化はますます深刻な問題となりつつあるが，私たちのプロジェクトにおいても，温暖化が農業生態系あるいは自然生態系の重要な構成員である昆虫に対していかなる直接的・間接的影響をもたらすかを研究してきた。一方，防除インパクトに関しては，農薬散布が害虫だけでなくそれを取り巻く天敵相にも大きな影響を与えること，根絶防除がミバエとミバエランのように共生関係にある場合は，野生植物に対しても

絶滅などの大きな影響を与えかねないことなど，を提唱してきた。

　私たちが追求する「未来型食料環境学」とは，安全な食料をいかに確保するかといった食料問題と生物多様性の保全などの環境問題を一元的に解決するための戦略と戦術の両方を提供するための学問である。その根底にあるのは，森と里と海が生態系として密接に結びついているという，森・里・海の連環学（田中　2008）に象徴されるような，自然生態系や農業生態系における生物間相互作用の認識である。このような学問の正しさは，昨今の輸入農産物の農薬汚染問題などを見るにつけ，あらためて証明されつつあるといえる。さらに私たちは，「未来型食料環境学」にとどまらない，工学や医学などのより広範な分野における応用を意図した研究も展開してきた。

　総合的害虫管理という学問分野にしても，きわめて広範な内容を含み，また基礎理論から現場における応用技術まで，そのレベルも多岐にわたっている。そこで私たちは，総合的害虫管理に関する研究の目標を，農業現場における特定の害虫をターゲットにした防除法の適用といったレベルではなく，より普遍性のある，生物間相互作用に基づく生態調和型の防除戦略の構築に置いた。すなわち，「食料生産と環境保全の両立をはかるための持続的新規害虫防除法の開発」こそ，私たちの基本目標であり，「昆虫科学が拓く未来型食料環境学の創生」というCOEのタイトルはそのような理念から来たものである。したがって，新たな防除戦略とは，農業生態系あるいはそれと隣接した自然生態系における生物多様性の保全に抵触しない，害虫個体群あるいはそれを取り巻く生物群集の持続的管理手法のことである。

■生態調和型新規防除素材の開発

　このような管理手法の遂行に必要な戦術として，すでに述べたような新規防除資材の開発が求められる。繰り返しになるが，それは，これまでの化学合成殺虫剤とは異なる，ターゲットとなる害虫のみに作用する高選択性化学薬剤や植物が本来持っている防御反応を活性化するような化学薬剤（免疫賦活剤）の開発，および世界的大害虫であるミバエ類の根絶や抑圧防除に不可欠な未知誘引物質の探索などである。一方，フェロモンやカイロモンなどの情報化学物質の防除への利用も重要であるが，それらの効果を野外において充分に発揮させるためには，これら化合物の生理的識別機構と解発される行動を構成する要素に関する基礎研究が必要である。これらは「生態調和型新規防除化学素材の開発」として昆虫COEの融合的プロジェクトのひとつとなった。

■環境インパクトの解析

　害虫の総合的管理において，害虫を取り巻く環境の歴史的変遷，すなわち各時代における環境インパクトの影響を考慮することもきわめて重要である．たとえば，イネの減反政策や1960年代の大々的なスギ・ヒノキの拡大造林などの土地利用の構造的変化（桐谷　2005），農作物の品種や栽培法の変遷，殺虫剤の種類・散布方式や根絶事業など防除インパクトの変遷，地球温暖化の急速な進行などは，主要害虫の種類やその発生時期・発生量に大きな影響を与えてきた．すでに紹介したとおり，私たちのプロジェクトにおいてはそのなかでも温暖化インパクトと防除インパクトに焦点をあててきた．IPCCの第4次報告にもあるとおり，温暖化はきわめて深刻な地球的課題となりつつある．このような情勢を踏まえ温暖化が農業生態系あるいは自然生態系の構成員である昆虫に対してどのような直接・間接の影響をもたらすかが重要課題として設定されたわけである．また，防除インパクトは害虫とそれを取り巻く天敵相に大きな影響を与えることはもちろん，害虫がある種の植物と共生関係にある場合は，その植物にまで大きな影響を与えかねない．薬剤抵抗性の問題は，生物の本質的特性からして，いわば永遠の課題である．このように害虫防除というインパクトを，ターゲットとなる害虫のみならず，相互作用関係にある，天敵，競争者，共生者などの生物群集構成要素にまで広げて調査することは，防除の可否を含め，防除戦略を構築する上で不可欠であると考えられる．すなわち，これらの研究は食料増産のための害虫防除と生物多様性の維持などの環境保全を両立させる，新たな害虫防除戦略の視点とそのための方法論を可能にするものと期待される．これらは，「環境インパクトの解析」として，昆虫COEのもうひとつの融合的プロジェクトとなっている．

3　害虫管理と環境問題の統合的理解

　「生態調和型新規防除化学素材の開発」と「環境インパクトの解析」という二つのプロジェクトは，その課題名からすれば一見別々なもののように見えるが，将来の総合的害虫管理あるいは総合的生物多様性管理の発展と遂行の上で，いずれも不可欠な研究課題である．化学的防除法は，かつて環境汚染などの深刻な負荷を生態系に与えてきたという歴史もあるが，環境にやさしい形に姿を変え，今後とも害虫防除の切り札であり続けるに違いない．したがって，新たな発想に基づく生態調和型

新規防除化学素材の開発は，環境に対する負荷の少ない害虫防除戦略の構築において，きわめて重要であると思われる。

地球温暖化による南方性害虫の分布拡大は，わが国における農産物の生産に対して脅威となりつつある。また，新たな害虫の侵入と分布拡大は，生態系における生物間相互作用を通して，在来の生物にとっても脅威となりつつある。たとえば，南方性害虫であるミナミアオカメムシの分布拡大による温帯性の在来種アオクサカメムシの駆逐といった形で，そのことが現実のものとなりつつある（第1部1章）。したがって，温暖化の昆虫個体群や昆虫群集に対する直接・間接の効果を生態学的に解明していくことは，将来の総合的害虫管理において不可欠な課題であるばかりでなく，生物多様性管理においても重要である。

根絶を含む害虫防除は，ターゲットとなる害虫と関連した生物にも大きなインパクトを与える。とくに，それが相利共生関係である場合は深刻である。すでに述べたように，熱帯アジアにおいて送粉者としてのミバエ類の根絶がはかられれば，その地域におけるミバエランの絶滅といった，生物多様性の減少を招きかねない。このような広域的防除が展開される場合，害虫防除と生物多様性保全とは鋭く対立する。このような深刻な事態が予測されるという問題提起は，私たちの昆虫COEにおけるミバエ類とミバエランの送粉共生関係に関する基礎的研究により初めて可能になったものであり，熱帯や亜熱帯におけるミバエ類の防除戦略に大きな変更を迫るものとなるに違いない（第2部2章）。

以上のように，害虫問題はしばしば，不可避的に環境問題に抵触する。両者の矛盾を軽減あるいは解決するために，生態学的な基礎に基づく防除あるいは環境保全の戦略を提示し，かつその戦術としての新たな防除資材を開発することが，エントモミティクサイエンスの構築に向けた第一段階としての，私たちの達成目標であった。

本書は，以上のような昆虫COEの理念と成果の上になっているが，単なる成果報告書として作成されたものではない。未来科学としてのエントモミティクサイエンスの将来を展望し，新たな学問的展開のための礎になることを意図したものである。したがって，本書の構成も，第1部から第3部に関しては，基本的にCOEプログラムが当初に設定した，環境適応グループ，情報伝達グループ，および構造機能グループに基づいてはいるが，各部の序文で俯瞰するように，私たちの研究成果を詳しく紹介しつつも，個別の研究をできる限り「エントモミティクサイエンス」の諸課題と関連させて示すように努めている。さらに，第4部では，「教育の

方法としての昆虫科学」という視点からの研究を取り上げた．これは国民的な理科教育に昆虫をどう生かすか，という内容であるが，昆虫COEが理想的な教育プログラムを積極的に展開したユニークな企画である．そこでは昆虫という生物が環境教育やフィールド教育の教材としていかに優れているかが力説されているだけでなく，"虫を愛でる文化"という，世界的にも稀有，わが国の伝統文化の再生が図られることの重要性も提唱されている．私たちの目指す"エントモミメティクサイエンス"とは，単なる科学技術の枠を越えて，"自然観"や"生命観"までにも影響を及ぼす，大きな広がりと深さを持った新たな学問分野だからである．

　本書が研究と教育の両面にまたがるより総合的な昆虫学書になるものと期待している．

▶▶**参考文献**◀◀

Benyus, J. M. (1997) *Biomimicry: Innovation Inspired by Nature*. Perrenial, New York.
桐谷圭治 (2005)「農業生態系における IBM（総合的生物多様性管理）にむけて」『日本生態学会誌』55：506-513.
瀬戸口明久 (2004)「害虫観の近代」上田哲行編『トンボと自然観』，286-306．京都大学学術出版会．
竹田　敏 (2006)『昆虫機能利用研究』独立行政法人　農業生物資源研究所．
田中　克 (2008)『森里海連環学への道』旬報社．

目　　次

はじめに　昆虫から学ぶ科学　i

目　　次　xi

第Ⅰ部　昆虫から見る環境変動

序　3
- 1　環境と生物の相互作用　3
- 2　大変動を生き延びた生物―昆虫―の環境反応とその利用　5
- 3　温暖化インパクトの解析　6
- 4　進化の視点から見た環境と昆虫の応答　9

第1章　昆虫に対する地球温暖化のインパクト　13
- 1-1　亜熱帯性害虫は温帯に適応できるのか：オオタバコガを例に　15
- 1-2　ミナミアオカメムシの分布拡大とその要因　23
- 1-3　仮想温暖化装置を用いたミナミアオカメムシの発生予測　30

◆TOPIC 1　温暖化で日本のチョウがまた1種増える？　41
◆TOPIC 2　汽水環境におけるアメンボの生活史戦略　51

第2章　生態系の機能をあらわす指標としての昆虫の個体群と群集　55
- 2-1　はじめに　55
- 2-2　地球環境変動と昆虫センサー　56
- 2-3　生態系の構造と指標種生物の役割　57
- 2-4　生態系の基本構造　58
- 2-5　トップダウンとボトムアップシステム　61
- 2-6　生態系の機能と生物指標の関係　62
- 2-7　分解者系の土壌動物を生態系の指標とする試み　65
- 2-8　緯度系列に沿っての生産者の植物群集の変化　68
- 2-9　土壌分解系の機能と土壌動物群集　75
- 2-10　土壌分解系の機能とトビムシ機能群の関係　77

◆TOPIC 3　ニホンジカ過密化前後における土壌動物群集の変化　80
◆TOPIC 4　訪花昆虫群集の変化に学ぶ環境変動　88
◆TOPIC 5　案外したたか？　91
◆TOPIC 6　花粉の遺伝解析で知る本当の虫媒効率　95

第3章　環境変化がもたらす森の衰退　99
　3-1　ナラ枯れ現象　100
　3-2　被害拡大様式から見えてくるキクイムシの「好み」　102
　3-3　飛来穿孔パターンから見えてくるキクイムシの「好み」　105
　3-4　「好み」を利用して制御する　109
　3-5　何を検知しているのか？：今後の課題　112

第4章　侵入種の影響と在来種群集の迅速な適応進化　115
　4-1　巨大な操作実験としての「侵入種」　115
　4-2　在来種群集の種間相互作用　116
　4-3　オオモンシロチョウの分布拡大　119
　4-4　侵入からの経過時間の効果を評価するために
　　　　　　　　　　　：個体群内比較と個体群間比較　120
　4-5　一次寄生蜂による適応進化　122
　4-6　高次寄生蜂による適応進化　127
　4-7　適応進化と多様性：外乱に強い群集とは？　131

第5章　薬剤抵抗性の拡散と国際化にどう対処するか　135
　5-1　農薬とハダニ　135
　5-2　薬剤抵抗性発達に関する新たな視点　138
　5-3　薬剤抵抗性の地域的変異と拡散　146

第Ⅱ部　昆虫の生理・生態に探る機能制御

序　159
　1　適応進化の歴史に学ぶ新しい害虫管理手法　159
　2　虫の生体内を探る　160
　3　虫をめぐる多様な生物間相互作用　160
　4　生態系ネットワークを解きほぐす　161
　5　生態系を繋ぐ化学情報網　162
　6　新たな害虫管理手法を求めて　163

第1章　昆虫・植物間の攻防と植物免疫システムの"界面"　165
　1-1　昆虫と植物の攻防から見た植物防御　165
　1-2　植物が生産する防御物質　166
　1-3　植物防御物質に対する昆虫の適応　168
　1-4　チョウ目昆虫による植物防御物質の解毒機構　169

1-5 昆虫によって誘導される植物の抵抗反応　173
1-6 ボリシチンの生合成経路の解明　179
1-7 まとめ　186

第2章　昆虫と植物の共存　191
2-1 花の誘引シグナルと昆虫のセンサー　191
2-2 花の香りと共進化：ミバエとミバエラン　199
2-3 自然生態系と農業生態系の狭間で　215
◆TOPIC 1　匂いのマークの利用とその効果　221

第3章　昆虫と菌類の多様な関係　225
3-1 社会性昆虫の社会行動とフェロモン　225
3-2 社会性昆虫と微生物の共生と対立　227
3-3 シロアリ卵擬態菌核菌ターマイトボール　229
3-4 シロアリの卵認識フェロモン　234
3-5 ターマイトボールの化学擬態メカニズム　237
3-6 バイオミミクリーに基づく近未来のシロアリ駆除技術　243
◆TOPIC 2　ダニのアルカロイドとヤドクガエル　248

第4章　葉っぱの上のマイクロコズム　253
4-1 ハダニの吐糸をめぐるハダニとカブリダニの攻防　253
4-2 野生植物とジェネラリストカブリダニの共生関係　259
4-3 新しいハダニの生物的防除法への挑戦　263

第5章　昆虫脱皮の分子メカニズム　271
5-1 脱皮ホルモンの発見　273
5-2 脱皮ホルモンの化学と生合成　275
5-3 脱皮ホルモン受容体　276
5-4 脱皮ホルモンの分子機構　283
5-5 脱皮ホルモン様物質　284
5-6 植物の機能改善や医療への応用　292
◆TOPIC 3　雄由来の物質を用いた雌の再交尾抑制　299
◆TOPIC 4　日本に生息するサソリの持つ毒素の研究　304

第Ⅲ部　昆虫の構造・機能に学ぶ技術

序　309
　1　進化から見た昆虫の体　309
　2　生存機械としての昆虫の特徴　310
　3　昆虫のメカニズム　312
　4　昆虫のメカニズムに学ぶ　317

第1章　昆虫の化学センサー　321
　1-1　化学感覚器の構造と機能　322
　1-2　チョウの寄主選択と化学センサー　326
　1-3　ゴキブリの配偶行動と化学センサー　330
　1-4　アリの社会行動と化学センサー　333
　1-5　チョウとアリの共生と化学センサー　337

第2章　少ない神経細胞をいかに用いて情報処理するか？　343
　2-1　「ヒトの100万分の1の脳」　343
　2-2　脳への入力/脳情報処理機構から見た【匂い情報】の特性　345
　2-3　嗅覚系一次中枢の構造とタスク　347
　2-4　嗅覚情報の脳での符号化形態：マップコーディング　354
　2-5　脳への新たなアプローチ：情報処理時間の高精度測定　358
　2-6　新しい情報処理システムを目指して　361

第3章　昆虫はいかにして匂い源に向かうのか？　365
　3-1　昆虫の知覚する世界　365
　3-2　昆虫の知覚と行動応答を調べる実験法　367
　3-3　サーボスフィア移動運動補償装置のメカニズム　370
　3-4　サーボスフィアを使った仮想現実実験　373
　3-5　カイコガは羽ばたいてフェロモン源の方向を知る　377
　3-6　チャバネゴキブリは匂いを嗅ぐと風上に向かう　380
　3-7　コナダニは歩いて匂いの濃度変化を知る　382
　3-8　昆虫はそれほど手の込んだことをやってはいない　386

第4章　無駄の少ないエレガントな情報システム　389
　4-1　昆虫の生態情報とその特徴　389
　4-2　段階的な情報利用　392
　4-3　複数情報の利用による行動制御：多種感覚情報の統合利用　405

4-4　配偶戦略と生態情報利用，行動の進化　　410
　　4-5　昆虫の行動制御における情報利用システムの応用可能性　　416

第5章　アメンボの生体力学　　423
　　5-1　アメンボについて：その生物学　　423
　　5-2　アメンボの生態と生体力学　　431
　　5-3　「水面の生活」　　436
◆TOPIC1　超高性能防水コートをまとったアサギマダラ　　439

第6章　フィールドで働く六脚歩行ロボットを作る　　445
　　6-1　農業用ロボット研究　　445
　　6-2　昆虫ロボットの研究　　448
　　6-3　匂い源探索機能付き六脚歩行ロボットの開発　　450
　　6-4　センサー　　454
　　6-5　探索行動　　456
　　6-6　昆虫ロボットの夢　　459
◆TOPIC2　ハダニの空中分散　　461
◆TOPIC3　ダニアレルギー最前線　　468

第Ⅳ部　昆虫を用いた環境教育・科学教育

序　　475
　　1　「昆虫を用いた教育」の取り組み　　475
　　2　昆虫を用いた教育・研究の方法論の開発　　477
　　3　昆虫文化の再生に向けて　　479

第1章　フィールド教育の実践　　481
　　1-1　フィールド研究を教育に活かす　　481
　　1-2　フィールドで伝えられること，フィールドから伝えられること　　489
◆TOPIC1　虫を見て森の変化を知る　　498

第2章　奄美大島における環境教育の実践　　507
　　2-1　環境教育の重要性と課題　　507
　　2-2　奄美における環境教育の実践　　511
　　2-3　昆虫を教材に用いた環境教育　　527
　　2-4　研究者が直接関わることの意義　　530

2-5　子どもたちと彼らをとりまく人々の変化　531
2-6　今後の環境教育に求められるもの　534

第3章　昆虫文化の再生のために　541
3-1　虫が育む感性　542
3-2　ホタルを鑑賞する文化の意味　545
3-3　「昆虫好きの少年」と「昆虫嫌いの少女」：本当の虫好きを育てる　547
3-4　日本女性は本当に虫が嫌いか？　550
3-5　文学作品から学ぶ「昆虫文化」　551
3-6　糞虫から見る自然観　558

あとがき　563

索　引　565

著者紹介　578

I
昆虫から見る環境変動

序

1 環境と生物の相互作用

■光と眼の誕生

　地球環境は程度の差こそあれ，常に変動し，現在に至っている。その長大な歴史のなかで，生命が生まれ進化してきた。生物は温度，湿度，降水量，日長などの無機的環境から大きな影響を受けて巧みに進化し続けてきたが，逆に大気組成など地球環境にも大きな影響を与えてきた。生物と無機的環境は相互作用の関係にあり，その結果としてそれは生態系という複雑系を形成してきた。

　生物群集において食う食われるといった食物連鎖関係は現在の生態系の中ではごくふつうであるが，そのような基本的関係性にしても，生物がこの地球上に出現した最初から存在していたわけではない。最近の学説では，そのような関係性は，カンブリア紀の爆発と呼ばれる多様な動物が一気に現われた時期，すなわち今から5億4300万年前の時期から生じたとのことである。イギリスのアンドリュー・パーカー（Parker 2003）によれば，'食う―食われる'関係は，カンブリア爆発の直前の時期に，"眼を持つ動物"が初めて出現したことと深く関係している。先カンブリア時代には，地球を覆っていた霧がほとんどの日光をさえぎっていて地表は暗闇の世界であった。その後，霧が晴れる時代が訪れた。それは，銀河系内での太陽系の運動という壮大なスケールの出来事に関係しているという。銀河系は真ん中が膨れた円盤のような形をしているが，その中央部から周辺部に向かって4本のアームが渦巻状に伸びている。アームには分子のガスや塵が密集している部分がある。そうした部分を太陽系が移動してるあいだは，太陽系内にも大量のガスや塵が存在し，そうした物質が地球圏にも供給されるので大気は晴れない。銀河系のなかを移動している太陽系がそのような渦巻きアームから離れたのがカンブリア爆発直前の時期であり，その時以来，地球が明るくなった，とパーカーはいうのである。

　地球表面が明るくなったことで，動物たちに初めて眼という器官が進化した。それでは，なぜ眼の進化がその後の生物の爆発的な多様化をもたらしたのであろうか。眼を持つ動物の有利さは論を待たない。捕食者であれば，獲物の位置や大きさ，弱

点などを認識し，狩りの効率を上げることに繋がる。食われる側の餌動物であれば，捕食者の攻撃を視覚的に察知し，いち早く逃避することができよう。両者のあいだに進化的軍拡競走（競争）が始まり，食う側は鋭い歯や追跡用の肢や鰭などを発達させる一方で，食われる側では防御に有効な堅い殻や棘，逃走用の肢や鰭などを発達させた。食われる側の大げさとも見える武装は，単に襲われたときに役立つだけでなく，「俺を襲うと痛い目に遭うぞ」という，事前の視覚的メッセージでもあった。このようなメッセージが功を奏するのは，優れた視覚を持つ捕食者に対してであるに違いない。このような食う食われるの関係性こそが，生物の多様化をもたらしたものと考えられているのである。また，言うまでもなく，光の増大は，光エネルギーを変換する生命体の出現に拍車をかけた。このように，光の増大という地球環境の大きな変化は，生物多様性の爆発的な増大をもたらしたのである。

■酸素濃度と生物進化

　次に大気組成，とりわけ大気中の酸素濃度が生物進化に多大な影響を及ぼした例を挙げてみよう。大気中の酸素濃度は一定でなく大きく変動してきた。これまで2回，酸素濃度が大きく高まった地誌的時代がある（フディコら　1985）。それは石炭紀と白亜紀である。それぞれの時期には生物の進化における大きな出来事が起こった。石炭紀には昆虫類が生物のなかで初めて翅を進化させ，空中という三次元への進出を可能にした。飛翔を行うためには，翅だけでなく，それを動かす飛翔筋も必要であり，その活発な代謝のためには多くの酸素が必要である。大気中の酸素濃度の上昇は，このような生物エネルギー的機構を通して，飛翔という生物学的革命をもたらしたわけである。石炭紀には昆虫類が爆発的な適応放散を行い，現存する目が出来上がり，昆虫の種多様性が成立した。このことと昆虫が飛翔できるようになったことは，決して無関係ではありえないだろう。

　2回目の白亜紀には，生物のさらに大々的な空中への進出が達成された。この時期には昆虫だけでなく，翼竜や鳥類の祖先たちも空中への進出に成功した。しかし，ここで最も重要な生物学的出来事は，被子植物の出現である。被子植物は，裸子植物と違って花粉媒介を風まかせにするのではなく，昆虫などの動物によって行ってもらう植物である。かれらが進化し得たのは，ハナバチ類やコウチュウ類をはじめとする昆虫類が飛翔により空中へ進出し，花から花へと花粉媒介を効率的に行うことができるようになったからである。もちろん，昆虫類は花粉だけでなく，植物が提供する花蜜も摂取することで，大きな利益を得た。被子植物と昆虫類のあいだに

は，共進化関係が成立し，さらなる生物多様性の進化をもたらしていったのである。このように，大気中の酸素濃度の高まりという地球環境の変化が，被子植物の出現と進化という，生態系の生物多様性の豊富化を決定的にもたらす一大イベントに結びついていったのである。

一方において，地球環境は生物たちに絶滅という負の出来事ももたらした。約2億5000万年前のペルム期末期には，実に存在していた種の95%が絶滅するという，大惨事が起こっている。その原因としてさまざまな説が提出されているが，有力な説のひとつにシベリア火山の大規模な噴火による二酸化炭素の放出がもたらした地球温暖化がある（クリス 2002）。次なる大々的な絶滅は白亜紀に起こり，恐竜たちが死に絶えたが，その場合の原因としては隕石の衝突が有力である。このようにしばしばカタストロフィーによる地球環境の激変は，生物たちの絶滅を通して地球の生態系に大きなインパクトを与えてきたのである。

2　大変動を生き延びた生物 ── 昆虫 ── の環境反応とその利用

昆虫はその出現から4億年の環境変動の歴史を生き延びてきた。そこでは上記のような環境変動を生き延びるための方策の進化があったに違いない。環境変動は昆虫たちの適応度に重大な影響を及ぼすものであったに違いなく，その結果としての自然選択は，環境に対する適応戦略の進化を促してきたのである。

近年最も注目されている地球の環境変動は，地球温暖化である。第1部1章で述べるように世界の平均気温の上昇は今後より速いスピードで進み，過去1万年の気温上昇に比べて10倍から100倍速いスピードになると言われる（IPCC 2007）。このような急速な環境の変化は，かつて自然の変化ではありえなかった未曾有のものであろう。このような急速な温暖化が，生物個体や，その集合としての個体群，そして異種個体群の集まりとしての生物群集や無機的環境も含めた生態系に大きなインパクトを与えることは想像に難くない。逆に，このことは温暖化の進行度合を測る指標として，生物を用いることができることを示唆している。

昆虫は体も小さな変温動物である。その当然の結果として，温度や湿度といった外部の物理的環境の影響を受け易い。昆虫学においては「有効積算温度の法則」という重要な法則がある。幼虫は発育限界温度以上の有効な温量がある値に達したとき，次のステージに変態することができ，その値は種によりほぼ一定である。このことで分かるように昆虫は温度の影響を直接受け，そのことにより越冬後の発生時

期や年間発生回数などが大きく変わってくる。ただし，温度だけで発育が変わるだけでなく，日長も大きく影響することが多い。たとえば，温帯や亜寒帯の昆虫では，秋の短日により，卵や幼虫，蛹，あるいは成虫といった，種によって遺伝的に決まったさまざまなステージで冬休眠に入る。それは休眠することにより厳しい冬をやり過ごすための季節適応であるといえる。休眠が誘導される日長は，臨界日長と呼ばれる。夏の日長が長い高緯度地帯では臨界日長も長くなる（Danilevskii 1961）。それは休眠誘導が個体群の依拠する地域の気候的特性に適応した結果であることを示している。通常，冬休眠の打破は，いささか逆説的に見えるが冬季の低温によることが多い。これは植物でも見られるかなり普遍的な現象である。そのような場合，休眠の深度は休眠開始の頃に強い。そうでなければ不適切な時期での発育や繁殖が始まり，そのような個体は死滅してしまうからである。昆虫の生活史の気候適応にはさまざまな要因とその相互作用が関わっている。そのことを示したのが，図1である。その要因は大きく気候的要因と生物的要因に分けられるが，気候的要因のなかでも温度は重要だろう（正木 1999）。逆にいえば，昆虫に対する温暖化のインパクトは，個体レベルとしては，発育の促進，発生時期の早期化，休眠誘導の変化など（Parmesan 2006; Kiritani 2006），生活史形質の変化として捉えることができるに違いない。一方，個体群レベルとしては，温暖化は，世代数の増加，出現時期の長期化，発生数の増加および分布拡大をもたらす可能性がある。この分布拡大については，単に温暖化による冬季生存率の増大など直接的な効果だけでなく，餌植物の存在など分布拡大を保障する生態的条件も重要であるし，さらには天敵や競争種との種間相互作用も重要な役割を果すだろう。いずれにしても，植物と違って動物は移動できるという特性を持っている。とりわけ昆虫は移動する能力を最大限発揮することにより，温暖化に伴う生息環境の高緯度地帯や高標高地帯へのシフトに対応していくだろう。そういう過程で，持ち前の遺伝的変異に対して何らかの自然選択が作用し，新たな適応進化が起こる可能性があるに違いない。

3 温暖化インパクトの解析

■個体および個体群へのインパクト

地球温暖化の効果は，直接的に生物個体に作用するものと生態系のなかの生物間相互作用を介しての間接的なものの二つに分けられる。したがって，地球温暖化のインパクトといっても，この二つの効果を総合的に評価することで，初めて解明さ

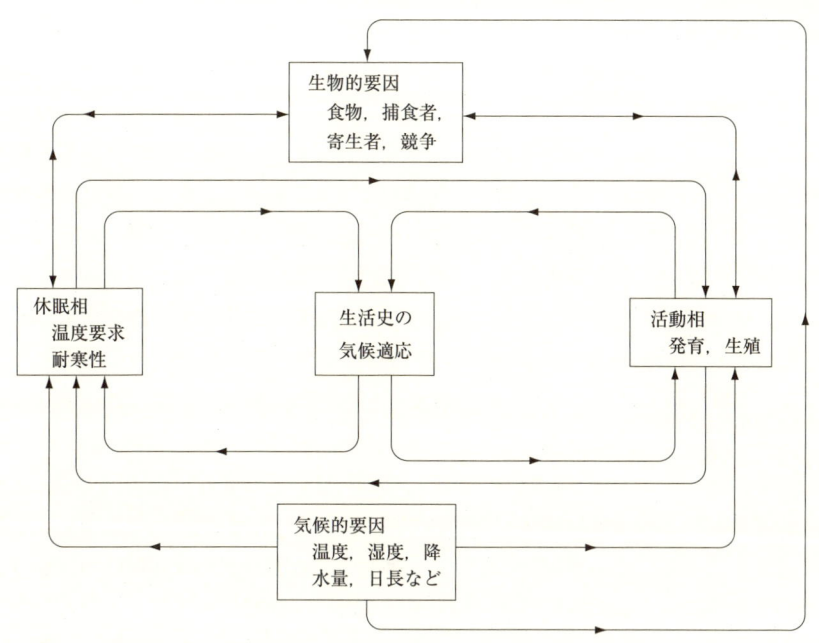

図1 昆虫の生活史の気候適応にかかわるさまざまな要因の相互作用(正木, 1999 より)

れることになる。このような観点もきわめて重要である。

　第1部1章の「地球温暖化の昆虫に対するインパクト ── オオタバコガとミナミアオカメムシを例にして」は, このような個体あるいは個体群レベルでの, 温暖化に対する昆虫の生活史反応を調べたケーススタディの結果について述べたものである。そこではまた, 将来の温暖化状況を想定した温暖化シミュレーション装置を用いての飼育実験という, 世界的にもほとんど例のない研究結果も紹介している。第1章には, 本章の主題に関連して「トピック」と題した二つのコラムが付属している。そのひとつ, 「温暖化で日本のチョウがまた1種増える? ── クロマダラソテツシジミの急激な分布拡大とその要因」は, ソテツを加害する南方性のシジミチョウの最新のトピックについて報告したものである。もう一つ「汽水環境におけるアメンボの生活史戦略」というコラムもある。これは, 通常アメンボ類が生息していない汽水という環境に対するナミアメンボという種の適応の問題を扱ったものであり, 昆虫の柔軟な適応戦略を知る上で興味深い。

■群集・生態系レベルへのインパクト

温暖化はさらに群集や生態系といったより高次のレベルでインパクトを与えるであろう。生態系はいうまでもなくそれを構成する生物と無機的環境との相互関係により成り立っている。それは複雑系に属する世界であり，生物多様性と生態系機能の解明は，生態学における未解決の重要課題となっている。したがって，それは容易なことではないが，地球温暖化が生物多様性を減少させることに繋がるという警鐘が鳴らされていることを思うと，生態系機能の生物的指標としての昆虫の位置づけを行うことは重要な課題になるに違いない。第2章「生態系の機能をあらわす指標としての昆虫の個体群や群集 ── 土壌動物とその生態系機能への役割を例として」は，土壌分解系における土壌動物群集と生態系の関係について，このような観点から論じたものである。

第2章には，四つのコラム記事がある。これらはいずれも近年顕著になってきている山林におけるシカ害に関連したものである。近年，わが国の山林ではシカが著しく増加している。その原因としては，①捕食者すなわちオオカミの代わりをしていたハンターの減少，②戦後の大々的な拡大造林，③地球温暖化による降雪量の減少，などが考えられる（常田 2005）。ここで問題となるのは，シカが増えたことにより下層植生が破壊され，それを利用する昆虫などが大きな打撃を受けていることである。

一つ目の「ニホンジカ過密化前後における土壌動物群集の変化 ── 長期研究的アプローチによる検討」は，シカによる採食が地上部の生態系のみならず，土壌生態系の生物相にも大きな影響を及ぼすことを，トビムシとササラダニについて長期にわたって収集された群集データをもとに解析したものである。

二つ目のコラム，すなわち「訪花昆虫群集の変化に学ぶ環境変動」は，シカ害による下層植生の破壊が訪花昆虫群集に与えるドラスティックな影響を，過去にとられた精緻なデータと比較するという方法で解析したものである。

三つ目は，「案外したたか？ ── 環境が激変した森でのトラマルハナバチの遺伝的多様性」というコラムである。このコラムは，シカによる環境激変が訪花昆虫に打撃を与えているのではないかという仮説の下で，トラマルハナバチをモデル材料として，その遺伝的多様性が減少しているのか否かを調査した結果を報告したものである。もし本種のコロニー数が減少してしまっているなら，遺伝的多様性も低下してしまっている可能性が強いからである。このような解析が可能となるためには，シカ害が起こる前の時代における訪花昆虫相の標本が存在することが必要である

が，それらが京都大学総合博物館においてしっかりと保存されていたのである。以上の三つの研究は，いずれもフィールドワークを得意とする京都大学の伝統なしにはなしえなかったものである。

　花粉媒介性昆虫に関する研究は多いが，ポリネーターの授粉効率を実際に測ることはこれまで困難であった。しかし，花粉1粒1粒の遺伝解析ができれば，ポリネーターが集めた花粉が同じ木からのものであるのか，異なる木からのものであるのかを知ることができる。四つ目のコラム「花粉の遺伝解析で知る本当の虫媒効率」は，このようなことを可能にした画期的な方法とその適用で分かった新たな事実について紹介したものである。

■森林害虫の分布拡大と防除対策

　第3章は，近年日本海側の各地で起こっている，ブナ科の樹木の集団枯死現象に関するものである。この現象は至近要因としてはナラ菌によるものであるが，ナラ菌を媒介する，南方性のカシノナガキクイムシが高標高地帯に分布を拡大した結果であると考えられている。そして，そのような分布拡大の背景には近年の温暖化が関係しているとの説もある。本章では，樹種によって被害の程度が異なることに注目し，カシノナガキクイムシに攻撃された木が枯死するか否かを決定する上で，どのようなパラメータが重要であるかを検討したものである。このような研究は，将来におけるカシノナガキクイムシの効率的な防除法を確立していくためにも重要であるに違いない。

4　進化の視点から見た環境と昆虫の応答

■侵入種のもたらす進化的インパクト

　さて，環境変動は何も地球温暖化のような気候変動といった無機的環境の変動だけを指すものではない。生物を取り巻く生物的環境の変化も重要な環境変動である。ここで最も問題となるのが生物の侵入である。これまでも外来生物の侵入は在来の生物相を攪乱する要因として，生態学の上で重用視されてきた。すでに述べたペルム紀末期の未曾有の大絶滅にしても，温暖化だけでは説明できない (Chris 2000)。その時期は，全大陸が合体して超大陸パンゲアが成立し，生物が自然に混じり合った時代であった。その結果として，動植物の極端な偏在化が起こり，多くの種が絶滅したに違いない。地理的隔離は種分化を通じて生物多様性を高める重要なメカニ

ズムであるが、その消失は逆に生物多様性の貧困化を招くのである。パンゲアは何千万年もの時間をかけて誕生し分かれたのであるが、人類はわずか数千年で、大陸同士や大陸と大洋島とのあいだの地理的障壁を貿易などにより崩してしまった。現代ほど急速に生物圏の混合が起きている時代はかつてなかったのである。

　外来生物が在来の生物群集あるいは生態系に与える影響は、その生物の栄養段階により異なるが、たとえば昆虫を例に挙げると、次のようなものがあるだろう（森本　2001）。

①在来種の捕食や寄生
②在来種との、餌やすみかなど共通の資源をめぐる競争
③外来種により、ある特定の種の個体数が影響を受け、それが別の在来種に与える間接的影響
④在来種との交雑による遺伝的汚染
⑤外来生物に寄生していた天敵や病気が、在来種に与える影響

　このような危険性はバイオハザードして近年問題視されているが、その具体例は枚挙にいとまがないほどである。しかし、侵入直後から在来の生態系に及ぼす影響を子細に追跡した研究は意外に少ない。これまでも農業害虫などの多くの昆虫類がわが国に人為的にあるいは自然に侵入してきたが、初めは爆発的に増えるが、その後いつの間にか減ってしまうというパターンが多いものの、その具体的機構に関しては不明なものが多かった。そこには天敵類との相互作用が関与したであろうことは容易に想像できるが、どのような相互作用であるのか、またその相互作用を通してどのような形質進化が起こったのかを詳しく研究した例は少ないのである。地誌的な時間を経なくとも自然選択により形質の進化が起こることは、イギリスにおけるオオシモフリエダシャクというガの工業暗化という現象で有名となったが、近年、自然選択による迅速な進化 rapid evolution がごくふつうの現象であることがますます明らかにされつつある。たとえば、カメムシの仲間は吸汁性であるため細い口吻を持っているが、アメリカ産でムクジロ属の木の種子を餌としているカメムシの一種 *Jadera haematoloma* において、外来の寄主植物が野生化して増えるに連れ、その植物の大きな種子を利用するようになった結果、口吻が長くなるという迅速な進化が起こったことが、アメリカのS. P. キャロルにより報告されている（Carroll 2007）。

　比較的近年にわが国に侵入してきた昆虫としてオオモンシロチョウがいるが、現在では北海道一円に分布を拡大している。第4章「侵入種の影響と在来種群集の迅

速な適応進化」は，オオモンシロチョウの侵入が従来モンシロチョウの一次寄生蜂であった寄生蜂に影響したばかりか，その高次寄生蜂にも影響を与え，それがさまざまな形質の進化を引き起こし，それらの結果として従来のモンシロチョウを中心とした生態系が大きく変遷したことを実証した研究を紹介している。この研究は群集生態学の新たな方向を指し示すものである。

■ヒトと昆虫の「軍拡競走」

　自然選択は農業生態系においても大きな力学となり，薬剤抵抗性の発達というこれまた迅速な進化を促した。多大な時間とコストをかけて開発された新殺虫剤が使用後わずか数年のうちに効かなくなるということも多いのである。殺虫剤抵抗性の発達は，昆虫やダニなどの個体群が持っている遺伝的変異性に対する薬剤防除という選択圧の必然的結果であり，それゆえ，害虫防除において本質的な問題である。薬剤の大々的な散布は，害虫やダニなどの有害生物に対して大きなインパクトになるのである。それは，防除インパクトといえるものである。また，近年の国際化により，ある局所個体群で発達した薬剤抵抗性がさまざまなルートを経て拡散していくという，バイオハザードの問題もますます深刻化しつつある。第5章の「薬剤抵抗性の拡散と国際化にどう対処するか —— 防除インパクトとハダニの薬剤抵抗性」は，主にハダニ類を対象として薬剤抵抗性の発達のメカニズムと拡散のすさまじさについて論じ，その国際化について警鐘を鳴らしたものである。

■環境インパクトは増大する

　現在，地球上で進行している環境問題はほとんどが人類の活動により引き起こされたものであると言ってよいだろう。環境汚染，地球温暖化，生息場所の分断化，生物多様性の減少，これらはいずれも人類の活動が地球環境に対して大きなインパクトを持つようになったからに他ならない。人類は生きていく上で生態系の恩恵を不断に受けている存在である。どんな都市環境で生活していても，そのことは否定できない。環境問題の解決は，"環境にやさしくするため"ではなく，実は"人類にやさしくするため"に必要なのである。昆虫たちは，人類に先駆けて環境の異変を知らせてくれる鋭敏なセンサーである。この第1部で取り上げた環境インパクトは，地球温暖化，山林管理の弱体化，侵入生物，および農薬による防除などである。これらのインパクトに対する昆虫たちの応答は，私たちに対して発せられている貴重なシグナルであることを理解していただければと思っている。

▶▶参考文献◀◀

アンドリュー・パーカー（渡辺政隆・今西康子訳）(2007)『眼の誕生 ── カンブリア紀大進化の謎を解く』草思社.

ブディコ，M. I., ローノフ，A. B., ヤンソン，A. L.（内嶋善兵衛訳）(1989)『地球大気の歴史』朝倉書店.

Carroll, S. P.. (2007) Natives adapting to invasive species-ecology, genes, and the sustainability of conservation. *Ecol. Res.* 22: 892−901.

ダニレフスキー，A. S.（日高敏隆・正木進三訳）(1966)『昆虫の光周性』，東京大学出版会.

IPCC (Intergovernmental Panel on Climate Change) (2007) *Climate Change 2007: The Physical Science Basis Summary for Policymakers. Contribution of Working Group I to the Fourth Assessment Report of the Intergovernmental Panel on Climate Change* IPCC, Geneva, Switzerland [http://www.ipcc.ch/SPM2feb07.pdf].

Kiritani, K. (2006) Predicting impact of global warming on population dynamics and distribution of arthropods in Japan. *Popul. Ecol.* 48: 5−12.

クリス・レイヴァース（齋藤隆央訳）(2002)『ゾウの耳はなぜ大きい？』，はやかわ書房.

正木進三 (1999)「昆虫の生活史と機構」河野昭一・井村治　共編『環境変動と生物集団』, 120−146.

森本信生 (2002)「昆虫の世界で起こっていること」川道美枝子・岩槻邦男・堂本暁子編『移入・外来・侵入種 ── 生物多様性を脅かすもの』, 125−139, 築地書館.

Parmesan, C. (2006) Ecological and evolutionary responses to recent climate change. *Ann. Rev. Ecol. Evol. Syst.* 37: 637−669.

常田邦彦 (2005)「自然公園におけるシカ問題」湯本貴和・松田裕之　編著『世界遺産をシカが喰う ── シカと森の生態学』, 20−37. 文一総合出版.

第1章

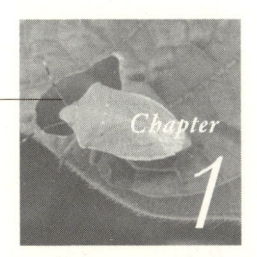

昆虫に対する地球温暖化のインパクト
オオタバコガとミナミアオカメムシを例にして

藤崎 憲治／清水 健／東郷 大介／D. ムソリン

はじめに

　「序」でも述べたように，近年，地球温暖化により世界規模で気温上昇が生じていることは，周知の事実である。この100年で世界の平均気温は約+0.67℃上昇し，わが国においても約1.07℃上昇した。今後はより高い率で気温上昇が進み，2100年には現在より1.4℃から5.8℃程度上昇するものと予測されている (IPCC 2007)。地球表面の気温は過去1万年で5℃上昇したと推測されているので，それに比べて10倍から100倍速いスピードということになる。温暖化そのものというよりは，この急速なスピードにこそ問題の本質があると考えられる。

　このような急速な温暖化に伴い，生物の分布やフェロノジー（生物季節）への影響も数多く報告されるようになった。その代表的な例としては，水平方向（赤道から極方向）や垂直方向（高標高への方向）への分布拡大，発育の促進，移動や発生時期の早期化，世代数の増加，出現時期の長期化などが挙げられる (Parmesan 2006; Kiritani 2006; Menéndez 2007)。さらに，特定の生物への悪影響も懸念され始めている。北極圏においては，ある種の生物が絶滅や個体数の減少といった被害を受けることが予測され (Parmesan 2006; IPCC 2007)，比較的悪影響が少ないと思われた熱帯や亜熱帯，温帯においても，気温上昇による植物の成長鈍化や，家畜の生産能力低下等が懸念されている（山崎ら 2007；河津ら 2007；Feeley 2007）。また，最近，カリフォルニア大の研究チームは，米科学アカデミー紀要に発表した最新の論文において，

低緯度地域に生息する昆虫ほど温度適応の幅が狭く，温暖化による絶滅リスクが高いことを警告した（Deutsch et al. 2008）。温暖化による生物の絶滅は高緯度地帯のみならず低緯度地帯でも懸念されているのである。

このように，地球温暖化に伴う気温上昇は，生物全体に影響を及ぼすものと考えられているが，そのなかでも昆虫は，変温動物であるため，最も温暖化の影響を受け易い生物群に属しているといえる。気候の変動は，かれらの発育，生存，および繁殖に直接的に大きな影響を及ぼしかねない。一方で昆虫は植物や脊椎動物に比べて世代時間が短く，繁殖能力が高い。このため気候変動に対してより迅速に反応するものと考えられる（Menéndez 2007）。したがって，変温動物である昆虫は温暖化の指標生物として最適であり，その挙動をモニタリングすることで，温暖化の進行度合や生態系に与える影響を予測することができる。また，農業害虫である場合，温暖化に伴い，生息分布，発生時期，発生回数，および発生量がどのように変化するかを予測することは，将来的な防除戦略を構築するに際して，きわめて重要な事柄となる。すなわち，世界的に公認のものとなっている総合的害虫管理（IPM），あるいはそれに保全の概念を組み入れた総合的生物多様性管理（IBM）において，温暖化という環境要素をいかに組み込んでいくかは，不可避の重要課題なのである。

ヨーロッパのEU圏においては，吸引型トラップを各所に配置し，29種のアブラムシ類の長年にわたるモニタリングを行い，発生の早期化や発生量の増大など，温暖化の影響を定量的に実証している（Harrington et al. 2007）。一般に害虫は産卵数が多かったりで，内的自然増加率が高いものが多く，かつ移動能力が高いものも多い。このような特性は温暖化といった環境変動を生き延びる上で有利な性質であると考えられる。そのことは，温暖化に伴いアブラムシ類などを初めとする農業害虫の問題が深刻化する論拠となっている。

温度変化に対する害虫個体群の反応としては，先に述べた直接的なものだけではなく，天敵の効果や競争種との競合など，群集内部の生物間相互作用を通じた間接的な反応も重要である（Cammell and Knight 1992）。また，それは作物や野生寄主植物といった，いわゆるボトムアップ効果の変動によっても影響を受けるし，人類の社会・経済的要因も介在してくる。このように，気温の変化といった気象要因の変動が害虫に与える影響の予測といっても，直接的・間接的な効果が複雑に絡み合っており，容易ではない。このことは地球温暖化が害虫に与えるインパクトを解析する上で，念頭に置くべき重要な事柄である。しかし，それらをいきなり総合的に解析することはできない。データがまだまだ不足しているからである。まずもって，温

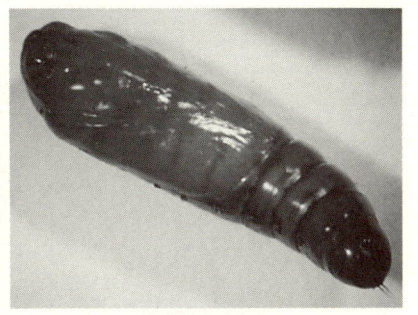

第1章 昆虫に対する地球温暖化のインパクト

図 1-1 オオタバコガの幼虫，蛹，および成虫（撮影：清水 健）

暖化が害虫にどのような直接的効果をもたらすかに関する詳細な研究が，これらの一連の研究の出発点として，必要であるに違いない。

本章では，近年わが国において分布を拡大している，南方性の世界的大害虫のオオタバコガとミナミアオカメムシをモデル昆虫としてなされた，一連の研究の成果を概括することを通して，地球温暖化が昆虫に与えるインパクトについて考察する。

1-1 亜熱帯性害虫は温帯に適応できるのか：オオタバコガを例に

オオタバコガ *Helicoverpa armigera*（図 1-1）はきわめて広食性である。それゆえ，ワタ，トウモロコシなどの主要作物，キャベツなどの野菜類，そしてさまざまな花卉類の重要害虫として知られている。亜熱帯起源であるにもかかわらず，冬季には蛹で休眠を行う。本種はわが国では長いあいだほとんど発生を見ないマイナー害虫であったが，記録的な猛暑であった1994年から突如として多発生が続き，農業現

図 1-2　タバコガの成虫（撮影：清水　健）

場において深刻な問題となっている。このことは本種のわが国における多発生が近年の温暖化と関係していることを示唆するものであるが，本当にそうなのであろうか。本種が温帯への分布拡大に際して，どのような季節適応をはかっているのか，あるいははかっていないのか，そのあたりを明らかにすることは，温暖化状況のなか，本種のわが国における分布拡大と発生の予測を行う上で，きわめて重要である。本種の季節適応の特性を明らかにする際に，同属近縁種である温帯性のタバコガ *Helicoverpa assulta*（図 1-2）との比較は有効である。古い時期に温帯適応をはかった先進部隊と現在それをはかりつつある後進部隊との，それは生態学的にも興味深い比較になるに違いない。

（1）蛹休眠の誘導機構と打破機構

オオタバコガの蛹休眠が低温と短日の二つの要因により誘導されることは M. H. クレシらによって明らかにされた（Qureshi et al. 1999）。このことはわれわれの研究によっても確認された（Shimizu and Fujisaki 2002）。すなわち，オオタバコガの蛹休眠は幼虫が 20℃以下の低温条件下で短日を経験することにより誘導される（図 1-3）。要するに，短日だけでは休眠は誘導されないのである。温帯や亜寒帯の昆虫は，温度よりも日長に対してきわめて敏感で，たとえば冬休眠は秋の短日に反応して誘導されることが多い。したがって，オオタバコガのように，短日よりもむしろ低温に反応して休眠が誘導されることは，年によっては幼虫の発育が可能な暖かい亜熱帯の冬に対する日和見的反応であると見なすことができる。すなわち，日和見をしていて，もし暖かい日が続くようであれば，発育を開始しようという算段であると推

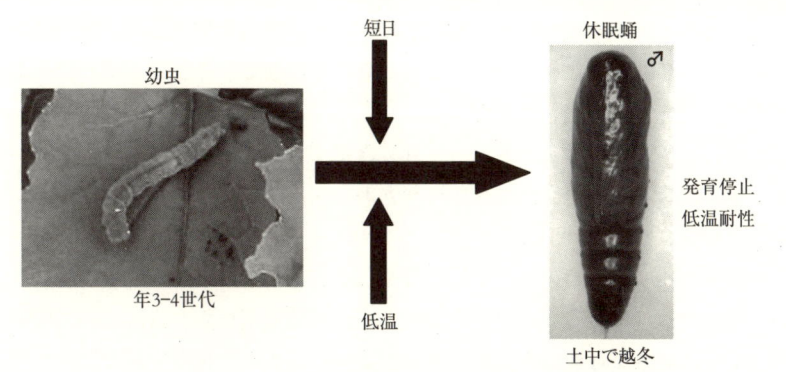

図 1-3　オオタバコガの生活史と蛹休眠の誘導

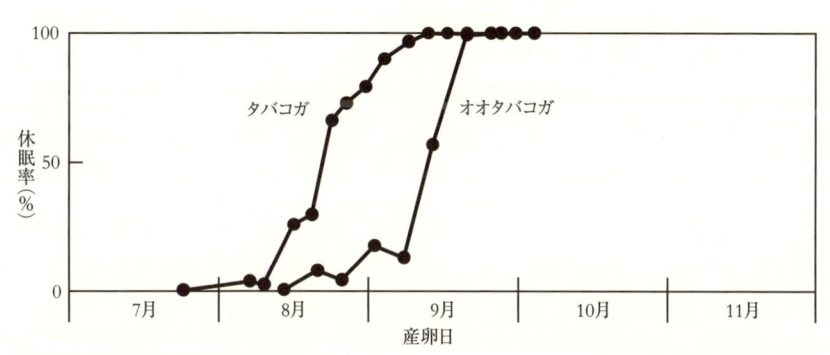

図 1-4　半野外条件下でのオオタバコガとタバコガにおける蛹休眠の誘導率の比較（千葉）。オオタバコガは1998年，タバコガは2000年のものである。（Shimizu et al. 2006を改変）

測される。そのことは，発育限界付近で気温が不規則に変動する亜熱帯の冬が，昆虫にとって予測し難い環境であることを物語っている。それはタバコガが適応した予測可能な温帯の冬とは異質な環境である。

　オオタバコガとタバコガにおける休眠誘導の違いは，野外網室といった半野外条件下においてなされた観察において明確に見て取れる（図1-4）（Shimizu et al. 2006）。タバコガの場合は，外気温が高く，発育が十分に可能な時期であっても，夏から秋にかけて日長が短縮するに連れて徐々に休眠率が上昇した。これに対して，オオタバコガでは，外気温が発育にとって十分に高い条件においては，日長が短くなっても休眠が誘導されず，最低気温が20℃を下回った秋季に休眠率を急速に上昇させるという反応を示した。その時期よりも早くに発育していた個体は休眠が誘導されずに羽化して次世代を形成した。しかし，これらの個体はほとんどがその後の低温

によって越冬できずに幼虫のまま死亡した．タバコガと比較すると，次世代の生産に繋がらない無駄な世代を生産してしまったことになる．それは温帯に対する明らかな不適応である．一方，休眠が誘導された蛹の越冬生存率は高く，休眠が誘導されさえすれば，温帯の厳しい冬でも生存できることが明らかになった．なお，誘導された蛹休眠は，冷却の有無や長短にかかわらず，25℃条件下に移すとすぐに覚醒することが分っている．

　これらの一連の実験結果は，本種は温帯にまだ適応できていないものの，秋季において低温と短日のタイミングがうまく合った個体は蛹休眠が誘導され，耐寒性も強く，十分に越冬が可能であることを示している．また，休眠覚醒において低温よりも高い温度の方が効果的であるのは，亜熱帯性の昆虫において特有の現象であり (Masaki 1990; Fujisaki 1993, 2000)，大変興味深い．

　休眠誘導には幼虫が20℃以下の低温にさらされる必要がある一方で，休眠ステージである蛹までの発育を完了するためには13.6℃（発育零点）以上の平均気温が必要となるという事実 (Qureshi 1999) は，発生予察モデルのパラメータとして，それらが使用できることを示唆している．したがって，最低気温が20℃を下回ってから平均気温が13.6℃を下回るまでの期間の長さを「休眠誘導最適期間」(OPDI：Optimal Period for Diapause Induction) とし，それが本種の発生予察に使えないか，検討してみた．その結果については，本節の (5) で述べることにする．

(2) 休眠蛹の耐寒性

　オオタバコガの蛹は休眠が誘導されさえすれば，わが国の温帯においても越冬が十分に可能なことが分った．そこで，本当に休眠蛹が耐寒性を持っているのかに関する実験的検証を行ってみた (Izumi et al. 2005)．非休眠蛹は20℃，長日 (14L8D) 条件下での飼育で，休眠蛹は20℃，短日 (10L14D) 条件下での飼育で得た．これらの蛹を20℃から0℃まで，5℃/5日間隔で温度を低下させ，低温順化した．本種の非休眠蛹は0℃では1ヶ月以内でほとんどすべてが死亡した．また，生き残った蛹を20℃に移しても羽化しなかった．一方，休眠蛹の約半数が112日以上生存した．一般に，非耐凍性昆虫は冬季過冷却点を低下させることで，低温耐性を増大させていることが知られている．ところが，オオタバコガの休眠蛹と非休眠蛹で過冷却点を調べたところ，低温順化してもしなくてもそれは変わらず，いずれも－17℃前後であった．このことは，オオタバコガの蛹の低温耐性は過冷却点とは無関係である

ことを示している。

蛹に含まれる糖を分析したところ，トレハロースとグルコースであった。休眠蛹では，トレハロース含量が低温順化中と0℃に達してから58日目まで増加した。その間，グルコースは低いままであった。非休眠蛹でも低温順化中にトレハロースは増加したが，その増加量は休眠蛹よりは少なかった。なお，多くの昆虫で低温順化中に蓄積が見られるグリセロールのような糖アルコールは，オオタバコガでは検出されなかった。これらの結果から，オオタバコガの場合，興味深いことに，トレハロースが休眠蛹の低温保護物質として作用しているものと推察された。

以上の結果から，オオタバコガの蛹は，休眠が誘導されれば最寒月の平均気温が0℃よりも高い地域では越冬可能であるが，休眠が誘導されなければ越冬できないものと結論されたのである。

(3) 休眠性における地理的変異はあるのか

オオタバコガにおける蛹休眠の誘導機構からして，本種はまだ温帯の気候に対して未だ不適応であることが示唆されたが，本当にそうなのであろうか。地域の気候に対応した何らかの地理的変異がその休眠性においては見られないのであろうか。

まず，三重県，滋賀県，長野県，新潟県においてオオタバコガ幼虫を採集し，それぞれの個体群の系統を作成したが，それらの休眠性における日長反応に明確な地理的勾配は見いだされなかった（Shimizu and Fujisaki 2006）。次に，温帯（新潟，長野，滋賀，三重の各県）と亜熱帯（沖縄）とで採集したオオタバコガと温帯（滋賀県）と亜熱帯（沖縄）で採集したタバコガの個体群において，実験室内で25℃の長日条件(16L8D)で飼育中の幼虫に温度や日長を変える処理を施すことにより，それぞれの処理区において蛹休眠が誘導される割合を調べた。温帯で採集されたタバコガでは，変更後の温度が低温(20℃)であろうと高温(25℃)であろうと短日(12L12D)に移された場合のみ，100%近い休眠率が得られた。温帯起源のタバコガは秋の温度条件にかかわらず，短日に反応して休眠が誘導されることが，ここでも確かめられた（図1-5）。しかし，興味深いことに沖縄で採集されたタバコガではこのような日長反応は見られず，休眠はほとんどまったく誘導されなかった。次に，温帯で採集されたオオタバコガでは，低温短日といった条件に移された個体でのみ，いずれの温帯個体群でも高い休眠誘導を示した。一方，沖縄個体群では，そのような条件においてもほとんど休眠個体を得ることはできなかった。このことは，わが国におけ

I 昆虫から見る環境変動

オオタバコガ

滋賀(No. 5), F1
滋賀(No. 5), F3
沖縄(No. 10), F1
沖縄(No. 11), F1

休眠率(%)

タバコガ

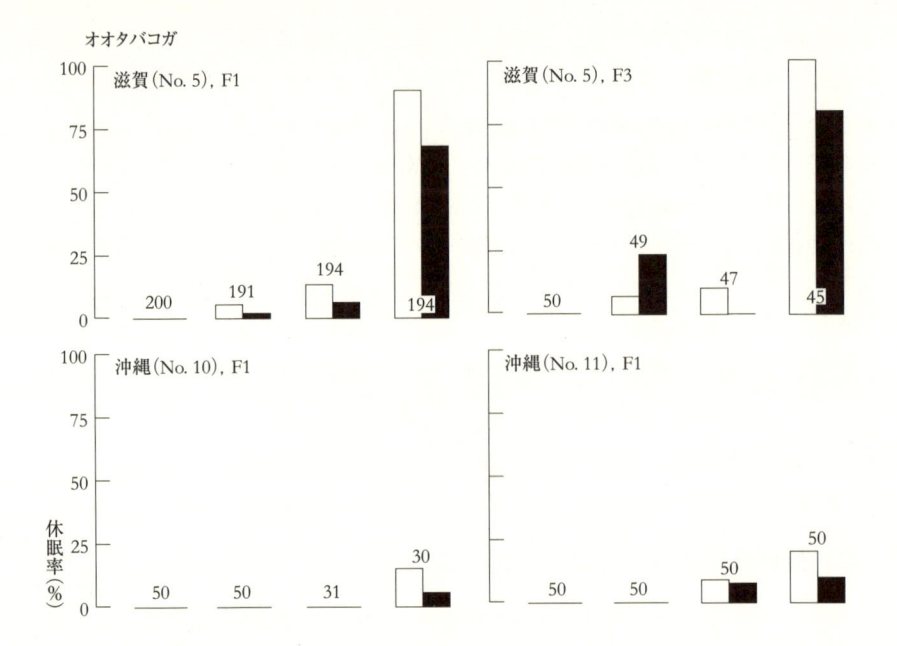

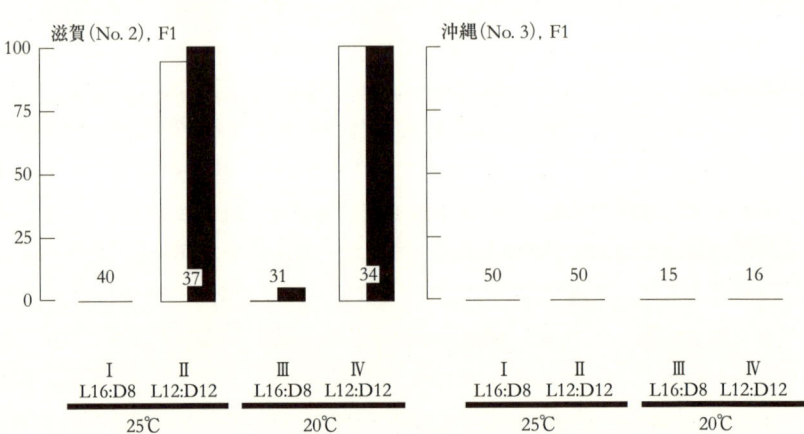

滋賀(No. 2), F1
沖縄(No. 3), F1

Ⅰ	Ⅱ	Ⅲ	Ⅳ	Ⅰ	Ⅱ	Ⅲ	Ⅳ
L16:D8	L12:D12	L16:D8	L12:D12	L16:D8	L12:D12	L16:D8	L12:D12
25℃		20℃		25℃		20℃	

図1-5 温度と日長のさまざまな組み合わせにおける温帯個体群と亜熱帯個体群(沖縄)の休眠率の比較。異なる番号(No. 5 など)は個体群の違いを,F1 などは飼育世代数を示している。日中の数字はサンプル数(Shimizu and Fujisaki 2006 を改変)

るオオタバコガとタバコガのいずれの種においても，温帯個体群と亜熱帯個体群ではその休眠性の発現において大きな遺伝的変異が存在することを示している。しかし，温帯への気候適応の度合いからすれば，オオタバコガはタバコガに比べればまだまだ不適応であることも事実である。わが国のオオタバコガは温帯への適応の途上にあるものと考えられる。

(4) 近年の多発生の引き金は温暖化なのか

すでに述べたようにオオタバコガのわが国における多発生は，猛暑であった1994年に端を発する。突如として起こったこの多発生は，前年の秋の「休眠誘導最適期間」(OPDI) と何らかの関係があるのであろうか。実は，その数値は，過去40年間での最長を記録していたのである。夏における高温も発生にはプラスに作用したことも否めないが，OPDIを延長させる，前年の秋の高温こそが，1994年における本種の発生量の増大に繋がった可能性が高いといえる。したがって，温暖化は冬の到来の遅延をもらすことを通して，本種の発生量を増大させていくものと考えられる。また，越冬可能な，最寒月の平均気温が0℃よりも高い地域が，温暖化により北へシフトしていくなら，分布限界も北上し，かつ越冬生存率も向上していくに違いない。このように，温暖化は全体として本種の発生量と分布拡大を引き起こすものと予測される。

(5) OPDIを用いた発生予察の可能性

休眠誘導最適期間 (OPDI) はわが国における1994年の多発生を説明する定性的な要因を示唆する上で有効であることが示されたが，定量的な発生予察にも有効なのであろうか。

まず，春先に羽化するオオタバコガ越冬個体の発生量を予測するモデルの要因について検討した。ある調査地におけるある年の春先のオオタバコガの発生量は，1) 前年のOPDIの長さによって変化すると予想される。2) 平年に較べて冬が寒かった年は越冬個体数が減るかもしれず，また，3) 前年に多発生した年の翌年には同じく多発生するかもしれない。これら1)〜3) の要因を組み込んで第1モデルを立ち上げた。次にその調査地点におけるある年の年間発生量を予測するモデルの要因について検討した。日本で最初にオオタバコガの多発生が確認された1994年は，

高温少雨の夏であったことが知られている（吉松　1995）。つまり本種は，4) 夏の気温が高い，あるいは，5) 夏の降水量が少ない年に多発生する可能性が高い。また，6) 春の発生量が多かった年にはその後の年間発生量も多くなるかもしれない。これら 4) ～ 6) の要因を組み込んで第 2 モデルを立ち上げた（Shimizu and Fujisaki submitted）。これらのモデルを実際の発生量データと気象データにあてはめて，モデルの有意性を検討した（GLM：Grafen and Hails 2002）。重要農業害虫オオタバコガのことである。協力を依頼した 13 府県では毎年春から晩秋にかけて連続した性フェロモントラップ調査を行っており，詳細なデータが蓄積されていた（図1-6）。

　解析の結果，第 1，第 2 モデルともに有意であることが分かった（第 1 モデル：$F_{16, 78}=5.82$，$P<0.0001$，$R^2=0.54$；第 2 モデル：$F_{16, 90}=19.94$，$P<0.0001$，$R^2=0.78$）。しかし意外なことに，要因 4) の夏の気温が年間発生量に有意な効果を及ぼす（$P=0.0196$）という以外は，他の気候的な要因はオオタバコガの発生量に関与していないことが明らかとなった。また，どちらのモデルにおいても，予測に際して最も重要な要因は「オオタバコガそのものが前年（$P=0.0196$）および春先（$P<0.0001$）にどのくらい発生したか」であった。すなわち，ある年の年間発生量が多いと次の年の春にも発生量が多くなり，春の発生量が多いとその後の年間発生量も多くなるという，きわめて単純な構図であった。

　季節適応の研究者にとっては残念なことに，越冬に関与する温度条件という要因は発生量予測にあまり貢献しないことが分かった。しかし，すでに述べたように，OPDI という数値は，多発生であった 1994 年の前年 1993 年秋に過去 40 年間での最長を記録しており，本種の日本での突発的な多発生に何らかの関係があった可能性は否定できない。さらに，昨今の地球温暖化現象によって OPDI に該当する季節がより遅くなる可能性も高いが，これに伴ってオオタバコガによる晩秋の被害レベルも上昇するかもしれない。OPDI は今後も目が離せない示数ではないだろうか。また，第 2 モデルは非常に精度が高く，春先のわずかなトラップデータからその後の発生量を予測することが十分に可能であることを示唆している。オオタバコガの被害ピークは日本では晩夏から秋にかけて現れるが，最も重要な時期の発生量を春の段階で予測することができれば，農業現場において被害対策を検討する際に有効であるに違いない。

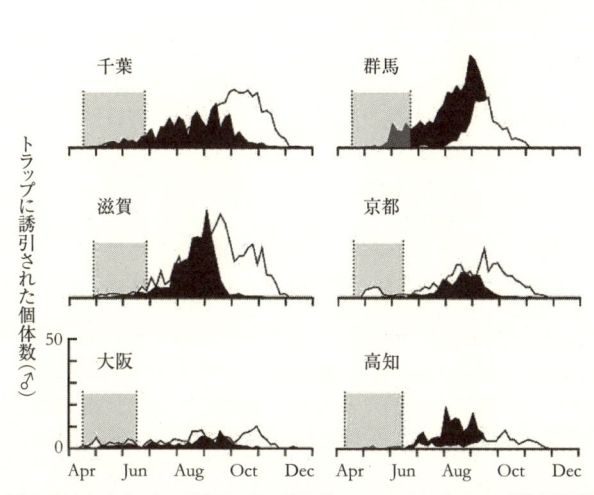

図1-6 オオタバコガとタバコガの性フェロモントラップ誘殺試験の結果（平年値）。越冬個体が羽化すると考えられる時期はNEW EMERGEプログラム（D. Butler and D.H.A. Murray 未発表）によって推定しグレーで示した。オオタバコガは春先の発生量は少ないが晩夏から秋にかけて発生が激増する。

1-2　ミナミアオカメムシの分布拡大とその要因

(1) ミナミアオカメムシとアオクサカメムシの生活史の比較

　ミナミアオカメムシ *Nezara viridula*（図1-7）は，熱帯，亜熱帯を原産地とし，現在，ユーラシア，アフリカ，オーストラリア，アメリカ大陸にまたがる広大な地域に分布している。その分布域のアジア北端に日本は位置し，南西地域（沖縄，九州，四国，本州南）の海岸線沿いを中心に分布していることが確認されてきた。アオクサカメムシ *Nezara antennata*（図1-7参照）はミナミアオカメムシの同属近縁種で，ニッチも食性もよく似ているが，ミナミアオカメムシとは分布域が異なり，アジア地域においてのみ発生が確認されている。日本ではミナミアオカメムシよりも分布域が広く，ミナミアオカメムシの分布域よりも北方を中心に，北海道から沖縄に至るまで全国に広く分布している。両種，とくにミナミアオカメムシは，ダイズやイネ，ワタな

ど多くの作物を加害する重要害虫として知られている。

　ミナミアオカメムシは年2化から4化する，多化性のカメムシである。もともと南方性の昆虫でありながら，成虫は秋季に生殖休眠が誘導されるため，冬季は繁殖を行わない。休眠が誘導された成虫は体色が褐色になるので，外見からでも休眠状態であるか否かの判定がいちおう可能である。本種の休眠は短日により誘起されるが，その臨界日長は 13.5 時間ほどで，温帯性のカメムシ類に比べて明らかに短い (Musolin et al. 2007)。温帯の昆虫類は日長がまだ長いあいだに休眠が誘導されなければ厳しい冬の到来に間に合わないので，臨界日長が長くなるという適応がはかられるのである。したがって，ミナミアオカメムシにおける比較的短めの臨界日長は，本種がまだ温帯の気候条件に適応できていないことを示している。さらに，本種は，短日条件下でも低温処理なしに自然に休眠が終了すること，休眠色である褐色から緑色への体色変化は短日ほど長引くものの，休眠期間は休眠後の繁殖パフォーマンスには影響しないことなどが分かっている (Musolin et al. 2007)。休眠打破に低温を必要としないことも亜熱帯性の昆虫の特性であり，温帯への気候適応の不完全さがここでも示されている。このような気候適応における不完全さにもかかわらず，なぜ本種が近年その数を増やしているのかは，後述の「仮想温暖化装置を用いたミナミアオカメムシの発生予測」の節で考察する。

　これに対して温帯適応性のアオクサカメムシは，冬休眠を行うだけでなく，夏眠も行うことが知られている (Noda 1984; Numata and Nakamura 2002)。要するに温帯の厳しい冬と厳しい夏のいずれにも季節適応していると考えられる。

　両種の分布境界付近においては，混生地帯が見受けられる。また種間交尾もこれまで野外でふつうに確認されてきた (Kiritani et al. 1963, 1971; Yukawa et al. 2007)。このような種間交尾を行うということは，後述するように両種の混生地域におけるアオクサカメムシの繁殖において重要な影響を及ぼすこととなる。

(2) ミナミアオカメムシの分布拡大

a. 分布拡大はどのようになされてきたのか

　1960 年代初頭，桐谷圭治らは，近畿地方南西部においてミナミアオカメムシとアオクサカメムシの調査を行い，それらの分布状況とミナミアオカメムシの分布限界域を確認した (Kiritani et al. 1963)。その結果，分布限界が和歌山県北部 (北緯約34.1 度) にあることが示された。また，アオクサカメムシは和歌山県北中部，内陸

図1-7 ミナミアオカメムシ（上）とアオクサカメムシ（下）

部では優占種であったのに対して、南西部や沿岸付近ではミナミアオカメムシが優占種であった。さらに、分布境界付近で見られた混生地帯での気候条件は、多くが最寒月（1月）の平均気温が5℃であることが分かった。このため、1月の平均気温がミナミアオカメムシの北方限界を規定する第一の要因であり、混生地帯は1月の平均気温が5℃である等温線付近の地域で生じ易いと考えられてきた（Kiritani et al. 1963）。しかし、過去にしっかりした調査がなされていたにもかかわらず、近畿地方における本種の分布拡大に関する調査は、その後ほとんど進んでいなかった。そこで、われわれは、近年における近畿地方でのミナミアオカメムシの分布状況を明らかにし、1960年代における45年前の分布調査の結果と比較すること、そして、過去と現在の気候状況や、これまでのミナミアオカメムシの越冬に関する研究記録を用いて、ミナミアオカメムシとアオクサカメムシの分布領域の変遷の要因を明らかにすることを試みた。

ミナミアオカメムシとアオクサカメムシの近畿地方での現在の分布状況と、ミナミアオカメムシの分布北限を確認するために、2006年6月から2007年8月にかけて、滋賀県、京都府、大阪府、奈良県、和歌山県、三重県において野外調査を行った。和歌山県での調査は、1960年代に桐谷らが行った調査地に近い8ヶ所を選び（Kiritani et al. 1963）、その他の県では、さらに42ヶ所で調査を行った（Tougou et al. in press）。

2006年と2007年度の野外調査を通して、ミナミアオカメムシ661匹と、アオクサカメムシ694匹が採集された。さらに参照した三つの記録を加えて、合計でミナミアオカメムシ770匹とアオクサカメムシ705匹を調査記録とした。調査地は、6府県53地点であった。ミナミアオカメムシはそのうち20地点で発見され、その割合は4.7-100％であった。図1-8は、今回の分布調査と桐谷らの分布調査の結果を比較したものである。

1960年代初頭において、和歌山県北部ではアオクサカメムシしか発見されなかったが（Kiritani et al. 1963）、近年にはそのうち3地点においてミナミアオカメムシが発見され、優占種になっていることが確認された。海岸から山手に入った2地点においても、ミナミアオカメムシが確認され、分布域が比較的気温の低い山手に向かって延びていることが示唆された。

和歌山県の北に位置する大阪府では、ミナミアオカメムシは全域に広く分布していることが分かった。調査した14地点のうち11地点で確認され、両種が混生している地域10地点のうち、8地点においてもミナミアオカメムシが優占種となって

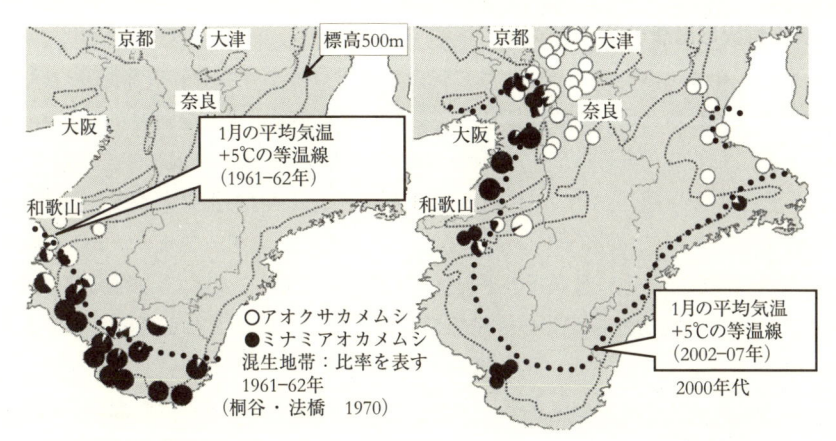

第1章 昆虫に対する地球温暖化のインパクト

図 1-8 近畿圏におけるミナミアオカメムシとアオクサカメムシの分布の推移。
(Tougou et al. 2009)

いた。

　大阪府に比べてさらに北に位置する京都府や滋賀県，内陸に位置する奈良県においては，詳細な調査にもかかわらずすべての地点でアオクサカメムシしか見つからなかった。

　近畿地方の東側に位置する三重県においては，9ヶ所の調査地点のうち最も南に位置する地点でのみミナミアオカメムシが確認され，その地点では優占種になっていたが，他の地点ではアオクサカメムシしか発見されなかった。

　今回の調査データと，1960年初頭のデータを比較すると，45年のあいだにミナミアオカメムシの分布域と分布北限がともに北進したことが窺えた（図1-8参照）。その長さは高緯度方向に85km，速度は10年あたり約19.0kmであった。イギリスにおいて，南方性の脊椎動物や無脊椎動物16属329種の分布変遷を分析した結果，北方への分布拡大速度が13.7〜24.8km/10年であった（Hickling et al. 2006）。今回の結果はその結果に類似するものであったが，それ以前の報告にある6.1±2.4km/10年間（鳥類，チョウ目，植物界等99種平均；Parmesan and Yohe 2003）や9.5km/10年間（イギリスの鳥類59種；Thomas and Lennon 1999）に比べて速い速度であることが分かった。ただし，異なった地域や研究において，生物の分布域の変遷について比較することは目安にしかならない可能性があることには注意を要する（Parmesan 2006, 2007）。

b. 分布拡大は温暖化によるのか

　ミナミアオカメムシの分布は，他の昆虫に見られるような有効積算温度，植生，利用可能な生息地といった要因よりも，冬季の気温が最も重要な制限要因となっていると考えられる（Musolin 2007）。成虫の越冬生存率は，周辺気温に強く依存する。1月の平均気温が1℃低下すれば，越冬時の死亡率は15-16%上昇することが分かっている（Kiritani 2007; Musolin 2007）。こうしたことから，ミナミアオカメムシの分布域は冬季の温度，とくに最寒月の平均気温+5℃の等温線によって北限が制限され，同時に，両種の混生地帯がその等温線付近に出現していることが確認されてきた（Kiritani et al. 1963）。

　調査地付近のこれまでの気候データから，ミナミアオカメムシの北進に，冬季の気温上昇が影響していることが強く示唆された。1960年代には，最寒月の平均気温が5℃を超えたのは和歌山市だけであったが，45年ものあいだの温暖化に伴い，大阪市でも5℃を上回り，京都市や津市でもおおよそ5℃前後にまで上昇した。こうした気象データは，現在のミナミアオカメムシの分布状況をよく反映しているものと考えられる（図1-8参照）。このような気温上昇とミナミアオカメムシの北上との関係に似た傾向は，九州など他の地域においても報告されている（Yukawa et al. 2007）。

　都市部における温暖化は地球温暖化だけによるのではない。ヒートアイランド現象による気温上昇の影響は，大規模な範囲で鑑みると局地的で小さな影響力しか持たないが，地域的な規模で，とくに冬季や春季には気温上昇の重要な要因となる。同じカメムシ目のタイリクヒメハナカメムシ *Orius strigicollis* は，ヒートアイランド現象による気温上昇が主要因となり，分布を北方に拡大したといわれている（清水ら 2001）。こうしたことからも，ミナミアオカメムシの分布北進には，ヒートアイランド現象も影響を及ぼしていると考えられる（Kiritani 2001）。

　気温の上昇率は，郊外の地域に比べて巨大都市近郊において明らかに高くなっている（Kato 1996）。たとえば，大阪市の1月の平均気温は，過去10年間（1960-1969年）では4.6℃であったのに対して，近年10年間（1998-2007年）では6.2℃であった。一方で都市部から遠く離れた潮岬では，同期間において7.2℃から8.1℃に上昇した。それゆえ，過去10年間に対する近年10年間の温度上昇は，潮岬市（0.9℃）に比べて大阪市（1.6℃）において明らかに大きかったのが分かる。こうしたことから，夏季において，ミナミアオカメムシは都市近辺から郊外に至るまでさまざまな場所で採集されたが，冬季には郊外に比べて温度の高い大都市近郊を中心に越冬を

している可能性が示唆された。

　これまでのデータにより，近畿地方周辺の多くの地域において，ここ45年のあいだにミナミアオカメムシの越冬条件がより好適なものになってきており，それに伴いミナミアオカメムシの北進が促進されたものと考えられる。

c. ミナミアオカメムシの分布拡大がアオクサカメムシに与える影響

　温暖化によるある種類の分布拡大は，他の種類に間接的な影響を及ぼす可能性がある。ミナミアオカメムシとアオクサカメムシは混生地帯において種間交尾を行うことが知られている。この交尾は次世代を産出しない不毛の交尾である。また，実験室内での交尾実験によれば，ミナミアオカメムシ雄とアオクサカメムシ雌との交尾頻度は，アオクサカメムシ同士のそれを上回りすらしたし，逆にアオクサカメムシ雄とミナミアオカメムシ雌とのそれは有意に低かったという (Kon et al. 1994)。このことは二種間の交尾競争が非対称であり，アオクサカメムシの方が不利であることを示唆している。

　混生地帯付近では，いくつかの例を別にして (Yukawa et al. 2007)，数年でミナミアオカメムシが優占種になることが知られている (鮫島　1960；Kiritani et al. 1963)。その主な要因としては，ミナミアオカメムシの増殖能力の高さが挙げられる (苅谷　1961；Kiritani et al. 1963)。ミナミアオカメムシは，年間世代数が，アオクサカメムシの2世代に比べて，3-4世代と多く，また，早期に作付けされた稲を利用することができる。その上，ミナミアオカメムシは春から初秋まで繁殖を行うのに対して，アオクサカメムシは夏休眠を行い，1世代目の成虫は盛夏をすぎるまで繁殖を行わない (Noda 1984; Numata and Nakamura 2002)。最終的に，アオクサカメムシの割合が低くなっている地域では，羽化した少数の雌成虫は，優占種であるミナミアオカメムシの成熟雄と交尾する確率が高くなり，すでに述べた交尾競争における非対称も相まって，ミナミアオカメムシがますます優勢になっていくものと考えられる (図1-9)。

　しかしながら，先に述べたように，ミナミアオカメムシは，アオクサカメムシに比較して厳しい冬には死亡率が極端に高くなる (Kiritani et al. 1963)。このことが，ミナミアオカメムシの分布域を制限し，同時に混生地域より北方では，春季から夏季にかけて繁殖能力が高くても，アオクサカメムシの生息域に進出することができない要因なのではないかと考えられてきた。

　1960年代から，以前の分布限界より北方に位置する地域でミナミアオカメムシ

I 昆虫から見る環境変動

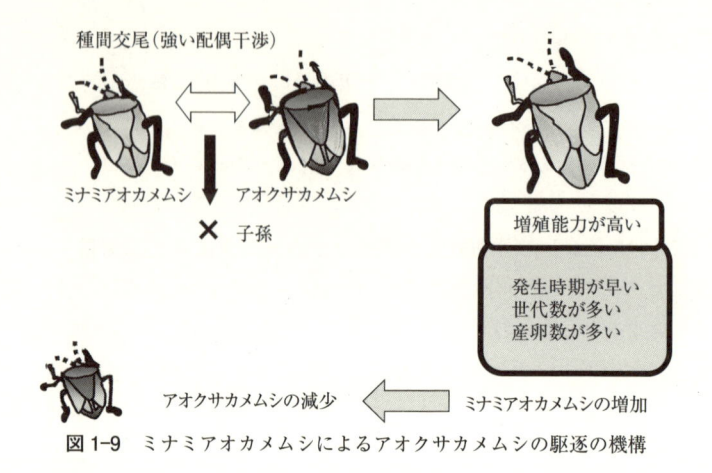

図1-9 ミナミアオカメムシによるアオクサカメムシの駆逐の機構

が見つかったという記録が報告されるようになった（Musolin and Numata 2003a, 2003b; Kiritani 2006; Musolin 2007; Yukawa et al. 2007 参照）。しかしながら，それぞれの報告は独立しているものであるために，報告された当時の分布状況を映し出すものではなかったり，あるいは，分布に関連する要因との関係を明らかにしたりするものではなかった。

アオクサカメムシの分布変遷が起こったかどうかは依然としてはっきり分かっていないが，ミナミアオカメムシの温暖化に伴う分布領域の拡大に伴い，沿岸部などこれまで見られた地域よりも，より温度の低い丘陵地や，山手を中心に分布するようになっているものと推測される。このことに関する詳細な調査研究が望まれるところである。

1-3　仮想温暖化装置を用いたミナミアオカメムシの発生予測

将来の温暖化状況における昆虫の発生状況を予測するには，発育ゼロ点や有効積算温度などの予測に必要な生物学的データを用いて数値的にシミュレーションするのがふつうである。たとえば，井村（1999）は，日本に生息する昆虫に見られる基本的な生物的特性を持ったさまざまな昆虫について，二酸化炭素が倍増すると推測されている21世紀末（2℃温暖化）の発生状況を予測した。

私たちの場合は，これと違って，温暖化をシミュレートした装置で実際に昆虫を

図1-10　温暖化シミュレーション装置（右側のインキュベータ）

飼育するという手法を用いた（Musolin et al. submitted）。すなわち，ミナミアオカメムシをモデル材料とし，温暖化シミュレーション装置（野外よりも2℃高い温度で変動するようプログラミングされたインキュベータ）（図1－10）を用いて飼育（以下，温暖化区）する一方，隣接して外気温条件下でも並行して飼育（以下，外気温区）し，その両者を比較する実験を，平成18年度から開始した。2℃の気温上昇というのは，2100年時点で予測される気温上昇である1.4-5.8℃（IPCC 2007）という温暖化状況をやや控えめにシミュレートしたものとして，設定した。実際は，2.5℃と設定よりも少しだけ高まった。もちろん，日長は自然日長になるよう，インキュベータの外壁は透明なガラスとした。

　飼育実験は，野外から採集してきた雌成虫が産下した卵塊を2分割したものそれぞれを温暖化条件と外気温条件の出発点とし，孵化幼虫には大豆と落花生，および水を与えて行った。飼育開始（卵塊設置）日は，実験年によって異なったが，初夏から秋までの異なる季節にまたがった。羽化成虫は雌雄ペアにして飼育し，生存と繁殖（交尾と産卵）について観察した。雄成虫は死亡すると補充したが，雌成虫の場

合は補充せずに，体長を測定して終了とした．冬季には落ち葉を入れ，油性マジックで個体識別の番号を施した上で集団飼育した．以下に，得られた成果 (Musolin et al. submitted) の概要を記す．

(1) 幼虫の発育と羽化成虫の生存・繁殖

　昆虫は，通常，温度が高くなるとそれだけ発育速度が増し，羽化成虫の体サイズは小さくなることが知られている (Partridge et al. 1994; Atkinson 1994)．本実験においても，同様なことが実現したのであろうか．

　初夏にミナミアオカメムシの卵塊をセットした場合は，幼虫発育期間は温暖化区の方がやや短くなったものの大差なく，羽化成虫の体サイズもほとんど変わらなかった．しかし，盛夏に設置した卵塊では奇妙なことが起こった．外気温区では予想どおり発育が速まり，羽化成虫の体サイズも小さくなった．一方，温暖化区では，逆に発育が遅延し (図1-11)，脱皮に失敗する個体が増え，かつ体サイズが著しく小さくなった (図1-12) (Musolin et al. submitted)．これらの結果は，比較的涼しい季節では温暖化状況は発育に有利に作用するが，真夏においては顕著な高温障害をもたらし，不利に作用することを示している．温帯でも京都のような夏季に高温となるような地域では，南方性の昆虫とはいえ，顕著な高温障害を起こすことが実験的に証明されたことは，特筆すべき事柄である．このような高温障害を受けて羽化した成虫は，その後どうなるのであろうか．体色は緑色のままで，越冬前に繁殖したが，生存率は低く，産卵数も少なかった．高温障害は幼虫期だけでなく，羽化後も後遺症として残ったのである．高温障害の具体的メカニズムは不明であるが，共生微生物が関与している可能性もあり，このことに関する研究を開始しているところである．

　それでは，初秋にセットされた卵塊では発育はどうなったのであろうか．それらの幼虫は9月から10月にかけて発育したことになる．ここでも奇妙なことが起こった．温暖化条件下の方で発育が速まったことは予想どおりであったが，この場合は体サイズも大きくなったのである (図1-12参照)．そして，いずれの場合も繁殖は当年にはなされず，翌年に持ち越された．

　因みに，10月以降に卵塊をセットした場合は，いずれの場合も羽化することはできなかった．急速に寒くなっていく時期に発育せざるをえなかった幼虫たちは，発育を全うできずに死亡してしまったのである．

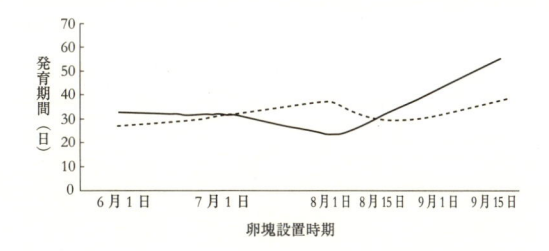

図 1-11 ミナミアオカメムシの卵塊設置時期と雌成虫の幼虫発育期間。外気温条件（—），温暖化条件（---）でいずれも大まかな傾向を示している。

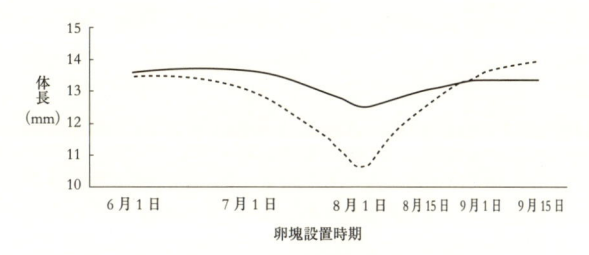

図 1-12 ミナミアオカメムシの卵塊設置時期と雌成虫の体サイズ。外気温条件（—），温暖化条件（---）でいずれも大まかな傾向を示している。

(2) 越冬生存率を高める形質とは何か

　南方性の害虫にとって温帯などの北方に分布を拡大するにおいて最も重要な問題となるのは，越冬である。晩夏あるいは初秋にセットされた卵塊から孵化した幼虫は，外気温区であろうと温暖化区であろうと，越冬前に繁殖はせずにすべて越冬後に繁殖したことはすでに述べたが，越冬生存率は温暖化条件下の方で高かった。なぜであろうか。その要因は二つあるものと考えられる。ひとつは，温暖化条件下で発育した方が羽化成虫の体サイズが大きくなったこと，もうひとつは同条件下で羽化した成虫の方で褐色個体の割合がずっと高かったことである。それではこれらのことがなぜ越冬生存率を高めることに繋がったのであろうか。

　まず体サイズを大きなものと小さなものに分けて，越冬生存率（4月1日まで生存していた個体の割合）を比較したところ，小さいものでは44％程度であったのに対して，大きいものでは約80％と倍近い値を示した。大きな個体は脂肪体の蓄積が多く，そのことが生存率の向上に有利に働いたものと考えられる。一方，体色で

あるが，緑色と褐色の二つのグループに分けて，越冬生存率を比較したところ，興味深い結果が得られた。体色間の比較は，外気温区と温暖化区，それぞれにおいて行った。外気温区では，褐色個体の方で75%程度の高い値を示したが，緑色個体では約40%という低い値を示した。

　褐色化は本種では休眠が誘導されているという生理的状態を示す指標であると考えられているので，褐色個体が多かった温暖化区で越冬生存率が高まったのは当然であるだろう。しかし，それだけではなかった。温暖化区で体色間の比較をしたところ，褐色個体の越冬生存率は80%をゆうに超えたのみならず，緑色個体でも80%程度に向上したのである（Musolin et al. submitted）。このことは将来の温暖化状況下では，休眠が誘導されていない個体であっても冬季の生存が十分に可能になることを示している。すでに述べたように，ミナミアオカメムシは温帯の厳しい冬を越すためには，まだ十分に適応できているとはいえない。それにもかかわらず越冬生存率が高まり，その結果として発生量が増大しているのは，寒地適応なしでも南方性の昆虫たちが越冬可能になっていること，すなわち温暖化やヒートアイランドが進行した結果として，わが国の温帯地域が亜熱帯化しつつあることを如実に物語っているのである。

(3) 越冬後の繁殖

　温暖化によるフェノロジーの早期化は，植物から動物に至るまで各種の生物相で報告されてきた（Parmesan 2006）。昆虫では，チョウ目の出現期の早期化がよく知られている（Roy and Sparks 2001; Forister and Shapiro 2003）。カメムシ目においても，出現期の早期化は，気温の高い年に確認されており（松本ら　2003），今後も気温上昇による出現期の早期化がさまざまな昆虫相でも確認されると予想される（Yamamura and Kiritani 1998；山口ら　2001；Kiritani 2006）。

　仮想温暖化装置を用いることで同時期（同じ年）に野外で観察することが可能となったこの研究の結果はどうだったのであろうか。結論をいえば，春季の交尾開始時期にしても産卵開始時期にしても有意に早まった。たとえば，9月1日に卵をセットしたケースでいえば，越冬後の基準日を3月1日とした場合，交尾開始時期は外気温区で約68日，温暖化区で61日であったし，産卵開始時期は外気温区で約85日であったのに対して温暖化区で約76日と早まった。これらの繁殖活動の早期化は，卵巣や精巣といった生殖器官の継時的な解剖所見によっても裏づけられた。

Musolin (2006) は，25℃で明期：暗期＝10L：14D，12L：12D，13L：11D の三つの日長条件においてミナミアオカメムシを卵塊から飼育した。成虫が羽化すると休眠（体色が緑色から褐色）状態の成虫のみを継続飼育し，その後の休眠覚醒や繁殖について観察した。結果としては，長日条件下で休眠の覚醒が早まり，また繁殖開始時期が早くなった。しかしながら，私たちの研究では，日長条件がほぼ同じであるのに温度条件によって，そうした形質に差が生じた。交尾開始時期は温暖化区でおよそ5月初旬であり，外気温区で5月中旬であった。これはいずれの場合も明期が13時間以上存在する。また，5月の気温条件は温暖化区で約17-25℃，外気区は約14-23℃で，ミナミアオカメムシの発育ゼロ点を超えており（苅谷 1961；野中・永井 1978），越冬後活動を開始するためには，気温が高い方が有利に働いたのではないかと考えられた。

雌成虫あたりの総産卵数は，越冬前の繁殖において，7月，8月に温暖化区に設置した卵塊由来の雌成虫で少なくなった。これは，夏季の高温により，発育不良個体が多かったためであると考えられる。越冬後の繁殖では，より後に羽化した雌成虫の個体ほど総産卵数が増加した。こうした傾向は Musolin and Numata (2003) による同様な野外実験でも観察された。秋季に休眠に入る際により短日であればそれだけ深い休眠に入り，越冬後の繁殖能力が上がるものと考えられる（Musolin and Numata 2003b）。ただし，外気温条件下で最後に羽化した個体群は，休眠に入るための温量が不十分であることが考えられた。また，総産卵数は雌成虫の生存（繁殖）期間に比例して増加することが報告されており（Musolin et al. 2006），生存に好適であると考えられた温暖化条件下で生存期間が比較的長く，しかも繁殖開始時期も早まったために，総産卵数も増えたものと考えられる。

おわりに

温暖化が昆虫に与えるインパクトを明らかにするため，オオタバコガとミナミアオカメムシという，いずれも世界的に分布している亜熱帯性の重要害虫をモデルにして研究を展開してきた。その場合，それぞれの種の温帯性の近縁種との比較を行うという，比較生態学手法を採用した。

オオタバコガの温帯個体群は，温帯適応種のタバコガと比較すれば，まだ温帯の気候には適応できていないと見なされたが，沖縄のような亜熱帯個体群からすれば，休眠率の上昇など，明らかに温帯に対する適応的進化もなされつつあることが

分かった。今後，分布拡大や発生動態に関する研究だけでなく，休眠などの生活史形質の進化に関する研究も同時並行的に進め，その進化を追跡していく必要があるだろう。それもまた，一種のモニタリングであるに違いない。本種の近年における多発生と温暖化が関連していることも示された。秋季における本種の「休眠誘導最適期間」(OPDI) が温暖化により延長する結果，越冬蛹が増え，翌春の発生量の増大に結びつくものと考えられた。したがって，異常な猛暑に見舞われた1994年における多発生はその前年の秋におけるOPDIの延長によるものであると推測された。

温暖化は，越冬生存率の増加，繁殖開始時期の早期化，生存期間の長期化，越冬後繁殖個体割合の増加など，ミナミアオカメムシの増殖においてもきわめて有利に作用することが多いことが，温暖化シミュレーション装置を用いた実験により示された。このことは，温暖化が進行するに連れ，本種の個体数が増大し，害虫として重要化していくことを示唆している。そのことはまた，本種がますます北方へと分布拡大をはかることも示唆している。

ミナミアオカメムシの個体群密度の上昇と分布拡大は，同属近縁種であるアオクサカメムシにとってきわめて大きな脅威となることを示している。なぜなら，両種は種間交尾を行い (Kiritani et al. 1963)，その場合子孫を残せないが，その可能性が非対称であるからである。すなわち，ミナミアオカメムシの増殖力が温暖化条件下でますます大きくなることが予測されるため，アオクサカメムシの雌の交尾相手がミナミアオカメムシ雄になってしまう確率が高まり，アオクサカメムシの方が種間交尾のデメリットを被り易いからである。私たちの近畿圏における分布調査でも，ミナミアオカメムシはかつての和歌山県南部から大阪府北部まで，その分布を急速に拡大しつつある。両種の非対称な交尾干渉が今後起こる可能性は増大しており，その結果としてのアオクサカメムシの個体群密度の減少や地域的絶滅が懸念される。

しかし，今後のシナリオはそう単純ではないかもしれない。温暖化シミュレーション装置を用いた飼育実験により，8月といった盛夏において発育を余儀なくされた個体は，温暖化状況において，死亡率の増大，脱皮失敗，発育の遅延，体サイズの小型化といった，明白な高温障害を起こすものが多かったからである。アオクサカメムシで同様な実験を行っていないので，直接比較することはできないが，この種では夏眠を行うことが知られている (Noda 1984; Numata and Nakamura 2002) ので，ミナミアオカメムシとは違って温暖化による高温障害はあまり起こさないかもしれない。もしそうであれば，皮肉なことに南方性の昆虫であるミナミアオカメム

シにとっての温暖化の最大のネックは暑い夏をどうやり過ごすかということになるであろう。

　最初に述べたように，カリフォルニア大の研究チームは，米科学アカデミー紀要に発表した最新の論文において，低緯度地域に生息する昆虫ほど温度適応の幅が狭く，温暖化に伴う絶滅リスクが高いことを警告した (Deutsch et al. 2008)。もしそうであれば，温暖化は生物多様性の宝庫である熱帯においてもっとも大きなインパクトを与えることを意味しており，地球上の生物多様性への影響は測り知れない。

　熱帯アフリカにおいて代表的な熱帯熱マラリア原虫とその媒介蚊によるマラリア患者の消長を見ると，気温が高い季節ほど患者が減る事例が見いだされている。そこで，帝京大学の池本孝哉は，「内的な発育最適温度」という，新たに開発されたモデル式において，高温と低温の悪影響が極小になる温度と定義される温度概念を提案した (Ikemoto 2005)。温度と発育速度に関する熱力学曲線モデルを使ってマラリア媒介蚊とその体内におけるマラリア原虫の「内的な発育最適温度」を推定したところ，いずれも23-24℃という比較的低い温度であった (Ikemoto 2008)。熱帯アフリカ低地などの高温地域においては，現在でもマラリア媒介蚊やマラリア原虫の発育が悪影響を受けており，さらに温暖化が進めばマラリア流行が縮小する可能性があるという。

　寒地適応性の昆虫が温暖化とともに高緯度地帯や高標高地帯に追いやられ，絶滅の危機に瀕するであろうことは想像に難くないが，熱帯性の昆虫も絶滅リスクが高いことは驚きである。熱帯においては今後マラリアが減少していくというのも意外である。しかし，よく考えてみれば，安定した熱帯気候に適応した熱帯性の昆虫が温度適応の幅が狭く，温度変化に弱いことは，当然のことなのかもしれない。私たちは温度やそれと関係した環境変動の問題を常識や偏見にとらわれず，あくまでも科学的に捉える必要がある。

　ミナミアオカメムシをモデルとしたわれわれの研究にしても，南方性の昆虫にとって温暖化はすべて有利であるとは限らないことを明白に示した。すなわち，越冬におけるその有利さは論を待たないが，夏季においては不利であり，それらが適応度の上で総合的にどのように作用するのかに関する詳細な研究が今後必要とされるに違いない。このことは温暖化状況における本種の害虫としてのステータスを予測する上で，きわめて重要な事柄である。また，本種だけでなく，南方性の害虫の将来における分布拡大と発生量を考察する上で，新たな画期的視点を提供したものと考えている。

このことと同時に，今回示したような近縁種間の相互作用のように，生態系のなかの生物間相互作用を通しての間接効果あるいはカスケード効果に関する研究も重要である．温暖化インパクトの科学的解析は，直接効果と間接効果の両面から総合的になされて，初めて達成されるものである．温暖化が昆虫類に与えるインパクトの解析は，そういう意味ではまだ緒に就いたばかりである．今後のより総合的な研究の展開が期待される．

▶▶参考文献◀◀

Atkinson, D. (1994) Temperature and organism size — a biological law for ectotherms? *Adv. Ecol. Res.* 25: 1-58.
Cammell, M. E. and Knight, J. D. (1992) Effects of climatic change on the population dynamics of crop pests. *Adv. in Ecol. Res.* 22: 117-162.
Deutsch, C. A., Tewksbury, J. J., Huey, R. B., Sheldon, K. S., Ghalambor, C. K., Haak, D. C. and Martin, P. R. (2008) Impacts of climate warming on terrestrial ectotherms across latitude. *Proc. Natl. Acad. Sci. USA* 105: 6668-6672.
Feeley, K. J. (2007) Decelerating growth in tropical forest trees. *Ecol Lett.* 10: 461-469.
Forister, M. L. and Shapiro, A. M. (2003) Climatic trends and advancing spring flight of butterflies in lowland California. *Global Change Biol.* 9: 1130-1135.
Fujisaki, K. (1993) Reproduction and egg diapause of the oriental chinch bug, *Cavelerius saccharivorus* Okajima (Heteroptera: Lygaeidae), in the subtropical winter season in relation to its wing polymorphism. *Res. Popul. Ecol.* 35: 171-181.
Fujisaki, K. (2000) Seasonal adaptations in subtropical insects: wing polymorphism and egg diapause in the oriental chinch bug, *Cavelerius saccharivorus* Okajima (Heteroptera: Lygaeidae). *Entomol. Sci.* 3: 177-186.
Grafen, A. and Hails, R. (2002) *Modern Statistics for the Life Sciences*. Oxford University Press, Oxford.
Harrington, R., Clark, S. L., Welham, S. J., Verrier, P. J., Denholm, C. H., Hulle, M., Maurice, D., Rounsevell M. D. and Cocu, N, European Union Examine Consortiums (2007) Environmental change and the phenology of European aphids. *Global Change Biol.* 13: 1550-1564.
Hickling, R., Roy, D. B., Hill, J. K., Fox, R. and Thomas, C. D. (2006) The distributions of a wide range of taxonomic groups are expanding polewards. *Global Change Biol.* 12: 450-455.
Ikemoto, T. (2005) Intrinsic optimum temperature for development of insects and mites. *Environ. Entomol.* 34: 1377-1387.
Ikemoto, J. (2008) Tropical malaria does not mean hot environments. *J. Med. Entomol.* 45: 963-969.
井村治（1999）「地球環境変化と昆虫」河野昭一・井村治共編『環境変動と生物集団』海游舎，147-167.
IPCC (Intergovernmental Panel on Climate Change) (2007) *Climate Change 2007: The Physical Science Basis Summary for Policymakers. Contribution of Working Group I to the Fourth Assessment Report of the Intergovernmental Panel on Climate Change* IPCC, Geneva, Switzerland [http://www.ipcc.ch/SPM2feb07.pdf].
Izumi, Y., Anniwaer, K., Yoshida, H., Sonoda, S., Fujisaki, K. and Tsumuki, H. (2005) Comparison of cold

hardiness and sugar content between diapausing and nondiapausing pupae of the cotton bollworm, *Helicoverpa armigera* (Lepidoptera: Noctuidae). *Physiol. Entomol.* 30: 36−41.

苅谷博光 (1961)「ミナミアオカメムシとアオクサカメムシの発育と死亡率に及ぼす温度の影響」『日本応用動物昆虫学会誌』5：191−196.

Kato, H. (1996) Statistical method for separating urban effect trends from observed temperature data and its application to Japanese temperature records. *Journal of the Meteorological Society of Japan* 74: 639−653.

河津俊作・本間香貴・堀江武・白岩立彦 (2007)「近年の日本における稲作気象の変化とその水稲収量．外観品質への影響」日本作物学会記事 76: 423−432.

桐谷圭治 (2001) 昆虫と気象．成山堂書店，東京

Kiritani, K. (2006) Predicting impact of global warming on population dynamics and distribution of arthropods in Japan. *Popul. Ecol.* 48: 5−12.

Kiritani, K. (2007) The impact of global warming and land-use change on the pest status of rice and fruit bugs (Heteroptera) in Japan. *Global Change Biol.* 13: 1586−1595.

Kiritani, K., Hokyo, N. and Yukawa, J. (1963) Co-existence of the two related stink bugs *Nezara viridula* and *N. antennata* under natural conditions. *Res. Popul. Ecol.* 5: 11−22.

Kon, M., Oe, A. and Numata, H. (1994) Ethological isolation between two congeneric green stink bug (Heteroptera, Pentatomidae). *J. Ethol.* 12: 67−71.

Masaki, S. (1990) Opportunistic diapause in the subtropical ground cricket, *Dianemobius fascipes*. In *Insect Life Cycles: Genetics, Evolution and Co-ordination* (Gilbert, F.S. et al. eds), Springer-Verlag, London, pp. 125−141.

松本幸子・山田健一・秦孝弘・道谷栄司 (2003)「2002 年の福岡県における果樹カメムシ類大発生とその要因」『九州病害虫研究会報』49：111−115.

Menéndez, R. (2007) How are insects responding to global warming? *Tijdschr. Entomol.* 150: 355−365.

Musolin, D. L. and Numata, H. (2003a) Photoperiodic and temperature control of diapause induction and colour change in the southern green stink bug *Nezara viridula*. *Physiol. Entomol.* 28: 65−74.

Musolin, D. L. and Numata, H. (2003b) Timing of diapause induction and its life-history consequences in *Nezara viridula*: is it costly to expand the distribution range? *Ecol. Entomol.* 28: 694−703.

Musolin, D. L., Fujisaki, K. and Numata, H. (2006) Photoperiodic control of diapause termination, colour change and postdiapause reproduction in the southern green stink bug, *Nezara viridula*. *Physiol. Entomol.* 32: 64−72.

Musolin, D. L. (2007) Insects in a warmer world: ecological, physiological and life-history responses of true bugs (Heteroptera) to climate change. *Global Change Biol.* 13: 1565−1585.

Musolin, D. L., Tougou, D. and Fujisaki, K. Too hot to handle? Phenological and life-history responses of the southern green stink bug *Nezara viridula* (Heteroptera: Pentatomidae) to simulated rapid climate change. *Global Change Biol.* (submitted)

Noda, T. (1984) Short day photoperiod accelerates the oviposition in the oriental green stink bug, *Nezara antennata* Scott (Heteroptera: Pentatomidae). *Appl. Entomol. Zool.* 19: 119−120.

Numata, H. and Nakamura, K. (2002) Photoperiodism and seasonal adaptations in some seed-sucking bugs (Heteroptera) in central Japan. *Eur. J. Entomol.* 99: 155−161.

大野裕史・中村圭司 (2007) ミナミアオカメムシ (*Nezara viridula*) とアオクサカメムシ (*N. antennata*) の岡山県及び四国における分布．*Naturalistae* 11: 1−8.

Parmesan, C. (2006) Ecological and evolutionary responses to recent climate change. *Ann. Rev. Ecol. Evol.*

Syst. 37: 637−669.
Parmesan, C. (2007) Influences of species, latitudes and methodologies on estimates of phenological response to global warming. *Global Change Biol.* 13: 1860−1872.
Parmesan, C. and Yohe, G. (2003) A globally coherent fingerprint of climate change impacts across natural systems. *Nature* 421: 37−42.
Partridge, L., Barrie, B., Fowler, K. and French, V. (1994) Evolution and development of body size and cell size in *Drosophila melanogaster* in response to temperature. *Evolution* 48: 1269−1276.
Qureshi, M. H., Murai, T., Yoshida, H., Shiraga, T. and Tsumuki, H. (1999) Effects of photoperiod and temperature on development and diapause induction in the Okayama population of *Helicoverpa armigera* (Hb.) (Lepidoptera: Noctuidae). *Appl. Entomol. Zool.* 34: 327−331.
Roy, D. B. and Sparks, T. H. (2001) Phenology of British butterflies and climate change. *Globl Change Biol.* 6: 407−416.
鮫島徳造 (1960)「ミナミアオカメムシの発生と被害」『植物防疫』14：242−246
清水徹・川崎健一・日本典秀 (2001)「タイリクヒメハナカメムシの分布北限について」『日本応用動物昆虫学会誌』4：129−141
Shimizu, K. and Fujisaki, K. (2002) Sexual differences in diapause induction of the cotton bollworm, *Helicoverpa armigera* (Hb.) (Lepidoptera: Noctuidae). *Appl. Entomol. Zool.* 37: 527−533.
Shimizu, K., Shimizu, K. and Fujisaki, K. (2006) Timing of diapause induction and overwintering success in the cotton bollworm *Helicoverpa armigera* (Hb.) (Lepidoptera: Noctuidae) under outdoor conditions in temperate Japan. *Appl. Entomol. Zool.* 41: 151−159.
Shimizu, K. and Fujisaki, K. (2006) Geographic variation in diapause induction under constant and changing conditions in *Helicoverpa armigera*. *Entomol. Exp. Appl.* 121: 253−260.
Shimizu, K. and Fujisaki, K. Predictive models of the abundance of the cotton bollworm *Helicoverpa armigera* (Hubner) (Lepidoptera: Noctuidae) in temperate Japan. *Agric. Forest Entomol.* (submitted)
Stefansescu, C., Peñuelas, J. and Filella, L. (2003) Effects of climatic change on the phenology of butterflies in the northwest Mediterranean Basin. *Global Change Biol.* 9: 1494−1506.
Thomas, C. D. and Lennon, J. J. (1999) Birds extend their ranges northwards. *Nature* 399: 213.
Tougou D., Musolin, D. L. and Fujisaki, K. (2009) Some like it hot: Rapid climate change promotes shifts in distribution ranges of *Nezara viridula and Nezara antennata* (Heteroptera: Pentatomidae) in Japan. *Entomol. Exp. Appl.*
Yamamura, K. and Kiritani, K. (1998) A simple method to estimate the potential increase in the number of generations under global warming in temperate zones. *Appl. Entomol. Zool.* 33: 289−298.
山口卓宏・桐谷圭治・松比良邦彦・福田健 (2001)「異常高温が作物害虫の発生に及ぼす影響」『日本応用動物昆虫学会誌』1：1−7.
山崎信・村上斉・中島一喜・阿部啓文・杉浦俊彦・横沢正幸・栗原光規 (2007)「平均気温の変動から推定したわが国の鶏肉生産に対する地球温暖化の影響」『日本畜産学会報』77: 231−235.
吉松慎一 (1995)「1994 年に西日本で多発生したオオタバコガとその加害作物」『植物防疫』49：495−499.
Yukawa, J., Kiritani, K., Gyoutoku, N., Uechi, N., Yamaguchi, D. and Kamitani, S. (2007) Distribution range shift of two allied species, *Nezara viridula* and *N. antennata* (Hemiptera: Pentatomidae), in Japan, possibly due to global warming. *Appl. Entomol. Zool.* 42: 205−215.

TOPIC 1

温暖化で日本のチョウがまた1種増える？
クロマダラソテツシジミの急激な分布拡大とその要因

■前園泰徳■

1　クロマダラソテツシジミとは？

　この長い種名を知らない人もまだ多いはずだ。それは当然かもしれない。何しろこのチョウが全国的に注目され始めたのは，2007年の夏というごく最近であるからだ。この年，本種は，前年より発生が認められていた先島諸島から琉球列島を飛び越えて鹿児島本土で発見された後，南九州から琉球列島全体で次々と発見された。その一方，時期をほぼ同じくして突然関西地方からも発見されている。そして，翌年の2008年には，さらに分布範囲を拡大し，西日本の広い範囲において大発生が報告され，各地の新聞などで大きく報じられるほどの状況となっている。

　このような背景から，ここでは本種の基礎的な情報をはじめ，分布拡大のおおまかなルート，奄美大島における2年間の発生状況，そして北上の要因などについて論じる。これを機に本種への注目が増え，今後の動態について詳しい研究がなされることを期待している。

　クロマダラソテツシジミ *Chilades pandava* は前翅長15mmほどのシジミチョウである（図1）。翅には独特の模様と尾状突起を有し，雌雄は，雄の翅表面の青色部面積が雌よりも広いことで容易に見分けられる。本来の生息範囲は，フィリピン諸島，マレー半島，インドネシア，インド，台湾周辺と考えられている（川副　1992）。日本では1992年より，時折沖縄県において発生例が知られているが，2007年まではいずれも分布の拡大は認められていない（福田　2008）。食草は，和名が示している

I 昆虫から見る環境変動

▶図1　クロマダラソテツシジミ雄

ように，日本にも分布するソテツ *Cycas revolute* をはじめ，ソテツ属が広く含まれる他，マメ科やミカン科を食草とする報告もある。しかし，ソテツ以外の食草については，外見が本種に類似したシジミチョウ成虫の誤同定に伴う間違いである可能性もあるという（福田　2008）。ただし，飼育下ではインゲンマメなどの代用食で生育が可能であるという（高崎　2002a）。本種の雌はやわらかいソテツの新芽を選んで産卵する（図2）。時には1株あたり数百個体もの幼虫が発生して新芽を食べることで，新芽すべてが食べ尽くされ，実の内部を食べられることさえある。そのため，原産地ではソテツの害虫として広く知られている（福田　2008）。日本の野外における生態はまだ詳しく分かっていない。しかし，産卵数は雌1個体で300個以上になること（高崎　2002b, 2003），天敵として寄生バチ（中野　1994）と寄生バエが確認されたこと（中峯ら　2008）などの情報が徐々に集まりつつある。

2　2007年からの分布拡大ルート

　クロマダラソテツシジミの生態や，琉球列島から九州南部までの北上ルートについては，2008年に鹿児島昆虫同好会が発行した，SATSUMA Vol. 58 No. 138 の「クロマダラソテツシジミ特集号」が詳しい。とくに，中峯ら（2008）と中峯（2008）に

▶図2　ソテツの新芽に産卵するクロマダラソテツシジミ雌

は詳細な記述がある。そこで，ここでの記述と，インターネット上の本種の記述を整理し，おおまかに分布拡大ルートを示す。

　まず2006年から2007年は6月までは，沖縄県の先島諸島でのみ発生が認められていた。ところが2007年7月下旬に鹿児島県南部の指宿市で発見された後，8月から9月のあいだに鹿児島本土での北上とともに，琉球列島の各島で次々と発見の報が舞い込む。一方でこの時期に，突然兵庫県や大阪府においても本種が発見された（兵庫県の発見例については，7月という報もある）。11月には鹿児島本土を越え，宮崎県でも本種が発見された。2007年に発見が相次いだ地域では，12月から2008年1月までは成虫の飛翔が目撃されていたが，それ以降はしばらく発見例が途絶えた。

　この琉球列島南部から九州南部にかけての分布拡大については，徐々に離島などでも発見が続いたことから，複数個体が自力で移動した可能性が高い。方向については，鹿児島本土では一定の北上傾向が見られたものの，琉球列島については定かではない。ただし，これは観察者数にも左右されることであると思われるので，複数個体が発生を繰り返しながら北へ分布を拡げた，というおおまかな見方はできるだろう。一方，関西で発生したものについては，自力移動の可能性もあるが，九州

から関西間における発見例が全くなく，発生場所も極て限定されていたため，人為的な放蝶や，幼虫などが付着したソテツの移動の可能性も捨てきれない。

2007年の発生当初は，越冬ができずにそのまま冬期に死滅するという予想が多かった。しかし，2008年には2007年に発生が確認された九州以南と関西で再度発生し，その後は山陰地方を除く西日本全土に分布域が拡大している。この2007年と2008年春からの発生場所がほぼ一致していることは，2007年の各発生地点における本種の越冬を示唆しているのかもしれない。昨年の発生の様子から予想すると，おそらく2008年も年末まで分布を徐々に拡大し，越冬が可能であれば，2009年に再度前年の発生場所をスタート地点として，さらに北東部へ分布を拡げると思われる。

3　奄美大島における発生状況

奄美大島におけるクロマダラソテツシジミの初確認は，インターネットオークションで昆虫を販売している個人が，2007年8月に採集し出品したものであると考えられている（米村私信）。その後，9月から10月にかけて，まず奄美北部において発見が相次ぎ，11月に入ってからは南部からも報告が相次いだ（中峯ら2008）。筆者が本種を初確認したのは，9月末の北部の奄美市笠利町である。

そこで，翌月の2007年10月から，2007年12月，2008年6月，2008年10月の計4回，奄美大島の合計15ヶ所において分布調査を実施した（図3）。各調査ポイントは，ソテツの自然群落や道路際の植栽が最低20株以上ある場所から選定した。クロマダラソテツシジミの1) 成虫と，2) 卵・幼虫・食痕の有無を表1に示す。この調査から，奄美北部を皮切りに，2007年10月から12月のわずか2ヶ月間で，成虫が島の広範囲に分布するようになったことが分かった。また，奄美大島の西南部での定着は比較的遅い傾向があったが，2008年には全域にて発生した（表1a）。卵・幼虫・食痕については，成虫と比べ，発見までに多少のタイムラグが生じているが，2008年には全域のソテツで繁殖が認められた（表1b）。2008年の6月以降は，調査地点以外においても，もはや本種がいない場所が無いといっても過言ではない状況となり，ソテツが分布する場所以外においても，見かけるシジミチョウの大半が本種で占められているという異様な光景が続いた。

幼虫の大量発生が認められた調査地点③と⑤の3株ずつについて，2008年9月における幼虫数を数えてみた。各株の幼虫を可能な限り株の下に設置したネットに落とし，終齢である4齢幼虫のみの個体数を数えたところ，調査地③では，それぞ

▶図3　奄美大島におけるクロマダラソテツシジミの調査地点

調査地点の地名：
①奄美市笠利町笠利崎
②奄美市笠利町蒲生崎
③奄美市笠利町奄美万屋
④奄美市笠利町神ノ子
⑤龍郷町安木屋場
⑥龍郷町秋名
⑦龍郷町戸口
⑧奄美市名瀬小浜町
⑨大和村大棚
⑩奄美市大川
⑪奄美市住用町内海公園
⑫奄美市住用町西仲間
⑬瀬戸内町古仁屋
⑭宇検村湯湾
⑮瀬戸内町西古見

れ316匹，185匹，307匹，調査地点⑤では，それぞれ211匹，89匹，154匹が得られた。若齢幼虫まで含めると，多い株では優に400個体以上という大量の幼虫が生息していた（図4）。当然，これだけの数の幼虫が着いた株は，新芽が見るも無惨な姿となり，展葉がストップしていた（図5）。

　調査地点⑧において，野外におけるクロマダラソテツシジミの1世代の期間を測った。2008年8月14日に，産卵が行われた株から一度すべての卵をブラシにて排除した。翌日の15日には，新たに約50個の産卵が認められた。そこでその株全体にネットをかけ，経過を観察したところ，わずか12〜13日で蛹化に至り，14日から16日で成虫になることが分かった。奄美での発生状況から考えると，おそらく6月から11月までの約半年弱は繁殖が可能であると考えられる。この間，多少の発生期間の差は生じるだろうが，約2週間ごとに世代が繰り返されるとすると，繁殖期間中に10回ほども世代交代が行われることになる。

　奄美大島は，まとまったソテツ群落が多く，それらの一部は市町村の天然記念物に指定されている。同時に景観地としての認識も強い。さらに，ソテツを栽培して種子を海外に輸出する業者や，盆栽用の株を出荷している業者も存在する。現在のところ，上記のような大量発生は大規模な自然群落ではほとんどなく，道路際など

表1 奄美大島におけるクロマダラソテツシジミの分布域の変化

a. 成虫の有無

調査地	2007年10月	2007年12月	2008年6月	2008年10月
1	○	○	○	○
2	×	○	○	○
3	○	○	○	○
4	○	○	○	○
5	×	○	○	○
6	×	×	○	○
7	×	○	○	○
8	×	×	○	○
9	×	○	○	○
10	×	×	○	○
11	×	×	○	○
12	×	○	○	○
13	×	○	○	○
14	×	○	○	○
15	×	×	○	未調査

b. 卵・幼虫・食の有無

調査地	2007年10月	2007年12月	2008年6月	2008年10月
1	○	○	○	○
2	×	○	○	○
3	○	○	○	○
4	○	○	○	○
5	×	×	○	○
6	×	×	×	○
7	×	○	○	○
8	×	×	○	○
9	×	×	○	○
10	×	×	○	○
11	×	×	○	○
12	×	○	○	○
13	×	○	○	○
14	×	×	○	○
15	×	×	×	未調査

▶図4　ソテツの新芽を食べるクロマダラソテツシジミの幼虫

▶図5　クロマダラソテツシジミの幼虫により展葉が阻害されたソテツ

に植栽されたソテツで目立つ程度であるが，今後，さらに大量発生が続くようであれば，景観上の美観が損なわれることに加え，種子などの発育にも影響を及ぼす可能性がある。しかも，本種の1世代がきわめて短いことを考えると，長期間にわたって繰り返し食害を与える可能性がある。ソテツ栽培業者に至っては，すでに葉の食害による経済的な損失が生じ始めているという話もあるうえ，卵や幼虫が付着した株が販売されることで新たに人為的な分布拡大を引き起こす恐れがあることから，今後の動態や分布の変化を注意深く見守る必要があるだろう。

4 分布拡大の背景と今後の動向

2007年の発生時，九州南部で見つかった個体群については，自力で移動したものと思われたが，関西地方で発生したものについては，人為的な飼育個体の放蝶や，卵や幼虫がついた状態の食草の持ち込みによる発生もありうる。しかし，持ち込みか自力移動かは不明としても，2008年の発生状況を見る限り，九州南部から関西の広い範囲で越冬した可能性が高いことは疑いようが無い。

九州以南で見られた急激な分布拡大を引き起こした要因は何であろうか？　たとえば奄美大島では，他にもかつては生息していなかった南方系のチョウとして，ベニモンアゲハ *Pachliopta aristolochiae*，ナミエシロチョウ *Appias paulina*，ツマムラサキマダラ *Euploea mulciber*，アオタテハモドキ *Junonia orithya* などがすでに定着している。これらはいずれも1970年代を境として，徐々に琉球列島を自力で北上してきた種であると考えられている（福田ら　2005）。これらの定着の有無を決める重要な要因のひとつが食草の存在である。ところが上記の種の食草は，いずれも奄美に自生しているにもかかわらず，これらのチョウは，1970年代以前までは台風後などに現れる迷蝶として時折記録されるにすぎず，定着は認められていない。

そこで，これらのチョウの定着を左右している別の要因として考えられるのが，気温の上昇である。たとえば，Yoshio and Ishii（2001）は，本州において著しい北上を続けているナガサキアゲハ *Papilio memnon* について，温暖化による冬期の気温上昇が，その北上を可能にしていると考察している。そこで，気象庁（2008）の名瀬測候所におけるデータを見ると，1950年から2007年までの約60年間に，奄美で最も気温の低い1月の平均最低気温は約1.1℃上昇していた。この1℃強の上昇がチョウにとって大きいか小さいかはわれわれの視点では論じられないが，これがクロマダラソテツシジミをはじめ，多くの南方系チョウ類の北上の引き金になっている可能性は十分にある。ただし，本種についてはわずか2年間，広範囲の発生を確

認しただけであるため，今後完全に定着するとは言い切れない。たとえば，北上したナガサキアゲハ個体群は，もともと分布していた地域の個体群と比べ，耐寒性について何ら変化が無い，つまり生理的な変化を伴っていなかった（Yoshio and Ishii 2001）。もしクロマダラソテツシジミも同様であるならば，年変動などによって例年より冬期の気温が下がれば，もともとの生息地までの分布後退も起こりうるはずだ。そこで，定着か否かについては，今後しばらくはかれらの動きを注意深く見守って結論を出していくことになろう。

　2008年は西日本各地で大発生といえる状態であったが，それが今後も続くかどうかはまったく分からない。しかし，すでに一部で寄生者の存在が確認されていることは（中野　1994；中峯ら　2008），本来の分布地から寄生者もともに北上したか，新たな分布場所において寄生者が登場したことを意味する。また，一般的に，新たに侵入した生物に対しても，徐々に捕食─被食関係などさまざまな生物間の関係が築かれていくことを考慮すると，大発生が長期にわたって続くとは考え難い。

　日本におけるソテツの自然分布は，宮崎県以南から琉球列島にかけての海岸沿いであるが，自生地以外でも広い範囲で越冬が可能であるため，現在は本州中部まで広く植栽されている（城川ほか　2001）。したがって，クロマダラソテツシジミがソテツのみを食草とするのであれば，九州南部以北では植栽されたソテツを主な中継地点として，分布を拡大していく他ない。すでに2008年の段階で，琉球列島では部分的にソテツに著しい食害が生じているが，これがソテツの生育をも阻害するほどの影響を及ぼすかどうかはまだ分からない。ただし，天然記念物など保護対象となっているソテツの自生群落や，園芸対象としてのソテツでは，幼虫の大量発生による食害に，十分な注意を払う必要があるだろう。

　このクロマダラソテツシジミの北上が，地球温暖化に起因するものであるならば，今後も次々と南方系の昆虫の北上が起こる可能性が高い。というのも，気温上昇は今後さらに続き，第1部1章の冒頭でも述べたように2100年には最大で約6℃もの上昇が起こるという予想さえあるからだ（IPPC 2007）。このような事態が続けば，昆虫をはじめ，多くの生物の分布範囲が書き換えられるだけでなく，種間関係の変化や，最悪の場合，種の絶滅が生じる可能性もある。地球温暖化が人間活動の結果によって引き起こされている，という報告に懐疑的な研究者も存在するが，昆虫は，微妙な温度変化を敏感にキャッチするすぐれたセンサーであることは疑いようがない。地球温暖化の一部でもわれわれ人類に起因するものがあるならば，昆虫たちの北上を，地球温暖化によって表面化した地球規模の変化の序章として真摯に受け止

め，より真剣に対策を練るべきであろう。

▶▶参考文献◀◀

川副昭人 (1992)「*Chilades pandava* (Horsfeld) [1892] (クロマダラソテツシジミ) について」『蝶研フィールド』81：10．

中野純 (1994)「クロマダラソテツシジミの寄生蜂」『蝶研フィールド』96：23．

Yoshio M. and M. Ishii (2001) Relationship between cold hardiness and nothward invasion in the great mormon butterfly, *Papilio memnon* L. (*Lepidoptera: Papilionidae*) in Japan. *Appl. Entomol. Zool.* 36: 329-335.

城川四郎・高橋秀夫・中川重年ほか (2001)『山渓ハンディ図鑑5 樹に咲く花 合弁花，単子葉，裸子植物』山と渓谷社．

高崎浩一郎 (2002a)「日本産蝶類幼虫の新しく確認された興味ある食性について」『タテハモドキ』38：75-77．

高崎浩一郎 (2002b)「蝶類のケージ内自然交配の観察 (2)」『ゆずりは』16：43-37．

高崎浩一郎 (2003)「蝶類のケージ内自然交配の観察 (5)」『ゆずりは』16：56-59．

福田晴夫・山下秋厚・福田輝彦・江平憲治・二町一成・大坪修一・中峯浩司・塚田拓 (2005)『昆虫の図鑑 採集と標本の作り方』南方新社．

IPPC (2007)『第4次評価報告書』環境省ホームページ．
http://www.env.go.jp/earth/ipcc/4th_rep.html

気象庁 (2008)『名瀬測候所気象データ』気象庁ホームページ．
http://www.jma.go.jp/jma/index.html

福田晴夫 (2008)「クロマダラソテツシジミとはどんな蝶だろう」『SATSUMA』58：1-9．

中峯芳郎・中峯浩司 (2008)「鹿昆MLに寄せられたクロマダラソテツシジミの情報と分布拡散の様子について」『SATSUMA』58．No. 138：1-9．『SATSUMA』58：10-44．

中峯浩司 (2008)「鹿児島県立博物館に寄せられたクロマダラソテツシジミ情報」『SATSUMA』58, No. 138：45-49．

TOPIC 2

汽水環境におけるアメンボの生活史戦略

■貴志　学■　　■藤崎憲治■

　昆虫にとって生息場所の環境変化は大きな問題である．とくに不適な時期をいかに回避するかという戦略は重要であり，休眠や移動分散など生活史戦略に関して多くの研究がなされてきた．主要な生活史戦略の理論として，T. R. E. サウスウッドは，生息場所鋳型説を提唱した（Southwood 1977）．この説は生息場所の時間的・空間的な特性が鋳型となって休眠や移動あるいは繁殖といった生活史形質が形作られるといった説であり，生活史戦略を理解する上で広く受け入れられている．しかし環境の定量化の点から，陸生昆虫では野外での実証が難しい．筆者らは，水系という隔離された環境に生息する点，また生息環境の定量化が比較的容易な点から水生昆虫を用い，生息場所鋳型説の観点から不安定な環境に生息する昆虫の生活史戦略を考察した．

　材料としては，アメンボ（ナミアメンボ）*Aquarius paludum* を用いた．本種は止水から流水，また水溜りのように一時的な水面から湖のように永続性のある水面までさまざまな水面を生息場所として利用する．また旧北区のヨーロッパから東アジアまで広く分布する種でもある（Andersen 1990）．したがって水環境の変動に対する生活史戦略を研究する材料として最適である．水生昆虫への環境ストレスの指標として塩分を用い，それが生活史形質へ与える影響を移動と繁殖を中心に調査した．

　塩分に対する生活史戦略を調査するために，高知市下田川の河口や福井県の三方五湖などの汽水域で調査を行った．その結果，河口など塩分の変動が大きいところ

I 昆虫から見る環境変動

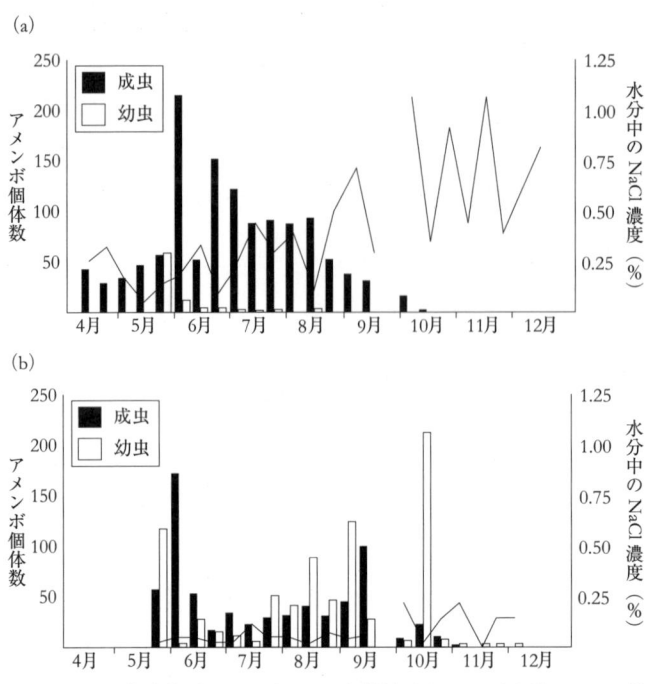

▶図1 2003年高知市下田川河口の大膳池(a)および上流700mの貯水池(b)におけるアメンボ個体数と水分中のNaCl濃度の変動(Kishi et al. 2007を改変)

ではアメンボは台風シーズンなど塩分が上昇するときは急激に個体数が減少しており，移動分散戦略を採っていることが示された。その一方で塩分が低く変動が小さい河口や海から遠い汽水湖などでは他の淡水生息地と同様に活発に繁殖を行っていた（図1：Kishi et al. 2007）。また室内実験において，塩分の低い条件で継続的に飼育されたアメンボは淡水条件で飼育された場合と同様に活発に繁殖したが，高濃度条件で飼育された場合は産卵を抑制した。淡水や低塩分条件から高濃度条件に移動された場合は，その直後に産卵また飛翔能力の低下を抑制する移動分散戦略に切り替わった。このような現象は淡水条件から低濃度条件に移動した場合でも同様に観察することができた（Kishi et al. 2006, 2007）。

　以上の結果から，アメンボ成虫の生活史戦略は，継続的に質的環境が悪いことよりも環境が悪化することに反応して，移動分散型の戦略に変化することが示唆された。このように生息場所の環境の悪化をキューとして危機的な環境に陥る前に戦略を変えているという事実は，他の昆虫の生活史戦略に関する研究の上でも新たな洞

察を与えることになるだろう。

　今回は塩分という非生物的な環境要因が直接的にアメンボの生活史形質に与える影響を調査したわけだが，実際の野外では塩分が生物的な環境に与える影響も考慮する必要がある。たとえば，今回の研究に用いたアメンボは植生を選ばないが，ハネナシアメンボはヒシ類が繁茂する環境を生息地として好むことが知られている。その一方で，汽水の植生を形成する一般的な淡水水生植物の耐塩性はアメンボ類と比べて低い傾向にある。したがって，実際の汽水域におけるアメンボ類の分布には，アメンボ類の耐塩性だけでなく，彼らが好む生物的な環境を形成する植生などの耐塩性によっても大きな制限を受けているのかもしれない。

　今まで行われてきた水生昆虫と汽水の関係についての研究は，多くが生理学的な手法を用いた耐塩性の研究もしくは汽水域での分布に関するものであった。しかし，これからの研究において汽水域に分布する水生昆虫を考えるとき，塩分の生理学的なストレスによるデメリットだけでなく，餌資源の獲得や生息環境の拡大のメリットなど生態学的な側面からも考えていく必要があるだろう。

▶▶参考文献◀◀

Andersen, N. M. (1990) Phylogeny and taxonomy of water striders, genus *Aquarius* Schellenberg (Insecta, Hemiptera, Gerridae), with a new species from Australia. *Steenstrupia* 16: 37−81.

Kishi, M., Fujisaki K., Harada T. (2006) How do water striders, *Aquarius paludum*, react to brackish water simulated by NaCl solutions? *Naturwissenschaften* 93: 33−37.

Kishi M., Harada T., Fujisaki K. (2007) Dispersal and reproductive responses of the water strider, *Aquarius paludum* (Hemiptera: Gerridae), to changing NaCl concentrations. *Eur. J. Entomol.* 104: 377−383.

Southwood, T. R. E. (1977) Habitat, the templet for ecological strategies? *J. Anim. Ecol.* 46: 337−365.

第2章

生態系の機能をあらわす指標としての昆虫の個体群と群集
土壌動物とその生態系機能への役割を例として

武田　博清

2-1　はじめに

　20世紀の後半から，生活の豊かさに伴って地球環境や生物多様性の変化が問題とされるようになってきた．それとともに，数十年前の生態学では，とうてい問題とすることのできなかったような難問へのチャレンジが要求されている．具体的には，(1) 生態学研究の発展：生態系と生物多様性の関係，(2) 生態系のスケールアップ：地球レベルでの環境変動への生態系の機能の関係，といった生態学の中心課題や地球レベルでの生態系の機能が問われている．本書の目的のひとつも，昆虫生態学の立場から地球温暖化などの環境変動の解明に指針を提供することである．

　現在，環境科学の分野では，地球環境の温暖化などの問題に関して，生態系の炭素発生や吸収量の推定が地域レベルから広域な地球レベルまで行われ，さらにそれをスケールアップする試みが行われている．地域的なレベルでは生態学者らによって，森林生態系などの二酸化炭素発生量と固定量が，植物の総生産量，分解者による土壌からの炭素放出量などを測定することで測られている．一方，広域なレベルでは地球科学の領域の研究者によって，温暖化ガスのフラックスが，航空機による大気の炭素濃度の測定，海洋での船舶を用いた二酸化炭素の測定などから測られている．こうした地球上の"地点から全体へ"とスケールアップした調査方法も，今日，試行錯誤のなかにある．

地球環境変動の原因が人による温暖化ガスの発生であるように，地球全体の環境は，生態系を構成する生物の働きによりその機能を保っている．生態学の分野では，戦後，エネルギーの熱機関として生態系の機能を明らかにすることが試みられた．その集大成は，ユネスコにより企画された国際生物学計画として実行され，今では，教科書などに世界の各地域での生態系の純一次生産，現存量，などが示されるようになっている．今では，このように生態系を統一的なエネルギーや物質などの単位で比較する方法論は，地球科学の分野で研究されるようになっているが，いっぽうで，究極の目的として生態系を構成する生物と生態系の関係を明らかにすることは，生態学の課題として残されている．その背景には，地球温暖化と同時進行している地球レベルでの生物多様性の減少の問題があることはいうまでもない．

昆虫学や生態学から地球環境問題に寄与する方法としては，

1. 生物環境測定の指標としての昆虫の分布の利用
2. 生態系の機能をあらわす指標としての昆虫の個体群や群集の役割の利用

など，を挙げることができるが，この章では初めに，生態系の生物指標としての昆虫の位置づけを紹介する．これまで，生物指標は，生物保全や生態系保全に応用されてきているが，生物指標の生態系における位置づけはなされていない．生物指標を用いて生態系の機能を判断するには，指標となる生物と生態系の機能の関連を明らかにしておく必要がある．ここでは，生物指標の生態系における位置づけを説明する．さらに，具体的な例として土壌分解系における土壌動物群集と生態系の関係を紹介する．そこでは，緯度系列に沿っての植物の種類，さらに，植物による有機物生産，分解者の分解機能を明らかにし，それに対応した消費者である動物群集の特徴を紹介する．気候条件と土壌動物に明瞭な関係が導かれる場合，土壌分解系が，地球環境の変動に対応して，どのように変化するかを予想することが可能となる．

2-2 地球環境変動と昆虫センサー

昆虫などの生物は，植物に比べて気候変化に対して敏感な生活史を持つ．植物の分布は，土壌の養分状態やその気候帯での積算温度量により決定されている．一方，昆虫の分布は，そうした条件に加えて，発育と温度といったように生活史と環

境条件の関係がより複雑である。現在、日本国内において、亜熱帯性の昆虫の本州への分布拡大が報告されているが、こうした地球温暖化に対応した昆虫の分布の変化は、植物より昆虫などの節足動物が温度変化に対して敏感であることを反映している。昆虫を感度の高い生物温度計と見て、その分布域の拡大から地球環境の温暖化を予測しようとする試みがある。これまでも、ガ類が、大気汚染下での形態の違いなどから公害の程度を測るセンサーとして利用された歴史があるが、これと同様の試みである。このような取り組みは、昆虫の環境条件への敏感な反応を利用しており、生物センサーとしての役割が利用されているわけである。

その一方で、昆虫を用いた生態系変化の指標を探し出す試みも行われている。地球環境変動に伴う生態系の変貌を理解する上で、昆虫が"生態系の機能"の変化をあらわすセンサーとして有効なのではないか、という視点である。次節では、生態系の機能とそこでの生物の位置づけを説明することから、昆虫などの消費者の指標生物としての有効性を検討していきたい。

2-3 生態系の構造と指標種生物の役割

岩波『生物学辞典』では、「指標生物」は以下のように定義されている。

> 環境条件に対してごく狭い幅の要求を持つ生物種（狭適応種）で、したがって、環境条件をよく示しうる種。その存在により、生育環境の条件が狭い幅のなかにあることを示す。その種に属する生物を指標生物という。

この考え方は、植物において発展した。指標植物は、環境のひとつの要因あるいはそれらの複合された条件を示すのに役だつ植物種である。さらに、植物は固着性生活であり、動物より環境の指標となり易い。生物指標の研究は、遷移理論で有名なアメリカのF. E. クレメンツにより研究されるようになり、その後、土壌の肥沃土の判断、森林での樹木の判断などに用いられてきている。これをさらに拡張すると、生物指標として環境条件下での生物の群集を利用することが可能なのだろうか。

種や群集を環境や生態系の指標として用いるには、生物と環境あるいは生態系との関係を理解する必要がある。それは、生態学そのものの目標でもある。先にもいったように、生態系の機能と構造は、生物によって生み出されている。単純化すれば、生物が作り出したエンジンにたとえることのできる熱力学機関である。初め

て生態系を科学的に研究可能なものにしたのは，博学な生物学者であるハッチンソンとその弟子であるリンデマンである．リンデマンは，湖沼の生物群集を栄養段階に分けて，有機物の生産とその後の食物連鎖を介した流れを，初めて定量化することに成功した (Lindeman 1942)．その後も生態学者は，生態系とそこでの生物の関係を探ってきた．しかし，生物の多様性と生態系の機能の問題は解明されていない．率直にいって保全生態学の分野では，現在，こうした本質的な問題を解決することなく，昆虫などの指標生物を用いた生態系の環境判断が行われている．たとえば，アリ類とその環境（とくに植物群集の特徴）との関連などであるが，多くの場合，森林伐採に伴う土壌生物の変化，昆虫群集の変化といった研究として行われている．こうした研究は，大抵，昆虫などの群集とその生息場所の関係を記述しているが，生態系の機能と対象生物の役割の関係を明らかにしているわけではない．昆虫などの消費者が，生物指標として有効であるかどうか検討するためには，生態系における生産者，消費者，分解者それぞれの位置づけを行う必要がある．さらに，生態系における生物群集の構造が，上位の捕食者により制御されているトップダウン系なのか，基盤の生産者である植物により生物群集の構造が制御されているボトムアップ系なのかを検討する必要がある．そこでまず，生態系における生物の役割を検討することから，生物指標としての有効性を検討していく．

2-4　生態系の基本構造

まず生態系における昆虫などの動物の位置づけを理解するために，生態系の機能を説明する．教科書では，生態系の機能は，物質の蓄積（バイオマス）と物質の循環により記述される (Odum 1991)．図 2-1 は，生態系の構造とそこでの生物の位置を示したものだが，たとえば森林生態系に生活する生物は，その機能に応じて大きく，生産者，消費者，分解者系に分けることができる．植物は，生産者（一次生産者）と呼ばれる．大気からの二酸化炭素と土壌からの水分，養分物質をもとに光合成により有機物を作ることができるので，独立栄養の生活を営んでいる．

植物の作り出す有機物の生産は総一次生産と呼ばれ，そこから植物の呼吸により失われる有機物量を差し引いた量が，純一次生産量 net primary production である．地球上におけるすべての従属栄養の生物は，その食物源を植物の純一次生産に依存している．植物の一次生産は，葉，幹，枝，花，根などの器官を形成しその一部は

第2章 生態系の機能をあらわす指標としての昆虫の個体群と群集

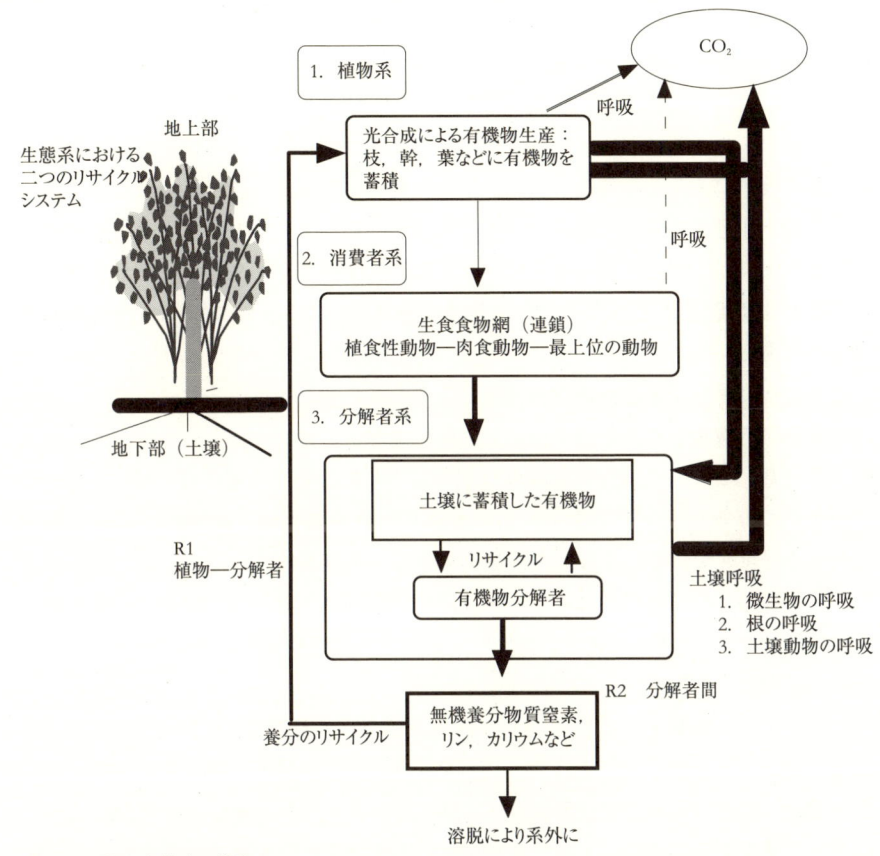

```
生態系における         1. 植物系
二つのリサイクル
システム              光合成による有機物生産：     呼吸 → CO₂
       地上部         枝, 幹, 葉などに有機物を
                     蓄積
                                              呼吸
                     2. 消費者系

       地下部（土壌）  生食食物網（連鎖）
                     植食性動物―肉食動物―最上位の動物

                     3. 分解者系

                     土壌に蓄積した有機物
                                              土壌呼吸
                         リサイクル              1. 微生物の呼吸
                     有機物分解者                2. 根の呼吸
                                              3. 土壌動物の呼吸
  R1
  植物―分解者
                                         R2  分解者間
                     無機養分物質窒素,
  養分のリサイクル       リン, カリウムなど

                         溶脱により系外に
```

図 2-1　陸上生態系の構造
　　陸上の生態系は，植物系，消費者系，分解者系から成り立っている。生態系では，植物の生産する有機物を利用して，従属栄養の動物や微生物が生活している。植物の光合成により固定した炭素は，利用され大気に放出されるが，養分物質は，植物―分解者間 (R1) でのリサイクルと，分解者―有機物間でのリサイクル (R2) により効率的に維持されている。

食物源となっている。さらに，根からの有機物の生産，花からの蜜，芽や葉そして幹からの樹液なども，同時に従属栄養の生物に食物源として提供されている。

　もちろん，植物は，従属栄養の生物からの食害を避けるために，二つの防衛策をとっている。ひとつは構造的な防御，もうひとつは毒物による防御である。たとえば樹木は，セルロースやリグニンなどで幹や枝といった堅固な構造を作り出し，さらにタンニンなどの防衛物質によって，微生物や動物が利用し難いようにしている。また，植食性の動物 herbivorous animals は，その個体数を捕食者によって制御

されている。すなわち，地上部では，植物を餌とする植食者から始まり，それを食べる捕食者や寄生者などの動物から構成されている消費者系が，生食食物連鎖（網）grazing food chain を形成しているわけだ。

その結果，地上部において，消費者すなわち植食性昆虫などの植食動物に食べられ，生食連鎖に流れる有機物の量は，植物の純一次生産量の数％ときわめて少ないことが陸上生態系の特徴である（武田　1992）。一方，海洋の生態系では小型の植物プランクトンが一次生産者となっており，動物プランクトンや魚類に摂食されることで純一次生産量の40％近くが生食連鎖に流れている。海洋では，生食連鎖が重要なのである。

このように総生産量と消費量に開きがあるため，陸上の生態系においては，樹木の作り出す有機物が蓄積されている。生態系生態学において物質の蓄積と循環を議論する場合，こうした植物の貯蔵庫は現存量として記述される。その量は，1ヘクタール当たり数百トンに達する。この蓄積された有機物は，動物に，すみ場所や餌資源を提供している。すなわち，植物の生産した有機物のうち，一部は消費者により食物資源として利用されるが，未利用の有機物は，葉，枝，幹などの植物体として消費者に「すみ場所」資源を提供し，また落ち葉が微生物に利用されるように，それらは同時に「えさ」資源でもある。

このように，森林生態系において，樹木は植食性の動物に「食物—すみ場所」資源テンプレートを提供しているが，海洋の「食物—すみ場所」資源テンプレートにおいては，食物の資源の割合が高く，植物の作り出すすみ場所は，沿岸から海洋に向かって減少する。逆にいえば，森林におけるすみ場所資源は，動物たちに隠れ場所を与える一方，三次元空間に拡張した樹木の提供する食物は，植物食の動物に利用され難いものとなっている。結果的に，消費者動物は食物資源を獲得し難い状況におかれているが，その分，多くの隠れ場所を利用することが可能となっているわけだ。

いうまでもなく，たとえば杉の人工林とブナ林では，樹木の特徴を反映して「すみ場所」も「えさ」も異なったものとなる。こうした陸上生態系におけるすみ場所（隠れ場所）と食物の多様性に対応して，一次消費者である植食性の昆虫などの多様性が維持されていることも，陸上生態系のひとつの特徴となっている。この特徴を生かして，昆虫群集を指標とする研究が行われている。

2-5 トップダウンとボトムアップシステム

　前節で述べたように，水界と陸上では，生態系における生産者，消費者，分解者の構造が異なっているが，この点をもう少し詳しく見てみよう。

　陸上の植物の寿命は1年から数千年のあいだでさまざまであるが，海洋などでは，1年以内である。陸上と海洋では，植物の生存時間とサイズの違いが顕著なのである。しかし面白いことに，従属栄養の動物や微生物のサイズや寿命（ライフサイクル）は概ね同じである。陸上と水界の生物群に顕著な差が生じたのは，陸上の巨大生物であり長寿命をもった樹木の進化によるとことが大きい。こうしたシステムは，古生代に発達したことが知られているが，同時に，森林植物の誕生が，デボン紀の昆虫や節足動物の進化の場となったのである。生態系における生産者，消費者，分解者の違いは，生物多様性と生態系の機能を考える場合に重要となる。

　海洋では，生態系は捕食者の成魚により維持されるトップダウンの構造である。イタリアの水産学者ダーコンナーは第一次世界大戦の戦前と戦後で，水産魚の魚種が大きく変わったことを指摘した。すなわち，アドリア海では戦時中，ドイツの潜水艦による攻撃の影響もあってほとんど漁が行われなかった。このように人による漁業圧が無かったことが捕食者を増加させ，その結果，アドリア海の魚種構造を大きく変えてしまったのである。この研究を契機に，数学者のボルテラが餌─捕食者の方程式を作り出した。いわゆるロトカ・ボルテラの式である（瀬野　2007）。

　養魚池での実験では，池での生産者すなわち藻類と消費者の小型動物プランクトン，魚の種間関係によって，池の生態系の生産などの機能が大きく影響されることが分かっている。さらに有名な例には，岩礁での捕食者ヒトデの除去実験がある（Paine 1966）。ワシントン沿岸の岩礁帯において，捕食者であるヒトデを取り除くと，イガイが優占することで対象区での15種類の動物が減り，種の多様性が減少した。捕食者のヒトデは，イガイを摂食することで，他の劣位の種の生存を可能にしていたのだ。こうした上位の動物捕食の働きによるシステムの制御を，トップダウンの群集の構造制御と呼んでいる。この実験は，岩礁での群集多様性がヒトデによるトップダウン制御を受けていることを証明したわけだ。

　一方，陸上の生態系では，古生代の林木にかわって被子植物の広葉樹が優先した森林を形成しているが，そこでの消費者は植物の作る食物とすみ場所を利用して群集を形成している。物質の蓄積は，土壌や樹木の巨大な生物体という形で維持され

ており，消費者が時おり大発生をしても，消費者の働きは限られたものであり，生態系の機能は生産者と分解者により制御される。こうした系を，ボトムアップの群集構造制御と呼ぶ。

2-6 生態系の機能と生物指標の関係

さて，生物をインディケーターとして用いる場合，その指標生物が，生産者なのか消費者なのか，あるいは分解者なのか，生態系のどのような機能と関係しているかによって，扱いは異なる。また，対象とする生態系において，生物群集がボトムアップで制御されているのか，あるいはトップダウンなのかによっても，生態系機能の指標としての生物・群集の有効性は異なったものになる。これまでの研究では，水界においても陸上においても，独立栄養の生活を営む植物が生態系の機能の有効な生物指標であることが知られてきている。

(1) 植物（生産者）の生物指標としての位置づけ

生態系において独立栄養の生活を営む植物が利用する資源は，光からのエネルギーと土壌からの養分物質である。林学では，林床の植物の状態から土壌や立地条件を判定する研究成果はよく知られている。また，農学においても，雑草の種類からその農地の肥沃性を知ろうとする研究が行われてきている。

植物は，土壌の条件によって種の分布が決定されている。たとえば，リョウメンシダは，硝酸態の窒素の生成の高い場所に生育する。鉱物質の土壌の表面に落葉層が堆積するムル型の肥沃な土壌は，硝酸態の窒素の生産が高く，それを利用する林床植物としてカタバミ類が知られている。好硝酸植物は，体内に硝酸を蓄積することができ，硝化作用の盛んな土壌に生育している。森林のムル型土壌では，カタバミの他，森林の焼け跡で余剰の硝酸を利用するヤナギランやキイチゴがみられる。一方，高層湿原でのアンモニア植物は，硝酸態窒素を利用できないので，土壌からのアンモニア窒素の生成の指標となる。また，酸性度の高い森林ではスノキ類が分布することが知られている。植物学者のルンデゴルドの生態学教科書（ルンデゴルド 1964）にも，そうした指標植物の例が多く引用されている。海洋では，養分の富栄養化の指標として赤潮が知られている。赤潮とは，海洋での珪藻と鞭毛藻類，

とくに渦鞭毛藻およびラフィド藻などの植物プランクトンの大発生により海が赤くなる現象である。

このように，独立栄養の植物は，その利用する資源選択性，すなわち窒素供給の多寡への対応，塩類への耐性，資源の利用効率等を通じて，有効な生物指標となりうる。しかし，自然界においては，植物の分布は，種間での競争によって決定されていることに注意する必要がある。植物の資源利用は，他の種と共存する場合においては，共通した資源の利用競争を反映することになる。たとえば，スギは，人工造林では硝酸態の窒素の生成が盛んで通気性の高い谷部分において旺盛に生育する。しかし，自然条件では，土壌からの窒素資源の供給に制約が無い場合，トチノキ，サワグルミなどの広葉樹との資源競争に負け，その結果，スギは養分資源供給の限られた尾根部分に分布している。このように，森林生態系において上層を形成する樹木の分布は，樹木種間での資源利用競争の結果を反映している。

植物の分布が他種との競争により決定されているニッチは，現実のニッチと呼ばれ，そのニッチとしての分布域と生態系の養分供給などの機能とは直接関係しない。このように，植物の生態系機能の指標としての有効性は，種の分布が他種との競争条件におかれていない場合にのみ，認められる。生態学的にいえば，ハッチンソンが定義しているように，他種との競争が無い場合に，その種が利用できる最適の分布域が，その種の潜在的ニッチとなる。指標植物の場合，その潜在的ニッチが，生態系における硝酸やアンモニアの生成と関係している場合に有効な指標となっている。したがって，指標植物は，多くの場合，森林などの林床の光資源の制限下において種の分布が養分資源の利用を反映している場合に，その有効性が認められるのである。

最近では，指標生物の範囲は，生産者としての植物から，消費者，分解者にも拡張されている。水域の水質汚染に関しては植物プランクトンとともに，浮遊小型の動物が指標としてよく用いられる。水界では，植物の生産の多くが，生食連鎖を介して動物に利用される。その結果，水質の変化や有機物生産量の変化は，敏感に動物群集に反応する。しかし，同時にトップダウン的に制御されている水界では，大型の捕食者などが群集形成へ与える効果が高く，したがって，生態系の物質などの機能と生物群集の関係は，明瞭でない場合も多い。結果的には，陸上と同様，水界においても生態系の指標は，水質などに反応した一次消費者に反映される傾向がある。

(2) 消費者や分解者の生態系機能の指標としての有効性

　では，陸上生態系において，消費者や分解者としての土壌動物群集が，生態系の特徴をあらわす生物指標として有効であるためには何が必要なのか。この点では何よりも，昆虫などが，生態系の物質循環や物質の蓄積量などのマクロなパラメーターとどう関係しているか知ることが重要である。すなわち，昆虫の食性群や機能群などが生態系の物質循環や蓄積の特徴を反映している場合，有効な指標となりうる。昆虫を生物指標とするこれまでの研究では，森林などの植物群集に対応して昆虫群集が調べられて，その結果を用いて，昆虫の種類や群集の特徴が，植物群集の状態と関係づけられることが多い。たとえば，森林の遷移に伴う昆虫などの群集の変化を調べるといったことである。しかし，こうした研究は，昆虫の変化が植物の変化に対応して生じていることを示しているにすぎない。消費者である動物群集は，植物の提供する「すみ場所と食物」資源を利用して生活している。したがって，生物指標としては，植物の提供する資源状態を反映しているにすぎないのである。

　もちろん，森林害虫の例に見るように，昆虫が生態系に大きく影響を与えることもある。しかしそうしたことは，生物群集が特別な状態にあるときである。動物の群集が資源の供給に対して平衡していない場合，すなわち非平衡状態の動物群集は，植物の提供するすみ場所や食物資源の状態をあらわしていない。陸上では，植物食性の一次消費者の群集は，上位の捕食者により非平衡の状態に保たれている可能性が高いが，このような消費者を生物指標として利用する場合，その生物群集が利用資源に対して平衡していることが前提として必要である。

　にもかかわらず，われわれは，森林などの生態系における昆虫群集の指標としての重要性を探そうとしている。カーソンが『沈黙の春』において衝撃的な記述をしたように，生態系が農薬などによって汚染された場合，動物は生食連鎖を通じてそれを濃縮し個体数を激減させる。この意味で動物は，敏感に生態系の病変を知らせる重要な指標となりうる。これまでの植物などの指標種に代わって，昆虫群集の構造や機能群の特徴を用いることで，生態系の変化を関知するセンサーとして利用できないか，その有効性を検討する必要がある。カーソンが農薬汚染の問題を提示して以降も，生態学の研究は進歩し，陸上での動物群集の構成を理解する方法論は大きく展開した。今後，こうした動物群集の生食連鎖，腐食連鎖を通じての濃縮作用を用いることで，昆虫は生態系における微量な物質，生態系の微かな病変現象を感知する敏感な指標生物となる可能性が示唆されるのである。

2-7 分解者系の土壌動物を生態系の指標とする試み

さてここまでは，生態系における指標生物の定義や，生態系との関係を紹介してきた。ここからは，森林生態系の土壌部において消費者となっている土壌動物が，生態系指標として有効かどうか，検討してみよう。

まず，土壌分解系における土壌動物の役割を理解するために，陸上生態系の機能を説明する。先に述べたように，陸上の生態系は，独立栄養の植物による一次生産を基礎にしているが，平衡した生態系においては，純一次生産と分解による有機物の無機化が等しくなっている。その生産と分解の機能が，二つの養分物質のリサイクル機構すなわち，

1. マクロな生態系における植物系—分解者系での資源（養分物質）リサイクル
2. 分解系における土壌生物—腐植物質での資源（有機物）リサイクル

によって維持されている（図 2-1）。ここでは，これらのリサイクルと土壌動物の群集の関係を紹介していく。

(1) 植物 —— 分解者間でのリサイクルにより生み出される生態系の機能

陸上生態の機能は，マクロな二つのパラメーターにより記述される。第一パラメータは有機物の生産であり，その総生産から植物の呼吸による利用量を引いたものを純生産と呼ぶ。従属栄養の微生物，動物は，この純生産に依存して生活している（本章 2-1 節参照）。第二のパラメーターは，土壌に供給される落葉などの有機物の分解速度である。第一と第二のパラメーターにより，生態系における地上部と土壌部における有機物の蓄積量（現存量）が決定される。

地上部において植物の光合成により生産された純生産量は，植物の体に配分され，最終的には枯死して落葉などの枯死有機物として土壌に供給される。地上部の植物系や消費者系から土壌に供給された有機物は，物理的な溶脱作用，土壌動物による粉砕作用，微生物の代謝による異化作用という二つの作用を受けて重量や養分の含有量が変化していく。これら一連の流れを分解系における有機物の分解過程と呼ぶ。土壌分解系は，地上部での光合成回路と同様に，生化学的な回路を持ってい

る。土壌の分解系において，有機物の一部分は難分解性の腐植物質（土壌有機物）として堆積するが，土壌生物による分解に伴って最終的には水や二酸化炭素，養分物質（窒素，リン，カルシウム，カリウムなど），その他の無機物質に変化する。この過程を分解による有機物の無機化と呼ぶ。無機化に伴って，有機物からエネルギーと養分物質が放出される。それを利用して植物は再度養分物質を利用することが可能となる。このリサイクルにより，土壌における有機物の蓄積が決定される。こうした土壌の有機物は，土壌分解系における土壌動物のすみ場所と食物源となっている。

(2) 土壌分解系におけるリサイクル

こうした一番目のリサイクルはよく知られており，古くから林学では森林の自己施肥機能として評価されてきた。それに対し二番目のリサイクルは，土壌，すなわち地下部における分解者生物間での有機物の利用様式により生み出される。

地上部の生食連鎖は，植物の生産した葉，枝，幹などを食物源として利用する植食動物や植物寄生菌類と，それを食べる捕食者，寄生者から成る。この連鎖において，食物（エネルギー）の流れは，植物から植食者，さらに高次の肉食者まで直線的に繋がっている。一方，地下部（土壌）における腐食連鎖では，食物の流れは直線的ではなく循環的である。たとえば，有機物を利用して成長した菌類を，菌食性の土壌動物が摂食し，さらにそれら動物の糞や死体は，菌類に再び利用される。つまり土壌中の動物や微生物は，地上部から土壌に供給された枯死有機物とともに，その分解産物である腐植物質や土壌生物の枯死体も利用しているのである。このように腐食連鎖では，生物と腐植物質とのあいだにリサイクルが成り立っている。

腐食連鎖は，枯死した植物遺体などの有機物を食物源とする従属栄養の微生物や動物から構成されているが，有機物の分解過程における微生物と動物の役割は大きく異なっている。土壌での有機物の異化作用はおもに土壌の細菌類，菌類（真菌類とも呼ばれる）などの微生物により行われる。微生物は細胞外酵素の働きにより有機物を低分子化し利用している。この過程で有機物は変質し，分解産物として腐植物質が形成される。一方，トビムシやミミズといった土壌動物は，微生物や有機物を摂食することにより，微生物の異化作用を直接的，間接的に調整する働きを担っている。

土壌分解系のエネルギー代謝は，土壌呼吸と呼ばれる二酸化炭素の放出量として

評価されており，それをもとに微生物や動物の二次生産量 secondary production が調べられている。その結果，土壌呼吸の 80 〜 95％が土壌の微生物によることが明らかにされている。動物の摂食による直接的なエネルギー代謝への寄与は，生食連鎖の場合と同様に 5 〜 20％を占めるにすぎない。地上部では寄生菌として機能する菌類などの微生物が，土壌では有力な分解者となっている。乾燥した熱帯林では，シロアリが独自の分解系を作ることで有機物の分解に重要な役割を果たしているが，ここでも実際の分解は微生物との共生で進行している（安部 1989）。動物は，微生物の助けなしでは重要な分解者となりえないので，土壌動物—微生物間での広義な共生を形成している。

(3) 土壌分解系の構造

図 2-2 に示すように，土壌分解系における腐食連鎖を，「土壌微生物—有機物系」とそれを利用する土壌動物群集から形成されていると定義しよう（武田 2003）。このように土壌の腐食連鎖系を新しく定義することで，地下部の腐食連鎖と地上部の生食連鎖との類似性が明らかとなる。図に示されるように，地上部では，植物組織の内部における光合成の生化学的代謝回路により有機物が生産され，それを利用して生食連鎖が始まる。生食連鎖は，植物を利用する第一次消費者，その第一次消費者を食物源とする捕食者，寄生者といった肉食の動物群集から構成されている。一方で地下部における有機物分解は，土壌という開放系においてさまざまな微生物の生化学的な異化代謝により進行する。したがって分解者系は，多様な起源，分解段階の有機物から成る有機物資源プールと，その分解に関わる微生物群集から成る「土壌微生物—有機物系」として捉えることができる。腐食連鎖は，土壌動物がこのような土壌微生物—有機物系を利用して始まる。地上部での有機物資源が果実，葉，枝，幹など形態的に異なっているのに対して，地下部における土壌微生物—有機物系は，有機物とその分解に関わる微生物という 2 タイプの資源を提供している。土壌微生物—有機物系を利用するのは腐植食性，菌食性の動物であり，第一次消費者に相当する。さらにこれら動物を利用するのは生食連鎖と同様に捕食性の動物であるが，腐食連鎖では寄生者の割合が低いことが特徴となっている。

土壌微生物—有機物系の分解特性と土壌動物群集の関係を考察していこう。分解者系において，微生物は細胞外酵素の働きにより有機物を化学的に変化させる役割を担っている。この有機物の分解過程にはさまざまな微生物が生態的な相互作用を

I 昆虫から見る環境変動

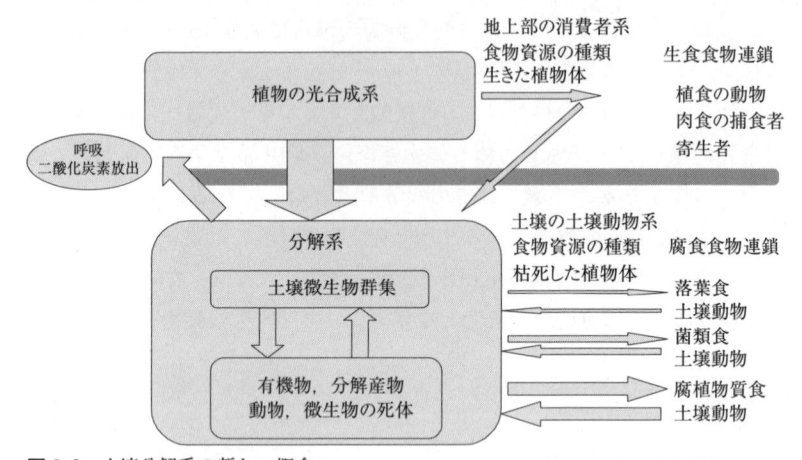

図2-2 土壌分解系の新しい概念
土壌分解系は，地上部での光合成系と対比することができる。光合成が細胞での生化学回路であるのに対して，分解系は開放系での微生物分解酵素による生化学的回路である。土壌動物は，有機物—微生物分解系をその食物源としている。有機物—微生物分解系では，菌類，腐食物質を食べる土壌動物が腐食連鎖を形成している。

介して関わっており，それら微生物群集とさまざまな起源，分解段階の有機物から成る土壌微生物—有機物系を形成している。このような土壌微生物—有機物系の特徴を把握するためには，有機物の構成や個々の微生物の酵素特性に加え，微生物間の相互作用や群集の形成，微生物群集の有機物分解機能について知る必要がある。そこで次節では，森林生態系の緯度系列に沿って，土壌分解系の変化とそれに対応した土壌動物群集の関係を紹介していく。

2-8 緯度系列に沿っての生産者の植物群集の変化

(1) 有機物の生産と供給量

図2-3に緯度系列に沿っての，植物の生産，土壌への有機物の供給，土壌分解系の効率，さらに，土壌分解系における養分維持の機構を示した。これも先述したように，陸上生態系は，植物の生産とその分解により，そこに生活する土壌動物が決定されている，ボトムアップのシステムである。

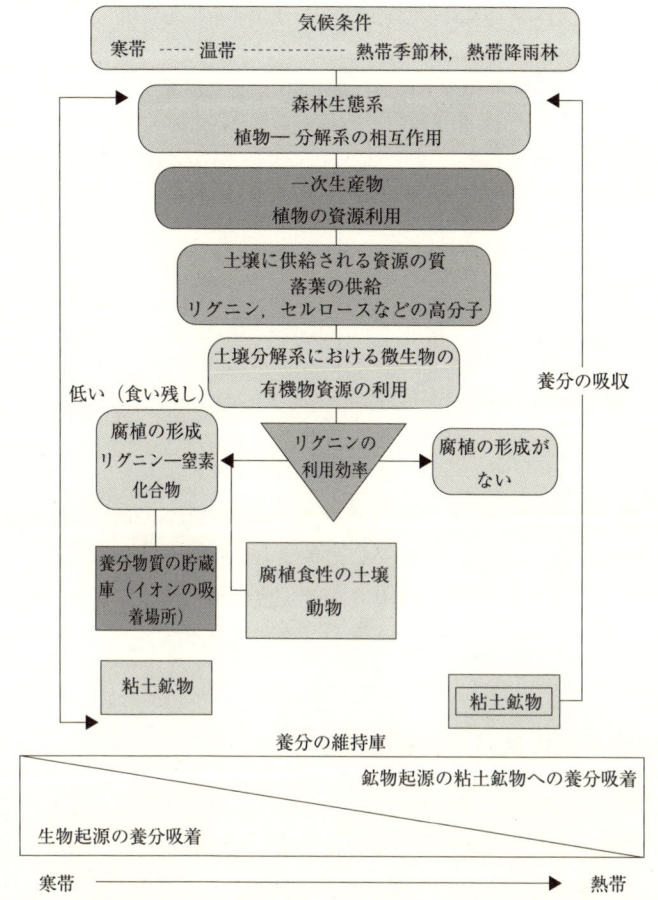

図 2-3 緯度系列に沿っての気候条件により決定される植生，土壌分解系の特徴
緯度系列に沿って，降水量や温度に対応して植生が発達する。さらに，土壌では土壌分解系の分解効率の違いにより養分維持の場所がことなる。分解効率の違いによって，土壌動物の群集は異なっている。

　緯度系列に沿って見た場合，太陽のエネルギー供給量は，地軸の傾きを反映して極地から熱帯へと増加を示すし，植物が利用可能な光由来のエネルギー量も明瞭な緯度変化を示す。植物の一次生産量も，そうしたエネルギー量により決定される。
　生態系においては植物の作り出す純生産量の30-40％が葉に配分され，枯死して土壌分解系に供給されている。森林生態系の植物による有機物生産量は，毎年森林に供給される落葉や落枝量に反映されている（表2-1）。表2-1に，緯度系列に沿っ

表 2-1 緯度系列に沿っての森林生態系の発達,土壌の有機物蓄積,落葉の供給量,材のリター

森林のタイプ	温度条件 年平均	降水量 (mm)	森林の A_0 (kg/ha)	リター (kg/ha 年)	材リター (kg/ha 年)
1. 熱帯林（落葉広葉樹林）	23	2,147	8,789	9,438	—
2. 熱帯林（常緑広葉樹林）	26	2,504	22,547	9,369	3,114
3. 亜熱帯（常緑広葉樹林）	13	1,705	22,185	5,098	2,902
4. 暖温帯（落葉広葉樹林）	14	1,391	11,480	4,236	891
5. 暖温帯（常緑広葉樹林）	14	1,409	19,148	6,484	—
6. 冷温帯（落葉広葉樹林）	5	875	32,207	3,854	1,046
7. 冷温帯（落葉針葉樹林）	10	1,806	13,900	3,590	—
8. 冷温帯（常緑針葉樹林）	8	1,275	44,574	3,144	602
9. ボレアル（針葉樹林）	2	694	44,693	204	116

(Vogt et al. 1986)

た落葉供給量を示すが,熱帯では,1ヘクタールあたり10トンに近い落葉が供給されるが,温帯では5トン程度である。このように極地から熱帯に向かって,森林生態系における純生産量は明瞭な変化を示す。高い純一次生産を行う熱帯林の植物については,これまで多くの研究がなされ,発表されてきた。

(2) 土壌分解系に供給される有機物の質と量

緯度系列に沿った明瞭な植物の変化は,北方での針葉樹の優占と南に向かっての広葉樹林の優占である。優占する樹木の変化は,土壌に供給される有機物の質に影響を与える。先述したように,土壌分解系に供給される落葉などを「食物やすみ場所」テンプレートとして土壌動物の群集が形成されているので,テンプレートの材料となる有機物の質にかんして検討する必要がある。

樹木は,リグニン,セルロースのような高分子の有機物を利用することで,硬い葉を形成することを可能にした。逆にいえば,落葉などの有機物資源は,さまざまな高分子有機物から成っている。こうした葉の性質は,樹種の特性を反映して,大きく,針葉樹,落葉の広葉樹,落葉のパイオニア樹種に分けることができる。表2-2に示すように,針葉樹では炭素／窒素の比率や有機物の構成が落葉樹と異なっている。また同じ広葉樹でも森林の遷移の初期に現れるハンノキやオオバギ,アカメガシワ,サワフタギなどでは炭素／窒素の比率が低い。こうした葉の質を反映して,落葉の分解速度は大きく変動する。熱帯においても,森林を構成する樹木の種

表 2-2 土壌に供給される落葉の質は，炭素と窒素の比率であらわされる。針葉樹は，広葉樹に比べて，樹脂にとみ炭素—窒素の比率が高い。熱帯と温帯での広葉樹の炭素・窒素比は類似している。

	寒帯から温帯林		熱帯林
	針葉樹	広葉樹	広葉樹
平均の炭素／窒素比	74	55	53
最大の炭素／窒素比	162	138	113
最小の炭素／窒素比	27	18	15
調べた樹木種類	36	97	34

類により分解速度が異なるのは同様だが，広葉樹の落葉の質を比較すると，温帯と熱帯における樹種間に質的な相違はみとめられない。地球の温暖化に伴って針葉樹や広葉樹の分布範囲が変化することが予測されるが，こうした樹木構成の変化から，温帯から熱帯に向けて森林生態系の土壌分解系に供給される有機物の質が変化し，分解系に影響する。

(3) 緯度系列に沿っての有機物の分解過程

　緯度系列に沿った植生の景観変化に比べて，土壌分解系の変化は顕著ではない。熱帯林においても落葉の分解速度は，樹木の種類により異なっている。パイオニアと呼ばれる樹木での分解速度は速いが，森林において優占している樹木における分解速度は，熱帯の温度や湿度条件の割に遅い。アンダーソンらは，熱帯における落葉分解の速度が，温帯の樹木とあまり変わらないことを示し，その説明として，熱帯においては土壌の養分条件が悪いので，分解の主役となる微生物の養分物質が不足しており分解が遅いからであるという仮説を提案している (Anderson et al. 1983)。それに対し筆者は温帯と熱帯での多数の樹木種について分解速度を比較し，分解速度は，それぞれの地域において樹木の種類を反映してばらつきを持ってはいるが，平均的な分解速度でいうと，熱帯において温帯の2倍程度高いことを示した。それにしても，北方の森林から熱帯に向けて，落葉の供給量を目安にした有機物生産量の変化は明瞭であるが，分解速度の変異は，同じ緯度帯においても大きい傾向がある。このことは，光合成による生産が温度に依存しているのに対して，分解活動が土壌における水分条件などを反映していることを示唆している。熱帯と温帯の有機物分解は，今のところ，温度や湿度に依存した分解速度の差により説明されてきて

I 昆虫から見る環境変動

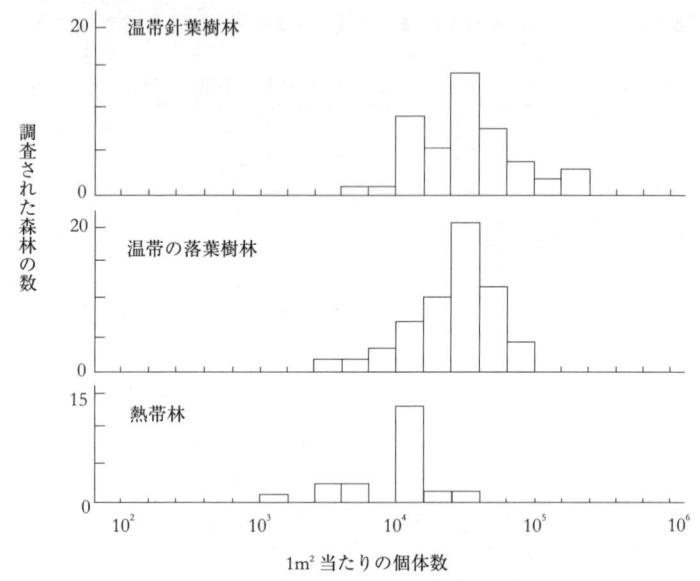

図2-4 温帯,針葉樹林,熱帯でのトビムシ個体数。熱帯では,すみ場所となる有機物の蓄積が少ない結果,個体数が$1m^2$あたり数千個体と少ない。

いる。

(4) 生態系の機能と土壌動物群集

さて,先述したように,土壌に供給される有機物は土壌動物にすみ場所と食物資源を提供している。ここでは,土壌の有機物量とトビムシ群集の関係を考察しよう。

京都のアカマツ林でのトビムシ個体数と土壌の有機物層の量の関係,さらに厳密にすみ場所の量を操作した実験から,トビムシの個体数はすみ場所となる有機物の量により決定されることが示されている。この結論を一般化するために,温帯や熱帯の落葉の分解速度,土壌堆積腐植の量とトビムシ群集の関係について検討を行った。先述したように,熱帯では,落葉の供給量は温帯に比べ2倍程度と高いが,熱帯ではトビムシのすみ場所の量が温帯に比べて少ない。これは熱帯では有機物の分解速度も速いからであり,この結果,図2-4に示すように,熱帯でも温帯でも,有機物供給と分解によりできあがる土壌の有機物層の量がトビムシ群集の個体数を決定していることが分かる。より一般化していえば,森林生態系における土壌の有

機物蓄積量によりトビムシ群集の個体数（アバンダンス）が予測されることを示している。このように生態系の機能を示す重要なパラメーターである一次生産量と分解速度により決定される有機物蓄積量，そしてトビムシやササラダニといった節足動物のあいだには密接な関係が存在している。トビムシの個体数は，生態系の機能と関連しており，分解や一次生産の機能を示す指標となっている（Takeda and Abe 2001）。しかし，これも先に指摘したことだが，土壌の動物が生態系の指標として有効なのは，生態系の提供する食物やすみ場所に対して，動物の群集が平衡している場合にみとめられる。動物群集が，捕食者などによりトップダウン的に決定されている場合や，何らかの要因で，生態系の提供する食物やすみ場所資源に対して非平衡な場合，生態系の機能と動物群集の関係は明らかでない。森林生態系のマクロな機能である有機物供給と分解速度からは，個体数の動態は説明できても，トビムシ群集の多様性を説明することはできないのである。しかも意地悪くいえば，あえてトビムシ個体数から一次生産や分解量を推定しなくとも，直接的に分解や一次生産量を測定することが可能なのだ。したがって，ここまでの考察だけからいえば，トビムシは生態系の機能の指標となるが，その有効性は限られたものでしかない。

(5) 落葉分解過程における落葉資源の変化 ── 土壌分解系における微生物分解者の資源利用効率

トビムシの利用するすみ場所の量から，トビムシの個体数（アバンダンス）を説明することはできた。しかし，これだけでは，群集を構成する種類やその多様性を説明することはできない。熱帯の土壌の表面に堆積する落葉を観察すると，熱帯と温帯では落葉の分解様式が異なることに気づく。温帯では一般に，新鮮な落葉は黒褐色に変化し，さらに腐食物質に変化している。一方，熱帯ではこうした落葉の分解に伴う変化が異なっている。熱帯地域での分解過程は，温帯に比べて速度が速いだけでなく分解過程そのものが異なっているのだ。さらに，乾燥熱帯ではシロアリの食痕が目立つ。

温帯と熱帯の分解過程が質的に異なることは，以下のような経験的な事実から知られている。

1 熱帯では腐植形成作用が弱く温帯の土壌のようには腐植蓄積がなされない。したがって森林が伐採された後の作物の生育が悪い。熱帯では土壌の粘土の

含有量が養分維持に重要である。
2 熱帯林には腐りかけの腐葉土と呼ばれる土壌堆積層が発達しない結果，そうした腐植層に生活するヤスデや等脚類などの土壌動物が少ない。
3 熱帯では，カブトムシやクワガタムシといった有機物の腐朽物を食べる大型の昆虫が，低地の熱帯降雨林などには生息しておらず，これらの昆虫は高度1000m以上の丘陵や山地帯に分布する。

　熱帯と温帯の落葉分解の質的な違いは，このように野外における観察で知ることができるが，定量的には分解過程における落葉などの有機物の化学的な組成をもとに評価することが可能である。すでに述べたように，落葉の分解過程はおもに微生物による有機物と養分資源の利用により進行するが，その結果は分解過程における炭素や養分物質の変化として現れるからである。現状では，落葉分解過程が微生物の働きによりどのように進むのか，落葉の分解過程における菌類の役割を定量的に調べるのは難しいが，落葉の有機物の組成変を調べることで，微生物の働きを間接的に評価することが可能になるわけだ。また，微生物が生産する分解酵素を調べることによっても，間接的に微生物の分解への働きを調べることができる。
　マレー半島のパソー森林保全林や，ボルネオ島サラワクの熱帯雨林において行った落葉分解の調査では，熱帯では温帯に比べて，炭素／窒素の比率の高い値から窒素の無機化が始まることが明らかにされた。すなわち熱帯では，炭素／窒素の比率が30-40と，温帯での20-30に比べ，高い値から窒素の無機化が始まる。すなわち，熱帯地域の森林においては，落葉の有機物の組成は大きく変化することなく分解し減少していくことが示された。一方，温帯では先に紹介したように，落葉が分解される初期に，有機物の利用し易い部分が微生物により利用されて減少し，分解の過程で難分解性のリグニンと窒素が結合することで，炭素と窒素の比率が低下している。熱帯の落葉の分解過程では，窒素などの養分物質がリグニンなどの高分子と結合しないので，落葉は分解とともに養分物質を無機化（放出）している。また熱帯では腐植物質が形成されない。このようなことが，窒素の無機化における炭素／窒素比を用いることで定量的に示すことができるのである。
　上述したように，熱帯と温帯の分解過程の質的な差を生じる原因は，微生物による有機物利用の効率によっている。熱帯ではリグニンの利用効率が高く，温帯ではその効率が低い。したがって温帯では，残ったリグンンに窒素が結合することで腐食物質が形成されている。表2-3に示すように，リグニンの分解効率は，LCI（リ

表 2-3 土壌における落葉の分解に伴う有機物組成の収斂値と養分が無機化するときの炭素 T／窒素の比率。亜寒帯や温帯では，落葉の有機物は，分解に伴い微生物に利用され易いセルロースが分解し，難分解性のリグニンが残存する。その結果，セルロース／リグニンの比率 (LCI) は，収斂値を持つことになる。熱帯でも，同様に収斂値を持つが，リグニン分解効率が高いので，LCI は，温帯に比べて高い値を示す。

気候帯	収斂値	
	LCI 収斂値	C/N 収斂値
亜高山帯（亜寒帯）	0.4	25
冷温帯	0.27–0.45	25
熱帯降雨林	0.65–0.85	35

グニンに対するセルロース全体の割合）であらわすことができる。こうした腐食物質の蓄積により，温帯では腐食物質を利用した土壌動物が優占している（Osono and Takeda 2005）。

このように，枯死した落葉の有機物を利用する土壌微生物の分解活性が温帯と熱帯では異なっており，その結果，熱帯では腐植物質が形成され難い。言い換えると，森林土壌は，有機物の飢餓状態にある熱帯土壌系と，腐植物質のような利用し難い有機物が過剰に蓄積した温帯土壌系に分けられる。熱帯では，微生物による有機物の資源利用効率が高い結果，温帯のように食い残しの有機物が生じない。その結果，土壌分解系に蓄積する腐植物質の量が少ない。寒帯や温帯の森林では，土壌表面に蓄積する粗腐植や鉱物質土壌に蓄積する腐植物質（通常の黒褐色の土）が発達している。以上を一言で結論づければ，土壌分解系に供給される有機物の分解過程が熱帯と温帯で異なる結果，分解によって土壌動物群集に提供される「食物―すみ場所テンプレート」が，温帯と熱帯で異なっている。

2-9 土壌分解系の機能と土壌動物群集

さて，熱帯地域の土壌動物の特徴は，シロアリとアリの優占である。こうした状況がどうして生まれるのかは，熱帯における有機物の分解過程と大きく関係している。また，優占している二つの昆虫群はいずれも社会性である。社会性の進化もま

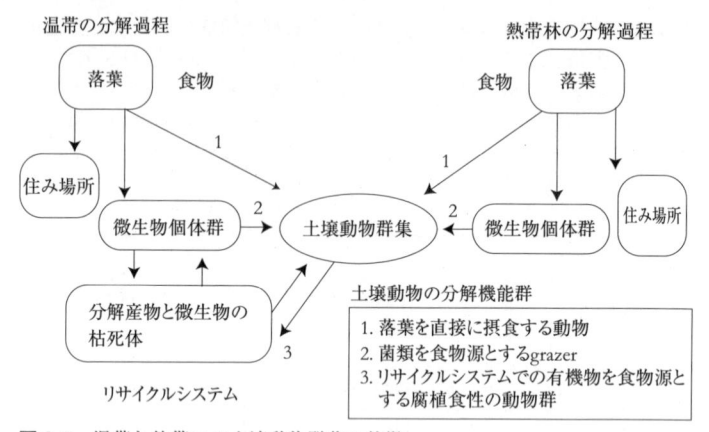

図 2-5 温帯と熱帯での土壌動物群集の特徴
温帯では，有機物—微生物のリサイクル系が発達する．その結果，それを利用した腐食食性の土壌動物群が発達している．一方，有機物の分解効率の高い熱帯では，菌類に対抗する社会性を備えたシロアリやアリ類が，直接に有機物を利用している．しかし，これらの動物も，巣において菌類との共生を営んでいる．

た，熱帯の分解過程と無関係でない．温帯と熱帯での気候条件の違いが，分解過程に影響し，さらに「食物—すみ場所テンプレート」形成を通じて土壌動物群集の構造に寄与している．このように，森林生態系における有機物の供給，有機物分解過程が土壌動物の多様性とどのように関わっているか，以下に紹介していく．

図 2-5 は，熱帯と温帯における土壌動物への「食物—すみ場所テンプレート」の寄与を示したものである．温帯では，土壌に落ちた落葉を直接食べる土壌動物は少ない．一方，熱帯では落葉が土壌に供給されるとすぐに，シロアリやアリなどがそれを食べる．こうした土壌動物は，微生物により条件づけされていない落葉を利用できる落葉食者である．ちなみに，落葉は土壌の表面の湿潤な環境条件下において菌類の定着を促進するが，そうした葉の上の菌類を食べる土壌動物を菌食の土壌動物と呼ぶ．落葉の分解過程において，菌類と土壌動物は落葉という共通の食物を利用しており，資源利用の競争者となっている．それに対し，シロアリやアリは菌食ではない．ところでシロアリやアリがすぐに消費するにしても，すべての落ち葉を消費し尽くすわけではない．しかし熱帯では菌類による有機物分解の効率が高いので，腐植などの食い残し物質が生成されない．したがって，腐植物質に依存した腐植食性の土壌動物が少ないことも特徴となる．

腐植食性の動物の本当のエネルギー源は明らかにされていないが，これらの動物

は腸管を恒温器にして微生物を培養し，糞を外部に排出する。さらに，そうした糞は微生物により分解される，このように有機物を再度利用する形で，有機物利用のリサイクルが成り立つわけだが，温帯では，こうしたリサイクル系に依存した土壌動物の個体数や現存量が卓越している。一方，熱帯林では，上述した理由から腐植に依存した腐植食性の土壌動物が少ない。要するに，土壌における土壌動物群集の構成は，土壌の有機物を利用した微生物が供給する「食物―すみ場所テンプレート」に依存することになる。このように温帯と熱帯の土壌動物群集の比較から，土壌動物群集の特徴が密接に土壌分解系の機能と関係していることが分かる。この文脈では，土壌動物群は，生態系の機能を反映した有効な生物指標となっている。そこで次の最終節では，こうした生物群集の生態系機能への関係を土壌のトビムシ群集について検討する。

2-10　土壌分解系の機能とトビムシ機能群の関係

　トビムシは，土壌に生息する翅のない昆虫であり，土壌の菌類，腐食物質などを食べている。とくに，温帯では，先に示したように多くの個体が生息している。筆者はトビムシを利用した土壌分解系の機能を，トビムシの食性から検討した。

　図2-6に，温帯のアカマツ林，タイの季節林，マレーシアでの熱帯降雨林におけるトビムシの食性群の構成を示す。種数で見ると。温帯林，熱帯林いずれもトビムシの種数は，30〜40程度と大きくは異ならない。しかし食性群について検討すると，熱帯では腐植食性のトビムシが少ないことが特徴となっている（図2-6）。熱帯においては，菌類による分解活性が高いので，菌類を食べる菌食のトビムシが優占し，かつ種間での多様な分化が認められる。いっぽう，温帯においては，菌類による食い残しの結果，腐植が形成される。その結果，腐植のリサイクル利用に依存した腐植食性の土壌動物の機能群が卓越している。もっとも，どちらの分解系においてもコスモポリタンの土壌食性のトビムシが分布し，また，液状の物質をたべる吸収食性や，捕食性のトビムシの種類数は変わらない。

　次に個体数で熱帯と温帯のトビムシ食性群を見ると，腐植食性のトビムシは温帯において熱帯の1オーダー高い密度で生活している。一方，菌食では，温帯より熱帯で1オーダー高い。温帯における，こうした腐植食性トビムシの卓越した個体数を反映して，熱帯での数千に対して温帯では数万から数十万に近いトビムシが生活

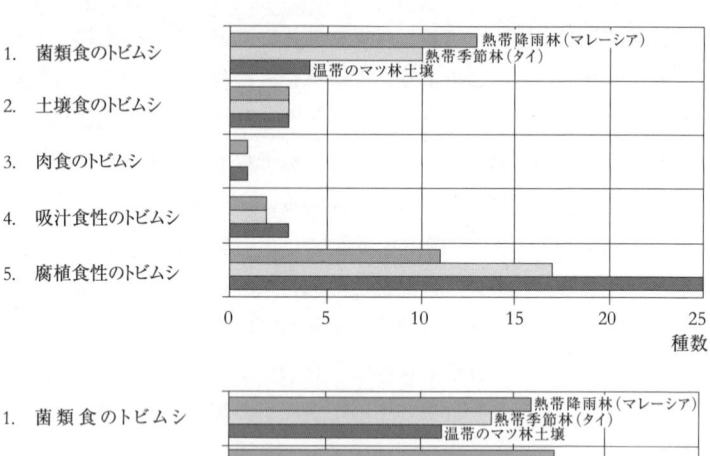

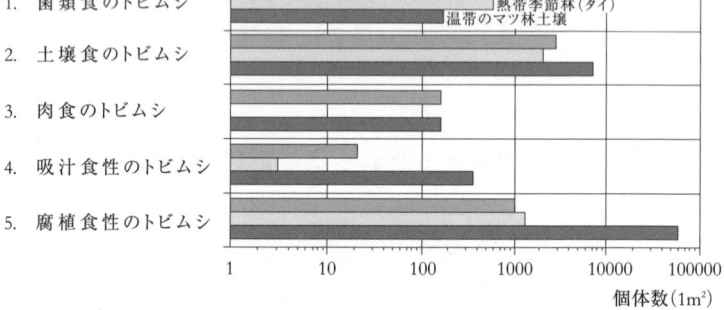

図 2-6 温帯，熱帯でのトビムシの食性群
土壌におけるトビムシの食性は，土壌分解系の機構と密接に関係している。有機物の分解効率の低い温帯では，腐食物質が蓄積し，それを利用した腐植食性のトビムシが優先的である。一方，分解効率の高い熱帯では，腐食物質が形成され難い。その結果，熱帯では腐植食性のトビムシがきわめて少ない。

している。繰り返すが，土壌動物群集の構成は，土壌に供給される有機物を利用する微生物の有機物利用効率により決定されているのである。

ところで，菌類のグレージング効率は，多種の菌類食のトビムシが共存する上で重要である。温帯の落葉分解過程では，落葉に定着した菌類を食べる菌食のトビムシなどのグレーザが落葉分解の初期に現れるが，菌類の増殖の方が強く，グレーザが菌類を食べ尽くすことはない。したがって，トビムシなどのグレーザは，菌類の分解に大きく影響することはない。この点では，典型的な菌食種である *Lepidocyrtus* という属のトビムシに着目することで，熱帯と温帯のトビムシ群集が説明可能である。このトビムシは温帯では1属に数十種類程度であるが，熱帯では優占した種群となっており100種以上に種分化している（Takeda 1996）。熱帯のトビムシ群集の食

性を分析すると，優占している地表性の *Lepidocyrtus* 属のトビムシは厳密な菌食性であり，それが熱帯でのトビムシの多様性の主要因となっている。一方，上述したように，熱帯では温帯で優占している腐食性のトビムシの種類，個体数が少ない。いずれにしても，トビムシの食性群は，土壌分解系の分解系機構と密接に関係している。

　以上，森林生態系における分解過程と，それに対応した土壌動物群集やトビムシ群集の機能群の発達を説明した。トビムシ機能群の特徴から土壌分解系の特徴を知ることができる。一方，土壌分解系の特徴は，菌類の分解酵素特性，落葉分解過程での有機物の組成変化などから直接測定することもできる。そしてそうした分解系の研究への手がかりは，土壌動物群集の特徴から得られるわけだ。読者にとっては回りくどい議論だったと思うが，あえて本章では，回りくどさの危険を冒して，目には見えない土壌分解系のセンサー（指標生物）としてトビムシ類の有効性を論じた。

▶▶参考文献◀◀

安部琢哉 (1989)『シロアリの生態』，東京大学出版会．

Anderson, J. M, Proctor, J. and Nallack, H. W. (1983) Ecological studies in four contrasting lowland rain forests in Gunung Mulu National Park, Sarawak. III Decomposition processes and nutrient losses from leaf litter. *J. Ecol.* 71: 503-527.

Lindeman, R. L. (1942) The trophic-dynamic aspect of ecology. *Ecology* 23: 399-418.

Odum, E. P. (1991) Basic Ecology. 三島次郎訳『基礎生態学』．培風館．

Osono, T. and Takeda, H. (2005) Limit value for decomposition and convergence process of lignocellulose fraction in decomposing leaf litter of 14 tree species in a cool temperate forest. *Ecol. Res.* 20: 51-58.

大園享司・武田博清 (2006)「陸域生態系の科学　地球環境と生態系」武田博清・占部城太郎　編『地球環境と森林の物質循環』，95-135．共立出版．

Paine, R. T. (1966) Food web complexity and species diversity. *Am. Nat.* 100: 65-75.

ルンデゴルド (1964)『植物実験生態学』(門司正三・山根銀五郎・宝月欣二訳)．岩波書店．

レイチェル・カーソン (青樹簗一訳) (1986)『沈黙の春』新潮社（新潮文庫）．

瀬野裕美 (2007)『数理生物学』共立出版．

Takeda, H. and Abe, T. (2001) Templates of food habitat resources for the organization of soil animals in temperate and tropical forests. *Ecol. Res.* 16: 961-973.

武田博清 (1992)「森林生態系の機能や構造は，どのように生物群集の多様性に関連しているのだろうか」東正彦・安部琢哉編『地球共生系とは何か』第 5 章，101-123．平凡社．

武田博清・大園享司 (2003)「有機物の分解をめぐる微生物と土壌動物の関係」堀越孝雄・二井一禎編『土壌微生物生態学』4 章，97-111．朝倉書店．

TOPIC 3

ニホンジカ過密化前後における土壌動物群集の変化
長期研究的アプローチによる検討

■齋藤星耕■

　最近の数十年，森林におけるシカ類の過度の増加が，北米や欧州の温帯・冷帯で問題となってきた (Côté et al. 2004)。さまざまな要因が議論されているが，捕食者の欠如，人間による捕獲圧の減少，そして暖冬などが原因として挙げられている。これは日本も例外ではなく，ニホンジカが各地で生態系に打撃を与えている (日野ら 2003)。

　シカによる採食は，地上部の生態系のみならず，土壌生態系の生物相にも大きな影響を及ぼすと考えられている。シカが植物を食べることにより，植物群集を量的にも質的にも変化させ，土壌環境を変化させるからである (Bargett and Wardle 2003)。シカの採食における嗜好性が，シカに好まれない防御物質の多い植物を増加させ，植物群集の構成を変化させる。植物個体のレベルでも被食を受けた植物が防御物質の生産を増加させる場合がある。これらは，以前よりも分解され難い植物遺体（リター）が土壌系に供給されるという結果に繋がる。その一方で，微生物が利用し易い資源としてシカの排泄物が土壌に供給される。また被害を受けた植物が，根滲出物を増加させ，微生物相とそれを摂食する土壌動物相を活性化する例も知られている (Niwa et al. 2008)。つまり，土壌に供給される資源の面では，シカは正と負のどちらの効果もおよぼすのである。

　土壌攪乱も問題となる。下層植生が減少すると土壌の表面が露出し，地温の日較差の増大や乾燥ストレスの頻度，風雨による物理的攪乱の増大が指摘されている

(Stewart 2001)。とくに，急峻な斜面地形の多い日本では，露出した土壌が流出するという点で，影響が大きいと考えられる。このように，さまざまな影響が複雑に組み合わさって，大型草食哺乳類は地下部生態系に影響を及ぼすと考えられる。

　森林の土壌動物に対する有蹄類の影響に関する研究は多くないが，過去の研究成果は共通の傾向を持つように思われる。大型土壌動物（ミミズ，ワラジムシ，ヤスデ，ムカデ等）は，多くの場合で負の影響を被るらしいことが分かってきた（たとえば Wardle et al. 2001）。例外的に，地上徘徊性の甲虫は増加する傾向にあるようである（たとえば Suominen et al. 1999）。ワードルら（Wardle et al. 2001）の研究では，土壌小型節足動物（トビムシ，ササラダニ等）についても個体数に対して負の影響が示唆されているが，種レベルのデータはとられていない。

　京都大学の芦生研究林（京都府南丹市）では，90年代末から今世紀初頭にかけてニホンジカの摂食が下層植生を破壊するレベルに達したと思われるが（Kato and Okuyama 2004），それ以前の1970-80年代に大型土壌動物や，土壌小型節足動物の研究が行われている。これらの過去の研究で明らかにされた群集と現在のそれとを比較することで，シカの過密が土壌動物に及ぼす影響について議論することができる。筆者らは，大型土壌動物群集については塚本（たとえば Tsukamoto 1996）が1974-78年に調査を行ったプロットで，土壌小型節足動物群集については武田（Takeda 1981）と金子（たとえば Kaneko 1985）が1978年と1982-83年にそれぞれ調査を行ったプロットで再調査を行い，シカの過密以前の群集と比較した。この研究方法は，先行研究においてよく採用されているような，シカ排除柵の内外を比較する手法や，シカの密度や侵入履歴の異なる地域間を比較する手法と比べてより直接的であり，過去のデータが蓄積された芦生研究林だから実行可能な方法である。また，とくに，土壌小型節足動物のトビムシとササラダニについては種レベルの同定に基づく群集データの比較を行った。トビムシとササラダニは種数も多く，種によって好む環境が異なるため，環境指標生物としての利用が提起されてきた分類群である（青木　1995）。

　塚本による1976および77年のデータの一部と，筆者らによる2007年の調査によるデータを合わせて解析した結果，広範な大型土壌動物が減少していることが分かった（図1）。この結果は，間接的な手法により先行研究が予言していた影響と一致する結果であり，シカの過密により実際に自然林の大型土壌動物相が打撃を受けていることを示すものであると考えられる。とくに，かつて谷部に高密度に生息していたワラジムシ類やヨコエビ類は著しく減少していた。大型土壌動物相の変化と

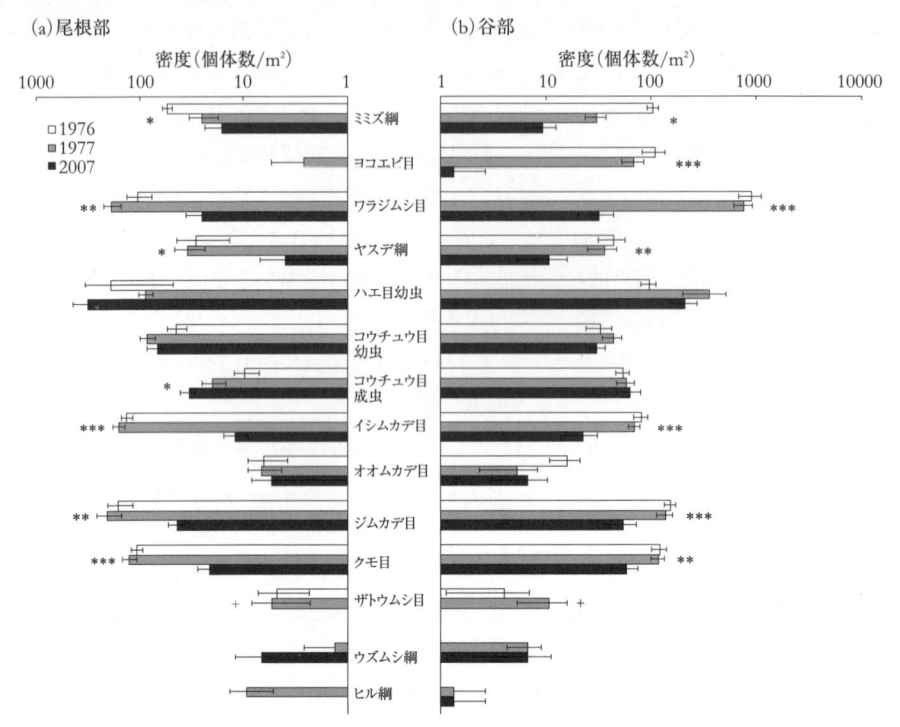

▶図1 ニホンジカ過密の前後における大型土壌動物相の変化（Saitoh et al. 2008 より改変）。図中の記号は時間方向の変化（増加または減少）の統計学的有意性を表す：＋有意水準 10%；* 有意水準 5%；** 有意水準 1%；*** 有意水準 0.1%。

同時に，土壌環境も変化していることが有機物層の厚さと養分濃度の変化により示唆されている。本来，日本の山林においては，尾根部で有機物層が厚く堆積するモル型土壌が発達する一方で，リターの分解速度の速い谷部では有機物層の薄いムル型土壌が発達するのが一般的であり，実際，1970-80 年代の芦生研究林でもそのようになっていた。しかし，2007 年には，谷部でも有機物層（FH 層）の発達が認められたのである。また，リターの窒素濃度が上昇していることも確認された。現在のところ，これらの変化が，土壌動物の減少の原因であるのか結果であるのかはっきりしていないが，森林生態系での物質の貯蔵と循環の（すなわち生態系機能の）レベルで変化が起きている可能性が高いといえる（Saitoh et al. 2008）。

土壌小型節足動物の変化は，大型土壌動物とは異なっていた。武田による 1978 年のトビムシ中心の群集データ，金子による 1982 年のササラダニ中心の群集データと，2006 年の群集データを比較したところ，目・亜目レベルで見ると，個体数

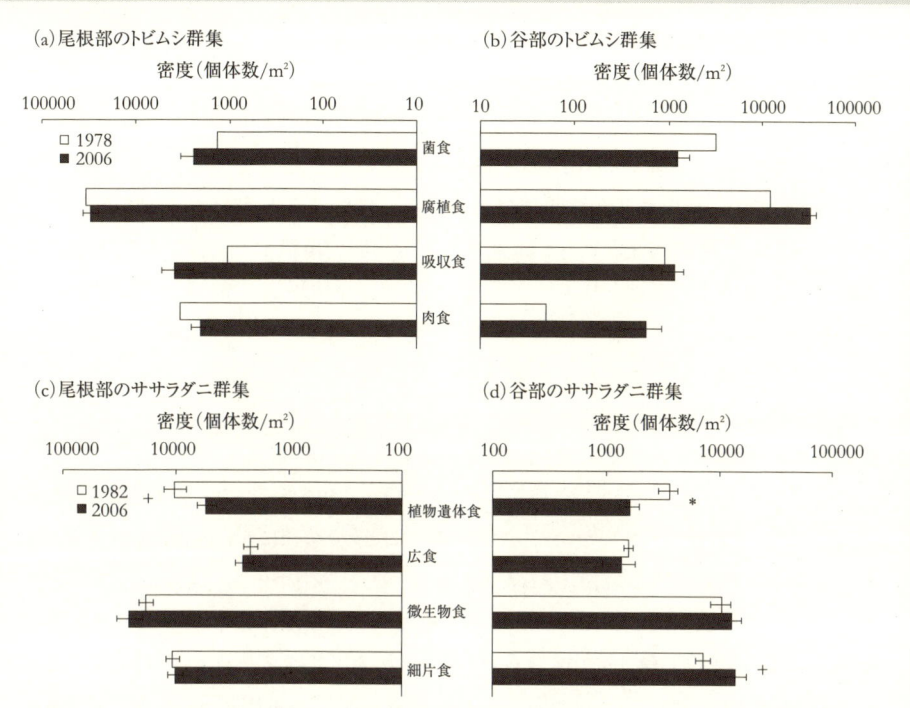

▶図2 土壌小型節足動物群集における食性ギルドの構成の変化。図中の記号は時間方向の変化（増加または減少）の統計学的有意性を表す：＋有意水準10％；＊有意水準5％。

密度が減少したグループはなかった。むしろ，トゲダニ亜目とケダニ亜目は尾根部と谷部の両方で，トビムシ目は谷部でそれぞれ増加していたのである。また，トビムシ目とササラダニ亜目は種数の点でも増加していることが分かった。つまり，現在のところシカは，土壌小型節足動物の生物多様性に負の影響を与えているとはいえないと考えられる。

それでは，シカ過密の前後で，土壌小型節足動物群集は変化していないのであろうか。群集を構成する種の生活史の情報に基づいてグループ分けすることで，群集の変化と，その背景となる生態学的過程を検討することができる。トビムシやササラダニは分解過程にある植物遺体や微生物を主に食べ，少数が線虫などの動物質のものを食べて暮らしている。地上部生態系でみられるようなスペシャライザーは土壌生態系では一般的ではなく，多くの種が広範囲のものを餌としているが，主として食べる餌の範囲によって食性ギルドに分けることができる。図2は，土壌小型節足動物群集を食性ギルド別に分け，シカの過密以前と以後とで比較したものである。

トビムシ群集における食性ギルドの構成が尾根部でも谷部でも変化していることが読み取れる(図2aと2b)。尾根部では吸収食者と菌食者が増加し(図2a),谷部では菌食者が減少する一方で腐植食者と肉食者が増加していた(図2b)。これらの変化の結果として,1978年には尾根部と谷部とのあいだでかなり異なっていたギルドの組成が,2006年にはよく類似したものになっていることが分かる(図2aと2b)。谷部で増加した腐植食性トビムシは通常,有機物層の堆積した尾根部で高密度になるグループであるから,トビムシから見ると谷部の環境が尾根部に近づいたといえるのかもしれない。ササラダニ群集の食性ギルドの構成の変化については次の解析と合わせて議論することにしよう。

　土壌動物群集を分析するにあたって多変量解析の手法が普及している。シカの過密の前後のササラダニ群集の変化を冗長性分析(Redundancy Analysis, RDA)という手法により解析したものが図3である(トビムシ群集についてはこの解析が適用可能な形で過去のデータが残されていない)。この解析では,(その間にシカの過密がおきた)時間の経過と斜面における位置(尾根部か谷部か)の二つの因子と,群集との関係を検討している。座標平面上には,ひとつの土壌サンプルから抽出したササラダニ群集をあらわす点(△○▲●)と,種をあらわす略号(たとえばEesu, *Epilohmannoides esulcatus*ヒメイブリダニ),そして二つの因子に対応する矢印(「時間方向」(=シカの過密後),「尾根方向」)がプロットされている。種の略号の後ろにはその種の食性ギルドを意味するアルファベット(M, m, P, F)を付してある。結果は明瞭で,二つの因子に対応して,群集は四つに分かれている。二つの矢印はほぼ直交しており,矢印の方向から,ササラダニ群集の尾根と谷のあいだの違いをRDA第1軸が,時間方向の変化をRDA第2軸が代表していることを読み取ることができる。したがって,尾根部に特徴的な種ほど右側に,谷部に特徴的な種ほど左側にプロットされている。そして,シカの過密の前後で増加した種は下側に,減少した種は上側にプロットされている。これらの結果は次のことを示している。尾根部,谷部にはもともとそれぞれ特徴的な群集が成立していた。シカの過密の影響により,群集を構成している種がそれぞれ増加あるいは減少することで,尾根部においても谷部においても,元の群集から変化した。しかし,依然として尾根部と谷部の群集は異なっている。つまり,ササラダニ群集は尾根部と谷部の違いを維持したまま,共通する変化を被ったと考えられる。たとえば,図2にも示されているように尾根と谷の両方で植物遺体食者が減少している。このことは図3では(M)を付した種が上側にプロットされていることと対応している。他のギルドでは減少する種も増加する種も含んでい

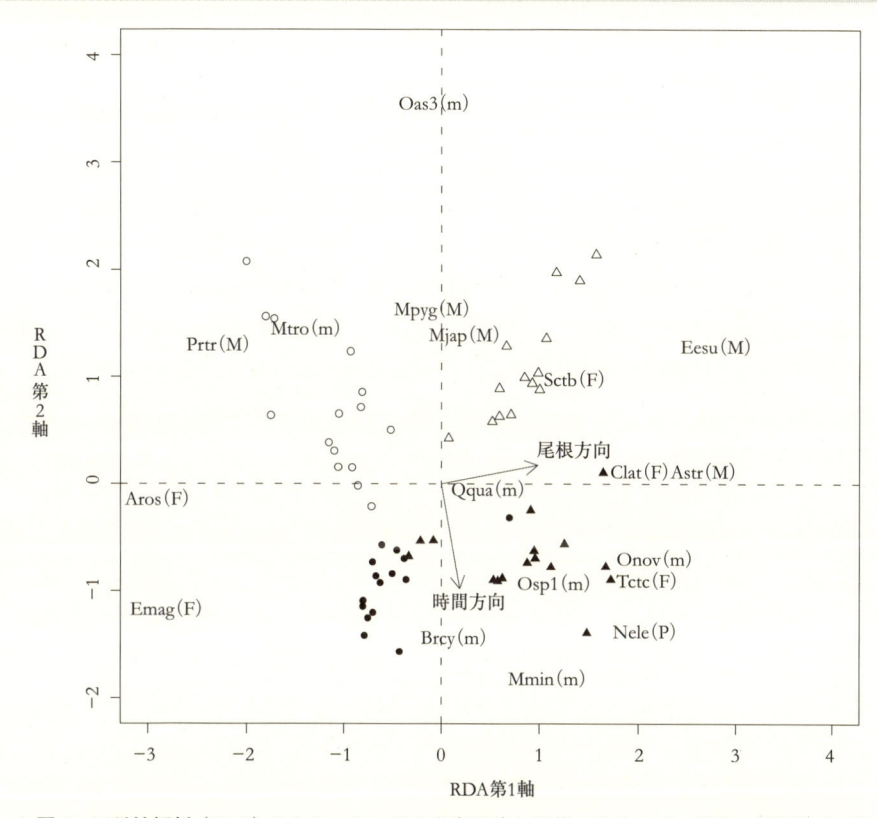

▶図3 冗長性解析（RDA）によるニホンジカ過密以前と以後のササラダニ群集の座標付け。群集を表す座標は次の通り：△ 1982年尾根部；○ 1982年谷部；▲ 2006年尾根部；● 2006年谷部。矢印は二つの因子，場所（尾根か谷か）と時間（1982年か2006年か）を表す。ササラダニの種は優占種のみプロットされている。種を表す略号は次の通り：Aros, *Archoplophora rostralis*; Astr *Atropacarus striculus*; Brcy, Brachychthoniidae spp.; Clat, *Cultoribula lata*; Eesu, *Epilohmannoides esulcatus*; Emag, *Eohypochthonius magnus*; Mjap, *Malaconothrus japonicus*; Mmin, *Microppia minus*; Mpyg, *Malaconothrus pygmaeus*; Mtro, *Metrioppia* spp.; Nele, *Nanhermannia elegantula*; Oas3, *Oppia* sp-As3; Osp1, *Oppia* sp-1; Prtr, *Protoribates* sp-A; Qqua, *Quadroppia quadricarinata*; Sctb, Suctobelbidae spp.; Tctc, *Tectocepheus* spp.; Onov, *Oppiella nova*. 種の略号に続く小括弧内の文字は食性ギルドを表す：M，植物遺体食（Macrophytophages）; m，微生物食（Microphytophages）; P，広食（Panphytophages）; F，細片食（Fragment feeders）。

るが，微生物食者ではツブダニ属の一種 *Oppia* sp-As3（未記載種，図3上 Oas3）の減少と，ダルマヒワダニ科（Brachychthoniidae spp., 図3上 Brcy）の増加は尾根部でも谷部でも共通した変化である。また，もともと尾根部に多い，乾燥や攪乱に強い種（ツキノワダニ *Nanhermannia elegantula*, クワガタダニ属 *Tectocepheus* spp., ナミツブダニ *Oppiella nova*, 図3上ではそれぞれ Nele，Tctc，Onov）の増加も共通した傾向である。なお，図

2d の谷部での細片食者の増加は主にオオナガヒワダニ *Eohypochthonius magnus*（図 3 上 Emag）の増加によるものである。

　このように土壌小型節足動物のトビムシ群集とササラダニ群集はそれぞれ変化していた。両者に共通するであろう生態学的背景は，次のことが考えられる。まず，食物資源の変化である。谷部におけるトビムシ群集の肉食者の増加や，ササラダニ群集の植物遺体食者の減少と細片食者の増加は，土壌小型節足動物にとって植物遺体をめぐる競争者であり食物でもある微生物相と，それを食べる線虫などの小型土壌動物の増加を示唆している。二つ目は，物理的な攪乱ストレスの影響である。増加した種のなかには環境攪乱に強い種や，食性の幅が広い種として知られているものが含まれている。三つ目に，大型土壌動物が減少したことの影響である。ミミズによる土壌の攪拌作用がササラダニに負の影響を及ぼす場合があることが知られている（Brown 1995）が，大型土壌動物相により抑えられてきた一部のササラダニや，相対的に有機物層の下層に住み，ミミズの影響を受け易い腐植食性トビムシなどが，正の影響を受けた可能性がある。これらの変化の後で，トビムシは尾根部と谷部とで類似性が高まったと考えられるが，ササラダニ群集は尾根部と谷部で共通の影響を受けながらも，群集としてはなお異なっていた。この違いは，両者の生活史上の傾向の違いが反映されたものかもしれない。トビムシは相対的に世代時間が短く，より食物の範囲が広い傾向にあるのに対して，ササラダニは世代時間が長く，それぞれの種の食物の選択範囲も相対的に狭い傾向にある（Wallwork 1983）。つまりトビムシ群集の方が，攪乱の過程で生じた新しい環境・資源に対応して，変化し易いのかもしれない。

　以上みてきたように，シカの過密の前後の土壌動物群集を比較することで，シカの過密により自然林の大型土壌動物が実際に負の影響を被っていることが示された。同時に生態系機能も大きな影響を受けていることが示唆されており，物質循環に焦点をあてた検証が求められている。土壌小型節足動物群集の変化は，シカの過密が森林に与えるさまざまな影響を反映していると考えられた。また，将来的にシカ不嗜好性植物の増加などにより植物群集が変化していくならば，さらなる土壌動物群集の変化が予想される。5 年後，10 年後の継続的なモニタリングが必要であろう。

▶▶参考文献◀◀

青木淳一（1995）「土壌動物を用いた環境診断」沼田真編『自然環境への影響予測』, 197-271. 千葉県環境部.

Bardgett, R. D. and Wardle, D. A. (2003) Herbivore mediated linkages between aboveground and belowground communities. *Ecology* 84: 2258-2268.

Brown, G. G. (1995) How do earthworms affect microfloral and faunal community diversity? *Plant Soil* 170: 209-231.

Côté, S. D., Rooney, T. P., Tremblay, J. P., Dussault, C. and Waller, D. M. (2004) Ecological impacts of deer overabundance. *Ann. Rev. Ecol. Evol. Syst.* 35: 113-147.

日野輝明・古澤仁美・伊藤宏樹・上田明良・高畑義啓・伊藤雅道（2003）「大台ヶ原における生物間相互作用にもとづく森林生態系管理」『保全生態学研究』8：145-158.

Kaneko, N. (1985) A comparison of oribatid mite communities in two different soil types in a cool temperate forest in Japan. *Pedobiologia* 28: 255-264.

Kato, M. and Okuyama, Y. (2004) Changes in the biodiversity of a deciduous forest ecosystem caused by an increase in the Sika deer population at Ashiu, Japan. *Contrib. Biol. Lab. Kyoto Univ.* 29: 433-444.

Niwa, S., Kaneko, N., Okada, H. and Sakamoto, K. (2008) Effects of fine-scale simulation of deer browsing on soil micro-foodweb structure and N mineralization rate in a temperate forest. *Soil Biol. Biochem.* 40: 699-708.

Saitoh, S., Mizuta H., Hishi, T., Tsukamoto, J., Kaneko, N. and Takeda, H. (2008) Impacts of deer overabundance on soil macro-invertebrates in a cool temperate forest in Japan: a long-term study. *For. Res. Kyoto* 77: 63-75.

Stewart, A. J. A. (2001) The impact of deer on lowland woodland invertebrates: a review of the evidence and priorities for future research. *Forestry* 74: 259-270.

Suominen, O., Danell, K. and Bergström, R. (1999) Moose, trees, and ground-living invertebrates: indirect interactions in Swedish pine forests. *Oikos* 84: 215-226.

Takeda, H. (1981) A preliminary study on collembolan communities in a deciduous forest slope. *Bull. Kyoto Univ. For.* 53: 1-7.

Tsukamoto, J. (1996) Soil macro-invertebrates and litter disappearance in a Japanese mixed deciduous forest and comparison with European deciduous forests and tropical rainforests. *Ecol. Res.* 11: 35-50.

Wallwork, J. A. (1983) Oribatids in forest ecosystems. *Ann. Rev. Entomol.* 28: 109-130.

Wardle, D. A., Barker, G. M., Yeates, G. W., Bonner, K. I. and Ghani, A. (2001) Introduced browsing mammals in New Zealand natural forests: aboveground and belowground consequences. *Ecol. Monogr.* 71: 587-614.

TOPIC 4

訪花昆虫群集の変化に学ぶ環境変動

■角谷岳彦■　　■吉田隼平■　　■藤崎憲治■

　虫媒花や送粉者に関する研究は，古くからなされているが，少数種の植物と限られた分類群の昆虫とのあいだの短期間における相互作用に焦点をあてたものが多く，ある地域のすべての虫媒花，すべての訪花昆虫群集を扱った長期動態に関する研究は不足している (Memmott 1999)。そのようななかで，井上民二を中心にした角谷岳彦を含む生態学者グループ「ポリネータゼミ」は，調査を開始した。ポリネータとは送粉者のことで，このゼミは主に昆虫に送粉される植物と送粉者となる訪花昆虫の共生関係を生態学的に研究してきた。その一環として，京都府下の3ヶ所，すなわち1984-1987年に貴船 (Inoue et al. 1990) と芦生 (Kato et al. 1990) で，そして1985-1987年に京都大学構内 (Kakutani et al. 1990) で，花とその訪花昆虫群集の種間関係の実態を，地域の送粉共生系全体として，明らかにするための調査を実施した。

　具体的には，収集に先立ち，芦生の原生林内と，貴船の二次林内，京大構内という環境の異なる京都府下の3ヶ所に，一定のコースを定め，定期的にそのコースに採集に出かけ，コース沿いで虫が訪れていた花を全種調査対象とした。各回の調査ごとに花一種に十分間の採集時間をとり，採集時には昆虫種を区別せずに，訪花を確認した個体をすべて採集し，採集日時と訪れていた花の種名をラベルに付けて標本とした。このように各回の採集時間が，花の種ごとに一定に保たれ，採集時に昆虫の種が区別されていないことで，各花の訪花昆虫群集における昆虫種ごとの訪花頻度を採集された標本個体数から推定することが可能となる。採集頻度は芦生にお

▶図1 京都大学総合博物館に保管されているポリネータゼミ・コレクションの標本箱。この箱に入っているのはトラマルハナバチ。このように原則として昆虫の種ごとに分類保管されている。

いては採集調査が環境に及ぼす悪影響にも配慮して月1回程度とし，貴船と京大構内では週1回程度とした。いずれの採集も晴天の日を選んで行った。

このようにして収集された昆虫標本を「ポリネータゼミ・コレクション」と呼ぶ（図1）。ポリネータゼミ・コレクションは芦生で採集されたもの2459個体，貴船で採集されたもの4603個体，京大構内で採集されたもの2109個体から成る。それぞれ，訪花していた植物の種数は，91種，115種，113種で，昆虫の種数は715種，889種，320種であった。この数字だけからは判り難いが，ポリネータゼミが調査した当時，芦生には京大構内と同程度の種数の花で，より豊かな訪花昆虫群集があった。

ポリネータゼミが調査対象とした京都府下の3ヶ所のうち，環境が大きく異なる芦生と京大構内の2ヶ所について，2006年より，約20年前に行われた上記の調査方法とまったく同じ方法で，訪花昆虫群集の調査を再開した。この2006年からの調査で収集された昆虫標本を，主に採集を担当した吉田隼平にちなんで，「吉田隼平コレクション」と呼ぶ。調査は現在も継続中であるが，2006年採集の吉田隼平コレクションをポリネータゼミ・コレクションと比較することで，この20年に起こった両地域の環境変動に関して興味深い示唆を得ることができる。

2006年芦生で採集された吉田隼平コレクションは，わずか80個体，29種で，訪花を確認できた植物の種数は8種であった。これに対して，同年京大構内で採集された同コレクションは611個体，約100種（一部，未同定）で訪花を確認できた植物の種数は55種であった。調査回数が異なるので，この数字だけを単純に比較することには問題があるが，この数字だけを見ても，芦生原生林での訪花昆虫群集の変化が，京都市街地にある京大構内での訪花昆虫群集の変化よりも大きいことが窺え

る。

　調査回数を考慮した解析の結果，京大構内では種の入れ替わりはあるものの群集の多様性は20年前に比べて大きく変化していないのに対して，芦生では訪花昆虫群集の多様性も，虫媒性植物の種数も激減していることが明らかになりつつある。一般により豊かで複雑な群集を抱える原生林内の群集は，攪乱を受け易い都市部の群集よりは長期的に安定であると考えられがちであるが，この20年に芦生で起こった環境変動は，訪花昆虫群集の変化から見る限り，同時期に京大周辺で起こった変動よりはるかに大きいことが窺える。芦生に大きな変動をもたらした一因はシカの増加であると考えられているが，詳細な因果関係は今後の研究課題である。

　なお，ポリネータゼミ・コレクションも，吉田隼平コレクションも，そのすべてが京都大学総合博物館に保管されている。ポリネータゼミ・コレクションのほぼすべてと，2006年採集の吉田隼平コレクションは，KUMCデータベース（http://130.54.73.11/kumc/）に登録され，データベース登録利用者は研究解析に利用可能である。また，KUMCデータベースに登録された昆虫標本の多くは当館のWebサーバにも登録されており，ホームページ（http://www.museum.kyoto-u.ac.jp/indexj.html）から「ホームページ内検索」でコレクション名や昆虫種名をキーワードに検索式を入力することで閲覧することができる。

▶▶参考文献◀◀

Inoue T., Kato, M., Kakutani, T., Suka T. and Itino, T. (1990) Insect-flower relationship in the temperate deciduous forest of Kibune, Kyoto: An overview of the flowering phenology and the seasonal pattern of insects visits. *Contrib. Biol. Lab. Kyoto Univ.* 27: 377−462.

Kakutani, T., Inoue, T., Kato, M. and Itihashi, H. (1990) Insect-flower relationship in the campus of Kyoto Univerity, Kyoto: An overview of the flowering phenology and the seasonal pattern of insect visits. *Contrib. Biol. Lab. Kyoto Univ.* 27: 309−375.

Kato, M., Kakutani, T., Inoue T. and Itino, T. (1990) Insect-flower relationship in the primary beech forest of Ashu, Kyoto: An overview of the flowering phenology and the seasonal pattern of insect visits. *Contrib. Biol. Lab. Kyoto Univ.* 27: 465−521.

Memmott, J. (1999) The structure of a plant-pollinator food web. *Ecol. Lett.* 2: 276−280.

TOPIC 5

案外したたか？
環境が激変した森でのトラマルハナバチの遺伝的多様性

■井上みずき■

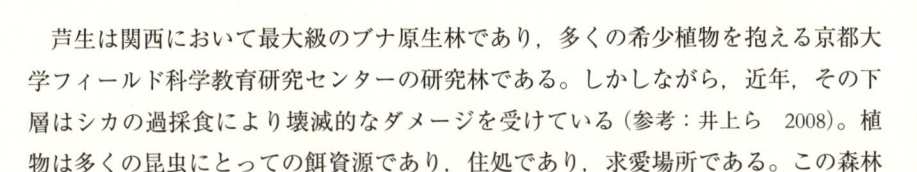

　芦生は関西において最大級のブナ原生林であり，多くの希少植物を抱える京都大学フィールド科学教育研究センターの研究林である。しかしながら，近年，その下層はシカの過採食により壊滅的なダメージを受けている（参考：井上ら　2008）。植物は多くの昆虫にとっての餌資源であり，住処であり，求愛場所である。この森林下層の変貌が昆虫にもたらすであろう影響は想像に難くない。

　Kato and Okuyama (2004) は，訪花昆虫を中心として，すでにその影響を調査している。彼らの研究から，とくにトラマルハナバチ個体数の減少が懸念された。トラマルハナバチは春に巣作りを開始し，秋に次世代の女王が巣立つ。芦生では春から初夏までは木本の花が存在するが秋の花は草本のみになる。ところが，シカの過採食により草本の花の大部分が消失しているのだ。したがって，ワーカー数も多くなり次世代の女王が育つ重要な季節に，蜜資源の不足が起きる可能性が高い。もし蜜資源の不足により巣の崩壊が生じているならば，ワーカー個体数の減少だけでなく，個体群の遺伝的多様性の低下も生じていると予測される。

　こうした際に重要なのは，「何も起きてない過去」とのデータ比較である。「何も起きていない」ように見える生態系の基礎的なデータをとることは，効率化や高生産性が求められる現在，非常に無駄に見える。しかし，われわれは未来を知らない。変化が起きたときには，「何も起きてない過去」のデータはどうやっても手に入らない。幸運なことに，Kato et al. (1990) と角谷 (1994) は 1980 年代（シカによる

表1 芦生のトラマルハナバチ個体群のマイクロサテライト変異
n: 1遺伝子座あたりの平均対立遺伝子数，H_o: ヘテロ接合度の観察値，H_e: ヘテロ接合度の期待値，n_e: 有効対立遺伝子数

年	n	H_o	H_e	n_e
1987	9.4	0.495	0.796	4.9
2007	14.8	0.629	0.839	6.2

* $p < 0.05$

下層植生衰退が生じる以前）に精力的に訪花昆虫を捕獲し，標本として京都大学博物館に寄贈していた。そこで，それらの標本から中脚を1本頂き，1980年代のトラマルハナバチの遺伝的多様性を測定し，現存の芦生個体群の遺伝的多様性と比較した。

1987年の32個体，2007年56個体の脚からDNAを抽出し，マイクロサテライトマーカー8個を用いて解析し巣数を推定したところ，1987年18巣，2007年32巣であった。巣から任意の1個体を取り出し遺伝的多様性の指数を年ごとに計算した。驚くべきことに，ボトルネックの有無や有効対立遺伝子数（表1）[1]，対立遺伝子多様度の推定値（図1）[2] などのいずれの遺伝的多様性指数も過去と現在で差は認められなかった（Inoue et al. 2008 submitted）。

差があるにもかかわらず検出できなかった可能性はむろんある。たとえば，水や熱，昆虫を殺すのに用いた薬品などの影響により，古い標本の遺伝子はずたずたになることが知られている（Lindahl 1993）。こうした影響により，1980年代のサンプルの遺伝的多様性が低く見積もられてしまった可能性がある。ただし，1980年代の他年度の結果などからDNAの劣化は主要因ではないだろうと推察された。

もし，本当に過去と現在で遺伝的多様性に差が無いならば，その理由は何なのか？　一つ目には芦生以外の健全な地域に巣があるワーカーの一部がたまたま芦生まで遠征して訪花しており，そのワーカーを捕獲した可能性，二つ目には芦生以外の健全な地域から巣立った女王が毎年芦生に供給されている可能性，三つ目には，芦生のトラマルハナバチの巣数は，もともと花資源ではなく，営巣場所に律速されている可能性である。三つ目の要因であったならば，トラマルハナバチの個体群の

1　Effective number of alleles：対立遺伝子がすべて同じ頻度を持つと仮定したときの遺伝子座あたりの対立遺伝子数。

2　Estimated allelic richness：ARESプログラムを用いて，推定した遺伝子座あたりの対立遺伝子数。

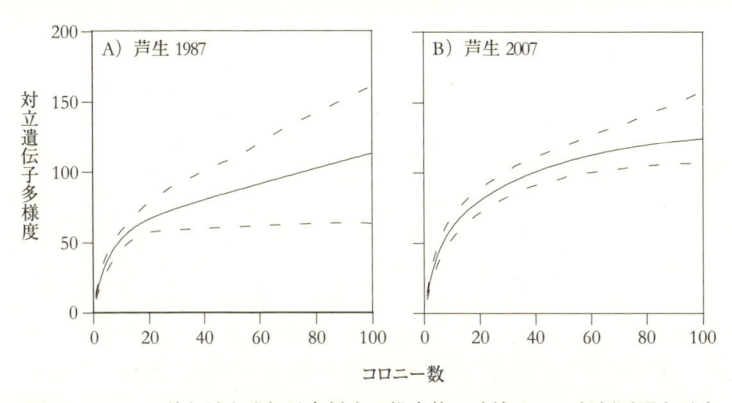

▶図1　コロニー数と対立遺伝子多様度の推定値。破線は95％信頼区間を示す。

▶図2　アザミの花を訪花するトラマルハナバチのワーカー

個体数は減ったとしても，巣の数は減らないため，遺伝的多様性は保持されるだろう。

　生態系はもろくて壊れ易いとわれわれは思いがちだ。しかし，案外，生き物たちは「したたか」なのかもしれない。実のところ，2007年の芦生の個体群の遺伝的多様性指数は下層植生が豊かだと考えられる氷ノ山の現存個体群のそれとも差は認められなかった。したがって，トラマルハナバチ個体群が遺伝的に劣化している証拠は今のところ何もない。

　ただし，この研究はトラマルハナバチの遺伝的多様性という一断面を見たにすぎない。遺伝的多様性が減少しなくても，個体数が減少すれば，マルハナバチたちに

送粉を頼る植物群集の繁殖成功は低下する。種子生産量の減少は，さらなる花量の減少に繋がり，マルハナバチの蜜源が減少するという負のフィードバックがかかる可能性もある。したがって，今後も注意深く芦生の森に住むマルハナバチたちの挙動を見守っていく必要があることだけは間違いない。

▶▶参考文献◀◀

井上みずき・合田禄・阪口翔太・藤木大介・山崎理正・高柳敦・藤崎憲治（2008）「ニホンジカの森林生態系へのインパクト‐芦生研究林」特集企画趣旨．森林研究 77: 1-4.

角谷岳彦（1994）『訪花昆虫群集に関する生態学的研究』京都大学博士論文．135-148.

Kato M, Kakutani, T., Inoue, T. and Itino T. (1990) Insect-flower relationship in the primary forest of Ashiu, Kyoto: An overview of the flowering phenology and the seasonal patterns of insect visits. *Contrib. Biol. Lab. Kyoto Univ.* 27: 309-375.

Kato M. and Okuyama, Y. (2004) Changes in the biodiversity of a deciduous forest ecosystem caused by an increase in the Sika deer population at Ashiu, Japan. *Contrib. Biol. Lab. Kyoto Univ.* 29: 437-448.

Lindahl T. (1993) Instability and decay of the primary structure of DNA. *Nature* 362: 709-715.

Inoue, M. Yamasaki, M., Kakutani, T. and Isagi, Y. The effects of deer-induced habitat degradation on the genetic diversity of extant *Bombus diversus* are negligible compared to museum specimens (submitted)

TOPIC 6

花粉の遺伝解析で知る本当の虫媒効率

■松木　悠■　　■井鷺裕司■

　昆虫は，その活動を通じて他の分類群の生物にも大きな影響を与えている。なかでも，被子植物の繁殖，とくに送受粉過程 pollination においては昆虫が重要な役割を果たしている。「昆虫は花粉を運ぶことで植物の受粉を助け，植物はその報酬として花粉や蜜を提供する」という関係は教科書などでもよく目にすることだろう。被子植物が昆虫という花粉媒介者 pollinator を得て急速に多様化したのは白亜紀のこととされ，そこから今日私たちの目を楽しませる多様な形状や香りの花々が昆虫とともに進化してきた。私たちの身の回りの花々を観察してみると，花には体の構造や行動様式の異なるさまざまな昆虫が訪れていることが分かる。こうした昆虫たちが花を訪れる目的はさまざまで，花粉や蜜といった餌を得るためだけでなく，交尾場所や外敵から身を守るシェルターとして花を利用している昆虫も多くいる。このように，体や行動の特性が異なる昆虫は植物の送受粉にも異なった影響を与えていると考えられる。

　植物が繁殖を成功させ子孫を多く残すためには，花にもたらされる花粉粒の「量」だけではなく，遺伝的な「質」がカギとなる。たとえば，自らの花粉による受粉（自家受粉：self pollination）によって作られた種子は，他個体花粉由来の種子よりも成長が悪かったり，死亡率が高くなることが多くの植物で知られている。では，タイプの異なる複数種の昆虫が訪れる花において，効率よく花粉を運び，遺伝的多様性の高い種子生産に貢献しているのはどのような昆虫なのだろうか？　これは，植物の

▶図1　ホオノキを訪れる昆虫
　A：ムラサキツヤハナムグリ，B：アカハムシダマシ，ハナアブの一種，C：ハナムグリの脚に付着したホオノキ花粉（長径約0.08mm）

繁殖メカニズムを解き明かし，さらに昆虫と植物のあいだの相互作用や共進化を考える上で興味深い問いである．ここでは，近年開発された花粉粒の直接遺伝解析法（Matsuki et al. 2007）を用いて，花にもたらされた花粉粒の遺伝的な「質」を直接明らかにし，昆虫の送受粉への「貢献度」を評価する試みを紹介する．

　対象とした植物はホオノキである．ホオノキは樹高20mほどに達する落葉樹で，5～6月に咲く白く大きな花は甘い芳香を発し，大量の花粉を生産する．この花の特徴はモクレン属に一般に見られるもので，甲虫類による送受粉に適した花であると考えられている．しかし，実際に花を観察してみると，甲虫類以外の昆虫もしばしば訪花している（図1）．これらの昆虫はホオノキの送受粉にどのような影響を与えているのだろうか？　まず，調査対象とするホオノキに設置されたはしごを使って地上15mほどまで登り，訪花昆虫の観察と採集を行った．甲虫類，ハチ類，アブ類など多様な分類群の昆虫が観察されたが，このうちマルハナバチ類（トラマルハナバチ，コマルハナバチ）と小型甲虫類（アカハムシダマシ），ハナムグリ類（ムラサ

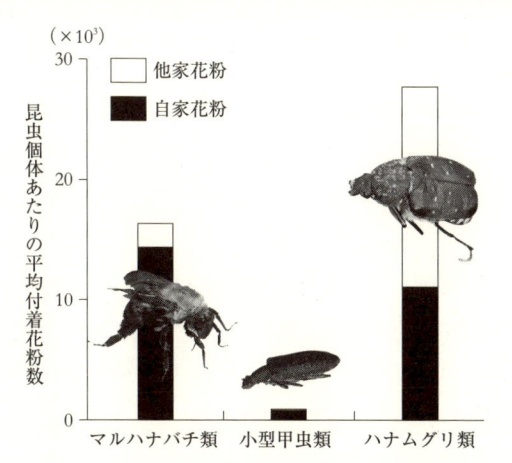

▶図2 花粉一粒の遺伝解析で明らかになった，昆虫ごとの花にもたらされる花粉粒の遺伝的組成（平均自家花粉率×平均付着花粉数）。ハナムグリ類が最も多くの他家花粉を運搬していることが分かる。(Matsuki et al. 2008を改変)

キツヤハナムグリ，ハナムグリ）について送受粉への貢献度を評価することにした。

　当初私たちは，運動能力や学習能力が高く，優秀な花粉媒介者と一般的に考えられているマルハナバチ類は，甲虫媒とされるホオノキにおいても，行動の鈍い甲虫類と同等もしくはそれ以上の働きをしているのではないかと予想していた。顕微鏡で観察してみると，確かにマルハナバチ類は体表に多くの花粉粒を付着させていた。しかし，その花粉粒を一粒一粒体表から外してDNAを抽出し遺伝解析してみると，マルハナバチ類の体表に付着している花粉粒の大半は自家花粉 self pollen であることが分かった（11個体平均88％　図2　Matsuki et al. 2008）。これにはマルハナバチ類の効率的な採餌行動が関係していると考えられる。ホオノキは同時に多数の花を咲かせるという特徴があり，マルハナバチたちは花粉を効率よく集めるため集中的に1本のホオノキをめぐったのだろう。その結果，体表の自家花粉の割合が高まったと考えられる。ホオノキの自家受粉由来の種子は生存率が低いことが報告されており，自家花粉ばかり花にもたらすマルハナバチ類は効率のよい花粉媒介者とは決していえない。甲虫類のうち，小型の甲虫類（体長1cm弱）は体サイズが小さいため，マルハナバチ類や後述のハナムグリ類と比べると付着花粉数が少なかった。また，付着していた花粉を遺伝解析してみると，こちらも多くが自家花粉であった

（10 個体平均 89％）。小型の甲虫類は花をシェルターとして利用し，長時間花内に滞在する傾向があったが，花粉粒の遺伝解析からもホオノキ個体間の移動が少ないことが窺えた。一方，甲虫類のなかでもハナムグリ類はその名のとおり「花に潜って」花粉を食べるため，体表に多くの花粉を付けていた。そして，花粉粒の遺伝解析によって平均 60％（12 個体）の花粉が他のホオノキから来た花粉で，その遺伝的多様性も他の昆虫タイプと比べて高いことが分かった。このことは，ハナムグリ類がホオノキ個体間を頻繁に移動していることを示している。ハナムグリ類は鞘翅を開かずに後翅を広げて飛翔することができるため，甲虫類としては飛翔に適した体構造であるとされている。これらのことから，ハナムグリ類は頻繁な個体間移動を通じて，ホオノキの花に遺伝的多様性の高い他家花粉を運搬していることが示唆された。

このように，花にもたらされる花粉粒の「量」と遺伝的な「質」の解析によって，これまで間接的な推定に限られていた花にもたらされる自家花粉の割合や遺伝的多様性を明確に示すことができた。甲虫媒の特徴を持つホオノキにおいては，やはり甲虫類が繁殖成功や子孫の遺伝的多様性の維持に貢献していることが分かった。また花粉粒の遺伝解析によって，昆虫の移動パターンを直接的に示すことができるようになった。花粉粒と開花個体の親子判定を行うことで，森林内での昆虫の動きを直接的に解明できるだろう。また今回の解析では，マルハナバチ類はホオノキの繁殖にネガティブな影響を与えかねないことが示されたが，実際にマルハナバチ媒と見られる植物も数多くある。そういった植物では，どのようなメカニズムで効率よい送受粉が行われているのかは新たな疑問である。今後さまざまなタイプの植物・花粉媒介者について花粉 1 粒レベルの詳細な遺伝解析を行うことで，送受粉や昆虫と植物の相互作用の理解が新たな段階へと進むことが期待される。

▶▶▶参考文献◀◀◀

Matsuki, Y., Isagi, Y. and Suyama, Y. (2007) The determination of multiple microsatellite genotypes and DNA sequences from a single pollen grain. *Mol. Ecol. Notes* 7: 194–198.

Matsuki, Y., Tateno, R., Shibata, M. and Isagi, Y. (2008) Pollination efficiencies of flower-visiting insects as determined by direct genetic anaylsis of pollen origin. *Am. J. Bot.* 95: 925–930.

第 3 章

環境変化がもたらす森の衰退
ナラ枯れとカシノナガキクイムシ

山崎　理正

　春の芽吹きや新緑，秋の紅葉を楽しむために，森に出かける人はたくさんいると思う。バードウォッチングが目的で森に入る人も多いだろう。それに比べると，虫の観察を目的に森を訪れる人は少ないのではないだろうか。実際，森のなかを歩いていても，よほど気をつけていなければ虫たちの姿を見かけることは少ないだろう。しかし，森のなかでは多種多様な虫たちが，森の樹木と密接な関係を持って暮らしている。たとえば落ち葉を何枚か拾って見て欲しい。ほとんどの葉には穴が開いたり，一部が欠けていたりするのがすぐに分かるはずだ。これらは虫が食べた痕跡である。全く虫に食べられていない葉を見つけるのはとても難しいことが分かるだろう。他にも，森のなかを見渡すと，葉の上に出来たこぶ，木の幹に開いた穴など，虫の姿そのものは見えなくても虫の痕跡はいろいろな場所に見つけることができる。

　通常これらの昆虫は，森の樹木と微妙なバランスを保って生活している。たとえば葉を食べる虫（食葉性昆虫）の場合，餌である葉を食べ尽くしてしまうことはあまりない。それは，餌となる植物側も食葉性昆虫とともに進化してきた過程で，簡単には食べられないような工夫を凝らすようになっているからである。食べる虫と食べられる樹木のあいだで通常は保たれているこのバランスが崩れたとき，樹木の葉が食べ尽くされたり，食べ尽くされた木が枯死したり，そのような枯死が集団的に発生したりするような，私たち人間の目からすると「被害」と捉えられる現象が起きることになる。森林にこのような被害を及ぼす昆虫としては食葉性昆虫の他に，

葉や枝にこぶを作る虫えい形成昆虫，樹幹に穴を開ける穿孔性昆虫などが挙げられるが，本章では穿孔性昆虫であるカシノナガキクイムシ Platypus quercivorus がもたらしている被害について紹介する。

3-1 ナラ枯れ現象

近年，日本海側の各地でブナ科の樹木が集団枯死する現象（ナラ枯れ）が問題となっている（伊藤・山田 1998；小林 2005）。2007年までにこのような被害が報告されているのは，23府県に及ぶ（黒田 2008）。日本には5属22種のブナ科樹木が自生しているが，そのうち4属15種でこのような現象が確認されている（黒田 2008）。被害が目立ち始めるのは夏期であり，紅葉の季節でもないのに山のなかで赤茶けた葉が目立ち，被害が激しいと山が異様な様相を呈する。

ナラ枯れの被害木に近づいてみると，樹幹下部に開いた多数の穴から木屑（フラス）が出てきて，根元周辺にたまっているのが分かる（図3-1a）。この穴を開けてフラスを排出しているのが，ナラ枯れの原因となっているカシノナガキクイムシ（図3-1b）である。カシノナガキクイムシは養菌性キクイムシと呼ばれる体長5mm程度の小さな甲虫で，自分たちの餌となる菌類を自ら木から木へと運搬する。そのなかに樹木を枯死に至らしめるような病原菌が含まれており（Kinuura 2002; Kubono and Ito 2002），大量に穿孔された木が過剰な抵抗性反応を起こすことで枯死してしまう（Kuroda 2001），これがナラ枯れの発生のメカニズムである。

カシノナガキクイムシ自体は昔から日本に生息しており，以前は衰弱木を寄主にしていた二次性害虫であったと考えられている（一般に健全な樹木を食害する昆虫類を一次性害虫，衰弱した樹木を攻撃する昆虫類を二次性害虫と呼ぶ）。つまり，今までは森とバランスを保って生活していたのである。近年になって何故このバランスが崩れ，健全な木までアタックするようになったのだろうか。昆虫と樹木とのあいだのバランスが崩れる要因としては，当該昆虫の個体数増加や分布拡大，樹木側の生理状態の変化，天敵相の個体数変動などが考えられる。キクイムシの場合，通常は衰弱木を寄主にしていても，何らかの影響で個体数密度が急激に上昇すると，健全木もアタックできるようになることが知られており（Paine *et al.* 1997），カシノナガキクイムシもこの例だと考えられている。その「何らかの影響」が何なのかについて，温暖化や薪炭林放置など，人間がもたらした環境変化の影響が示唆されている。

図 3-1 (a) ナラ枯れ被害木の樹幹に多数みられる穴（押しピンの左）と木屑。(b) カシノナガキクイムシの雄成虫（左）と雌成虫（右）。スケールの単位は mm。

　温暖化の影響を指摘している説（Kamata *et al.* 2002）は，近年被害が著しいミズナラが高標高域に分布していることに注目している。暖かい低標高域に生息していたカシノナガキクイムシが，温暖化によって気温が上昇した高標高域にも進出し，今までは出会わなかったミズナラと出会ってしまった，そのミズナラがカシノナガキクイムシにとって繁殖に好適な寄主であったため，爆発的に個体数密度が上昇したのでは，というものである。また，薪炭林放置の影響を指摘している説（小林 2006）は，エネルギー革命以降人間が山で木を切って炭などに利用することが少なくなり，放置されて大径木へと生長したブナ科樹木がカシノナガキクイムシの絶好の繁殖場所になってしまったのでは，と推察している。どちらの説が正しいのか，あるいはこれ以外の要因が働いた結果現在のナラ枯れ被害が起こっているのか，検証するのは難しい。おそらく要因は一つではなく，いくつかの要因が複合的に作用した結果だと考えられる。

　ここまでの章でも紹介されたように，昆虫は環境変化の指標として捉えることができる。以前は森とバランスを保ちながら生活していたカシノナガキクイムシが，近年になって猛威をふるうようになったのも，かれらにとっての環境に何らかの変化があったと考えて間違いないだろう。温暖化や薪炭林放置など，どのような環境変化が引き金となってカシノナガキクイムシの個体数密度が上昇したのかが分かれば，今後被害が終息した後に被害再発を防ぐ際に有効な指針を提示することができるだろう。しかし，今，日本各地で拡大する被害を食い止めるためには，当面の対

策として防除方法を確立することも重要である。そのためには，カシノナガキクイムシがどのような木を選んで穿孔しているのか，かれらの「好み」を探る必要がある。

3-2　被害拡大様式から見えてくるキクイムシの「好み」

　京都府の北東部，福井県と滋賀県との県境付近に位置する芦生研究林（京都大学フィールド科学教育研究センター）では，2002年の夏に初めてナラ枯れの被害が確認された。発生当初は，低標高域を中心にミズナラ，コナラ，クリ，ウラジロガシに被害が見られた。周辺地域への被害拡大の影響も無視できず，枯死木を対象に防除処理が行われたが，急峻な地形のため研究林全域を対象に処理を施すことは難しく，2008年現在も被害は拡大し続けている。

　芦生研究林は暖温帯と冷温帯の移行帯に位置しており，カシノナガキクイムシの穿孔対象樹種であるブナ科樹木の組成は標高によって異なっている。低標高域では上記4種が混生するが，高標高域では穿孔対象樹種はほぼミズナラのみとなる。高標高域のモンドリ谷で最初にミズナラの被害が確認されたのは2004年だった。この谷では1992年に16haのプロットが設置されて以来，地上高130cmの直径（胸高直径）が10cm以上の樹木を対象に，継続的な調査が行われていた。2003年春の調査時にはまだナラ枯れの被害は見受けられず，以後毎年6月にプロット内のミズナラを対象に前年の被害木調査を行ったところ，2005年6月の調査で初めて4本の被害木（2004年の被害木）が確認された。

　その後3年間の被害状況をまとめたのが図3-2aである。胸高直径のクラス別に被害木の割合をみてみると，太いクラスほど被害木の割合が高いのが分かる。被害の概略を把握するのにはこのようなグラフが有効である。しかし，図3-2aでは胸高直径10cmごとにまとめてグラフを描いているものの，10cmというのは恣意的で被害木を解析する上で意味がない区切り方かもしれない。被害拡大についてはどうだろうか。3年間の被害拡大パターンを地図上で見てみると，被害地が最初の場所から南へ南へと移動している傾向があった（図3-2b）。しかしこれも見た目の傾向であって，何らかの検定が必要である。そこで，被害拡大の傾向を一般化線形モデルで解析してみることにした。

　2003年春の時点で，モンドリ谷には胸高直径10cm以上のミズナラが300本余り

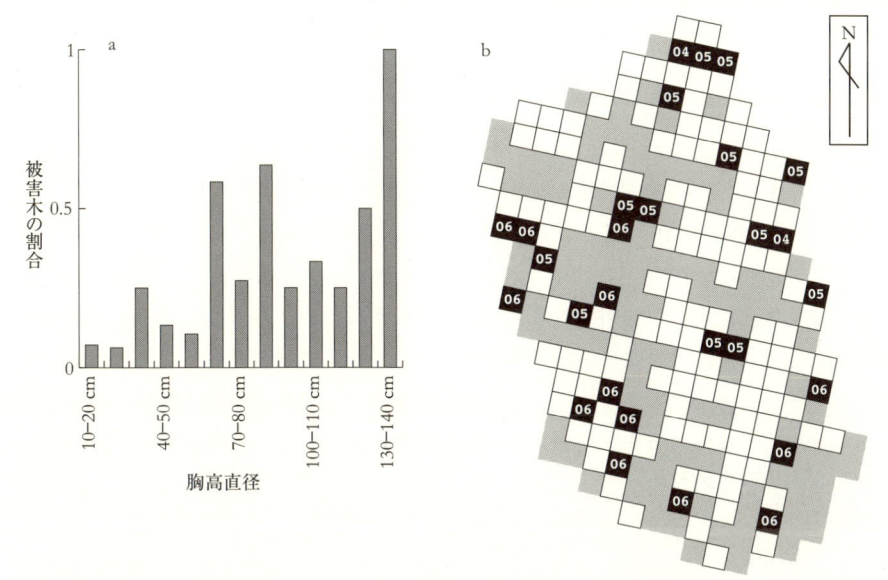

図 3-2 芦生モンドリ谷プロットにおける 3 年間のナラ枯れ被害。胸高直径が太いクラスのミズナラほど被害木の割合が高い（左図）。右図はプロットを 25m 四方の区画に分割して示したもの。04・05・06 はそれぞれ 2004 年，2005 年，2006 年にナラ枯れ被害が発生した区画を示す。灰色に塗りつぶした区画にはミズナラが分布していない。

生育していた。前述のようにこの谷では固定プロットが設置されていたので，ミズナラ 1 本 1 本について，胸高直径やその個体の周囲のミズナラの密度，標高や地形（斜面方位と凹凸指数）などのデータが得られた。これに前年被害木との位置関係（距離と方角）も計算して加え，これらを説明変数の候補としてミズナラの枯損確率を推定してみた。つまり，どのような場所に生育しているどのようなサイズのミズナラが，カシノナガキクイムシにアタックされて枯死する確率が高いのかを調べてみたわけである。

その結果，以下の四つの傾向が認められた。

(1) ミズナラの胸高直径が太くなるほど枯損確率が高くなる
(2) 斜面方位が東よりのミズナラほど枯損確率が高くなる
(3) 前年被害木からの距離が短いほど枯損確率が高くなる
(4) 前年被害木の南に位置している個体ほど枯損確率が高くなる

(1) については今までの研究でも明らかになっており，胸高直径 10cm 以下の細

い木はカシノナガキクイムシにアタックされて枯死することは少ないことが報告されている。カシノナガキクイムシはその孔道を構築する場所として樹木の辺材部を利用するので，辺材部の体積が大きい太い木ほどカシノナガキクイムシに好まれると考えられている（Hijii et al. 1991）。ただ，これは究極要因である（動物の行動の要因を考えるとき，その行動が何によって引き起こされたかということと，その行動をとることでどういう利益を得ているかということは，それぞれ別々の要因として扱う。前者を至近要因，後者を究極要因と呼ぶ）。カシノナガキクイムシが何故太い木を選ぶかということを考えた場合，利用できる辺材部の体積が大きいということは穿孔する前に判断できているとは思えない。太い木を選択した結果辺材部の体積が大きく利益を被っていると考えた方が自然である。そうするとカシノナガキクイムシが太い木を選ぶ至近要因は何だろうか。つまり，何を基準にしてカシノナガキクイムシは太い木を選んでいるのだろうか。これについては次節以降で詳しく述べたい。

(2) についても，被害地の斜面方位が北東方向に偏るという同様の報告例がある。前年の感染木から羽化脱出するカシノナガキクイムシは夜明け後から飛翔を始め，午前中には飛翔を終える。カシノナガキクイムシには正の走光性があることが分かっている（Igeta et al. 2003）ので，木から脱出した後，明るい場所に向かって飛んでいくことになる。午前中の日当たりがよい東向き斜面のミズナラはそういう意味で好まれるのかもしれないが，詳細は不明である。

(3) については，前年被害木からカシノナガキクイムシが飛び立つことを考えれば不思議ではない。では，図 3-2b からも読み取れた (4) についてはどう解釈すればよいのだろうか。前年被害木から飛び立ったカシノナガキクイムシが近くの木に穿孔するだけであれば，被害は前年被害木を中心に同心円状に拡大し，このような方向性は認められないはずである。方向性のある飛翔行動を引き起こす要因として風向きを検討してみたところ，興味深い結果が得られた。カシノナガキクイムシが前年被害木から羽化脱出して飛翔する時期に，調査地内の 12 地点で各 6 日間ずつ風向きと風速を測定してみたところ，風そのものの頻度に地点間で大きな差があるものの，全体としては風向きは南に偏っていることが明らかとなった。つまりカシノナガキクイムシは，前年被害木から新たな寄主木を求めて飛翔する際，風上に向かっていると考えられるのである。

このような被害解析から得られることは何だろうか。後にも述べるように，森林内のカシノナガキクイムシを一網打尽にするような効率的な防除方法は未だ確立していない。ミズナラ 1 本 1 本を守るような方法が次善の策なのである（3-4 節参照）。

とはいえ，広大な森林のなかでミズナラ1本1本について防除処理を施すのは非現実的である。上記のような被害解析から被害を受け易い木の特性が明らかになれば，防除の現場で対象木を絞るのに有用な情報となると考えている。

また，今までナラ枯れの被害拡大については，そのほとんどが二次林を対象に研究が行われてきた。上で述べたモンドリ谷は森林の成立以来人の手が入っていない天然林である。このような森林における被害拡大様式については明らかにされていない点が多いので，今後も基礎的な情報の蓄積が重要である。

3-3　飛来穿孔パターンから見えてくるキクイムシの「好み」

前節で紹介したモンドリ谷のような天然林では，人が利用してきた二次林と比べてブナ科樹木の密度は低い。そのような森のなかで，カシノナガキクイムシはどのようにして寄主木を見つけているのだろうか。前年被害木から適当に飛び立って適当に飛翔し，好適な寄主木に着地できるかできないかは運に左右されているのだろうか。

運にまかせた適当な寄主探索行動は，カシノナガキクイムシの適応度を低下させるに違いない。カシノナガキクイムシは何らかの木の情報を利用して森林内の好適な寄主木を探索し，その木に狙いを定めて飛んでいく，と考える方が自然である。もしカシノナガキクイムシが狙いを定めて飛んでいるのであれば，繁殖に不適な木には飛来さえしないと考えられる。あるいはそのような木にも飛来はするものの，着地後木の状態を調べた結果，穿孔するのは止めて飛び去ってしまうかもしれない。この点を詳しく調べた調査結果を本節では紹介する。

カシノナガキクイムシによるアタックの過程をもう少し詳しく見てみよう。まず雄成虫が健全な木に飛来する。飛来した雄は浅い穴を掘って雌が飛来するのを待っている。飛来した雌が雄と交尾すると，雄雌が共同でより深い孔道を辺材部に構築し，産卵して子育てをする。このとき雌は，背中の特別な器官に背負ってきた菌類を孔道の壁面に植え付け，孔道内で繁殖させる。辺材内に複雑に張りめぐらされた孔道の壁面で繁殖する病原菌が，木にとっては問題になるわけである。

カシノナガキクイムシは4属15種のブナ科樹木に穿孔し枯死させるが，野外で観察される被害率は樹種によって異なる。本州ではミズナラの被害の報告が多く，コナラやウラジロガシについては報告が少ない。このように被害状況が樹種によっ

て違うのは，カシノナガキクイムシによるアタックの過程に何か違いがあるからだろうか．上で述べたアタックの過程を順に考えていくと，アタックされた木が枯死するか否かを決定するいくつかのパラメータを想定することができる．

(1) 雄成虫の飛来数
(2) 飛来した雄が穿孔する割合（雄の穿孔数）
(3) 雌成虫の飛来数
(4) 繁殖成功率

これらのパラメータのうちいずれかが異なっていることで，樹種間の差が生じているのではないだろうか．

まず，被害報告の多いミズナラと被害報告の少ないウラジロガシについて，上記の(1)と(2)を調べてみることにした．調査は芦生研究林の低標高域の二次林で行った．まず，ミズナラとウラジロガシの樹幹下部に粘着トラップを仕掛け，これを週に1度のペースで回収し，トラップにはり付いたカシノナガキクイムシの雄成虫を数えた．同時にカシノナガキクイムシの穿孔した穴の数を数えた．粘着トラップを仕掛けたところには穿孔が出来ないので，穴の数は樹幹下部のトラップに覆われていない部分を対象に行った．粘着トラップを仕掛けていないところにも仕掛けたところと同じようにカシノナガキクイムシが飛来していたものと仮定し，飛来した雄が穿孔した割合（穿孔率）を計算した．

単位面積あたりの雄の飛来数，穿孔率，穿孔密度（単位面積あたりの穿孔数）をミズナラとウラジロガシで比較してみると，単位面積あたりの飛来数には両樹種で差がないことが分かった（図3-3）．ところが穿孔率を比較してみるとウラジロガシのほうが有意ではないもののきわめて低く，穿孔密度はウラジロガシのほうが有意に低かった（図3-3）（Yamasaki et al. 2007）．つまり，上述の(1)の段階は両樹種とも変わらないが，ウラジロガシの場合(2)の段階でミズナラと差が出てくるわけである．

次にミズナラ，コナラ，クリについて，上記の(1)から(4)を検討してみた．調査方法は先程と同様である．(4)については穿孔穴の深さを針金で測って，繁殖成功の有無を判断した．その結果，コナラについては(1)から(4)のすべてのパラメータがミズナラと比べて有意に低く，クリについては(2)から(4)のパラメータがミズナラと比べて有意に低いことが分かった．とくに(4)については，コナラでは繁殖成功率がほとんどゼロであり，ミズナラと顕著な差が認められた．

(1)の段階で差があるといっても，カシノナガキクイムシがコナラやクリに全く

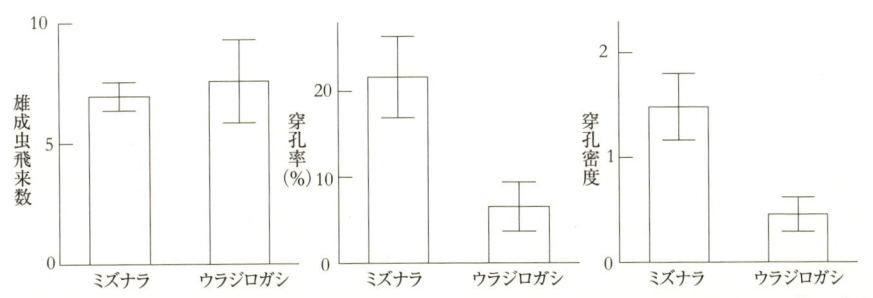

図 3-3 ミズナラとウラジロガシにおけるカシノナガキクイムシの雄成虫飛来数（/100cm^2）・穿孔率（%）・穿孔密度（/100cm^2）（Yamasaki *et al.* 2007 を改変）。

飛んでこないわけではない。(2) についても同様で，アタックされたコナラやクリの樹幹下部には多くの穿孔穴が見つかるし，根元にはフラスがたまっていて，一見するとアタックされたミズナラと同様である。しかし，同じように穴が開いているようでもその深さを測ってみると，コナラの場合 2cm 以下の浅いものがほとんどなのである。

　以上の結果より，樹種間にみられるナラ枯れ被害状況の差は，カシノナガキクイムシの飛来穿孔パターンの違いに起因するものであることが示唆された。では，同じ樹種のなかでみられる被害状況の差は何に起因するのだろうか。たとえば前節で，カシノナガキクイムシが太い木を好むことを紹介した。この「好み」はどの段階のものなのだろうか。飛来前から太い木を選択しているのだろうか，それともウラジロガシのように飛来後に選択した結果なのだろうか。

　この点を確かめるため，先程と同様の調査を今度はいろいろな胸高直径のミズナラを対象に 2 年間連続で行った。なぜ 2 年間なのかというと，一度カシノナガキクイムシに穿孔されて生き残った木は翌年以降枯れ難いという過去の報告があり，太さ以外にカシノナガキクイムシの行動に影響を及ぼしそうな要因として，穿孔履歴が考えられたからである。1 年目にカシノナガキクイムシのアタックを受けて生き残った木について，2 年目の飛来穿孔パターンを調査してみたわけである。

　今度は数ではなく確率を考えてみることにした。つまり，ミズナラの胸高直径や前年穿孔の有無が変化すると，カシノナガキクイムシの飛来数や穿孔数ではなく，飛来する確率や穿孔する確率が変化すると仮定してみたのである。ミズナラの胸高直径については前述のとおりで，太い木ほど飛来し穿孔する確率が高くなるのではないかと予想した。また，カシノナガキクイムシによる前年の穿孔があると，これらの確率は低下するのではないかと予想した。

I 昆虫から見る環境変動

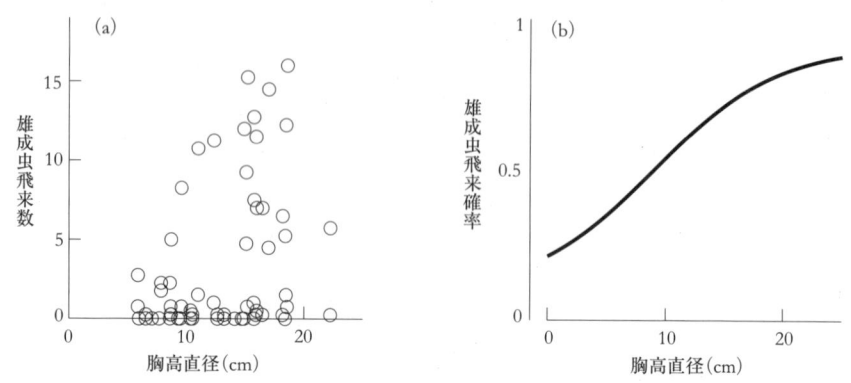

図3-4 ミズナラの胸高直径とカシノナガキクイムシ雄成虫飛来数（/100cm^2）との関係（左図）。右図はロジスティック回帰の結果予測された，胸高直径の変化に伴う飛来確率の変化を示す（Yamasaki and Futai 2008 を改変）。

ここで数ではなく確率を考えたのには理由がある。図3-4a を見ていただきたい。この図はミズナラの胸高直径とカシノナガキクイムシの単位面積あたりの飛来数の関係を示している。飛来数のデータでゼロがたくさんあるのが分かるだろう。胸高直径の増加に伴い飛来数が増加する傾向が見て取れるが，その関係は明らかに線形ではない。胸高直径が十分に細い場合は飛来する確率がゼロで，直径の増加に伴いその確率が上昇していくと考えた方が自然ではないだろうか。このような場合に胸高直径が飛来数に及ぼす影響を検出するには，飛来数のデータを 0 と 1 に置き換えてロジスティック回帰を行うのが有効である。

その結果，ミズナラの胸高直径はカシノナガキクイムシが飛来する確率，穿孔する確率の両方に有意な正の影響を及ぼしていた（図3-4b）。グラフで見ると分かるように，胸高直径が 10cm 前後のときに飛来する確率，穿孔する確率が 0.5 より大きくなっている。これは，10cm 以下の木は枯れ難いという過去の調査結果と一致するものである。また，前年穿孔の有無はカシノナガキクイムシが穿孔する確率にのみ影響を及ぼしており，穿孔履歴がある木のほうがない木より穿孔される確率が低かった（Yamasaki and Futai 2008）。

上記の結果から読み取れることは何だろうか。ミズナラの胸高直径がカシノナガキクイムシが飛来する確率に影響を及ぼしているということは，細い木には飛来させず，太くなるほど飛来する確率が上がっていくということである。つまり，カシノナガキクイムシは木に着地する前からその木の太さを判別している可能性がある。前年穿孔の有無については穿孔する確率にのみ影響がみられたので，穿孔履歴

のある木については着地してから穿孔するか否かを決めている可能性があることになる。

　では、カシノナガキクイムシはどうやって木の太さや穿孔履歴を判別しているのだろうか。針葉樹に穿孔するキクイムシでは、樹皮の色を判別して広葉樹と見分けていることを示唆する報告や、広葉樹から揮発する化学物質を忌避し、針葉樹から揮発する化学物質に誘引されるという報告もある。カシノナガキクイムシも、かれらにとって不適な寄主木から揮発する化学物質を忌避し、好適な寄主木から揮発する化学物質に誘引されているのかもしれない。そう考えると、前節で紹介した被害拡大の解析結果が意味を持ってくる。被害木と前年被害木との位置関係を解析するとカシノナガキクイムシが風上に向かって飛翔していることが示唆されたが、カシノナガキクイムシが風に乗って流れてくる寄主木由来の化学物質を検出しているとすれば、風上に向かって飛翔することは意味があるわけである。次節では、防除への応用という観点からこの点について考察する。

3-4　「好み」を利用して制御する

　被害が拡大し続けているナラ枯れだが、何とか防ぐ手はないのだろうか。最初に述べたように、手軽に適用できる効率的な防除方法は未だ確立されていない。方法がないのなら、放っておくしか仕方がないと思う方もおられるかもしれない。実際、カシノナガキクイムシによるアタックがなくても、ミズナラが枯死することはある。たとえば台風が直撃して強風で倒されるかもしれない。樹齢何百年のミズナラが衰弱し、枯れてしまうこともあるかもしれない。しかしこのような事象はまれに起こることである。また、このようにミズナラが枯死しても後継の稚樹が更新していけば、減少量と増加量が釣り合って問題はない。ナラ枯れの場合、一時期に集中して集団的にミズナラが枯死してしまい、後継稚樹の更新が間に合わない、つまり減少量が増加量に比べて大きすぎるのが問題なのである。

　さらにいえば、現在日本各地でニホンジカの個体密度増加による下層植生の衰退が問題になっている。芦生研究林でも、下層植生はほとんどないといっていいくらいニホンジカに食べ尽くされている。このような状況下では、ミズナラに限らず他の樹種の稚樹も若いうちに食べられてしまい、成長して林冠を構成するようになる可能性は非常に低い。そうするとミズナラは減る一方となる。

森のなかでミズナラがどんどん減っていくと何が起こるだろうか。われわれの生活に直結する危険性もある。枯れた大径木が倒れたり，局地的に土砂崩れの危険性が高まったりするかもしれない。他の生物相への影響はどうだろうか。ミズナラの葉や堅果を餌として利用している昆虫や動物などに影響が及ぶかもしれない。葉を直接食べる食葉性昆虫もいれば，アブラムシのように葉から吸汁する昆虫もいる。そのアブラムシに随伴し，甘露を得ているアリも影響を受けるかもしれない。さらにそのアリが捕食している昆虫に……と考えていくと果てしがない。ミズナラが集団的に枯れることで影響の及ぶ範囲は，計り知れないのである。そのため被害の現場では，現段階で最善と思われる方法を採用し，さまざまな防除処理が行われている。

防除方法は大きく三つに分けることができる。一つ目は枯れた木から翌年次世代のカシノナガキクイムシが脱出してこないようにする方法，二つ目はまだ被害を受けていない木を1本1本守る方法，三つ目は前年被害木から飛び立ったカシノナガキクイムシを新しい寄主木に穿孔する前に捕まえる方法である。

一つ目の方法としては枯れた木を伐倒して玉切りにし，1ヶ所に集めて薬剤で燻蒸し，枯れた材のなかのカシノナガキクイムシを殺す方法が挙げられる。カシノナガキクイムシは樹幹下部に集中的に穿孔するので，地面に残った根株にも同様の処理を怠らないことが重要である。伐倒作業は熟練を要する上，急峻な斜面においては熟練者でも危険を伴う作業であり，手軽な防除方法とはいい難い。また，この方法には新たな被害を呼び込む危険性もある。3-2節でカシノナガキクイムシの正の走光性について紹介したが，被害木を伐倒して明るい場所が出来てしまうと，翌年そこにカシノナガキクイムシが集まってしまうかもしれないのである。

二つ目の方法としては，保護対象木の樹幹下部をビニールシートで被覆し，カシノナガキクイムシが穿孔できないようにする方法が挙げられる（小林他2001）。チェンソーのような危険な道具は用いないので，伐倒駆除に比べれば手軽に適用できるかもしれない。樹幹に粘着剤を吹き付けて，飛来したカシノナガキクイムシがはり付いて穿孔できないようにする方法も試されている。このような方法は単木的に保護したい木がある場合には有効だが，林内に散在するブナ科樹木に1本1本このような処理をして回るのはやはり難しい。

三つ目の方法が，うまくいけば一番効率的だと考えられる。現在検討されているのは，集合フェロモンの利用である。カシノナガキクイムシは穿孔対象木に飛来穿孔する際，一時期に集中的に集団でアタックすることが知られており，このとき

同種他個体を呼び寄せる集合フェロモンを分泌していることが明らかにされている (Tokoro et al. 2007)。このフェロモンは化学構造が決定されており (Kashiwagi et al. 2006)，合成したフェロモンを防除に使えないかと精力的に野外試験が行われてきた (Kamata et al. 2008)。しかし今のところ，この合成フェロモンだけでは効率的なカシノナガキクイムシの捕獲が達成されていない。

　合成フェロモンだけではカシノナガキクイムシは集まってこない。何か情報が足りないのである。カシノナガキクイムシが利用している寄主木の情報が何なのかが分かれば，合成フェロモンにその情報を付加して強力な誘引トラップを開発できると考えられる。前節で見たように，カシノナガキクイムシは太い木を判別して飛来しており，細い木には飛来さえしない。着地する前にその木の情報を何らかの方法で取得し，その木の太さを判別しているのである。3-2節で紹介した被害拡大の解析からは，カシノナガキクイムシが風上に向かって飛翔していることが示唆された。カシノナガキクイムシが利用している情報は寄主木から揮発している化学物質で，それが風に乗って流れてくるのを検出しているのではないだろうか。

　針葉樹に穿孔するキクイムシの場合，寄主木を選択するのに少なくとも三つの段階があると考えられている。三つの段階とは林分・樹種・個体で，かれらはまず林分として針葉樹林を，次に針葉樹のなかでもかれらにとって好適な特定の樹種を，そして最後にかれらにとって好適な状態の個体を選んで着地しているというのだ。そして，いずれの段階の選択にも針葉樹の揮発成分が関与していると考えられている (Zhang and Schlyter 2004)。また，最初の段階の選択には針葉樹だけでなく，かれらの寄主ではない広葉樹の揮発成分も忌避成分として関与していることも示されている。上記三つの段階のすべてではないにしても，カシノナガキクイムシの場合も寄主木選択に樹木の揮発成分を利用している可能性は大いに考えられる。

　キクイムシ類の多くは樹木から放出されるエタノールを寄主探索の際の手がかりにしているが，カシノナガキクイムシはエタノールに対する反応が弱く，他の揮発成分を利用して寄主探索をしている可能性が示唆されている（小林 2006）。この成分の揮発量が木の太さによって異なり，カシノナガキクイムシは木の太さを判別できているのかもしれない。前節で樹種間にみられるカシノナガキクイムシの飛来数の差について紹介したが，このような差も揮発成分の違いに起因する可能性がある。一つの林分で被害が数年続いた場合，最初はカシノナガキクイムシの繁殖に適したミズナラなどで被害が多く観察され，そのようなミズナラがアタックされて枯死し少なくなってくると，クリなど他の樹種に穿孔の対象が変わっていくのも，樹種に

よってカシノナガキクイムシが寄主探索に利用している成分の揮発量が異なり，揮発量の多い樹種から先にアタックを受けている結果なのかもしれない．

3-5 何を検知しているのか？：今後の課題

1990年代にナラ枯れが各地で問題になり始めてから，この被害を最小限に食い止めることを目的に，多くの研究者が基礎研究や応用研究に携わってきた．そのおかげで，カシノナガキクイムシの基礎生態については多くの知見が得られ，防除の現場で役立っている．しかし，この昆虫は広大な森林を住処としているので，一網打尽にすることが非常に難しい．前節で紹介したように，手軽に適用できる効率的な防除方法は未だ確立されていないのが現状である．

合成フェロモンを利用した誘引方法が改善されれば，効率的な防除が達成できるかもしれない．カシノナガキクイムシが好むブナ科樹木に特有の揮発成分があるとすれば，その物質の解明は防除方法の改善に役立つに違いない．しかしそのような成分は全く関係なく，カシノナガキクイムシの寄主木選択には何か他の要因が関与しているのかもしれない．いずれにしても，今後も地道な研究の積み重ねが必要なのは間違いなさそうである．

今私たちが見ている昆虫の行動はどれをとっても無駄がなく，かれらの生存と繁殖に有利な行動だと考えられる．長い進化の歴史のなかで，生存と繁殖に不利な行動は淘汰されてなくなっているはずだからだ．カシノナガキクイムシが特定の樹木に飛来して穿孔するのも，精密なセンサーで樹木が発している情報を検知して分析し，その結果引き起こされている適応的な行動だと考えられる．つまり，かれらが今まで生き延びてくるなかで改良を重ねてきた正確無比なプログラムに基づいた行動なのである．本章では森林害虫の防除に焦点を置いたが，昆虫の精密なセンサーと正確無比なプログラムの作用機構を解明することは，それらが精密で正確なゆえにさまざまな分野で利用価値がある．昆虫に学ぶ真摯な姿勢が重要なのだ．

▶▶参考文献◀◀

Hijii, N., Kajimura, H., Urano, T., Kinuura, H. and Itami, H. (1991) The mass mortality of oak trees induced by *Platypus quercivorus* (Murayama) and *Platypus calamus* Blandford (Coleoptera : Platypodidae) : the density and spatial distribution of attack by the beetles. *J. Jpn. For. Soc.* 73: 471−476.

Igeta, Y., Esaki, K., Kato, K. and Kamata, N. (2003) Influence of light condition on the stand-level distribution and movement of the ambrosia beetle *Platypus quercivorus* (Coleoptera : Platypodidae). *Appl. Entmol. Zool.* 38: 167-175.

伊藤進一郎・山田利博 (1998)「ナラ類集団枯損被害の分布と拡大」『日林誌』80：229-232.

Kamata, N., Esaki, K., Kato, K., Igeta, Y. and Wada, N. (2002) Potential impact of global warming on deciduous oak dieback caused by ambrosia fungus *Raffaelea* sp. carried by ambrosia beetle *Platypus quercivorus* (Coleoptera : Platypodidae) in Japan. *Bull. Entomol. Res.* 92: 119-126.

Kamata, N., Esaki, K., Mori, K., Takemoto, H., Mitsunaga, T. and Honda, H. (2008) Field trap test for bioassay of synthetic (1S,4R)-4-isopropyl-1-methyl-2-cyclohexen-1-ol as an aggregation pheromone of *Platypus quercivorus* (Coleoptera : Platipodidae). *J. For. Res.* 13: 122-126.

Kashiwagi, T., Nakashima, T., Tebayashi, S. and Kim, C. S. (2006) Determination of the absolute configuration of quercivorol, (1S,4R)-p-menth-2-en-1-ol, an aggregation pheromone of the ambrosia beetle *Platypus quercivorus* (Coleoptera : Platypodidae). *Biosci. Biotechnol. Biochem.* 70: 2544-2546.

Kinuura, H. (2002) Relative dominance of the mold fungus, *Raffaelea* sp., in the mycangium and proventriculus in relation to adult stages of the oak platypodid beetle, *Platypus quercivorus* (Coleopetra; Platypodidae). *J. For. Res.* 7: 7-12.

小林正秀 (2006)「ブナ科樹木萎凋病を媒介するカシノナガキクイムシ」『樹の中の虫の不思議な生活穿孔性昆虫研究への招待』柴田叡弌・富樫一巳編著，東海大学出版会，189-210.

小林正秀・上田明良 (2005)「カシノナガキクイムシとその共生菌が関与するブナ科樹木の萎凋枯死：被害発生要因の解明を目指して」『日林誌』87：435-450.

小林正秀・萩田実・春日隆史・牧之瀬照久・柴田繁 (2001)「ナラ類集団枯損木のビニールシート被覆による防除」『日林誌』83：328-333.

Kubono, T. and Ito, S. (2002) *Raffaelea quercivora* sp. nov. associated with mass mortality of Japanese oak, and the ambrosia beetle *(Platypus quercivorus)*. *Mycoscience* 43: 255-260.

Kuroda, K. (2001) Responses of *Quercus* sapwood to infection with the pathogenic fungus of a new wilt disease vectored by the ambrosia beetle *Platypus quercivorus*. *J. Wood Sci.* 47: 425-429.

黒田慶子編著 (2008)『ナラ枯れと里山の健康』全国林業改良普及協会.

Paine, T. D., Raffa, K. F. and Harrington, T. C. (1997) Interactions among scolytid bark beetles, their associated fungi, and live host conifers. *Annu. Rev. Entomol.* 42 : 179-206.

Tokoro, M., Kobayashi, M., Saito, S., Kinuura, H., Nakashima, T., Shoda-Kagaya, E., Kashiwagi, T., Tebayashi, S., Kim, C. S. and Mori, K. (2007) Novel aggregation pheromone, (1S,4R)-p-menth-2-en-1-ol, of the ambrosia beetle, *Platypus quercivorus* (Coleoptera : Platypodidae). *Bull. For. For. Prod. Res. Inst.* 6 : 49-57.

Yamasaki, M. and Futai, K. (2008) Host selection by *Platypus quercivorus* (Murayama) (Coleoptera : Platypodidae) before and after flying to trees. *Appl. Entmol. Zool.* 43: 249-257.

Yamasaki, M., Iwatake, A. and Futai, K. (2007) A low *Platypus quercivorus* hole density does not necessarily indicate a small flying population. *J. For. Res.* 12: 384-387.

Zhang, Q-H. and Schlyter, F. (2004) Olfactory recognition and behavioural avoidance of angiosperm nonhost volatiles by conifer-inhabiting bark beetles. *Agric. Forest Entomol.* 6: 1-19.

第4章

侵入種の影響と在来種群集の迅速な適応進化

田中　晋吾

4-1　巨大な操作実験としての「侵入種」

　われわれが普段目にする「食う―食われる」といった生物間の種間関係 interspecific interactions は，長期間にわたる相互作用の果てに安定平衡の状態に至ったものであると考えられている．したがって，なぜ現在のような種間関係が構築されたのかという問題を解明するためには，攪乱された種間相互作用が再び安定化する過程を観察するのが適当だろう．外来種の侵入は，種間相互作用を攪乱する要因として，とりわけ重要なイベントである．時には在来種の個体数を著しく変動させ絶滅にまで追い込んだり，環境すら一変させてしまうほどの重大な影響を与えることがある（Elton 1958; Cox 2004）．このようなケースは生物の侵入というイベントの総数に対してあくまで稀であるとはいえ，侵入種が在来生態系に対し深刻なダメージを与える恐れは常につきまとう．そのため，一般には負の側面が強調されることが多い侵入種問題であるが，見方を変えるとこれはまさに巨大なスケールで行われる操作実験というべきものであり，個体群動態や種間相互作用などのさまざまな生態学上の問題について解明する絶好の機会を提供してくれることも，また確かである（Sakai et al. 2001; Cox 2004）．

　これまでは，動物は学習や順応といった微小な環境の変動に対応するために獲得してきた可塑的な反応によって，外的環境の変化による影響を緩和しているのだと

いう考えが強調されてきた。だが，環境の変化が長期間にわたる場合には，同様に生まれつきでその後は変化しない遺伝形質も，環境効果の緩和に貢献しているはずだ。可塑的な反応の多くは個体の一生のあいだに生じるため，環境変化に対する反応の素早さという点では有利である。これに対して遺伝形質による適応は，環境に適応した一部の個体が次世代でそれ以外の個体より多くの子供を残し，長時間にわたる累積によって次第に集団中の形質の割合が変化していく現象であると考えられてきた。だが，実際に野外における自然選択の効果は，われわれが想像していたよりも遙かに強力な場合があることが次第に明らかになりつつあり（たとえば Endler 1986)，現在ではわれわれがその研究者人生のあいだに自然選択の結果を観測することすら可能であるという認識が広まっている。その結果，ごく短期間で急速に生じる適応進化 rapid evolution が作業仮説のひとつとして認知され始めており，広く研究に組み込まれるようになってきた (Thompson 1998；Strauss et al. 2006)。今日の進化に関する実証研究は，実験室および野外個体群などを対象とした操作実験により進化を引き起こした要因を検証するという，新たな局面に入りつつある。

4-2 在来種群集の種間相互作用

　生物の群集は多様な種によって構成されており，それらの種間の関係性は一定不変の静的なものではなく，個々の種の個体数変動などに伴い絶えず強度や組み合わせが変化する。つまり，生物群集は動的な構造をもった種間相互作用によって，有機的な繋がりを保っていると考えられている (Thompson 1988)。そのため，群集の末端に生じた変化が，中間の生物を介して，直接相互作用しない種にまで波及するという現象が観察されることがある。古典的な例としては，ヒトデを捕食者とし，被食者の二枚貝，および二枚貝と付着場所を取り合うフジツボや海草などによって構成される，岩礁性潮干帯群集に関する研究が知られている (Paine 1966)。ヒトデを実験的に取り除くと，捕食を逃れた二枚貝が密度を増すため，結果としてヒトデの餌ではないフジツボや海草が，二枚貝との付着場所をめぐる競争に敗れ排除されてしまうという。種間相互作用に影響を与える要因のひとつとして，侵入種による群集の攪乱は非常に大きな影響力をもつといわれる (Vitousek et al. 1996)。Paine による操作実験の結果からも，侵入によって群集全体に波及する変化が生じるであろうことは容易に想像がつく。これまでに，侵入種と，それと直接関係する栄養段階

に属する在来種間の関係については，さまざまな研究が行われてきた．だが，複数の栄養段階にわたって，間接的な相互作用 indirect interactions までも含めて，侵入種の影響を調べた研究はほとんど行われていなかった（例外として Siepielsky and Benkman 2004）．

これまで北海道には，モンシロチョウ *Pieris rapae crucivora* Boisduval，スジグロシロチョウ *P. melete* (Ménétriès)，エゾスジグロシロチョウ *P. napi nesis* Fruhstorfer の，3種のシロチョウ科モンシロチョウ属のチョウが生息していた．モンシロチョウ属の幼虫には，コマユバチ科のアオムシコマユバチ *Cotesia glomerata* (L.) が，一次寄生蜂として寄生することがある（図4-1上，中）．しかし，スジグロシロチョウでは，幼虫の体内に産み付けられたアオムシコマユバチの卵は血球包囲作用によって殺されてしまうし，エゾスジグロシロチョウは，他の植物によって覆い隠された環境を利用することによって，アオムシコマユバチから発見させるのを防いでいる．したがって，日本ではアオムシコマユバチはほぼモンシロチョウに特化しているといえる (Ohsaki and Sato 1999)．アオムシコマユバチの雌成虫は，1-3齢の寄主幼虫に対して寄主1匹あたり20-30の卵を生み付ける，多寄生性と呼ばれる性質を持つ．孵化した幼虫は，寄主幼虫の体内で血リンパや脂肪体を食べて成長する，内部寄生と呼ばれる発育様式を示す．寄主幼虫の体内で発育したアオムシコマユバチの幼虫は，やがて寄主幼虫が蛹になる前に寄主の体外へと一斉に脱出し，その場で米粒大の黄色い繭が集合した繭塊を形成する．

さらに，一次寄生蜂であるアオムシコマユバチに対して寄生を行う，高次寄生蜂と呼ばれる寄生蜂が多数存在する（図4-1下）．アオムシコマユバチでは，とりわけ幼虫期と蛹期に寄生率が高くなる．そこで，それぞれの発育ステージにおいて優占している種類を実験材料として選んだ．まだチョウ幼虫の体内にいるアオムシコマユバチの幼虫に寄生するヒメコバチ科の *Baryscapus galactopus* (Ratzeburg)（以下幼虫高次寄生蜂と記述する）と，寄生蜂の幼虫が寄主から脱出して繭塊を形成した後に，繭のなかの蛹に寄生するコガネコバチ科の高次寄生蜂 *Trichomalopsis apanteroctena* (Crawford)（以下蛹高次寄生蜂と記述する）がそれだ．どちらの高次寄生蜂も，アオムシコマユバチの蛹を食い尽くした後で，アオムシコマユバチの繭から羽化してくる．とりわけ蛹高次寄生蜂による寄生圧は高く，日本だけでも17種ほどの蛹高次寄生蜂が確認されており（上条一昭氏，私信），時には寄生率が60％を超えることもある．どちらの高次寄生蜂も，アオムシコマユバチ以外の寄主も利用している．

以上のように，植食者モンシロチョウ——一次寄生蜂アオムシコマユバチ—高次

I 昆虫から見る環境変動

図 4-1 オオモンシロチョウの成虫（上）と，その幼虫に卵を産み付けるアオムシコマユバチ（中），そしてアオムシコマユバチの蛹に寄生するコガネコバチの一種 *Trichomalopsis apanteroctena*.（下）。

寄生蜂という群集が確立されていたところへ，植食者オオモンシロチョウ *Pieris brassicae* (L.) が加わることとなった．では，まずはオオモンシロチョウが，侵入後にどのようにして北海道へ定着していったのか，その経緯をおさえておこう．

4-3 オオモンシロチョウの分布拡大

　オオモンシロチョウ *Pieris brassicae* (L.) は，地中海周辺を中心に，ヨーロッパ大陸に広く分布するモンシロチョウ属のチョウである．成虫の外見は比較的モンシロチョウによく似ているが，名前が示すとおり大型であることの他にも，翅の模様などによって判別することができる．両種の成虫が比較的似ているのとは対照的に，卵から幼虫にかけての時期は著しく異なっている．オオモンシロチョウの特徴的な性質は，卵から幼虫にかけての時期に集団で生活することである．母蝶は数十から百数十卵から成る卵塊を，キャベツ等のアブラナ科蔬菜類やアブラナ科野草の葉に産み付け，幼虫はそれらを食草として育つ．幼虫は黒に黄色や青灰白色の模様の色彩をしており，ほぼ緑一色でいわゆるアオムシと呼ばれるモンシロチョウの幼虫とは著しく異なる外見をしている．室内における飼育実験の結果によると，発育時間はモンシロチョウとほぼ変わらないため，野外における世代数もモンシロチョウとほぼ同じだと思われる．事実，著者の野外観察によると，出現時期は同じかオオモンシロチョウの方が若干遅いくらいであった．

　オオモンシロチョウが日本に侵入した経路については，未だ憶測の域を出ない．だが，侵入地点が 1 ヶ所ではないことや，植食性昆虫の日本への持ち込みは制限されていることなどを考えると，オオモンシロチョウは大陸から日本へ向けて吹く季節風を利用して自力で北海道に飛来した（上野　1997），と考えるのが妥当かもしれない．以前からロシア沿海州ではオオモンシロチョウの発生が確認されており，その個体群の一部が北海道にまで飛来したのだろう．オオモンシロチョウの侵入当初は，侵入地点付近でも発見頻度は少なかったが，その後またたく間に個体数を増やすとともに北海道東部へと分散し，2000 年にはついに北海道全域で確認されるようになった（図4-2）．現在では，北海道の各地で普通種としてきわめて頻繁に目にするようになっている．

I 昆虫から見る環境変動

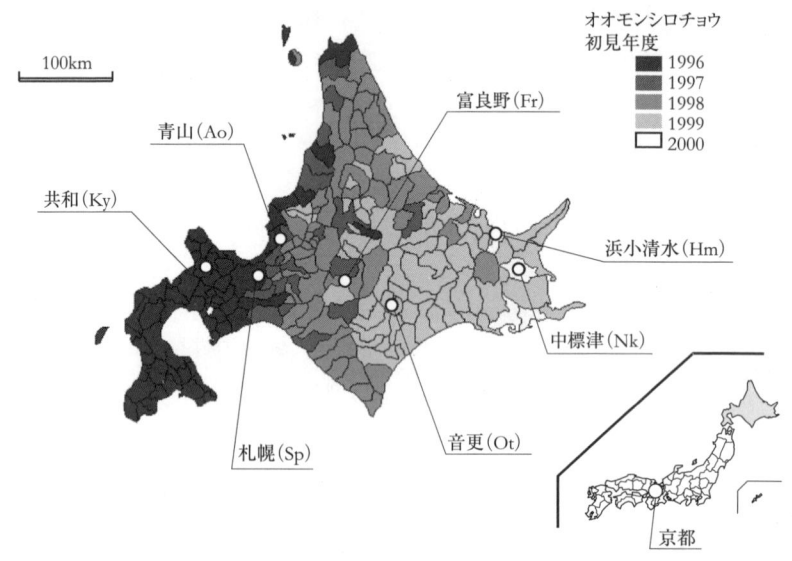

図4-2 北海道におけるオオモンシロチョウの分布拡大の様子。上野（2001）をもとに作成した。侵入時期が早い地域ほど濃く着色されている。図中の地名は寄生蜂を採集した地域を示している。括弧内は採集地の略号。（Tanaka et al. 2007を改変）

4-4　侵入からの経過時間の効果を評価するために：個体群内比較と個体群間比較

　同一の在来種個体群を長期間にわたり調査する個体群内比較は，原因と結果の相関を強く示唆することができるが，問題点が無いわけではない。なにより，侵入前や侵入直後の状態にある個体群を探すのが難しい。ほとんどの侵入種は，最初はごく少数なので，侵入してから実際に発見されるようになるまでにはタイムラグがあり（Cox 2004），初期の相互作用を見逃している可能性が高い。さらに，地域個体群ごとに遺伝子構成が異なる場合には，侵入種に対する反応に個体群間で差が生じる可能性があるし（Horton et al. 1988），地域に特有な捕食者の種構成などの生物的要因や，気温や湿度などの無生物的な影響も，侵入種に対する在来種の反応に関与するかもしれない。これらの内的および外的要因の違いは，同じ選択圧が作用したとしても，個体群ごとに異なる結果を引き起こす可能性がある（モザイク状の進化：Benkman 1999）。したがって，個体群内比較で適応進化を証明するためには，複数の個体群について継続調査を行うという，大変な手間を要する。

上記の個体群内追跡調査の欠点を補うためには，侵入種による選択圧が異なる複数個体群間を比較する個体群間比較が有効だろう．生物的あるいは非生物的要因に由来する環境は，個体群間で何らかのクラインを呈することがある．そのため，複数の在来種個体群が侵入種の分布クラインに沿って変化することを明らかにできれば，侵入種の加入が在来種の変化を促した要因であると推測できる．

　侵入寄主に対する寄生蜂の適応状態を異なる個体群間で比較するためには，各個体群と侵入種の関係性を相対的に評価する指標が必要となる．そこで，オオモンシロチョウとの共存期間の長さによって，在来寄生蜂の適応状態が異なる可能性を想定した．上野 (2001) によると，オオモンシロチョウが侵入してから北海道全域へと分布を広げるまでに，少なくとも5年以上はかかっているというので，在来寄生蜂がオオモンシロチョウと共存してきた期間には，地域間で最長5年程度の差があるはずだ．そこで，オオモンシロチョウとの共存期間を計る指標として，各地におけるオオモンシロチョウの世代数を推定した．寄生という特殊な生活様式のために，寄生蜂の生活史は寄主の生活史に強く依存するので，オオモンシロチョウの推定世代数は寄生蜂の世代数とほぼ同じであると考えることができる．

　オオモンシロチョウの世代数推定方法を大まかに説明すると，まず各調査地におけるオオモンシロチョウの1年あたりの世代数を算出し，推定侵入時期から各個体群における採集時まで世代を累積して経過世代数を決定した．各発育段階で最低限必要な温度を超えた日数を累積し，その合計が卵から蛹までの合計値を超えた時点で，1世代が完了したと見なす．オオモンシロチョウが越冬蛹を形成するのは，終齢幼虫のときに薄明薄暮を含めた13時間50分を下回る日長条件にさらされた場合なので，北海道で日長がその値を下回る9月10日までは世代の加算を続け，それ以降の世代は越冬世代と見なした．アオムシコマユバチの採集地として選んだのは，最も早くから侵入が確認されている札幌（最初の発見は1995年）の他に，共和（同1996年），青山 (1997年)，富良野 (1998年)，音更 (1999年)，と浜小清水 (2000年) の6ヶ所である（図4-2）．また，札幌では，同一のアオムシコマユバチ個体群を対象として，1999年から2002年にかけての4年間にわたる継続調査も行った．これらの調査地について上記の世代数推定を行った結果，中標津と浜小清水では年2世代，他は年3世代と推定された．寄生蜂の各地各時期における累積世代数の算出は，オオモンシロチョウが発見された年の1世代目から，採集した時点までの積算値とした．

　では，以上の根拠をもとに算出されたオオモンシロチョウとの共存期間が，在来の寄生蜂の性質変化とどのような関係にあるのかを見ていこう．

I 昆虫から見る環境変動

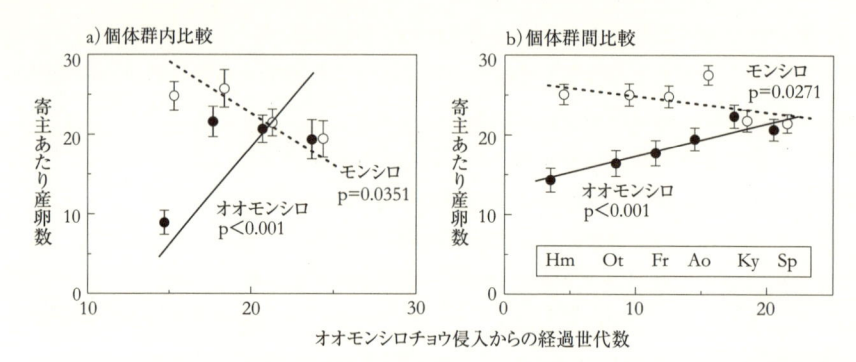

図4-3 オオモンシロチョウ侵入後の経過時間と，2種類の寄主に対するアオムシコマユバチの産卵数の推移。オオモンシロチョウとモンシロチョウについて，寄主幼虫あたりの産卵数を示している。a) 個体群内比較。1999年から2002年に，札幌で採集したアオムシコマユバチによる産卵数の比較。b) 個体群間比較。2001年に北海道内の6ヶ所で採集したアオムシコマユバチによる産卵数の比較。図中の略号は採集地を示している。●はオオモンシロチョウにおける産卵数の平均値を示し，実線は回帰直線をあらわす。○と破線は，モンシロチョウにおける産卵数の平均値と回帰直線を示している。エラーバーは標準誤差。各調査地におけるサンプル数は20-30。(Tanaka et al. 2007 を改変)

4-5 一次寄生蜂による適応進化

　一次寄生蜂アオムシコマユバチは，これまで日本ではモンシロチョウの天敵とされてきたことについてはすでに説明した。しかし，ヨーロッパではモンシロチョウも利用することはあるが，むしろオオモンシロチョウの天敵として知られている (Laing and Levin 1982)。一方，北海道では，オオモンシロチョウが侵入したばかりの頃は，大半のアオムシコマユバチはオオモンシロチョウを寄主として認識していなかったということが明らかになっている (Sato and Ohsaki 2004)。だが，実際に野外寄生率を調査した結果によると，少数ながらもアオムシコマユバチに寄生されているオオモンシロチョウがいることから (Sato and Ohsaki 2004)，日本にもオオモンシロチョウを利用できるアオムシコマユバチがいたことが分かる。したがって，オオモンシロチョウを利用することが生存上有利になるのであれば，オオモンシロチョウの頻度が増えるに連れて，これに適応したアオムシコマユバチが増加していく可能性がある。この現象こそ，アオムシコマユバチによる，オオモンシロチョウに対する適応進化に他ならない。本節では，オオモンシロチョウに対するアオムシコマユバチの反応変化を明らかにするために，産卵数という寄生蜂の行動を示す形質と，

生存率や体サイズなどの生理的な適応を反映する形質について，在来の寄主モンシロチョウと侵入種オオモンシロチョウを与えたときの反応を比較していく。

　寄生蜂の寄主利用変化を明らかにするためには，遺伝形質以外の影響を極力排除した上で，どの個体群に対しても条件を一定に保つ必要がある。そこで，各地で採集したモンシロチョウ由来のアオムシコマユバチの繭塊から，交尾済みの産卵経験が無い雌蜂を用意した。産卵経験が無いということは，学習などが後天的に行動に与える影響はごく小さく，遺伝による先天的な形質状態を強く反映していることが期待される。寄生蜂には，卵から育てて寄生を受けていないことが明らかな寄主を与えて寄生させた。

　まずは，新たな寄主であるオオモンシロチョウに対して，アオムシコマユバチがどのような行動を示すのか調査した。前述した個体群のアオムシコマユバチに対し，オオモンシロチョウの幼虫と，比較対象としてモンシロチョウを与え，寄主幼虫1匹あたりに産み付ける産卵数を反応の指標として観察した。同じ繭塊から羽化した姉妹と推定される2匹の雌成虫を選び出し，それぞれにオオモンシロチョウとモンシロチョウの幼虫を与えて1度だけ産卵させる。その後，寄生された寄主幼虫を解剖し，体内に産み付けられた卵数を数えた。このようにして得られた産卵数データは，回帰分析によって，オオモンシロチョウ侵入後の時間経過に伴い産卵数がどのように変化するのか検証した。

　個体群内調査の結果は，オオモンシロチョウ侵入からの時間が長いほど，オオモンシロチョウに対するアオムシコマユバチの産卵数が増加することを示していた（図4-3a）。同様の傾向が，個体群間の比較からも明らかになった（図4-3b）。どちらの結果も，オオモンシロチョウとの共存によって，アオムシコマユバチの個体群中に，この新しい寄主に適応した個体が増加してきたことを示唆していた。そしてその変化は，約20世代程度というきわめて短い期間で生じていたことも明らかになった。Sato and Ohsaki (2004) によると，1999年夏に札幌で採集したアオムシコマユバチは，一度モンシロチョウに産卵管を挿し込むと常に産卵を行っていたが，オオモンシロチョウでは産卵管を挿入しても産卵に至る個体はいなかったという。また，その前段階にあたる触角による認識でも，オオモンシロチョウが忌避される割合は高いことが指摘されている。したがって，触角と産卵管による寄主認識の両方の段階によって，オオモンシロチョウへの寄生が制約を受けていたことは明らかである。実験に用いたアオムシコマユバチは，あらかじめ遺伝以外の要因を最小かつ同一になるようにコントロールしているので，アオムシコマユバチの寄主利用に

関する表現型は，遺伝的な背景を色濃く反映していると考えられる。突然変異による適応的形質の出現可能性を完全に否定することはできないとはいえ，これほどの短期間で侵入寄主に適応したということは，オオモンシロチョウに寄生できるアオムシコマユバチが，最初から個体群中に存在していたと考えるのが妥当だろう。京都で採集したアオムシコマユバチにもオオモンシロチョウに寄生する個体がいるという事実が，この推論を裏づけている（著者未発表データ）。したがって，オオモンシロチョウに対する適応形質は遺伝的なものであり，オオモンシロチョウの増加が適応形質を備えていた個体の優位性を著しく高めたために，個体群中のオオモンシロチョウ適応個体の比率が増加したのだろう。結果として，オオモンシロチョウによく産卵するアオムシコマユバチが増加し，平均産卵数の増加という現象が観察されたのだと推測できる。

　一方，オオモンシロチョウに対する反応とは対照的に，これまで利用してきたモンシロチョウへの産卵数が減るという現象も観察された（図4-2a）。同様の傾向は個体群間比較においても観察され，オオモンシロチョウとの共存期間が長くなるほど，モンシロチョウに対する産卵数は減少する傾向が見られた（図4-2b）。この反応は，どちらか一方に対して適応すると，同時に他方に対する適応を失うという，トレードオフ（Levins and MacArthur 1969）の典型的な現象に他ならない。寄主利用に関するトレードオフという仮説は，これまで植食性昆虫を材料に数多の研究が行われてきたにもかかわらず，その大半はトレードオフの存在に対して否定的な結論を下してきた（たとえばRausher 1984; Futuyma and Philippi 1987）。今回の結果はトレードオフを再考する上で貴重な資料となるが，この現象を詳しく考察するのは次の機会に譲ることとする。モンシロチョウに対する適応喪失を，オオモンシロチョウに対する適応獲得の裏返しとして説明するのであれば，モンシロチョウには産卵しない個体が，アオムシコマユバチの集団中に現れ始めているのではないかという予測が立つ。実際，産卵実験を行っていると，たまにモンシロチョウを与えても産卵に至らない個体が観察されることがある。このような個体が増えている可能性はあるが，今のところは統計的な有意差を導き出すには至っていない。

　では，オオモンシロチョウを利用できることの優位性とは何だろうか。寄主の種類が増えるのだから，それだけ産卵のチャンスが増えるはずだという考えは道理だが，前提としてオオモンシロチョウに寄生したときに，モンシロチョウと比べて著しく発育が悪くなるようでは利用する意味が無い。そこで，アオムシコマユバチにオオモンシロチョウとモンシロチョウを与えて寄生させ，発育時の生存率や次世代

成虫の体サイズといった指標を測り，寄主の質を比較した。

まず，オオモンシロチョウ侵入当初のアオムシコマユバチの寄主利用能力を明らかにするために，1999年から2000年にかけて札幌で採集したアオムシコマユバチについて，モンシロチョウとオオモンシロチョウを与えたときの生存率と次世代成虫の体サイズを比較してみた。すると，どちらの寄主を与えても，明瞭な差が生じないことがわかった。それどころか，寄主あたりの寄生数が平均的な1回寄生によって産卵された数を上回る状況では，モンシロチョウに寄生したアオムシコマユバチの羽化率が急に低下するという現象が観察された (Tanaka et al. 2007)。言い換えると，寄生圧が高くなり複数回寄生が起こり易い状況下では，アオムシコマユバチにとってモンシロチョウは避けるべき寄主ということになる。これらの結果からは，札幌のアオムシコマユバチは，これまで長期間にわたって利用していたモンシロチョウに対する発育パフォーマンスと同等か，あるいはそれに勝る成長効率をオオモンシロチョウから獲得していたということが窺える。

1999年から2000年の札幌個体群は，短期間とはいえオオモンシロチョウを利用してきた可能性がある。寄生数があれほどの短期間で著しい変化を示したことを考えると，この時点ですでにオオモンシロチョウに対する生理的な適応をも獲得していたのではないかという疑惑がぬぐえない。そこで，オオモンシロチョウを利用したことが無いはずの，京都のアオムシコマユバチ個体群についても調べてみた。すると京都個体群でも，モンシロチョウを利用した場合と比べて，オオモンシロチョウに寄生した方が，次世代成虫の羽化率は統計的に有意に高くなるという結果が得られた（図4-4a）。すなわち，京都の個体群にとっても，これまで利用してきたモンシロチョウよりも，今まで寄生したことがないオオモンシロチョウの方が，羽化率に関しては優れた資源であるということが示された。体サイズに関しては，現時点ではモンシロチョウとオオモンシロチョウで有意な差は認められなかった（図4-4b）。以上の結果から，どうやらオオモンシロチョウは，これまで利用したことが無いはずの日本のアオムシコマユバチにとっても優れた資源であるため，オオモンシロチョウを利用できる形質を持つ個体は，持たないものに比べて著しく有利になるらしい。

室内実験によって示されたオオモンシロチョウに対するアオムシコマユバチの適応は，野外における寄生率の観察からも支持されていた。侵入からさほど時間が経っていない1997年の時点では，オオモンシロチョウに対する寄生率は0-2%ときわめて低かったが (Sato and Ohsaki 2004)，2005年には26.8-37.7%にまで上昇して

I 昆虫から見る環境変動

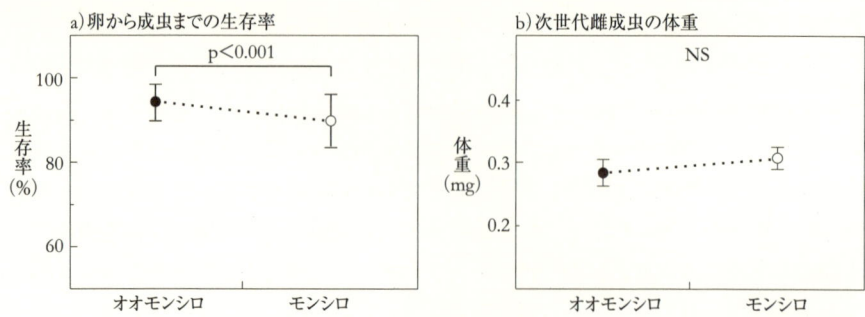

図 4-4 オオモンシロチョウとモンシロチョウを与えたときの，アオムシコマユバチ京都個体群の発育効率。a) 卵から成虫になるまでの生存率の平均。エラーバーは 95% 信頼区間をあらわす。実験サンプル数はモンシロチョウが 56，オオモンシロチョウが 66。b) 次世代雌成虫 1 個体あたりの乾燥重量の平均。エラーバーは標準誤差を示す。NS は統計的有意差が無いことをあらわしている。サンプル数は共に 28。

表 4-1 札幌におけるオオモンシロチョウとモンシロチョウに対するアオムシコマユバチの野外寄生率。キャベツとカラシの 2 種類の食草上で調査を行った結果を示している。a) オオモンシロチョウにおける寄生率。b) モンシロチョウにおける寄生率。カラシで採集した寄主の個体数は，$300m^2$ あたりの採集数に換算してある。検定は，それぞれの食草ごとに行っている。Pb はオオモンシロチョウを，Pr はモンシロチョウをそれぞれ示す。(Tanaka et al. 2007 を改変)

	寄主	採集年	寄主植物	N	寄生率 (%)	Likelihood 比 χ^2	p
a)	Pb	1999*	キャベツ	75	6.67	30.222	<0.0001
	Pb	2001	キャベツ	235	13.62		
	Pb	2004	キャベツ	403	23.08		
	Pb	2005	キャベツ	486	26.75		
	Pb	1999	カラシ	243	22.63	17.362	< 0.0001
	Pb	2005	カラシ	488	37.70		
b)	Pr	2001	キャベツ	191	60.21	43.543	<0.0001
	Pr	2004	キャベツ	137	24.09		
	Pr	1999	カラシ	1243	77.59	81.489	< 0.0001
	Pr	2005	カラシ	341	52.00		

*: Sato and Ohsaki 2004 を引用

いた。オオモンシロチョウに対する寄生率は，季節や寄主植物などのさまざまな環境要因によって影響を受けるため大きく変動する傾向があるのだが，オオモンシロチョウに対する寄生率の増加は，寄主植物の種類にかかわらず同様の傾向が観察され，しかも増加傾向は統計的にも著しい差を伴っていたため，オオモンシロチョウに対する寄生率は増加しているとみて差し支えないだろう。一方で，モンシロチョウに対する寄生率は低下していた。野外寄生率には，寄主の密度が大きな影響を与えるはずだ。実際に，同じ採集面積あたりの寄主幼虫の密度は，オオモンシロチョウで増加し，モンシロチョウでは減少していたが，両種の密度には桁違いというほどの明らかな差はない（表4-1）。寄主密度が高くなると頻繁に遭遇する可能性があるので，寄生のチャンスもより多くなる。したがって，オオモンシロチョウに適応したアオムシコマユバチにとっては，より有利な状況が提供されることになる。

　日本のアオムシコマユバチが，かつてオオモンシロチョウと関係を持っていたのかどうかを示す手がかりは今のところまったくないが，今回の実験結果からはオオモンシロチョウを利用できる形質をあらかじめ持っていたと考えるのが妥当だろう。このように，中立的な形質に有利な状況へと環境が変化したとき，その形質を持った個体が速やかに選抜される強力な頻度依存選択圧が生じるというのが，急速な適応進化を可能にするひとつのパターンなのだろう。

4-6　高次寄生蜂による適応進化

　冒頭で言及したように，群集を構成する生物は，有機的な繋がりを持つ相互作用によって結ばれている。そのため，大きな影響力を持った侵入種は，直接関与する栄養段階の生物を介して，離れた栄養段階の生物に対しても間接的に影響を与えるかもしれない。隣接栄養段階に属するアオムシコマユバチの場合にはオオモンシロチョウに対する適応がみられたが，その影響は果たして高次寄生蜂にまで及ぶのだろうか。そこで，アオムシコマユバチがオオモンシロチョウを新しい寄主として利用するようになったことで，高次寄生蜂もオオモンシロチョウに寄生したアオムシコマユバチを利用するようになるかどうかを検証した。本節では，アオムシコマユバチの寄主利用変化に伴い，在来の幼虫高次寄生蜂と蛹高次寄生蜂が，それぞれどのような反応を示したのかを明らかにする。ここでもアオムシコマユバチの場合と同様に，個体群内比較と個体群間比較を行った。高次寄生蜂に関しても，環境から

I 昆虫から見る環境変動

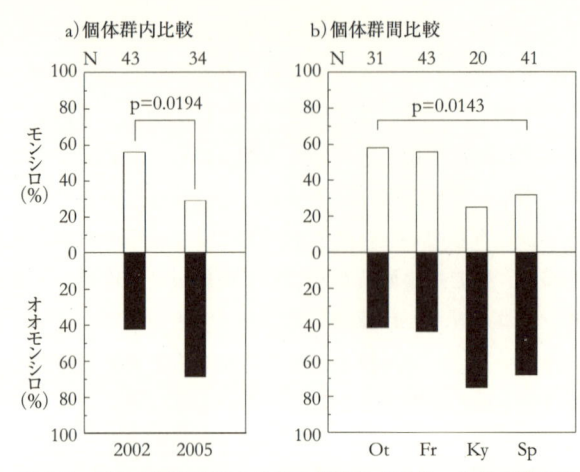

図 4-5 蛹高次寄生蜂による寄主選好性の変化。a) 個体群内比較。2002年と2005年に富良野で採集した蛹高次寄生蜂による寄主選好性の比較。実験サンプル数は34-43。b) 個体群間比較。2001年から2002年にかけて北海道内の4ヶ所で採集した蛹高次寄生蜂による寄主選好性の比較。略号は採集地を示している。サンプル数は20-43。両方のグラフについて、黒塗りのバーはオオモンシロチョウ由来のアオムシコマユバチを選択した蛹高次寄生蜂の割合を示し、白抜きのバーはモンシロチョウ由来の寄主を選択した個体の比率をあらわしている。両者のバーの長さを合計すると100％になる。(b については Tanaka et al. 2007 を改変)

受ける条件を最少に抑えるために、モンシロチョウ由来のアオムシコマユバチの繭塊から得られた、交尾後産卵経験が無い個体だけを実験に供している。

　まず、高次寄生蜂の寄主選好性と、オオモンシロチョウとの共存期間の関係について調査した。2種類の高次寄生蜂が、それぞれどちらのチョウに寄生したアオムシコマユバチを寄主として好むのかを調べるために、プラスチックケージを実験アリーナに見立て、両方の寄主を与えてどちらか一方を選択させた。幼虫高次寄生蜂は、チョウ終齢幼虫の体内にいるアオムシコマユバチの幼虫に寄生するため、アオムシコマユバチに寄生されていることが明らかなオオモンシロチョウとモンシロチョウの終齢幼虫を、それぞれ選択対象として与えた。蛹高次寄生蜂に対しては、形成されてから2日以内の繭塊を、寄生蜂が脱出したあとの寄主幼虫とともに与えた。

　富良野個体群の蛹高次寄生蜂は、2002年から2005年のあいだに明らかに寄主選

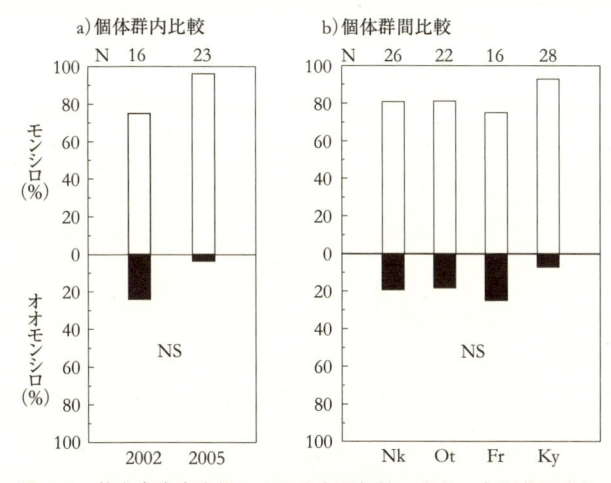

図 4-6 幼虫高次寄生蜂による寄主選好性の変化。a) 個体群内比較。2002 年と 2005 年に富良野で採集した幼虫高次寄生蜂による寄主選好性の比較。サンプル数は 16-23。b) 個体群間比較。2001 年から 2002 年にかけて北海道内の 4 ヶ所で採集した幼虫高次寄生蜂による寄主選好性の比較。略号は採集地を示している。サンプル数は 16-28。両方のグラフについて，黒塗りのバーはオオモンシロチョウ由来のアオムシコマユバチを選択した幼虫高次寄生蜂の割合を示し，白抜きのバーはモンシロチョウ由来の寄主を選択した個体の比率をあらわしている。両者のバーの長さを合計すると 100％になる。NS は統計的有意差が無いことをあらわしている。(b については Tanaka et al. 2007 を改変)

好性を変化させていた。2002 年の段階では明瞭な選好性は認められなかったが，2005 年には明らかにオオモンシロチョウに寄生したアオムシコマユバチを好むようになっていた (図 4-5a)。次に，ほぼ同時期に採集した四つの蛹高次寄生蜂個体群を比較した。高次寄生蜂はアオムシコマユバチ以外の寄主も利用するので，オオモンシロチョウが侵入してからの経過時間が，そのままオオモンシロチョウと関係していた期間をあらわしているわけではない。しかし，オオモンシロチョウが侵入してから高次寄生蜂を採集するまでの時間は，各地における高次寄生蜂とオオモンシロチョウとの相互作用期間の相対的な長さを反映していることは明らかだ。したがって，各地域におけるオオモンシロチョウの世代数に基づき順位づけし説明変数として利用することにより，オオモンシロチョウとの共存期間と高次寄生蜂の寄主利用の関係を統計的に処理した。その結果もまた，富良野個体群における結果と同様であった。オオモンシロチョウとの共存期間が長くなるほど，蛹高次寄生蜂は

オオモンシロチョウ由来のアオムシコマユバチを好むという傾向が検出されたのだ (図 4-5b)。

蛹高次寄生蜂とは対照的に，富良野で採集した幼虫高次寄生蜂は，2002 年と 2005 年のどちらの実験においても，以前とかわらずモンシロチョウに寄生したアオムシコマユバチ幼虫を選好した (図 4-6a)。オオモンシロチョウ由来のアオムシコマユバチに寄生しようとした個体もいたが，これらの個体の多くは終齢オオモンシロチョウが行う噛みつきや頭を振ったりする抵抗にあって，寄生を諦める様子がしばしば観察された。寄生を試みるアオムシコマユバチに対して，オオモンシロチョウの幼虫はモンシロチョウよりもはるかに攻撃的だが (Brodeur et al. 1996)，この性質はアオムシコマユバチに寄生された幼虫にも反映されているようだ。個体群間比較の結果もまた，個体群内比較と同様の傾向を示した。すなわち，オオモンシロチョウが侵入してから 20 世代が経過しても，幼虫高次寄生蜂の寄主選好性は変化せず，モンシロチョウに寄生しているアオムシコマユバチを好んで利用していた (図 4-6b)。

また，野外高次寄生率についても調べ，室内実験の結果が野外の状況を反映しているかどうかを確認した。オオモンシロチョウとモンシロチョウに寄生していたアオムシコマユバチの繭塊を，2003 年に札幌の野外圃場で採集し，幼虫高次寄生蜂と蛹高次寄生蜂の寄生率を比較した。アオムシコマユバチの繭塊から，アオムシコマユバチ，蛹高次寄生蜂，幼虫高次寄生蜂のどれが羽化してきたかは，繭に開いた脱出口の大きさや形によって容易に区別できる。札幌個体群について調査したところ，オオモンシロチョウ由来のアオムシコマユバチ繭塊では，蛹高次寄生蜂の寄生率が高くなっていたが，モンシロチョウ由来の繭塊では，幼虫高次寄生蜂による寄生率が高かった。

オオモンシロチョウの侵入の影響は，一次寄生蜂アオムシコマユバチによる急速な適応を介して，一部の高次寄生蜂にまで及んでいたことが明らかになった。蛹高次寄生蜂の一種である *T. apanteroctena* が，オオモンシロチョウ由来のものに対する選好性を示すようになった (図 4-5a, b) のに対して，幼虫高次寄生蜂の寄主選好性に変化が見られなかった (図 4-6a, b) のは，次のような理由によるものと考えられる。幼虫高次寄生蜂がアオムシコマユバチに寄生するためには，チョウ幼虫の体表越しに，寄主であるアオムシコマユバチの幼虫に産卵管を刺す必要がある。だが，幼虫高次寄生蜂がオオモンシロチョウに寄生したアオムシコマユバチを利用しようとして，オオモンシロチョウの終齢幼虫に接触すると，チョウ幼虫から激しい妨害

を受ける様子が観察された（著者の個人的観察による）。これに対して、モンシロチョウ体内のアオムシコマユバチに寄生しようとした場合には、モンシロチョウの幼虫はわずかに体を震わせる以上の抵抗は見せず、幼虫高次寄生蜂は大抵無事にモンシロチョウ幼虫の体によじ登ることができた。したがって、幼虫高次寄生蜂の寄主利用は、アオムシコマユバチが寄生している寄主幼虫の攻撃性による制約を受けていると考えられた。

一方で蛹高次寄生蜂に対して寄主利用変化を促し、オオモンシロチョウに寄生したアオムシコマユバチを利用させるようになった要因としては、幼虫高次寄生蜂との資源競争が考えられるだろう。アオムシコマユバチがまだ幼虫の時期に寄生する幼虫高次寄生蜂と比べると、蛹高次寄生蜂は幼虫高次寄生蜂が利用し終えた資源を使うことになるため、資源利用という点では競争力に劣る。さらに、同じアオムシコマユバチの繭塊に複数種の蛹高次寄生蜂が寄生していることが珍しくないことからも、蛹高次寄生蜂間にも激しい資源競争があるものと推測される。したがって、新しい寄主であるオオモンシロチョウ由来のアオムシコマユバチを、いち早く寄主として利用することにより、幼虫高次寄生蜂や他の蛹高次寄生蜂との競争を避けることができるはずだ。そのため蛹高次寄生蜂は新しい寄主に対して、急速に適応したのだろう。蛹高次寄生蜂 *T. apanteroctena* は様々な種を寄主として利用することも、迅速な寄主選好性の変化に貢献していると考えられる。

下位栄養段階生物の影響が、間接的に上位栄養段階の生物にまで及ぶという例は、植物の化学物質などを介した反応として検出されてきた。たとえば、アブラナ科植物—オオモンシロチョウ—アオムシコマユバチ—ヒメバチ科の高次寄生蜂という四者系では、アブラナ科植物の毒性の違いが、高次寄生蜂の生存率や体サイズにまで影響を及ぼすということが知られている (Harvey et al. 2003)。これまでの研究は、こういった間接的な影響を、その世代に限られた生態的な反応として捉えるものであった。だが、今回の実験で見られた蛹高次寄生蜂の侵入寄主に対する迅速な適応は、中間の種を通した間接的な影響力が、複数の世代にわたる進化的な反応すら誘発する可能性があることを示唆するものである。

4-7　適応進化と多様性：外乱に強い群集とは？

以上の結果から、侵入種オオモンシロチョウが在来寄生蜂群集に及ぼした影響を

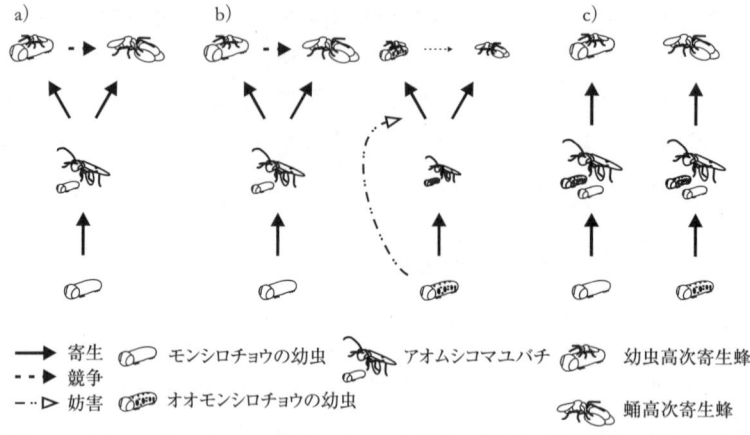

図 4-7 オオモンシロチョウの侵入による，在来種の種間相互作用改変の流れ。a) オオモンシロチョウ侵入以前。b) オオモンシロチョウ侵入初期。c) 種間相互作用改変後。シンボルの大きさは相対的な個体数をあらわしている。(Tanaka et al. 2007 をもとに作成)

まとめると，次のようになる。オオモンシロチョウの侵入前は，植食者モンシロチョウに一次寄生蜂アオムシコマユバチが寄生しており，アオムシコマユバチに幼虫高次寄生蜂と蛹高次寄生蜂の両方が寄生していた。幼虫高次寄生蜂と蛹高次寄生蜂のあいだには資源をめぐる競争があり，幼虫高次寄生蜂の方が優位に立っていたと考えられる（図 4-7a）。オオモンシロチョウが侵入し個体数を増やすに連れ，アオムシコマユバチの一部がオオモンシロチョウに寄生するようになる。オオモンシロチョウは，これまで利用していたモンシロチョウと同等か，それ以上に質のよい寄主であった。同時に，しばしば高い高次寄生圧を受けるアオムシコマユバチにとっては，寄生圧の低い寄主は大きな利益をもたらすはずだ。新しい寄主は栄養的な質もよく，幼虫高次寄生蜂に対する防衛も具えるので，高次寄生蜂から逃れるのには格好の資源といえるだろう。これらの理由が，アオムシコマユバチが，オオモンシロチョウに対し急速な適応を獲得した要因であると思われる。その後，高次寄生蜂のなかにも，オオモンシロチョウに寄生したアオムシコマユバチを利用するようになった個体が現れたのではないかと考えられる（図 4-7b）。しかし，オオモンシロチョウとモンシロチョウに寄生したアオムシコマユバチでは，高次寄生蜂にとって利用のし易さに差があった。とくに幼虫高次寄生蜂にとっては，オオモンシロチョウに寄生したアオムシコマユバチの方が，反撃されて被害を受ける恐れが高い危険な寄主である。そのため，幼虫高次寄生蜂は，従来の寄主であるモンシロチョウ由

来のアオムシコマユバチにとどまることになったのかもしれない．一方，蛹高次寄生蜂は，オオモンシロチョウ由来のアオムシコマユバチを利用することによって，幼虫高次寄生蜂との資源競争を回避することができる．したがって，新たに出現したオオモンシロチョウ由来のアオムシコマユバチを好むようになったのだろう（図4-7c）．

　侵入種によく見られる個体群動態のパターンとして，一度定着に成功した侵入種が爆発的に個体数を増加させた後，新たな群集に組み込まれる過程で個体数を急に減少させていく場合がある（Boom and bust pattern, Simberloff and Gibbons 2004）．群集の収容力を越えて急激に増加した侵入種に対し，在来種群集がさまざまな反応によって侵入種がもたらすインパクトを減じ，群集のなかへと取り込もうとする過程で，しばしばみられる現象である．これまでは，侵入種を捕食する在来種の増加や一時的な行動の変化などが原因であり，侵入種を迎え入れた個体群の性質自体が変化するものだとは考えられていなかった．しかし，進化的な反応がきわめて短期のあいだに生じることがしばしば指摘されるようになった今となっては，在来種による適応進化が侵入種の減少を引き起こすという仮説は，説得力を持った説明であるといえるだろう．多様な生物から成る群集ほど侵入種などの外乱に対して堅固なのは，群集を構成する種の変化に応じて，網の目のようにめぐらされた種間相互作用が，柔軟に変化して影響を緩和しているためであるという示唆がある（Kondoh 2003）．このような迅速な変化の正体は，捕食者による密度依存性などの非遺伝性の反応はもちろんのこと，適応進化という世代間をまたぐ反応も貢献しているのかもしれない．オオモンシロチョウを受け入れた在来寄生蜂群集の変化は，野外個体群においても迅速な適応進化が環境変化に適応するための一手段として機能していることを示唆しているのではないだろうか．

▶▶参考文献◀◀

Benkman, C. W. (1999) The selection mosaic and diversifying co-evolution between crossbills and lodgepole pine. *Am. Nat.* 153: S75-S91.

Brodeur, J., Geervliet, J. B. F. and Vet, L. E. M. (1996) The role of host species, age and defensive behaviour on ovipositional decisions in a solitary specialist and gregarious generalist parasitoid (Cotesia species). *Entomol. Exper. Appl.* 81: 125-132.

Cox, G. W. (2004) *Alien species and evolution.* Island press. Washington.

Elton C. S. (1958) The ecology of invasions by animals and plants. Methuen and Co., London.

Endler J. A. (1986) *Natural selection in the wild.* Princeton. New Jersey.

Futuyma, D. J. and Philippi, T. E. (1987) Genetic variation and covariation in responses to host plants by *Alsophila pometaria* (Lepidoptera: Geometridae). *Evolution* 41: 269-279.

Harvey, J. A., Van Dam, N. M. and Gols, R. (2003) Interactions over four trophic levels: foodplant quality affects development of a hyperparasitoid as mediated through a herbivore and its primary parasitoid. *J. Anim. Ecol.* 72: 520-531.

Horton D. R., Capinera, J. L. and Chapman, P. L. (1988) Local differences in host use by two populations of the colorado potato beetle. *Ecology* 69: 823-831.

Kondoh, M. (2003) Foraging adaptation and the relationship between food-web complexity and stability. *Science* 299: 1388-1391.

Laing J. E. and Levin, D. B. (1982) A review of the biology and a bibliography of *Apanteles glomeratus* (L.) (Hymenoptera: Braconidae). *Biocontrol News and Inf.* 3: 7-23.

Levins, R. and MacArthur, R. (1969) An hypothesis to explain the incidence of monophagy. *Ecology* 50: 910-911.

Ohsaki, N. and Sato, Y. (1999) The role of parasitoids in evolution of habitat and larval food plant preference by *three Pieris* butterflies. *Res. Popul. Ecol.* 41: 107-119.

Paine, R. T. (1966) Food web complexity and species diversity. *Am. Nat.* 100: 65-75

Rausher, M. D. (1984) Tradeoffs in performance on different hosts: Evidence from within-and between-site variation in the beetle *Deloyala guttata*. *Evolution* 38: 582-595.

Sakai, A. K., Allendorf, F. W., Holt, J. S., Lodge, D. M., Molofsky, J., With, K. A., Baughman, S., Cabin, R. J., Cohen, J. E., Ellstrand, N. C., McCauley, D. E., O'Neil, P., Parker, I. M., Thompson, J. N. and Weller. S. G. (2001) The population biology of invasive species. *Ann. Rev. Ecol. Syst.* 32: 305-332.

Sato, Y. and Ohsaki, N. (2004) Response of the wasp (*Cotesia glomerata*) to larvae of the large white butterfly *(Pieris brassicae)*. *Ecol. Res.* 19: 445-449.

Siepielsky, A. M. and Benkman, C. W. (2004) Interactions among moths, crossbills, squirrels, and lodgepole pine in a geographic selection mosaic. *Evolution* 58: 95-101.

Simberloff, D. and Gibbons, L. (2004) Now you see them, now you don't! - population crashes of established introduced species. *Biol. Invasions* 6: 161-172.

Strauss, S. Y., Lau, J. A. and Carroll, S. P. (2006) Evolutionary responses of natives to introduced species: what do introductions tell us about natural communities? *Ecol. Lett.* 9: 357-374.

Tanaka, S., Nishida, T. and Ohsaki, N. (2007) Sequential rapid adaptation of indigenous parasitoid wasps to the invasive butterfly *Pieris brassicae*. *Evolution* 61: 1791-1802.

Thompson J. N. (1998) Rapid evolution as an ecological process. *Trends Ecol. Evol.* 13: 329-332.

上野雅史(1997)「オオモンシロチョウについての一考察(第2報):オオモンシロチョウの飛来日の気象解析による推定」『やどりが』172:2-16.

上野雅史(2001)「オオモンシロチョウについての一考察(第5報):北海道全域に侵入したオオモンシロチョウについて」『やどりが』189:14-19.

Vitousek, P. M., D'Antonio, C. M., Loope. L. L. and Westbrooks, R. (1996) Biological invasions as global environmental change. *Am. Sci.* 84: 468-478.

第5章

薬剤抵抗性の拡散と国際化にどう対処するか
防除インパクトとハダニの薬剤抵抗性

刑部　正博／上杉　龍士

5-1　農薬とハダニ

　農業害虫や衛生害虫の駆除に卓効を示していた殺虫剤が，害虫の薬剤抵抗性の発達によって効力を失う事例がしばしばあることはよく知られている。農業害虫であるハダニ類も殺ダニ剤に対してしばしば抵抗性を発達させ，それが化学薬剤によるハダニ防除の効率を低下させる大きな原因になっている。ナミハダニ *Tetranychus urticae* は多くの園芸作物や花卉，果樹などを加害するきわめて多食性の世界的重要害虫である。現在，このハダニの防除はきわめて困難であり，その原因はとくに1990年代以降急速に多くの殺ダニ剤に対する薬剤抵抗性が発達したことによる（たとえば，Goka 1999; Nauen et al. 2001）。ハダニ類は他の害虫に比べて発育期間が短く，高い繁殖能力を持っている。また，産雄単為生殖を行い，受精卵は二倍体の雌になり，一方未受精卵は半数体の雄に発育する。このような倍数半数性の遺伝様式は，集団中に低頻度に存在する，環境に対して有利な遺伝子の固定に有効に機能すると考えられている（Crozier 1985; 刑部 2001）。このことは倍数半数性の害虫において薬剤抵抗性が発達し易いことを示唆しており，近年薬剤抵抗性の発達が問題になっているスリップス類やコナジラミ類においても同様の繁殖様式が見られることから一定の説得力を持つように思われる。ただし，二倍体のハエやガでも薬剤抵抗性の発達が問題になっているものがあり，二倍体と倍数半数性の生物との比較実験もこれま

でほとんど行われていない。また最近，倍数半数性において薬剤抵抗性の進化速度が速いことを支持しない理論研究も発表されている（Carrière 2003; Crowder et al. 2006）ので，今後さらに検証が求められるであろう。

(1) 薬剤抵抗性の遺伝様式と発達速度

薬剤抵抗性の遺伝様式は薬剤の種類と害虫種の組み合わせによって，完全優性から完全劣性までさまざまであり，抵抗性の発現に関わっている遺伝子の数も，単一の場合もあれば複数の場合（ポリジーン），主動遺伝子は単一であるが複数のマイナージーンが関与している場合など，やはりさまざまである。従来，薬剤抵抗性の発達に関する遺伝学的議論は，主に単一の遺伝子による支配を想定した遺伝的優性と劣性の度合い（優性度）と選抜による個体数変動，薬剤抵抗性遺伝子の初期密度，抵抗性個体の適応度などを中心に行われてきた。この場合，決定論的な取り扱いにおいては，薬剤散布（選抜）によって起こる個体群内の薬剤抵抗性遺伝子頻度の上昇は完全劣性の場合に最も早く，完全優性では最も遅い。しかし，選抜前の個体群中に存在する薬剤抵抗性遺伝子の頻度は，通常きわめて低く，抵抗性遺伝子の多くが感受性遺伝子とのヘテロ接合の状態で存在すると考えられる。したがって，完全劣性に近づけば近づくほど薬剤散布による個体数の減少程度が大きくなり，個体群密度の回復に時間が掛かり，結局，薬剤抵抗性の発達は遅くなると考えられる（Georghiou and Taylaor 1977）。

(2) メタ個体群構造と薬剤抵抗性遺伝子

一方，特定の個体群における薬剤抵抗性の発達を遅延させる要因としては，外部からの感受性個体の移入が多い場合や薬剤抵抗性遺伝子の初期頻度が低い場合，抵抗性個体の適応度が感受性個体に比べて低い場合などが挙げられる。単一の個体群に対して周囲から感受性の個体が一方的に移入してくる場合には，それに伴う遺伝子流動は薬剤抵抗性の発達を遅らせる要因として働くと考えられる（Taylor and Georghiou 1979; Tabashnik and Croft 1982）。しかし実際の野外での害虫個体群間の移動分散を考えれば，地域内あるいは地域間でさまざまな局所個体群間で個体の移出入が起こり，それを通じてそれらが遺伝的に相互に関連づけられていると考えられる（Hanski and Gilpin 1991; 五箇 1998）。さらに，実際の局所個体群では，個体が絶える

場合や，絶滅したハビタットへ新たな個体が侵入して局所個体群が再構成される場合もあり，局所個体群において個体数が減少した場合には遺伝的浮動による遺伝子頻度の機会的変化が生じることも考えられる。Follett and Roderick (1996) のシミュレーションによれば，隣接する局所個体群間でのみ遺伝的流動があるメタ個体群では，薬剤散布による選抜と偶発的な影響によるものも含めた局所個体群の絶滅およびその後の再構成により，薬剤抵抗性遺伝子頻度が高い局所個体群が集中的に出現した。野外におけるハダニの個体群構造と薬剤抵抗性遺伝子の分布については，本章5-3節で説明する。

(3) 薬剤抵抗性遺伝子の連鎖とヒッチハイキング効果（見かけの交差抵抗性）

薬剤抵抗性遺伝子を持った半数体の雄（R♂）の薬剤感受性が，抵抗性遺伝子をホモに持つ二倍体の雌（RR♀）に比べて高い場合には，倍数半数性の生物における薬剤抵抗性の発達は二倍体の生物に比べてむしろ遅くなると考えられる（Carrière 2003; Crowder et al. 2006）。しかし，R♂の感受性がRR♀と同等である場合には，生存に有利な遺伝子の固定が二倍体生物に比べて倍数半数性生物において早く進むことが期待される（Crozier 1985；刑部 2001）。そのような有利な遺伝子の急速な固定が生じる場合，その近隣にある淘汰に無関係な遺伝子の頻度も同時に上昇する（ヒッチハイキング効果　Kojima and Schaffer 1967; Maynard-Smith and Haigh 1974）可能性がある。このことは，害虫個体群に薬剤抵抗性が急速に発達する場合，抵抗性遺伝子と強く連鎖している他の遺伝子も同時に急速に固定される可能性を示唆している（Pamilo and Crozier 1981）。二倍体の生物ではヒッチハイキング効果は進化においてあまり重要ではないとの議論がある（Ohta and Kimura 1975）が，一方で，淘汰係数と組換え価の相対的な大きさによって淘汰後の遺伝子頻度の決定における重要度が変化し，淘汰係数が大きく組換え価が小さいほどその影響は大きいことも指摘されている（Ohta and Kimura 1975）。前述の倍数半数性生物の特性に加えて，害虫をきわめて低密度にすることを目的に行われる薬剤散布の高い淘汰圧を考慮すると，ハダニでは薬剤抵抗性の発達に伴い，薬剤抵抗性遺伝子の近隣にある遺伝子の頻度がヒッチハイキング効果により高まる可能性があるように思われる。しかし，薬剤抵抗性の発達におけるヒッチハイキング効果についての評価はこれまでのところほとんど見られない。

Uesugi et al. (2002) はナミハダニにおいて，作用機作が異なる2種類の殺ダニ剤に対する抵抗性遺伝子が同じ染色体上にあり，組換え価15％程度で連鎖していることを明らかにした。また，通常の交差抵抗性関係にないにもかかわらず，一方の薬剤による強い淘汰によって，連鎖している別の薬剤に対する抵抗性遺伝子があたかも交差しているかのようにその頻度を上昇させる現象を予想し，「見かけの交差抵抗性」と呼んでいる (Uesugi et al. 2002)。この見かけの交差抵抗性という現象が実際に起こっているかどうか，またそれが起こった場合に薬剤抵抗性の発達に影響を与えるかどうかについてはさらに今後の検討が必要である。

5-2　薬剤抵抗性発達に関する新たな視点

　従来の交差抵抗性は薬剤の作用機作に関連して，共通の作用点の変異あるいは解毒代謝系の発達などにより，主に同じクラスの薬剤に対して同時に抵抗性を示すものであった。しかし，ハダニ類ではクラスの異なる複数の薬剤に対して抵抗性を示す系統が多く知られ，複合抵抗性として世界的に問題になっており，薬剤抵抗性管理は個々の薬剤の管理だけでは解決できない状況にある。ここでは，まず最近の殺ダニ剤を中心に交差抵抗性関係を，抵抗性を支配する遺伝子座に注目して概観したい。

(1) 殺ダニ剤間の交差抵抗性と複合抵抗性

　交差抵抗性に関する報告は，近年とくにナミハダニやリンゴハダニにおいて世界的に増えており，その特徴として，単一の殺ダニ剤に対する抵抗性の発達が作用機作の同じあるいは異なる複数の殺ダニ剤に対する抵抗性をもたらす傾向が顕著である。すなわち，異なる複数の薬剤に対する抵抗性遺伝子が相互に関連し合っている（もしくは複合抵抗性）と考えられる。

　ナミハダニでは，たとえば，clofentezine（発育阻害剤）と hexythiazox（発育阻害剤）の交差抵抗性がオーストラリアから報告され (Herron et al. 1993)，fenpyroximate（ミトコンドリア電子伝達系阻害剤）で選抜された韓国の抵抗性系統は acrinathrin（神経伝達阻害）や benzoximate（作用機作不明），propargite（ATP合成阻害剤）に対しても高レベルの抵抗性を呈し，abamectin（塩素イオンチャネル活性化剤）や fenbutatin oxide

(ATP合成阻害剤)，fenpropathrin(ナトリウムチャネル調節剤)，pyridaben(ミトコンドリア電子伝達系阻害剤)，tebufenpyrad(ミトコンドリア電子伝達系阻害剤)に対しても中レベルの感受性低下を示した(Kim et al. 2004)[1]。同様に，etoxazole(脱皮阻害剤)に対する韓国の抵抗性系統は，成虫ではacequinocyl(ミトコンドリア呼吸阻害剤)とemamectin benzoate(塩素イオンチャネル活性化剤)に対して，卵ではmilbemectin(塩素イオンチャネル活性化剤)，amitraz(オクトパミン活性化アゴニスト)およびpyridabenに対して交差抵抗性を示すという(Lee et al. 2004)。また，ベルギーのchlorfenapyr(酸化的リン酸化阻害剤)抵抗性系統ではamitraz, befenthrin(ナトリウムチャネル調節剤)，bromopropylate(発育阻害剤)，clofentezineおよびdimethoate(アセチルコリンエステラーゼ阻害剤)への交差抵抗性の可能性が指摘されている(van Leeuwen et al. 2004)(ただし，これらの研究では交差抵抗性を裏づける厳密な検討は必ずしも行われていない点で注意を要する)。

　リンゴハダニでは，flucycloxuron(キチン合成阻害剤)抵抗性とclofentezineおよびhexythiazox抵抗性との交差がオランダを中心とした抵抗性系統から(Grosscurt et al. 1994)，clofentezine抵抗性とhexythiazox, cyhexatinおよびfenbutatin-oxide抵抗性との交差が米国から(Pree et al. 2002)，それぞれ報告されている。

　これらの交差関係は複雑であるが，薬剤抵抗性発達の経緯も合わせて整理してみるとある程度の繋がりが見えてくる。すなわち，hexythiazox抵抗性の発達は同時にclofentezine抵抗性をもたらし(Herron et al. 1993; Herron and Rophail 1993)，clofentezine抵抗性はchlorfenapyr抵抗性(van Leeuwen et al. 2004)とfenbutatin oxide抵抗性(Herron et al. 1997)を付与する。さらに，chlorfenapyr抵抗性は5種類の殺ダニ剤(amitraz, befenthrin, bromopropylate, clofentezineおよびdimethoate)の抵抗性をもたらす可能性があり(van Leeuwen et al. 2004)，さらにはbifenazateとの弱い交差関係も示唆されている(van Leeuwen et al. 2006)。このような作用機作の異なる薬剤間の交差関係が生じる機構はどのように説明できるであろうか？

　浅田(1995)によれば，hexythiazoxとclofentezineの抵抗性は互いに交差する場合が多い一方で，hexythiazox抵抗性でclofentezine感受性の系統やその逆の系統も見つかっていることから，従来の生化学的に共通の機作や共通作用点の変異による交差関係だけでは説明が難しいようにも思われる。間違いを恐れずにいえば，従来の機構とともに，見かけの交差抵抗性や次項で触れる薬剤抵抗性遺伝子の数の系統間

1　( )内に示した薬剤の作用機作は基本的にIRAC (Insecticide Resistance Action Committee, http://www.irac-online.org)の分類に従った。

変異などの遺伝的機構や背景も作用した結果として，このような複雑な交差抵抗性関係が出来上がっているのかもしれない。

(2) 薬剤抵抗性遺伝子数の系統間変異

薬剤抵抗性の遺伝様式について調査された例を見ると，同じ薬剤で同じハダニ種であっても複数の研究報告の結果が必ずしも一致しない場合がある。たとえば，ナミハダニの chlorfenapyr 抵抗性は，日本で調査された抵抗性系統では完全優性で単一遺伝子支配 (Uesugi et al. 2002) であるのに対して，ベルギーの抵抗性系統では不完全劣性でポリジーン支配 (van Leeuwen et al. 2004) である。また，hexythiazox 抵抗性はオーストラリアのナミハダニでは不完全優性で単一遺伝子支配 (Herron and Rophail 1993) であるのに対して，日本のナミハダニでは二つ以上の遺伝子座が抵抗性に関与している (Asahara et al. 2008)。

Etoxazole および bifenazate に対するナミハダニの抵抗性では，それぞれ韓国 (Lee et al. 2004) とベルギー (van Leeuwen et al. 2006) の抵抗性系統でいずれも完全な母性遺伝が報告され，核外遺伝子の関与が示唆されている。ナミハダニの etoxazole 抵抗性はこれまでに韓国と日本だけで報告されているが，日本の抵抗性系統では母性効果は見られず，完全劣性で単一遺伝子支配である (小林ら 2001；Uesugi et al. 2002)。Nauen and Smagghe (2006) は etoxazole と hexythiazox との交差抵抗性は報告されていないとしていたが，小林ら (2001) によれば，青森県相馬村のリンゴ園で発見された etoxazole 抵抗性のナミハダニ個体群は etoxazole による選抜を受けていないものであった。一方，hexythiazox は当時この地方も含めて盛んにリンゴ栽培で使用されていた (木村佳子 私信)。そこで，これらの薬剤に対する抵抗性が検討され，hexythiazox 抵抗性を支配する複数の遺伝子座のひとつが，etoxazole 抵抗性遺伝子の遺伝子座と同じかもしくはきわめて強く連鎖していることが明らかにされた (Asahara et al. 2008 詳細は，後の (4)「単一主動とポリジーン支配の抵抗性遺伝子間の連鎖」の項を参照)。したがって，青森県相馬村で発見された etoxazole 抵抗性は hexythiazox による選抜の結果生じた可能性が高い。

(3) 薬剤抵抗性遺伝子の連鎖と見かけの交差抵抗性

農業害虫や衛生害虫における薬剤抵抗性の発達が深刻化するなかで，薬剤抵抗性

表 5-1 交配実験に用いられたナミハダニの薬剤抵抗性および感受性系統

系統名	薬剤抵抗性[a]		アロザイム遺伝子型[b]	
	Chlorfenapyr	Etoxazole	MDH	PGI
cR^a	$Chl^R\ Chl^R$	$Eto^S\ Eto^S$	$mdh_a\ mdh_a$	$pgi_a\ pgi_a$
eR^a	$Chl^S\ Chl^S$	$Eto^R\ Eto^R$	$mdh_a\ mdh_a$	$pgi_a\ pgi_a$
S^a	$Chl^S\ Chl^S$	$Eto^S\ Eto^S$	$mdh_a\ mdh_a$	$pgi_a\ pgi_a$
S^b	$Chl^S\ Chl^S$	$Eto^S\ Eto^S$	$mdh_b\ mdh_b$	$pgi_b\ pgi_b$

[a] 肩付きのRは抵抗性,Sは感受性を示す
[b] 下付きのアルファベットはそれぞれ対立遺伝子を示す

管理,とくに発達を遅延させるための方法論が数多く検討され,さまざまな提案が成されてきた。従来,薬剤抵抗性の発達速度,すなわち個体群中における抵抗性遺伝子頻度の上昇速度に関する数学的モデル研究は,単一の遺伝子座によって生じる抵抗性を対象としたものが多かった。Lenormand and Raymond (1998) は,Slatkin (1975) の2遺伝子座間における連鎖不平衡と淘汰に関する議論に基づき,主導遺伝子以外の遺伝子によっても相当程度の薬剤抵抗性を発揮する場合,これら異なる遺伝子座間に正の連鎖不平衡が発生し,一方の遺伝子座に掛かる淘汰がもう一方の遺伝子座の遺伝子の利益になる可能性を予測した。Uesugi et al. (2002) が考えた「見かけの交差抵抗性」は,薬剤淘汰に伴う抵抗性遺伝子間の連鎖不平衡の影響を,異なる薬剤の抵抗性に関与する複数の遺伝子座間に拡大したものといえ,複合抵抗性発達機構を解明する上で一端を担う可能性がある。

前述のように,日本のナミハダニの chlorfenapyr 抵抗性と etoxazole 抵抗性はいずれも核の単一遺伝子座に支配されており,前者は完全優性,後者は完全劣性の遺伝様式を持つ。そこで,Uesugi et al. (2002) は表5-1に示すようにこれらの薬剤の一方だけに抵抗性を持ち,malate dehydrogenase (MDH) と phosphoglucoisomerase (PGI) の2種類の酵素の遺伝子座が同じ対立遺伝子に固定している二つの抵抗性系統 (cR_a と eR_a) と,両方の薬剤に対して感受性で二つの酵素とも抵抗性系統と同じ対立遺伝子を持つ感受性系統 (S_a) と,両方とも異なる対立遺伝子に固定している感受性系統 (S_b) を作出し,これらを相互に戻し交配してそれぞれの遺伝子座間の組換え価を算出した。ここでは一例として,etoxazole 抵抗性系統と感受性系統の戻し交配 [(eR_a♀×S_b♂)×eR_a♂] による etoxazole 抵抗性と MDH との連鎖解析の方法を紹介する(図5-1)。Etoxazole 抵抗性と MDH の遺伝子座が連鎖していないと仮定すると,

(eR$_a$♀×S$_b$♂)×eR$_a$♂

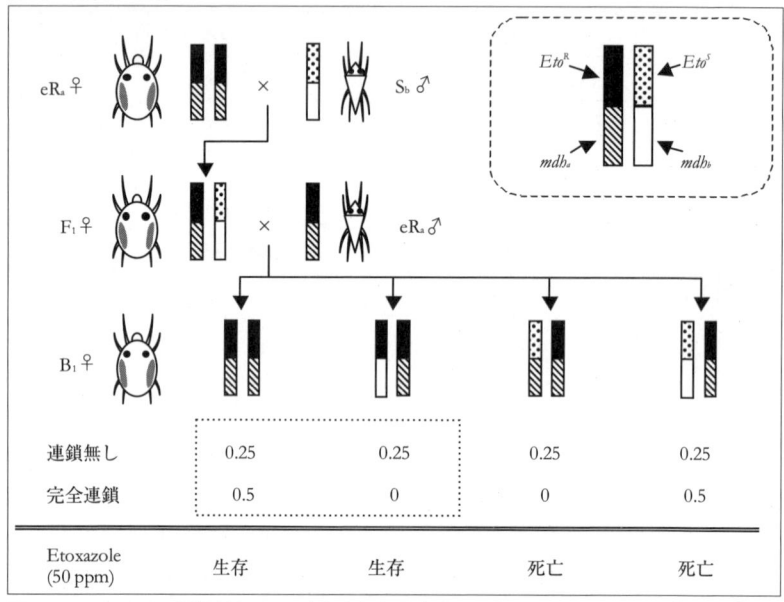

図5-1 Etoxazole 抵抗性とリンゴ酸脱水素酵素（MDH）との連鎖解析。Eto^R と Eto^S はそれぞれ etoxazole 抵抗性および感受性遺伝子を示し，mdh_a と mdh_b はそれぞれリンゴ酸脱水素酵素の異なる対立遺伝子を示す。

戻し交雑によって得られる B$_1$♀の遺伝子型は Eto^Rmdh_a/Eto^Rmdh_a，Eto^Rmdh_b/Eto^Rmdh_a，Eto^Smdh_a/Eto^Rmdh_a，Eto^Smdh_b/Eto^Rmdh_a の 4 種類がそれぞれ同じ頻度で得られるはずである。しかし，完全に連鎖している場合には Eto^Rmdh_a/Eto^Rmdh_a と Eto^Smdh_b/Eto^Rmdh_a だけが半数ずつ得られる。ここで，これらの B$_1$♀に対して 50ppm の etoxazole で選抜を行う。Etoxazole 抵抗性の遺伝様式は完全劣性であることが分かっているため，ヘテロ個体（Eto^R/Eto^S）は感受性遺伝子をホモに持つ個体（Eto^S/Eto^S）と同程度の感受性を持つ。50ppm という濃度は，感受性個体はすべて死亡し，抵抗性遺伝子がホモ（Eto^R/Eto^R）の個体はまったく死亡しない濃度である。したがって，この選抜により，連鎖が無い場合には Eto^Rmdh_a/Eto^Rmdh_a と Eto^Rmdh_b/Eto^Rmdh_a の個体が生き残り，生存個体の MDH の遺伝子型を電気泳動法により調査すると mdh_a/mdh_a のホモの個体と mdh_b/mdh_a のヘテロの個体が 1 対 1 の比率で検出される。一方，完全連鎖では Eto^Rmdh_a/Eto^Rmdh_a だけが生き残るため，MDH は mdh_a/mdh_a のホモの個体だけが検出され，mdh_b/mdh_a のヘテロ個体は検出されない。また，中間的な組換え価はヘテロ個体の出現頻度として求められる。実際に算出された組換え価は，MDH と

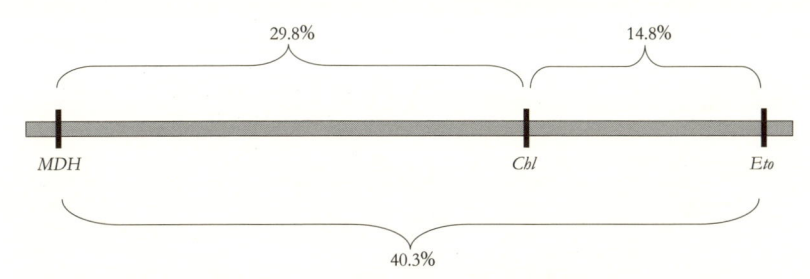

第5章 薬剤抵抗性の拡散と国際化にどう対処するか

```
       29.8%                    14.8%
┌─────────────┐        ┌──────────────┐
│             │        │              │
████─────────████─────────────████
MDH                     Chl            Eto
       └──────────────40.3%──────────────┘
```

図 5-2 中立遺伝マーカー MDH と chlorfenapyr (*Chl*) および etoxazole (*Eto*) 抵抗性に関与する遺伝子座の染色体上における連鎖地図 (Uesugi et al. (2002) より改変)

etoxazole および chlorfenapyr のあいだでそれぞれ 40.3 および 29.8％であった。また，類似の方法で抵抗性遺伝子間の組換え価が解析された結果，14.8％となり，これらの 2 薬剤に対する抵抗性遺伝子と MDH が同一染色体上の遺伝子座に支配されていることが明らかになった (図 5-2)。一方，PGI はこれらのいずれとも連鎖が認められず，別の染色体上にあることが明らかになった (Uesugi et al. 2002)。

Etoxazole と chlorfenapyr に対する抵抗性遺伝子座間の組換え価 14.8％での連鎖不平衡は，淘汰が起こらない場合には任意交配により急速に減少することは自明である。しかし，薬剤散布による著しい選抜やメタ個体群構造がこれらの遺伝子頻度にどのような影響を及ぼすかについては今後の検討が必要であろう。

(4) 単一主動とポリジーン支配の抵抗性遺伝子間の連鎖

前述のように，etoxazole と hexythiazox との交差抵抗性は報告されていない (Nauen and Smagghe 2006)。しかし，青森県で etoxazole の散布歴が無い地域から，etoxazole に抵抗性を持つナミハダニ個体群が発見された。このため，この etoxazole 抵抗性は他剤からの交差抵抗性により付与された可能性が高い。そこで，当時リンゴ園で盛んに使用されていた hexythiazox に対する抵抗性と etoxazole 抵抗性との遺伝的関係が交配実験により解析された。その結果，hexythiazox 抵抗性を支配する複数の遺伝子座のひとつが，etoxazole 抵抗性遺伝子の遺伝子座と同じかもしくはきわめて強く連鎖しているという，従来に無い関係が明らかになった (Asahara et al. 2008)。ここでは，その研究手法と結果について紹介したい。

まず，etoxazole と hexythiazox の両方に対して抵抗性を持つ系統 eRhR の雌を，両薬剤に対して感受性の系統 eShS の雄と交配すると遺伝子型が $Eto^R Hex^R / Eto^S Hex^S$

143

(eRhR♀×eShS♂)×eShS♂

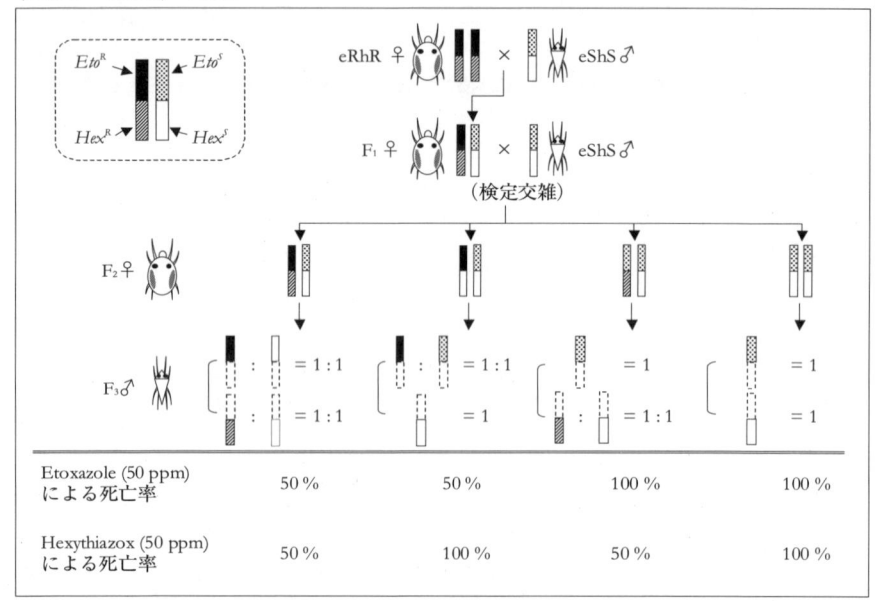

図 5-3 Etoxazole 抵抗性と hexythiazox 抵抗性との連鎖解析。Eto^R と Eto^S はそれぞれ etoxazole 抵抗性および感受性遺伝子を示し, Hex^R と Hex^S はそれぞれ hexythiazox 抵抗性および感受性遺伝子を示す。

の F_1 雌が得られる。ナミハダニは産雄単為生殖を行うため,この F_1 雌に未交尾のまま産卵させると $Eto^R Hex^R$, $Eto^R Hex^S$, $Eto^S Hex^R$ および $Eto^S Hex^S$ の4種類の遺伝子型を持つ半数体の F_2 雄卵が得られる。Etoxazole と hexythiazox のいずれにおいても,50ppm の薬液を用いることにより,感受性個体(卵)がすべて死亡し,抵抗性個体がすべて生存する。そこで,これらの薬剤をともに 50ppm の濃度に含む薬液でこの F_2 雄卵を選抜すると,両方の薬剤に対する抵抗性遺伝子を持つ $Eto^R Hex^R$ だけが生存し,他の卵はすべて死亡する。このため,これらの抵抗性遺伝子座が連鎖していなければ F_2 雄卵の死亡率は 75％ になり,完全に連鎖している場合は 50％ になる。実験の結果は F_2 雄卵の死亡率が 48.7％ となり,完全連鎖による期待値 (50％) とほぼ適合した。

そこで次に,同様にして得た F_1 雌に感受性系統の雄を交配し,得られた F_2 処女雌に産卵させて F_3 雄卵を得た(図5-3)。ここで,個々の F_2 処女雌が産んだ F_3 雄卵をそれぞれ二組に分け,一方を etoxazole で,もう一方を hexythiazox で処理し,

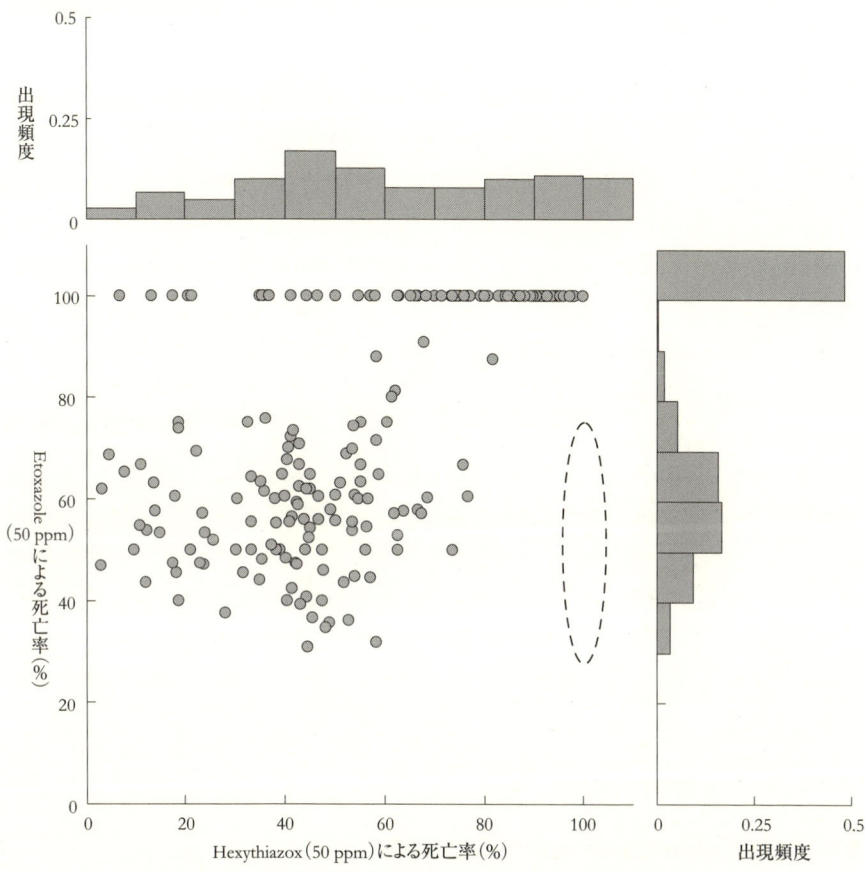

図 5-4 Eetoxazole および hexythiazox (50 ppm) による F_3 ♂ の死亡率

それぞれの薬剤による死亡率が調査された (図 5-3)。この検定交雑により, F_3 雄卵の両薬剤による死亡率の組合せから, 親である F_2 雌の遺伝子型を推定することができる。これらの交配実験は先行研究の結果に従い, etoxazole と hexythiazox がともに単一の遺伝子によって支配されている (Herron and Rophail 1993; Uesugi et al. 2002) ことを仮定して設計されたものである。この仮説が正しければ, F_3 雄卵の死亡率は理論上, いずれの薬剤の場合も 50% または 100% のいずれかになるはずである。Etoxazole についてみると死亡率 50% 付近と 100% の二つのピークにほぼ分かれ, これらの比率はほぼ 1 対 1 になった (図 5-4) ため, 先行研究のとおり, 単一の遺伝子によって支配されていると思われた。しかし, hexythiazox による死亡率

は10%以下の場合から100%まで間断なく分布した。また，F_2雌で期待される遺伝子型のうち，$Eto^R Hex^S/Eto^S Hex^S$から産まれたF_3雄卵が示すべき死亡率（hexythiazoxによる死亡率が100%で，etoxazoleによる死亡率が50%）に相当するデータがまったく得られなかった（図5-4　散布図の破線の楕円で囲まれた部分）。これはetoxazole抵抗性遺伝子を持つ個体は必ずhexythiazoxに対しても抵抗性を獲得していることを示している。その一方でhexythiazoxに対して抵抗性であっても，etoxazoleに感受性の個体は数多く見られた。これらのことから，この系統ではhexythiazox抵抗性に複数の遺伝子が関与しており，そのうちのひとつの遺伝子座がetoxazole抵抗性の遺伝子座と完全に，もしくは非常に強く連鎖していることが示唆された。したがって，hexythiazox抵抗性のひとつの遺伝子とetoxazole抵抗性は交差抵抗性もしくは見かけの交差抵抗性の関係にあると考えられる。さらに，hexythiazox抵抗性に関わる他の遺伝子座の染色体連鎖地図上の位置が明らかになれば，他の薬剤との関係も明確になってくると期待される。しかし，ここで紹介した方法では解析に限界があるため，現在，マイクロサテライトなどの遺伝子マーカーの開発と連鎖群解析が進められている（Uesugi and Osakabe 2007）。それらの遺伝子マーカーを用いることにより，さらにさまざまな薬剤抵抗性に関与する遺伝子座の関係が解明され，交差抵抗性や複合抵抗性の発達機構を理解し，管理するための有益な情報が得られるものと期待される。

5-3　薬剤抵抗性の地域的変異と拡散

　薬剤抵抗性の発達は，ある薬剤に対して，それまで害虫個体群中のほとんどの個体が感受性であったものが，薬剤散布による淘汰を通じて，個体群全体あるいは個体群中の無視できない割合を抵抗性個体が占めるようになることである。したがって，個体ごとの薬剤に対する強さではなく，個体群レベルでの薬剤抵抗性遺伝子頻度の変化が問題である。ハダニのように微細で移動能力が低い害虫は，寄主植物上でパッチ状に点在する局所個体群を形成し，それらが地域内や地域間での個体の移出入を通じてメタ個体群を形成している。薬剤抵抗性遺伝子は，新たなパッチの創設における創始者効果や密度変化に伴う遺伝的浮動，薬剤散布による淘汰などを通じて局所個体群中での頻度を変化させ，個体の移出入に伴う遺伝子流動を通じて地域的に拡散すると考えられる。

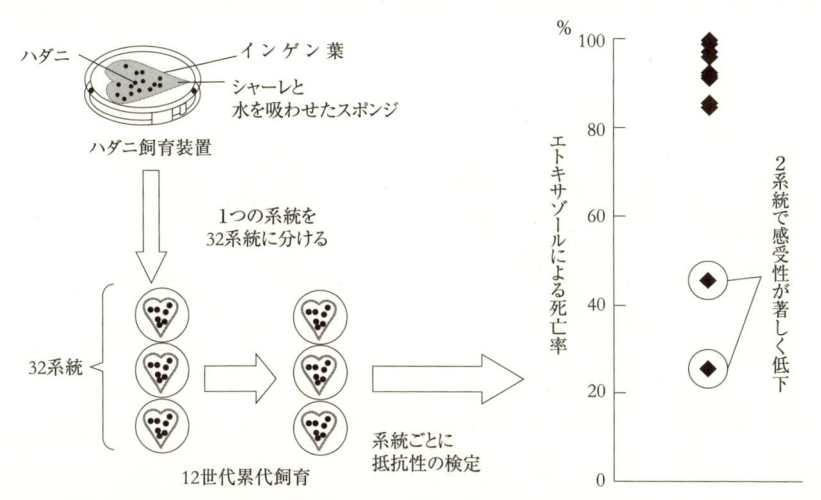

図 5-5　遺伝的浮動による局所個体群（系統）の薬剤感受性の低下（Uesugi et al.（2003）より改訂）

（1）遺伝子頻度の機会的変動（遺伝的浮動）による抵抗性の変化

　本章5-1節で遺伝的浮動による遺伝子頻度の機会的変動について簡単に触れた。ここではまず，淘汰を経ずに抵抗性遺伝子頻度が変化する事例を紹介したい。図5-5はetoxazole抵抗性遺伝子を低頻度に持つナミハダニ個体群を実験的に32の小さな局所個体群に分け，毎世代12匹の雌成虫を新しい寄主植物（インゲンマメ）の葉に移動させ，局所個体群（系統）ごとの抵抗性の変化を調査したものである（Uesugi et al. 2003）。ハダニでは雌が成虫になる直前の第三静止期に入ると，性フェロモンに導かれた雄成虫が側に来て，雌をガードし，雌が脱皮すると直後に交尾するのがふつうである。ハダニでは一般に最初の交尾だけが有効で，交尾したとしても，その後の精子は繁殖に使われることはほとんどないため，このような交配前ガードが発達したと考えられる。したがって，前述のように毎世代新しい葉に移された雌成虫はすでに十分な交尾をすませていると考えられる。このようにして12世代飼育を続けたところ，32系統中10系統では抵抗性個体は20%以下の低頻度で，20系統では抵抗性は失われた。しかし，残りの2系統では50%以上の個体が抵抗性を示した（図5-5）。このことは，それぞれの系統における抵抗性遺伝子が，殺虫剤による選択とは無関係に，遺伝的浮動によって機会的（偶然）に消滅または増加したことを示している。

　実験集団だけでなく野外においても，遺伝的浮動の効果によって，局所集団ご

I　昆虫から見る環境変動

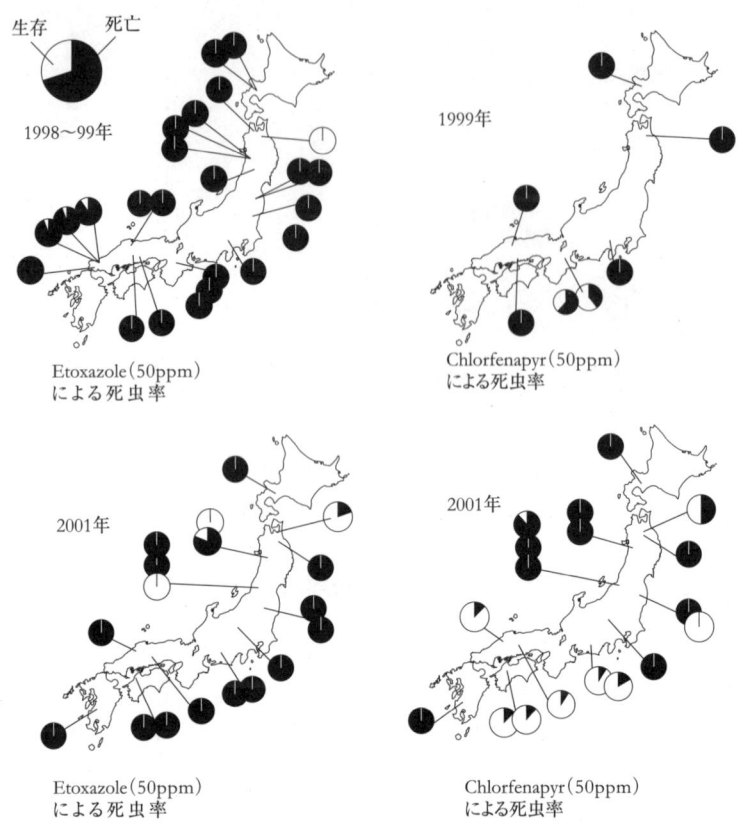

図5-6　ナミハダニ地域個体群のetoxazoleおよびchlorfenapyr感受性の時間的変化

とに初期の抵抗性遺伝子の頻度に違いが存在すると考えられる。前節でも紹介した殺ダニ剤のchlorfenapyrとetoxazoleは，それぞれ1996年と98年に製品として発売が開始された。当時，ほとんどのナミハダニ発生地で，これらの剤以外のすべての殺ダニ剤に対して抵抗性が発達していた。しかし，新たに開発された両剤は既存の殺ダニ剤とは化学骨格が異なり，他の薬剤に対して抵抗性を発達させたナミハダニ個体群に対しても高い防除効果を示した。したがって，ナミハダニ防除の切り札的存在として，どの発生地でも同様に高頻度で散布されていた。その結果，chlorfenapyrとetoxazoleに対しても発売後数年で顕著に抵抗性を発達させたナミハダニが出現した。しかし，両剤は全国のナミハダニ発生地で散布されていたにもかかわらず抵抗性の発達の様相は大きく異なり，最初に抵抗性の発達が報告され

た地域は chlorfenapyr では奈良県のキク圃場であり，etoxazole では青森県と山口県のリンゴ圃場であった（図5-6）。さらにその後の抵抗性の拡大パターンも異なり，etoxazole は北日本を中心に，一方 chlorfenapyr は西日本を中心に分布が拡大した。また，これら両方の殺ダニ剤に対して抵抗性を持っている個体群は青森県の1個体群だけであった（図5-6）。

　薬剤に対する害虫の感受性レベルの調査は，通常，それぞれの地域で別々に行われており，広い規模で実施されることはあまり多くないが，同じ地域内でも圃場による差異が存在することはよく知られている。これは，個体群中における抵抗性遺伝子の初期頻度が薬剤抵抗性の発達速度に大きな影響を及ぼすからであろう。その抵抗性遺伝子の初期頻度を高める要因として，他の薬剤からの交差抵抗性の影響は古くから知られているが，複合抵抗性の問題や新しい考え方として紹介した連鎖不平衡による見かけの交差抵抗性とともに，遺伝的浮動による遺伝子頻度の機会的変動の影響も作用しているかもしれない。

　もう少し大きなスケールで見ると，前節で紹介したように，日本で調査された etoxazole 抵抗性遺伝子は核由来の劣性遺伝子であるのに対して，韓国で調べられたものは明らかに細胞質由来の遺伝子である。さらに，chrolfenapyr 抵抗性は日本では単一遺伝子座支配の不完全優性であるのに対して，ベルギーでは複数遺伝子座支配で不完全劣性遺伝子であり，hexythiazox 抵抗性についてもオーストラリアでは不完全優性で単一遺伝子座支配であるのに対して，日本では複数の遺伝子座支配であった。このように国によって異なる種類の抵抗性遺伝子の頻度上昇が見られる背景にはさまざまな要因があることは間違いない。そのなかで，淘汰に対して中立的な遺伝子の地理的変異に見られるのと同様に，薬剤抵抗性遺伝子においても，淘汰が無い条件下ですでに遺伝的浮動によって異なる抵抗性遺伝子が機会的に初期頻度を上昇させている可能性も否定できない。

　五箇（2001）は生息場所の安定性という観点から薬剤抵抗性の発達速度への影響を考察しており，興味深い。実際に野外のナミハダニの遺伝的構造は生息場所の影響を強く受けており，果樹やバラなどの安定した生息場所にいる個体群では，アロザイム遺伝子頻度により日本列島のなかで明確な地理的分化が見られるのに対して，収穫などにより短期的に大きな攪乱を受ける不安定な生息場所である草本作物では，同じ地域の個体群間でも遺伝子頻度に大きな変異が見られる（Goka and Takafuji 1995）。これら生息場所の特性が異なる個体群間では薬剤散布回数と感受性低下の程度が異なり，果樹園およびバラ園では散布回数の増加に伴って感受性が低

下する傾向がみられるのに対して、草本作物では全体的には薬剤散布回数の増加に伴う感受性低下の傾向はみられない (Goka 1999)。その一方で、ごくわずかではあるが草本作物においても感受性が低下した個体群が唐突に出現している例があるのも事実であり、外部から侵入したわずかな抵抗性個体による創始者効果が窺われる。

(2) ハダニの個体群構造

　ハダニ類は体サイズが小さく（一番大きな雌成虫で 0.5mm 程度）、翅を持たない。このようなハダニ類の分散方法は、歩行による分散と風や上昇気流を利用した空中分散である（第 3 部トピック 3-2 参照）。歩行による分散は食害が進んだ葉から質のよい隣の葉や枝へ移動するような場合に使うと考えられる。しかし、ハダニは体サイズが小さいがゆえに歩行による長距離の移動は考え難い。ハダニは風や上昇気流に乗って飛ぶことで、比較的遠い場所への分散を実現しているようである。歩行分散および空中分散のいずれの場合も分散するのは主に雌成虫であり、成虫化後 1 ないしは 2 日目程度の若い日齢の既交尾の雌成虫が分散する (Mitchell 1973)。この分散は常に起こるわけではなく、一般的には個体数が増加して高密度の条件下で発育した雌成虫が分散するが、その他にもある種の殺ダニ剤の散布が分散の契機になる場合もある。前述のように、ハダニでは多くの場合、最初の交尾だけが有効であり、雌成虫は発育した葉上で比較的近縁である可能性が高い雄と交尾してから分散する。このため、たとえば同じ植物上のごく近い距離に由来が異なる個体群が存在する場合でも、それらのあいだの遺伝的交流の進展は遅くなる（刑部 2001）。また、Hinomoto and Takafuji (1994) がイチゴに実験的に導入したナミハダニ個体群では、圃場内の畦間や植物間などに比べて小葉間の遺伝的変異の方が大きく、ごく小さな繁殖単為ごとに創始者効果や遺伝的浮動による機会的変異が生じていることが窺われた。

　移動分散能力が限定されているハダニ類ではハビタットの分布が個体群の遺伝的構造に及ぼす影響は大きいと思われる。同じような環境中に生息する場合であっても、利用可能なハビタットの分布はハダニ種間の寄主植物に対する利用能力の差によって大きく異なる。たとえば下草がある草生栽培の果樹園は、ナミハダニのように多食性のハダニにとっては連続的に分布するハビタットであるかもしれない。そのような場合、個体群内の遺伝的交流は比較的容易かもしれない。実際にギリシャでアイソザイムを遺伝子マーカーとして調査されたナミハダニでは、$50m^2$ の範囲

内では寄主植物にかかわらず遺伝的分化は見られなかった (Tsagkarakou et al. 1997)。一方, ミカンハダニのように特定の果樹を利用する狭食性のハダニにとっては, パッチ状に分布するハビタットとなる。しかし, ハビタットが連続的に分布していても分散能力に制約がある場合, 距離が遠くなるに連れて遺伝的分化が進むと予想される。前述のギリシャの例でも, 150m ほど離れたナミハダニの繁殖パッチ間では遺伝的分化が認められている (Tsagkarakou et al. 1997)。

近年になってハダニ類でも代表的な種においてマイクロサテライトの解析が進められ, それらを遺伝子マーカーとして個体群構造を詳細に検討することが可能になってきた (Navajas et al. 1998; Osakabe et al. 2000; Uesugi and Osakabe 2007)。そこで, 上杉らは2007年に長野県の須坂市と安曇野市のリンゴ園で, マイクロサテライトを使ってナミハダニの個体群構造を調査した (Uesugi et al., in preparation)。その結果, それぞれの圃場内では遺伝的分化は認められず, とくに近い樹のあいだで頻繁に個体が往来しているような傾向も認めれなかった。このことから, これらのリンゴ園 (100m 程度の範囲内) では, ハダニは距離に関係なく比較的頻繁に樹間を往来し, 遺伝的交流が進んでいることが示唆された。また, ギリシャでの Tsagkarakou et al. (1997) の調査に比べて, 長い距離を隔てたパッチ間でも遺伝的分化が生じていないことから, これらのリンゴ園では風分散による長距離移動を成功させる個体が相当程度いると考えてもよいのかもしれない。

一方, 静岡県と熊本県のカンキツ園のミカンハダニでは, 同じ園内の樹間や樹内のパッチ間で遺伝的分化が検出された (Osakabe et al. 2005)。このような種間の個体群構造の相違は, 前述のナミハダニが多食性で, 果樹園内を連続的なハビタットとして利用できるのに対して, 狭食性のミカンハダニにとって下草はハビタットとして利用できず, カンキツ樹だけがハビタットとしてパッチ状に分布することから比較的簡単に説明できそうにも思える。しかし, 近隣のカンキツ園間でのミカンハダニの遺伝的分化は, 前述の園内の樹間でみられた遺伝的分化に比べて, 相当程度小さかった (Osakabe et al. 2005)。すなわち, 相対的に狭い地域内では物理的距離と遺伝的分化の関係が逆転しており, 園内の樹間では遺伝的交流が小さく, むしろカンキツ園間で個体が行き来している可能性が示された。このような個体群構造を生じる理由については現在のところ不明であるが, ミカンハダニの空中分散による長距離移動が, ナミハダニの風分散とは異なり, 吐糸と上昇気流を利用したバルーニングによって行われる (第3部トピック3-2) こともひとつの要因になっているかもしれない。

移動分散方法が個体群構造に影響を及ぼすとしたら，同種のハダニでも異なる環境に生息する個体群間では遺伝的分化の様相が異なるかもしれない。実際に，奈良県平群町の温室栽培のバラのナミハダニでは，先に紹介したリンゴ園とは大きく異なり，幅25～30mの畝内でも遺伝的分化が検出された（Uesugi et al. 2009）。さらに，遺伝的な空間的自己相関分析から，遺伝的に類似している範囲は同じ畝内のわずか2.4～3.6m程度であることが明らかになった。したがって，ハダニが頻繁に往来する限界は数m程度であると考えられた。このことから，温室内ではリンゴ園で想定されたような風分散の頻度は低く，歩行による分散が中心であると推定された。

(3) 薬剤抵抗性遺伝子の拡散

淘汰に対して中立と考えられる遺伝子の頻度をもとに解析された個体群構造は，個体の移動分散とそれに伴う遺伝的交流を反映する。頻繁な移動分散は地域個体群の一部に生じた抵抗性局所個体群への周辺からの感受性個体の移入の多さとともに，抵抗性局所個体群から周辺の感受性局所個体群への抵抗性個体の移出の多さの両方の側面を持つ。また，局所個体群における薬剤抵抗性の発達および抵抗性遺伝子の地域的拡散には，薬剤散布による淘汰圧ならびに抵抗性遺伝子の初期頻度の局所個体群間差異が影響を及ぼす。2003～2004年にフランスで調査されたコドリンガ（チョウ目）では，マイクロサテライトを用いた個体群構造の解析からフランス国内での顕著な遺伝的分化は認められなかったにもかかわらず，薬剤抵抗性に関連するチトクロムP450酸化酵素活性およびナトリウムイオンチャネル kdr 遺伝子頻度では明瞭な分化が認められた（Franck et al. 2007）。さらに，これら薬剤抵抗性関連遺伝子の地域個体群間変異はそれぞれに異なる様相を呈し，独立に分化していることが示された。この結果は，コドリンガの移動能力が高いために，地域間での遺伝的交流が進んでいることと同時に，その後の薬剤散布による淘汰圧の違いが薬剤抵抗性遺伝子頻度の分化を生じさせていることを示唆している。

カンキツのミカンハダニでは，前述のように園内の樹間ならびに樹内のパッチ（枝）間で局所個体群の遺伝的分化が進んでいるのに対して，同一地域のカンキツ園間では顕著な遺伝的分化が見られない。薬剤抵抗性遺伝子がこの特徴的な個体群構造に従って拡散しているとしたら，同一地域ではカンキツ園間の薬剤抵抗性発達程度には顕著な差はないものの，同一園内において樹または樹内の部位によって薬剤感受性が異なる局所個体群が発生する可能性がある。Osakabe et al. (2005)

は，fenpyroximate と etoxazole を常用濃度で処理した場合の，ミカンハダニの死亡率を局所個体群ごとに比較した。その結果，カンキツ園間では死亡率に差は認められなかったが，園内の樹間では有意な差が検出された。このとき，同一樹内でも枝ごとに薬剤感受性が異なる傾向が見られた。同様の薬剤抵抗性遺伝子の偏在は，hexythiazox 抵抗性遺伝子の分布に関する山本ら（1995）の調査でも明らかにされている。したがって，カンキツのミカンハダニでは薬剤抵抗性遺伝子の拡散は抵抗性の局所個体群を中心として平面的に広がるのではなく，バルーニングによって比較的離れた距離から飛来した個体をもとに局所個体群が形成され，樹内での他の局所個体群との遺伝的交流があまりないままにさらに別の離れた樹へ分散することにより，飛び石的に拡散するのかもしれない。

　温室栽培のバラに発生したナミハダニの調査では，遺伝的分化の状況からハダニの移動距離は小さいと予測された。このことから，温室内における薬剤抵抗性遺伝子の拡散速度は遅いと考えられた。しかし，7月と9月のあいだで，milbemectin の抵抗性が比較された結果，7月には畝のごく一部に分布していた抵抗性遺伝子が9月には畝全体に拡散していた。この間に milbemectin は2回散布されている。この急速な分布の拡大がどのような機構で起こったのか，詳細は不明であるが，畝内の局所個体群間でハダニの移動とそれに伴う遺伝的交流が頻繁に起こっていないことを前提とすれば，この分布の拡大は薬剤散布による局所個体群ごとの淘汰の効果としての遺伝子頻度の変化が最も大きな要因であるように思われる。この場合，7月の調査で感受性と考えられた局所個体群内においても薬剤抵抗性遺伝子が一定の頻度で存在した可能性が高い。

(4) 人為移動と抵抗性の国際化

　経済のグローバル化に伴い，スリップス類やコナジラミ類をはじめオオタバコガやコドリンガなど，薬剤抵抗性遺伝子を保有した難防除害虫の世界的な移動が植物検疫上の重要な問題になっている。ハダニ類についても，海外から輸入された果物や野菜，切り花などに付着して持ち込まれるのがよく観察されるという。国内で生産されるバラやカーネーションなどは，海外で育種された品種の種苗や株が輸入されたものが多い。そこにハダニが付着して海外から持ち込まれる可能性もある。

　このようにさまざまなルートを通じて海外から侵入したハダニによって，日本には存在しない抵抗性遺伝子が持ち込まれる恐れがある。Milbemectin や abamectin な

どのマクロライドmacrosphelide系殺ダニ剤は，現在，世界的にナミハダニ防除の主流となっているが，2008年現在では，日本ではこれらの殺ダニ剤に対する抵抗性の発達は報告されていない。しかし，韓国ではmilbemectinおよびabamectinに対する感受性が低下した系統が存在する。ナミハダニのようなコスモポリタンな種では国外からの持ち込みはあまり重要視されない。どこの国にもいるので，国家間を移動しても問題ないだろうとの憶測からである。事実，検疫有害植物として分類されていた本種が，2005年の植物防疫法でその分類から外された。したがって，韓国からの農産物の輸入とともに，ナミハダニのマクロライド系殺ダニ剤の抵抗性遺伝子も輸入される危険性がある。

　日本にすでに存在する抵抗性については，その抵抗性が持ち込まれても，短期的には大きな問題にならない。ところが，長期的に見ればリスクをはらむ。同じ殺虫剤に対する抵抗性でも，国内で選抜されている抵抗性遺伝子とは，別の種類の抵抗性遺伝子が入ってくるという可能性があるからである。そのよい例が，ナミハダニのetoxazole抵抗性とchrolfenapyr抵抗性の遺伝子の特性が日本と海外で異なっているという事実である。抵抗性遺伝子の種類が増えることは，害虫の対殺虫剤戦略の手札が増えることを意味する。それによって，今後新規に開発される殺虫剤の効果が薄れる可能性がある。今後の研究戦略として，個々の薬剤に対する抵抗性の発現に関わる遺伝子の変異とそれらの遺伝的関連性，またそれらの遺伝子の地域的拡散機構について，さらに注目すべきではないだろうか。

▶▶参考文献◀◀

浅田三津男（1995）「殺ダニ剤．開発の推移と現状」『化学と生物』33：104-113.

Asahara, M., Uesugi, R. and Osakabe, Mh. (2008) Linkage between one of polygenic hexythiazox-resistance genes and an etoxazole-resistance gene in the two-spotted spider mite (Acari: Tetranychidae). *J. Econ. Entomol.* 101: 1704-1710.

Carrière, Y. (2003) Haplodiploidy, sex, and the evolution of pesticide resistance. *J. Econ. Entomol.* 96: 1626-1640.

Crowder, D. W., Carrière, Y., Tabashnik, B. E., Ellsworth, P. C. and Dennehy, T. J. (2006) Modeling evolution of resistance to pyriproxyfen by the sweetpotato whitefly (Homoptera: Aleyrodidae). *J. Econ. Entomol.* 99: 1396-1406.

Crozier, R. H. (1985) Adaptive consequences of male-haploidy, In *Spider Mites. Their Biology, Natural Enemies and Control.* eds. W. Helle and M. W. Sabelis, Volume 1A. 201-222. Elsevier, Amsterdam.

Follett, P. A. and Roderick, G. K. (1996) Adaptation to insecticides in Colorado potato beetle: single- and meta-population models, In *Biology of the Chrysomelidae* (P. Jolivet et al. eds.), Vol. IV. 1-14. SPB

Academic Publishing, Amsterdam.
Franck, P., Reyes, M., Olivares, J. and Sauphanor, B. (2007) Genetic architecture in codling moth populations: comparison between microsatellite and insecticide resistance markers. *Mol. Ecol.* 16: 3554−3564.
Georghiou, G. P. and Taylor, C. E. (1977) Genetic and biological influences in the evolution of insecticide resistance. *J. Econ. Entomol.* 70: 319−323.
五箇公一(1998)「薬剤抵抗性の集団遺伝学. 農業害虫に見る小進化現象」『日本生態学会誌』48: 319−326.
Goka, K. (1999) The effect of patch size and persistence of host plants on the development of acaricide resistance in the two-spotted spider mite *Tetranychus urticae* (Acari: Tetranychidae). *Exp. Appl. Acarol.* 23: 419−427.
五箇公一(2001)「地理的変異」青木淳一編『ダニの生物学』, 194−220. 東京大学出版会, 東京.
Goka, K. and Takafuji, A. (1995) Allozyme variations among populations of the two-spotted spider mite, *Tetranychus urticae* Koch. *Appl. Entomol. Zool.* 30: 569−581.
Grosscurt, A. C., Wixley, R. A. J. and der Haar, M. (1994) Cross-resistance between flucycloxuron, clofentezine and hexythiazox in *Panonychus ulmi* (fruit tree red spider mite). *Exp. Appl. Acarol.* 18: 445−458.
Hanski, I. and Gilpin, M. (1991) Metapopulation dynamics: a brief history and conceptual domain. *Biol. J. Linn. Soc.* 42: 3−16.
Herron, G., Edge, V. and Rophail, J. (1993) Clofentezine and hexythiazox resistance in the two-spotted spider mite, *Tetranychus urticae* Koch in Australia. *Exp. Appl. Acarol.* 17: 433−440.
Herron, G. A., Learmonth, S. E., Rophail, J. and Barchia, I. (1997) Clofentezine and fenbutatin oxide resistance in the two-spotted spider mite, *Tetranychus urticae* Koch (Acari: Tetranychidae) from deciduous fruit tree orchards in Western Australia. *Exp. Appl. Acarol.* 21: 163−169.
Herron, G. A. and Rophail, J. (1993) Genetics of hexythiazox resistance in two spotted spider mite, *Tetranychus urticae* Koch. *Exp. Appl. Acarol.* 17: 423−431.
Hinomoto, N. and Takafuji, A. (1994) Studies on the population structure of the two-spotted spider mite, *Tetranychus urticae* Koch, by allozyme variability analysis. *Appl. Entomol. Zool.* 29: 259−266.
Kim, Y., Lee, S., Lee, S. and Ahn, Y. (2004) Fenpyroximate resistance in *Tetranychus urticae* (Acari: Tetranychidae): cross-resistance and biochemical resistance mechanisms. *Pest Manag. Sci.* 60: 1001−1006.
小林政信・小林茂之・西森俊英(2001)「一部地域で発見されたエトキサゾールに対して感受性の低いナミハダニ」『日本応用動物昆虫学会誌』45: 83−88.
Kojima, K. and Schaffer. H. E. (1964) Survival process of linked mutant genes. *Evolution* 21: 518−538.
Lee, S., Ahn, K., Kim, C., Shin, S. and Kim, G. (2004) Inheritance and stability of etoxazole resistance in twospotted spider mite, *Tetranychus urticae*, and its cross resistance. *Korean J. Appl. Entomol.* 43: 43−48.
Lenormand, T. and Raymond, M. (1998) Resistance management: the stable zone strategy. *Proc. R. Soc. Lond.* B 265: 1985−1990.
Maynard-Smith, J. and Haigh. J. (1974) The hitch-hiking effect of a favorable gene. *Genet. Res.* 23: 23−35.
Nauen, R. and Smagghe, G. (2006) Mode of action of etoxazole. *Pest. Manag. Sci.* 62: 379−382.
Nauen, R., Stumpf, N., Elbert, A., Zebitz, C. P. W. and Kraus, W. (2001) Acaricide toxicity and resistance in larvae of different strains of *Tetranychus urticae* and *Panonychus ulmi* (Acari: Tetranychidae). *Pest Manag. Sci.*

57: 253-261.

Navajas, M., Histlewood, H. M. A., Lagnel, J. and Hughes, C. (1998) Microsatellite sequences are underrepresented in two mite genomes. *Insect Mol. Biol.* 7: 249-256.

Ohta, T. and Kimura, M. (1975) The effect of a selected linked locus on heterozygosity of neutral alleles (the hitchhiking effect). *Genet. Res.* 25: 313-326.

刑部正博(2001)「遺伝子」青木淳一編『ダニの生物学』,173-193. 東京大学出版会,東京.

Osakabe, Mh., Goka, K., Toda, S., Shintaku, T. and Amano, H. (2005) Significance of habitat type for the genetic population structure of *Panonychus citri* (Acari: Tetranychidae). *Exp. Appl. Acarol.* 36: 25-40.

Osakabe, Mh., Hinomoto, N., Toda, S., Komazaki, S. and Goka, K. (2000) Molecular cloning and characterization of a microsatellite locus found in a RAPD marker of a spider mite, *Panonychus citri* (Acari: Tetranychidae). *Exp. Appl. Acarol.* 24: 385-395.

Pamilo, P. and Crozier, R. H. (1981) Genic variation in male haploids under deterministic selection. *Genetics* 98: 199—214.

Pree, D. J., Bittner, L. A. and Whitty, K. J. (2002) Characterization of resistance to clofentezine in populations of European red mite from orchards in Ontario. *Exp. Appl. Acarol.* 27: 181-193.

Slatkin, M. (1975) Gene flow and selection in a two-locus system. *Genetics* 81: 787-802.

Tabashnik, B. E. and Croft, B. A. (1982) Managing pesticide resistance in crop-arthropod complexes: interactions between biological and operational factors. *Environ. Entomol.* 11: 1137-1144.

Taylar, C. E. and Georghiou, G. P. (1979) Suppression of insecticide resistance by alteration of gene dominance and migration. *J. Econ. Entomol.* 72: 105-109.

Tsagkarakou, A., Navajas, M., Lagnel, J. and Pasteur, N. (1997) Population structure in the spider mite *Tetranychus urticae* (Acari: Tetranychidae) from Crete based on multiple allozymes. *Heredity* 78: 84-92.

Uesugi, R., Goka, K. and Osakabe, Mh. (2002) Genetic basis of resistances to chlorfenapyr and etoxazole in the two-spotted spider mite (Acari: Tetranychidae). *J. Econ. Entomol.* 95: 1267-1274.

Uesugi, R., Goka, K. and Osakabe, Mh (2003) Development of genetic differentiation and postzygotic isolation in experimental metapopulations of spider mites. *Exp. Appl. Acarol.* 31: 161-176.

Uesugi, R., Kunimoto, Y. and Osakabe, Mh. (2009) The fine-scale genetic structure of the two-spotted spider mite in a commercial greenhouse. *Exp. Appl. Acarol.* 47: 99-109.

Uesugi, R. and Osakabe, Mh. (2007) Isolation and characterization of microsatellite loci in the two-spotted spider mite, *Tetranychus urticae* (Acari: Tetranychidae). *Mol. Ecol. Notes* 7: 290-292.

Van Leeuwen, T., Stillatus, V. and Tirry, L. (2004) Genetic analysis and cross-resistance spectrum of a laboratory-selected chlorfenapyr resistant strain of two-spotted spider mite (Acari: Tetranychidae). *Exp. Appl. Acarol.* 32: 249-261.

Van Leeuwen, T., Tirry, L. and Nauen, R. (2006) Complete maternal inheritance of bifenazate resistance in *Tetranychus urticae* Koch (Acari: Tetranychidae) and its implications in mode of action considerations. *Insect Biochem. Mol. Biol.* 36: 869-877.

山本敦司・米田渥・波多野連平・浅田三津男(1995)「柑橘園におけるミカンハダニのヘキシチアゾクスによる圃場淘汰試験」『日本農薬学会誌』20：307-315.

II
昆虫の生理・生態に探る機能制御

序

1 適応進化の歴史に学ぶ新しい害虫管理手法

　人類は農耕を始めて以来，幾多の天災や病虫害と戦ってきた。その長い歴史のなかで作物を効果的に管理し，飛躍的に食料生産を高めることができるようになったのは，20世紀も半ばに入ってからのことである。その結果，地球は莫大な人口を支えることになった。食料の安定供給のため，殺虫剤をはじめとする有機合成農薬の果たしてきた役割はきわめて大きい。しかし，一方では農薬の人体に対する安全性と自然生態系破壊への厳しい警鐘が鳴らされてきた。現在では，標的害虫への選択性が高く環境への負荷が少ない優れた農薬が開発されつつあるが，第1部5章の殺ダニ剤に見るように，リサージェンス（殺虫剤散布後の害虫の再増加）などの現象を引き起こしながら，害虫は凄まじい勢いで薬剤抵抗性を獲得している。このようなイタチごっこがいつまで続くのか解決のめどはまったく立ってないのが現実である。

　昆虫が陸上に進出し，植物バイオマスを資源として多様に種分化していった3億年以上の歴史に対比すると，人類の作り出した農業生態系（せいぜい1万年前）への進入は，ごく最近の出来事であり，数百万種といわれる昆虫類のなかで"農業害虫化"した種は，ごく一部ともいえる。昆虫による食料バイオマスの損失は深刻なものであるが，殺虫剤に過度に依存した農業からいかに脱却し，新たな手法を開拓していくかが，なお増大する地球人口をかかえる21世紀の危急の課題となっている。われわれは，果たして昆虫の長大な適応進化のメカニズムをどこまで理解し，かれらを駆逐しようとしているのだろうか？

　第2部の主題と目標は，昆虫の生体機能や生活史を深く探り，そのなかから新たな制御素材を追求していくことである。昆虫の体内で起こっている特異的な生体制御メカニズムをミクロに捉える一方，昆虫と植物，あるいは天敵を巻き込んだ複雑な生物間相互作用システムをマクロな視点から捉えようとしている。そして，そのなかから，かれらの弱点を探り出し，あるいはもっと大きな生態系の枠組みで共存していく術はないものか探究することを目指している。かれらを退治しようとする

前に，かれらから学ぶべきことはあまりにも多い．

2　虫の生体内を探る

　昆虫の精巧な生体の仕組みと機能を理解することは，かれらの生理や行動を制御するために重要な視点である．第2部1章では昆虫と植物の「食う―食われる」の関係のなかでの相互の駆け引きと，その界面で何が起こっているのかについて考察する．昆虫と植物の境界面とは，葉をかじる幼虫の口元であったり，幼虫にかじられた瞬間の食草葉の切断面であったり，あるいは嚥下した植物組織が通過する腸の粘膜上であったり，場面はいろいろである．本章では植物代謝成分の昆虫に対する多様な生理作用と昆虫側の迎撃機構を中心に，相互の応酬の界面から適応進化のメカニズムを動的に捉える．

　昆虫といえば，変態をすることが特徴である．第5章では，脱皮を司るホルモンに焦点を当てて，その分子メカニズムに迫る．著者は昆虫にしか存在しないホルモン受容体を標的とすることによって，より選択性の高い昆虫生理制御物質の開発を目指している．脱皮ホルモン様物質のチョウ目とコウチュウ目における感受性の違いなど，定量的な活性評価から構造特性をきめ細かく考察し，幅広い応用への可能性を展望している．

　トピック2-3のカメムシ雄生殖器付属腺由来の「再交尾抑制因子」は，生殖に関わる内生的生理活性物質についての新発見であった．このように，昆虫生体内で起こっているミクロな生化学・生理学的制御機構を探ることは，昆虫の代謝系・内分泌系・生殖系などターゲットとした新素材の開発に向けて大きな期待がかけられている．

3　虫をめぐる多様な生物間相互作用

　地球上のあらゆる生物をバイオマスとして捉えると，"昆虫"と"植物"が圧倒的な双璧として君臨している．両者の関係が始まった当初，植物は食物資源として利用されるだけの存在であったと想像されるが，両者は3億年以上にわたる相互作用のなかで多様に適応放散していった．"昆虫と植物"の関係はパラドックスに満ちている．前述の第1章では，植物と昆虫相互の応酬の結果，植物側に形成されたと考えられる「免疫」賦活システムと昆虫側の適応について考察しているが，第2章

では，これとは逆に，昆虫と植物の授粉を介した"もちつもたれつ"の関係のなかから相互の共存のプロセスをたどろうとしている。この二つの章で述べられているように，昆虫―植物が相互に選択圧をかけながら共に進化していくことを「共進化 coevolution」と呼んでいる。"食うものと食われるもののせめぎ合い"（敵対的共進化），あるいは"もちつもたれつ"（共生的共進化）のなかで相手の遺伝子に相互に影響を与えながら進化していくプロセスである。昆虫と植物のあいだで本当に共進化が起こったかどうかに関しては，今も活発な論争が続いているが，これらの章では，この議論に格好の材料を提供している。

　昆虫に寄生するバクテリアや共生微生物など"昆虫と微生物"の緊密な関係は，おそらく昆虫種数に対応して無数の組み合わせが存在するに違いない。シロアリの巣のなかに潜む菌核菌は，果たしてシロアリの味方なのか敵なのか，第3章を読み進むにつれて，これほど身近で重要な害虫の生活史がほとんど分かっていなかったことに驚かされる。バイオミメティック手法をシロアリ退治に応用するユニークな挑戦が紹介されている。

　生食連鎖の中核を成す"昆虫と動物"の関係も多様である。イモムシに寄生するコマユバチやヒメバチ（第1章），ミバエ類と捕食性天敵（第2章），ハダニとカブリダニ（第4章）など，寄生者・捕食者は農業害虫の密度制御にきわめて重要な位置を占めている。これらの章で取り上げられる害虫と天敵動物の相互作用の解析は，殺虫剤に依存した農業形態からの脱却や生物多様性の維持管理の必要性に重要な示唆を投げかけている。トピック2-4で取り上げる「サソリの毒」は，敵の攻撃をかわす武器として知られるが，本来は狙った昆虫を捕獲するために発達させてきた攻撃の麻酔銃でもある。ペプチド毒の対昆虫特異的な生理活性は新たなタイプの殺虫剤のモデルとしても注目される。

4　生態系ネットワークを解きほぐす

　第2部で紹介される生物間相互作用は，いずれの場合も上記に解説したように単純な1対1の関係だけではない。たとえば第1章では幼虫（植食者）の唾液が誘導する植物揮発成分が，寄生バチ（天敵）を誘引することによって，三者相互（植物―植食者―寄生者）の利害関係が巧妙に絡んでいる（縦の関係だけではなく三角関係であることに注意）さまが明らかにされている。第4章の作物の大害虫ハダニをめぐる食物連鎖においても，1枚の葉上の小さな空間から，"植物―植食者―捕食者"をめ

ぐる構図がいろいろな角度から描き出されている。この場合，同一資源をめぐって競合する各トロフィック内の者同士の関係も見逃せない。

　第3章のシロアリと菌の関係においては，抗菌物質が種内の化学情報（フェロモン）としても機能しており，対寄生菌が絡んだ複雑な微生物環境のなかでの相互適応の図式が浮かび上がってくる。トピック2-2では，熱帯に生息する猛毒のヤドクガエルの毒が，いったいどこからやって来たのか —— 京都大学構内の土のなかからその重要な糸口が見つかったという，予想もしなかった食物連鎖の発見の記事である。食物が絡んだ連鎖は必ずしも縦の関係だけではない。トピック2-1では，ハナバチが花につける"吸蜜済"の目印（フェロモン）が自個体と同種他個体の再訪花のみならず他種類の訪花にも影響を与えている。他方，同じフロラに咲く花同士も送粉者を奪い合う競合関係にある（第2章参照）。蜜資源をめぐりフロラとファウナのそれぞれに横並びの競合的な共進化がどのような形で進んだのか，そこに介在する情報物質は何なのか興味は尽きない。

　"農業生態系"は，ヒトが介在した独特の生態系である。この部においては"自然生態系"との接点の重要性と問題点がいくつか提起されている。多数種の熱帯果実に甚大な被害をもたらすミバエ類が，熱帯雨林に咲く希少ランの送粉者として重要な役割を果たしている（第2章）。このことは，昆虫と植物の関係が一筋縄でないことと，一面的な捉え方だけでは問題は解決しないことを示唆している。第4章のハダニを捕食する肉食性ダニが，じつは植食性でもあることや，農業管理区域外（"自然生態系"）からの捕食天敵の補給が重要な意味を持っていることなどは，新たな防除手法の開発に大きな指針を与えている。

5　生態系を繋ぐ化学情報網

　上述のように，生体内，同種個体間あるいは異種生物間の相互作用には，ホルモン・フェロモン・防御物質など多様な"化学情報"が複雑に交錯している。各章を読み進むに先立って，相互の関係を理解するために，情報物質を以下のように簡単に整理しておきたい（[　]内は，関連項目が登場する章）。

ホルモン　hormone：個体の生体内で生理を制御する情報物質 [2-5]
セミオケミカル　semiochemical：個体間で働く情報物質
　フェロモン　pheromone：同種内の交信に利用される情報物質 [2-2, 2-3, 2-4]

アレロケミカル　allelochemical：異種間の交信に利用される情報物質
　　アロモン　allomone：発信者に有利に働く情報物質 [2-1, 2-2]
　　カイロモン　kairomone：受信者に有利に働く情報物質 [2-1]
　　シノモン　synomone：双方に有利に働く情報物質 [2-1, 2-2]

　ホルモンは個体内，セミオケミカルは個体外へ発信される物質である。すなわち，前者は同一個体内で作用するのに対し，後者は個体間で作用する情報物質である。セミオケミカルは，同種間で作用するか（フェロモン），異種生物間で作用するか（アレロケミカル）により分類される。アレロケミカルはさらに，情報の発信者と受信者相互の利害関係からアロモン，カイロモン，シノモンに分類される。たとえば植物が生産する苦味アルカロイドや昆虫が分泌する防御物質などはその生産者（発信者）に有利に働くのでアロモンである。昆虫が寄主植物の匂いや味を目印として認識している場合，昆虫（受信者）は食事にありつけるが，食害を受ける植物（発信者）には不利に働くのでカイロモンである。これに対し，花粉媒介に関わる花香は花（発信者）も送粉者（受信者）も報酬（受粉／花蜜などの栄養物質）を受けるのでシノモンと定義される。しかし，花が送粉者を花香で欺いて蜜を与えなければ，アロモンになる（第2章参照）。相前後するが，第1章においてイモムシに食害された植物が揮発性物質を発散し，その匂いに誘われてイモムシの天敵寄生バチ（受信者）がやって来た場合，結果的には植物（発信者）に有利に働くので三者系に介在するシノモンと見なすことができる。これらはあくまでも便宜的な化学生態学用語であり，場面によっては，機能がまったく逆転することもある。そのためにも"化学情報網"における相互関係の成立要因を見極めていくことが重要である。

6　新たな害虫管理手法を求めて

　以上，第2部を縦断的に概観してみたが，いずれの章も各トピックも，小さな発見が独創的な研究に結びついている。第2章におけるミバエが背中に背負った黄色い小粒（花粉塊），第3章における謎の玉（ターマイトボール），第4章における真珠体など，謎の小物体を見逃さない観察力が新たな概念を生み出してきた。このように，生態系ネットワークにおける目に見えない糸を解きほぐし，総合的な理解を深めていくことが，調和のとれた害虫管理手法を確立していく上で重要な意味を持っている。ここで紹介される研究のほとんどは，まだ主題として掲げた大きな目標に向かっては"開発途上"であるが，今後の進展が期待できる希望の星なのである。

第1章

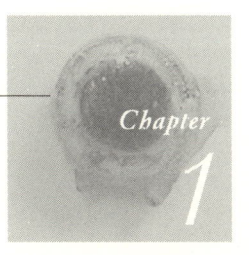

昆虫・植物間の攻防と植物免疫システムの"界面"

森　直樹／吉永　直子／網干　貴子

1-1　昆虫と植物の攻防から見た植物防御

　3億年前の地球には，陸地が繋がった一つの超大陸パンゲアが形成されていた。昆虫はその頃にはすでに地球上に出現していたことが化石から知られている。パンゲアが六つの大陸に分裂し，地表面がシダ類や裸子植物に覆われ大型恐竜が繁栄していたジュラ紀（2億600万年～1億4400万年前）を経て，白亜紀（1億4400万年前～6500万年前）になると，被子植物の主要なグループがほぼ出揃った。この花を持つ被子植物の繁栄とともに，昆虫も爆発的に多様化していった。こういった歴史のなかで，昆虫と植物は互いに影響し合いながら現在の姿へと進化してきた。その相互作用の一つが，「食う―食われる」の関係であった。

　もちろん，植物は動けないからといって，ただ食われてきたわけではない。バラの棘は触るものを突き刺すし，生のマメを食べるとお腹を壊すこともある。このように，植物はさまざまな防御機構を備えており，静的抵抗性（構成的抵抗性 constitutive defense）と動的抵抗性（誘導抵抗性　induced defense）に区別される。静的抵抗性とは植物が本来備えている各種の抵抗性であり，硬い細胞壁，潜在性（常備性）の摂食阻害物質などである。一方，動的抵抗性とは昆虫等の食害により動き出す（誘導される）防御反応であり，植物に形態的・生理的変化を引き起こす。これら植物の静的および動的抵抗性の両方において，化学的防御は広範な昆虫に対する強

力な障壁となっている.また,誘導される防御反応については植物―植物病原菌間で研究が進んでおり,病原菌由来のリポ多糖やペプチドといった化学物質を感知することで病原菌の接触を認識し,菌に対する抵抗性が誘導される.この反応は"植物免疫"と称されている.

著者らは,植物の防御物質に対する昆虫側の解毒機構や,昆虫の食害によって特異的に誘導される植物の抵抗反応に注目し,昆虫と植物の攻防の界面で働く化学物質の役割を解析した.とくに,後者の誘導抵抗反応を昆虫に対する植物免疫反応と位置づけた.この解析から,進化の歴史により築かれた植物と昆虫のせめぎ合いを分子のレベルで理解し,植物防御反応の活性化剤の開発や新規な害虫制御剤の作用点の探索の可能性を探ってきた.この観点から本章では,「植物が生産する防御物質」,「植物防御物質に対する昆虫の適応」,「チョウ目昆虫の植物防御物質の解毒機構」,「昆虫によって誘導される植物の抵抗反応」,「ポリシチンの生合成経路の解明」を中心に,分子レベルで見た昆虫と植物の相互作用について紹介する.

1-2 植物が生産する防御物質

EhrlichとRavenにより"共進化"の概念が発表されて以来,植物由来の化学物質が害虫や植物病原菌に対して示す多様な生理活性が進化学的観点から注目されてきた(1964).そこで,昆虫と植物のさまざまな攻防を理解する第一段階として,植物が生産する種々の防御物質を取り上げる.

化学分析や化学物質の単離・精製における技術の発達とともに,現在では多くの植物二次代謝物質が同定され,窒素化合物(アルカロイド,青酸配糖体やカラシ油配糖体など),テルペン類そしてフェノール性化合物などが,植食性昆虫や植物病原菌に対する防御物質として知られている.昆虫に対する代表的な防御物質は,タバコの葉に含まれるニコチン(1),ウメやモモの種子に含まれるアミグダリン(2),ワサビに含まれるシニグリン(3),テルペンである菊酸を構造の一部に持つ除虫菊のピレトリン(4),フェノール性化合物の一種である没食子酸やフラボノイドが高度に縮合したタンニン(5)などであり,殺虫性や栄養価の低減に起因する種々の耐虫性を示す(表1-1).これら低分子化合物以外にも,最近では傷害や食害によって誘導され,消化酵素を阻害することで植食者に抵抗性を示すプロテアーゼインヒビター,植物中のフェノール性化合物を酸化し強力なタンパク質変性・架橋剤に変換

表1-1 代表的な植物防御物質の構造とその作用機構

代表的化合物	作用機構
ニコチン (1)	シナプス後膜にあるアセチルコリンレセプターに高い親和性を持ち，異常な興奮を持続させる。
アミグダリン (2)	酵素で分解されると，ベンズアルデヒドと共にシアン化水素 HCN を発生する。シアン化水素は，ミトコンドリア内のシトクロムなどの生体内のヘム鉄に配位し，細胞内呼吸を阻害する。
シニグリン (3)	ミロシナーゼで分解されると，アリルイソチオシアネート（カラシ油）（右）を生じ，ミトコンドリア内の酸化的リン酸化経路を阻害すると予想されている。
ピレトリンI (4)	テルペンの一種菊酸を分子内に持つ。神経軸索上のナトリウムチャンネルに親和性を示し，チャンネルを持続的に開くことで，反復興奮を引き起こす。
縮合型タンニンの一種 (5)	昆虫の唾液中や腸管内のタンパク質と反応し，不溶性の複合体を形成する。その結果，消化酵素などが変性され，植物の栄養価が低くなる。

II 昆虫の生理・生態に探る機能制御

するフェノールオキシダーゼや植物の乳液に含まれるタンパク質分解酵素のパパインなど，耐虫性に関与するタンパク質・酵素が発見されている（今野 2006）。一方，顕著な毒性はないが，糖やアミノ酸の代謝・吸収を阻害し，耐虫性を示す現象も知られつつある。このように，植物の防御物質は，昆虫に対してさまざまな毒性を示したり，その発育や生殖に負の影響を与えることで，食植性昆虫の攻撃からの防御機構を発達させている。

1-3 植物防御物質に対する昆虫の適応

一方，昆虫の側も，植物のさまざまな防御機構に対して手をこまねいているわけではない。植食者も植物の防御機構を突破すべく，種々の戦略を備えている。植物毒素の虫体内蓄積，摂取の回避，毒の標的部位の改変，そして解毒である。これらの手段を組み合わせながら，植食者は植物の防御物質から受ける不利益を巧妙に回避している。植物と昆虫の攻防は，まさしく軍拡競争のような関係である。

この巧妙な複合戦略を理解するよい例がある。北アメリカから長距離の「渡り」を行い，メキシコで集団越冬することで有名なオオカバマダラというチョウである。オオカバマダラの幼虫は，ガガイモ科トウワタを専門の食草とする。トウワタの葉茎を切ると白い乳液が漏出するが，この乳液には毒成分の強心配糖体（カルデノライド）をはじめ，システインプロテアーゼ，テルペン類，アルカロイド等の防御物質が含まれており（Zalucki et al. 2001），トウワタはオオカバマダラの幼虫以外の植食性動物に食害されることはない。ではこの幼虫はこれらの防御物質をどのように克服し，トウワタを食草としているのだろうか。まず，幼虫はカルデノライドを積極的に特定の部位に溜め込み，体全体に拡散させない。しかしながらその一方で，最終齢になると，幼虫はトウワタを食べる前に植物の葉脈を噛み切り，切り口から漏出される乳液の量を低減した後，葉をご馳走になるのである（Helmus and Dussourd 2005）。必要以上の毒成分の摂取を避ける行動は非常に興味深い。また，カルデノライドの一種ウアバインは細胞膜に存在する Na^+, K^+-ATPase の α-サブユニットに結合し，その活性を阻害することが知られている。そこで，ウアバイン感受性の昆虫と抵抗性を持つオオカバマダラにおけるウアバイン結合部位のアミノ酸配列を調べたところ，感受性昆虫ではウアバイン結合部位のアミノ酸がアスパラギンであるのに対して，オオカバマダラではヒスチジンであった。このアミノ酸の変異が，

オオカバマダラのウアバイン抵抗性の要因であると考えられている（Holzinger and Wink 1996）。また，さらに巧妙なことに，オオカバマダラは幼虫時に溜め込んだ毒を成虫になっても保持しており，その毒により天敵の鳥からの攻撃を免れている。

農業生物資源研究所の今野（2006）らは，クワーカイコ間で生存をめぐる厳しい攻防が繰り広げられていることを明らかにした。クワの乳液中には糖代謝酵素の阻害剤となる糖類似アルカロイド1,4-ジデオキシ-1,4-イミノ-D-アラビニトール，1-デオキシノジリマイシンなどが高濃度に含まれており，カイコ以外の昆虫に対して強い毒性・生育阻害活性を示すことを見出した（Konno et al. 2006）。糖類似アルカロイドが腸管でショ糖分解酵素の働きを阻害しショ糖の分解・吸収を妨げるとともに，血リンパ中ではトレハロース分解酵素も阻害することで，カイコ以外の昆虫に対して毒性・生育阻害活性を示す（Hirayama et al. 2007）。これに対して，カイコのショ糖分解酵素は糖類似アルカロイドに対して耐性を有しており，阻害され難い。さらに東京大学農学研究科の嶋田らは，比較ゲノム解析から非常に興味深い知見を報告している。すなわち，カイコはショ糖分解酵素の一つとしてショ糖のグルコース部分ではなくフルクトース部分を認識して加水分解をするβ-D-フルクトフラノシダーゼを持ち，この酵素は上述の糖類似アルカロイドには阻害されないこと，そしてその酵素の遺伝子配列から同酵素の起源は細菌にあると考えられることを示した（Daimon et al. 2008）。植食性昆虫側の適応戦略だけでなく，遺伝子の水平移動を伴った進化的な起源についても画期的な発見がなされつつある。

1-4　チョウ目昆虫による植物防御物質の解毒機構

(1) チトクロームP450モノオキシゲナーゼによる代謝

前節では植物防御物質に対する昆虫のさまざまな適応について述べたが，多くの昆虫で植物防御物質への対抗手段として中心的な役割を果たしているのは解毒・代謝である。昆虫が持つ解毒・代謝酵素といえば，チトクロームP450モノオキシゲナーゼ（P450），グルタチオンS-トランスフェラーゼ（GST）そしてカルボキシルエステラーゼが挙げられる。とくにP450は，植物―植食性昆虫間の相互作用で重要な役割を果たしている。

セリ科植物やミカン科植物にはフラノクマリン類が含まれており，紫外線の照射

で活性化されるとDNAと結合し,植食者に対して毒性を示す。ところが,セリ科とミカン科植物のみを寄主植物とするスペシャリスト[1]であるクロキアゲハ幼虫にフラノクマリン類の一種ザントトキシンを与えると,濃度依存的にP450のCYP6B遺伝子群が活性化され,ザントトキシンを酸化・解毒する酵素が生合成される。クロキアゲハより広い寄主範囲を持つジェネラリスト[2]であるカナダトラフアゲハは,CYP6B遺伝子群を持っているもののザントトキシンによる同遺伝子群の誘導は低いレベルであり,酵素活性も強くない。さらに,フラノクマリンを持たないクスノキ科を寄主とするクスノキアゲハでは,ザントトキシンの酸化・解毒代謝は誘導されない。クスノキアゲハは,誘導性のCYP6B遺伝子群による解毒機構を失っているようである(Feyeresen 2005)。

これは,P450が植物―植食性昆虫間の相互作用に果たしている役割のごく一例であるが,この他にも,昆虫による植物防御物質を迎撃する興味深い代謝経路が最近報告されている。

(2) カラシ油配糖体の代謝

アブラナ科植物の柔組織にはシニグリン等のカラシ油配糖体が含まれている。一方,同じ植物の異形細胞には加水分解酵素ミロシナーゼが蓄えられている。アブラナ科植物が食害されると,別々の組織に分けられていたカラシ油配糖体と加水分解酵素であるミロシナーゼが混じり合い,毒性物質であるイソチオシアネート(カラシ油,表1参照)を生じる。これが,多くの昆虫の成育を阻害するアブラナ科の化学兵器である。ところが,コナガの場合はキャベツ,ブロッコリー,ナタネなどアブラナ科植物に甚大な被害を与える。どのようにして,イソチオシアネートによる化学的防御を克服しているのだろうか。Ratzkaらはコナガの巧妙な戦略を解き明かした。コナガ幼虫の中腸内腔にはグルコシノレートスルファターゼが分泌されており,この酵素はカラシ油配糖体の末端の硫酸基を水酸基に変換する。その結果,変換化合物にはミロシナーゼが作用せず,最終産物である防御物質イソチオシアネートの生成が阻害される(2002)。一方モンシロチョウでは,コナガとは異なるアブラナ科植物に対する適応機構を持っている。すなわち,モンシロチョウにおけるカラシ油配糖体の加水分解では,中腸に含まれるタンパク質がイソチオシアネートの生

---

[1] 特定の餌を利用する動物,食性の幅が狭い
[2] さまざまな餌を利用できる動物,食性の幅が広い

成を阻害し,毒性のないニトリルが生成される方向に加水分解反応を進めるという(Wittstock et al. 2004)。このように,アブラナ科の強力な防御物質イソチオシアネートに対しても,スペシャリストの昆虫は巧妙な酵素や阻害剤を開発することで応じたわけだ。

(3) グルコシルトランスフェラーゼによる代謝

トウモロコシ,イネ,小麦などのイネ科植物は,ベンゾキサジノイド類と呼ばれる防御物質を持つ。ベンゾキサジノイド類の一種 DIMBOA (6) [2,4-ジヒドロキシ-7-メトキシ-$2H$-1,4-ベンゾキサジン-3($4H$)-オン] は[1],毒性を示さないグルコース配糖体 (7) として液胞中に貯蔵されている。植食性昆虫に食害され,組織が傷つけられると細胞質中にある α-グルコシダーゼがグルコース配糖体 (7) と反応し,アグリコンである DIMBOA (6) を遊離する (図1-1)。これは数種の昆虫に対して,生存率・生殖能の低下,摂食阻害そして消化酵素や解毒酵素の活性阻害などを引き起こす。ヘミアセタール構造が開環した α-ケトアルデヒドが生体物質の求核置換基と反応し易いことが,さまざまな生理作用の発現に関与すると考えられている。

筆者らの研究グループの笹井裕章はイネ科植物の重要害虫ヤガ科アワヨトウが,どのように DIMBOA (6) に対処しているか興味を持った。まず合成 DIMBOA (6) を添加した人工飼料 (添加飼料) でカイコの幼虫を飼育したところ,幼虫は2日間で死滅した。絶食させると4日目に死亡するので,明らかに DIMBOA (6) の影響と考えられる。これに対して,アワヨトウ幼虫は,添加飼料を与えても,人工飼料で飼育した場合と同様に正常に生育した。こうしたアワヨトウとカイコの反応性の明確な違いには目を見張るものがあった。きっと,アワヨトウには DIMBOA (6) の解毒機構が存在するに違いないと確信し,添加飼料で飼育したアワヨトウ糞のメタノール抽出物中にある DIMBOA 代謝物をイオントラップ型質量分析計で分析した。その結果,2-O-β-グルコピラノシル-4-ヒドロキシ-7-メトキシ-$2H$-1,4-ベンゾキサジン-3($4H$)-オン (7) (DIMBOA-2-O-Glc) の他2種類のグルコース配糖体 (8) および (9) を同定した。さらに,アワヨトウを解剖して腸管を取り出し,UDP-グルコースと DIMBOA とインキュベートすると,DIMBOA-2-O-Glc (7) が検出された (Sasai et al., accepted)。

---

1 DIMBOA は [dihydroxy-7-methoxy-$2H$-1,4-benzoxazin-3($4H$)-one] の略

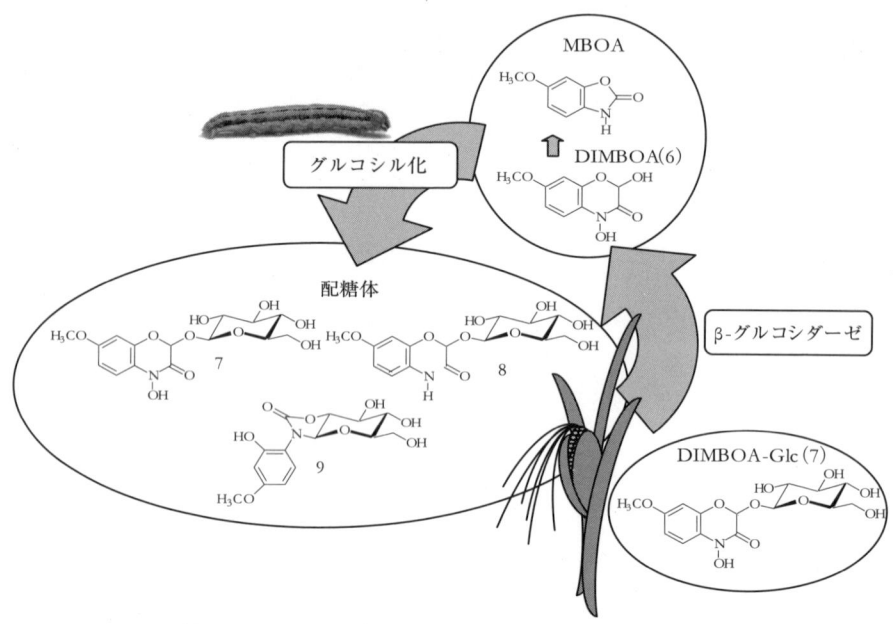

図1-1 DIMBOAをめぐるトウモロコシとアワヨトウの攻防

　これらの結果，アワヨトウはイネ科植物の防御物質DIMBOA (6) を腸管にあるUDP-グルコシルトランスフェラーゼによりグルコシル化して代謝することが示唆された。グルコシル化することで，DIMBOA (6) の開環を防いでいると思われる。前述したように，そもそも植物中では植物自身が毒性を抑えるために，DIMBOA (6) をグルコース配糖体として貯蔵しており，食害によってα-グルコシダーゼが作用し，昆虫に毒性を示すアグリコンが遊離する。ところが，植物が遊離したDIMBOA (6) をアワヨトウは再度グルコシル化することで，毒性を無効化していることが明らかになった（図1-1）。現在まで，植物二次代謝物に対する昆虫の代謝酵素として，P450sやGSTsが知られていたが，UDP-グルコシルトランスフェラーゼについてはほとんど知見がなかった（Després et al. 2007）。また，タバコの葉を平気で食べるハスモンヨトウのニコチン代謝にも同様のグルコシル化反応が関与しており，さまざまな昆虫において，広範な化合物群がUDP-グルコシルトランスフェラーゼにより無毒化されている可能性が示唆された。幼虫体内の同酵素の働きを選択的に抑制できれば，DIMBOA (6) やニコチン (1) に限らず他の植物防御物質も本来の毒性を発揮することができるかもしれない。

(4) タンニンに対する対抗手段

　植物の防御物質であるタンニン（表1-1参照）は，昆虫の消化酵素を変性させ植物の栄養価を低下させる。ところが，チョウ目幼虫の中腸内腔にはリゾホスファチジルエタノールアミン（lysoPE，リゾ体-10）やリゾホスファチジルコリン（lysoPC，リゾ体-11）が存在し，タンニンのタンパク質変成作用を低下させる作用があると報告されていた。これらのリン脂質は動植物に共通の物質であり，果してイモムシ中腸の lysoPE や lysoPC は餌である植物由来なのか昆虫由来なのか，その生合成の詳細は不明であった。

　著者の一人である網干はチョウ目幼虫ハスモンヨトウにおける脂肪酸代謝を詳細に検討した結果，中腸内腔に，lysoPE や lysoPC が分泌されていることを明らかにした。一般に昆虫では，中腸に吸収された脂肪酸はホスファチジン酸を経てジアシルグリセロールとなり，脂肪体に運ばれる。筆者らは炭素の同位体を含む $^{13}C_{18}$-リノレン酸を幼虫に摂食させ，その腸管における代謝物を網羅的に液体クロマトグラフ―質量分析計（LCMS）で分析すると，ラベル体リノレン酸はホスファチジルエタノールアミン（PE，ジアシル体-10），ホスファチジルコリン（PC，ジアシル体-11）やホスファチジルイノシトール（PI，ジアシル体-12）のジアシル体にも導入されること，さらにホスファチジルイノシトール以外のジアシルリン脂質は中腸内腔に分泌された後内腔中で加水分解され lysoPE と lysoPC に変換されることを見出した（図1-2）。ハスモンヨトウの幼虫はこれらのリゾリン脂質を積極的に生合成し，タンニンに対する対抗手段を講じていると思われる。

　以上のように，植物の多様な防御物質とそれに対する昆虫側のこれまた多様な適応戦略の一部を，われわれの研究成果も踏まえて簡単に概説した。これらの生物間相互作用は，植物と植食者間の直接的な相互作用であった。次節には，第三者，すなわち植食者の天敵を介した間接的な植物―植食者間相互作用について，われわれの研究から得られた最近の知見も加え，概観する。

1-5　昆虫によって誘導される植物の抵抗反応

　子供の頃キャベツ畑でアオムシを捕まえて，虫かごに入れて成長を観察することは驚きの連続であった。日々キャベツをバリバリ食べて大きくなり蛹を経てモン

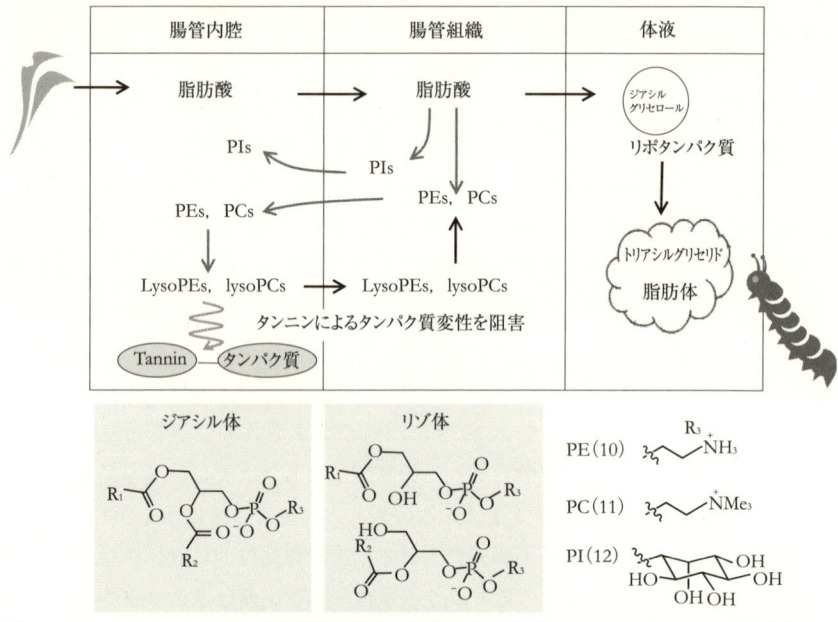

図1-2 ハスモンヨトウにおける脂肪酸代謝と植物の防御物質タンニンからタンパク質を守るリゾリン脂質の生合成経路。PE：ホスファチジルエタノールアミン，PC：ホスファチジルコリン，PI：ホスファチジルイノシトール

　シロチョウになる。先ず，その変態の様子に驚いた。その一方で，突然元気がなくなって動かなくなるアオムシも意外に多かった。目を凝らして虫かごを見ると，アオムシから繭が吹き出し，やがて羽化したハチが虫かごのなかを飛び回る。そこでアオムシに何が起こったのかを初めて知った（第1部4章参照）。こうして，野外をヒラヒラ飛んでいるモンシロチョウは寄生蜂の攻撃を逃れたものであることに気付き，子供ながらに自然の厳しさを垣間見た気がした。こんな経験を持つ人も少なくないだろう。昆虫とはこんな世界を子供に見せてくれる。本書第4部で詳しく述べるように，「自然を理解する最良の教材は昆虫である」という話も頷ける。

　ところで，寄生蜂はどのように畑のアオムシやイモムシを見つけるのだろうか。小さいといえども寄生蜂は羽を持ち，その移動能力は高いだろう。しかし，広い畑を無節操に飛び回ってイモムシを見つけるのはあまりに効率が悪かろう。実は，チョウ目幼虫の食害を受けたトウモロコシやタバコが特有の揮発成分を放出し，幼虫の天敵である寄生蜂はこの匂いを手がかりにして寄主を発見すると考えられており，植物の防御に寄生蜂が介在する間接的防御反応として位置づけられている（図1-3）。

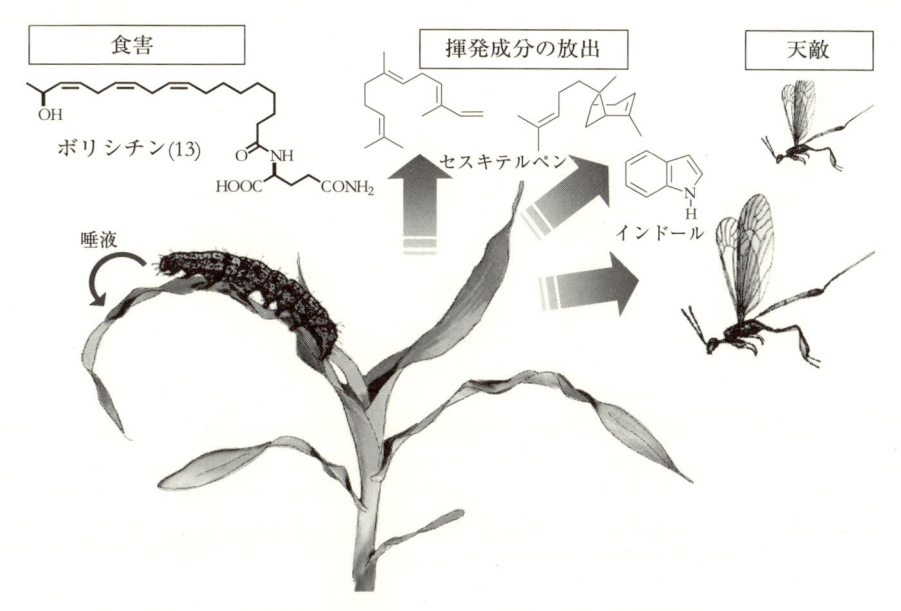

第1章 昆虫・植物間の攻防と植物免疫システムの"界面"

図1-3 幼虫の唾液成分ボリシチンが誘導する植物の間接的防御反応

　植物に傷をつけると青臭い匂いがすることは，草刈りの経験がある方はご存知と思う。しかしながら，チョウ目幼虫の食害を受けたトウモロコシ，タバコやワタから放出される匂いには，青臭い匂いに加えて独特の甘い香りが含まれる。これはインドールやセスキテルペン類の香りである。植物から放出されるこれらの揮発成分は，どのようにして生合成されるのだろうか？　二つの可能性が考えられよう。一つは，放出される揮発成分は事前に蓄えられており，食害に伴う組織破壊によって揮発成分として放出される可能性である。もう一つは，食害の刺激を受けて初めて揮発成分の生合成遺伝子が活性化され，原料となる二酸化炭素から揮発成分を合成する可能性（*de novo* 合成）である。テキサス工科大学の Paré らは，巧妙な実験系を考案し，この問題を解決した。彼は，ワタを閉鎖系のチャンバーのなかで栽培し，このチャンバーのなかに通常の空気または ^{13}C でラベルした二酸化炭素を含む空気を自由に切り替えて送り込めるようにした。このチャンバーにヤガの一種シロイチモジヨトウを入れワタを自由に食害させながら，一定時間ごとにワタから放出される揮発成分を捕集し，ガスクロマトグラフ―質量分析計（GCMS）で分析した。通常の空気を送り込んだ場合，当然ながら，非ラベル体炭素が主成分の揮発成分が検出された。ところが，^{13}C でラベルした二酸化炭素を含む空気を導入した1時間後

175

から，ラベル体炭素が高濃度に取り込まれたテルペン類が検出され始めた（Paré and Tumlinson 1997）。さらにもう一度通常の空気に切り替えると，1時間後には再び非ラベル体の揮発成分が検出された。この実験から得られた答えは明らかである。昆虫の食害の刺激を受けて放出される揮発成分は，事前に蓄えられていたのではなく，食害の刺激によって生合成遺伝子が活性化され（Frey et al. 2000; Shen et al. 2000），二酸化炭素から新たに合成された揮発成分が放出されたことになる。

動かない植物ではあるが，その細胞内では昆虫の食害により何かを感じ取り，驚くべき生理的変化が起こっていたのである。

(1) 揮発成分を放出させる昆虫由来エリシター

興味深いことに，トウモロコシの葉に傷をつけ，その部分に幼虫の唾液を塗りつけると，食害時と同様の揮発成分が放出されたことから，唾液中に食害特異的な応答を引き起こす鍵物質（エリシター）の存在が予想された。ペンシルバニア州立大学のTumlinson，米国農務省研究所のAlbornらは，シロイチモジヨトウ幼虫の唾液を大量に集め，唾液からトウモロコシに揮発成分を放出させるエリシターを単離した。揮発成分volatileを誘導elicitすることにちなんでボリシチンvolicitin（13）と命名した（図1-3）（Alborn et al. 1997）。昆虫の唾液に注目した点が非常にユニークである。その構造は，17位が水酸化されたリノレン酸とグルタミンの縮合物であった。また，類縁体として唾液中には，水酸基の無いN-リノレノイル-L-グルタミン（14）やこれらのリノール酸縮合物が類縁体として同定された。このうちトウモロコシに揮発成分放出活性を示すのは，リノレン酸縮合物の（13）と（14）である（図1-4）。筆者らの研究室の澤田嘉嗣は，ハスモンヨトウ，アワヨトウ，オオタバコガからもボリシチン（13）を同定し，その17位の立体化学をS-体と決定した。揮発成分放出活性を調べると，17位の立体化学は活性には影響しないが，水酸基を除去すると，その活性は約30％に減少した。また，グルタミン部分をアスパラギン，ロイシン，プロリン，スレオニンなど他のアミノ酸に変換すると活性は消失し，グルタミン部分が揮発成分放出の活性発現に必須であることが分かった（Sawada et al. 2006）。

非常に興味深いのは，この揮発成分は傷口周辺だけでなく，食害を受けていない健全な葉からも放出される点である。すなわち，ボリシチン（13）が引き金となり，植物全身で揮発成分生合成が活性化され，インドールやテルペン類が合成される過程が明らかになってきた。健全葉からも揮発成分が放出される本反応は，まさしく

植物の免疫反応といえるであろう。Paré らはトウモロコシの葉からボリシチンと結合するタンパク質の存在を報告している (Truitt et al. 2004)。われわれの研究結果と合わせると，この結合タンパクの認識にはボリシチン (13) のグルタミン部分が重要であると予想される。トウモロコシは昆虫の食害に対して，巧妙な応答反応の機構を持ち合わせているのだ。トウモロコシに限らずタバコもボリシチン (13) を受容して揮発成分を放出する。また，タバコ葉に人工的に傷をつけると葉中にニコチンがどんどん増えてくるが，その傷に幼虫の唾液を塗布するとニコチンの蓄積量が抑えられるなど，昆虫の唾液は植物にさまざまな生理反応を引き起こす。こうした他の防御反応と揮発成分放出との関係も注目されている。

(2) その他の昆虫由来エリシター

　ボリシチン (13) はすべての植物に揮発成分の放出を誘導するのだろうか。答えは否である。イネ科トウモロコシやナス科タバコには揮発成分の放出を誘導するが，アオイ科ワタやマメ科リママメには活性を示さない。しかしながら，ワタもリママメも植食者の食害により揮発成分を放出するので，ボリシチン以外のエリシターの存在が予想された。そこで，米国農務省研究所の Schemlz らは，ボリシチン類縁体で処理しても揮発成分を放出しないマメ科ササゲの一種に注目した。彼らは，ハスモンヨトウの近縁種 *Spodoptera frugiperda* に食害されたササゲからトウモロコシと似たような揮発成分が放出されることを見出し，その唾液からペプチド性のエリシター，インセプチン (16) を単離・同定した。インセプチンは葉緑体 ATP シンターゼの γ-サブユニットを構成するペプチドであり，1 枚の葉に 1 fmol（フェムト，10^{-15}）という超微量の処理で，揮発成分のみならず植物ホルモンの一種エチレンの放出を促し，傷害応答に関係する植物ホルモンのジャスモン酸とサリチル酸の葉中の濃度を増加させる (Schmelz et al. 2006)。さらに，ボリシチンの発見者である前述の Alborn らは，最近チョウ目ではなくバッタ目（直翅目 Orthoptera）に属するアメリカイナゴの唾液から，トウモロコシに揮発成分を放出させる新しいタイプのエリシター，ケリフェリン類 (17a, b) を単離・同定した (Alborn et al. 2007)。ケリフェリン類 (17a, b) には硫酸基が結合しており，その生合成に興味が持たれる。一方現時点では，ワタに揮発成分を放出させる昆虫由来エリシターは同定されていない。

　この他にも昆虫の襲撃に対して，植物側が応答する例はいくつかある。米国農務省研究所の Doss らは，エンドウゾウムシやヨツモンマメゾウムシ（コウチュウ目）

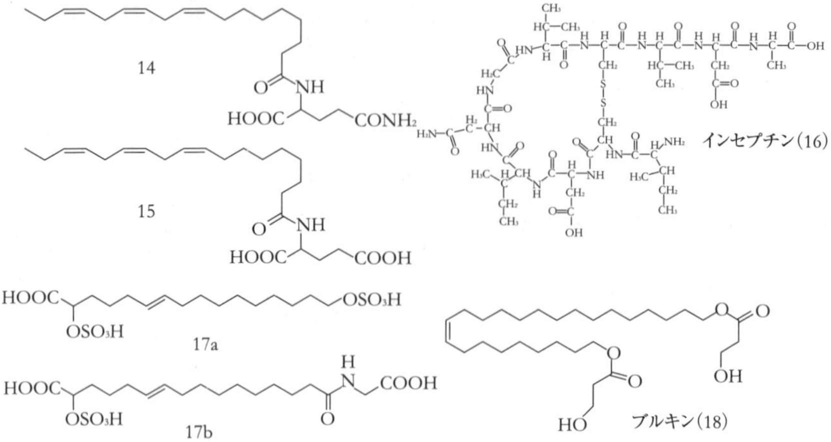

II 昆虫の生理・生態に探る機能制御

図 1-4 植物にさまざまな生理反応を引き起こす昆虫由来エリシターの構造

がソラマメの一品種の鞘に産卵すると，鞘の表面にカルス状の未分化組織が誘導され幼虫の侵入を妨げることを報告し，そのカルスを誘導するエリシター，ブルキン（18）を虫体表面から同定した。このエリシターは卵の表面にも存在し，産卵の際に卵表面のエリシターが植物に認識されて，インセプチン（16）と同様に，わずか 1 fmol で鞘の表面に腫瘍の形成を誘導する（Doss et al. 2000）。これ以外にも，昆虫の産卵により植物にさまざまな反応が引き起こされる現象が知られているが（Hilker and Meiners 2006），そのエリシターが同定された例は上述のブルキン類以外には無い。

　以上，昆虫由来のエリシターが植物に抵抗反応を誘導する例を紹介し，その構造も図 1-4 に示した。意外にも，昆虫の唾液や卵表面のまさに接点によって，植物はさまざまな生理反応を引き起こしている。昆虫由来エリシターはまだ数例しか知られていないが，その構造は多様である。このように動けない植物も化学物質を介して，昆虫の食害や産卵を察知していることが次第に明らかになってきた。次節では，抵抗性を誘導するエリシターを昆虫がなぜ持っているのか，昆虫側から見たエリシターの意味について考察する。

1-6　ボリシチンの生合成経路の解明

(1) ボリシチンの生合成

　植物から特有の揮発成分が放出されると，天敵の寄生蜂に自分の居場所を知られてしまうので，唾液中のボリシチン (13) は幼虫にとって明らかに不利に働く。それにもかかわらず生合成されるボリシチン類には，幼虫にとって重要な何らかの生理的役割があるのではないか。こうした疑問は，長い間研究者たちの脳裏に引っかかりながら後回しにされてきた感がある。その化学構造からは，幼虫の腸内で消化吸収を助ける界面活性剤である可能性が容易に推察される。人間にとって消化吸収を助ける界面活性剤は胆汁酸であり，その重要性はいうまでもない。しかしボリシチン類を持たないチョウ目幼虫もかなりの割合で存在する。そこで，筆者らはボリシチン類の本来の生理的機能の解明を目指し，まずその生合成・分解メカニズムの研究に着手した。

　その矢先の 2000 年，ドイツマックス・プランク研究所の Boland らは幼虫腸内の共生微生物によってボリシチン前駆体の N-リノレノイル-L-グルタミン (14) が作られているとの仮説を発表した (Spiteller et al. 2000)。脂肪酸とアミノ酸の縮合物を加水分解する酵素アミノアシラーゼは多くの微生物から報告されており，この微生物由来酵素の逆反応でボリシチン前駆体が生合成されている可能性は考えられる。植食者—植物—天敵の生物間相互作用に，さらに植食者の腸管に生息する微生物も重要な役割を果たしているというアイデアは確かに興味深い。しかし奇妙なことに，上の微生物はさまざまなアミノ酸を基質として利用でき，グルタミン酸およびアスパラギン酸以外のすべてのアミノ酸を選択性なく脂肪酸と縮合した。ところが，これまでにチョウ目幼虫から発見されたボリシチン類は主にグルタミンとリノレン酸との縮合物である。例外的にタバコスズメガなど数種のチョウ目幼虫においてグルタミン酸縮合物 (15) が併せて同定されているのみで，他のアミノ酸との縮合物はまったく見られない (図1-4)。彼らはこの点を，幼虫の腸管内腔中ではグルタミンが優占なアミノ酸であり，その結果グルタミンが選択的に縮合されると考えた。

　これに対して筆者の一人である吉永はこの予想とはまったく違った結果を得ていた。すなわち，腸管内腔のアミノ酸分析の結果，グルタミンが主要アミノ酸ではないこと，さらに他のアミノ酸 (グルタミン，ロイシン，アラニン，グルタミン酸) をそ

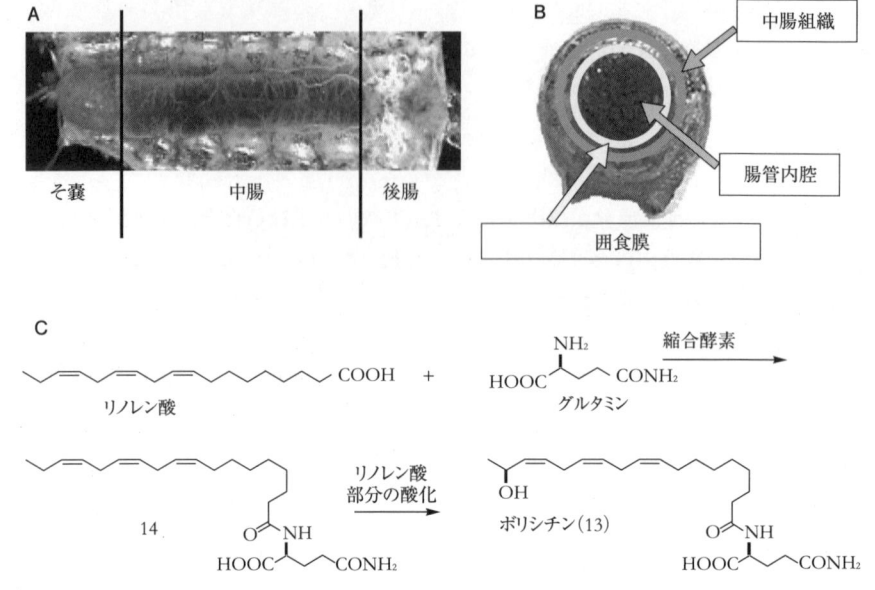

図1-5 ハスモンヨトウの解剖図 (A)，中腸断面図 (B)，ボリシチンの生合成過程 (C)

れぞれハスモンヨトウ幼虫に多量に投与した結果，グルタミン (^{15}N-ラベル体) を投与した場合にのみ脂肪酸との縮合物が生成するが，ロイシン，アラニン，グルタミン酸は縮合されないことを見出した (Yoshinaga et al. 2003)。

筆者らはこの結果に大いに勇気を得て，縮合酵素は微生物由来ではなく，幼虫自身がグルタミンに基質特異性を示すような縮合酵素を持つものと予想し，生きた幼虫そのものではなく，幼虫の中腸組織を用いてボリシチン生合成 (*in vitro* 生合成) 経路の追跡を試みた。著者らグループの森垣亘善は，ハスモンヨトウ幼虫の新鮮中腸組織をそのまま基質と反応させただけでボリシチン (13) が生合成されることを明らかにした。チョウ目幼虫を解剖すると，体内のほとんどが消化管であることが判る (図1-5A, B)。断面図を見ても，幼虫はまさに歩く消化管であり，この構造が暴食を可能にしているのだろう。消化管は構造上，そ嚢・中腸・後腸に分類される。主要部分である中腸を取り出し，バッファー中でリノレン酸とグルタミンでインキュベートすると，縮合反応によりN-リノレノイル-L-グルタミン (14) に加えてリノレン酸部分の17位が酸化されたボリシチン (13) までもが生成した (図1-5C)。さらに中腸組織から調製したミクロソーム画分を用い，グルタミン，アスパラギン，スレオニンを用いてリノレン酸とインキュベートしたところ，グルタミンの基質選

択性が確認できた。すなわち，縮合酵素，酸化酵素ともに幼虫由来であり，幼虫が積極的に生合成していることが強く示唆された（Yoshinaga et al. 2005）。残念ながら，この前駆体 N-リノレノイル-L-グルタミン (14) の縮合酵素については，タバコスズメガ幼虫腸管のミクロソーム画分を用いた Lait らの報告（2003）に先行されたが，$in\ vitro$ におけるボリシチン生合成に関しては最初の報告例となった。さらに酸化酵素については，著者らの研究グループの石川千裕が面白い結果を出した。ハスモンヨトウを $^{18}O_2$ 存在下で 3 日間飼育した後，中腸の抽出物を分析したところ，ラベル体酸素がリノレン酸の水酸基に取り込まれることを確認した（図1-5）。分子状酸素の利用から，P450 のようなモノオキシダーゼの一種がその生合成に関わっていることが示唆された。

前述の Paré は，^{13}C ラベル化二酸化炭素下で栽培したワタの葉をシロイチモジヨトウ幼虫に与える簡単な実験で，興味深いデータを出している。幼虫体内のボリシチン (13) は，リノレン酸部分が ^{13}C で効率よくラベル化されたのに対し，グルタミン部分のラベル化率がきわめて低かったのである。すなわち，リノレン酸は植物由来で，アミノ酸は幼虫体内由来であると考えられた。脂肪酸代謝に注目していた著者の一人網干は，上記の中腸組織を用いた実験で脂肪酸の選択性を調べたところ，飽和脂肪酸に比べて，不飽和脂肪酸がグルタミンと縮合し易いことを見出した（Aboshi et al. 2007）。そこで，不飽和脂肪酸と飽和脂肪酸の幼虫体内での動態を比較するために，^{14}C-ラベルのリノレン酸とパルミチン酸を幼虫に与え，その動態をトレースした。パルミチン酸は糞中により多く排泄されたが，パルミチン酸をグルタミンとの縮合物として与えると，体内に吸収され易いことが判明した。リノレン酸，リノール酸などの必須脂肪酸はボリシチン類縁体に変換されることで排泄され難くなり，脂肪酸の吸収効率も上がると考えられる。これには次に述べる項目にも深く関わっている。

(2) ボリシチンの分解反応

筆者の一人森は，フロリダ留学中にヤガ科の $Helicoverpa\ zea$ および $Heliothis\ virescens$ 幼虫腸内にボリシチン分解酵素が存在することを報告した（Mori et al. 2001）。そのきっかけは，貴重な吐き出し液サンプルの冷凍保存を怠るという些細な気の緩みから出た発見である。前日には大量のボリシチン類縁体が検出された $H.\ virescens$ の吐き出し液サンプルが，翌日の分析では類縁体はほとんど消失し，代わりに分解産物

と思われる17-ヒドロキシリノレン酸が忽然と現れたのである。この分解反応は加熱したりタンパク質分解酵素で処理した唾液では起こらず，したがって唾液中にはボリシチン類を分解する酵素が存在することに気付くことができたのである。*H. zea* に比べて，*H. virescens* 幼虫の方が分解活性は強く，その糞中にはボリシチン類は検出されない。したがって，幼虫は植物由来のリノレン酸と自分が持つグルタミンを縮合するだけでなく，分解もするのである。この意外な発見が，幼虫が何らかの理由でボリシチン (13) を生合成・代謝するというアイデアの発端であり，後のボリシチン研究における新たな領域の開拓に繋がった。

この結果を踏まえ，筆者らはハスモンヨトウ幼虫を使った新しい実験に取り掛かった。^{14}C ラベル体リノレン酸から成るボリシチン類をハスモンヨトウ幼虫に与え，その代謝を詳細に追跡した。その結果，与えた類縁体の大半は投与後6時間で分解され，一部腸内にとどまったものの，6割近くが脂肪酸，トリアシルグリセリド，ジアシルリン脂質として脂肪体に吸収された。グルタミンとの縮合とその後の分解により，何らかの形で不飽和脂肪酸の吸収効率を上昇させることがボリシチン類の生理機能の一つとして考えられるが，奇妙なのは17-ヒドロキシリノレン酸が体内に吸収された形跡が見られない点である。今のところ，何のために17位を水酸化するのか，水酸化された脂肪酸の行方についてはまったく不明である。一方，なぜ脂肪酸の縮合相手がグルタミンに限られるかという点にも注目したい。ボリシチン類縁体は腸管内腔中に 0.1–0.4 μmol/l の高濃度で存在するので，分解後に生じるグルタミンの量的なインパクトは大きい。そこで，われわれはボリシチン類がグルタミンの貯蔵体ではないかと考え，グルタミン代謝の観点から研究を進めた。

(3) 窒素代謝におけるボリシチンの役割

グルタミン生合成は，アミノ基転移を通じて窒素代謝の中心を担うことから，動物と同じく昆虫にとってもきわめて重要な生理反応である。セセリチョウの幼虫を用いた Kutlesa らの実験では，このグルタミン合成酵素 (GS) の阻害によって，幼虫が深刻な代謝異常を起こしたり死に至ることが明らかになっている (Kutlesa et al. 2001)。GS とはグルタミン酸の側鎖のカルボン酸の水酸基をアミノ基に置換する反応を触媒する酵素である。著者らの研究グループの阪口明史と阿部弘明は生きたハスモンヨトウ幼虫に ^{15}N-ラベル体アンモニアを与えて虫体ごと NMR 分析するユニークな実験を行った。その結果，GS によってアンモニア由来窒素を側鎖のアミ

ノ基に取り込んだグルタミンのみがボリシチン類へ取り込まれることを，^{15}N の化学シフト値から見出した。これは何を意味しているのだろうか。その答えは，幼虫体内のグルタミン・グルタミン酸代謝の詳細な検討から徐々に明らかになった。

またグルタミンとグルタミン酸では，腸管における吸収速度に大きな差があった。すなわち，放射性同位体 ^{14}C でラベル化したグルタミン，またはグルタミン酸をハスモンヨトウ幼虫に与え，その縦断面のオートラジオグラフィーからどれほどの速度で体内に吸収・移動するかを捉えたところ，グルタミンはわずか2, 30分の短時間でほぼ全量が血中に吸収されたのに対し，グルタミン酸は6時間以上かけて少量ずつ吸収された。次いで，腸管内腔，体液，それを隔てる腸管細胞のアミノ酸組成をそれぞれ調べたところ，腸管内腔には餌由来のグルタミン酸が多く見られるが，腸管細胞に入るとグルタミン量がグルタミン酸量を上回り，さらに体液中にはグルタミンがプールされている様子が明らかになった。グルタミン酸は吸収される際にGSによってグルタミンに変換されるようだ。この新生グルタミンがボリシチン類に取り込まれると考えれば，餌中のグルタミンがすぐにボリシチン生合成に利用されなかった Paré らの結果と一致する。実際，放射活性を用いた上の実験では，^{14}C ラベル体リノレン酸は摂食3時間後から取り込まれ始め，6時間後には放射活性の59％がボリシチン類縁体として確認されたのに対し，ラベル体グルタミンは6時間たってもほとんど取り込まれなかった。

このように思いもかけず，ボリシチン生合成とGSが密接に関わっている事実が判明した。カイコやエリサンでは，GSやグルタミン酸合成酵素GOGATにより，遊離アンモニアがグルタミン・グルタミン酸を介してアラニン・セリン・グリシンに受け渡され，絹糸合成に利用されることが報告されている。これは，老廃物アンモニアの積極的再利用ともいわれている。ハスモンヨトウは絹糸合成を行わないが，無駄のない窒素同化が重要であることは想像に難くない。そこで，以下のようなモデルを考えた。中腸細胞において新生するグルタミンをボリシチン類に取り込み細胞外（腸管内腔）に排出することで，細胞内グルタミン濃度の上昇を一定に抑え，結果としてGS反応系を促進しアンモニアを積極的にグルタミンに変換しているのではないか。一度，腸管内腔に分泌されたボリシチン類はやがて分解され，グルタミンは迅速に体液中に吸収される。ハスモンヨトウは2時間に1度，約30分程度の食事を取る。このリズムはかなり正確に守られており，外来（餌由来）のグルタミンはこのタイミングで流入する。摂食しない1時間半のあいだ，ボリシチン類がグルタミンの供給源になれば，ボリシチン類がグルタミンの一時貯蔵体として

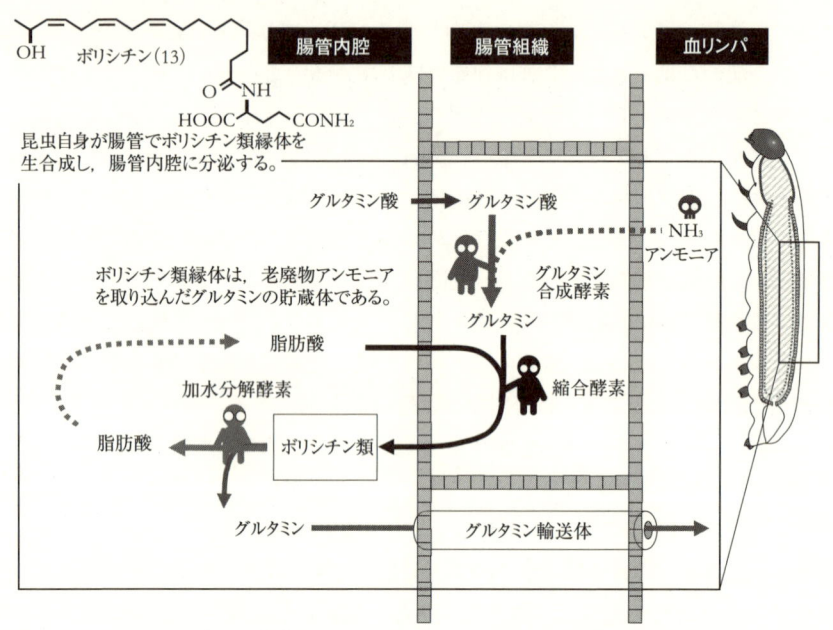

図1-6 幼虫の体内におけるボリシチン類の生合成過程のモデル図

機能すると位置づけられる。そこで，このような脂肪酸とグルタミンの縮合物を介した窒素代謝の効率化を立証するために，筆者らは次の実験を行った。窒素養分の大半がグルタミン酸とアンモニアで構成される特殊な人工飼料を作成し，これにリノレン酸を加えた場合と加えない場合で，ハスモンヨトウによる餌中窒素分の同化率を算出し，比較した。窒素同化効率は一定時間に摂食した餌中の窒素量と，そのあいだに排出された糞中の窒素量をCNアナライザーで測定することにより算出した。リノレン酸無添加の場合，窒素同化効率は4割以下にとどまったのに対し，リノレン酸を加えた場合では6割にまで改善されたことから，リノレン酸の供給によってボリシチン類の生合成が可能になり，グルタミン酸の吸収・アンモニアの積極的利用が進んだと考えられる（図1-6）(Yoshinaga et al. 2008)。

グルタミン合成酵素は他の昆虫や動物においても重要な役割を果たしている。蚊の成虫は非常に窒素濃度の濃い血液を餌とすることから，代謝によって生じるアンモニアをGSによりグルタミン酸に導入しグルタミンとした後，最終的にプロリンに渡され飛翔のエネルギー源として利用する。したがって，老廃物であるアンモニアを再利用する生理反応の初期段階で，GSがきわめて重要であることが近年報告

されている (Scarsffia et al. 2006)。蚊の成虫とは対照的に，ハスモンヨトウをはじめ多くのチョウ目幼虫はきわめて活動量が少なく，摂食・休憩しながら定期的に脱皮する生活を送る。しかしその成長速度，体重増加曲線には目を見張るものがある。カイコで見つかったアンモニア同化・再利用，さらには窒素源としての尿素の利用が明らかになったのに加えて，2006年にはタバコスズメガ幼虫腸管でアンモニア吸収に関わるポンプの存在が報告された。これらの幼虫はハスモンヨトウと同様に急速に成長し，チョウ目のなかではかなり大型の種である。この成長速度を支える特殊な窒素代謝にボリシチン類が関わっている可能性が高い。

(4) ボリシチン類の多様性と進化

これまでチョウ目幼虫において，ボリシチン類の分布を体系的に調べた研究は無かった。そこで，われわれは12科26種のチョウ目幼虫をスクリーニングし，17種の幼虫からボリシチン類縁体を同定した。そして，その類縁体の組成から四つのグループに分類した。グループⅠは脂肪酸とグルタミン縮合物，グループⅡはグルタミン縮合物とグルタミン酸縮合物，グループⅢは酸化された脂肪酸とグルタミンの縮合物，そしてグループⅣは酸化された脂肪酸とグルタミン・グルタミン酸縮合物を持つ。チョウ目昆虫の系統樹上にボリシチン類縁体の組成を重ねた結果を図1-7に示す。興味深いのはいずれの種も必ずN-リノレノイル-またはN-リノレオイル-L-グルタミン (14) を共通に持つ点で，これしか持たない種 (グループⅠ) もある。このことから，これら単純なグルタミン縮合物が元になり，ここからグルタミン酸縮合物や水酸化された類縁体が派生したと考えられる。グルタミン酸縮合物を持つ種はごく稀で散発的にしか見つかっていないため法則性は見い出せないが，水酸化された類縁体を持つのはタバコスズメガなど大型のチョウ目類に限られる点は特筆すべきかもしれない。先に述べたように，P450のようなモノオキシゲナーゼが水酸化に関わっていることと考え合わせると，代謝能力の発達とボリシチン類の水酸化に関連がありそうだ。トウモロコシが単純なグルタミン縮合物に比較して，17位が酸化されるとエリシター活性が3倍になる事実は，ボリシチン (13) を持つ種に共通する"暴食性"と何か関係があるのだろうか。

さらに驚くべきことに，いずれも生葉食ではないバッタ目のタイワンエンマコオロギやハエ目 (双翅目 Diptera) キイロショウジョウバエの幼虫の腸管からもボリシチン類を同定した (Yoshinaga et al. 2007)。ほぼ同じ頃，アメリカではAlbornもキ

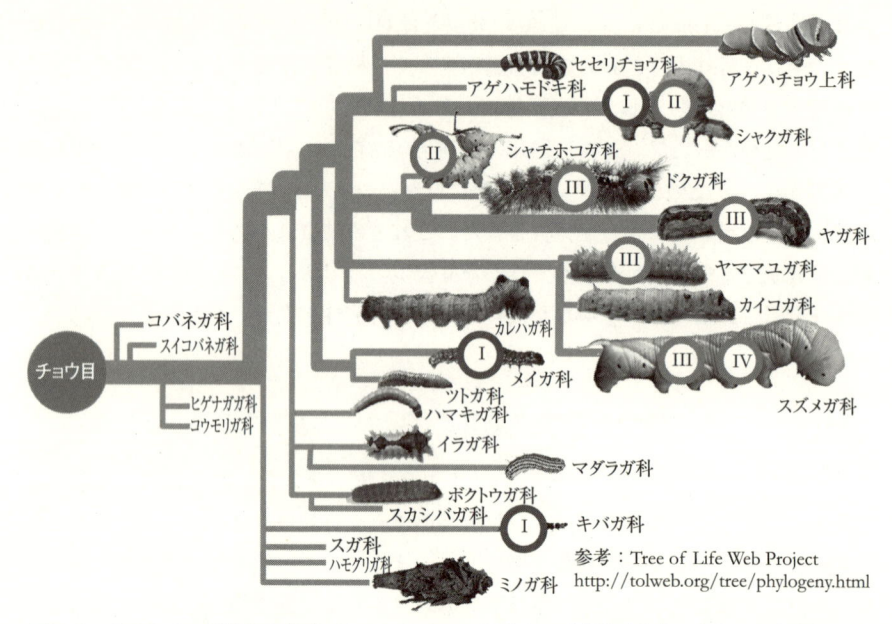

II　昆虫の生理・生態に探る機能制御

図 1-7　ボリシチン類縁体の組成パターンとチョウ目幼虫の系統樹（出典　吉永・森「植物に抵抗性を誘導する鱗翅目幼虫エリシター volicitin」『化学と生物』日本農芸化学会会誌 45 巻，416 頁，2007）

リギリスの一種からボリシチン類を同定したと知らせてくれた。コオロギやショウジョウバエではグルタミン縮合物よりグルタミン酸縮合物の方が主成分となっており，類縁体パターンはタバコスズメやメンガタスズメのそれに似ている。この共通性は，上記の進化軸では説明がつかないため実に不思議というほかない。グルタミン酸縮合物が何のためにどのように生合成されるのかは今後の課題であるが，チョウ目幼虫以外の昆虫類からもボリシチン類が同定されたことは，植食性の昆虫に限らずさまざまな生態の昆虫にとっても脂肪酸とグルタミンあるいはグルタミン酸との縮合物が何らかの重要な生理的役割を果たしていることを示唆している。

1-7　まとめ

2050 年には 93 億と予想されている人口を限られた空間である地球上で維持するため，環境にやさしく持続可能な食料生産手段の確立が人類にとって解決すべき喫

緊の課題である。その解決策の一つとして，いわゆる遺伝子改変作物の利用が考えられている。しかし，それに抵抗性を示す害虫や雑草が必ず出現することは，農薬開発の歴史が抵抗性病害虫との歴史であったことから明らかである。この歴史的事実は，植物保護のためには異なる方法を併用する必要性を教えている。

そこで，筆者らは植物が本来持つ抵抗性を最大限に利用する新しい植物保護技術の開発に照準を当てた基礎研究の展開を目指してきた。具体的には，植食者―植物あるいは植食者―植物―天敵をめぐる生物間の相互作用における化学物質を介した攻防を分子レベルで解析し，植物防御反応の活性化剤の開発や新規な害虫制御剤の作用点の探索の可能性を探ってきた。この方針で研究を展開した理由は，長い進化の過程で構築された生物間相互作用の研究から見えてくる生態学的知見，進化学知見は，持続可能な食料生産手段の確立に大きなヒントを提供してくれると考えているからである。この観点から進めた筆者らの最近の成果とともに，関連する他の多くの優れた研究成果も紙面の許す限り紹介した。昆虫と植物の応酬の界面で繰り広げられるさまざまな攻防が分子レベルで明らかになりつつある様子が概観でき，こういった研究が長期的にみて効果的な食料生産技術の開発に繋がれば幸いである。

▶▶参考文献◀◀

Aboshi, T., Yoshinaga, N., Noge, K., Nishida, R. and Mori, N. (2007) Efficient incorporation of unsaturated fatty acids into volicitin related compounds in *Spodoptera litura* (Lepidoptera: Noctuidae). *Biosci. Biotechnol. Biochem.* 71: 607–610.

Alborn, H.T., Hansen, T.V., Jones, T.H., Bennett, D.C., Tumlinson, J.H., Schmelz, E.A. and Teal, P.E.A. (2007) Disulfooxy fatty acids from the American bird grasshopper *Schistocerca americana*, elicitors of plant volatiles. *Proc. Natl. Acad. Sci. USA* 104: 12976–12981.

Alborn, H.T., Turlings, T.C.J., Jones, T.H., Stenhagen, G., Loughrin, J.H. and Tumlinson, J.H. (1997) An elicitor of plant volatiles from beet armyworm oral secretion. *Science* 276: 945–949.

Daimon, T., Taguchi, T., Meng, Y., Katsuma, S., Mita, K. and Shimada, T. (2008) β-Fructofuranosidase genes of the silkworm, *Bombyx mori*. Insights into enzymatic adaptation of *B. mori* to toxic alkaloids in mulberry latex. *J. Biol. Chem.* 283: 15271–15279.

Després L., David, J.P. and Gallet, C. (2007) The evolutionary ecology of insect resistance to plant chemicals. *Trends in Ecol. Evol.* 22: 298–307.

Doss, R.P., Oliver, J.E., Proebsting, W.M., Potter, S.W., Kuy, S., Clement, S.L., Williamson, R.T., Carney, J.R. and DeVilbiss E.D. (2000) Bruchins: Insect-derived plant regulators that stimulate neoplasm formation. *Proc. Natl. Acad. Sci. USA* 97: 6218–6223.

Ehrlich, P. and Raven, R. (1964) Butterflies and plants: a study in coevolution. *Evolution* 18: 586–608.

Feyereisen, R. (2005) Insect Cytochrome P450 in *Comprehensive Molecular Insect Science* 4 (Gilbert, L., Iatrou, K., Gill, S. eds.), pp.1–77, Elsevier Pergamon, Oxford.

Frey, M., Stettner, C., Pare, P.W., Schmelz, E.A., Tumlinson, J.H. and Gierl, A. (2000) An herbivore elicitor activates the gene for indole emission in maize. *Proc. Natl. Acad. Sci. USA* 96: 14801-14806.

Helmus, M.R. and Dussourd, D.E. (2005) Glues or poisons: which triggers vein cutting by monarch caterpillars? *Chemoecology* 15: 45-49.

Hilker, M. and Meiners, T. (2006) Early herbivore alert: Insect eggs induce plant defense. *J. Chem. Ecol.* 32: 1379-1397.

Hirayama, C., Konno, K., Wasano, N. and Nakamura, M. (2007) Differential effects of sugar-mimic alkaloids in mulberry latex on sugar metabolism and disaccharidases of Eri and domesticated silkworms: Enzymatic adaptation of *Bombyx mori* to mulberry defense. *Insect Biochem. Mol. Biol.* 37: 1348-1358.

Holzinger, F. and Wink, M. (1996) Mediation of cardiac glycoside insensitivity in the Monarch butterfly (*Danaus plexippus*): Role of an amino acid substitution in the ouabain binding site of Na^+, K^+-ATPase. *J. Chem. Ecol.* 22: 1921-1937.

今野浩太郎（2006）「植物の乳液」甲斐昌一・森川弘道監修，鈴木康博他編『プラントミメテリックス―植物に学ぶ』，エヌ・ティー・エス．457-466.

Konno, K., Ono, H., Nakamura, M., Tateishi, K., Hirayama, C., Tamura, Y., Hattotri, M., Koyama, A. and Kohno, K. (2006) Mulberry latex rich in antidiabeteic sugar-mimic alkaloids forces dieting on caterpillars. *Proc. Natl. Acad. Sci. USA* 103: 1337-1341.

Kutlesa, N.J. and Cavebey, S. (2001) Insecticidal activity of glufosinate through glutamine depletion in a caterpillar. *Pest Management Science* 57: 25-32.

Lait, C.G., Alborn, H.T., Teal, P.E.A. and Tumlinson, J.H. (2003) Rapid biosynthesis of N-linolenoyl-L-glutamine, an elicitor of plant volatiles, by membrane-associated enzyme(s) in *Manduca sexta*. *Proc. Natl. Acad. Sci. USA* 100: 7027-7032.

Mori, N., Alborn, H.T., Teal, P.E.A. and Tumlinson, J.H. (2001) Enzymatic decomposition of elicitors of plant volatiles in *Heliothis virescens* and *Helicoverpa zea*. *J. Insect Physiol.* 47: 749-757.

Paré P.W. and Tumlinson J.H. (1997) Induced synthesis of plant volatiles. *Nature* 385: 30-31.

Ratzka, A., Vogel, H., Kliebenstein, J.K., Mitchell-Olds, T. and Kroymann, J. (2002) Disarming the mustard oil bomb. *Proc. Natl. Acad. Sci. USA* 99: 11223-11228.

Sasai, H., Ishida, M., Murakami, K., Tadakoro, N., Ishihara, A., Nishida, R. and Mori, N. Glucosylation of DIMBOA in larvae of the rice armyworm. *Biosci. Biotechnol. Biochem.* (accepted).

Sawada, Y., Yoshinaga, N., Fujisaki, K., Nishida, R., Kuwahara, Y. and Mori, N. (2006) Absolute configuration of volicitin from the regurgitant of lepidopteran caterpillars and biological activity of volicitin-related compounds. *Biosci. Biotechnol. Biochem.* 70: 2185-2190.

Scaraffia, P.Y., Zhang, Q., Wysocki, V.H., Isoe, J. and Wells, M.A. (2006) Analysis of whole body ammonia metabolism in *Aedes aegypti* using [^{15}N]-labeled compounds and mass spectrometry. *Insect Biochem. Mol. Biol.* 36: 614-622.

Schmelz, E.A., Carroll, M.J., LeClere, S., Phipps, S.M., Meredith, J., Chourey, P.S., Alborn, H.T. and Teal P.E.A. (2006) Fragments of ATP synthase mediate plant perception of insect attack. *Proc. Natl. Acad. Sci. USA* 103: 8894-8899.

Shen, B., Zheng, Z. and Dooner, H. (2000) A maize sesquiterpene cyclase gene induced by insect herbivory and volicitin: Characterization of wild-type and mutant alleles. *Proc. Natl. Acad. Sci. USA* 96: 14807-14812.

Spiteller, D., Dettner, K. and Boland, W. (2000) Gut bacteria may be involved in interactions between plants, herbivores and their predators: Microbial biosynthesis of N-acylglutamine surfactants as elicitors of plant volatiles. *Biol. Chem.* 381: 755–762.

Truitt, C.L., Wei, H.X. and Paré, P.W. (2004) A plasma membrane protein from *Zea mays* binds with the herbivore elicitor volicitin. *The Plant Cell* 16: 523–532.

Wittstock, U., Agerbirk, N., Stauber, E.J., Olsen, C.K., Hippler M., Mitchell-Olds, T., Gershenzon, J. and Vogel, H. (2004) Successful herbivore attack due to metabolic diversion of a plant chemical defense. *Proc. Natl. Acad. Sci. USA* 101: 4859–4864.

Yoshinaga, N., Aboshi, T., Abe, T., Nishida, R., Alborn H.T., Tumlinson, J.H. and Mori, N. (2008) The active role of fatty acid amino acid conjugates in nitrogen metabolism by *Spodoptera linter* larvae. *Proc. Natl. Acad. Sci. USA* 150: 18058–18063.

Yoshinaga, N., Aboshi, T., Ishikawa, C., Fukui, M., Shimoda, M., Nishida, R., Lait, C.G., Tumlinson, J.H. and Mori, N. (2007) Fatty acid amides (FAAs) found in the cricket *Teleogryllus emma* and fruit fly *Drosophila melanogaster* larvae. *J. Chem. Ecol.* 33: 1376–1381.

Yoshinaga, N., Morigaki, N., Matsuda, F., Nishida, R. and Mori, N. (2005) In vitro biosynthesis of volicitin in *Spodoptera litura. Insect Biochem. Mol. Biol.* 35: 175–184.

Yoshinaga, N., Sawada, Y., Nishida, R., Kuwahara, Y. and Mori, N. (2003) Specific incorporation of L-glutamine into volicitin in the regurgitant of *Spodoptera litura. Biosci. Biotechnol. Biochem.* 67: 2655–2657.

Zalucki, M.P., Brower, L.P. and Alonso-M. A. (2001) Detrimental effects of latex and cardiac glycosides on survival and growth of first-instar monarch butterfly larvae *Danaus plexippus* feeding on the sandhill milkweed *Asclepias humistrata. Ecol. Entomol.* 26: 212–224.

第2章

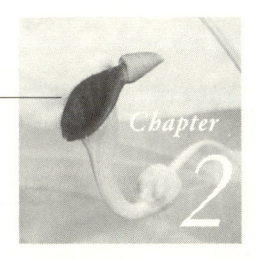

昆虫と植物の共存
花の香りを介した相互の適応戦略

西田 律夫

　シダやトクサ類，あるいはソテツなどの裸子植物が生い茂っていたジュラ紀（2億年〜1億4000万年前）は，濃い緑に覆われているだけで，まだそれほどカラフルな世界ではなかったであろう。地球上に色とりどりの花が咲き乱れるようになったのは，植物と昆虫の急速な「適応放散」が起こった白亜紀中期（約1億年前）と考えられている（加藤 1993）。花粉媒介者としての昆虫が植物の進化を促し，また，植物が昆虫の進化を促した結果，地球は花園となった。前章では，昆虫と植物の「食うものと食われるもの」の応酬を見てきたが，本章では，花粉媒介をとおして昆虫と植物がどのように依存し合って進化してきたのか，両者の巧妙な駆け引きのなかにたどってみたい。

2-1　花の誘引シグナルと昆虫のセンサー

　種子植物における花粉媒介は，遺伝子を交換し種子をつけるための重要な生殖プロセスである。花は，送粉者を誘うため，蜜を蓄え，花弁を彩り，芳醇な香りを発達させてきた。一方，昆虫は，報酬を求めて，目当ての花を効率よく見つけ出すため，味覚，視覚，嗅覚センサーを高度に発達させてきた。ここではまず，花の"誘引シグナル"ともいえる花蜜・色素・花香成分について生化学・生態学の両側面から考察を進める。

(1) 虫媒花の進化と花蜜

　送粉動物のいない原始の森で，風まかせに遠くの雌花に花粉を届けるためには，莫大な量の花粉を生産する必要があった。ソテツなど裸子植物の花粉の最初の媒介者として登場したと推定される甲虫類は，この大量の花粉を高タンパク質の餌資源として原始の森を飛び回ったのであろう。風媒で雌しべ柱頭へと花粉が到達する確率を考えると，昆虫にある程度食われても，かれらを花粉まみれにして，雌花へと運んでもらった方が，はるかに効率がよかったに違いない。裸子植物に代わって被子植物が次第に勢力を広げていったシナリオの第一段階はこのように花粉食であったと考えられている。

　白亜紀の化石から推定される初期の被子植物の一つモクレン目の花（図2-1　タイサンボク）は，原始的な形態の雄しべが雌ずいを取り巻いている。胚珠が心皮に覆われて子房のなかに収まっている被子植物共通の特徴が，生殖器官を送粉者に傷つけられない仕組みとして受け継がれてきたものと思われる。

　やがて，被子植物は送粉昆虫との駆け引きのなかで，貴重な窒素・燐などの元素を多く含む花粉を過剰に生産するよりも，花蜜を分泌し，エネルギー源としての報酬を与えるようにシフトしていった。花蜜の主成分は蔗糖，ブドウ糖，果糖であり，植物にとっては，光合成産物としての一次代謝物の有効な投資である。蜜には，送粉者自身の栄養源あるいは卵巣の発達に必要なアミノ酸や無機塩類なども含み，なかにはカロリーの高い脂質を分泌する花も出現した（Harborne 1997）。送粉者の求める栄養の糧を惜しみなく与えることは，送粉者の次世代の繁殖をも保障し，安定した送粉系の確立のために重要な意味を持つものと思われる。モンシロチョウは糖類だけの花蜜より，アミノ酸入りの糖蜜の方を好むことが実験的に示されている（Alm 1990）。このことは，送粉者の栄養要求性が，花蜜成分の最適化に影響を与える可能性を示唆している。

　高速で飛翔するハナバチやスズメガなどは多大なエネルギーを必要とする。花は，送粉者に遠くまで花粉を運んでくれるのに十分なカロリーを提供する方が有利と考えられるが，一般には極微量の蜜しか分泌しない。ミツバチのように多量の蜜を巣に運び貯蔵する種は別として，送粉者を必要以上に満腹させてしまうと，雌しべへの受粉が叶わなくなってしまうであろう。蜜量の"さじ加減"は，"送粉シンドローム"における重要な要素になっている。昆虫にとっては，労を少なくしてより多くの蜜資源を獲得する方が有利であるが，植物側は，遺伝子多様性を維持する

図2-1　タイサンボク（モクレン科）の花

ためには，できる限り遠くの同種の雌しべにも花粉を運んでもらう必要がある。他種の花への訪花（道草）は時として深刻な花粉損失になりかねない。花は，送粉者だけでなく，周囲の競合する植物種との相互作用のなかで高度に進化していったと考えられる。

　離弁花から合弁花植物（ツツジなど）への進化により，より深い蜜壺に虫を誘い込み，虫体に必ず花粉をくっつけてからでないと蜜を得られない構造と，次の訪花で雌しべに確実に花粉がくっつくメカニズムを巧みに発達させていった。送粉者の側も筒状花の蜜を採取するのに都合のよい長い口吻を持ったものが出現した（ガ，チョウやハチなど）。前述のチョウはゼンマイ型の口吻の先に花蜜成分を感じる鋭敏な味覚感覚子を発達させている。

　花の色や形を認識して同じ種類の花を探し求める送粉者の習性（定花性）(Schoonhoven et al. 1998) は花に好都合に働いているが，この知的な"学習能力"は，送粉者自身の集蜜効率を反映して進化してきた特性と思われる。短命なチョウ類でさえも蜜の報酬を受けた花を的確に学習する。短命だからこそ，無駄のない行動が要求されるのであろう。しかし多種類の訪問者で賑わっている花が，必ずしも効率的な送粉を

受けているとは限らない．現実に蜜だけ吸い取って，花粉をまったく運ばない「盗蜜者」がたくさん横行している．受粉を確実にするためには，送粉者を特定し（それ以外の訪問者を排除して）花粉を運ばせた方が，はるかに有利かもしれない．イチジクとイチジクコバチ(Barth 1991)，ユッカとユッカガ(Pellmyr 2003)のように特定の植物と特定の送粉者が1対1で対応している極端な例が知られている．いずれの場合も，花の一部組織を幼虫の餌資源として与えるなど，送粉者の生涯を世話しており，相互の依存度が極度に高い．極端に長い蜜壺を持つマダガスカルのランの一種 *Angraecum sesquipedale* とそれにマッチした30cmもの長い口吻を持つスズメガ *Xanthopan morgani* の関係も，花蜜を介して花と送粉者のあいだの際限なき競走（ランナウェイ）プロセスが働いた例として有名である（井上　1993）．これらの場合，送粉は確実である反面，環境変動などにより，共倒れのリスクを負うことになる．袋小路への逃避行を選ぶのか，八方美人的戦略を選ぶのか，花と虫相互の駆け引きはきわめて多様である．

(2) 虫の目から見た花の世界

　花は，送粉者を引きつけるために，クロロフィル（緑）の背景に映える色とりどりの色素を生み出してきた．花色とその模様は，花冠や花序の造形的な細工とともに，送粉者を蜜源に誘い込むための宣伝効果を高めている．これらの要素は，定花性を高めるためにも重要な意味を持っている．しかし，これらの多彩色を創出する色素群を分類すると，大きくはフラボノイド類とカロテノイド類に集約される(Harborne 1997)．もともと，カロテノイドは光合成に必須の光エネルギー捕捉と伝達のため"高等植物以前"からもっている化合物群である．イソプレン由来の長い共役二重結合を持ち，黄色から緋色を呈する．橙色鮮やかなソテツの花から推測すると，おそらく太古の深緑を背景に昆虫に対する広告塔としてはカロテノイドが活躍していたと想像される．

　白い花には花弁に空気や澱粉微粒子が含まれていて，可視領域の光を一様に散乱するため白く映る．タイサンボク（図2-1）などモクレン科の乳白色の花弁にはフラボノイドが含まれている．白系統の花は自然界の花の3割以上を占めるといわれる．白いバラやアサガオなども同様にフラボンやフラボノールの配糖体が関与している．

　最も色彩のバラエティーを生み出しているのが，フラボノイドのなかでもアント

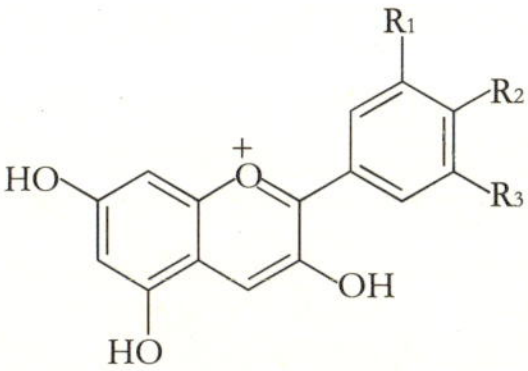

R_1=H, R_2=OH, R_3=H　ペラルゴニジン
R_1=OH, R_2=OH, R_3=H　シアニジン
R_1=OH, R_2=OH, R_3=OH　デルフェニジン

図2-2　花の色素アントシアニジン類。ペラルゴニジン（橙～橙赤色），シアニジン（深紅～赤色），デルフェニジン（紫～青色）

シアニジンと呼ばれる一連のオキソニウム構造を持つ色素群である。代表的なものは，ペラルゴニジン，シアニジン，デルフェニジンの3種で，いずれも配糖体（アントシアニン）として，花弁表層の液胞に存在している（図2-2）。これらの基本構造を見ると右側のベンゼン環の水酸基が，1個か，2個か，3個か，の違いのみである。しかし，これに水素イオン濃度，金属イオンなどが協力的に働き，黄～橙～赤～紫～青に至る可視領域すべての色を発現している。シアニジンは，裸子植物の組織にも広く含まれている基本的な赤色系色素である。このことから，被子植物の花の色は，シアニジンを原型とする赤系統から，水酸基の1個少ないペラルゴニジン（橙色系　熱帯圏のハチドリ媒花に多い），あるいは水酸基の1個増えたデルフェニジン（青紫色系　温帯圏のミツバチ媒花に多い）に進化したものと考えられている（Harborne 1997）。たとえば，植物の系統樹の上位にあるムラサキ科やゴマノハグサ科にはデルフェニジンに由来する青系の色素を持つものが多い。とくにミツバチの仲間が好む空色は，デルフェニジン配糖体＋金属イオン＋フラボンなど複数成分の相互作用（コピグメンテーション）により発色している。これらの花色は昆虫だけでなく，それぞれの生態系における送粉動物のファウナ（送粉シンドローム）による淘汰をとおして進化したと考えられている（Harborne 1997, Fenster et al. 2004）。現在，これら3種のアントシアニジンを基本とした生合成酵素の遺伝子群が明らかにされつつあり，人為的な遺伝子操作によって"青いバラ"の花を作るまでに至っている。しかし，自然界の花それぞれがたどってきた彩りの道筋に送粉者がどのように関わってきたのかは，依然謎のままである。

　花冠のサイズや花序は，色素デザインとともに，遠くの虫を引きつける効果がある。至近距離では，蜜腺のありかを示すために，「ハニーガイド（蜜しるべ）」という独特の模様を持って効果的に誘導する花も多い。ヒトには知覚できないが，紫外線フィルターをとおして見ると，くっきりと浮かび出る。たとえば，黄色一色に

見える花弁はカロチノイドで染められているが，中心部に向かって，紫外線を強く吸収するフラボノイドが配置されてる．これらは，とくにミツバチなどに対するガイドマークとして効果的に作用している（Harborne 1997；大村＆本田　1999）．また，花粉あるいはそれを包み込む葯も色素を含んでいて，花の中心部を示す際立った宣伝効果があると考えられる．蜜腺を持たない原始的なモクレン科などでは，花粉食メンバーにその存在を知らしめる効果があったに違いない（Barth 1991）．もともと花粉に含まれる濃い色素は，強い紫外線から生殖細胞の DNA 損傷を回避する重要な意味を持って進化してきたものと推測されている（Lunau 2000）．

　一方，色を受容する送粉者側の色覚は，花色の発達と呼応的に進化してきたのであろうか？　もともと昆虫によって得意とする色覚領域が異なっている．アゲハチョウなどは赤い花を好むが，ミツバチは，赤を認識せず，紫外線領域を知覚する能力を持っている．青い色を感じる受容細胞はハチ目（膜翅目 Hymenoptera）だけでなく，より原始的なトンボ目（蜻蛉目 Odonata　食虫性）などの昆虫の複眼にも発達している．起源を遡るとフナムシやミジンコなどの甲殻類も青色知覚能力を持っている（Chittka 1996）．青シグナルの認識は，被子植物が花をつけるよりずっと前に昆虫が獲得していた能力であることは疑いないようである．

(3) 花の香り

　風媒花から虫媒花へ進化した元祖植物の一つと考えられている裸子植物のソテツ科の起源は約 2 億 5000 万年前の二畳紀に遡る．被子植物と送粉者の爆発的な適応放散が起こるのは，まだ 1 億年以上先であるが，現存種と類似の甲虫類はすでにいた．現存のソテツの花は強い花香を持つものが多く，とくにその黎明期において昆虫類を誘引する効果があったと推定されている．オーストラリアのソテツ科 *Macrozamia lucida* はソテツの花粉を好んで食べる *Cycadothrips* 属のアザミウマが花粉媒介にあずかっている．この両者をとりもつ花香の機能が最近明らかにされた（Terry 2007）．雄花は，(E)-β-オシメンなどのモノテルペンを放出しアザミウマを特異的に誘引する（図 2-3）．ところが，昼頃になり，ますます花香の放散が激しくなると，逆にアザミウマは雄花から逃げるように退散し，匂いの比較的マイルドな雌花へと誘われ移動する．低濃度では誘引性のある β-ミルセンが高濃度で忌避作用を示すことが，雄花を退避した原因であった．ソテツは雌雄異株であり，"餌資源としての花粉を持たない雌花へいかに誘導するか"という難問を解決した，巧妙な作戦で

(E)-β-オシメン

β-ミルセン

ゲラニオール

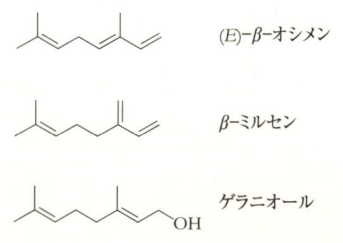

図2-3 花香成分としてのモノテルペン類．ゲラニオールはタイサンボクやバラの甘い香りの主成分

ある．雌花は匂いだけ出して報酬を与えないので，アザミウマを欺いていることにもなる．アザミウマ類は少なくとも白亜紀には出現していた原始的な昆虫であり，このような相互の"共生的な関係"は，太古の森に始まったものと考えられる．この場合，β-ミルセンは，さらに高濃度では致死性を示すことから，相互の境界面には「寄生」か「共生」かの狭間での厳しいせめぎ合いが窺える．

　被子植物の花は，花粉や蜜のありかを宣伝するために多様な揮発性物質を分泌している．タイサンボク（図2-1）の強く甘い香りはモノテルペンのゲラニオール（図2-3）が主成分である．これら原始的なモクレン科の花の香りは，甲虫類などの送粉者を効果的に誘引するものと考えられている．ミツバチなど送粉者は何十種類もの花香を鋭敏に感じ取り，また，すばやく学習もする（Schoonhoven et al. 1998）．バラの香りもゲラニオールが主成分，スミレの花香β-イオノンもテルペノイド化合物である．多くの花は2-フェニルエチルアルコール，ベンズアルデヒドなど芳香族化合物も発散している．空腹のチョウは，これら特有の花香を嗅ぐと，反射的にゼンマイ型の口吻を伸展し，蜜を探そうとする（大村・本田　1999）．ガ，コウモリなど夜行性の動物を誘う花は，さらに強い花香を発達させている（Harborne 1997）．いずれの場合も複雑な成分のブレンドとして独特の香気を作り出している．

　モクレン亜綱に属するウマノスズクサは，サクソフォーンのようなラッパ状の花（図2-4）をつける．この筒のなかに小型のハエを誘い込み，花の奥の球形の部屋に閉じ込める．筒の内側には微細な毛が奥に向かって密生しているので，入るのは容易だが脱出はできない．夜明け，雌性花から雄性花へと成熟すると，毛羽立ちがなくなり，ハエは自由に出入りできるようになる．ハエを誘引する成分は分かっていないが，熱帯の大型のウマノスズクサは，糞尿のような悪臭を放ち，送粉者としてキンバエやニクバエを誘引していることから，食物（あるいは産卵場所）の匂いで誘い込んでいるものと思われる．巨大なラフレシアも腐臭で特定の種類のハエを誘い

II 昆虫の生理・生態に探る機能制御

図 2-4 ウマノスズクサの花。ラッパ状の筒のなかから臭気を放出してハエを誘引する。

込んでいる。受粉だけさせて報酬（蜜など）をまったく与えていないとすれば，"詐欺行為"である。

　とくにラン科植物には，詐欺を働く種が多く知られている。ヨーロッパに自生するビーオーキッド（bee orchid）と呼ばれる一連の *Ophrys* 属のランは，花蜜腺を持たず，独特の花香で *Andorena* 属ヒメハナバチの雄を誘引する（Borg-Karlson 1990）。ランの発散する香りは雌の性フェロモンにそっくりの成分組成であり，雌バチと類似の起伏と微毛を備えた花を咲かせる。雄バチは花に抱きついて交尾をしようと夢中になっている（擬交尾）あいだに花粉の塊がハチの背中に付着する（あるいは受け取った花粉塊を雌しべに渡す）。このようにビーオーキッド類は花蜜を持たず，雌の匂い（化学擬態）でハチを一方的に騙し受粉させている。それにしても，ランがハチのフェロモン組成をそっくり真似る収斂はどのように起こったのだろうか？　ある種のハチは，(Z)-7-トリコセンなどの鎖状炭化水素の特定の比率のブレンドを性フェ

ロモンとして利用している。最近の研究で，いくつかのラン種は完全な化学擬態ではなく，雌バチのフェロモンとは微妙に異なる組成のブレンドを配合していることが判明した。驚くべきことに，いずれの場合も花香ブレンドの方が雌バチ本来のフェロモンブレンドよりも雄バチを強く引きつける効果があったという (Vereecken 2008)。数十にも種分化した *Ophrys* ランの種とヒメハナバチの種は，すべて1対1で対応している。ランの運命はハチの存亡によって決まるというのに，一方的な欺き／騙されによるランナウェイはきわめて不安定な偏利共生の上に成り立っているといわざるを得ない。

次節では，花の香りをとおして互いに支え合うランとミバエのみごとな相利共生について見ていくことにしよう。

2-2　花の香りと共進化：ミバエとミバエラン

ランの仲間 (ラン科　Orchidaceae) は，2万種類も知られ (被子植物の約10％)，花を咲かせる植物のなかでも最も種数の多いファミリーである。その理由は，特定の送粉者との相互作用のなかで多様に分化してきたためと考えられ，ランの自生地が局限されるのも，送粉者への依存度が大きな要因となっているかららしい。先に紹介した巨大スズメガととてつもなく長い蜜つぼを持つ"スズメガラン"や，ヒメハナバチと"騙しラン"の関係はその究極的な例といえる。また，その種の多様性は約800もの属から成ることからも推し測られる (van der Cingel 1995)。ここに紹介する仮称「ミバエラン」はマメヅタラン属 *Bulbophyllum* の一グループであり，ミバエ類と緊密な共生関係にあることが最近の調査によって明らかになってきた。そこには，これまでまったく知られていなかった，たくさんのからくりが潜んでいた。まずは，両者の関係を理解するために (1) 送粉者であるミバエ類が，いかに深刻な果実害虫であるか，(2) ランはどのようにしてミバエを誘うのか，(3) そもそもミバエがランに固執するわけは？　など，順を追って見ていくことにしよう。

(1)「害虫」としてのミバエ

ミバエ類 (ハエ目 (双翅目 Diptera)) の多くは，その名のとおり幼虫 (ウジ) は果実に潜入して食害する。全世界に約5000種が知られるが，ミカンコミバエ *Bactrocera dorsalis*，ウリミバエ *B. cucurbitae*，チチュウカイミバエなど特定の種は，各種のフルーツや果菜類に甚大な被害を与える深刻な害虫である。雌成虫は長い産卵管を果実内部に突き刺して産卵し，孵化した幼虫は果肉の奥深く潜入するため，殺虫剤の効果が上がらず，摘果直前の薬剤散布は残留農薬も問題となる。1匹でも寄生すると，やがて腐敗し，商品価値を著しく損なう。さらに大きな問題は，1匹でも発見されると，その国あるいは地域は「ミバエ汚染」地帯と見なされ，輸出あるいは移出が著しく制限されることになる。このようにミバエ類は直接被害だけでなく防疫上の間接的な要因で経済的に深刻な打撃を与える。とくに，ミバエ類の原産地を中心とした熱帯・亜熱帯地域は，蔓延地帯として常時警戒されており，現地のトロピカルフルーツが日本の店頭にめったに見られないのも，この輸入規制によるところが大きい（伊藤　2008）。

　日本では，ミカンコミバエとウリミバエが果実害虫として古く大正時代に記録され，亜熱帯の奄美，沖縄，南西諸島ならびに小笠原諸島において永年にわたって多くの果物，果菜類に甚大な被害を及ぼしてきた。ミカンコミバエはミカンなど柑橘類だけでなく，マンゴー，パパイア，グアバ，バナナ，ドリアン，ココアなどトロピカルフルーツを中心に百数十種に及ぶ果実類に寄生する。ウリミバエはメロン，スイカ，キュウリ，ニガウリ，カボチャなど，もっぱらウリ科を寄主とするが，時としてナス，トマト等にも発生する。このため，該当地域から本土への果実移出は厳しく制限されてきた。この被害状況を何とか打開しようと両種ミバエを日本から一掃する「ミバエ根絶事業」が発足したのは昭和40年代のことであった。ここで大活躍したのがミバエの雄成虫を引きつける強力な誘引物質である。ミカンコミバエにおいてはメチルオイゲノール methyl eugenol，ウリミバエにおいてはキュールア cue-lure という，いずれもフルーティーな甘い香りがする物質である（図2-5）。それぞれの雄成虫は，これら物質に引き寄せられると，その誘引源に到達するや否や，まるで何かに取り憑かれたように誘引剤そのものをしきりに舐める（図2-5）。もし，この誘引剤のなかに極少量の殺虫剤をしみ込ませておけば，やってきた成虫は，無我夢中で舐めてコロコロと死んでいく。

　ミカンコミバエの場合は，メチルオイゲノールと殺虫剤の混合物をテックス板（ファイバーボード）にしみ込ませ，これを発生地の島のすみずみまで撒く，あるいは設置する（1ヘクタールあたり数枚）という方法により各島における防除事業が進められた。不思議なことに，やってくるのは，すべて雄個体である。雄はこの毒餌を舐めて全滅し，取り残された雌は，交尾相手がいないまま寿命が尽きてしまう。

昆虫と植物の共存 | 第2章

メチルオイゲノール　　　キュールア

図2-5　上：メチルオイゲノール（ミカンコミバエの誘引物質），キュールア（ウリミバエの誘引物質）。下：メチルオイゲノールをしみ込ませたディスクに誘引され同物質を執拗に舐めるミカンコミバエの雄成虫

何よりも好都合なことに，雄ミバエは，まだ性的に成熟していない羽化後数日目（交尾前）からメチルオイゲノールに誘引され捕殺されるのである。このようなプロセスで，各島のミバエを壊滅的に退治しようという計画であった。日本本土から見れば小さな島々ではあるが，農業地帯だけでなく，亜熱帯密林地域や米軍基地，市街地を含むその面積は途方もなく広大である。1匹の取りこぼしも許されない。ヘリコプターによる撒布と緻密な人海戦術によって徹底的に駆逐され，約10年の歳月をかけて，1984年ついに日本の島々からミカンコミバエは完全に一掃された（一部の島では後述の不妊化虫放飼法も取り入れられた）(Koyama et al. 1984)。

一方，キュールアは，ウリミバエの雄成虫に対して強い誘引力を示すが，最後の1匹まで駆逐できるほどのパワーにあと一つ及ばないことが予想された。そのため，各島における根絶計画の最初の部分では，キュールア＋殺虫剤を利用した"抑圧防除"を仕掛けておき，ある程度密度を下げた直後に莫大な数の不妊化したウリミバエを放つという"不妊化虫放飼"法が取り入れられた。"ミバエ生産工場"（増殖施設）において毎週数百万～億単位の数のウリミバエを大量生産し，蛹時代にγ線（コバルト60）照射することにより雄も雌も生殖器を破壊して不妊化してしまう。羽化

させて間もない不妊虫を各地に大量に撒けば（多くはヘリコプターから）確率的に野生のウリミバエのほとんどは不妊虫と交尾することになる。(1) 不妊雄と交尾した野生雌は無精卵しか産めないし，(2) 不妊雌と交尾した野生雄は精子を無駄にすることになる。これを繰り返すことによって理論的には根絶が可能であることが数式で示された（伊藤　2008）。絶滅に向けての刻々の個体群推移は，キュールアトラップに集まってきた個体のうち野生虫が占める割合を調べることによって進められた（不妊虫には蛍光色素でマーキングしてあるので野生虫と区別できる）。最終的には手作業による被害果実の調査で防除効果の確認が行われた。最初は沖縄県久米島から試験的に進められた（1976年）。キュールアによる抑圧防除で，いかに土着個体群の初期密度を抑え込んでおくかが，第一のポイントであった。理論式とは裏腹に野生虫がなかなか減少しない"ホットスポット"の殲滅に多大な労力を費やしながらも，1980年代には奄美・沖縄諸島，最大規模地域である沖縄本島さらに八重山諸島へと進攻し，1993年，ついに日本全土からウリミバエが根絶された。多くの人材と経費をかけ，両種ミバエを合わせて通算26年間に及ぶ国家を挙げての一大事業が達成された（伊藤　2008）。

　これらの根絶作戦では，ターゲットとする害虫のみを選択的に駆除することができる。テックス板に使用する殺虫剤の量は，仮に圃場への全面撒布する場合と比べれば微々たるものであるし，果実への残留の心配はまったくない。生態系にほとんど影響を与えない画期的な手法として，国際的に高く評価されたことはいうまでもない。ウリミバエの場合は不妊化虫放飼が中心ではあったが，最初の抑圧防除，刻々の個体群モニターにキュールアが活躍したことも重要なポイントである。

　両ミバエ種とも，雄成虫が特定の化学物質に誘引される習性を巧みに利用したことがみごとに功を奏したわけである。このメチルオイゲノールとキュールアに対する雄ミバエの不可思議な誘引習性が，本論の「ランの授粉」と大きく関わっていることが明らかになってきたのは，ごく最近のことである（西田　2007）。以下は主に筆者と元マレーシア理科大学教授 Keng Hong Tan 氏との共同研究によるものである。

(2)「送粉者」としてのミバエ

　ランは，その優美な花立ちから，送粉者ならぬヒトからも愛でられ，古くから盛んに品種改良もされてきた。ここに述べるマメヅタラン *Bulbophyllum* 属は，比較

的小振りの種が多く，約 2000 種を擁するラン科最大のグループである。筆者らが研究対象とした一連の「ミバエラン」は，すべてこの属に属し，ちょうどミカンコミバエやウリミバエ (*Bactrocera* 属) の原産地と考えられる東南アジアからオセアニアにかけて広く分布している。ランの仲間のほとんどがもっぱらハチ目 (膜翅目 Hymenoptera) やチョウ目 (鱗翅目 Lepidoptera) などによって送粉されるのに対し，これらの花は蜜の代わりに独特の芳香を放ち特定のミバエ種を誘引している。古くは 100 年以上も前，ランの研究家 Ridley (1890) が *Bu. macranthum* というマメヅタランの花をある種のハエが訪問し，結実したことを記録している (最近の調査でこのランは，ウリミバエを誘引することが確認されている) (Tan & Nishida 2000)。

a. 誘引物質を操るバランス式唇弁

ミカンコミバエの雄成虫が我が身を滅ぼすほどにメチルオイゲノールに誘惑されることは前節で述べたとおりであるが，東南アジアに広く分布するマメヅタランのなかに，同物質を発散して巧みにミバエを誘引する種がいくつか自生している。ミバエランの一種，*B. cheiri* は，熱帯雨林の樹上でうっかり見過ごしてしまうような目立たない褐色の花を咲かせる (図 2-6A)。しかし，ミカンコミバエはこれを見逃すことはない。一時は，訪問するミバエが多すぎて，あぶれ者が順番待ちをすることもあるぐらいだ。もちろん，集まって来るのはすべて雄成虫である。注意して見ると，そのなかの 1 匹の背中に黄色い花粉の塊がしっかりとくっついていた (図 2-7)。前節の騙しランの類いも同様であるが，通常ランの花 (ラン亜科) は花粉を撒き散らすような雄しべを持たず，花粉がぎっしり詰まった，たった 1 個の「花粉塊」を"最も信頼できる"送粉者に託している (西田　2007)。

林内に漂うメチルオイゲノールの香りに誘引された雄ミバエは，花に着陸するとその表層組織をしきりに舐める (Nishida et al. 2004)。*Bu. cheiri* の花は 2 枚の花弁と 3 枚の萼片が，まるで 5 本の指をすぼめたような形で取り囲んでいる (図 2-6A)。そのあいだから垂れ下がる 1 枚の長い唇弁は，基部が蝶番 (ちょうつがい) 構造になっているので，ハエがとまるとぶらぶらと揺れる。ミバエがメチルオイゲノールの濃度勾配に惹かれ唇弁を舐めながら上部へ登りつめた途端，ミバエ自身の重みで唇弁ごと花室内部へと倒れ込む。まさにシーソーか天秤の原理である。ハエが蝶番のある位置より上に差しかかると必ず 120 度ほど反転するようにできている。ちょうど，すぼめた 5 本の指の内側に仰向けに閉じ込められた状態になる。この瞬間，粘着性のアームを持った花粉塊が蕊柱の中心 (5 本指に例えると，中指付け根付近) で待ち受

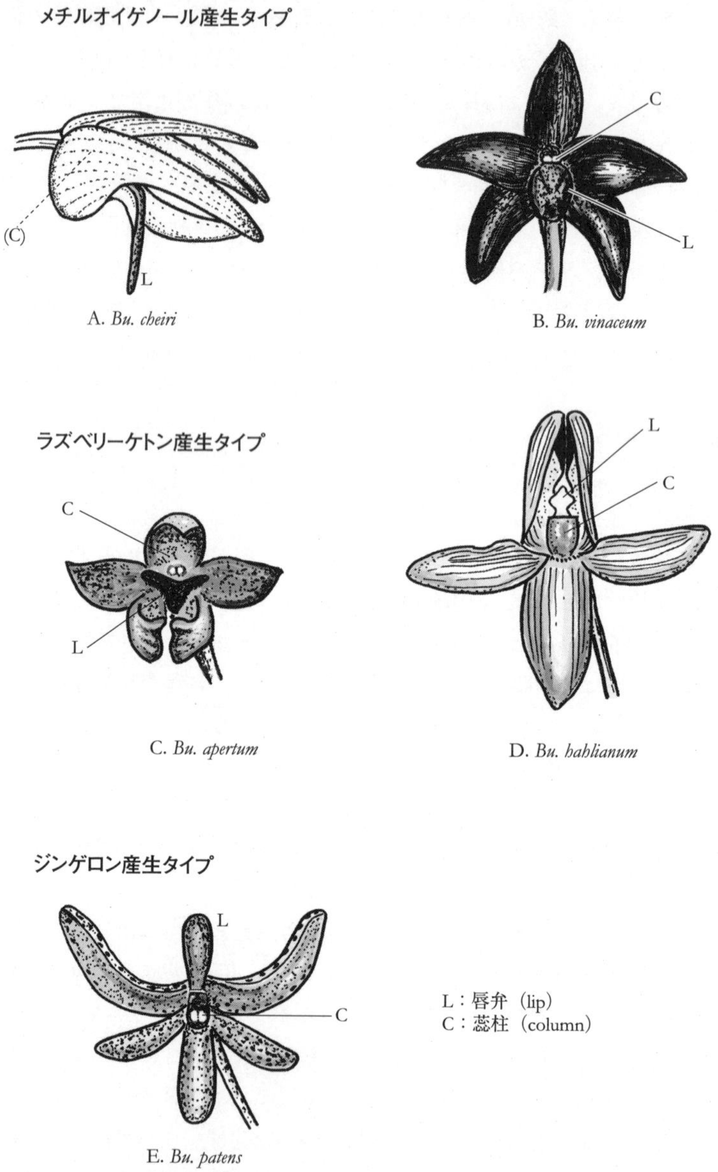

II 昆虫の生理・生態に探る機能制御

メチルオイゲノール産生タイプ

(C)
L

A. *Bu. cheiri*

C
L

B. *Bu. vinaceum*

ラズベリーケトン産生タイプ

C
L

C. *Bu. apertum*

L
C

D. *Bu. hahlianum*

ジンゲロン産生タイプ

L
C

L：唇弁（lip）
C：蕊柱（column）

E. *Bu. patens*

図 2-6　*Bulbophyllum* 属ミバエランのいろいろ。A, B, C, E のラン種は，可動式唇弁（L）を持ち，花香で誘引し雄ミバエの胸部背面に花粉塊をつける。D のランは固定唇弁（L）とカップ状の蕊柱（C）を持ち雄ミバエの腹部背面に花粉塊をつける。

図 2-7　ミバエラン *Bulbophyllum cheiri* の花粉塊を胸部背面に背負うミカンコミバエ雄
　　　　（Tan et al. 2002）

けていてハエの胸部背板にしっかりと固着する。花粉塊を背負わされたミバエは，花室から這い出し，何事もなかったかのように飛び去ってゆく。また同じ花香に誘われ同種の他花を訪れると，まったく同じように可動式唇弁を登りつめたところでトラップされる。今度は，背負っている花粉塊が，花室内で待ち構えている雌しべにぴったりとくっつく。受粉を完結した花は，やがて子房が発達し，結実する。

b. ミバエランの繁殖戦略

　ランの花がわざわざ1個の「花粉塊」に花粉を詰め込んでいる理由は，その種子撒布の様式と密接に関連しているらしい。ラン科の実は蒴果（縦裂して種子を散布する乾果）で，ホコリのように軽くて微小な無数の種子を作る。種子には胚乳（養分）がなく，空中に飛散した種は，落下地点で菌と共生することによって，発芽・着生するといった独特の生活史を持っている。1果実あたりの種子数は数百万に及ぶこともある（Johnson & Edwards 2000）。雄しべから吹き出した粉状の花粉をいちいち

虫に運ばせているのでは，とても間に合わない。1個の花粉塊には種子数に対応した花粉が入っており，1回の受粉で結実を果たすことができる。自分と同種の他花に大量の花粉を確実に届けてもらうために雇う虫は，よほど信頼できる"忠実"な送粉者である必要がある。もしくは前節の"騙しラン"をせっせと授粉するハナバチのように少なくとも二度も欺かれる"騙され易さ"が必須条件である。とりわけ，熱帯雨林にはいろいろな種類の花が咲き乱れ，送粉者の誘惑も多いであろう。このような植物と動物の多様性を考えると，できるだけ道草をくわずに，まっしぐらに花粉塊を雌しべに届けてもらうことが鍵となる。

　同種のランの花が同じ時期に一斉に開花するかどうかは定かでない。幸いなことにミバエ類の成虫は，意外に長生きである。種類や条件にもよるが，野外におけるミカンコミバエの生存期間は2ヶ月以上と推定される。一方，いったん背中にこびりついた花粉塊はめったなことでは剥がれるようなことはない。また，花粉塊を背負った成虫は，通常の雄とほとんど同じように飛翔し，採餌・グルーミング（毛づくろい）などにおける行動のハンディキャップはそれほどなさそうに思われる。花粉塊の固着位置は飛翔やグルーミング中に外れない滑らかな前胸背板である。一方，花粉塊に詰められたランの精子の寿命についてはまったく手がかりを得ていないが，走査電子顕微鏡で見る限り，花粉を納めている袋 pollinarium（長径約1mm）は固いクチクラで保護され，すぐに萎びることはない（西田　2007）。同種他花に出会うチャンスがしばらく無かったとしても，長命の雄ミバエはこれらのランにとって理想的なパートナーであるに違いない。雄ミバエは生存しているあいだ，誘引物質に繰り返し引き寄せられ，そのたびに花組織を舐める習性があることも，この送粉系を成り立たせる重要な要素になっている。めでたく受粉を完了した花は直ちに花弁が萎れ，子房が発達するが，送粉者が来るまでは凛として花を咲かせているのがランの特徴である。

c. バネ仕掛け式唇弁

　マレーシア Sabah 州（ボルネオ北部）のキナバル山の麓に自生するミバエラン *Bulbophyllum vinaceum* は，濃い紫色の花を咲かせる（図2-6B）。メチルオイゲノールを主成分とした独特の芳香でミカンコミバエ種群の雄成虫を誘引するところは，先の *Bu. cheiri* と同様であるが，花の構造はずいぶん異なっている（Tan et al. 2006）。このランの場合，雄しべと雌しべのある蕊柱は，肉厚の舌状の唇弁で蓋をされたように隠されている。誘引されたミバエは，しばらくは大きく開いた花弁と萼片を舐めて

いるが，誘引成分の濃度勾配に誘われるように中央の唇弁（蓋）を舐め始める。ついには，蓋をこじ開けるように唇弁と蕊柱の隙間に入り込もうとする。そうすると，蝶番がハエの力と重みで反転し，唇弁の裏側があらわになる。ミバエは，この上にまたがるようにして最も"おいしい"裏蓋部分を舐める。ところが，中心方向に向かって1歩前進した次の瞬間，開いたはずの蓋が，まるでバネ仕掛けのようにバチンと元通りに閉じてしまう。一瞬，蕊柱との隙間に閉じ込められ，あわてて這い出してきたハエの背中には，すでに花粉塊がくっついている。目にも止まらない早さである。ビデオ画像から受粉のプロセスを解析した結果，バネ仕掛けで唇弁が戻るのに0.04秒，受粉が完了するまで1秒以内であった (Tan et al. 2006)。花粉塊はミバエ前胸背板の中央部に正確に命中しており，そのメカニズムの精巧さは驚くべきものである。このハエは，同種のミバエランを訪れて再度同じようにトラップされ，その瞬間に花粉塊を受け渡すものと考えられる。残念ながら，今のところ，雌しべへの授粉の観察には成功していない。

d. ラズベリージャムの腰掛け

　これまで紹介した2例のミバエランは，いずれもミカンコミバエの雄が好むメチルオイゲノールをベースに花香を調合していた。熱帯雨林には，ウリミバエの仲間だけを誘引するミバエランが自生していることが分かった。その一つ，*Bu. apertum*（図2-6C）は，鼻を近づけると，ほのかに甘いラズベリーの香りがする。ガスクロマトグラフ−質量分析計で分析した結果，予想通りラズベリー果実のエッセンスとして知られるラズベリーケトン（図2-8）を含んでいることが分かった (Tan & Nishida 2005)。同物質は，キュールアの酢酸エステルがはずれたフェノール性の化合物であるが（図2-5参照），ウリミバエに対して，キュールアと同様に強い誘引性を示した。この花はかなり小型で，花の中央に，ちょうど自転車のサドルのようにT字型をした可動式唇弁を持っている（図2-6C）。ラズベリーケトンは，このサドルの表面に塗り込められているので，やってきたミバエは必ずこの上に馬乗りになろうとする（唇弁は逆三角形に傾斜しているので，自転車のサドルに見立てると，ハエは逆向きに乗ることになる）。ミバエはサドルにしがみついたまま，サドルもろとも内側に反転し，唇弁と蕊柱のあいだに挟み込まれる。粘着性のある花粉塊の腕先viscidiumが，ハエの前胸背板にめがけて命中する。先の2例（*Bu. cheiri, Bu. vinaceum*）と，原理的にはよく似てはいるが，3種のランとも形態とメカニズムがかなり違っている。より詳細に観察すると，この場合は粘着アームが固着すると同時に，テコの原

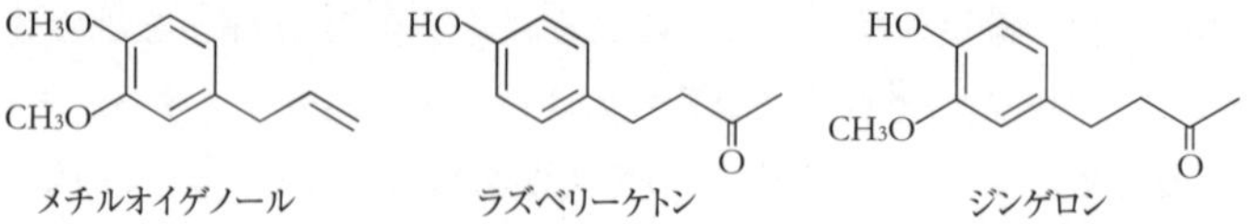

図2-8 *Bulbophyllum* 属ミバエランの産生するミバエ誘引物質。ジンゲロンはメチルオイゲノールとラズベリーケトンのハイブリッド構造を持ち，ミカンコミバエ種群とウリミバエ類の両系統のミバエ雄を誘引する。

理で花粉塊が押し出されるような，巧妙な機械仕掛けになっていることも分かった。

　ここまでは，誘引されるミバエの種類について詳しく述べなかったが，ミカンコミバエとウリミバエだけでなく500種類に及ぶ *Bactrocera* 属ミバエのうち多くの種が，メチルオイゲノールかキュールアのどちらかに誘引されることが知られている（どちらにも誘引される種は知られていない）。これまで，マレーシアで観察した結果，キュールアタイプの数種（ウリミバエの他に，セグロウリミバエ，*B. caudata*，*B. albistragata*）の誘引が目撃されているが，確実に授粉が観察できたのは，最も小型の *B. albistragata* のみである。実は，ウリミバエもセグロウリミバエも誘引されるが，花のサイズに対してあまりにも体長が長く，サドルからはみでしてしまう。ランの計略通りにはトラップできないどころか，反対側からサドルを舐め，花粉塊が脚にくっついてしまったりして，盗蜜者ならぬラズベリージャム泥棒になり，かつ大切な花粉塊も無駄にしてしまう。このような不合理は，圧倒的にウリミバエの多い農業地帯との隣接部に自生するミバエランの環境保全を考える上でよく見極めていかなければならない問題である。

e. カップ式トラップ

　上記3種のミバエランとも，唇弁は蝶番やバネ仕掛けで巧みにミバエをトラップしていた。パプアニューギニアNew Britain島に自生するミバエランの一種 *Bu. hahlianum* の花は，前種同様ラズベリーケトン産生タイプで，ウリミバエなど複数種の *Bactrocera* 属ミバエの雄成虫を誘引する（図2-6D）。側萼片は唇弁と蕊柱を包み込むような形状をしているため，この上部内側に到達したミバエは，組織を舐めながら花の中心部に接近する。垂直に直立した"不動"の唇弁を"後ずさり"しながら唇弁を下方へ舐めていくと，いつのまにかカップ状の蕊柱内に腹部がすっぽり入ってしまう。このとき1対の花粉塊が腹部上端に固着する（Nishida et al. 2008）。おそらく，"おいしい部分"を無我夢中に舐めようとしているあいだに，壺の内側面で

待ち構えている粘着性の花粉塊にお尻を押しつけてしまうのであろう。このプロセスの連続写真を解析したが，壺のなかの様子まではよく分からない。当初，ヌルヌルした唇弁から壺にストンと滑り落ちると思われていたが，その考えは，このランに関する限り，ほぼ否定された。花粉塊の固着部分が胸部背面ではなく腹部背面であることも特徴である。ミバエはこの訪花行動を繰り返すことによって，授受粉が成立するものと思われる。可動式のミバエランの巧妙なアーキテクチャーから比べると，あっけないほどシンプルな構造である。

　前節の蜜腺までの距離がとてつもなく長い"スズメガラン"にしても，"ハナバチ騙しラン"にしても，ラン種とハチ種は1対1で厳密に対応していたが，この壺式ミバエランに見る限り，ウリミバエを含む少なくとも7種の雄ミバエが訪花しているのが観察できた。とくに目を引いたのは，たいへん大型の *B. atramentata* がやってきたことである。最も小振りの *B. frauenfeldi* とのあいだには，体重にして3倍以上あろうか？　とてもお尻がカップに納まるとは考えられない。極端な小型種では，逆にピッタリとカップ内壁に接するかどうかは疑わしい。今のところ花粉塊を背負った個体が見つかったのは，ウリミバエと体サイズが似ている *B. bryoniae* のみである。このように見ていくと，ランは，大型種や小型種に誘引物質だけを舐め去っていかれるかもしれないリスクを負いながらも，万一，特定のミバエの発生時期に同期せずに咲いた花も，複数のミバエ種を送粉者に雇えるという1対1リスク回避のメカニズムが機能しているのかもしれない。

f. 究極のラン？── 両タイプのミバエ種を雇う

　先に述べたように，多数種に分化した *Bactrocera* 属ミバエのほとんどの種は，メチルオイゲノールかキュールア（あるいはラズベリーケトン）（図2-5）のどちらかに誘引され，ここに便宜的に示すと，

　　メチルオイゲノールに誘引されるタイプ：ミカンコミバエ種群など
　　キュールアおよびラズベリーケトンに誘引されるタイプ：ウリミバエ種群など

の二つのグループに分類される。それぞれのミバエランの花はどちらかの種群を誘引するべく，メチルオイゲノールかラズベリーケトンを生合成している。ちなみにキュールアはラズベリーケトンのアセチル体であり，アメリカ農務省の研究グループによって膨大な合成化合物のなかからスクリーニングによって，たまたま見つけ出された人造品であり，今のところ天然からは見出されていない（抑圧防除や個体

群モニターには揮発性が高く油状で扱い易いキュールアが使用されている)。

　可動式唇弁を持つ赤紫色の美しい *Bu. patens* の花には，ミカンコミバエ種群もウリミバエ種群もやって来る。これは，これまでになかったバージョンである。このミバエランは，きっとメチルオイゲノールとラズベリーケトンの両方を発散しているに違いない，と直感し，花香成分を分析したところ意外な事実が判明した。確かに痕跡程度のメチルオイゲノールを分泌してはいるが，ジンゲロン zingerone という化合物（図 2-8）が花香の本体であった（Tan & Nishida 2000）。両種群のミバエを誘引するこのユニークな物質はショウガの辛み成分として著名である。しかし，これまでミバエ誘引物質としては知られていなかった。ジンゲロンはラズベリーケトンの3位にメトキシ基を持っており，メチルオイゲノールとラズベリーケトンの構造式を並べて見ると両者のハイブリッドのような構造をしていることが分かる。実際に，このミバエランは，マレーシアでメチルオイゲノールタイプのミカンコミバエ，パンノキミバエ，*B. carambolae*，ラズベリーケトンタイプのウリミバエ，セグロウリミバエ，*B. caudata* を誘引することが観察された。このランはまさに両刀使いである。化学構造を一見したところでは，ラズベリーケトンの3位にメトキシ基を導入すればジンゲロンは出来上がりそうであるが，実際の生合成系を考えると，もう少し上流からの分岐を考慮する必要があり，O-メチルトランスフェラーゼなどを含む，かなり複雑な酵素系の関与が必要になると予想される。

　多くのランがランナウェイプロセスにより，限りなく1対1の関係へと送粉者を絞り込んでいったことを考えると，進化の方向を逆行させているようにも思える。いったい，このランはミバエランの進化のなかでどの位置にあるのだろうか？(1) もともと進化の初期にはジンゲロンタイプであったものが，メチルオイゲノールタイプとラズベリーケトンタイプに2極分化されていったのか，あるいは，まったく逆に (2) メチルオイゲノールタイプとラズベリーケトンタイプの両ミバエを雇い入れる術をあとから獲得したのか？　(2) が正解なら，熱帯雨林の複雑な生態系で，安定した送粉者を確保するための究極の技ともいえそうである。この謎を解くためには，ミバエ側の生活史についても十分な理解をする必要がある。次項では，ランの花香がミバエの生活環でどのように役立っているかを考察する。

(3) ミバエの生活環と花香の役割

　そもそも，ミバエの雄成虫は何の目的でメチルオイゲノールやラズベリーケトン

に引き寄せられるのであろうか？　日本におけるミカンコミバエとウリミバエの根絶計画において「種特異的誘引剤」として絶大な威力を発揮したのは周知のとおり（前項2-2 (1)）であるが，当時はこの不思議な行動の生物学的意味についてはまったく分かっていなかった．

1) なぜ雄成虫だけが誘引され，雌は来ないのか？
2) なぜ雄成虫は，誘引物質自体を憑かれたように舐めるのか？
3) なぜ雄成虫は，交尾（性的成熟）する前に誘引されるのか？

これらの疑問は，根絶事業を成功に導いた重要要素ともなっており，また，ランとの関わりの謎を解く上にもぜひ知りたいところである．

a. 性フェロモンとしての機能

メチルオイゲノールは，フェニルプロパノイドに属する植物精油成分の一つであり，ミバエランだけでなく，熟れた果実や花香成分の一部として植物界に広く分布している．ミカンコミバエの雄はメチルオイゲノールを含有する植物組織をしきりに舐める．舐めるということは，同物質を体内に取り込んでいるはずである．東南アジアなどで調査した結果，野生のミカンコミバエ雄成虫のほとんどが，メチルオイゲノールそのものではなく，その酸化代謝物（2-アリル-4,5-ジメトキシフェノールと $trans$-コニフェリルアルコール）を多量に蓄積していることが判明した（図2-9）．実験室で飼育している成虫は，これらの物質を持っていない．ところが，メチルオイゲノールを摂食させてやると，野生虫と同様の成分が体内に蓄積してくることが分かった．詳細に行方を追跡したところ，その大部分は直腸腺から検出された．メチルオイゲノールを舐めた雄の直腸腺は，明らかに膨れあがり油滴を蓄えている．ミバエラン *Bu. cheiri* や *Bu. vinaceum* の花に集まってきたほとんどの個体が，このようにして多量のメチルオイゲノール酸化体を体内に取り込んでいることが分かった（Nishida et al. 2004）．

ミカンコミバエの雄は夕方になると翅を激しく振るわせ羽音を立てながら，直腸腺内容物を霧状に勢いよく空中に放出する．雌は，この匂いに惹かれてやって来る．メチルオイゲノールを舐めた雄に対しては，とくに魅力があるらしい．メチルオイゲノールを摂取した雄と摂取していない雄とのあいだで交尾率の差を見ると圧倒的に摂取雄の交尾率が高いことが実証された．また，上記2種のメチルオイゲノール代謝物（図2-9）を未交尾の雌に嗅がせると，執拗にそのあとを追い，なかには

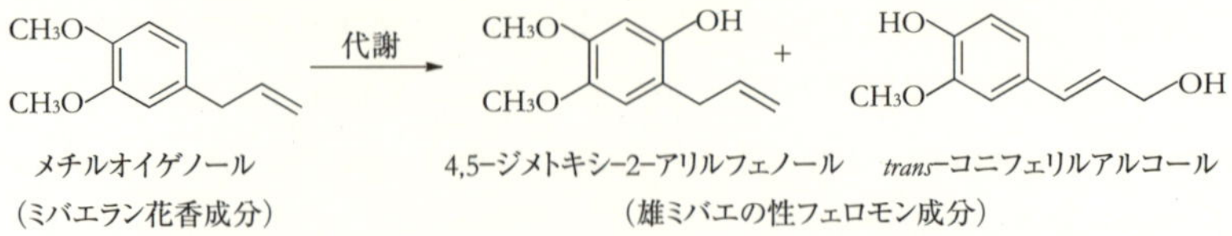

II 昆虫の生理・生態に探る機能制御

図2-9 花香成分メチルオイゲノールを摂取したミカンコミバエ雄は，体内で2種の酸化体に代謝変化し，雌を誘惑する性フェロモンとして直腸腺に蓄積する。

（図中：メチルオイゲノール（ミバエラン花香成分）→ 代謝 → 4,5-ジメトキシ-2-アリルフェノール ＋ trans-コニフェリルアルコール（雄ミバエの性フェロモン成分））

産卵管を突き立てる行動をする個体も認められた。この行動は，雌の交尾受け入れの合図となっていると考えられる。すなわち，雄の直腸腺物質は，雌を誘惑する「性フェロモン」として機能していることが判明した。花香をさらに魅力的な「香水」に加工し，雌にプロポーズするという巧妙な図式が見えてきた。

午前中に訪花してメチルオイゲノール花香を摂取すると，その日の夕方には直腸腺への集積が認められる。いったん蓄えられると1ヶ月経過した雄でも，まだ雌を強く誘惑する能力がある (Shelly & Dewire 1994)。それだけでなく，メチルオイゲノールは，雄ミバエ自身にも「精力剤」としての効果がある。花香成分を摂取した雄は，羽音を激しく立てて雌にプロポーズする頻度が有意に増加する。つまり，非摂食雄に比較して交尾を有利に運ぶ，もう一つの要因となっている。いずれにしても，なぜ，雄が身を滅ぼすまでにメチルオイゲノールに執着するか，ここにその理由が明らかになってきた。ウリミバエの場合もラズベリーケトン花香を摂取した雄は，直腸腺に貯蔵することから，同様のメカニズムが働いているものと思われる（この場合は，酸化せずにラズベリー香をそのまま蓄える）。ミバエランは，このような雄ミバエの特異な習性につけ込んで，ミバエ誘引の術を発達させてきたのに違いない！　花香成分は，ミバエとミバエランの双方の配偶戦略（授粉／交尾）に欠くべからざる化学物質であるとするなら，化学生態学用語でいうと，「双方にとって有利に働く情報物質」すなわち"シノモン synomone"であると定義づけられる（第2部序文163頁参照）(Harborne 1997)。

b. 防御物質としての効果

野生のミカンコミバエ雄が油滴状で直腸腺に蓄えるメチルオイゲノール酸化体は，場合によっては100マイクログラムを超える。一般的にガ類の分泌するフェロモンが10ナノグラムレベルであることを考えると，千～万倍であり，小型のミバエが蓄えるにしては，とてつもない量といえる。

メチルオイゲノールは，フルーティーな芳香物質であるが，脊椎動物に対して毒

性を持つことも知られている。クモ，ヤモリ，鳥などの捕食性天敵は，ミカンコミバエが直腸腺に蓄える代謝成分に忌避反応を示すことが分かった (Tan & Nishida 1998)。ヤモリ (*Gekko monarchus*) に対する忌避実験を試みた。空腹のヤモリは室内飼育したミカンコミバエを平気で捕食した (もともと，イエバエほどは好きではないらしい)。次にメチルオイゲノールを摂取した雄を食べさせたところ，何匹かのヤモリはすぐに吐き戻し，以後はミバエを拒絶するようになった。飲み込んでしまった場合でも，それ以後，次第にミバエには手をつけなくなった。ミバエは捕獲されると同時に直腸の内容物を排泄する習性があることから，少なくとも忌避作用が効果的に働いているように思われる。直接的な嗅覚あるいは味覚による忌避効果だけでなく，その後ヤモリの摂食量が減少したことは，(1) 中毒により食欲減退したためか，あるいは (2) 学習効果により忌避するようになった可能性が考えられる。毒性について，さらに詳細に調べてみることにした。メチルオイゲノールを摂取したミバエを無理に何匹か食べさせると，ヤモリは，ことごとく体調不良を起こした。解剖した結果，肝硬変様の症状と消化管の腫瘍が認められた (Wee and Tan 2001)。メチルオイゲノールを摂取していないミバエを与えたヤモリの肝臓は健常であったことから，毒性がメチルオイゲノール関連物質に由来することは疑いなくなった。

c. 性選択 vs 自然選択

ヤモリにおける学習効果に関しては，まだ明確な結論を得ていないが，いったん"毒ミバエ"を体験した個体は，メチルオイゲノールを摂取していない雄ミバエだけでなく，雌ミバエをも避けることが実験的に分かった (Tan & Nishida 1998)。ミカンコミバエは雄も雌もどことなくアシナガバチの仲間を連想させるような，鮮やかな黄縞の体色を持っている。もし，視覚的に学習しているなら，捕食者は，ほとんど色彩パターンが同じの雌雄を区別できないと思われる。メチルオイゲノール酸化体は，昼行性の鳥に対しても摂食忌避効果があることが確かめられており (Nishida & Fukami 1990)，捕食者に対する視覚的な擬態効果の可能性が浮かんできた。擬態理論では，同種個体群の一部だけが有毒であれば，無毒の個体は守られる (種内擬態あるいはオートミミクリー)。もし，このことがミバエの捕食天敵に広くあてはまるなら，雄の蓄積する毒は，"種内擬態"の理論により，雌 (無毒) をも守ることができることになる (Wickler 1968)。このことは，ミバエの生活史を考える上できわめて重要な意味を持っている。雄ミバエのメチルオイゲノールに対する趨性は，単に雌が"ラン花香で香りづけした雄"を好むという「性選択」の帰結のみならず，"毒

を蓄積する能力を備えた雄"(適者)を選ぶことにより，その形質を子孫に伝える「自然選択」の関与を示唆しているからである。言い換えれば，直腸腺から発散する"フェロモン"は，防御物質の原料であるメチルオイゲノールを蓄積する能力の"証し"であり，雌は，そのような雄を慎重に選んでいることになる。実際に自然生態系において雄ミバエを捕獲してみると量の多少は著しいが，大多数の個体が直腸腺にメチルオイゲノール代謝物を蓄積しており，生態系を十分に反映した考え方ということができる。

このように考えると，ミバエとミバエランの関係も，かなり奥が深いように思われてくる。すなわち，(1) 自分の花粉塊を雌しべ柱頭まで届けてくれる送粉者（雄ミバエ）に防御物質あるいはその前駆体を提供することにより，花粉塊の命運をより確かなものにすることができる。(2) 推論でしかないが—間接的には，花香由来のフェロモンを介した雌による好み（性選択）がこの形質を保障していることにもなっている。また，話はさらに飛躍するが，(3) 花粉塊運搬に預からなかった雄ミバエもランから提供される花香を摂取することよって自らを"有毒"あるいは"不味"にしていることを考えると，「種内擬態」をとおして間接的に花粉塊を運ぶミバエを守りうる可能性も考慮しておく必要がある。すなわち，有毒雄の個体の比率が高ければ高いほど，種内擬態の効果が増すと考えられるからである［送粉に預かる雄ミバエだけしか防御物質を持っていないよりは，たとえば雄個体群全部が有毒（モデル）である方が，（送粉個体にも，半数を占める無毒の雌個体群全体にも）有利に働く］(Wickler 1968)。比較的長命のミバエ類成虫の主要な天敵が，何であるかは，まだよく分かっていない。

いずれにしても，ミバエランとミバエ双方とも，直接的に自らの配偶戦略（授粉/交尾）をとおして相手の遺伝子に影響を与えていることが，十分考えられる。この場合，騙しラン（ビーオーキッド）や，イチジクコバチのように花と虫が1対1で対応する真の共進化とは異なり，1種のランに複数種のミバエ種が関わっている「1対多」の関係である。また，一つのミバエ種は，ミバエラン以外にもいろいろな植物源からメチルオイゲノールやラズベリーケトンを取り込んでいる可能性が大きい。ある種の進化は他のさまざまな種との関係で発生し，それら他の種もさらにさまざまな種に影響を受ける—このような場合は，「拡散共進化 diffuse coevolution」に分類される（井上　1993）。ただし，現在の生態系における身近なミバエ相だけから双方の進化の真相を推し量るのは困難である。ミバエランとミバエの進化の原点で，どのような関係があったのだろうか？　たとえば，小型のミバエしか授粉でき

ない，小型ミバエラン *Bu. apertum* のケースなどを考えると，実際には，1対1の可能性も否定できない。未記録種を含む数百種の *Bactrocera* 属ミバエを宿している熱帯雨林の奥深くには，まだこの謎を解く手がかりが潜んでいるに違いない。

2-3 自然生態系と農業生態系の狭間で

第2節では，農業上重要な果樹・果菜類食害性のミカンコミバエ種群やウリミバエ種群に焦点をあててミバエランとの関わりをみてきた。しかし，それぞれのミバエランについて，真の共生関係にある種がどれだけいるのか，それらは，自然生態系と農業生態系でどのように重なり合い，相互作用を持っているのか，ほとんど分かっていない。

現在，日本で成功したミバエ根絶事業を参考に，誘引剤や不妊化虫を用いた大規模な害虫ミバエの防除が熱帯地域の開発途上国で精力的に進められている。とくに，先進国からの資金援助により原子力平和利用の一環として，γ線照射によるミカンコミバエなどの不妊化虫放飼は，東南アジア諸国でも具体的に実施されつつある。たとえばパイロット的にタイのラチャブリ県で行われた不妊化虫放飼の結果，マンゴーのミバエによる被害率は80％から4％未満へと減少したと報告され，その防除効果が高く評価されている（Orankanok 2005）。しかし防除区域の規模の大きさによっては，ミバエラン類が自生する自然生態系への影響は深刻なものになることが危惧される。本節では，自然生態系と農業生態系との狭間で窮地に追いやられたミバエランとミバエの関係を中心に，さらに考察を進めたい。

(1) 害虫防除と自生ランのジレンマ

われわれが比較的容易に足を踏み入れられる自然生態系は，害虫種ミバエが蔓延する農業地域に隣接しているし，*Bulbophyllum* ランの自生する密林地帯は，人為的撹乱により，もはや純粋な自然林ではなくなってきている。しかし，いったい，どの種のミバエがどの種のミバエランの花粉をどれくらいの頻度で運んでいるのか，そのような基本的なことがほとんど分かっていないのが現状である。

そんななかで，オーストラリアのグループ（Clarke et al. 2002）によって，貴重な調査結果が報告された。"ミバエの宝庫"パプアニューギニアの広大な地域（*Bactrocera*

属ミバエが190種も記録されている)で，メチルオイゲノールとキュールアのトラップを仕掛け，捕獲されたミバエのうちどれだけがランの花粉塊をくっつけているかという，大規模調査である。地域としては，ニューギニア本島と諸島の低地湿地帯，低地乾燥帯，高地森林帯を含む120地点で年間を通じた観測が行われた。その結果108万4077匹のミバエが捕獲され，そのうち338匹(24種)が体表のどこかにミバエランの花粉塊をつけていることが明らかにされた(そのうちメチルオイゲノールで捕獲されたのは282匹，キュールアで捕獲されたのは56匹)。興味深いことに，メチルオイゲノール捕獲虫のほとんどすべてが胸部背面に花粉塊を背負っていたのに対し，キュールア捕獲虫の8割近くが腹部背面に花粉塊をつけていた。前述の例で述べたいわゆる"カップ式"の *Bu. bahlianum*(ニューギニア低地湿地帯産)は腹部に花粉塊がつく。花粉塊をつけていたミバエ種については詳細に同定されているが，残念ながら，この報告書では，どの種のミバエランの花粉かまでは解明されていない。今後，花粉分析(第1部のトピック1-6参照)が進めば，相互の関係が明確に浮かび上がってくるに違いない。

　ここで注目すべきは，これら24種のミバエ類が，農業生態系に出没する果実・果菜害虫かどうかという点である。最もたくさん花粉塊を運んでいた筆頭種はジャックフルーツなどに寄生する害虫種パンノキミバエであった(131匹)。ミカンコミバエ，バナナミバエなど併せると，少なくとも9種(312匹)は農業害虫としてリストされる種である。これは，捕獲された花粉塊付きミバエの9割以上を占める。したがって，ミバエラン自生地を控えた地域において，とくに誘引剤を利用した大規模なミバエ防除事業を展開して行く場合は，十分な配慮が望まれる。理想的な種特異的防除法と共生系破壊のジレンマにとのように立ち向かっていくべきなのか，難しい課題が突きつけられた状況である。

(2) 害虫化したミバエたち

　東南アジアからオセアニア熱帯雨林に分布する約500種の *Bactrocera* 属ミバエのうち8割以上の種は，1科に属する特定の植物群だけを寄主としている(単食性あるいは狭食性)と推定されている(Clarke et al. 2002)。ミカンコミバエやウリミバエのようにジャングルから抜け出して，広範なトロピカルフルーツに寄生するようになった広食性種はごく限られている。このように特定の種が農業害虫化したプロセスについて，仮説を立てながら考察すると以下のようなシナリオが考えられる。

熱帯雨林地域に生息するするミカンコミバエの原種は，土着の特定の植物の果実に寄生して生活していた。そのなかで，メチルオイゲノールを介し，ミバエランとの緊密な共生関係を形成していったと考えられる。一般に食植性昆虫では，寄主を転換することが，生息場所や時期をシフトさせ種分化をもたらす原動力となる可能性が大きい（西田 2007）。ミカンコミバエも寄主果実種を変える（ホストシフト），あるいは寄主範囲を拡大することによって，いくつかの種へと分化していったと考えられる。"ミカンコミバエ種群 Bactrocera dorsalis complex" と呼ばれるグループは，東南アジアを中心にきわめて複雑に種分化していることを物語っている（たとえば，タイでは真性の dorsalis が分布するが，フィリピンでは B. philippinensis，マレーシアでは B. papayae などごく近縁の兄弟種として記載されている（Clarke et al. 2005））。この過程で，特定のミバエランとの関係を断ってしまった種も多くあると推定される。

ミバエにとっては，ラン以外にもメチルオイゲノールの供給源はあるので，密林から脱出しても1対1の対応を迫られることはなかったと考えられる。一方，メチルオイゲノールの摂取は確かに雄ミバエが交尾を有利に運ぶための性フェロモン前駆体として重要であるが，必ずしも必須の物質ではない。そもそも室内飼育虫はメチルオイゲノール無しでも問題なく交尾し，何世代でも増殖させることができる。沖縄のようにメチルオイゲノール給源の乏しいと思われる地域でも侵入害虫として大繁殖できた理由は，同物質なしでも生活環を完結できる"融通性"によるものであろう。つまり，大発生を常とする広食性種においては，花香由来フェロモンに対する雌ミバエの執着度が緩くなってきたためではないだろうか？ ウリミバエにおいては，直腸腺にラズベリーケトンに化学構造が類似した内生的な性フェロモン成分（4-ヒドロキシ安息香酸エチル）を多量にもっており，このことが，ラズベリーケトンへの依存性を軽減する方向に適応していったとも考えられる（Nishida et al. 1993）。

しかし，これとは対照的に，自然生態系に生息する"土着"のミバエ種においては，ラン種が何らかの理由で滅亡すれば，誘引物質の給源がなくなり共倒れの可能性は高い。逆に，特定のミバエ種の滅亡がランの存亡に繋がる可能性は，それ以上に高いと考えられる。また，広食性の害虫種においても，ミバエランの送粉者として十分機能している可能性は考慮しておかなければならない（Clarke et al. 2002）。以上のことから，ミバエランを保護するためには，ミバエ類を十把一絡げに考えるのではなく，自然生態系に秘められた生物間相互の複雑なネットワークに配慮していく必要がある。

(3) 窮地に立たされた送粉共生系からのメッセージ

　筆者らは，ミバエ-ミバエランの送粉系研究をとおして，はからずも自然生態系と農業生態系の対立に直面することになった。果実類の生産は，とくに熱帯圏の開発途上国における食料の安定した供給の一環として大変重要である。たとえ希少植物の花粉媒介者だとしても，ミバエ類の退治は必至の課題であろう。人類を敵に回したミバエ類の大規模な防除事業が推進されれば，林縁部のミバエランから順に姿を消していく可能性が高い。現実には，はるかに規模の大きい森林開発など人為的なインパクトによって熱帯雨林は著しく変容しつつあり，多様なランの自生地の存続自体が危うくなっている。地球温暖化は熱帯雨林の植生に大きな影響を与えると同時に，温帯圏へのミバエ進出・拡大も懸念されている（Stephens 2007）。窮地に立たされたミバエ-ミバエラン送粉共生系の存亡は，送粉昆虫と植物の織りなすネットワークのほんの一例にすぎないが，自然生態系と農業生態系双方の保全と確保に向けてグローバルな観点からの取り組みが急務である。

　最近，2000万〜1500万年前（中新世）と推定されるコハクのなかに封じ込められた"ランの花粉塊を胸背面に背負うハリナシバチ"が発見された（Ramirez 2007）。この系統のハチは現存していないが，ランと昆虫の送粉系を示す世界で初めての証拠として反響を呼んだ。ラン科は被子植物のなかでも最も遅くに適応放散したと考えられていたが，この化石を参考に分子系統樹を再構築した結果，ランの先祖は8000万年前（白亜紀後期）に遡ると推定された（Ramirez 2007）。本章の冒頭で述べたように，まだ恐竜がシダや裸子植物の森を闊歩していた時代である。

　悠久の進化の歴史が，コハクのなかに閉じ込められていた。一つのほころびから，生態系全体のひずみが拡大していくことが危惧されるなか，数奇な運命をたどる現存のミバエとミバエランの関係がわれわれ人類に投げかけているメッセージはきわめて大きい。

▶▶参考文献◀◀

Alm, J., Ohnmeiss T.E., Lanza J. and Vriesenga L. (1990) Preference of cabbage white butterflies and honey bees for nectar that contains amino acids. *Oecologia* 84: 53−57.

Barth, F.G. (1991) *Insects and Flowers: The Biology of a Partnership*. Princeton University Press, Prisceton.

Borg-Karlson, A.K. (1990) Chemical and ethological studies of pollination in the genus *Ophrys* (Orchidaceae). *Phytochemistry* 29: 1359−1387.

Chittka, L. (1996) Does bee color vision predate the evolution of flower color? *Naturwiss.* 83: 136–138.
Clarke, A.R., Balagawi, S., Clifford, B., Drew, R.A.I., Leblanc, L., Mararuai, A., Mcguire, D., Putulan, D., Sar, S.A. and Tenakanai, D. (2002) Evidence of orchid visitation by *Bactrocera* species (Diptera: Tephritidae) in Papua New Guinea. *J. Tropical Ecol.* 18: 441–448.
Clarke, A.R., Armstrong, K.F., Carmichael, A.E., Milne, J.R., Raghu, S., Roderick, G.R. and Yeates, D.K. (2005). Invasive phytophagous pests arising through a recent tropical evolutionary radiation: The *Bactrocera dorsalis* complex of fruit flies. *Ann. Rev. Entomol.* 50: 293–319.
Fenster, C.B., Armbruster, W.S., Wilson, P., Dudash, M.R. and Thomson, J.D. (2004) Pollination syndromes and floral specialization. *Ann. Rev. Ecol. Syst.* 35: 375–403.
Harborne, J.B. (1997) *Introduction to Ecological Biochemistry.* Academic Press, London（深海浩・高橋英一訳．『ハルボーン化学生態学』文永堂，1981）．
井上民二（1993）「送粉共生系における形質置換と共進化」井上民二・加藤真編『花に引き寄せられる動物-花と送粉者の共進化』平凡社，137–172．
伊藤嘉昭編（2008）『不妊虫放飼法　侵入害虫根絶の技術』海游舎．
Johnson S.D. and Edwards T.J. (2000) The structure and function of orchid pollinaria. *Plant Syst. Evol.* 222: 243–269.
加藤真（1993）「送粉者の出現とハナバチの進化」井上民二・加藤真編『花に引き寄せられる動物—花と送粉者の共進化』平凡社，33–78．
Koyama, J., Teruya, T. and Tanaka, K. (1984) Eradication of the oriental fruit fly (Diptera: Tephritidae) from the Okinawa Islands by a male annihilation method. *J. Econ. Entomol.* 77: 468–472.
Lunau, K. (2000) The ecology and evolution of visual pollen signals. *Plant. Syst. Evol.* 222: 89–111.
西田律夫（分担執筆）（2007）「昆虫と植物-攻防と共存の歴史」佐久間正幸編『生物資源から考える21世紀の農学（第3巻）植物を守る』京都大学学術出版会，83–122．
Nishida, R., Tan, K.H., Serit, M., Lajis, N.H., Sukari, A.M., Takahashi, S. and Fukami, H. (1988) Accumulation of phenylpropanoids in the rectal glands of males of the Oriental fruit fly, *Dacus dorsalis*. *Experientia* 44: 534–536.
Nishida, R., Iwahashi, O. and Tan, K.H. (1993) Accumulation of *Dendrobium superbum* (Orchidaceae) fragrance in the rectal glands by males of the melon fly, *Dacus cucurbitae*. *J. Chem. Ecol.* 19: 713–722.
Nishida, R., Tan, K.H., Wee, S.L., Hee, A.K.W. and Toong, Y.C. (2004) Phenylpropanoids in the fragrance of the fruit fly orchid, *Bulbophyllum cheiri*, and their relationship to the pollinator, *Bactrocera papayae*. *Biochem. Syst. Ecol.* 32: 245–252.
大村尚・本田計一（1999）「チョウの訪花行動と花の香り」『昆虫と自然』34：19–23．
Orankanok, W., Chinvinijkul, S., Sittilob, P., Thanaphum, S., Sutantawong, M. and Enkerlin, W.R. (2005) *Using area-wide sterile insect technique (SIT) to control two fruit fly species of economic importance in Thailand.* International Symposium "New Frontier of Irradiated food and Non-Food Products" 22–23 September 2005, KMUTT, Bangkok, Thailand.
Pellmyr, O. (2003) *Yuccas* yucca moths and coevolution: a review. *Ann. MO Bot. Gard.* 90: 35–55.
Ramírez, S.R., Gravendee, B., Singer, R.B., Marshall, C.R. and Pierce, N.E. (2007) Dating the origin of the Orchidaceae from a fossil orchid with its pollinator. *Nature* 448: 1042–1045.
Ridley, H.N. (1890) On the method of fertilization in *Bulbophyllum macranthum*, and allied orchids. *Ann. Bot.* 4: 327–336.
Schoonhoven, L.M., Jermy, T. and van Loon, J.J.A. (1998) *Insect-Plant Biology: From Physiology to Evolution.*

Chapman & Hall, London.

Shelly, T.E. and Dewire, A.L.M. (1994) Chemically mediated mating success in male oriental fruit flies (Diptera, Tephritidae). *Ann. Entomol. Soc. Am.* 87: 375-382.

Stephens, A.E.A. Kriticos D.J. and Leriche, A. (2007) The current and future potential geographical distribution of the oriental fruit fly, *Bactrocera dorsalis* (Diptera: Tephritidae). *Bull. Entomol. Res.* 97: 369-378.

Tan, K.H. and Nishida, R. (1998) Ecological significance of male attractant in the defence and mating strategies of the fruit fly pest, *Bactrocera papayae. Entomol. Exp. Appl.* 89: 155-158.

Tan, K.H. and Nishida, R. (2000) Mutual reproductive benefits between a wild orchid, *Bulbophyllum patens*, and *Bactrocera* fruit flies via a floral synomone. *J. Chem. Ecol.* 39: 533-546.

Tan, K.H. and Nishida, R. (2005) Synomone or kairomone? - *Bulbophyllum apertum* flower releases raspberry ketone to attract *Bactrocera* fruit flies. *J. Chem. Ecol.* 31: 509-519.

Tan, K.H., Tan, L.T. and Nishida, R. (2006) Floral phenylpropanoid cocktail and architecture of *Bulbophyllum vinaceum* orchid in attracting fruit flies for pollination. *J. Chem. Ecol.* 32: 2429-2441.

Terry, I., Walter, G.H., Moore, C., Roemer, R. and Hull, C. (2007) Odor-mediated push-pull pollination in cycads. *Science* 318: 70.

van der Cingel, N.A. (1995) *An Atlas of Orchid Pollination*. Balkema Publishers, Rotterdam.

Wee, S.L. and Tan, K.H. (2001) Allomonal and hepatotoxic effects following methyl eugenol consumption in *Bactrocera papayae* against *Gekko monarchus. J. Chem. Ecol.* 27: 953-964.

Wickler, W. (1968) *Mimicry in Plants and Animals*. McGraw-Hill, NY (羽田節子訳『擬態』平凡社, 1970).

TOPIC 1

匂いのマークの利用とその効果
ハナバチの知恵に学ぶ

■横井智之■　　■藤崎憲治■

　花資源を利用する昆虫にとって，いかに効率よく資源を集めるかは，多くの子孫を残す適応度に直接影響する重要な点である。とくにハナバチは子の餌として花粉・花蜜を用いるため，資源の探索や質の評価にかかるコストを抑えて餌資源を十分得られる採餌戦略をとると考えられる。すでに採餌された花への訪問は獲得できる資源量が少なく，採餌時間のロスを生じるために，なるべく資源が多く残っている花を訪れるのが望ましい。ハナバチでは視覚による花資源の直接確認に加えて，花上に存在する手がかり cue も利用している。その一つとして，先に採餌した個体によって花上に残された化学物質を匂いのマーク scent mark として認識し，資源評価を行うことが知られている。このマークは同種他個体・自個体によって残された場合だけでなく，異種個体による場合でも相互に利用できることが分かっている（図1）。

　ハナバチにおける匂いのマークの研究はミツバチやマルハナバチ，ハリナシバチといった社会性ハナバチ類において盛んに行われてきた（たとえば Goulson et al. 1998; Barth et al. 2008)。女王と複数のワーカーによって構成された生活を営む社会性ハナバチ類では，採餌において花上に残る匂いのマークを認識することで，各個体の採餌効率を高めていると考えられる。一方で営巣から子の餌集めまでをすべて母バチが行う単独性ハナバチ類では，採餌における同種他個体や異種個体の認識はあまり必要ないと考えられるが，同種他個体の残した匂いのマークの利用についてはほと

1) 自個体によって残されたマーク

2) 同種他個体によって残されたマーク

3) 異種個体によって残されたマーク

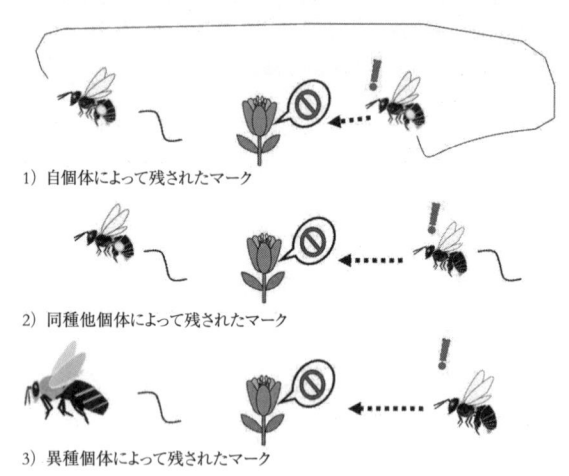

▶図1　ハナバチによって利用される匂いのマークのパターン

んど分かっていない。さらに匂いのマークに関する研究では，ミツバチ科以外の社会性ハナバチもマークを利用するのか，単独性ハナバチではどのような種が利用するのかについて系統間での比較検証はまだなされていなかった。そこで筆者らは社会性ハナバチ1種と四つの科に属する単独性ハナバチ4種を用いて，他個体が採餌した花を認識するのに匂いのマークを用いているのか確かめるため実験を行った。

　その結果，社会性種のアカガネコハナバチは自個体もしくは同種他個体が採餌した花の識別に匂いのマークを利用しており，時間とともに忌避効果は減少した（Yokoi and Fujisaki 2007）。ただし先行研究と異なり，今回調査した花では花蜜は再充填されなかった。そのため忌避効果の減少は必ずしも花蜜の充填と同調してはいなかった。またこのハナバチでは採餌された花を避ける際に，いったん花上に着地してから去る行動と，マークを認識して着地せずに立去る行動の割合が訪花した植物種により異なった。おそらく再訪花したときに得られる資源量が種間で異なるため，花上に残されたマークに対する認識もそれに伴って変わると考えられる。

　さらに，4種の単独性ハナバチ類のうち2種で匂いのマークの利用が確認された（Yokoi and Fujisaki in press）。ウツギヒメハナバチとミツクリヒゲナガハナバチは花の資源量にかかわらず，自個体もしくは同種他個体が採餌した花を忌避する行動が見られ，残された匂いのマークを認識して資源の少ない花を避けていると考えられる。一方，マイマイツツハナバチとアシブトムカシハナバチはほとんど資源の有無を識別せずに訪花することが分かった。おそらく前者は採餌に時間がかかる形状，もし

くは一度の訪花で花資源がすぐに枯渇する花を訪れるために，他個体の残した匂いのマークの利用が効果的と考えられる。しかし後者のように採餌し易い形状，もしくは資源量の多い花を訪れるハナバチ種では花を識別するメリットが小さいため，あまり利用がみられないと思われる。

　それでは匂いのマークにはどのような化学物質が使われるのか？　これまでセイヨウミツバチでは誘引には腹部の分泌腺，忌避には大顎腺からの2-ヘプタノン，マルハナバチでは忌避には脚部跗節からの長鎖の炭化水素を含む分泌物ではないかとされてきたが，最近になって体表炭化水素の可能性も指摘されている（Eltz 2006）。アカガネコハナバチでは同種他個体が採餌した花以外にも，セイヨウミツバチやクマバチなどの異種個体により採餌された花も忌避した（Yokoi et al. 2007）。そのため，匂いのマークとして認識されている物質は，どのハナバチ類にも共通して存在する物質が主体である可能性がある。筆者たちの予備実験では，アカガネコハナバチの体の頭部・腹部・脚部をそれぞれヘキサン抽出して花に塗布したところ，呈示された個体は腹部の抽出物に対して高い忌避反応を示した（現在各部位の成分についてGC/MSによる解析も行っている）。今後さらにマークとして認識されている化学物質の同定と種間での違いや相互効果についての解明を行う必要があるだろう。

　このような匂い物質を応用し，より効果的な化合物を開発することができれば，栽培作物への受粉においてミツバチなどのポリネーターの訪花頻度調節を容易にすることや，周辺環境に生息する土着のポリネーターを誘導・利用した受粉システムへ発展させることも可能になるだろう。

▶▶参考文献◀◀

Barth, F.G., Hrncir, M. and Jarau, S. (2008) Signals and cues in the recruitment behavior of stingless bees (Meliponini). *J. Comp. Physiol. A* 194: 313–327.

Eltz, T. (2006) Tracing pollinator footprints on natural flowers. *J. Chem. Ecol.* 32: 907–915.

Goulson, D., Hawson, S.A. and Stout, J.C. (1998) Foraging bumblebees avoid flowers already visited by conspecifics or by other bumblebee species. *Anim. Behav.* 55: 199–206.

Yokoi, T., Goulson, D. and Fujisaki, K. (2007) The use of heterospecific scent marks by the sweat bee *Halictus aerarius*. *Naturwissenschaften* 94: 1021–1024.

Yokoi, T. and Fujisaki, K. (2007) Repellent scent-marking behaviour of the sweat bee *Halictus* (*Seladonia*) *aerarius* during flower foraging. *Apidologie* 38: 474–481.

Yokoi, T. and Fujisaki, K. Recognition of scent marks in solitary bees to avoid previously visited flowers. *Ecol. Res.* (in press).

第3章

昆虫と菌類の多様な関係
シロアリの卵に化けた菌核菌

松浦　健二

3-1　社会性昆虫の社会行動とフェロモン

　アリやシロアリのように，血縁の個体が家族集団で生活し，そのコロニーのなかに異なる世代の個体が同居して共同で育仔を行い，職蟻（ワーカー）や兵蟻のような自分で生殖を行わない個体（不妊カースト）が存在するものを真社会性昆虫と呼ぶ (Wilson 1971)。「白蟻」という言葉から，アリの仲間と誤解され易いが，アリとシロアリは分類上まったく異なる昆虫である。アリはミツバチやスズメバチなどのハチ目（膜翅目 Hymenoptera）に属するのに対し，シロアリはシロアリ目（等翅目 Isoptera）に属する昆虫の総称であり，2億数千万年前（石炭紀後期から中生代初期）に原ゴキブリ目から分化したと考えられている（近年，シロアリをゴキブリ目 Blattaria に含めるという動きもある）。シロアリ目は七つの科に分けられ，現在約3000種が記載されているが，未記載種も多く残っており，研究が進めば5000種には達すると考えられている。その多くは熱帯・亜熱帯に分布する。日本はシロアリの分布の北限である。シロアリは家屋害虫としての印象が強いが，人間に多少とも被害をもたらす種は100種足らずであり，大部分は生態系のなかで植物遺体の分解者として物質循環に大きな役割を果たしている。

　アリもシロアリも高度な社会性を営む昆虫ではあるが，その食性，形態，遺伝様式，発生様式，社会構造は大きく異なる。まず，シロアリの社会構造と生活史の特

性について，同じく社会生活を営むハチ目と対比しながら簡単に記述したい。両者の社会構造は，表面的には似て見えるが，本質的には大きく異なる。まず，シロアリは両性二倍体であるのに対し，ハチ目では二倍体の受精卵は雌に，半数体の未受精卵は雄になる半倍数性である。シロアリでは一般的にワーカーも兵蟻も両性から成るが（例外の種もある），ハチ目のワーカーは雌のみで，一時的に出現する雄は交尾を終えるとすぐに死亡する。コロニーの創設も，シロアリでは通常一夫一妻の共同で行われるが，ハチ目では雄が創設に協力することはない。要するに，シロアリの社会は「両性社会」，ハチ目の社会は「雌社会」である。次に，シロアリ目は不完全変態の昆虫であり，子虫でも成虫と同様の行動が可能で，発生学的にはワーカーも兵蟻も幼虫期に当たる。一方，ハチ目は完全変態の昆虫であるから，ワーカーは成虫であり，ウジ虫状の幼虫や蛹はまったく労働に寄与しない。シロアリでは不完全変態ゆえに，ワーカーやニンフ（のちに生殖虫となる幼虫）は分化の可塑性を残しており，ワーカーから兵蟻への分化や，ニンフから補充生殖虫への分化が可能である。

　われわれは五感のなかでもとくに視覚から多くの情報を得ており，視覚のまったくない世界がどのようなものか想像し難い。「味を見る」とか「肌触りを見る」という表現があるように，「見る」という視覚を意味する言葉が，五感によって確かめることを広く意味する。われわれは日々の生活のなかで，顔の表情一つを見れば相手の心理的な状態まで読み取ることができる。文字通り，われわれは視覚でこの世界を見ている。しかし，アリやシロアリのように地中や木材のなかに営巣する昆虫では，巣のなかで視覚は使えない。そもそもシロアリのワーカーには眼が無い。いわば，これらの昆虫は匂いや味でこの世界を「見ている」といってもよい。これらの高度な社会性を営む昆虫では，フェロモンによる化学コミュニケーションを主な情報交換手段としている (Vander Meer et al. 1998)。フェロモンとは，同種の他個体に生理的，行動的作用をもたらす情報化学物質を意味する。異性を惹きつける性フェロモンのイメージが強いが，実際には警報フェロモン，道しるべフェロモン，集合フェロモン，巣仲間認識フェロモンなど，さまざまなフェロモンを使って情報交換を行っている。また，フェロモンといえば，どこかから漂ってくる匂い，すなわち揮発性物質だと思われ易いが，接触しなければ認識されない不揮発性のフェロモンも多い。たとえば，ハツカネズミの涙に含まれる性フェロモンは不揮発性のペプチドであり (Kimoto et al. 2005)，アリの巣仲間認識には不揮発性の体表炭化水素が使われている (Singer 1998)。

3-2 社会性昆虫と微生物の共生と対立

　昆虫の社会は，それを取り巻くさまざまな生物との相互作用のなかで形づくられてきた。昆虫の社会は血縁者間の利他行動で成り立っており，構成メンバー間の高い血縁度は高い包括適応度を意味し，社会の統一性を維持する上では好都合である (Hamilton 1964)。しかし，一方で，同じような遺伝子型の血縁個体が密集して生活している社会性昆虫では，いったん病原生物が侵入すると，一気に増殖できる好都合の環境を提供している (Cremer et al. 2007)。われわれの農業において，遺伝的に均一な作物や家畜を高密度で育てるのと同じ問題に直面する。系統の異なる病原体への抵抗性を持つさまざまなタイプのワーカーがコロニーに混在すれば，コロニー内の伝染を抑えるかもしれない。たとえば，ミツバチの女王が複数の雄と交尾してコロニーの遺伝的多様性が増すことにより，病気に感染した場合のダメージが軽減されることが実証されている (Tarpy and Seeley 2006)。すべての社会性昆虫は血縁度という鎖で繋がれながら，絶え間ない病原性微生物との戦いのために遺伝的多様性も維持しなければならないというジレンマに置かれている。とくにシロアリは多様な微生物の先住者がいるセルロース分解のニッチに進出したわけであり，いわば微生物の世界に生きる昆虫である。さまざまな微生物といかにうまく付き合っていくかという問題が，シロアリの社会進化においてもきわめて重要なファクターであることはいうまでもない (Matsuura 2003; 松浦 2005)。

　シロアリが多様な病原性微生物の攻撃に対処する上で，最も重要な衛生行動はグルーミングである。アリやハチが器用に自分の体をグルーミングできるのに対し，シロアリはその体構造ゆえに自分でグルーミングできるのは触覚だけである。寸胴なゴキブリから進化したシロアリの限界が見える。基本的にシロアリのグルーミングは個体間の舐め合い，すなわちアログルーミングによる。カビの胞子などを物理的に除去するだけでなく，抗菌物質を含んだ唾液で体表をコーティングすることにより，互いの衛生を保っている (Matsuura et al. 2002)。

　ところで，シロアリのコロニーが一般的に一夫一妻で創設されるということは，昆虫学における教科書的な常識であった。今でこそヤマトシロアリ *Reticulitermes speratus* が単為生殖能力を有することは，昆虫の研究者であれば誰もが知っているレベルの常識となったが，私が初めてこの事実を発見して学会等で報告した当時は，大層などよめきが走った (Matsuura and Nishida 2001; Matsuura et al. 2002)。ヤマトシロ

アリは九州のものから北海道のものまで（韓国のものも含めて），すべての雌が単為生殖能力を有する．細胞遺伝学的には，末端融合型のオートミクシスといって，第二減数分裂後，核相nの卵核と第二極核が融合して核相を回復する（Matsuura et al. 2004）．単為生殖で生産された卵は有性生殖の卵と遜色なく正常に孵化し（Matsuura and Kobayashi 2007），ワーカー，兵蟻，生殖虫に分化可能である．ただし，すべて雌である．単為生殖のみ行う集団は，雄を生産する必要がないため，理論的には有性生殖集団の2倍の速さで繁殖できる（Maynard Smith 1978）．この「（無性生殖に対する）有性生殖の2倍のコスト」にもかかわらず，なぜ単為生殖よりも有性生殖の方が一般的なのか？　いったん有性生殖になった生物が，単為生殖のメカニズムを獲得するのは困難であるという議論があるが，では，なぜ条件的単為生殖や周期的単為生殖の生物が，有性生殖を維持しているのか？　この疑問を解決するには，単為生殖のコストを明らかにしなければならない．これまで，単為生殖のコストについては，遺伝的，発生的コストの側面から多くの研究がなされてきた．ほとんどの場合，劣性有害遺伝子の発現による発育障害や生存率の低下を主な要因と見なしている（Corley and Moore 1999）．

　シロアリの場合，単為生殖には遺伝的コスト以外に，重要な生態的コストが伴うことが分かっている．ヤマトシロアリでは雌の有翅虫が雄と遭遇できなかった場合，2個体の雌が協力してコロニーを創設する（Matsuura and Nishida 2001）．2雌で協力することにより，一夫一妻と同程度の創設成功度を得られる（Matsuura et al. 2002）．単独でも創設は可能であるが，生存率は急激に低下する．シロアリはアリやハチと異なり，自分自身をグルーミングできないため，グルーミング相手がいなければ，病気の感染によって死亡率が急上昇する．2雌創設では，自らの生存が相手の存在にかかっているため，雌同士がきわめて利他的に行動することが分かっている．しかし，一夫一妻創設では雌雄間に生殖をめぐる対立がないが，2雌創設では繁殖利益を分け合わなければならない．

　シロアリの社会は，もともと一夫一妻の亜社会性から進化したと考えられている．あらゆる病原性微生物に満ちた環境にコロニーを創設するには，互いの衛生を保つためのパートナーの存在がとても重要である．この生態的制約は，たとえ単為生殖能力を獲得しても，容易に克服することはできない．そこで，雌同士の協力という形で生存を可能にしても，繁殖をめぐる雌間の対立は回避できない．したがって，単為生殖能力を獲得した後も，単為生殖は「次善の策」であり，有性生殖にとって代わることはない．このように，いったん有性生殖をベースとして進化した生活

様式は，たとえ単為生殖が可能となっても，容易には変更できないものである．遺伝的制約や発生的制約はその生物自身の問題であるが，生態的制約には病原性微生物を含む他の生物や環境が関与するため，克服するには限度がある．このようにシロアリの社会や繁殖システムの進化について考えると，いつでも微生物との密接な関係が浮き彫りになる．

3-3 シロアリ卵擬態菌核菌ターマイトボール

(1) ターマイトボールの発見

　いよいよ本題のシロアリの卵に擬態する菌類の話に入る．まず初めに，図3-1をご覧いただきたい．これはシロアリの巣内にある卵塊の写真である．透明で俵型のものがシロアリの卵であるが，それとは異なる褐色（図中ではやや濃い灰色に見える）の球体が卵と一緒に大量に積まれているのが分かる．「これは一体何なのだろう，なぜシロアリはこんなものを卵と一緒に世話しているのだろう？」京都大学の昆虫学研究室の薄暗い地下実験室で，当時学生だった筆者がビノキュラーを覗きながら抱いたこの単純な疑問が，シロアリの卵保護行動に関する一連の研究への扉であった．まさか，シロアリの卵に擬態したカビであろうとは，当時誰も予想すらしないことであった．このような新たなトピックに繋がる発見の種は，日々の研究生活のなかで意外に身近なところから出てくるものである．

　シロアリのワーカーは，女王の産んだ卵を育室に運んで山積みにし世話をする習性がある．ワーカーは育室の卵を毎日丁寧にグルーミングし，抗菌物質を含む唾液でコーティングし，卵を糸状菌やバクテリアなどの病原性微生物や乾燥から守っている．このようなワーカーによる卵の保護行動は最も基本的で重要な社会行動であり，ワーカーのグルーミングを受けなければ卵は生存できない．これはシロアリだけでなく，アリやアリに依存した共生者にも共通している（Matsuura and Yashiro 2006）．

　このようにして出来る育室の卵塊のなかに，シロアリの卵とは異なる褐色の球体が見られる．著者はこの未知の物体を「ターマイトボール」と名づけた（Matsuura et al. 2000）．そして，この球体のリボソームRNA遺伝子を分析した結果，*Fibularhizoctonia*属（完全世代は*Athelia*属）の未記載種の糸状菌が作る菌核であること

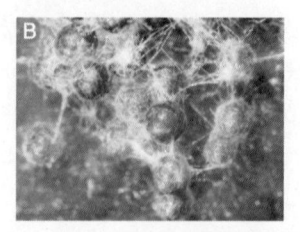

図3-1 シロアリ卵擬態菌核菌ターマイトボール　A) 卵塊中の半透明な俵型のものがヤマトシロアリの卵，写真では灰色に見える褐色の球体がターマイトボール．B) 培地上に生育して新たに形成されるターマイトボール．織紺状のものは菌糸 C) 高等シロアリの1種タカサゴシロアリの卵塊に見られるターマイトボール N (本文参照)．

が判明したのである（図3-2）．菌核とは菌糸が柔組織状に固く結合したもので，この形で休眠状態を保つことができる．卵塊中に菌核が存在する現象は，ヤマトシロアリ属のシロアリにきわめて普遍的にみられる（Matsuura 2005; Yashiro and Matsuura 2007）．日本のヤマトシロアリでは，ホストとなる樹種によっても多少異なるが，アカマツ材に営巣した野外のコロニーはほぼ100%卵塊中に菌核を保有する．同属のカンモンシロアリ，アマミシロアリ，ミヤタケシロアリもターマイトボールを保有している．また，米国東部に広く分布する R. flavipes および米国東南部に生息する R. virginicus も同様に菌核を保有する．われわれは現在までに7種のヤマトシロアリ属シロアリからターマイトボールを発見している．シロアリの種間で保有するターマイトボールの遺伝子（ITS領域）に有意な差は見られず，ホストレース化は生じていない（Yashiro and Matsuura 2007, 図3-2）．また，一つのシロアリのコロニー内には複数のターマイトボールの遺伝子型が存在し，コロニーの創設後にワーカーが巣の周辺から卵擬態菌核菌を搬入していることが示唆されている．したがって，ターマイトボールには，シロアリに依存した世代とは別に自由生活世代が存在すると考えられる．

　なぜシロアリは菌核を卵塊中に運び込むのか．ガラスビーズで卵のダミーを作り，シロアリの卵認識メカニズムを調べたところ，シロアリは卵の形とサイズと，卵認識物質によって卵を認識することが分かった（Matsuura et al. 2000; Matsuura 2006）．シロアリの卵は俵型をしているが，ワーカーが運搬する際には常に短径の側をくわえる．卵の短径と同じサイズのガラスビーズに卵から抽出した認識物質を塗布して与えると，卵として運搬し，世話をする．そして，この菌核菌はシロアリの卵の短径と厳密に同じサイズの菌核を作り（図3-3），さらに化学擬態もしていることが分かった．また，物理的にはサイズだけでなく，シロアリの卵と同じように

昆虫と菌類の多様な関係 | 第3章

ホストのシロアリ種
■ *Reticulitermes speratus*
▨ *R. flavipes*
□ *R. virginicus*

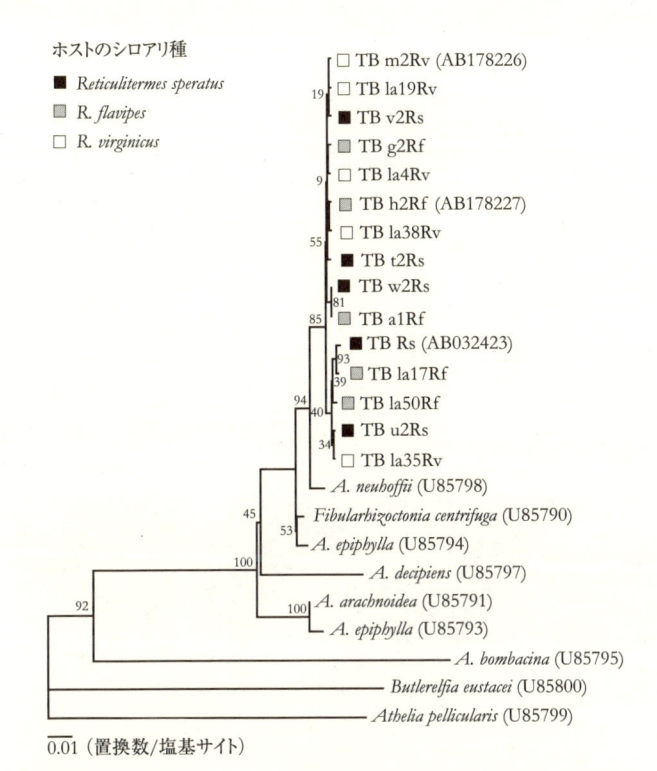

```
                    ┌ □ TB m2Rv (AB178226)
                 19 ┤
                    │ □ TB la19Rv
                    │ ■ TB v2Rs
                    │ ▨ TB g2Rf
                  9 ┤ □ TB la4Rv
                    │ ▨ TB h2Rf (AB178227)
                 55 ┤ □ TB la38Rv
                    │ ■ TB t2Rs
                 81 ┤ ■ TB w2Rs
              85 ┤   ▨ TB a1Rf
                 │   ■ TB Rs (AB032423)
              93 ┤   ▨ TB la17Rf
           94  39│   ▨ TB la50Rf
           40    │   ■ TB u2Rs
              34 ┤   □ TB la35Rv
                 └ A. neuhoffii (U85798)
           45 ─── Fibularhizoctonia centrifuga (U85790)
           53 ─── A. epiphylla (U85794)
        100 ─── A. decipiens (U85797)
                ┌ A. arachnoidea (U85791)
            100 ┤
                └ A. epiphylla (U85793)
     92 ─── A. bombacina (U85795)
        ─── Butlerelfia eustacei (U85800)
        ─── Athelia pellicularis (U85799)
```

0.01 (置換数/塩基サイト)

図 3-2 ターマイトボールの系統樹　ホストのシロアリ種間で保有するターマイトボールの塩基配列に有意な差はない。*R. speratus* は日本，*R. flavipes* と *R. virginicus* は米国に分布する。

滑らかな曲面を持たなければ卵として保護されない。ターマイトボールは他の近縁な菌核菌と比べても，非常に滑らかな表面構造を持つことが分かる（図 3-3）。その代わり，固い外皮を持たないため，菌核であるにもかかわらず乾燥耐性を失っている。シロアリによるグルーミングはターマイトボールを保湿し，卵塊中にある限りターマイトボールの生存は保証されている。図 3-1 から分かるように，卵と菌核は色が異なるので，人が見ると容易に識別できる。しかし，真っ暗な巣のなかで視覚を持たないシロアリのワーカーにとって，ターマイトボールは自分たちの卵として認識される。

シロアリは抗菌活性のある糞や唾液を巣の内壁に塗って，さまざまな微生物の侵入から巣を守っている。このターマイトボールにとって，シロアリの巣内はいわば競争者フリーの環境となっている。卵に擬態することによって巣内に入り込んだ菌

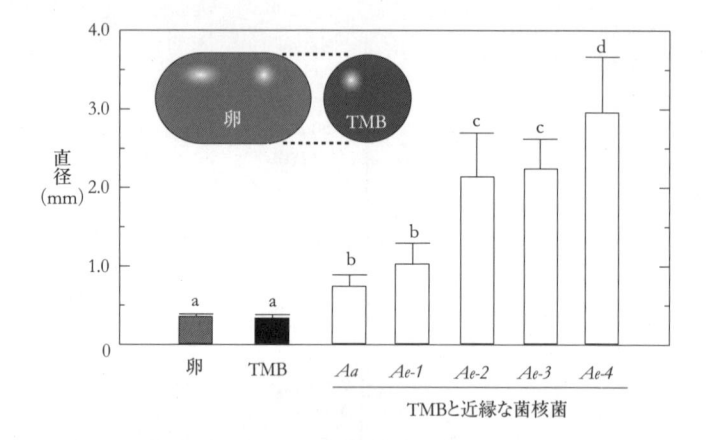

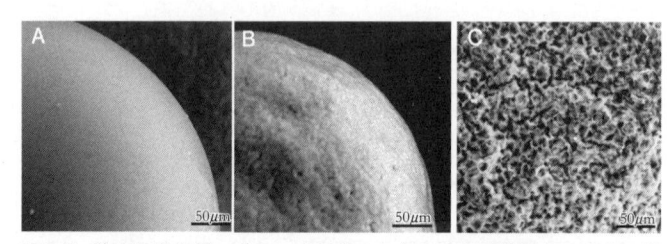

図 3-3 物理的卵擬態　ターマイトボール (TMB) の直径はシロアリの卵の短径と一致する。ターマイトボールと近縁な菌核菌の直径は，これよりも大きく，ばらつきも大きい。A) シロアリの卵，B) ターマイトボール，C) ターマイトボールと近縁な菌核菌の菌核の走査電顕写真。

核菌は，一部が巣内で繁殖し，新たに形成された菌核はさらに卵塊中に運ばれる。卵塊中の卵よりも菌核の数の方が多いこともしばしばある。コロニーによっては卵塊中の 90% 以上が菌核で占められているものもあり，これらを卵と同じように毎日グルーミングすることは，シロアリにとって少なからぬコストとなっていると考えられる。また，ごく低頻度ではあるが，ターマイトボールが卵塊中で発芽し，周囲の卵を死亡させることも観察されている (Matsuura 2006)。一方，シロアリがターマイトボールを摂食することはなく，栄養的なプラスの効果はない。短期的な相互作用を見る限り，両者の関係は明らかにターマイトボールの卵擬態によるシロアリへの寄生である (Matsuura 2006)。擬態はさまざまな高等動植物に普遍的に見られる現象であるが，ターマイトボールは世界で唯一の卵擬態する菌類である。

(2) 西表島の高等シロアリから第二のターマイトボール発見

　最近，われわれは亜熱帯気候の西表島において採集調査を行い，高等シロアリに属するタカサゴシロアリ *Nasutitermes takasagoensis* の巣内の卵塊中からも，大量のターマイトボールを発見した (投稿準備中，図 3-1C)。以後，ヤマトシロアリのターマイトボールとの混乱を避けるため，タカサゴシロアリの保有するターマイトボールはターマイトボール N と表記する。この菌を単離培養し遺伝解析を行った結果，トレキスポラ科 Trechisporaceae の *Trechispora* 属の未記載種の菌核菌であり，記載されている最も近縁な種は，*T. incisa* であった。ヤマトシロアリ属のターマイトボールと同じ科の菌核菌ではあるが，系統的には比較的遠縁の菌である。つまり，シロアリの卵に擬態して巣のなかに運搬させるというカビの戦略は，温帯のヤマトシロアリ属で 1 回，亜熱帯のテングシロアリ属で 1 回，少なくとも 2 回独立に進化したことが明らかになった。

　擬態の進化は，騙す側と騙される側の軍拡競争の好例として多くの研究者を魅了してきた (Wickler 1968)。擬態の面白さは，その騙しのテクニックの巧妙さだけではない。その擬態がどのようにして生まれたのか，その進化プロセスを考えるとますます面白くなってくる。実は，騙す側の巧妙な擬態を作り出しているのは，騙されている側である。騙されている当事者が，騙されまいとすればするほど，擬態はより巧妙な方向へと進化してゆく。このパラドックスこそが，擬態進化の本質である。たとえばわれわれ人間が進化させた擬態雑草 mimetic weed というものを考えてみる。日本で最も馴染み深いのは水田雑草の代表格，ヒエであろう。私も幼い頃から田圃のヒエ抜きを手伝ってきたが，確かにイネとイヌビエは見た目がよく似ている。畝間にあれば分かり易いのだが，イネと並ばれると迷う。長年の手取り除草という人間の無意識の選択によって進化してきた擬態である。苦労して抜いているときには，その努力がさらに見分けのつかない雑草を生み出しているとは考えないのだが。同じように農作物に付随して生まれた擬態雑草は世界中に存在している。ここで重要な点は，擬態を生み出すのは擬態する側の動機ではなく，騙される側の擬態者を除去しようとする努力に他ならない点である。したがって，擬態者の擬態メカニズムは，必然的に騙される側の認識メカニズムと表裏一体である。

　ターマイトボールによる卵擬態も，それを進化させ維持している選択はシロアリ自身によるものである。ヤマトシロアリ属の場合，ターマイトボールのサイズ分布はシロアリの卵のサイズ分布とほぼ正確に一致する。これは，卵サイズに一致する

ターマイトボールしか運搬されないという，強力な安定化選択の結果である．つまり，ターマイトボールの形態は，シロアリの物理的な卵識別の裏をかくように進化する．これは独立に進化したタカサゴシロアリの保有するターマイトボールNと比較することによって分かり易くなる．タカサゴシロアリの場合，物理的な卵サイズの認識許容範囲は実際の卵よりもかなり大きい側にずれている．細かいサイズごとに分けたガラスビーズに卵認識フェロモンをコートして運搬試験を行ったところ，実際の卵サイズはヤマトシロアリと同じ0.4mm程度であるのに対して，最もよく運搬保護するサイズは0.6mmであった．大きな卵をより重点的に保護するという現象は，鳥をはじめ多くの生物で知られているが，タカサゴシロアリの大卵選好性はとくに顕著である．この場合，タカサゴシロアリに運ばれるターマイトボールNの最適運搬サイズも大きい側にずれることが予測される．ターマイトボールの最適サイズの厳密な定量推定値は，投資量当たりの被運搬率に，発芽率のパラメータを組み込んで計算しなければならないが，いずれにしてもヤマトシロアリのターマイトボールより相当大きいことが予測される．実際に，タカサゴシロアリのターマイトボールNのサイズは卵のサイズよりも随分大きく（図3-1C），ヤマトシロアリのターマイトボールのサイズより著しく大きい．

3-4 シロアリの卵認識フェロモン

シロアリは卵を認識する際，その物性と化学的信号，すなわち卵認識フェロモンを手がかりとしている．卵の保護行動は社会進化の上でも最も根本的な社会行動であり，この行動を誘発するリリーサーフェロモン（同種の他個体に直接特異的行動を促す物質）の同定は学術的にも，また応用的にも重要な意義を持つ．しかし，シロアリの卵保護行動の研究に取り組んでいるのは歴史を遡ってみても筆者らの研究グループだけであり，参考となるような先行研究は皆無であった．ちなみにアリやハチは体表炭化水素で卵を認識するが（D'Ettorre et al. 2006），シロアリの卵認識には炭化水素はまったく関与していない．また，ヤマトシロアリ属のシロアリはその営巣習性のために生殖中枢（巣内の女王や王，卵室のある場所）を特定することが非常に困難であり，化学分析に十分な量のシロアリの卵を採集するだけでも，シロアリの生態に関する知識に加えて，相当な労力と時間を要する大変な作業である（Matsuura et al. 2007a）．

われわれは，まず，化学分析のために野外のヤマトシロアリのコロニーから合計で300万個余りの卵を採集した。当初はシロアリもハチ目と同様に卵表面に存在する何らかのワックス成分をフェロモンとしていると予測していた。しかし，分画した油層にはまったく活性はなく，ターゲットは予測に反して水溶性物質であった。限外濾過によってターゲット物質のサイズは5kDaから20kDaと推定され，さらに，タンパク質分解酵素によって卵認識活性は完全に失われることから，比較的小さいタンパク質であることが示された。イオン交換と疎水クロマトグラフィーの組み合わせにより，シロアリの卵抽出物から卵認識フェロモンを単離することに成功し，質量分析により，ターゲット物質が分子量14.5kDaのタンパク質であることが明らかになった(Matsuura et al. 2007b)。

化学分析とは独立に，進化的合理性に基づいてフェロモンの候補物質を絞り込むことが可能である。多くの生物において，フェロモンはシグナルとしての機能とは別に，実用的機能を有している。先述のアリやハチでは，体表炭化水素で卵を認識するが，その体表ワックスの一次機能は乾燥から卵を守ることである(Lockey 1988)。当然ながら，体表炭化水素は真社会性が進化する以前から卵表面に存在していた物質である。フェロモンが餌由来の二次代謝産物であることも多い。シグナルの進化を考えれば必然であるが，フェロモンとして利用される以前からその場に存在していた物質である可能性が高い。では，乾燥に対する保護物質以外で，卵表面に必要な物質は何か。われわれは脂質でなければ，何らかの抗菌物質であろうと予測していた。そしてこの予測は的中し，シロアリの卵認識物質がグラム陽性バクテリアに対して溶菌活性を持つことを発見した。また，シロアリの唾液にも高い卵認識フェロモン活性が認められた。分子量および溶菌特性に基づいて，目的タンパク質は溶菌タンパク質リゾチームに絞られた。リゾチームとは，ノーベル医学生理学賞を受賞した著明な細菌学者アレクサンダー・フレミングが1922年に発見した，細菌の細胞壁を構成する多糖類を加水分解する酵素である。グラム陽性菌の細胞壁を構成する多糖類ペプチドグリカンのN-アセチルグルコサミンとN-アセチルムラミン酸のあいだのβ-1,4結合をリゾチームは加水分解する。シロアリの唾液腺から分離したリゾチームに高い卵認識活性が認められ，さらにニワトリの卵白リゾチームを用いた標品試験でも高い活性が確認され，シロアリの卵認識フェロモンがリゾチームであることが立証された(Matsuura et al. 2007b)。

RT-PCR(逆転写ポリメラーゼ連鎖反応)によりシロアリリゾチーム遺伝子の発現が唾液腺と同様に卵でも確認された(図3-4)。また，ウエスタンブロッティングに

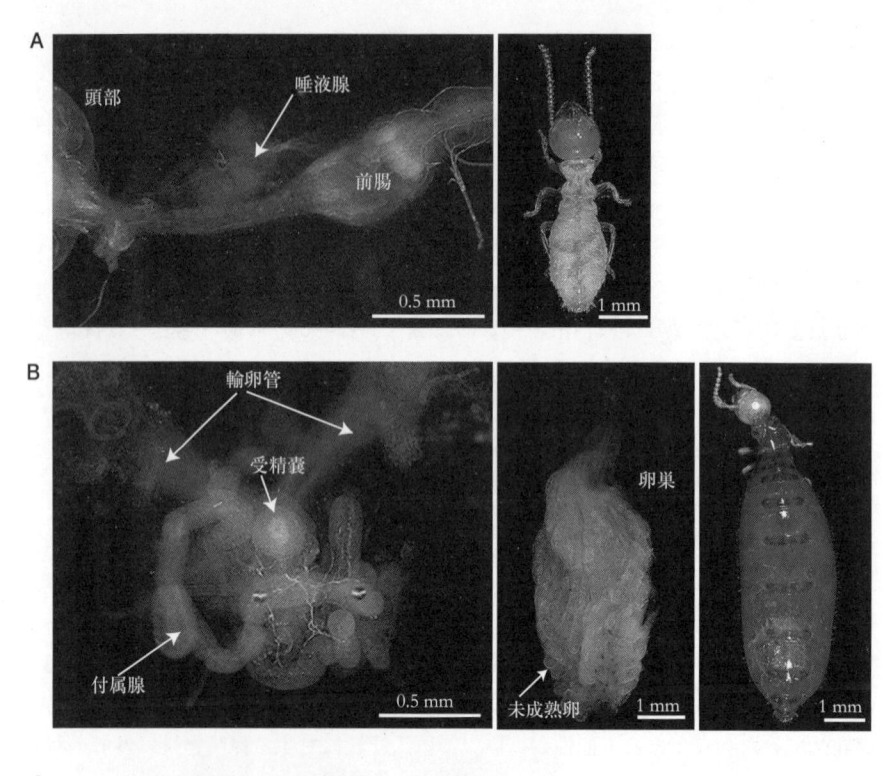

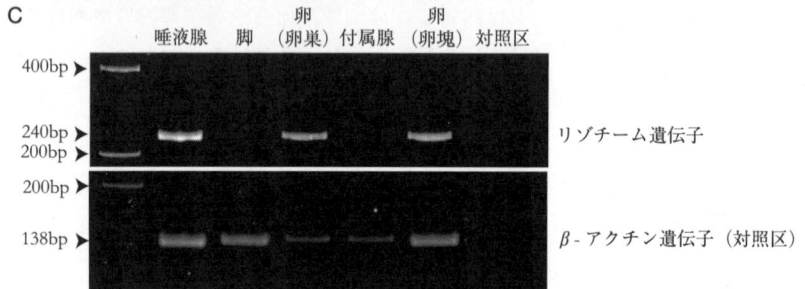

図 3-4 シロアリの卵と唾液腺におけるリゾチーム遺伝子の発現 A) ヤマトシロアリのワーカーの消化器官。B) 女王の生殖器官。C) 逆転写 PCR によるリゾチーム遺伝子の発現部位の特定。(Matsuura et al. 2007b より改変)

より，卵がまだ女王の卵巣内にある時点でリゾチームの生産が開始されることが明らかになった。女王の卵巣内で卵は濾胞細胞に囲まれており，未成熟卵内のリゾチームはこの濾胞細胞由来と考えられる。産卵後，育室に運搬された卵は，ワーカーによって頻繁にグルーミングを受け，表面に唾液を塗布されて病原性バクテリアの感染から守られており，抗菌物質かつ卵認識フェロモンであるリゾチームが卵自体および唾液腺で生産されていることはきわめて合理的である。

リゾチームは昆虫から哺乳類までさまざまな動物の抗菌物質あるいは消化酵素として知られている。しかし，リゾチームの昆虫フェロモンとしての機能は，これまで知られていた酵素としての機能とはまったく異なる新たな発見であり，リゾチームの多面的機能の解明に大きく貢献する。シロアリ，アリ・ハチ等の高度な真社会性昆虫の社会行動に関与するフェロモンの研究においては，これまで体表炭化水素などの脂質の分析が主であった。きわめて重要な基本的社会行動のリリーサーフェロモンが抗菌タンパク質であるという発見は，今後の社会性昆虫のフェロモン同定に新たな道筋を示したといってよいだろう。また，上に議論したとおり，シロアリにおける社会性の進化において，病原性微生物に対する防御はきわめて重要な要素であったと考えられている。シロアリが抗菌タンパク質を社会行動のフェロモンとして利用しているという発見は，まさに昆虫の社会進化と病原性微生物との密接な関係を象徴している。

3-5 ターマイトボールの化学擬態メカニズム

(1) 残る二つの謎

先述のように，シロアリは卵をバクテリアの感染から保護するための抗菌物質リゾチームを卵認識のフェロモンとしても用いていることが明らかになった。シロアリの卵は，女王の卵巣内にある時点ですでにリゾチームを含んでおり，さらに，卵塊中に運搬されるとワーカーの頻繁なグルーミングによって，唾液腺で生産されるリゾチームでコーティングされる。卵の表面には常に抗菌物質としてリゾチームが存在しており，この化学シグナルと卵の物性に基づいて卵を認識するシステムは合理的であり，フェロモンの進化プロセスを考えても矛盾なく説明できる。

しかし，まだ重要な問題が二つ残っている。まず，果たしてターマイトボール

はどうやってシロアリの卵に擬態しているのか，リゾチームで卵に擬態しているのか。もう一つの問題は，標品の卵白リゾチーム単独でのフェロモン活性が，実物の卵から抽出した成分の活性よりも低いことである。もし，卵認識フェロモンが唯一リゾチームであるならば，由来生物の違いによるリゾチームの認識部位の相同性がフェロモン活性に影響するのか。あるいは，リゾチームの他にも，まだ主要なフェロモンの構成成分が存在しているのか。結果的に，これら二つの問題は，ある第二の物質の登場によって一気に解決へと向かった。

　リゾチームは昆虫から人間まであらゆる動物が共通して有する抗菌物質である。そのアミノ酸配列に基づいて系統樹を描くと，比較的きれいに類縁関係を反映する (Matsuura et al. 2007b)。シロアリのリゾチームとニワトリの卵白リゾチームのアミノ酸配列の相同性は40％にすぎない。卵白由来の標品のみでシロアリ卵認識フェロモンとしての活性が完全に説明しきれないとしても，それは相同性によるものなのか，他の構成成分を欠くためなのか判断できない。そこで，リゾチーム以外の主要成分が存在するのか否かを確認するため，カイコ幼虫への遺伝子導入技術を用いてシロアリのリゾチームを生産し，純粋なシロアリリゾチームを得た。バキュロウイルスをベクターとしてカイコにシロアリのリゾチーム遺伝子を導入し，発現したシロアリのリゾチームをFLAGタグのアフィニティーカラムで回収した。これによって得たリゾチームはシロアリ自身のリゾチームであり，リゾチームが唯一のフェロモン成分であるならば，完全な活性を示さなければならない。ところが，シロアリリゾチームのフェロモン活性はニワトリ卵白リゾチームの活性と同程度のレベルにとどまり，由来生物にかかわらずリゾチームのみでは卵認識フェロモンを完全に説明できないことが明らかになった (Matsuura et al. 2009)。

　では，他にどのような成分が必要なのか？　ターゲット物質は次の条件を満たさなければならない。まず，その成分はシロアリの卵と唾液の両方に含まれる。そして，タンパク質分解酵素によって完全に活性が消失することから，この物質はタンパク質である。また，糸状菌によって生産されうる物質でなければターマイトボールの化学擬態を説明できない。候補物質をスクリーニングするため，まず，唾液タンパク質の卵認識フェロモンとしての種間交差活性を分析した。すると，ヤマトシロアリ属の他種はもちろん，イエシロアリ，オオシロアリの唾液成分でも，ヤマトシロアリは同種の成分とまったく区別無く，高いフェロモン活性を示した。シロアリは社会性のゴキブリといわれるほどに，系統的にはゴキブリと近縁である。ゴキブリ目は単系統群ではなく，シロアリ目を含んで単系統群を成す (Lo et al. 2000)。

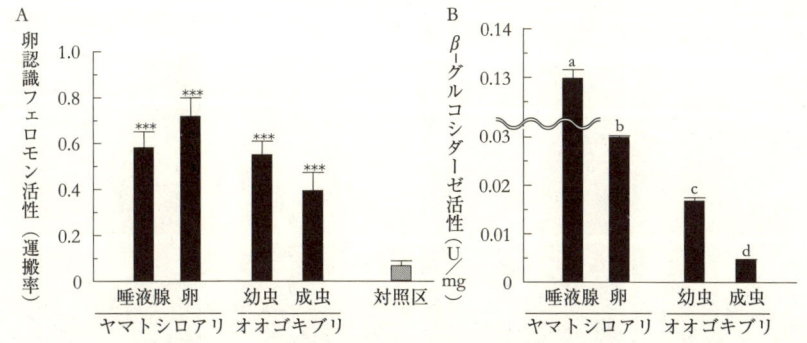

図 3-5 β-グルコシダーゼと卵認識フェロモン活性　A) ヤマトシロアリの唾液腺と卵抽出成分およびオオゴキブリの幼虫と成虫と唾液腺抽出物の卵認識フェロモン活性。卵の短径と同サイズのガラスビーズに抽出成分をコートして運搬率を比較。B) それぞれの抽出成分のβ-グルコシダーゼ活性比較。(Matsuura et al. 2009 より改変)

よって，現在の食材性ゴキブリとシロアリはさまざまな祖先形質を共有すると考えられる。食材性ゴキブリの一種であるオオゴキブリの唾液成分を調べたところ，シロアリの唾液と同レベルの高い卵認識活性を示した (図 3-5)。つまり，シロアリの卵認識フェロモンは，真社会性の起源以前から食材性ゴキブリにも必須の唾液成分であったことが分かる。一方，ターマイトボールの進化的背景を考察すると，この菌が系統的に腐朽菌のグループである *Atheria* 属に属することに注目すべきである。実際にこの菌はシロアリの巣内で営巣材を栄養源として繁殖することから，木材腐朽に必要な酵素を備えていることは明らかである。

(2) セルロース分解酵素と卵認識フェロモン

シロアリの唾液，木材を摂食するゴキブリの唾液，そして木材分解能を有する糸状菌に共通する成分は何か。進化的合理性に基づく理論的スクリーニングとバイオアッセイによって，ターゲット物質はセルロース分解酵素に絞り込まれた。その他のシロアリとゴキブリに共通する唾液酵素にはフェロモン活性は認められない。かつて下等シロアリはセルロース分解酵素を共生微生物に依存していると考えられていたが，その後の研究により，シロアリ自身も唾液腺でセルロース分解酵素であるエンドグルカナーゼとβ-グルコシダーゼを生産することが明らかになっている。これらのセルロース分解酵素は，それらの消化酵素としての機能を考えれば，昆虫の卵に必要な成分でないことは自明であろう。しかし，卵認識フェロモンとして機

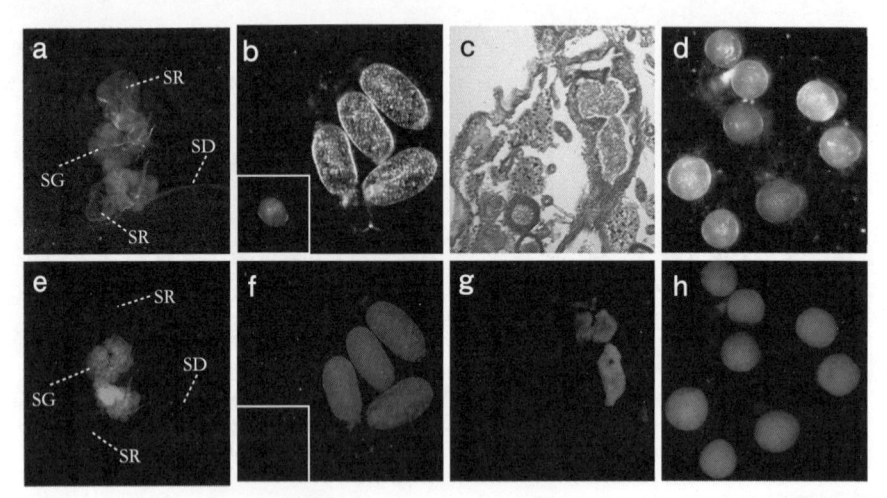

図 3-6　β-グルコシダーゼの蛍光検出　A) シロアリの唾液腺。B) シロアリの女王の卵巣から摘出した卵四角内には対照区としてアルゼンチンアリの卵。C) ワーカーの腹部の組織切片。D) 巣材を添加した PDA 培地上に作られたターマイトボール。下段は上段のそれぞれについて β-グルコシダーゼ特異的蛍光反応。(Matsuura et al. 2009 より改変)

能するためには，女王が産卵する時点で，すでに卵に存在する成分でなければならない。RT-PCR 法によりエンドグルカナーゼの遺伝子発現を調べたところ，この酵素は女王の卵巣内では作られていなかった。実際，エンドグルカナーゼ自体には，フェロモン活性は認められない。一方，β-グルコシダーゼは唾液腺とともに卵にも存在することが分かった（図 3-5b）。蛍光プローブを用いて β-グルコシダーゼを標識して見ると，シロアリの唾液腺，卵，そして腸内に存在することがはっきりと観察できる（図 3-6）。消化酵素としての機能は唾液腺と腸内に β-グルコシダーゼが存在することを説明するが，卵に存在することは説明できない。また，ネガティブコントロールのアルゼンチンアリの卵に β-グルコシダーゼが無いことからも，この物質が昆虫の卵に広く共通して存在する成分でないことも明らかである。これらの結果は，シロアリにおいて β-グルコシダーゼが卵認識のシグナルとして機能していることを示唆する。

そして，予測されたとおり，β-グルコシダーゼの標品にはきわめて高い卵認識フェロモン活性が認められた（図 3-7）。リゾチーム，β-グルコシダーゼともに単独物質でも有意な活性を示したが，この二つをブレンドすることによって，卵抽出物を凌ぐ完全な活性を再現できた（Matsuura et al. 2009）。面白いことに，オオゴキブリの唾液にもリゾチームと β-グルコシダーゼ両方が存在することが分かった。

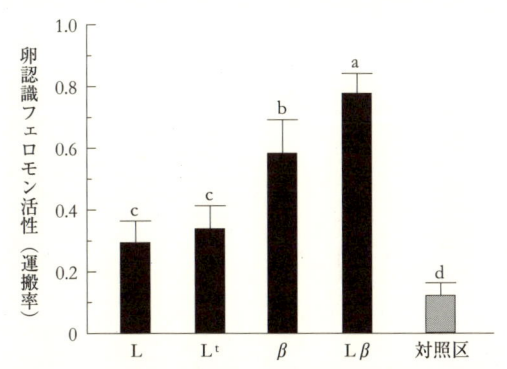

図3-7 リゾチームとβ-グルコシダーゼによる卵認識フェロモン活性　L：ニワトリ卵白リゾチーム。L^t：クローニングによって得られた純粋シロアリリゾチーム。β：β-グルコシダーゼ標品。Lβ：リゾチームとβ-グルコシダーゼの混合。(Matsuura et al. 2009 より改変)

なぜオオゴキブリの唾液にシロアリの唾液と同等の卵認識フェロモン活性があるのか，この両物質の存在によって合理的に説明できる。

(3) ターマイトボールのβ-グルコシダーゼ

β-グルコシダーゼというもう一つのフェロモン成分が明らかになったが，では，ターマイトボールはβ-グルコシダーゼによって化学的に卵擬態しているのか？β-グルコシダーゼはさまざまな糸状菌によって生産されることが知られており，ターマイトボールと近縁な菌核菌である *Sclerotium rolfsii* もβ-グルコシダーゼを生産することが報告されている (Chinnathambi and Lachke 1997)。ターマイトボールの生産する酵素を分析したところ，条件的にβ-グルコシダーゼを生産することが明らかになった。純粋なPDA培地で培養した場合，そこに作られる菌核は化学擬態しておらず，シロアリに運搬されることはない。しかし，このPDA培地にシロアリの巣材を添加した場合，そこに出来る菌核は卵として運搬される。両者の酵素を分析したところ，運搬される菌核菌の抽出成分にはβ-グルコシダーゼが含まれ，運ばれないものにはβ-グルコシダーゼが存在しないことが明らかになった (図3-8)。すなわち，ターマイトボールはβ-グルコシダーゼによって卵擬態していることが分かった (Matsuura et al. 2009)。

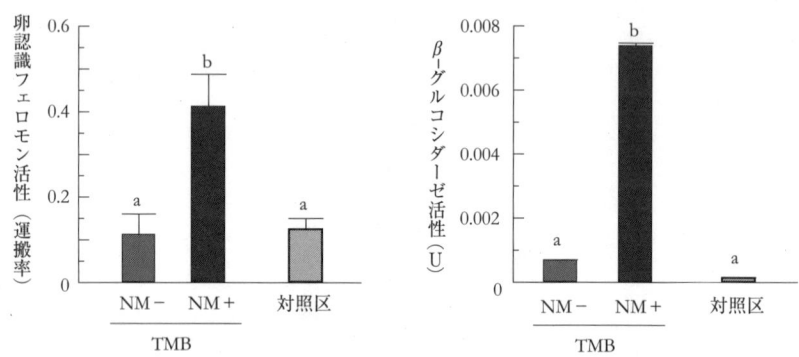

図3-8 β-グルコシダーゼとターマイトボールの化学擬態　シロアリの巣材を添加したPDA培地（NM＋）または添加しないPDA培地（NM－）上に形成されたターマイトボールの抽出成分の卵認識フェロモン活性（左）およびβ-グルコシダーゼ活性。β-グルコシダーゼを有しない菌核は卵として保護を受けない。

(4) 情報化学物質の進化と最節約性

　菌核菌による卵擬態のメカニズムは物理的にも化学的にも，その全貌を完全に解明することができた。菌核菌によるシロアリ卵擬態という現象の発見から，それに関わる情報化学物質の完全同定まで，比較的効率的に解明を進めることができた理由の一つは，ただ盲目的に化学分析に頼るのではなく，進化的合理性に基づいて理論的に方向性を見極めてきたところにある。これは決して結果から見た後づけの説明ではない。シロアリの卵認識フェロモンであるリゾチームも β-グルコシダーゼも，前者は抗菌物質として，後者は消化酵素としての一次機能を有している。これらの物質はフェロモンとして用いるために新たに登場した物質ではなく，元来，食材性昆虫の唾液に必須の成分である。シロアリはグルーミングによって唾液を卵表面にコーティングするため，卵表面には常に唾液成分であるリゾチームと β-グルコシダーゼが存在する。これを社会性の起源以降に卵認識のシグナルとしても利用するように進化したと推測される。このように，本来は別の機能で使っていた化学物質を別の二次的な機能，とくにシグナルとして利用するように進化した例は，さまざまな社会性昆虫に見られる（Turillazzi et al. 2006; Cremer et al. 2007）。このような二次機能としてのフェロモンの進化をより深く理解するためには，シグナル物質のレセプターを明らかにすることが必要となる。酵素としての活性とシグナルとしての活性を担う構造はどのような関係にあるのか。興味深いことに，リゾチームと β-グルコシダーゼは，両者ともに β-1,4-グルコシド結合を加水分解する酵素であ

る。この共通点は，レセプターの解明を含む将来の化学認識メカニズムの解明においても着目すべき点であろう。

ターマイトボールの化学擬態の進化を考えると，この菌を含む*Athelia*属の菌核菌が，卵擬態とは独立にもともとセルロース分解のための酵素としてβ-グルコシダーゼを生産できる点が重要である。シロアリとこれらの糸状菌はセルロース分解というニッチに共存しており，いくつかの共通の化学物質を生産することは必然である。このニッチ重複こそが，菌類によるシロアリの卵擬態を進化させる最大の前適応的要因となったことは明らかであろう。社会性昆虫は寄生者の侵入を阻止するために多様な防衛戦術を発達させてきた (Cremer et al. 2007)。しかし，寄生者がいったんその侵入経路を確立したならば，社会性昆虫のコロニーは寄生者にとって競争者のいない快適な環境となる。卵に擬態して巣内に運搬されるという侵入経路は，シロアリの対寄生者防衛のいわば進化的盲点であったといえよう。

3-6 バイオミミクリーに基づく近未来のシロアリ駆除技術

今世紀になってから，バイオミミクリーという言葉をよく目にするようになった。90年代後半からアメリカで使われるようになった言葉であるが，「長年の進化の産物である生物の叡智に学んで，人間生活に役立つ革新技術を生み出そう」という発想である (Benyus 1997)。そもそも自然科学という学問自体が，自然から学び取るものであるし，古来より自然のなかにこそ美を見出してきた日本人にとって，生物からデザインを学ぶというようなことを，今さら横文字で教えられる必要はない。要するに，この考え自体がとりわけて斬新なわけでもないし，この提案によって生物からインスピレーションを得た新技術が生まれ易くなるとも思わない。しかし，バイオミミクリーという言葉は，新たな技術のメカニズムやその新規性について，誰にでも分かり易くインパクトのある説明をするための標語としては確かに便利である。実際に，そういうアポステリオリな使われ方がほとんどである。何事にもアカウンタビリティーが求められる昨今，研究もまた例外ではない。私も説明のための標語として使うなら，ここで紹介する卵運搬本能を利用したシロアリ駆除技術は，シロアリの卵にミミック（擬態）するカビの戦術をミミックする，いわばダブルバイオミミクリーである。

説明するまでもなく，シロアリは被害の甚大さと予防，駆除の困難さの点で見れ

ば，人類にとって最も厄介な害虫の一つである。その年間被害総額は日本で少なくとも 1000 億円以上，米国では修理費も含めると 110 億ドルにも達する。しかも，既存のシロアリ防除・駆除技術にはさまざまな問題点があり，大量に薬剤を投入して殺虫するため，シックハウス症候群などの健康被害や環境汚染に繋がる上，駆除に要するコストが大きすぎる。シロアリは営巣する木材自体を摂食するため，餌に毒を仕込んで巣に持ち帰らせるというベイト法にも限界が指摘されている。また，高度な社会性昆虫であるシロアリを駆除するためには，表層部に見えるワーカーだけを殺しても無意味であり，巣の生殖中枢を破壊しなければ完全に駆除できない。この閉鎖空間に棲む高度な社会性昆虫に対して，各家庭で自ら効果的な処置を施すことはほぼ不可能であり，専門の業者に依頼しなければ駆除できないところにも，見えないゆえの不安と恐怖が潜んでいる。

　では，どのようにすれば簡単に効率的に生殖中枢まで殺虫活性物質を導入し，コロニー全体を破壊できるか。実はこの問題の本質は，いかに確実に薬剤を患部に到達させるかという，現在の医療が目標とするドラッグデリバリーシステム（Drug Delivery System）の発想と同じである。一般的に医療においても薬剤は，必要なときに，必要な量を，必要な部位に到達させるのが理想である。近年のナノテクノロジーの進歩とともにナノ粒子をキャリアとして薬を病変部位だけに選択的に運搬する方法が確立されつつあり，抗ガン剤治療や遺伝子導入治療の現場で活かされようとしている。さて，私の考えつく限り，高度な社会性を営み人間に害を与えている真社会性害虫を最も効率的に駆除する方法は，その社会性を逆に利用する以外にない。卵運搬本能を利用するシロアリ駆除技術は，擬似卵に殺虫剤を仕込んでキャリアとし，標的部位すなわち生殖中枢までワーカーに運搬させるという，文字通り，卵運搬という社会行動を利用したドラッグデリバリーシステムである。

　上述のように，シロアリの職蟻は女王の産んだ卵を育室に運搬して世話をする習性を持つ。この最も基本的な社会行動の一つである卵保護行動に着目し，擬似卵を用いてシロアリ自ら殺虫活性物質を巣内の生殖中枢へ運搬させる技術を発明した（松浦　2000; 松浦ら 2008）。ターマイトボールはまさにシロアリの卵運搬を利用して巣内に運搬され，新たなニッチを獲得した生物である。人工物をシロアリ自ら巣内の生殖中枢へ運搬させる技術は，この卵擬態メカニズムの解明によって比較的容易に実現できる。

　この技術の特性は，きわめて効果的にコロニーの中枢を破壊できる点にある。擬似卵に殺虫活性物質を含ませてシロアリ自らに生殖中枢へと運搬させることによ

り，駆除にかかる労力を大幅に削減できる．さらに，駆除に必要な薬剤の量がきわめて微量で済む点も重要である．卵保護行動はシロアリの種にかかわらず普遍的であり，さらに，われわれの研究によりシロアリの卵認識物質は，広範囲の種に共通であることが明らかになっている．したがって，本技術は日本だけでなく，世界中のシロアリに適用できる画期的な駆除技術として期待している．また，卵保護行動はシロアリに限らず真社会性昆虫に普遍的な行動であり，たとえばアルゼンチンアリのようにベイト剤で簡単には駆除できない社会性害虫に対しても適用が期待できる．現在，企業との連携により製品化に向けた開発が進んでおり，実用化は近い将来に可能な段階に入っている．

　シロアリの卵に擬態する菌核菌の発見から，その相互作用の解明，シロアリの卵認識フェロモンの同定，ターマイトボールによる物理的・化学的擬態メカニズムの解明，さらには卵保護行動を利用した新たなシロアリ駆除技術の開発まで，一連の流れを紹介してきた．このなかで得られた新たな知見は，社会性昆虫における初めてのタンパク質フェロモンの同定であったり，これまでに着想されなかった画期的な害虫駆除技術の発明であったり，単なる擬態の進化の問題を越えた，広く一般的な重要性を持つといってよいだろう．卵保護行動は社会性昆虫における最も基本的な社会行動であり，社会進化を解明する上でもきわめて重要な行動である．しかし，もし，ターマイトボールの発見がなかったならば，シロアリの卵保護行動は未だに注目されることはなかったであろうし，少なくともあと20年くらいは卵認識フェロモンが同定されることもなかったかもしれない．一連の研究を一気に完遂できた理由は，原点である現象の発見自体がわれわれのオリジナルであったことに尽きる．ここで強調すべきは，むしろ初めの一歩は，誰もが見落とすような些細な問題の発見にすぎなかったことである．セレンディピティという，偶然の発見を察知して，計画や予測の外にある成果を得る能力を指す言葉が流行しているが(澤泉・片井　2007)，偶然の発見を活用することとは，言い換えれば，研究者が自分自身の知的好奇心の価値を信じて，現行の研究計画とは直接関係のない余計なことに手を出すことに他ならない．このような学問的「遊び」の余地とでも呼ぶべき場所にこそ，本質的な研究のオリジナリティーは存在しているのかもしれない．

▶▶参考文献◀◀

Benyus, J.M. (1997) Biomimicry: Innovation inspired by nature. *Morrow.* New York.

Chinnathambi, S. and Lachke, A. (1997). Activities of glycosidases from *Sclerotium rolfsii* in non-aqueous media. *Biotechnol. Tech.* 11: 589-591.

Corley, L.S. and Moore, A.J. (1999) Fitness of alternative modes of reproduction: developmental constraints and the evolutionary maintenance of sex. *Proc. R. Soc. London.* B 266: 471-476.

Cremer, S., Armitage, S.A.O. and Schmid-Hempel P. (2007) Social immunity. *Current Biol.* 17: R693-702.

D'Ettorre. P., Tofilski, A., Heinze, J. and Ratnieks, F.L.W. (2006) Non-transferable signals on ant queen eggs. *Naturwissenschaften* 93: 136-140.

Kimoto, H., Haga, S., Sato, K. and Touhara, K. (2005) Sex-specific peptides from exocrine glands stimulate mouse vomeronasal sensory neurons. *Nature* 437: 898-901.

Lo, N., Tokuda, G., Watanabe, H., Rose, H., Slaytor, M., Maekawa, K., Bandi, C. and Noda, H. (2000) Evidence from multiple gene sequences indicates that termites evolved from wood-feeding cockroaches. *Curr. Biol.* 10: 801-804.

Lockey, K.H. (1988) Lipids of the insect cuticle: origin, composition and function. *Comp. Biochem. Physiol.* B 89: 595-645.

松浦健二（2000）「擬似卵運搬による害虫駆除法」『特許公報』　特許第4151812号.

Matsuura, K. (2001) Nestmate recognition mediated by intestinal bacteria in a termite, *Reticulitermes speratus. OIKOS.* 92: 20-26.

Matsuura, K. (2003) Symbionts affecting termite behavior. Insect Symbiosis. In *Boca Raton*, (K. Bourtzis and T.A. Miller eds.), 131-143. CRC Press Inc. Boca Raton.

Matsuura, K. (2005) Distribution of termite egg-mimicking fungi ("termite balls") in *Reticulitermes* spp. (Isoptera: Rhinotermitidae) nests in Japan and the United States. *Appl. Entomol. Zool.* 40: 53-61.

Matsuura, K. (2006) Termite-egg mimicry by a sclerotium-forming fungus. *Proc. Roy. Soc. B Biol. Sci.* 273: 1203-1209.

松浦健二（2005）「真社会性昆虫の社会と性」『日本生態学会誌』55：227-241.

Matsuura, K., Fujimoto, M. and Goka, K. (2004) Sexual and asexual colony foundation and the mechanism of facultative parthenogenesis in the termite *Reticulitermes speratus* (Isoptera: Rhinotermitidae). *Insectes Sociaux.* 51: 325-332.

Matsuura, K., Fujimoto, M., Goka, K. and Nishida, T. (2002) Cooperative colony foundation by termite female pairs: Altruism for survivorship in incipient colonies. *Anim. Behav.* 64: 167-173.

Matsuura, K. and Kobayashi, N. (2007) Size, hatching rate, and hatching period of sexually and asexually produced eggs in the facultatively parthenogenetic termite *Reticulitermes speratus* (Isoptera: Rhinotermitidae). *Appl. Entomol. Zool.* 42: 241-246.

Matsuura, K., Kobayashi, N. and Yashiro, T. (2007a) Seasonal pattern of egg production in field colonies of the termite *Reticulitermes speratus* (Isoptera: Rhinotermitidae). *Popul. Ecol.* 49: 179-183.

Matsuura, K., Kuno, E. and Nishida, T. (2002) Homosexual tandem running as selfish herd in *Reticulitermes speratus*: novel anti predatory behavior in termites. *J. Theor. Biol.* 214: 63-70.

Matsuura, K. and Nishida, T. (2001) Comparison of colony foundation success between sexual pairs and female asexual units in the termite, *Reticulitermes speratus* (Isoptera: Rhinotermitidae). *Popul. Ecol.* 43: 119-124.

松浦健二・田村隆・小林憲正 (2008)「卵認識フェロモンとしてリゾチーム，その塩，その生物学的フラグメントまたは関連ペプチドを用いる害虫駆除」『特許公報』 特許第 4126379 号.

Matsuura, K., Tamura, T., Kobayashi, N., Yashiro, T. and Tatsumi, S. (2007b) The antibacterial protein lysozyme identified as the termite egg recognition pheromone. *PLoS ONE* 2, e813. doi: 10.1371/journal.pone.0000813.

Matsuura, K., Tanaka, C. and Nishida, T. (2000) Symbiosis of a termite and a sclerotium-forming fungus: Sclerotia mimic termite eggs. *Ecol. Res.* 15: 405-414.

Matsuura, K. and Yashiro, T. (2006) Aphid-egg protection by ants: a novel aspect of the mutualism between the tree-feeding *Stomaphis hirukawai* and its attendant ant *Lasius productus*. *Naturwissenschaften* 93: 506-510.

Matsuura, K., Yashiro, T., Shimizu, K., Tatsumi, S. and Tamura, T. (2009) Cuckoo fungus mimics termite eggs by producing the cellulose-digesting enzyme β-glucosidase. *Curr. Biol.* 19: 30-36.

Maynard Smith J (1978) *The evolution of sex*. Cambridge University Press, Cambridge

澤泉重一・片井修 (2007)『セレンディピティの探究　その活用と重層性思考』角川学芸出版.

Singer TL (1998) Roles of hydrocarbons in the recognition systems of insects. *Am. Zool.* 38: 394-405.

Tarpy, D.R. and Seeley, T.D. (2006) Lower disease infections in honeybee (*Apis mellifera*) colonies headed by polyandrous vs monandrous queens. *Naturwissenschaften* 93: 195-199.

Turillazzi, S., Dapporto, L., Pansolli, C., Boulay, R., Dani, F.R., Moneti, G. and Pieraccini, G. (2006) Habitually used hibernation sites of paper wasps are marked with venom and cuticular peptides. *Curr. Biol.* 16: R530-531.

Yashiro, T. and Matsuura, K. (2007) Distribution and phylogenetic analysis of the termite-egg mimicking fungi "termite balls" in *Reticulitermes* termites. *Ann. Entomol. Soc. Am.* 100: 532-538.

Vander Meer, R.K., Breed, M., Winston, M. and Espelie, K.E. (1998) *Pheromone Communication in Social Insects*. Westview Press, Boulder, CO.

Wickler, W. (1968) *Mimicry in Plants and Animals*. Weidenfeld and Nicholson, London.

Wilson, E.O. (1971) *The Insect Societies*. Harvard Univ. Press, Cambridge.

TOPIC 2

ダニのアルカロイドとヤドクガエル

■森　直樹■　　■桑原保正■

　南米の熱帯雨林に棲息するヤドクガエル科 Dendrobatidae はその色彩の美しさと多様さで知られ，「森の宝石」や「跳ねる芸術」ともいわれている（図1）。この体長 2-5cm 足らずのカエルを竹筒に入れ動けなくした後，喉に木の枝を突っ込むと皮膚の表面から白い泡が分泌され，この泡を集めて吹き矢に塗り，中南米のインディオたちは狩りをした。最も強烈な毒は，フキヤガエル属のココイヤドクガエル *Phyllobates aurotaenia* やテリビリスガエル *P. terribilis* から分泌されるステロイド系アルカロイドのバトラコトキシンであり，フグ毒テトロドトキシンの5倍の強さを持っている。フキヤガエルの仲間は1匹でバトラコトキシンを 2mg 持っており，これは体重 50kg の人間を20人殺せる毒に相当する。しかしながら，ここまで強い毒を持つヤドクガエルはごく一部である。前述のバトラコトキシンの他，今回話題になるプミリオトキシンなど，20を越す化合物群にわたる800種のアルカロイドがヤドクガエルの毒として知られている。

　興味深いのは，毒の起源である。ヤドクガエルを捕獲し，コオロギやショウジョウバエを与えて飼育すると，ほとんどの場合毒性が消失することから，フグ毒と同様に，その毒を餌から入手していると結論されている。たとえば，バトラコトキシンは，コウチュウ目（鞘翅目）ジョウカイモドキ科の一種から発見され，これがバトラコトキシンの起源と考えられている。このように，ヤドクガエルのアルカロイドの大半は，現地の小昆虫類，アリ，ヤスデ，テントウムシが毒の起源である。し

▶図1 「森の宝石」や「跳ねる芸術」といわれるヤドクガエルの一種

かしながら，プミリオトキシン類という一群のアルカロイドの起源は不明であった。
　われわれは偶然にも，京都大学構内の土壌中から腐食を餌としているササラダニ類（隠気門亜目）の一種オトヒメダニ属未同定種の分泌物を調べていたところ，プミリオトキシン類をはじめ，数種のアルカロイドを検出した（図2）(Takada et al. 2005)。さらに詳細に解析すると，プミリオトキシン237A (1) 以外にも，デオキシプミリオトキシン193H (2) や6,8-ジエチル-5-プロペニルインドリジディン (3)，1-エチル-4-(1-ペント-2-エン-4-イルニル)-キノリジディン (4) の存在も示唆された。これらのプミリオトキシン類は毒性を持つものの，低濃度では衰弱した心臓の動きを強める強心作用を示す物質としても知られている。いずれにしても，京都大学構内で採集されるようなササラダニの一種がヤドクガエルのアルカロイドを持っている事実には，大変驚いた。その上，毒を持つカエルと持たないカエルの胃内容物を比較すると，毒を持つカエルほど胃内容物中にはダニが多いという生態学的な報告もあり（Caldwell 1996），ヤドクガエルの毒成分の一部はダニ類起源である

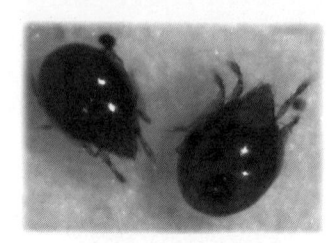

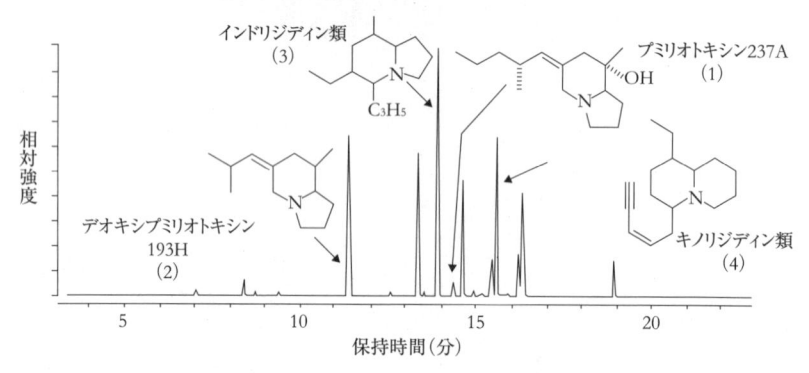

II 昆虫の生理・生態に探る機能制御

▶図2 京都大学構内で採取されたオトヒメダニ属未同定種と同定されたヤドクガエルの毒成分の構造

ことが強く示唆された。著者らがこの内容を論文に纏めていた2004年5月，米国科学アカデミー紀要を見て驚いた。ヤドクガエル毒の研究の第一人者である米国立衛生研究所のJohn W. Dalyらが，プミリオトキシン類の起源として，ヤマアリ亜科（Formicinae）に属するアリを報告していたのである（Saporito et al. 2004）。同じような研究を，ほぼ同時期に行っていたことになる。プミリオトキシン類の起源についてはDalyらのグループに先んじられたが，ある種のアリはダニを好んで食べることが知られている。われわれは秘かに，このアリのプミリオトキシンはダニ由来ではないかと考えている。われわれの発見が契機となり，Dalyのグループはコスタリカやパナマに研究者を派遣し，土壌中からさまざまなササラダニ類を採取し，その分泌物を徹底的に分析した。その結果，80種のアルカロイドがササラダニ類から検出され，そのうち約40種がヤドクガエルからも見つかっていない構造未知のアルカロイドであった（Saporito et al. 2007）。ダニ類はさまざまな生理活性を持つとされるアルカロイドの宝庫として見直されつつある。

しかしながら，ヤドクガエルのあの小さな目でどのようにして土壌中のダニを発見するのであろうか？ また，ダニは種々のアルカロイドをどのように生合成する

のであろうか？　猛毒の食物連鎖をめぐる生態系の謎に，まだまだ，興味は尽きない。

▶▶参考文献◀◀

Caldwell. J.P. (1996) The evolution of myrmecophagy and its correlates in poison frogs (family Dendrobatidae). *J. Zool.* 240: 75−101.

Saporito, R.A., Donnelly, M.A., Norton, R.A., Garraffo, H.M., Spande, T.F. and Daly, J.W. (2007) Oribatid mites as a major dietary source for alkaloids in poison frogs. *Proc. Natl. Acad. Sci. USA* 104: 8885−8890.

Saporito, R.A., Garraffo, H.M., Donnelly, M.A., Edwards, A.L., Longino, J.T. and Daly, J.W. (2004) Formicine ants: An arthropod source for the pumiliotoxin alkaloids of dendrobatid poison frogs. *Proc. Natl. Acad. Sci. USA* 101: 8045−8050.

Takada, W., Sakata, T., Shimano, S., Enami, Y., Mori, N., Nishida, R. and Kuwahara, Y. (2005) Scheloribatid mites as the source of pumiliotoxins in dendrobatid frogs. *J. Chem. Ecol.* 31: 2405−2417.

第4章

葉っぱの上のマイクロコズム

矢野　修一／刑部　正博

4-1　ハダニの吐糸をめぐるハダニとカブリダニの攻防

(1) 食う者と食われる者の攻防

　サバンナで草食獣と肉食獣が命がけの攻防を繰り広げるように，葉っぱの上では，植物を加害する害虫と，それを餌にする捕食者との攻防がみられる。捕食者が攻撃に失敗すると食事を一回失うだけだが，被食者が防御に失敗すると命を失うので，被食者側の防御がいつも一枚上手を行くことになる (Dawkins and Krebs 1979)。たとえば，鳥や捕食性昆虫から身を守らねばならないイモムシたちは，体の色や形を背景の植物に似せて視覚的に隠れたり (Owen 1980, and references therein)，体表成分を植物に似せて化学的に隠れたりする (Akino et al. 2004, and references therein)。その結果，捕食者が利用できる手がかりは，イモムシが植物をかじると出来る食痕のように，イモムシ側が隠しようのない痕跡に限られてくる。これに対して，食痕のついた葉を葉柄から切り落として，この最後の手がかりさえも隠す術を身につけたイモムシもいる (e.g. Heinrich and Collins 1983)。こうしたイモムシと捕食者の攻防は，あたかも軍拡競争に似た，両者の進化の競争がもたらしたと考えられている。

(2) ハダニの歩行跡の吐糸をめぐる相互作用

　農作物を加害するダニ類(以下ハダニ)の体長は0.5mmと小さく,一生の大半を一枚の葉っぱの上で過ごすことも珍しくない。ハダニはこの葉っぱの上のマイクロコズム(小宇宙)で,捕食者であるカブリダニとの攻防に明け暮れる波瀾万丈の一生を送る。草食獣と肉食獣の攻防を再現するためにはサファリパークが必要かもしれないが,ハダニとカブリダニの攻防は,実験室内の葉っぱの上で再現できる。ここで展開されるハダニとカブリダニの攻防のなかに,新しい生物的防除法を切り開くヒントが隠されているに違いない。

　ハダニの生活は,吐糸に特徴づけられる。植物葉の裏面につかまりながら暮らすハダニは,命綱がわりにいつも糸を吐きながら歩き(齋藤　1977),葉裏に吐糸で作った網を張り,そのなかをコロニーにして植物を加害する。ナミハダニ *Tetranychus urticae* の場合には,餌植物が劣化すると雌成虫が主に歩いて分散するが,雌成虫が先行者の歩行跡をたどるという単純な行動規則が,自動的に集団行動を生み出す(Yano 2008)。つまり,歩行跡に糸を吐くハダニが多く歩けば,歩行跡に残る吐糸の量がさらに増え,後続者にさらにたどられ易くなる。こうして歩行跡の効果が増幅され,ハダニが新しいコロニーに集団で移住する(図4-1)。歩行跡をたどるという行動規則は,ナミハダニの単独時の行動にも影響する。群れからはぐれた雌成虫は,群れの歩行跡に出会うとこれをたどって群れに合流する。そうでない場合は,新しい餌植物の葉の上で自分の歩行跡に出会ってそれを堂々めぐりしながら自動的に一ヶ所に網を張ってしまい,それが新しいコロニーになる(Yano 2008)。カンザワハダニ *Tetranychus kanzawai* では,雄成虫が未交尾の雌成虫の歩行跡を好んでたどる。そうすることで,雄は自動的に交尾相手にたどり着けるのだろう(Oku et al. 2005)。以上のように,ハダニの生活の根幹となる行動が,歩行跡の吐糸をたどるという「一つ覚え」に依存するので,吐糸だけは隠しようがないはずである。そして,歩いて分散したハダニの吐糸は,ハダニの現在の居場所に続いているはずである。ハダニの居場所を知りたい捕食者から見ると,これほど見つけ易くて信頼性の高い手がかりを利用しない手はない。

　ハダニの生物農薬として導入されているチリカブリダニ *Phytoseiulus persimilis* (4-3節を参照)と,ハダニの土着天敵であるケナガカブリダニ *Neoseiulus womersleyi* は,どちらも成虫化前後に絶食経験を持つと,ハダニの歩行跡をたどるようになる(Yano and Osakabe 2009; unpublished)。カブリダニは,ハダニの歩行跡の化学成分を感知す

第4章 葉っぱの上のマイクロコズム

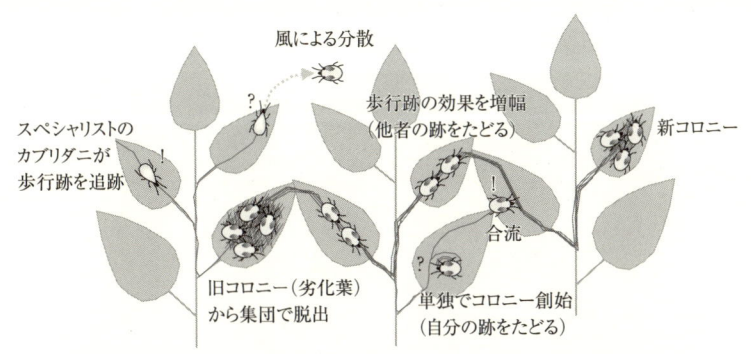

図4-1 ナミハダニの生活は「歩行跡をたどれ」という行動規則で成り立つ

ることが示唆されている(Shinmen et al. unpublished)。ハダニの歩行跡をたどるカブリダニの能力は完璧ではなくても，手がかりなしにハダニを探すよりはずっとましだろう。さらに，ハダニが仲間の歩行跡をたどる場合と同様に，カブリダニは歩いたハダニの数が多いほど歩行跡をよくたどる(Yano and Osakabe 2009)。捕食者が被食者の増殖を抑えるためには，被食者の密度が高いほど捕食率が高くなるメカニズムが必要である。密度の高いハダニのコロニーは，そこに続く歩行跡がカブリダニに感知され易く，したがって食い尽くされ易いだろう。このメカニズムによって，カブリダニはハダニを捉え，結果的にハダニの増殖を抑えるのではないか。

ハダニの雌成虫は，歩いて能動的に分散する一方で，風に乗って受動的に分散する(第3部のトピック3-1と引用文献を参照)。この空中分散の意義は，遠くの生息場所へ移動できることだと考えられるが(同上)，行き先は文字通り風まかせであり，空中分散したハダニ個体が利益を得るかどうかは確かめられていない。トビウオは移動するためではなく，シイラ等の水中の捕食者の追撃をかわすために空中を飛ぶ(Davenport 1994)。これと同じ捕食回避の視点から見れば，ハダニがわずかな距離でも空中分散すれば，歩行跡を残さずに移動できるので，歩行跡をたどるカブリダニの追撃をかわせる利点があるだろう。

(3) ハダニのコロニーでの攻防

ハダニがコロニーに張る網は，ジェネラリストの捕食者(Sabelis and Bakker 1992, and references therein)や風雨からハダニを守ることができる反面，スペシャリストのカブリダニには，定着と探索の手がかりに利用されてしまう(Furuichi et al, 2005, and

II 昆虫の生理・生態に探る機能制御

図4-2 コロニーに侵入したカブリダニに対するハダニの捕食回避行動

references therein)。スペシャリストのカブリダニがハダニのコロニーに侵入すると，ハダニはなす術がないのだろうか？ ササなどの野生植物に堅固な巣網を張って暮らすケナガスゴモリハダニでは，巣網に侵入するカブリダニに対して成虫が集団で反撃する (Saito 1986)。農業害虫のハダニは，このような積極的な反撃手段を持たないが，その代わりに以下のさまざまの対抗手段を備えている。

カンザワハダニ（以下カンザワ）の雌成虫は，子のいるコロニーに長く同居すると，コロニーの餌質を劣化させて子の発育を妨げるので，子を駄目にする前に母親がコロニーを離れる (Oku et al, 2002)。こうして早めの分散を繰り返す結果，カンザワはスペシャリストのカブリダニから逃げ続けられるらしい。ハダニは葉面の毛を足場にして網を張るが，カンザワは，葉面の「毛深い」餌植物を好んで利用し，防御効果の高い立体的な網を張る (Oku et al. 2007, and references therein)。スペシャリストのカブリダニがカンザワのコロニーに侵入すると，カンザワは立体的な網の上に「空中退避」して捕食を避ける (e.g. Oku et al. 2003, and references therein；図4-2)。毛の少ない植物の葉を利用するカンザワは，葉の成長を操作して葉面に起伏を作り，それを足場にして空中に網を張って退避場所を作り出す (Oku and Yano 2007)。

ハダニはカブリダニから逃げるためにその接近を知る必要があるのに，視覚が発達していないこともあり，間近にいるカブリダニを感知できないらしい。これはもしかすると，ハダニに警戒されずに接近できるように，カブリダニが気配を隠している結果かもしれない。しかし，カブリダニがハダニを食べる以上，ハダニを傷つけるときに出る匂いだけは隠しようがない。カンザワハダニは，この仲間が傷つけられる匂いによって，カブリダニの接近を知って網の上に退避する (Oku et al.

2003)。以上のように，ハダニの居場所を知りたいカブリダニは，ハダニが隠しようのない吐糸を手がかりにし，カブリダニの接近を知りたいハダニも，カブリダニの隠しようのない捕食時の匂いを利用していた。このハダニとスペシャリストのカブリダニの攻防は，両者の情報戦の軍拡競争がもたらした究極の姿だろう。

(4) ハダニに加害された植物はカブリダニを「誘引」するのか？

カブリダニの餌探索に関する従来の定説は，「ハダニに加害された植物がSOSの匂いを出してカブリダニを呼ぶ」（高林 1995）というものである。しかし，この説には，再考すべき点があると筆者は考えている。

上記の定説の根拠は，チリカブリダニなどのスペシャリストのカブリダニが，Y字管という風洞の中で，ハダニに加害された植物（以下ハダニ加害植物）の匂いの方向に歩く事実（e.g. Sabelis and Van de Baan 1983）である。Y字管は，2つの匂いに対する好みを比べるために，他の匂いを閉め出した閉鎖系になっている。しかし，開放系の野外では加害植物の匂いは拡散し，周囲にある他の加害植物の匂いと混ざるだろう。これだけ状況が違う閉鎖系と開放系で，加害植物の匂いが同様に働くと仮定してよいだろうか？（図4-3）

そこで筆者らは，開放系の野外で，ハダニ加害植物がカブリダニを誘引するかどうかを調べた。チリカブリダニは，Y字管の中ではナミハダニが加害したインゲンマメの葉の匂いの方向に歩くことがわかっている（e.g. Maeda and Takabayashi 2001）。Y字管と同じスケールで比べるために，Y字管の中にあるY字型の針金を取り出して野外に設置した（図4-3）。この針金は，Y字管の中でカブリダニを異なる匂いの方向に導くための歩道橋であり，針金の分岐点から先端までは約15cmである。Y字の上端の一方だけに，ナミハダニが十分に加害したインゲンマメの葉を装着し，ハダニ加害葉の匂いによく反応するチリカブリダニの空腹の雌成虫をY字の下方に放して行き先を見届けると，カブリダニは加害葉のある側とない側を区別しなかった。つまり，開放系ではハダニ加害葉はカブリダニを誘引しないのである（Yano and Osakabe 2009）。さらにZemek et al. (2008)によれば，他の植物の匂いがない無風の実験室内であっても，マメ株の下方に放したチリカブリダニが加害葉に定位できないという。この報告によれば，チリカブリダニが加害葉の匂いに誘引されることが確認された距離は1cm以内である。これらの反応を実用的な「誘引」とみなせるだろうか？　隣の葉に相当する距離から誘引できないカブリダニを，隣の木

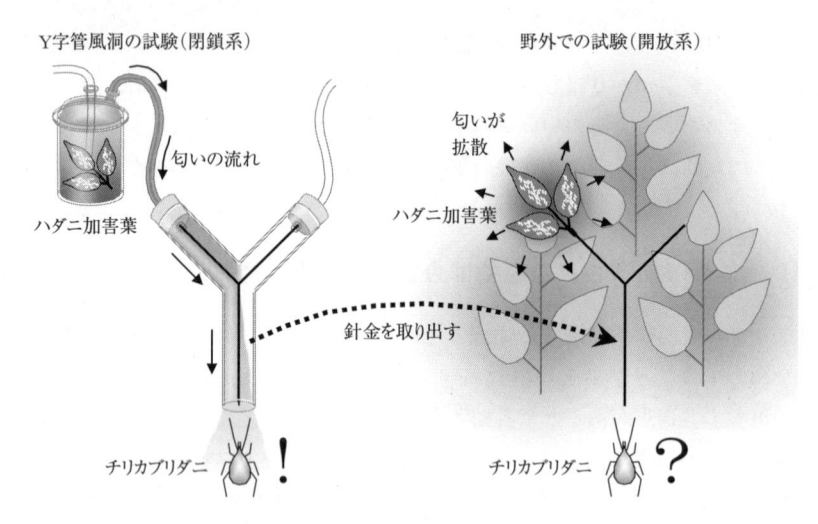

図 4-3 閉鎖系と開放系では加害葉の匂いの拡散効果が違う

や隣の圃場から誘引できると評価するのは難しいだろう。Y字管試験は，2つの匂いに対する好みを比べる目的に限るべきであり，匂いの誘引性を論じる根拠にはできないことに注意するべきではないだろうか。

しかし一方で，カブリダニがY字管の中でハダニ加害葉の匂いを好む事実は，説明されるべきである。Sabelis et al. (1984) は，ハダニ加害葉の匂いに対するカブリダニの反応は，加害葉の真上にあるハダニのコロニー（餌場）から迷い出ないための定着反応だと考察した。この考えは，ハダニ加害葉の匂いがカブリダニの分散を抑える事実 (e.g. Sabelis and Afman 1994) や，ハダニの密度が高い時だけ加害葉の匂いにカブリダニが反応する事実 (e.g. Maeda and Takabayashi 2001) と見事に符合する。それにもかかわらず「ハダニ加害葉に対するカブリダニの反応は定着反応である」という考えは，注目を浴びていない。おそらくこの考えが「当たり前すぎる」のも一因だろう。

4-2 野生植物とジェネラリストカブリダニの共生関係

(1) どうして野生植物に学ぶのか？

　植物は，身を守るための防衛活動と自分の成長や繁殖活動に，限られたエネルギー資源を振り分ける (Rhoades 1979)。栽培植物 (作物) とは，エネルギー資源を防衛に浪費せずに，収量を増やすように遺伝的に改良された植物なので，手薄になった防衛を化学農薬か生物防除などで肩代わりしてやらないと，ひとたまりもなく害虫に食い尽くされる。その一方で，人間の保護を受けない野生植物が食い尽くされずに存在しているのは，すべての野生植物が，害虫から身を守る術を備えている結果に他ならない。植物が身を守るメカニズムは，食い付きを防ぐ表面構造や毒物質で害虫と直接的に対決する方法と，害虫が捕食され易く仕向ける間接的な方法に分けられる (第2部1章参照)。生物的防除の手本になるのは，間接的な防衛方法である。捕食者は餌のない場所にはとどまらないので，捕食者を常駐させるためには，代替餌などの報酬が不可欠である。たとえば，アリが常駐して害虫を退治する植物は，アリに代替餌を提供するために花外蜜腺 (Bently 1977, and references therein) や食物体 (e.g. Fiala et al. 1989) などの専門の器官を持つ。アリを用心棒に利用できる理由は，アリが害虫と植物由来の餌の両方を食べるジェネラリストであることと，アリが報酬次第で誰のためにでも働く性質を持つおかげである。それでは，カブリダニが常駐して害虫を退治する野生植物には，どんな仕組みがあるのだろうか？

(2) ヤブガラシ上の真珠色に輝く謎のゼリー

　ヤブガラシ *Cayratia japonica* はブドウ科のツル性の雑草である。「貧乏葛」とも呼ばれ，油断するとすぐに家の塀を覆い尽くす。ヤブガラシの花や新梢，若い葉などの大事な部分は，「真珠体」という直径1mm前後の丸いゼリーに覆われる (図4-4)。真珠体は，弾力性の高い膜のなかに脂質の液体が詰まった構造で，植物体から簡単に取れるように出来ている。そして，害虫による加害の有無にかかわらず，恒常的に作られる (Ozawa and Yano unpublished)。真珠体はブドウ科やそれ以外の作物でも見られるが，これまで正体が謎だったために，農業現場では害虫の卵と間違われて掃除されていたこともあるらしい。

ヤブガラシの葉裏

真珠体

真珠体を食べる
コウズケカブリダニ

図 4-4 ヤブガラシの真珠体の写真

　真珠体があるヤブガラシの葉には，植物質の餌を食べるジェネラリストのコウズケカブリダニ *Euseius sojaensis*（以下コウズケ　4-3 節の表 4-1 を参照）が多い。真珠体のある葉とない葉を並べてコウズケに選ばせると，多くが真珠体の近くに定着するので，真珠体がコウズケを定着させることが分かる（Ozawa and Yano 2009）。当たり前のことだが，ハダニだけを餌にするスペシャリストのカブリダニは，真珠体には見向きもしない。野外の真珠体が食べられていることを確かめるために，ヤブガラシの葉柄に粘着剤を塗ってコウズケ等が出入りできないようにして放置すると，コウズケ等が自由に出入りできる葉に比べて真珠体が多くなった。つまり，真珠体が多くなった分だけ，野外では歩いて出入りするコウズケ等に食べられていることになる（同上）。真珠体を目当てにヤブガラシの葉に定着したコウズケは，葉に侵入するハダニに襲いかかる。コウズケはハダニの網を苦手にするが（Osakabe 1988），コウズケが先に葉に定着していれば，ハダニに網を張る暇を与えずに捕食できるのである。以上より，ヤブガラシの真珠体は，コウズケを前もって定着させることに

よって，ハダニの加害を間接的に防ぐ働きをするらしい (Ozawa and Yano 2009)．ここでも，ハダニとカブリダニの攻防が見られる．わずかな網の有無が，ハダニの生死を分けるので（同上），葉に侵入して網を一刻も早く手に入れたいハダニは，他個体の網のある場所に合流したがる (Yano 2008)．おそらく植物に侵入するハダニの多くは，網を張る前にコウズケなどのジェネラリストによって捕食され，ジェネラリストが討ち漏らして網を張ることができたハダニを，スペシャリストのカブリダニが探索して捕食しているのだろう．

応用上の観点から興味深いのは，コウズケが真珠体よりもハダニを好んで食べる理由である．その理由とは，真珠体の方がハダニに比べて栄養価が格段に低いことらしい (Ozawa and Yano 2009)．この事例は，カブリダニを定着させる代替餌が貧栄養である場合に，カブリダニがハダニを攻撃することを示しており，カブリダニの代替餌を人工的に開発する（4-3節を参照）ための大きなヒントになる．

(3) クスノキのダニ室をめぐる逆説的な共生関係

ジェネラリストのコウズケカブリダニが常駐する植物は，草本ばかりではない．神社などにそびえるクスノキ *Cinnamomum camphora* の葉にも，コウズケが多く見られる．多くの木本の葉裏の主脈と支脈の分岐点には，窪みや毛が密生した構造があり，その内部にダニが居住することから「ダニ室」と呼ばれる．植食者が寄主植物を操作して作る虫こぶとは異なり，ダニ室は植物が自ら作り出す構造である．通常は，捕食性や菌食性のダニ類が風雨や捕食者を避けるためにダニ室を隠れ家にするが (O'Dowd and Wilson 1991, and references therein)，クスノキのダニ室の入口はコウズケよりも小さいので，コウズケはダニ室を隠れ家にはできない（笠井ら 2002）．それにもかかわらず，コウズケはダニ室の入口近くを離れない．

クスノキのダニ室の内部には，ここだけで増殖する植食性フシダニの未記載種（以下フシダニA）が住み，ダニ室からあふれ出たフシダニAをコウズケが待ち伏せて捕食する (Kasai et al. 2002)．ダニ室の入口を木工用ボンドで塞いでこのフシダニが出てこないようにすると，コウズケが去ってしまうので，コウズケはフシダニAを目当てに定着していることが分かる (Kasai et al. 2002；図4-5)．さらに，クスノキの葉には，虫こぶを作る別のフシダニ（以下フシダニB）がおり，虫こぶを作られた葉は，大きさが半分以下になってしまう．ダニ室をボンドで塞いでコウズケが去ってしまった上記の葉では，虫こぶが増えて葉面積が著しく減る (Kasai et al. 2005；

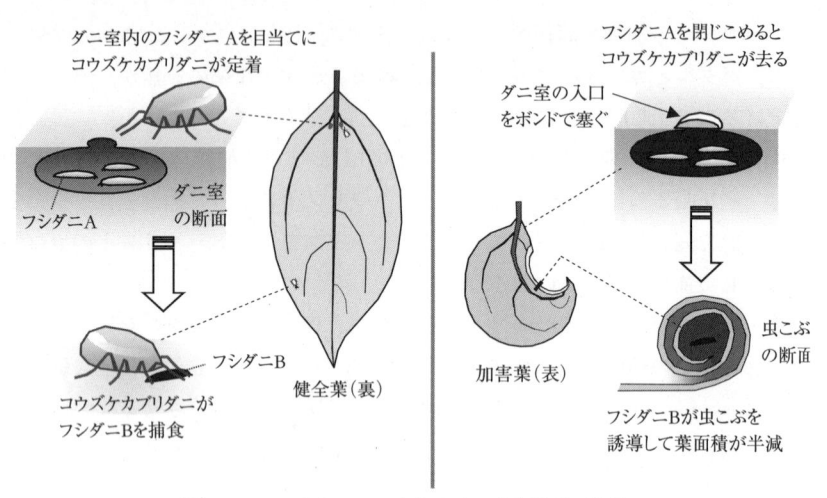

II 昆虫の生理・生態に探る機能制御

図4-5 クスノキのダニ室をめぐる生物間相互作用

図4-5）。つまり，コウズケがフシダニBを退治してクスノキの葉を間接的に防衛しているのである。先のフシダニAはクスノキを餌にする植食者だが，フシダニAが利用するのは，葉面積の0.2%に満たないダニ室の内部に限られる。したがって，そのフシダニAを餌にして定着するコウズケが，葉面積の50%以上に被害を与える有害なフシダニBを退治してくれれば，クスノキは利益を得るはずである（Kasai et al. 2005）。ここからが逆説的なのだが，用心棒のコウズケを定着させるためにフシダニAが必要なら，クスノキは自分を食べるフシダニAから利益を得ていることになる。同様に，クスノキの生存に用心棒のコウズケが必要なら，クスノキのダニ室内でしか暮らせないフシダニAは自分を食べるコウズケから利益を得ていることになる。つまりクスノキ上では，本来は敵対関係にあるはずの捕食者から被食者が利益を得るのである（同上）。この特殊な関係が成り立つための鍵は，フシダニAのクスノキへの加害と，コウズケによるフシダニAの捕食をともに制限するダニ室の存在であろう。この前例のない共生的関係は「系的共生 systematic mutualism」と名づけられ（Kasai et al. 2005），Yamamura（2007）は，ダニ室のような構造が進化しうる条件を理論的に予測した。

もう一つ興味深い事実がある。フシダニAを餌にしてクスノキで増殖したコウズケは，フシダニAが急減する初夏になると忽然と姿を消す（Kasai et al. 2002）。大量のジェネラリスト捕食者が，夏のあいだに何処で何をしているのだろうか？　おそらくコウズケは，周囲の植物に移動して，ハダニ等の植食者を捕食するであろう。

もしかすると，鎮守の杜にそびえるクスノキの巨木は，いにしえの農生態系にコウズケカブリダニという生物農薬を供給していたのかもしれない。そして，クスノキを伐ると，切ったクスノキから供給が絶たれるカブリダニの捕食圧から解放されたハダニの大発生が起きる経験から，これを「祟り」と考えた先祖たちはクスノキを「神」として祀ったのではあるまいか（笠井，私信）。想像力は夢を広げる最強の道具である。

4-3 新しいハダニの生物的防除法への挑戦

(1) カブリダニの生活型と生物的防除における適性

　カブリダニの生活型は，食性の特徴に基づいて四つに分類される（表4-1；McMurtry and Croft 1997）。チリカブリダニに代表されるタイプIは，ナミハダニやカンザワハダニなどの $Tetranychus$ 属だけを餌にするスペシャリストで，下段のタイプほどハダニへの依存度が低く，ジェネラリストの傾向が強くなる。スペシャリスト寄りのタイプIとタイプIIのカブリダニは，$Tetranychus$ 属の立体的な網に侵入できるばかりか，ハダニの歩行跡の吐糸（4-1節を参照）や網（Furuichi et al. 2005, and references therein）を逆に利用してハダニを探す。ジェネラリスト寄りのタイプIIIとタイプIVのカブリダニは，$Tetranychus$ 属のハダニの網によって行動が妨げられる（e.g. Osakabe et al. 1987）。2節で紹介したタイプIVのコウズケカブリダニが捕食できるハダニは，網を張る前のハダニ（Ozawa and Yano 2009）や，立体的な網を張らないミカンハダニ（Osakabe et al. 1987; Osakabe 1988）などに限られる。

　上記の特性を比べる限り，スペシャリスト寄りのカブリダニの方が，ハダニをよく退治しそうである。実際に，ハダニの密度が高い場合には，ハダニの網に侵入できて，他の餌には目もくれないタイプIのチリカブリダニは，ハダニを手早く防除してくれる。化学農薬の全盛期には，化学農薬に近い即効性を持つチリカブリダニが，生物防除の花形として海外から導入された。しかし，代替餌のないスペシャリストは，餌の害虫を食い尽くすと自滅または移出する宿命にあるので，害虫が再び増えてもすぐには対応できない。たとえカブリダニの密度がハダニの密度変化を追いかけて，両者の密度が安定して周期変動したとしても，カブリダニの増殖が後手に回るあいだに作物は被害を受ける。したがって，化学農薬と同じように，ハダ

表 4-1 カブリダニの食性タイプ

生活型	食性の特徴	分類群（属）	在来種および主要導入種
タイプ I	Tetranychus 属のみを餌とする	Phytoseiulus	チリカブリダニ
タイプ II	やや広食性で Tetranychus 属または他属で巣網を形成するハダニを好む	Galendromus Neoseiulus（一部）Typhlodromus（数種）	ミヤコカブリダニ，ケナガカブリダニ，ファラシスカブリダニ，オクシデンタリスカブリダニなど
タイプ III	広食性で，広範な属のハダニやフシダニ，花粉などを餌とする	Phytoseiulus, Galendromus および Euseius 属を除く他属の大部分	フツウカブリダニ，トウヨウカブリダニ，ニセラーゴカブリダニ，ケブトカブリダニ，パイライカブリダニなど
タイプ IV	広食性で，繁殖能力は花粉食において最も高い	Euseius	コウズケカブリダニ，イチレツカブリダニ

McMurtry and Croft（1997）より改変

が発生するたびにカブリダニを散布（放飼）せねばならなくなる．チリカブリダニは，文字通りの「生物農薬」なのである．これを販売する側には好都合かもしれないが，使う側には経済的負担が大きい．

　これはおかしい．生物的防除の目的は，多くのハダニを殺すことではなく，ハダニの密度を被害が許容できる水準よりも低く保つことである．そのために捕食者を持続的に保とうとするなら，スペシャリストよりも代替餌で飢えをしのげるジェネラリスト，導入天敵よりも地域環境に適応した土着天敵が適役のはずである．そのようなカブリダニが作物に事前に定着していれば，ハダニの侵入初期から対応できるのではないか．なお，ハダニの土着天敵には，キアシクロヒメテントウやケシハネカクシなどの捕食性昆虫もいるが，カブリダニに比べてどれも体がはるかに大きいために，個体レベルの捕食能力が高い反面，必要な餌量も多く，ハダニが高密度になるまで定着しない（天野　1996と引用文献を参照）．したがって，捕食性昆虫類は，ハダニを低密度に保つ生物的防除の目的には不向きと思われる．ハダニの被害を火事にたとえるなら，ジェネラリストのカブリダニは初期鎮火に適した家庭用消火器，スペシャリストのカブリダニや捕食性昆虫は鎮火能力が高いが駆けつけるのに時間がかかる消防車に相当する．住人なら，どちらで鎮火することを望むだろうか．答えは明白であろう．

(2) 農生態系におけるカブリダニの代替餌利用

前節で紹介したように，ジェネラリストのカブリダニが常駐してハダニを退治する野生植物には，カブリダニが利用できる代替餌があった。これは偶然の一致ではなく，盲目の自然選択が，生物的防除の最良の方法を野生植物にもたらした結果だと考えるべきである。それでは，農生態系でジェネラリストのカブリダニが活躍する場合には，何らかの代替餌があるだろうか？

カンキツやアボカドの果樹園では，タイプIVのカブリダニが春から初夏に飛来する風媒花粉を餌にして増殖し，その後に発生するミカンハダニなどを抑制する (Kennett et al. 1979)。タイプIIIのカブリダニが発生するブドウ園でも同様の報告がある。Osakabe et al. (1987) は，タイプIVのコウズケカブリダニがミカンハダニの発生を抑制するためには，代替餌のチャ花粉が必要であることをカンキツの苗木で検証した。さらにブドウ園では，カブリダニがべと病の病斑を餌にするため，カブリダニの発生がべと病の発生に左右される (Duso et al. 2003)。以上のように，農生態系でも，代替餌がジェネラリストのカブリダニを定着させていることが明確に示唆される。

次に考えるべきことは，カブリダニの代替餌を持たない作物のために，適切な代替餌を準備する方法である。花粉は栄養価の高い代替餌だが，使える季節が限られる。代替餌になる他の害虫や病気を作物に導入したり，代替餌を持つ強い雑草を混植させたりしては，作物の収量を減らして本末転倒になりかねない。一つの解決策は，防除すべき作物の害虫ではない動物性の代替餌で捕食者を維持するバンカー植物法 (van Lenteren 1995) である。この方法では，代替餌になる植食者を維持するために，別の餌植物（バンカー植物）を作物と混植させる必要がある。また，この方法で用いる代替餌が生きた植食者である限り，他の場所で害虫化するリスクが無いともいえない。したがって，より効率よく安全に捕食者を維持するためには，人工的な代替飼料を開発するしかない。

カブリダニは，葉の窪みや毛が密生した構造を好んで定着する (Kawasaki et al. 2009, and references therein)。コウズケカブリダニの定着場所に対する好みを至近的な要素に還元すると，自分の背丈より高い壁のそばや，体が壁と多く触れる場所が好まれる (Kawasaki et al. 2009)。カブリダニを効率よく定着させるためには，このような物理的構造も考慮しなければならない。以上より，ハダニよりも先にカブリダニを作物上に定着させるためには，人工飼料（食）とシェルター（住）の2点セットが

必要だという結論が導かれる。このセットを「カブリダニハウス」と命名し（小川ら，未発表），そこで用いるべき人工飼料の開発に取り組んだ。

(3)「カブリダニハウス」用の人工飼料の開発 —— 逆転の発想

従来の人工代替飼料の研究は，カブリダニを増殖することが目的だったので，人工飼料でタイプ III と IV のカブリダニが発育できたものの (e.g. Kennett and Hamai 1980)，雌成虫の産卵数が激減してしまうために，開発が断念されてきた。タイプ IV のカブリダニの累代飼育に成功したレシピ (Kennett and Hamai 1980) に習い，小川らは酵母と糖，鶏卵卵黄から成る人工飼料（以下飼料1）を配合して，これを試作版の「カブリダニハウス」に封入してミヤコカブリダニ *Neoseiulus californicus*（以下ミヤコ）に与えた。ミヤコは近年生物農薬として販売され始めたが，導入種のチリカブリダニ（タイプI）と違って国内各地に自生し，花粉などの代替餌も利用するタイプ II のジェネラリストである。ハダニを餌にした場合に比べると，飼料1を与えたミヤコの生存率と発育速度は見劣りせず，雌成虫の産卵数は激減するものの，代わりに寿命が大幅に延びた (Ogawa and Osakabe 2008)。ハダニを餌にしたミヤコの交尾済みの雌成虫は3ヶ月ですべて死亡するが (e.g. Gotoh et al. 2004)，飼料1を餌にすると半数近くが生存する (Ogawa and Osakabe 2008)。この結果をどう考えるべきだろうか。「カブリダニハウス」の目的は，カブリダニを増殖することではなく，少しでも長く待機させることである。それならば，産卵数が減ろうとも寿命が延びることは，むしろ好都合である。野生植物上の代替餌の栄養価が低かったこと (4-2節を参照) も考えると，栄養価が低い人工飼料こそが理想的な代替餌ではないか。逆転の発想である。

このように，ハダニの不在時に人工飼料でカブリダニを長く維持できる可能性が示されたが，いざハダニが現れたときに，それを捕食してカブリダニが繁殖を再開できなければ意味がない。ミヤコの交尾済み雌成虫は，ハダニを餌にすると通常は1ヶ月以内に産卵を終えるが (e.g. Gotoh et al. 2004)，飼料1で長期飼育した上記の雌成虫にハダニを与えると，2ヶ月後で生存個体の80％以上，3ヶ月後でも20％以上が産卵した (Ogawa and Osakabe 2008)。ミヤコカブリダニが1匹いれば，ハダニのコロニーを壊滅させるまでコロニーにとどまって捕食と増殖を続けるので，飼料1でミヤコを維持できれば，2~3ヶ月に一度のハダニの侵入に備えることができるかもしれない。

上記の実験は，いずれもほぼ無菌条件で水分を十分に補給しながら行った。しかし，野外の「カブリダニハウス」で人工飼料を用いるためには，防腐剤の選定や水分補給法の開発，他の捕食者から人工飼料とカブリダニを守る工夫，手間がかからず作物の商品価値を落とさない設置方法の開発など，さらなる課題が山積みである。われわれの挑戦は始まったばかりである。

▶▶参考文献◀◀

Akino, T., Nakamura, K. and Wakamura, S. (2004) Diet-induced chemical phytomimesis by twig-like caterpillars of *Biston robustum* Butler (Lepidoptera: Geometridae). *Chemoecology* 14: 165–174.

天野　洋 (1996)「天敵」,『植物ダニ学』江原昭三・真梶徳純 (編著), pp. 260–277. 全国農村教育協会，東京．

Bentley, B.L. (1977) Extrafloral nectarines and protection by pugnacious bodyguards. *Annu. Rev. Ecol. Syst.* 8: 407–427.

Davenport, J. (1994) How and why do flying fish fly. *Rev. Fish Biol. Fisher.* 4: 184–214.

Dawkins, R. and Krebs, J.R. (1979) Arms races between and within species. *Proc. Roy. Soc. B.* 205: 489–511.

Duso, C., Pozzebon, A., Capuzzo, C., Bisol, P.M., and Otto, S. (2003) Grape downy mildew spread and mite seasonal abundance in vineyards: evidence for the predatory mites *Amblyseius andersoni* and *Typhlodromus pyri. Biol. Cont.* 27: 229–241.

Fiala, B., Maschwitz U., Pong, T.V. and Helbig, A.J. (1989) Studies of a South East Asian ant-plant association: protection of *Macaranga* trees by *Crematogaster borneensis. Oecologia* 79: 463–470.

Furuichi, H., Yano, S., Takafuji, A. and Osakabe, Mh. (2005) Prey preference of the predatory mite *Neoseiulus womersleyi* Schicha is determined by spider mite webs. *J. Appl. Entomol.* 129: 336–339.

Gotoh, T., Yamaguchi, K. and Mori, K. (2004) Effect of temperature on life history of the predatory mite *Amblyseius (Neoseiulus) californicus* (Acari: Phytoseiidae). *Exp. Appl. Acarol.* 32: 15–30.

Heinrich, B. and Collins, S.L. (1983) Caterpillar leaf damage, and the game of hide-and-seek with birds. *Ecology* 64: 592–602.

笠井　敦・矢野修一・西田隆義・上遠野冨仕夫・高藤晃雄 (2002)「クスノキの展葉フェノロジーに対応した domatia の空間分布パターンとフシダニの発生消長」,『日本応用動物昆虫学会誌』46：159–162.

Kasai, A., Yano, S. and Takafuji, A. (2002) Density of the eriphyid mites inhabiting the domatia of *Cinnamomun camphora* Linn. affects the density of the predatory mite, *Amblyseius sojaensis* Ehara (Acari: Phytoseiidae), not inhabiting the domatia. *Appl. Entomol. Zool.* 37: 617–619.

Kasai, A., Yano S. and Takafuji, A. (2005) Prey-predator mutualism in a tritrophic system on a camphor tree. *Ecol. Res.* 20: 163–166.

Kawasaki, T., Yano, S. and Osakabe, Mh. (2009) Effect of wall structure and light intensity on the settlement of the predatory mite, *Euseius sojaensis* (Ehara) (Acari: Phytoseiidae). *Appl. Entomol. Zool.* 44: (in press)

Kennett, C.E., Flaherty, D.L. and Hoffmann, R.W. (1979) Effect of wind-borne pollens on the population dynamics of *Amblyseius hibisci* (Acarina: Phytoseiidae). *Entomophaga.* 24: 83–98.

Kennett, C.E. and Hamai, J. (1980) Oviposition and development in predaceous mites fed with artificial and natural diets (Acari: Phytoseiidae). *Entomol. Exp. Appl.* 28: 116-122.

van Lenteren, J.C. (1995) Integrated pest management in protected crops. In *Integrated Pest Management: Principles and Systems Development* (Dent D.R. ed.), 311-343. Chapman Hall, London.

Maeda, T. and Takabayashi, J. (2001) Production of herbivore-induced plant volatiles and their attractiveness to *Phytoseius persimilis* (Acari: Phytoseiidae) with changes of *Tetranychus urticae* (Acari: Tetranychidae) density on a plant. *Appl. Entomol. Zool.* 36: 47-52.

McMurtry, J.A. and Croft, B.A. (1997) Life-styles of phytoseiid mites and their roles in biological control. *Annu. Rev. Entomol.* 42: 291-321.

O'Dowd, D.J. and Wilson, M.F. (1991) Associations between mites and leaf domatia. *Trends Ecol. Evol.* 6: 179-182.

Ogawa, Y. and Osakabe, Mh. (2008) Development, long-term survival, and the maintenance of fertility in *Neoseiulus californicus* (Acari: Phytoseiidae) reared on an artificial diet. *Exp. Appl. Acarol.* 45: 123-136.

Oku, K. and Yano, S. (2007) Spider mites (Acari: Tetranychidae) deform their host plant leaves: An investigation from the viewpoint of predator avoidance. *Ann. Entomol. Soc. Am.* 100: 69-72.

Oku, K., Yano, S. and Takafuji, A. (2002) Phase variation in the Kanzawa spider mite, *Tetranychus kanzawai* Kishida (Acari: Tetranychidae). *Appl. Entomol. Zool.* 37: 431-436.

Oku, K., Yano, S., Osakabe, Mh. and Takafuji, A. (2003) Spider mites assess predation risk by using the odor of injured conspecifics. *J. Chem. Ecol.* 29: 2609-2613.

Oku, K., Yano, S., Osakabe, Mh. and Takafuji, A. (2005) Mating strategies of Kanzawa spider mite, *Tetranychus kanzawai* Kishida (Acari: Tetranychidae), in relation to the mating status of females. *Ann. Entomol. Soc. Am.* 98: 625-628.

Osakabe, Mh. (1988) Relationships between food substances and developmental success in *Amblyseius sojaensis* Ehara (Acarina: Phytoseiidae). *Appl. Entomol. Zool.* 23: 45-51.

Osakabe, Mh., Inoue, K. and Ashihara, W. (1987) Effect of *Amblyseius sojaensis* Ehara (Acarina: Phytoseiidae) as a predator of *Panonychus citri* (McGrefor) and *Tetranychus kanzawai* Kishida (Acarina: Tetranychidae). *Appl. Entomol. Zool.* 22: 594-599.

Owen, D. (1980) *Camouflage and Mimicry*. The University of Chicago Press, Chicago.

Ozawa, M. and Yano, S. (2009) Pearl bodies of *Cayratia japonica* (Thunb.) Gagnep. (Vitaceae) as alternative food for a predatory mite *Euseius sojaensis* (Ehara) (Acari: Phytoseiidae) *Ecol. Res.* (in press)

Rhoades, D.F. (1979) Evolution of plant chemical defense against herbivores. In *Herbivores: Their interactions with Secondary Plant Metabolites.* eds. Rosenthal, G.A. and D.H. Janzen, 4-43. Academic Press, New York.

Sabelis, M.W. and Afman, B.P. (1994) Synomone-induced suppression of take-off in the phytoseiid mite *Phytoseiulus persimilis* Athias-Henriot. *Exp. Appl. Acarol.* 18: 711-721.

Sabelis, M.W. and Bakker, F.M. (1992) How predatory mites cope with the web of their tetranychid prey: a functional view on dorsal chaetotaxy in the Phytoseiidae. *Exp. Appl. Acarol.* 16: 203-225.

Sabelis, M.W. and Van de Baan, H.E. (1983) Location of distant spider mite colonies by phytoseiid predators: Demonstration of specific kairomones emitted by *Tetranychus urticae* and *Panonychus ulmi*. *Entomol. Exp. Appl.* 33: 303-314.

Sabelis, M.W. Vermaat, J.E. and Groeneveld, A. (1984) Arrestment responses of the predatory mite, *Phytoseiulus persimilis*, to steep odour gradients of a kairomone. *Physiol. Entomol.* 9: 437-446.

齋藤　裕 (1977)「ハダニ類の吐糸行動の解析　I．ハダニの吐糸量の算定法および吐糸と歩行活動との関係」『日本応用動物昆虫学会誌』21：27-34.

Saito, Y. (1986) Prey kills predator: counter-attack success of a spider mite against its specific phytoseiid predator. *Exp. Appl. Acarol.* 2: 47-62.

高林純示 (1995)「目に見えない生態系化学情報ネットワークシステムを探る」『シリーズ [共生の生態学] 4　共進化の謎に迫る』pp. 199-290．高林純示・西田律夫・山岡亮平（編著）平凡社．

Yamamura, N. (2007) Conditions under which plants help herbivores and benefit from predators through apparent competition. *Ecology* 88: 1593-1599.

Yano, S. (2008) Collective and solitary behaviors of the two-spotted spider mite (Acari: Tetranychidae) are induced by trail following. *Ann. Entomol. Soc. Am.* 101: 247-252.

Yano, S. and Osakabe Mh. (2009) Do spider mite-infested plants and spider mite trails attract predatory mites? *Ecol. Res.* (in press)

Zemek, R., Nackman, G. and Ruzickova, S. (2008) How does *Phytoseiulus persimilis* find its prey when foraging within a beab plant? In *Integrative Acarology. Proceedings of the 6th European Congress* (Bertrand M., Kreiter S., McCoy K.D., Migeon A., Navajas M., Tixier M.-S. and Vial L. eds.), 390-393. European Association of Acarologists, 2008.

第5章

昆虫脱皮の分子メカニズム
新たな害虫防除手法を探る

中川　好秋

はじめに

　昆虫はさまざまな刺激や，昆虫体内外の環境の予期せぬ変化に効果的に応答しなければならないが，一方で恒常性の維持にも努めなければならない。これは神経系と内分泌系によって調節されている。神経系は主に，受容体（レセプター）とそれに連結する一つあるいはそれ以上の経路をとおして短時間でおこる応答をつかさどり，内分泌系は血液（体液）をとおして運ばれる化学物質であるところのホルモンを利用して，ゆっくりとした，持続性のある長時間の応答をつかさどる。ホルモンは体内を循環し，特定の受容体を持つ組織や器官と相互作用する。害虫防除のための標的として神経系と内分泌系を比較してみると，圧倒的に神経系に作用する即効性に優れたものが好まれる。すなわち，内分泌系に作用するものでは薬剤が投与されても虫は直ちに死に至るわけではなく，処理後しばらくのあいだ（実際はそんなに長くないが）作物を加害し続けるため，"この薬は効かん"という判断がなされてしまう。しかし，第2部の序文など，本書中でたびたび指摘されたように，害虫防除の手持ち札は多様であるべきである。本章では，昆虫の内分泌系に注目し，そこに作用する害虫管理について述べる。

　さて，昆虫は卵から孵化したあと，数回の幼虫脱皮を繰り返して成長し，蛹期を経て成虫へと変態し（不完全変態昆虫では幼虫から成虫になる），その後，成虫は交尾し，雌は産卵して一生を終える（図5-1）。この脱皮・変態という現象は二つの末梢

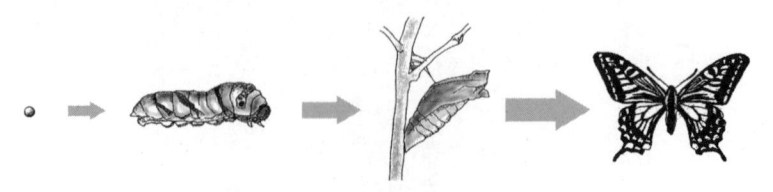

図 5-1　昆虫のライフサイクル（アゲハチョウ）

ホルモンである脱皮ホルモンと幼若ホルモンで精巧に制御されている。もちろんこれらのホルモン以外にも，脱皮ホルモン合成刺激ホルモン，幼若ホルモン合成刺激ホルモン，休眠ホルモン，羽化ホルモン，フェロモン合成活性化神経ホルモン等々，さまざまなペプチド性のホルモンが昆虫生理にかかわっている。また，脱皮は昆虫だけでなく，節足動物に特徴的な生理現象として知られているが，節足動物以外にも脱皮を伴って成長する動物が存在し，現在ではそれらは Ecdysozoa として分類されている（Dunn et al. 2008）。

　昆虫の脱皮や変態を撹乱して殺虫活性を発揮する化合物は，昆虫成育制御剤（insect growth regulator; IGR）と呼ばれるが，IGR には脱皮ホルモン様物質，幼若ホルモン様物質，キチン合成阻害剤などが含まれ，すでに農業用殺虫剤として実用化されている（中川・宮川 2008）。また，殺虫剤として利用されてはいないが，さまざまな脱皮ホルモンならびにそれに類似した，いわゆるホルモン様物質が植物から単離同定されている。シダ類，裸子植物，被子植物に至る多くの植物種が極めて高濃度の脱皮ホルモン様物質を蓄積しているが，いったいなぜ植物がこの物質を生合成しているかは分っていない。しかしこれらの性質は，何らかのかたちで害虫から身を守るために，植物が昆虫との攻防の歴史（第 2 部 1 章参照）のなかで獲得してきたのではないかと考えられている。もしそうであれば，植物が「生物間相互作用」に基づいて「昆虫機能制御」していることになる。本稿では，脱皮に焦点を絞り，まず脱皮ホルモンの化学，その受容体，および脱皮の分子機構について簡単に解説するとともに，脱皮ホルモン様物質について，筆者らのグループがこれまでに行ってきた研究成果の一端を紹介する。

5-1　脱皮ホルモンの発見

　昆虫が脱皮・変態を繰り返して成長することは古くから知られていたが，約1世紀前に，それが脳から放出される拡散因子によるものであることがマイマイガで明らかにされた。また，蛹の体液で培養したとき，成虫原基のエバギネーション（膨出）が引き起こされること，脱皮する昆虫の体液を若い昆虫に注射すると脱皮が始まることなども報告されている。1934年にはV. B. ウィグルスワースらは，吸血性昆虫であるオオサシガメを使って，脳がある時期に脱皮因子を分泌することを明らかにした。また，ほぼ同じ頃，G. ランケルは，クロバエ幼虫を用いた結紮試験で，幼虫の脳に近い側が蛹化することを示し，これ以降クロバエ幼虫結紮試験法が脱皮ホルモン活性物質の探索に利用されてきた。わが国においても，1940年に福田らがカイコ幼虫二重結紮試験法を行い，脳が内分泌腺を刺激して脱皮を促進し，脱皮にはホルモンが関与することを唱えた。それから十数年後にA. ブテナントとP. カールソンによって，カイコ雄蛹から脱皮ホルモンの単離と結晶化が行われ，さらに約10年後の1965年に立体化学構造が明らかにされた。このころの機器分析の技術はまだまだ発展段階で十分なものではなかったにもかかわらず，脱皮ホルモンの化学構造が決定されたのは驚くべきことである。構造決定された脱皮ホルモンは，α-エクジソン（ecdysone），β-エクジソン（α-エクジソンの20位が水酸化されたもの）と命名され，しばらくのあいだはそのように呼ばれていたが，現在ではそれぞれエクジソン（E）および20-ヒドロキシエクジソン（20E）と呼ばれている（Karlson 1980）。

　先に述べたように，脱皮ホルモンの構造決定のために，さまざまな脱皮ホルモン活性物質の生物検定系が開発されてきたが，初めは虫体を使う in vivo の検定系であった。脱皮ホルモンの化学構造が決定され，化学的に大量に合成することが可能となったことと，植物にも脱皮ホルモン類を合成する能力があることが分かって，脱皮ホルモンの標品を供給することが容易になったことから，in vitro で脱皮ホルモンの活性を定量的に評価する系が開発された。翅や脚の成虫原基を脱皮ホルモン存在下に培養するとエバギネーションが誘導されるが，この発達度を指標にして，脱皮ホルモンの活性を定量的に評価する系が確立された。ショウジョウバエの成虫原基の系を用い，2000万倍もの活性差のあるエクジステロイド類の活性測定が可能となった。この実験系によると，植物由来のエクジステロイド（フィトエクジステロイド）の一つであるポナステロンA（PonA）は $0.0008\mu M$ の濃度で成虫原基のエバギ

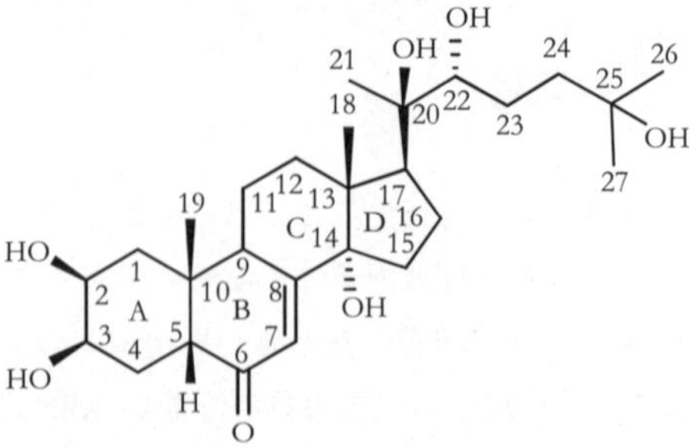

II 昆虫の生理・生態に探る機能制御

図 5-2 ヒドロキシエクジソン（20E）の化学構造

ネーションを 50% 促進し，E と 20E はそれぞれ $0.015\,\mu\mathrm{M}$，$7\,\mu\mathrm{M}$ で同様の効果を示した．同じ頃，安居院らは，ニカメイチュウ培養表皮系を用いて脱皮ホルモンの活性を評価する系を確立した．筆者らの研究グループは，この培養表皮系を発展させて，培養表皮におけるキチン生合成の惹起を指標とした脱皮ホルモン類の定量的活性評価系を確立した（中川　2007）．

　さまざまな脱皮ホルモン類の活性評価系を用いて脱皮ホルモン様活性化合物の探索が行われ，これまでに 400 近いエクジステロイド類が動植物から単離構造決定されている（URL: http://ecdybase.org/）．あとで述べるが，非ステロイド型の脱皮ホルモン様活性化合物も発見されている．園部らは，エクジステロイドと脱皮ホルモンは区別して用いるべきであると述べているが，明確に定義するならば，脱皮ホルモンは，その生物が脱皮を引き起こすために使っている特定の化合物であり，それはほとんどの場合 20E である．すなわち，エクジステロイドはステロイド骨格を持つ脱皮ホルモン様活性化合物のことである．カメムシやハチのなかには，炭素数 28 のフィトステロールからの生合成系で 24 位（図 5-2）のメチル基を除去する能力が欠損している種が存在し，これらでは，24-メチルエクジソンが生合成されて，マキステロン A（MaA）へと酸化される．MaA はエクジステロイドではあるが，これらの昆虫ではこれを脱皮ホルモンと呼ぶべきであろう．甲殻類の脱皮は，昆虫と同様に 20E で引き起こされることが分っているが，そのメカニズムは昆虫の場合とは異なっている．すなわち，甲殻類では脱皮ホルモンの分泌を抑えるペプチドが存在し，これが脱皮を制御している（園部・中辻　2002）．

5-2 脱皮ホルモンの化学と生合成

20E の化学構造式は図 5-2 に示すとおりであるが，ステロイド化合物は A，B，C，D の四つの環構造からなり，A/B および C/D の縮合した部分（10 位および 13 位）がメチル基で置換された基本骨格を持っている。ステロイド炭素骨格の番号は図 5-2 のように決められていて，すでに述べたように 20 位が水酸化されていない化合物が E である。一般には，コレステロールに基づいて命名され，20E は $2\beta,3\beta,14\alpha,20R,22R,25$-hexahydroxy-$5\beta$-cholest-7-en-6-one と表される。ここで，α はステロイド環の向こう側，β は紙面の手前に向いていることを示している。女性ホルモンが 17β-エストラジオールと呼ばれるのは，17 位の OH が紙面の上に向かう立体配置を取るためである。動植物から単離同定されたエクジステロイドの大半は 2,3-dihydroxy-7-ene-14-hydroxy-6-one の型を持っていて，最も脱皮ホルモン活性の高いものが PonA で，これ以外にも，PonB や PonC が植物から見出されている。

昆虫はわれわれ人間と同じ動物門に属しているが，哺乳類とは異なって，ステロイド環構造を生合成することができず，その基本骨格は主に植物のコレステロール（炭素数 27）から導いている。脱皮ホルモンの生合成に関する研究は，L. I. ギルバートの研究グループによって精力的に行われ (Gilbert and Warren 2005)，最近では分子生物学的手法を用いて，生合成にかかわる酵素が次々に同定されてきている。また，コレステロールは，炭素数 29 から成るいろいろな植物のステロイド（スティグマステロール，β-シトステロール），炭素数 28 のカンペステロールが脱アルキル化されたデスモステロールからも供給される。すなわち，草食性昆虫は，自分の食べる植物から原材料を得ているのである。

ほとんどの昆虫において，前胸腺で E が合成されて体液中へ分泌され，脂肪体などの周辺細胞で 20E に酸化されることが分かっている。一部の昆虫は 3-デヒドロエクジソンを分泌し，体液中で一端 E に還元した後 20E に酸化している。上で述べたが，ある種のナガカメムシやミツバチは炭素数 28 から成る MaA を生合成している。すでに述べたが，甲殻類において 20E が脱皮ホルモンとして作用してはいるが，ミドリガニでは 25 位を水酸化できないために，25-デオキシエクジソンを分泌し，周辺組織で 20 位を水酸化して活性体であるいわゆる PonA を合成している。ほとんどの場合，20 位が酸化されたエクジステロイドである 20E，MaA，PonA が脱皮ホルモンの活性本体と考えられているが，20 位が酸化される前の E が

遺伝子に直接作用を示しているという例も報告されている。Eに応答する267個の遺伝子がDNAマイクロアレイの手法を用いて同定され，*CG7924*，*nmdmc*，*dro5*，*CG7906*の4つの遺伝子が20Eでは制御されずEによってのみ制御されることが見出されている。

5-3 脱皮ホルモン受容体

　一般に，ホルモンの受容体は，ホルモン分子と結合して遺伝子の転写を活性化するタンパク質であるが，それ以外にホルモン分子の輸送にかかわるタンパク質がある。脱皮ホルモン受容体の話を始める前に，輸送タンパク質について紹介しておく必要がある。すなわち，ステロイド系ホルモン分子をいかに効率的に輸送するかは，後に述べる"親和性"を理解する第一段階だからである。脊椎動物におけるコレステロールの輸送に関しては，いくつかのタンパク質が関与していることが分っているが，無脊椎動物においてはあまり詳しいことは知られていない。昆虫ではホルモンの細胞内輸送は脊椎動物の場合と同じであるが，エクジステロイドの合成の第一段階はミトコンドリアではなく小胞体と考えられている。生合成されたEあるいは20Eには複数のOH基と=Oが存在するために水溶性が高く，これがどのように体液中を移動するかについてはあまりよく分っていないが，そこには輸送タンパク質がかかわっていると考えられている。哺乳類ではステロール輸送タンパク質SCP-2がステロイドの輸送に関与していることが明らかにされ，ネッタイシマカで同定されたSCP-2様タンパク質は哺乳類のSCP-2/SCP-Xと40%の相同性を持ち3次元構造も似ていることが分かっている。さらに，クロバエのアミノ酸貯蔵タンパク質であるカリフォリン（分子量518,000）が体液中のエクジステロイドと結合し，ブトウグモではヘモシアニンが75%のエクジステロイドと結合することが報告されている。しかし，これらタンパク質のエクジステロイドに対する親和性は0.5-5mMとそれほど高いものではない。また，トノサマバッタでは体液中のエクジステロイドと25%結合するタンパク質（分子量280,000）の存在が明らかにされ，その結合定数は0.1mMである。どちらにしても，これら輸送タンパク質のエクジステロイドに対する親和性は，後で述べる受容体タンパク質に対する親和性（解離定数：1nM程度）に比べると非常に低く，このことで受容体にホルモン分子が効率的に受け渡される。

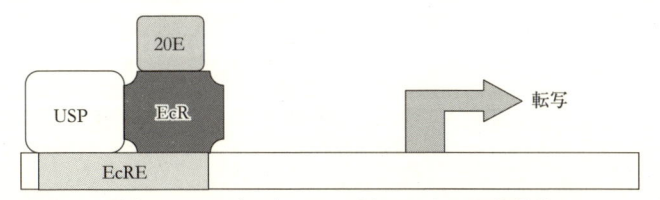

図 5-3 脱皮ホルモン (20E) による遺伝子の転写調節機構。EcR：エクジソン受容体，EcRE：脱皮ホルモン応答配列

　脱皮ホルモンの化学構造が明らかになると，その受容体の同定に向けた研究が開始された。分子生物学的手法の最も重要な PCR という手法が発表されたのは 1987 年のことで，それまでは，受容体の精製は酵素の精製と同じようにして行われていた。とくに昆虫の脱皮ホルモン受容体の量は微量で精製は困難であった。そのようななか，1973 年に M. アシュバーナーは，脱皮ホルモンの作用機構に関する仮説を提唱した。この仮説は，1991 年にショウジョウバエにおいて D.S. ホグネスらのグループが脱皮ホルモン受容体遺伝子のクローニングに成功したことで，分子レベルで裏づけされることになった。すなわち，まず脱皮ホルモンの受容体はエクジソン受容体 (ecdysone receptor; EcR) とウルトラスピラクル (ultraspiracle; USP) のヘテロダイマーとして DNA 上の脱皮ホルモン応答配列に結合し，脱皮ホルモンが EcR に結合して遺伝子の転写が活性化される (図5-3)。いったんキイロショウジョウバエの EcR/USP の遺伝子が解明されると，さまざまな昆虫やその他の節足動物から脱皮ホルモン受容体遺伝子が次々に同定されてきた。バッタ目 (直翅目 Orthoptera) やコウチュウ目 (鞘翅目 Coleoptera) の USP はレチノイド X 受容体 (RXR) に近いということが明らかにされ，チョウ目 (鱗翅目 Lepidoptera)，ハエ目 (双翅目 Diptera) 昆虫以外では USP は RXR と呼ばれるようになった。脊椎動物のステロイド受容体としては，グルココルチロイド受容体 (GR)，エストロゲン受容体 (ER)，ミネラロコルチコイド受容体 (MR)，プロゲステロン受容体 (PR)，アンドロゲン受容体 (AR) などが知られているが，これら受容体はすべてホモ 2 量体として標的遺伝子の応答配列に結合して遺伝子の転写を引き起こすことが分かっている。一方，チロキシン受容体 (TR) やビタミン D 受容体 (VDR) などは RXR とヘテロ 2 量体を形成して遺伝子に作用する。このように，ステロイド系の受容体はホモあるいはヘテロな 2 量体の形で存在している。

　EcR と USP の一次配列が明らかにされて約 10 年後の 2001 年には，キイロショウジョウバエとオオタバコガで USP のリガンド結合領域の立体構造が明らかに

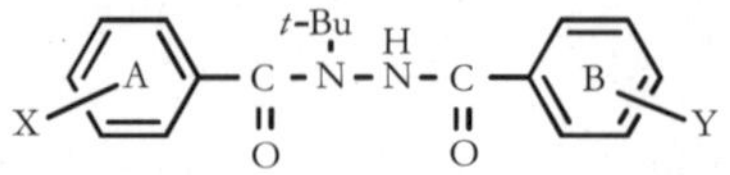

図 5-4 ジベンゾイルヒドラジン（DBH）の基本構造

なった．さらに，その2年後の2003年には，オオタバコガのEcR（HvEcR）のリガンド結合領域の立体構造が明らかにされ，リガンド分子であるPonAと受容体の結合様式が解明された（Billas et al. 2003）．さらに，HvEcRに関してはEcRと非ステロイド型の脱皮ホルモンアゴニスト（ジアシルヒドラジン）との共結晶での結晶構造解析が行われた[1]．この結果，非ステロイド型脱皮ホルモンアゴニストの構造の一部が，エクジステロイドが結合しているポケット以外の空隙にはまり込んでいることが明らかとなった（Billas, et al. 2003）．ステロイド化合物（図5-2）とジアシルヒドラジン（図5-4のようにベンゼン環を2つもつ化合物はジベンゾイルヒドラジンと呼ばれ，本稿ではDBHと略す）類との対応関係は，筆者のグループが構造活性相関研究から予測していたものと類似したものであった（Nakagawa et al. 1995）．すなわち，エクジステロイドの側鎖構造がDBHのベンゼン環部に対応していた．また，X線結晶構造の解析から，$tert$-ブチル（t-Bu）基はPonAの側鎖末端のイソプロピル（i-Pr）部分に対応することが示された．ステロイドと非ステロイド，似てもにつかぬ構造なのに，同じホルモン活性を持っているのである．共結晶で解析して初めて，その謎が解けたわけだ．

最近になって，HvEcRにおいては，本来の脱皮ホルモンである20Eとの共結晶で解析がおこなわれ，20EはPonAと同じように結合していることも確かめられた．カメムシ目（半翅目 Hemiptera）サツマイモコナジラミ，コウチュウ目コクヌストモドキにおいてもEcR-PonAの結晶構造解析が行われ，HvEcR-PonAと類似の立体構造を持つことが示された．こうして，昆虫の脱皮ホルモン受容体とその結合様式が次第に分かってきた．

EcR，USP（RXR）はどちらも核内受容体タンパク質のスーパーファミリーに属し，A/B，C，D，E，（F）領域から構成されている．CはDNA結合領域，Eはリガンド結合領域（LBD）で，C領域はほとんどの種のなかで高度に保存されている．一方，脱皮ホルモンがほとんどの昆虫に共通して20Eであるにもかかわらず，直接それ

---

[1] リガンドとは特定の受容体に特定に結びつく物質のことで，生体内の受容体分子に働いて，リガンドと同様に作用する薬物をアゴニストという

表 5-1 コロラドハムシの EcR に対する他の昆虫 EcR 配列の相同性

昆虫種	EcR				
	A/B 領域	C 領域	D 領域	E 領域	Total
チャイロコメノゴミムシダマシ	52	94	78	91	80
トノサマバッタ	34	94	70	86	68
キイロショウジョウバエ	23	91	25	67	34
ニカメイガ	38	92	26	61	51

EcR：エクジソン受容体，C 領域：DNA 結合領域，E 領域：リガンド結合領域

を受容する E 領域に関しては相同性が昆虫目間で異なっている．あとで述べるが，このことが脱皮ホルモンアゴニストの種間選択性発現に繋がっていると考えられている．コウチュウ目昆虫コロラドハムシの EcR とチャイロコメノゴミムシダマシ（コウチュウ目），トノサマバッタ（バッタ目），キイロショウジョウバエ（ハエ目），ニカメイガ（チョウ目昆虫）の EcR とのあいだの配列の相同性を表 5-1 に示す．この表からも明らかなように，コロラドハムシの EcR は同じコウチュウ目昆虫であるゴミムシダマシのそれと高い相同性を示すが，進化的に新しい昆虫であるハエ目やチョウ目の EcR に対しての相同性は低い．

すでに述べたが，これまでに昆虫以外の節足動物からも脱皮ホルモンの受容体の配列が明らかにされている．筆者らのグループは，進化系統樹において昆虫や甲殻類とは少し離れたヤエヤマサソリの EcR と RXR のクローニングに成功した（Nakagawa et al. 2007）．サソリは分類学的に鋏角亜門（Chelicerata）に属しダニやクモに近い．一方，昆虫は大顎亜門（Mandibulata）に属し，ここにはエビやカニなどの甲殻類やヤスデ，ムカデも含まれる．この分類から考えると，EcR，RXR の 1 次配列はダニに近いことが予想されるわけであるが，サソリの EcR および USP の配列に対する相同性を実際に調べてみると昆虫よりもダニに近いものであった．表 5-2 には USP（RXR）についての配列の相同性を示した．

これまでに明らかになっている EcR，USP（RXR）の一次配列をもとに作成した進化系統樹は分類学の結果とよく一致していた．すなわち，サソリはダニに近く，ダニがクモ綱（昆虫綱ではない）に属していることとよく一致していた．このように，脱皮ホルモンの受容体の一次配列を明らかにすることで，昆虫を分類することが可能である．また，USP（RXR）の系統樹を見ると，サソリの RXR はヒトやハツカネズミのものに近く，興味深いことである．ここでは，示さなかったが，フィラリアなどの寄生性線虫から RXR 遺伝子が同定され，ハエ目，チョウ目昆虫の USP 遺

表 5-2　サソリの USP に対する他の USP (RXR) 配列の相同性

動物種	USP (RXR)				
	A/B 領域	C 領域	D 領域	E 領域	Total
マダニ	20	92	75	71	63
チャバネゴキブリ	28	89	75	69	63
トノサマバッタ	28	89	75	71	64
コクヌストモドキ	28	91	75	64	61
コロラドハムシ	30	89	75	59	60
セイヨウミツバチ	32	91	71	67	60
ネッタイシマカ	31	89	38	44	46
キイロショウジョウバエ	28	91	31	46	48
カイコ	28	89	50	40	45
ニカメイガ	31	92	45	43	45
ヒト	20	88	83	73	63

伝子に近いことも明らかにされている。象皮病，リンパ肉腫（糸状虫症）を引き起こす寄生性線虫は，発展途上国において何百万人もの人々を死の恐怖にさらしている（Ghedin et al. 2007）が，EcR や RXR/USP を標的とした化学資材を開発することで，このような寄生性線虫を駆除できるかもしれない。

　さて，タンパク質をコードする遺伝子が明らかになると，それをコードする遺伝子をプラスミドベクターに組み込んで，大腸菌や昆虫細胞を用いてタンパク質を自在に合成することができる。ウサギ網状赤血球ライセートや小麦胚芽の無細胞系もタンパク質合成に利用されるが，筆者の研究グループでは，無細胞系において EcR と USP を合成し，リガンド分子の受容体への特異的結合を調べている。昆虫の場合には，EcR への PonA の特異的な結合はわずかに認められるものの，USP に対しては認められなかった。また，EcR への結合は USP の存在下で顕著になることも示された。ところが，おもしろいことに，サソリの受容体では，昆虫の場合とは異なり，EcR 単独でも PonA の顕著な特異的結合が認められ，USP を共存させても PonA-EcR 結合量が増加することはなかった。

　実際に，リガンドとタンパク質のあいだの結合解離定数 Kd を求めたところ，昆虫の場合はリガンド-EcR 結合の Kd 値は RXR によって数十倍高められることが分かった（表 5-3）。ところが，サソリにおいては EcR 単独に対しては 4.2nM で，EcR/RXR に対する Kd 値（3.2nM）とほぼ同じで，RXR の効果は認められなかった。

表 5-3　*in vitro* で調製した EcR/USP (RXR) 対するポナステロン A の結合解離定数 (Kd)

動物種	EcR-A/USP (RXR)	EcR-B1/USP (RXR)	EcR
ニカメイガ	1.0	1.2	55
コロラドハムシ	2.8	3.7	73
キイロショウジョウバエ	0.93	0.85	−
ヤエヤマサソリ	3.2	−	4.2

いくつかの昆虫の EcR においては，A/B 領域の配列が異なるアイソフォームが得られているが，表 5-3 に示したようにアイソフォーム間でリガンドの結合能には差のないこともわかった。

　ステロイドホルモンの受容体は，哺乳類においてはホモダイマーとして機能するが，昆虫よりも起源が古いと考えられているサソリの脱皮ホルモン受容体が昆虫よりもむしろ哺乳類の系に似ているというのは興味深いことである。DNA 上の脱皮ホルモン応答配列への結合実験では，昆虫，サソリともに USP (RXR) の存在が欠かせなかった。ただし，実験に用いた脱皮ホルモン応答配列は hsp27 および pal1 で，この配列がサソリにおいて適切なものかどうかは分らない。実際，pal1 に対しては EcR だけでも若干結合することが観察され，ホモダイマーを認識できる応答配列が存在するのかもしれない。そもそも，サソリが甲殻類や昆虫類と同じように脱皮ホルモンとして 20E を使っているのかすら分っていない。サソリの脱皮ホルモン応答配列として実際に hsp27 あるいは pal1 が適当なのか，今後の研究の成果を待たねばならない。

　ところで，脱皮ホルモン応答配列とはどのような配列になっているのだろうか？　哺乳類のステロイドホルモン受容体のホルモン応答配列には 2 種類あって，一つはグルココルチコイドの応答配列に代表されるもので，その配列は AGAACAnnnTGTTCT (n は非特異的な塩基) である。この配列はグルココルチコイド応答配列 (GRE) と呼ばれている。また，この配列はミネラルコルチコイド受容体，プロゲステロン受容体，アンドロゲン受容体によっても認識され，それぞれに対する配列は MRE，PRE，ARE と名づけられている。もう一つは，エストロゲン受容体に代表されるもので，AGGTCAnnnTGACCT を認識し，エストロゲン応答配列 (ERE) と呼ばれる。これらの応答配列はいずれもパリンドローム (PAL) 型で，受容体が 2 量体化して受容体の 2 分子が鏡面関係になって結合することを意味している。ところで，脱皮ホルモン応答配列 EcRE に関してはいくつかの配列が報告さ

れている。基本的には GAGGTCA が一つの塩基（A/T）で分けられた PAL 型をしている。この配列は PAL1（あるいは pal1）と呼ばれ，DmEcR/DmUSP に対して最も高い親和性を示す。hsp27 は AGGGTTCAATGCACTTG という PAL 型の EcRE で，他にもいくつか知られている。EcRE については 0～5 個の塩基で分離されたダイレクトリピート（DR）型もあり，親和性の順序は PAL1>DR4>DR5>PAL0>DR2>DR1>hsp27，DR3>DR0（PAL および DR のあとの数字は配列を分ける非特異的塩基の数）と決定された。ダイレクトリピート型としては ng-1（AAAGGTCAAGAGGCCAAAGAAGGTCAG）が報告されている。受容体タンパク質の応答配列への結合には，EcR と USP（あるいは RXR）の 2 量体（ヘテロダイマーかホモダイマー）化が必須であるが，リガンド分子が必ずしも必要なわけではない。リガンド分子は，転写活性化に影響を与えると考えられている。20E が EcR に結合して EcR にコンフォメーション変化を引き起こし，co-repressor が離れて，逆に co-activator が結合できるようになる。co-activator が EcR に結合すると，RNA ポリメラーゼが配置されて転写が始まる。現在のところ，これら昆虫の転写調節補助因子に関しては，キイロショウジョウバエの co-repressor として，SMRTER（脊椎動物の核内 co-repressor SMRT や N-CoR と類似の機能を示す），co-activator として Taiman（TAI）（ヒトの AIB1；a pl60 family histone acetyltransferase（HAT）co-activator のホモログ）が報告されている。これらの補助因子は EcR とのみ相互作用し，USP と相互作用するものは見つかっていない。

　さて，リガンド分子が脱皮ホルモン受容体に結合すれば，それで脱皮が引き起こされるかというと必ずしもそうではない。すなわち，脱皮ホルモン活性を持たない化合物が受容体に結合した場合には遺伝子の転写は始まらず，このような化合物はアンタゴニスト（拮抗阻害物質）と呼ばれる。化合物の受容体への結合力を調べるだけではアゴニストとアンタゴニストを区別することはできない。*in vitro* で脱皮ホルモン活性を評価するために，細胞の形状変化や成虫原基のエヴァギネーション観察，キチン生合成量の測定などが行われてきたが，最近ではレポーター遺伝子を使った *in vitro* の系が使われる。すなわち，EcRE の配列の下流にレポーター遺伝子としてルシフェラーゼあるいは蛍光タンパク質である green fluorescent protein（GFP）遺伝子を組み込んだプラスミドを細胞に導入する。この細胞を脱皮ホルモンで処理してやると細胞内にある EcR, USP が脱皮ホルモンと複合体を形成して EcRE に結合して下流の遺伝子を活性化しルシフェリンや GFP を産生することから，これを指標にして脱皮ホルモンの活性の強さを定量的に評価することができる。この系を用いると，細胞内における脱皮ホルモンのアゴニストとアンタゴニストを区別し，動

態を明らかにすることができるわけである。

5-4 脱皮ホルモンの分子機構

　先に述べたように，ほとんどの昆虫脱皮は 20E によって引き起こされる。20Eの分子メカニズムについては，今から 30 年以上も前に，キイロショウジョウバエの唾（液）腺染色体に形成される膨潤（パフ）の観察から M. アシュバーナーによって提唱された。やがて脱皮ホルモン受容体遺伝子がクローニングされたことで，その詳細なメカニズムが明らかになっていく。脱皮ホルモンはその濃度が脱皮の直前に上昇するが，昆虫のすべての成育ステージで検出され，あらゆる組織でその作用が現れる。染色体レベルで 20E の作用が明らかにされているが，キイロショウジョウバエの唾液腺の器官培養系に 20E を添加すると直ちに染色体の一部にパフが観察される。もともとパフは発生段階に応じて観察され，そこでは遺伝情報が転写されて，盛んにメッセンジャー RNA が合成されている。パフは，脱皮間期，初期，初期-後期，後期パフに分けられ，キイロショウジョウバエの染色体では，脱皮間期パフは 3 令初期から中期に現れるが，20E の濃度の上昇によって縮退し，それに代わって初期パフが現れる。少し遅れて，初期-後期パフ，後期パフが出現し，これらは比較的長く存在することが観察されていた。脱皮間期パフおよび初期パフはタンパク質合成阻害剤の存在下でも起こるが，初期-後期パフ，後期パフはタンパク質合成阻害剤存在下では誘導されない。すなわち，初期パフで誘導された遺伝子転写産物が初期-後期パフ，後期パフの活性化にかかわるというアシュバーナーのモデルが確かめられた。初期遺伝子としては *Broad-Complex* (*BR-C*), *E74*, *E75*, *EcR*, *USP* が同定されている。また，その転写因子がさらに多数の遺伝子の転写誘導を行う。このような 2 次的な作用によって時期や組織に特異的な反応を制御している。初期-後期遺伝子としては *E78*, *DHR3*, *DHR39* (βFTZ-*F1*) が，さらにその他の遺伝子として *DHR4*, *DHR38*, *DHR96*, *DHR78*, *SVP* 等が同定されている。初期遺伝子として *EcR*, *USP* が存在する理由は，分泌された脱皮ホルモンに応答するだけの受容体を準備する必要があるためと考えられている。20E を添加して 30 分もすると EcR の B1 アイソフォームの mRNA が出現し始めるという非常に早い応答である。おそらく 20E のわずかな濃度上昇を検知して，即座に自らの遺伝子を活性化してその後の急激な 20E 濃度の上昇に備えた大量の EcR を準備するので

あろう。

　遺伝子の活性化はエクジステロイド-EcR/USP複合体が応答配列に結合して引き起こされるが、その調節機構は非常に複雑である。視覚的には、幼虫脱皮では、古い表皮の一部が分解再吸収されて新しい表皮が出来るが、ここで最終的に分解されなかった薄い表皮が脱ぎ捨てられる現象として捉えられる。変態の過程では、単に幼虫が表皮を脱ぎ捨てるだけでなく、使われなくなった組織や細胞を分解（いわゆるアポトーシス）する一方で、成虫の体を作るために幼虫期に用意してあった成虫原基の細胞をエバギネートする。脱皮ホルモンによる調節機構をはじめ、昆虫の発生から羽化までの機微に富んだ調節機構は次第に明らかになりつつある（上田 2006）。

5-5　脱皮ホルモン様物質

(1) ステロイド型化合物

　1965年に脱皮ホルモンの構造が決定されると、それ以降、脱皮ホルモン活性評価系を用いて動植物からさまざまなエクジステロイドの単離同定が行われてきた。植物から見出されたものはフィトエクジステロイド、動物から見つかったものはズーエクジステロイドと呼ばれ、現在これらの化学構造はインターネット上（http://ecdybase.org/）に公開されている。化合物によっては動物・植物のどちらからも単離されている。また、興味深いことに、節足動物以外の、腔腸動物、線形動物、軟体動物などからもエクジステロイドが同定されている。20Eの構造は図5-2に示したが、一般的にA/B環がシスの立体配置で縮合し、B環部に7-ene-6-oneの構造を持ち、さらに14位にα-OH基を持っているものをエクジステロイドと呼んでいる。しかし、すでに5.1で述べたが、生物学的な面からはエクジソン様の活性を持つステロイド化合物をエクジステロイドと呼ぶのが適当であろう。実際にわれわれの研究から、A/B環がトランスの配置をとるもの、7-ene-6-oneや14-OHの構造を持たないものも脱皮ホルモン受容体に結合することが分かった（Arai et al. 2008）。たとえば、植物ステロイドホルモンであるカスタステロンのステロイド骨格にPonAの側鎖を結合させた化合物を合成したところ、予想通り脱皮ホルモン活性を持つことが分かった。ただし、側鎖の22-OHの立体化学が天然型のものでないと、受容体へ

の結合活性は劇的に低下し，ホルモン様活性は消失した (Watanabe et al. 2004)。一方で，非天然型のステロイド骨格に対しても，PonA の側鎖構造を導入してやると活性は弱いながらも維持され，脱皮ホルモン活性にとって側鎖構造が重要であることが示された。

　われわれが行ってきたエクジステロイド類の構造活性相関研究や結晶構造解析から，脱皮ホルモン活性にとっては 17 位に結合しているヒドロキシアルキル鎖が重要で，ステロイド骨格自体は活性の発現にとってはそれほど重要でないことが分かった。もちろん，ステロイド骨格の水酸基やカルボニル基がなくなると，活性は低下する。そこで，ステロイド環部の役割を明らかにすることを目的として，受容体とリガンド分子のあいだの相互作用を解析して，受容体結合活性に及ぼす影響について調べた。ホモロジーモデリングの手法を用いて，すでに立体構造が明らかにされている PonA-HvEcR 複合体のリガンド結合ドメイン (LBD) を遺伝子配列の分かっているキイロショウジョウバエの EcR-LBD を構築した。その後，PonA の側鎖構造を持つさまざまなステロイド化合物に置換して同様のモデリング操作を行うことでステロイド化合物−DwEcR-LBD 複合体をそれぞれ構築した。(原田　未発表)。その結果，官能基 (OH と =O) が受容体とのあいだに形成する水素結合の数が活性の強さに密接に関係することが分かった。すなわち，PonA に存在する水素結合性基の数 (6 個) は 20E (7 個) に比べて一つ少ないにもかかわらず，20E では 7 個，PonA では 10 個もの水素結合の存在することが分かった。PonA と同じ官能基数を持つ E には水素結合数は 6 個しか観察されなかった。また，水素結合数が 3 以下であると，結合活性が現れないことも分かった。おもしろいことに，25 位に水酸基が存在するか否かによって水素結合に関与するアミノ酸残基が変化する。たとえば，20E の 25-OH 基と水素結合する Asp628 (628 番目のアスパラギン残基) は PonA では 22-OH 基に水素結合し，同時に Asn540 も水素結合を形成していることが分かった。さらに，20E では水素結合に関与しなかった Arg511 が 3 位のカルボニル酸素と水素結合を形成することも示された。もちろんこれらは，ホモロジーモデリングによって構築した受容体に対するものであるため，推測の域を出るものではないが，このことを手がかりに新規な化合物を設計することができるのではないだろうか。

　さて，なぜ植物がさまざまなエクジステロイドを生合成しているのだろうか？その理由としてこれまで二つのことが考えられてきた。一つは，エクジステロイドが植物のホルモンとして働いているのではないかという説であった。しかし，1979

年に植物からブラシノライドが単離構造決定され，1996 年に植物ステロイドホルモンとして認められることによって，エクジステロイドは植物ホルモンではないと結論された。とはいうものの植物も昆虫も同じ起源のステロイドであることは興味深い。もう一つは，植物が，昆虫などの無脊椎動物の内分泌を撹乱することによって身を守るためにエクジステロイドを生合成しているのではないかという説である。植物に含まれるエクジステロイドのほとんどが脱皮ホルモン活性を示し，そのなかでとくに量的に多いものが昆虫の脱皮ホルモンである 20E であることから，この可能性は高いのではないかと考えられている。

エクジステロイドが昆虫に対する防御物質として働き，生物間相互作用にかかわっているのか？ 実際，10ppm 程度の 20E を与えると昆虫の成長が遅れるという報告がある。この濃度は，昆虫によって加害されない植物におけるエクジステロイドの濃度と同程度である。人工飼料にエクジステロイドを添加すると幼虫の成育や生殖が抑えられる一方で，広食性の例のなかには，高い 20E 濃度（400ppm）の餌で飼育しても正常に成長する種もいて，薬量によっては逆に昆虫の成長を促進したり，繁殖力を高めたりすることもある。また，昆虫は，エクジステロイドに応答する核内受容体以外に，細胞膜上受容体や味覚受容体を持っていて遺伝子とは無関係の作用をしているという報告もある。すなわち，エクジステロイドはある種の草食性昆虫に対しては化学障壁として働いているようではあるが，それがすべてにあてはまるわけではないことも心にとめておくべきであろう。昆虫―植物間相互作用にかかわる生態学的，生理学的現象を理解するにあたり，餌に含まれるエクジステロイドが摂取された結果を追跡することは重要なことではあるが，エクジステロイドの本来の活性とは標的部位での親和性（EcR/USP に対する親和性）であって，どれだけ摂取できたか，どれだけ腸管を通過できたか，どの程度代謝されたなども活性を変化させる重要な因子となることも忘れてはいけない。活性強度は使った実験動物の種類，ステージ，検定法の様式にも影響を受けることから，エクジステロイドの捕食者の妨害に対する寄与を明確にするためには，遺伝的に同じで，エクジステロイドの体内量やプロファイルが異なる植物種のなかで，感受性の比較を行う必要があろう。

大抵の植物には 20E 以外に 1～2 個の主成分と数種の微量成分が含まれるが，この主成分と微量成分の相対的な寄与が防御と関係しているということも議論されている。主成分が効果を表さなくなったとき，微量成分がその代役を務めるということは，進化的適応に繋がる。すなわち，エクジステロイドのプロファイルを変え

て捕食者を妨害するという戦略である。植物の根に機械的損傷を与えたり，昆虫に加害させると，ホウレンソウにエクジステロイドが蓄積するという報告やジャスモン酸がエクジステロイドの生合成に関係するという報告があることは興味深いことである。

(2) 非ステロイド型化合物

エクジステロイドのホルモン活性は少しの構造改変によって大きく影響されるにもかかわらず，まったく異なった構造の化合物が同じ作用を示すことがある。サッカリンやアスパルテームといった物質が砂糖と同じく甘みを感じさせるのと同じで，似ても似つかぬ構造をした化合物が，20Eと同じ活性を示すのだ。いったいどうなっているのか？　このことについては，『21世紀の農学　植物を守る』（京都大学学術出版会）のなかで詳しく書いたが，たとえて言えば，他人の家の鍵で自分の家の扉が開いてしまうようなもので，分子の構造が異なっていても，脱皮ホルモンと同じように受容体に構造変化を引き起こすことができればよい。肝心の結合部分，この場合ホルモン受容体と上手く結合する部分を持っていれば，同じ働きをするというわけだ（中川・宮川　2008）。こうした化合物を昆虫に与えると，ホルモン過剰な状態に陥って，結果的にその虫は死んでしまう。

このような非ステロイド型の化合物で最初に発見されたものは，DBH類（図5-4）で，テブフェノジドが1993年にフランス，1994年に日本，1995年にアメリカで殺虫剤として農薬登録されている（図5-5）。その後さらに活性が高く選択性に優れたメトキシフェノジドが開発された。テブフェノジド，メトキシフェノジドはどちらもチョウ目昆虫に対しては非常に強い殺虫力を示すが，他の昆虫目に対する殺虫活性は認められないか，あるいは非常に弱いものである。アメリカの研究グループは，チョウ目に加えてコウチュウ目昆虫にも殺虫活性を示す化合物としてハロフェノジドを開発している。さらに，これらの剤にやや遅れて，わが国においてもクロマフェノジドというチョウ目害虫を標的とした殺虫剤が開発されている。

図5-5に示したDBH類は，図5-4に示した基本構造の両ベンゼン環に置換基が導入されたものである。チョウ目に対して高い活性を示す化合物は，すべてA環部の両メタ位がメチル基で置換されている。置換基を導入すると活性が顕著に増大すること，置換パターンによっては殺虫スペクトルが大きく変化することから，筆者らのグループは置換基の物理化学的な意味を明らかにするための研究を開始し

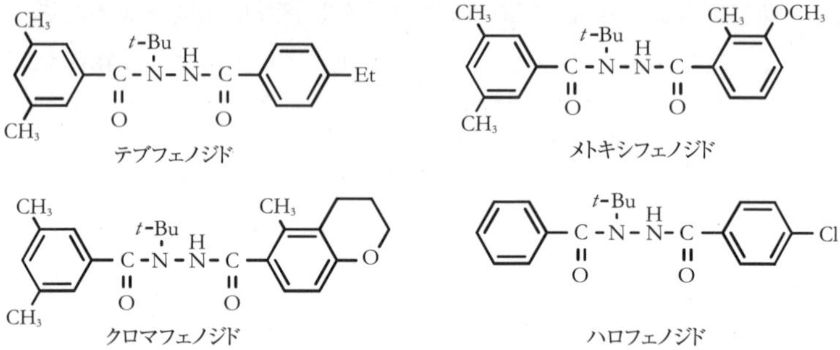

図5-5 殺虫剤として実用されている脱皮ホルモンアゴニスト

た。まず図5-4に示したDBH構造のA環，B環にさまざまな置換基（X，Y）を導入した化合物を合成し，チョウ目害虫の一つであるニカメイガに対する殺虫活性を定量的に求めた。すなわち化合物ごとに半数致死薬量，LD_{50}（mmol/insect）を決定した。次にその逆対数値pLD_{50}を従属変数とし，疎水性，電子的，立体パラメータなどの物理化学的パラメータを用いて多重回帰分析という方法で解析した。生理活性を物理化学的パラメータを用いて定量的に解析する手法は定量的構造活性相関（quantitative structure-activity relationship; QSAR）と呼ばれ，これはC. Hanschと藤田によって1964年に考案されたもので，ハンシュ–藤田法と呼ばれている。現在では3D-，4D-，5D-QSARという手法が開発され，もとのハンシュ–藤田法は古典的-QSARとして今でも広く利用されている。

ニカメイガ幼虫に対する殺虫活性に及ぼす，XおよびY置換基（図5-4）の効果を定量的に解析したところ，それぞれ（1）式，（2）式の結果が得られた（Nakagawa et al. 2009）。

X置換基の効果（Y = X）

$$pLD_{50} = 0.98 \log P + 1.28 \sigma_I^{ortho} - 0.48 \Delta V_w^{meta} - 0.89 \Delta V_w^{para} + 3.62 \quad (1)$$
$$n = 27, \quad s = 0.300, \quad r = 0.899, \quad F_{4,22} = 23.29$$

Y置換基の効果（X = 2-Cl）

$$pLD_{50} = 0.72 \log P - 0.88 \Delta L^{ortho} - 0.98 \Delta V_w^{meta} - 0.59 \Delta L^{para} + 4.92 \quad (2)$$
$$n = 30, \quad s = 0.254, \quad r = 0.912, \quad F_{4,25} = 30.91$$

これらの回帰式において，$\log P$は分子全体の疎水性（脂溶性）を表している。σ_Iは置換基の誘起的電子求引性を表し，L，V_wはそれぞれ，置換基の結合軸方向の長さ，かさ高さを表す立体パラメーターで，位置（オルト，メタ，パラ）特異的である。(1)

式において，log P および σ_1^{ortho} の係数が正であることから，これらの値が大きいほど，すなわちオルト位に疎水性が高く，誘起的電子求引性の高い置換基が導入されると殺虫活性が上昇することが分かる。それならば，オルト位は 2 ケ所あることからオルトジ置換にすればもっと活性を上げることができるということになるが，(1) 式はモノ置換体だけを解析したもので，二置換体以上の多置換体に対して別の因子が追加され，実際は活性が低下することが分かっている。また，オルト-メタ位に同時に置換基を持つ化合物の活性も，(1) 式から予想される活性に比べてはるかに低くなる。おそらく，両オルト位に置換基が導入されたり，オルト，メタ位のどちらにも置換基が導入されるとベンゼン環の周りの環境が，モノ置換体の場合とは変わってしまうためであろう。以上のことから，A 環の置換基としては，オルト位が塩素で置換された化合物が好ましいことが分かる。また，ΔV_w^{meta} や ΔV_w^{para} の係数が負であることから，メタ位やパラ位に大きな置換基が導入されると活性の低下することも分かるが，メタやパラ置換基の不利な立体効果を補う疎水性を付与することができれば，活性の上昇が期待できる。(1) 式から明らかなように，ΔV_w の係数に関しては，メタ置換基に対するよりパラ位置換基対するものの方が大きく，どちらかというとメタ位へ疎水性置換基を導入した方が，不利な立体効果を軽減できる。たとえば，メチル基の導入を考えてみよう。メチル基一つに対する疎水性は 0.56，立体パラメータ ΔV_w は 1.12 であることから，3,5-ジメチル体に対してはそれぞれ 2 倍して計算すると若干ではあるがプラスの方向に向かう。一方，パラ位にメチル基を導入するとマイナスの方向にずれる。したがって，パラ位に置換基を導入するよりメタ位へ置換基を導入する方が好ましいことが分かる。実用化されているテブフェノジド，メトキシフェノジド，クロマフェノジドの A 環のメタ位がメチル基で置換されているのは納得できる。B 環の置換基に関しては，A 環部と同様，疎水性の上昇は活性にとっては有利であるが，すべての位置で置換基の導入は立体的には不利で，大きな置換基の導入は好ましくないことが分かる。実用されているテブフェノジドおよびメトキシフェノジド (図 5-5) の活性が高いことは，この QSAR 式で合理的に表されている。DBH 類の殺虫活性は，ニカメイガと同じチョウ目に属しているシロイチモジヨトウに対しても求められ，置換基効果はよく一致していることが示されている。

　ところで，DBH 類の他の昆虫に対する殺虫活性はどうなのか？ 実際，代表的な化合物の殺虫活性をコウチュウ目昆虫であるコロラドハムシに対して調べてみると，構造活性相関がチョウ目の場合と大きく異なることが分かる (Nakagawa 2005)。

表 5-4　代表的なジベンゾイルヒドラジン類の殺虫活性

化合物	半数致死薬量 LD_{50} (nmol/insect)		
	鱗翅目昆虫		鞘翅目昆虫
	ニカメイガ	シロイチモジヨトウ	コロラドハムシ
RH-5849	0.54	12.0	4.17
テブフェノジド	0.048	0.032	416.9
メトキシフェノジド	0.043	0.0066	512.9
ハロフェノジド	0.12	0.79	0.81

A環部に置換基を持たないRH-5849（X=Y=H；図5-4）やハロフェノジド（X=H；Y=4-Cl；図5-4）は昆虫種間でそれほど活性に差が認められないものの，テブフェノジドとメトキシフェノジドではチョウ目昆虫とコウチュウ目昆虫とのあいだで，殺虫活性に非常に大きな違い（10000-80000倍の差）がある。シロイチモジヨトウやコロラドハムシに対する殺虫活性のQSAR結果に興味のある方は筆者の他の総説を参考にしていただければよいが，このような活性差の現れる主たる原因は脱皮ホルモン受容体のリガンド結合領域のアミノ酸配列の違いによるものであると考えられている（Nakagawa et al. 2009）。

リガンド―受容体相互作用を検討するために，(1)式の誘導に用いた化合物のうち，パラ体のみの受容体結合活性を定量的に解析したところ，(3)式が得られた。

$$pEC_{50} = 0.61 \log P - 0.82\sigma - 0.37 \Delta B_1 + 5.50 \tag{3}$$
$$n = 17, \quad s = 0.243, \quad r = 0.956, \quad F_{3,13} = 46.026$$

(3)式において，σは電子求引性を表すハメットの電子求引性パラメーターで，B_1は置換基の最小幅を表す立体パラメーターである。この結果からも明らかなように，殺虫活性の解析では有意とならなかった電子的効果が有意となり，アミド結合とレセプターとの水素結合が活性の発現にとって重要であることが明らかとなった。すなわち，虫体レベル（in vivo）においては，化合物の種類によっては代謝酵素に対する感受性が異なり，どちらかというと電子供与性置換基を持つ化合物は酸化代謝に対して不安定である。したがって，電子求引性の置換基を持つ化合物は，供与性の置換基を持つものに比べて殺虫活性は高くなる。in vivoでは電子的な効果が有意とならなかったのは，代謝安定性に対する電子的効果（求引性が有利：σの係数が正）と受容体結合に有利な電子的効果（供与性が有利：σの係数が負）がちょうど相殺され

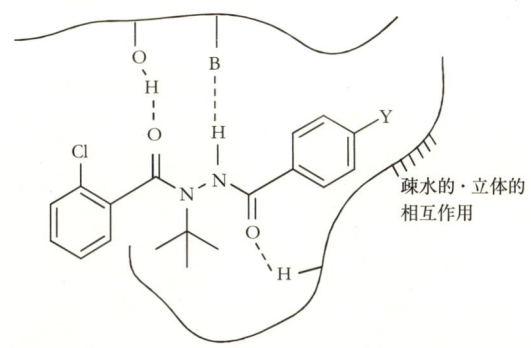

昆虫脱皮の分子メカニズム | 第5章

図 5-6 リガンド結合部位に対する脱皮ホルモンアゴニストの相互作用

たためと考えられた。また，(3) 式の誘導に用いた化合物群はパラ置換基のみが変化したもので，log P の変化は置換基の疎水性変化に等しい。一般に QSAR では疎水性パラメーターの係数が 0.5 程度である場合は，タンパク質表面との疎水性相互作用ではないかと考えられているが，このことは，立体効果として置換基の最大幅 (B_5) ではなく最小幅 (B_1) の方が有意になること（嵩高さの低い側が受容体に近づき易い）ともよく一致している。以上の結果から，筆者らのグループは受容体との相互作用として図 5-6 のようなモデルを提唱した (Nakagawa et al. 2009)。

最近では，ロボットによるハイスループットスクリーニングと QSAR を組み合わせて，短時間で多くの化合物の活性評価を行い，そこから新規薬剤のデザインを短時間で行うことが可能である。筆者らのグループでも，カイコ細胞におけるレポータージーンアッセイを用いて 158 個のジアシルヒドラジン類の活性評価を定量的に行って，それを comparative molecular field analysis (CoMFA) 法を用いて定量的に解析した。一方で，ホモロジーモデリング[2]の手法を用いて X 線構造が明らかな HvEcR-LBD の立体構造からカイコ脱皮ホルモン受容体の LBD (BmEcR-LBD) を構築して，CoMFA 結果の妥当性を検証した。すなわち，リガンド結合部位にテブフェノジドをドッキングさせ，リガンド分子の周りに CoMFA の立体フィールドを重ねた。立体的に有利な領域はリガンド結合ポケットのなかにおさまり，不利な領域は結合部位からはみ出すことが示され，CoMFA の結果は受容体のリガンド結合ポケッ

[2] 進化的類縁関係（ホモロジー）を持つタンパク質同士は構造が似ているという経験的事実に基づいて，立体構造を知りたいタンパク質のアミノ酸配列について，既知のタンパク質のなかから配列の類似率の高いものと比較しそれを鋳型にしてモデリングを行う方法

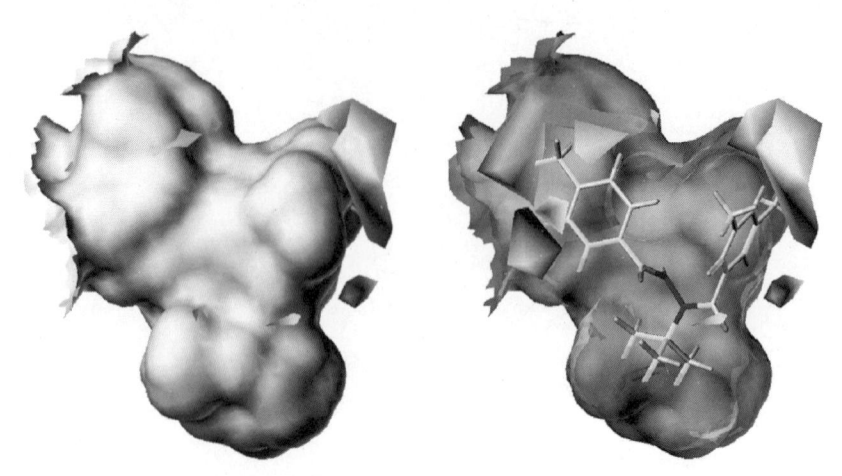

図 5-7 BmEcR-LBD へのテブフェノジドのドッキングと CoMFA 立体的フィールド
リガンド結合部位の溶媒接触可能表面（左）とその内腔（右）

トの大きさと矛盾しないものであった（図 5-7）。

5-6 植物の機能改善や医療への応用

(1) 植物自身の抵抗力を高める

　エクジステロイドは植物に含まれること，哺乳類にはない生理機能である脱皮を誘導するものであることから，このものを農薬として利用することは，環境負荷，哺乳類に対する安全性の面から理想的である．しかし，すでに述べたように，エクジステロイドは極性が高すぎること，構造が複雑で，代謝され易い，環境で不安定あるといった理由から殺虫剤として実用されることはなかった．では，エクジステロイドの研究はあまり意味がないのかというと，必ずしもそうではなく，リード化合物としての貢献が期待される．現在では，計算化学とコンピューターソフトウエアの進歩によって，受容体のリガンド結合部位を容易に構築してそこにフィットする化合物を見つけ出すことが可能である[3]．すなわち，脱皮ホルモン受容体に結合

3　バーチャルスクリーニング

できる新しい構造をデザインすることができる。第2番目は，今のところ注目されていないステロイド化合物に応答する昆虫の味覚受容体である。この味覚受容体にフィットするような化合物を設計すれば，摂食阻害剤へ発展させることができるかもしれない。第3番目は，植物自身の抵抗力を高めてやることである。すなわち，作物のエクジステロイドの量やプロファイルを変えて，無脊椎動物に対する抵抗性をつけてやる。もちろん，これは，エクジステロイドが害虫から身を守るために使われているという仮定に基づいている。ところが，広食性の害虫は高濃度のエクジステロイドを含む餌によって影響を受けないという実験結果もあって，非適応性の捕食者に限られる。また，抵抗性の昆虫は，通常エクジステロイドを解毒する高い能力を持っていることから，解毒できないエクジステロイドのアナログを植物に生合成してもらうことができればよい。たとえば，22-デオキシエクジステロイドは解毒酵素の基質にはならない。植物は遺伝的にはエクジステロイドを合成する能力を持っているが，遺伝子操作やエリシター処理などによってエクジステロイド生合成を調節し，エクジステロイド量を上昇させて昆虫に対する防御反応を増強してやることもできるかもしれない。

　脱皮ホルモン類を遺伝子スイッチとして医療に応用できる可能性については，あとで述べるが，この方法は植物にも応用可能である。たとえば，カリフラワーモザイクウイルス (CaMV) 35S プロモーターのような構成プロモーターを使うことによって，植物でいろいろなタンパク質を発現させることができる。ここで，誘導スイッチは化学物質であるが，遺伝子発現システムとしては，①微量で高い発現をもたらす，②誘導剤が無い条件での発現ができるだけ低い，③誘導剤を加えてからの応答が早い，④スイッチのオンとオフがある，⑤誘導剤に特異的な応答を示し多面的効果をもたらさない，といった条件の備わっていることが理想的である。すでに，化学的誘導剤としては，テトラサイクリン，グルココルチコイド，銅イオン，エタノール，ベータエストラジオールなどが知られているが，脱皮ホルモン様化合物とその受容体を使った遺伝子制御システムが注目されている。なぜなら，脱皮ホルモン様化合物はすでに農薬として実用されていてその安全性が保障されているからである。

(2) 医療への応用

　エクジステロイドが無脊椎動物や植物に広く存在するということは，ヒトがこれ

らの化合物を食べたとしても大きな問題はないということである。たとえば，ホウレンソウには約 50μg/g 新鮮重ものエクジステロイドが含まれている。エクジステロイドの毒性についての研究はあまり行われていないが，急性毒性は低いことが分かっている。逆に，エクジステロイドには同化作用（無機化合物や簡単な有機化合物から体を構成する有機化合物を合成）があって，人はこれを摂取すると元気になるとも言われている。また，エクジステロイドには脊椎動物のステロイドホルモンに見られるような内分泌系撹乱などの副作用がなく，スポーツ選手は 1980 年代中ごろから，その効能を唱えている。20E は，雄のラットにおいて殺精子活性や性行動に影響を与えるということが報告されているが，その一方で，強壮あるいはストレスに対して適応力を高めることや，抗鬱作用，制癌作用，肝臓保護作用，糖尿病を抑えるなどの効果も報告されている。もちろん，これらの治療効果が有効であるかどうかは，臨床実験を待たなければならない。

　脱皮ホルモン受容体のところでも少し述べたが，節足動物ではないフィラリアなどの線虫も脱皮を繰り返して成長し，脱皮ホルモン受容体の遺伝子がクローニングされている。実際に 20E や RH5849 によって線虫の脱皮が促進されることも分っている。殺虫剤の場合と同じように，脱皮ホルモンのアゴニストを殺線虫剤として利用できる可能性がある。この場合は，すなわち人や動物で利用する場合は，疎水性の高いものよりも適度な疎水性を持った化合物が有効であるかもしれない。あるいは，脱皮ホルモン様（アゴニスト）ではなく，拮抗阻害するアンタゴニストの方が優れているかもしれない。殺虫剤としては DBH 類（図 5-4）が非常に効果的でこれ以上の活性を持つものを設計するのは難しいかもしれないが，医薬としては DBH とは異なった化学構造の方が適している可能性もある。DBH 類以外に脱皮ホルモンアゴニストとしては図 5-8 に示す化合物が報告されているが，今後も新しい骨格を持つ化合物の探索が行われていくことは間違いない。

　脱皮ホルモン様活性物質でもう一つ，最近注目されていることは，それを遺伝子治療に用いるというものである。すなわち，先天的にある特定の遺伝子が欠損している場合，相当する遺伝子を導入して必要なたんぱく質を発現させることができる。その際，遺伝子を活性化させるためのエリシター（すなわち遺伝子をオン/オフするスイッチ）が必要となる。このスイッチとして脱皮ホルモン/受容体複合体が利用できるということである。エクジステロイドの哺乳動物に対する毒性はないこと，その受容体は脊椎動物には存在せず，高濃度でも脊椎動物のステロイドホルモン受容体を活性化することはできないといったことから，エクジステロイド/エクジス

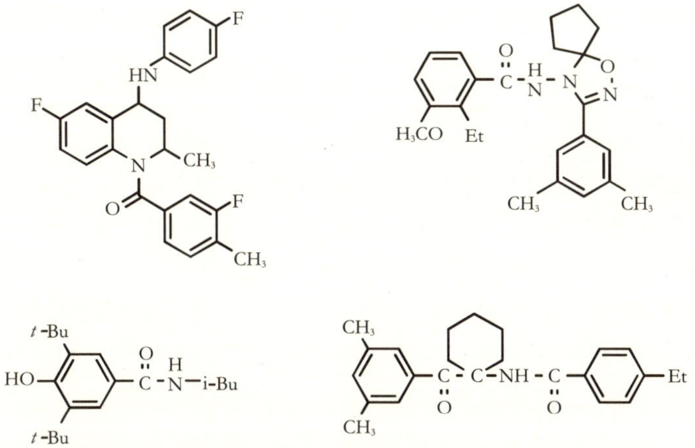

図5-8 他の非ステロイド型脱皮ホルモンアゴニスト

テロイド受容体複合体はエリシターとして理想的である。エリシターの構築に際し、エクジステロイド受容体複合体の一つであるEcR全体、あるいはそのリガンド結合ドメインを他の核内受容体のDNA結合ドメインと結合することが試みられた。EcRはUSPあるいはRXRとヘテロ2量体化することから、脊椎動物の系においてもヘテロ2量体化する。哺乳類の系でエクジステロイドの特異性は顕著に変化し、20Eは効果がなかったが、muristerone AやPonAは高い濃度（1-10mM）ではあるが効果を示した。ただし、昆虫のEcR/USPに対する親和性に比べると、なお100倍から1000倍も高い濃度である。もちろん、このようなスイッチとしては、非ステロイド系化合物のジアシルヒドラジン（哺乳毒性は低い）がそれらに変わるリガンドとして考えられた。遺伝子スイッチの系は非常に興味深いが、商業レベル、医療現場で使うにはさらなる研究が必要であろう（Chen 2008）。

おわりに

以上、本稿で述べたように、脱皮ホルモンの分子レベルにおける作用機構に関してはかなり詳細に解明されてきてはいるが、実際に脱皮、とくに変態を伴う脱皮が引き起こされる機構に関してはまだまだ未解明な点も多く残っている。幼若ホルモンの受容体が同定されることによって、近い将来、脱皮・変態の分子メカニズム

の全貌が明らかになるであろう．一方，脱皮ホルモン，幼若ホルモン様活性物質の応用研究に関しては，すでに実用レベルに達していて，どちらも優れた殺虫剤として農薬登録されている．このような作用性を持っているいわゆる成育制御剤は，昆虫に特異的な生理作用を撹乱することから，哺乳類に対する毒性は無く安全性が高い．これら脱皮や変態を阻害する剤は，総合的害虫管理（Integrated Pest Management, IPM）に則った理想的な剤ではあるが，即効性に劣るという欠点はぬぐいきれない．一方，脱皮ホルモンが遺伝子の転写活性化を引き起こすという分子メカニズムを利用して，他の生物の遺伝子調節を行うことができるといった可能性を秘めている．哺乳類のステロイドを用いると副作用が起こる可能性があるが，われわれが普段摂取しても何ら問題の無い脱皮ホルモンアゴニストを遺伝子活性化のスイッチとして用いることは安全性の面からも保障される．脱皮ホルモン様活性物質の利用法はまだまだ広がりそうである．

　現在，食糧の安定的な確保のためには農薬は欠かせないものとなっているにもかかわらず，多くの人が合成化学薬品である農薬を使うことに対して否を唱えている．"自然のものは安全で合成品は危険だ"という神話を受け入れ，専門家が農薬の安全性を唱えてもなかなか納得してもらえない．確かに，1970年代までは毒性や残留性の高いものが使われていたが，現在わが国で登録されている農薬の安全性は非常に高い．とくに，本稿で取り上げた昆虫成育制御剤は，急性毒性の面からは食塩や風邪薬よりも安全であるといえる．むしろ，農薬を使わずに，病気にかかった作物（たとえば微生物が毒素を生産）を口にする方がはるかに危険で，アレルゲンも増えるという実験データもある．もちろん，合成農薬の利用をできるだけ減らすことは悪いことではない．毎日のように薬を飲まないと健康を維持できない人もいるかと思えば，ほとんど薬を飲まないでも健康を保っている人もいる．作物の病害虫に対する抵抗性を増強させてやることや，植物の機能を高めてより生産性を向上させることによって，従来の農薬の使用を軽減できるであろう．ただし，どんな健康な人でも"くすり"がどうしても必要になるように，"農業生態系"という人工環境のなかでは農薬も作物の"くすり"なのであり，"くすり"の機能と安全性を高めることが求められるのである．

▶▶参考文献◀◀

Arai, H., Watanabe, B., Nakagawa, Y. and Miyagawa, H. (2008) Synthesis of ponasterone A derivatives with various steroid skeleton moieties and evaluation of their binding to the ecdysone receptor of Kc cells. *Steroids* 73: 1452−1464.

Billas, I.M.L., Iwema, T., Garnier, J.M., Mitschler, A., Rochel, N. and Moras, D. (2003) Structural adaptability in the ligand-binding pocket of the ecdysone hormone receptor. *Nature* 426: 91−96.

Chen, T. (2008) Nuclear receptor drug discovery. *Curr. Opin. Chem. Biol.* 12: 1−9.

Dunn, C.W., Hejnol, A., Matus, D.Q., Pang, K., Browne, W.E., Smith, S.A., Seaver, E., Rouse, G.W., Obst, M., Edgecombe, G.D., Sorensen, M.V., Haddock, S.H., Schmidt-Rhaesa, A., Okusu, A., Kristensen, R.M., Wheeler, W.C., Martindale, M.Q. and Giribet, G. (2008) Broad phylogenomic sampling improves resolution of the animal tree of life. *Nature* 452: 745−749.

Ghedin, E., Wang, S., Spiro, D., Caler, E., Zhao, Q., Crabtree, J., Allen, J.E., Delcher, A.L., Guiliano, D.B., Miranda-Saavedra, D., Angiuoli, S.V., Creasy, T., Amedeo, P., Haas, B., El-Sayed, N.M., Wortman, J.R., Feldblyum, T., Tallon, L., Schatz, M., Shumway, M., Koo, H., Salzberg, S.L., Schobel, S., Pertea, M., Pop, M., White, O., Barton, G.J., Carlow, C.K., Crawford, M.J., Daub, J., Dimmic, M.W., Estes, C.F., Foster, J.M., Ganatra, M., Gregory, W.F., Johnson, N.M., Jin, J., Komuniecki, R., Korf, I., Kumar, S., Laney, S., Li, B.W., Li, W., Lindblom, T.H., Lustigman, S., Ma, D., Maina, C.V., Martin, D.M., McCarter, J.P., McReynolds, L., Mitreva, M., Nutman, T.B., Parkinson, J., Peregrin-Alvarez, J.M., Poole, C., Ren, Q., Saunders, L., Sluder, A.E., Smith, K., Stanke, M., Unnasch, T.R., Ware, J., Wei, A.D., Weil, G., Williams, D.J., Zhang, Y., Williams, S.A., Fraser-Liggett, C., Slatko, B., Blaxter, M.L. and Scott, A.L. (2007) Draft genome of the filarial nematode parasite *Brugia malayi*. *Science* 317: 1756−1760.

Gilbert, L.I. and Warren, J.T. (2005) A molecular genetic approach to the biosynthesis of the insect steroid molting hormone. *Vitam. Horm.* 73: 31−57.

Karlson, P. (1980) Ecdysone in retrospect and prospect. In *Progress in Ecdysone Research*. (Hoffmann, J.A. ed.), Elsevier.

中川好秋(2003)「成育制御剤」『"次世代の農薬開発"—ニューナノテクノロジーによる探索と創製』—日本農薬学会／安部浩・桑野栄一・児玉治・鈴木義勝・藤村真：編集 119-113, 2003 年.

Nakagawa, Y. (2005) Nonsteroidal ecdysone agonists. *Vitam. Horm.* 73: 131−173.

中川好秋(2007)「昆虫成育制御剤の構造活性相関および作用機構に関する研究」『日本農薬学会誌』32: 143−150.

Nakagawa, Y., Sakai, A., Magata, F., Ogura, T., Miyashita, M. and Miyagawa, H. (2007) Molecular cloning of the ecdysone receptor and the retinoid X receptor from the scorpion Liocheles australasiae. *Febs J.* 274: 6191−6203.

Nakagawa, Y., Shimizu, B., Oikawa, N., Akamatsu, M., Nishimura, K., Kurihara, N., Ueno, T. and Fujita, T. (1995) Three-dimensional quantitative structure-activity analysis of steroidal and dibenzoylhydrazine-type ecdysone agonists. In Classical and Three-Dimensional QSAR in *Agrochemistry* (Vol. 606), (Hansch, C. and Fujita, T. eds.), 288−301, American Chemical Society.

Nakagawa, Y., Hormann, R. and Smagghe, G. (2009) SAR and QSAR studies for in vivo and in vitro activities of ecdysone agonists. In "Ecdysones: Structures and Functions", (G. Smagghe ed.), Springer, 475−509.

中川好秋・宮川恒(2008)「新しい殺虫剤」佐久間正幸編『生物資源から考える 21 世紀の農学（第 3 巻）植物を守る』京都大学大学出版会 pp. 123−150.

Watanabe, B., Nakagawa, Y., Ogura, T., and Miyagawa, H. (2004) Stereoselective synthesis of (22R) - and (22S)-castasterone/ponasterone A hybrid compounds and evaluation of their molting hormone

activity. *Steroids* 69, 483–493.
園部治之・仲辻晃明 (2002)「甲殻類の脱皮」『化学と生物』40: 101–108.
Ueda, H. (2006)「昆虫の脱皮と変態の分子機構」『化学と生物』44: 525–531.

TOPIC 3

雄由来の物質を用いた雌の再交尾抑制
コバネヒョウタンナガカメムシの戦術

■日室千尋■　　■藤崎憲治■

　昆虫をはじめとする多くの生物において，雌は，直接的な利益（雄からの餌や水分の供給，活性のある精子，遺伝的に適した精子の確保）と間接的な利益（子供の遺伝的多様性）から，生涯において複数の雄と交尾する"多回交尾"を行うことがよく知られている（Andersson 1994; Arnqvist and Rowe 2005）。しかしながら，雄にとって自分が交尾した雌の再交尾は，他雄との精子競争 sperm competition を引き起こす可能性が高く，父性の確保が難しくなる（Arnqvist and Rowe 2005）。そこで雄は，雌の再交尾を遅延または阻止し，父性を確保するためにさまざまな戦術を用いている（Simmons 2001; Arnqvist and Rowe 2005）。たとえば，射精終了後も交尾姿勢をとり続ける交尾後ガード，雌の交尾器末端に取り付ける交尾栓や精包，射精物に含まれる物質による雌の性的受容力の低下などが報告されている。

　カメムシ類で多く見られる戦術は交尾後ガードであり，精子優先度（P2値：2頭続けて交尾した際に，後の雄の精子が受精に使われる割合）が 50-99％ ととても高いカメムシ類において，交尾後ガード等による父性の確保がきわめて重要である（Simmons and Siva-Jothy 1998）。

　コバネヒョウタンナガカメムシ *Togo hemipterus*（以下コバネ　図1）の交尾時間を調べた結果，平均 100 分と他のカメムシ類に比べてとても短く（Himuro and Fujisaki 2008），交尾後ガードを行っていないと考えられている（Himuro and Fujisaki 2008）。では，どのようにしてコバネ雄は父性を確保しているのだろうか？　雌の交尾間隔

▶図1 コバネヒョウタンナガカメムシ *Togo hemipterus* の交尾（左が雌，右が雄）

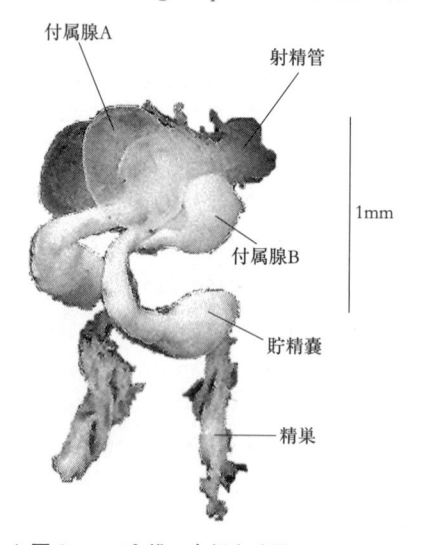

▶図2 コバネ雄の内部生殖器

を調べた実験によると，不応期 refractory period（一度交尾した雌が次の雄の交尾を受け入れるまでの期間）が平均 16.6 日間ととても長く，この不応期は交尾時間と正の相関があることが示されている（Himuro and Fujisaki 2008）。つまり雌の不応期は雄の射精物によって誘導されており，射精物の量依存的に決定されていることを示唆している。では，雄のどのような物質が雌の不応期を導いているのだろうか？ 雄を解剖し，生殖器を観察すると付属腺2種類（A，B），貯精嚢，精巣が確認できる（図2）。そこで付属腺2種類（A，B），貯精嚢の内容物，および生理食塩水を未交尾雌に注射し，処理された未交尾雌がいつ交尾を受け入れるかを調べたところ，付属腺

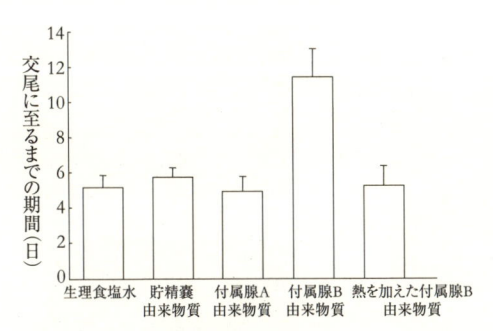

▶図3 様々な雄の物質を注射された雌の交尾に至るまでの期間

B由来物質を注射された雌は未交尾であるにもかかわらず平均11.4日間雄を受け入れないことが分かった（図3）。またこの付属腺B由来物質は熱によって失活する物質であることも分かった。

　コバネ雄は付属腺由来物質，いわゆる"再交尾抑制物質"を用いた雌の再交尾抑制戦術を採用しているのである。これはカメムシ類では初めての発見である。雌の不応期を導く再交尾抑制物質の研究はショウジョウバエ類において数多くなされているが（Kubli 2003; Chapman and Davies 2004），なぜそのような戦術を採用するように進化したのかに言及した研究はない。

　多くのカメムシ類が交尾後ガードを採用するなか，コバネ雄はいかにして"再交尾抑制物質"を用いた雌の再交尾抑制戦術を進化させたのであろうか？　以下の三つの要因が考えられる（Himuro and Fujisaki 2008）。

1. 雌の特異な交尾器：コバネ雌の交尾器は通常腹部内に納められており，雄に求愛され交尾を受け入れOKとした場合のみ交尾器を腹部外に出し（図4），雄がそれを把握器で掴むことで交尾に至る。そのために雄による強制交尾 forced copulationができない。よって，雄は雌の交尾衝動をコントロールすることで確実な父性の確保に繋げられる。
2. 産卵習性：多くのカメムシ類は一度に多くの卵を産む（Himuro and Fujisaki 2008）。一方，コバネ雌は少ない卵をだらだらと長期間にわたって産む（一度に平均3.4卵を平均45.8日間かけて産む）。交尾後ガードによって，他のカメム

▶図4　コバネヒョウタンナガカメムシ雌の交尾器

（通常時　交尾器が出ていない／興奮時／交尾器兼産卵管）

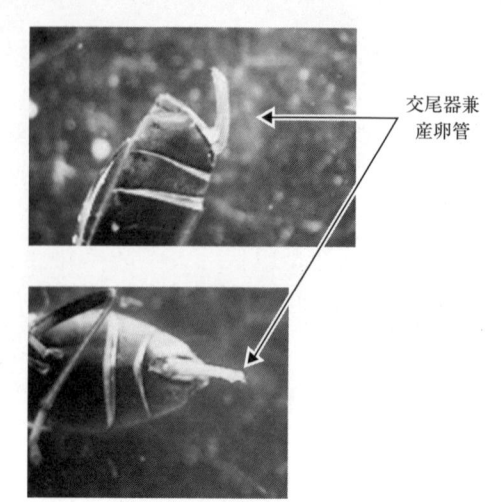

シ類は数十個の卵に対して父性を確保できる一方で，本種は交尾後ガードしたとしても平均3.4卵のみである。しかしながら，再交尾抑制物質による平均16.6日間の不応期誘導で平均80.2個の卵に対して父性が確保できる。

3. 交尾対形成時におけるコストの軽減：交尾には時間依存的なコストがかかることが知られている（Arnqvist and Rowe 2005）。たとえば，食事の時間や次の交尾機会のロス，捕食圧の増加，エネルギーロスなど。短い交尾時間はこれらのコストを軽減できる。

以上三つの要因がコバネ雄の"再交尾抑制物質を用いた雌の再交尾抑制"という珍しい戦術の進化を促したものと考えられる。

このような戦術は一方で，雌にとっては不利益を被ることになる。たとえば，もし精子が不適な場合，長期間にわたって不適な精子を使い続けることになるので雌の適応度に多大な負の影響を及ぼす。また，多回交尾の利益も得られない。その結果，再交尾をめぐる雌雄間の対立 sexual conflict が生じている可能性がある。今後さらなる研究によって"再交尾抑制物質"をめぐる雌雄間の対立が明らかになるであろう。また，同物質の化学的素性が明らかになれば斑点米の原因となっている本種の増殖を"雌の交尾衝動を制御する"ことによって抑える新たなタイプの農薬と

しての開発も期待される。

▶▶参考文献◀◀

Andersson, M. (1994) *Sexual Selection*. Princeton University Press, Princeton.

Arnqvist, G. and Rowe, L. (2005) *Sexual Conflict*. Princeton University Press, Princeton.

Chapman, T. and Davies, S.J. (2004) Functions and analysis of the seminal fluid proteins of male *Drosophila melanogaster* fruit flies. *Peptides* 25: 1477−1490.

Himuro, C. and Fujisaki, K. (2008) Males of the seed bug *Togo hemipterus* (Heteroptera: Lygaeidae) use accessory gland substances to inhibit remating by females. *J. Insect Physiol.* 54: 1538−1542.

Kubli, E. (2003) Sex-peptides: seminal peptides of the *Drosophila* male. *Cell. Mol. Life. Sci.* 60: 1689−1704.

Simmons, L.W. (2001) *Sperm Competition and Its Evolutionary Consequences in the Insects*. Princeton University Press, Princeton.

Simmons, L.W. and Siva-Jothy, M.T. (1998) Sperm competition in insects: Mechanisms and the potential for selection. In S*perm Competition and Sexual Selection,* (T.R. Birkhead and A.P. Møller eds.), Academic Press, London, 341−434.

TOPIC 4

日本に生息するサソリの持つ毒素の研究

■宮下正弘■　■中川好秋■

　砂漠の岩陰から現れたサソリが尻尾を立て，眠っている人間の上を這っていく……そんな映画のシーンが誰しもの脳裏に焼き付いているサソリは，夜空に広がる星座の一つとしても知られ，その存在感は古代から大きいものであった．そうした強い印象を与えるのも，ひとえにサソリの持つ「毒針」ゆえだろう．しかしながら，このような「砂漠に棲む猛毒のサソリ」といったイメージは，1600種類以上も存在するサソリのうちのほんの一部にしか当てはまらない．サソリは高山，海岸，密林など砂漠以外のさまざまな場所にも生息し（スイスのアルプスにもいる！），大半のものはそれほど強い毒を持っていない．実は，日本国内にもサソリが生息しているが，その存在については生息地域近辺ですら知らない人が多い．ヤエヤマサソリ *Liocheles australasiae* とマダラサソリ *Isometrus maculatus* の2種が主に石垣島や西表島などの八重山諸島に生息するが，これらは東南アジアなどの熱帯・亜熱帯地域に広く存在するサソリであり，その毒による被害はほとんど無いようである．

　サソリ毒の研究は，人間に対する危険性という医学的観点から始められた．このため，多くの研究は人に対して有害なButhidae科のサソリについて行われてきた（内山ら，2002）．その一方で，ほとんどのサソリにとって毒を使用する主目的が餌となる獲物の捕獲であることからも分かるように，作用特異性が昆虫に向けられている毒素成分が多く存在している．最近ではButhidae科以外のサソリ毒の研究が進み，多様な構造を持つ殺虫性毒素が発見されている．Hemiscorpiidae科に属する

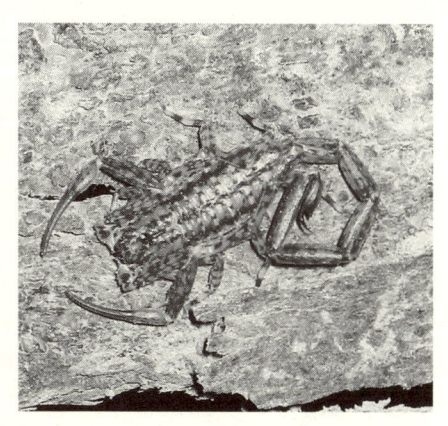

▶図1　ヤエヤマサソリ（左）とマダラサソリ（右）

　ヤエヤマサソリおよびButhidae科に属するマダラサソリの毒液はいずれも，哺乳動物に対してはほとんど毒性を示さないが，昆虫に対する毒性は顕著で，われわれの研究から毒液のなかにペプチド性の殺虫性成分が含まれていることが確認された（Miyashita et al. 2007）．

　サソリ毒は，その成分のほとんどがペプチドである．毒液成分は尻尾のような体節の一番先にある尾節内の毒腺で合成され，そこには多様な活性を示す100種類以上ものペプチドが含まれていることが知られている．なかでも，神経活性を示すペプチドがこれまでに数多く同定されてきた．動き回る獲物を確実に捕獲するという場面において，瞬時に相手の動きを止めることのできる神経毒を用いることは理にかなっている．ヤエヤマサソリ毒液から，殺虫活性を指標としてペプチド毒素が単離・同定された結果，これまでに知られている毒素とはまったく異なる構造を持つペプチド（LaIT1；図2）が得られた（Matsushita et al. 2007）．この毒素は比較的短いペプチドであり，ジスルフィド結合を2つ含んでいた．これまでに同定された殺虫活性を持つサソリ毒素の多くは60–70残基のアミノ酸から成るペプチドであり，4つのジスルフィド結合を含んでいる．これらとはまったく異なる構造を持つLaIT1の作用機構についてはいまだ不明であるが，他のサソリ毒素と同様に昆虫の神経系に作用する可能性が高いと思われる．マダラサソリ毒液からも顕著な殺虫活性を示す56残基から成るペプチドが単離・同定された（Im-1；図2）．この構造は，これまでサソリ毒液から抗菌性ペプチドとして見出されているものに類似している．毒注入のたびに外界と接触する毒腺での病原体の感染を防ぐために，このようなペプチ

```
DFPLSKEYETCVRPRKCQPPLKCNKAQICVDPKKGW
                  LaIT1
FSFKRLKGFAKKLWNSKLAKIRTKGLKYVKNFAKDMLSEGEEAPPAAEPPVEAPQ
           Im-1
```

▶図2 サソリの毒液に含まれる殺虫性ペプチドLaIT1とIm-1のアミノ酸配列

ドが存在すると考えられているが，このIm-1もやはり抗菌活性を示し，その役割については興味深い．これらのサソリ毒素が，既知の毒素と共通した部位に作用するのか，あるいはまったく異なる作用部位を持っているのかについては，今後の研究に待たれるところである．

　高い作用選択性を持っている殺虫性サソリ毒素は，新たなバイオ殺虫剤としての応用が期待されている．しかし，サソリは「毒針」を使ってこの毒素を昆虫体内に直接注入しており，外部からの投与では昆虫外皮を透過できず経口的にも体内に吸収されることはない．このことはサソリ毒の殺虫剤としての応用を考えた際の大きな障害となる．このような問題点を克服するため，昆虫に感染するウイルスや菌類に毒素をコードする遺伝子を組み込んで昆虫体内へと導入する試みや，昆虫の腸管を透過できるタンパク質と融合させて経口毒性を示すようにする研究が行われている．実用化に向けてまだまだ解決すべき課題は多いが，ヤエヤマサソリやマダラサソリの殺虫性毒素から作られた農薬が将来登場するかもしれない．

▶▶参考文献◀◀

Miyashita, M., Otsuki, J., Hanai, Y., Nakagawa, Y. and Miyagawa, H. (2007) Characterization of peptide components in the venom of the scorpion *Liocheles australasiae* (Hemiscorpiidae). *Toxicon* 50: 428−437.

Matsushita, N., Miyashita, M., Sakai, A., Nakagawa, Y. and Miyagawa, H. (2007) Purification and characterization of a novel short-chain insecticidal toxin with two disulfide bridges from the venom of the scorpion *Liocheles australasiae*. *Toxicon* 50: 861−867.

内山竹彦・中嶋暉躬・名取俊二・正木春彦（編）（2002）『生物間の攻撃と防御の蛋白質』共立出版．

III
昆虫の構造・機能に学ぶ技術

序

1 進化から見た昆虫の体

　本書「はじめに」でも述べたように，昆虫は地球上で最も繁栄している動物と言えるかもしれない。第3部では，その昆虫の構造と機能に学んだ技術について述べるが，その冒頭で，地上での成功を支える昆虫の体のデザインについて振り返ってみよう。

　脊椎動物もそして昆虫も，祖先が乾いた大地に上がってきてから4億年あまりが経った。カンブリア期の海では，昆虫とエビやカニの甲殻類の祖先は三葉虫の一群から生まれ，クモ，ダニ，サソリの鋏角類とムカデ，ヤスデの多足類もまた三葉虫から派生したようだ (Tree of Life web project, http://tolweb.org/tree/)。眼の誕生とともに大競争時代が始まり（第1部「序」参照），脱皮動物に属するこの一群は，固い外骨格の鎧で捕食から身を守るようになったと考えられている（パーカー 2006）。三葉虫は頭部に一対の方解石の複眼を持ち，各体節には付属肢がついていた。そのほか頭部には触角と，大顎は無いものの口があり，現在の昆虫の体制の原型はそのころもうすでにでき上がっていたことがわかる。

　やがてその仲間の多くは地上にも進出して，乾燥に耐えながら空気呼吸をするようになる。昆虫は気管を採用した。気管系は外皮が陥入したもので，腹部と胸部の気門から樹枝状に分かれ，組織の奥深くまで達している。脱皮の時には外皮とともに気管の抜け殻もズルズルと出てくる。ボディーサイズが増すと空気を行き渡らせるために気管の容積を増さねばならず，それが昆虫の大きさを決めているようだ (Kaiser et al. 2007)。地上に上がった昆虫には翅を得た仲間が現れて空を飛べるようになり，1億年の間，昆虫は飛行できる唯一の動物だった。翅の由来は水生昆虫の気管鰓にあると考えられているが，定かでない。ただ水生昆虫のトンボやカゲロウは，起源の古い旧翅類に属している。昆虫の翅には筋肉がない。飛翔筋はすべて胸部に収められていて，胸の関節に付いた普通は4枚の翅を団扇のように動かす。トンボやカゲロウは翅を直接駆動するが，あとから出現した新翅類では，固い胸郭をたわませて翅を間接的に駆動する。

後ろにたためるようになった新翅類の翅は，実に多様に分化した。実際，翅の形態が分類名になっているほどである。最近では「チョウ目」，「ハエ目」と呼ぶように名称が変更されたが，うろこのついた鱗翅類 (Lepidoptera: lepidos ギリシャ語で鱗 + ptera 翼)，二枚の翅の双翅類 (Diptera: di 数字の 2) など，昆虫は翅の特徴や機能により合理的に分類されてきた。なかでも前翅 2 枚を固くして腹部を保護した鞘翅類 (コウチュウ目 Coleoptera: coleo さや) は成功を収めて，なんと全動物種の 4 分の 1 に相当する 35 万種以上にまで分化した (Tree of Life Web Project)。最も遅く現れたハエ目昆虫でも 2 億年前の三畳紀には化石の記録があるので，目のレベルでは現在見られる昆虫のほとんど全てが，中生代の前半には出そろっていたことになる。昆虫は小さくて地味な存在ではあるが，繰り返された地質時代の大量絶滅のなかをしぶとくも生き抜いてきたのである。これはとりもなおさず，昆虫の生存機械としての性能の高さと，当を得た生き残り戦略を反映しているのだろう。

昆虫はその小さなからだで環境中のあらゆる隙間に入り込み，大量の子孫を産んで生き残りの可能性を高めている。多産性はまた世代交代の速さとあいまって，どんな環境になってもそこで生き残れる適者が出現する機会を高めている。それは昆虫がどの環境にも適応できる特性を備えるに至ったというよりも，むしろそれぞれの環境に合った生理学的・行動学的特性を身につけて，その環境が消えるとともにその種も消えるといった，いわば大量分化・大量絶滅を繰り返してきたからであろう。昆虫という生存機械は，個々の環境に合わせて仕立て上げた特製のハードウェアとソフトウェアを搭載した，スペシャルモデルである。昆虫という生存機械の持つテクノロジーをリバースエンジニアリングで理論的に解明できれば，昆虫が環境という現場で長年培ってきた技術をそのまま拝借することができる。

2 生存機械としての昆虫の特徴

まず昆虫は小さくて軽い。体長 0.2mm 体重数 μg の寄生蜂からアフリカ産の巨大な甲虫まで記載されているが，重くてたかだか 100g 程度である。古生代石炭紀には酸素分圧が高かったためか，大きなトンボやゴキブリが出現した。しかしそれとても体長 50cm 程度で，ヒトの大きさを超えるような昆虫の化石は見つかっていない。スケールが大きくなると慣性力は加速度的に増す。ヒトの大きさになると倒れただけでもけがをするが，小さく軽い昆虫にとって転倒や落下による損傷の危険性はほとんどない。またスケールが小さくなるにつれて，空気の粘性力の影響が大き

くなる。この関係は両者の比のレイノルズ数 (Re) で表され，Re が 1000 を下回るあたりから粘性力の影響が現れ，1 のときに慣性力と粘性力が等しくなる。小さな昆虫は，言うなればその「べたべたしかけた世界」に住んでいることになる。何もしなくても風に乗ってそのまま舞い上がるので，移動分散には好都合かもしれない。当然すぎて気に留まるほどの特徴ではないが，昆虫の力学，生理，そして寿命までもがこのスケールの小ささによって決定されている (Schmidt-Nielsen 1984)。もしも巨大昆虫が出現したとしても，実際には外骨格や複眼が重くなりすぎて，空を飛ぶことはおろか，まともに歩くことすらできないだろう。

　次の特徴は体表の毛にある。昆虫のキチン質の体表には多くの毛が生えていて，あるものは材料や機械部品として機能し，またあるものは感覚毛として様々な刺激を受容する。神経の無い毛や同じ起源の鱗粉は，保温や保護のほか，空力特性を高めたり，色素を含んでその配列による模様で情報を発するなど，材料として機能している。また脚の接触面の微細構造は物性を改変して，おかげで昆虫は平らな垂直面に強力に接着したり，水面に浮いたりできるようになった。センサーとして働く感覚毛には感覚細胞が付属していて感覚子を構成し，細胞の軸索は感覚神経として中枢に伸びている。昆虫の場合，全神経細胞の 90% が体表に並んだ感覚細胞で，脊椎動物の 0.01% と比べるとその割合は極端に高く，情報処理においても昆虫の体制は我々とは異なることが示唆される (下澤 1993)。感覚毛には，音や触覚などを感じたり姿勢を知るための自己受容器を含む機械受容器，化学感覚を感じる嗅覚受容器や味覚受容器があり，その他にも，湿度受容器や温度受容器が知られている。これらの感覚器官における信号変換の方法には，昆虫独自のものが多数含まれているはずである。

　最後に知覚と行動制御である。センサーから入った環境からの刺激は情報として処理され，筋肉を制御して翅や脚を動かす運動出力となって環境に作用する。昆虫が餌を探して食べ，配偶者と出会って子孫を残す行動は，一見すると同じ地上の動物である我々とたいして違わないようにも見える。しかし昆虫と我々のセンサーと動力装置には違いがあり，そのため情報処理や制御にも相違があるはずだ。昆虫が我々と同じやり方で環境からの情報を識別して知覚し，我々と同様に意思決定や行動の制御を行っているとは到底思えない。昆虫の知覚と運動出力との文脈を読むことから，昆虫が環境から情報を取り込んで，航行や資源探索，集合や配偶行動，逃避あるいは防衛など，目的を達成するためにいかに行動を制御するのかが明らかになる。昆虫という機械の制御プログラムもリバースエンジニアリングの対象となる

はずだ。

　第3部ではこのような生存機械としての昆虫そのものに注目して，センサー，情報識別機構，材料物性，さらに制御プログラムと実機械への適用の試みについて取り上げる。それぞれの章には，その背景についての説明が必要と考えた。解説を含めてその内容を紹介しよう。

3　昆虫のメカニズム

■味覚センサーで味見をして仲間と交信もする

　我々ヒトでは味覚はもっぱら食事の時に舌で感じて，食物の質を知りそれを評価するために働いている。一方，昆虫の味覚は，「味」を知る以外にも，接触化学物質を介して寄主認識や個体間の情報伝達などにも使われる。昆虫の味覚神経は感覚子に仕込まれていて，触角や口器の周りのひげそして脚にもある。化学生態学ではフェロモンの受容を味覚と分けて接触化学受容と呼ぶこともあるが，基本的には同じことである。昆虫には揮発性の匂い物質を受容する嗅覚感覚子も存在するが，味覚感覚子とは形態が異なり，感覚神経の投射先も，嗅覚神経は「脳」つまり食道上神経節，味覚神経は主に第二の脳とも言える食道下神経節と，異なっている。昆虫でも味覚と嗅覚は別物なのである。それは情報の特性からすると大変意味深い。匂いは気流に乗って拡散し，遠感覚として働く。それに対して味は接触して初めて受容される近感覚である。昆虫の資源探索行動に動員される感覚種について，情報源への距離から考えてみよう。昆虫は移動しながら寄主や配偶者などの資源を遠感覚の視覚や聴覚あるいは嗅覚を使って探索する。そして発見すると直接接触して，近感覚の触覚あるいは味覚で対象を認識したのちに，はじめて目的の行動が解発される。その点，味覚は対象を最終的に確認する手段として使われている場合が多い。

　第1章では，昆虫の化学センサーについて概説したあと，味覚受容器に焦点を絞って説明する。昆虫の味覚受容については，今までは糖やアミノ酸を中心に研究が進められてきた。しかし二次代謝物やフェロモンなど情報化学物質の味覚受容の重要性が明らかになるにつれて，その生理学的裏付けが求められてきた。第1章の後半は，味覚感覚子の先端にガラス電極を被せ，電解液の中に試料成分を含ませて活動電位を記録するチップレコーディング法を用いて，寄主選択に関わる寄主植物の二次代謝物やフェロモンなどの情報化学物質の受容システムについて，筆者らが調べた結果を中心に紹介する。アゲハチョウ科のチョウの寄主認識に関わる植物成分，

ゴキブリの配偶行動に関わる化学交信，アリの巣仲間認識，アリと共生するチョウの幼虫との化学交信に果たす味覚の役割と解明された味覚受容系の特徴は，昆虫の化学感覚の多様性とともにその利用の可能性を示唆する内容となっている。

　昆虫の化学センサーとは直接関係はないものの，ここでひとつ化学信号が他の生物との関わりの中で意外な効果を発揮した例がある。それもあまり有り難くない効果である。コナダニ亜目に属する微小なダニとヒトの皮膚炎との因果関係は以前から指摘されていたが，どうやらダニがフェロモンとして情報伝達に使っている化合物がヒトのアレルギーの原因となっている証拠が得られてきた。トピック3ではヒトの化学センサーとも言える免疫システムがダニの化学信号をたまたま検知してしまった例について紹介する。

■匂いの情報は脳に入って処理される

　昆虫にも「脳」がある。昆虫もヒトも左右相称動物で，進行方向に位置する頭部には様々な感覚器官が配置されている。それら感覚器官からの情報の処理と統合を行い，意思決定し，運動出力を制御する点では，昆虫の食道上神経節もまた脳と言えよう。よく似た機能から一見関係がありそうにも見えるが，昆虫は先口動物，ヒトは後口動物で，脳の起源からすると別物である。その少ない脳細胞の数からしても，我々とは違った簡素にして効果的な方法で，情報を処理しているに違いない。昆虫の中枢神経系は，ヒトの脊髄に相当する腹髄が各体節ごとに神経節を持った，分散型の情報処理システムである。昆虫の神経系では感覚神経が極端に多く，情報処理の多くを末梢で行っている。昆虫の頭部は複眼と単眼，触角，口器がそれぞれ付属する三つの体節からなり，脳も視覚，嗅覚，味覚を受け持つ三つの部分に大きく分かれている。情報の統合とともに記憶と学習に関わる部位もあり，我々の脳と同様に機能部位の収斂が見られる。脳の三つの部分には，それぞれの情報を前処理する一次中枢が付属している。嗅覚の一次中枢は触角葉と呼ばれ，触角から来た匂いの情報はそこで処理されてから高次中枢に投射される。

　第2章では，まず昆虫の脳と神経系の構成について触れたあと，触角葉における匂いの情報処理システムについて紹介する。昆虫の嗅覚の研究は，カイコガの性フェロモンの構造が解明されてからはフェロモンを中心に展開されてきた。種内の交信に使われるフェロモンでは，混合物の匂い識別や匂いの学習が話題になることは少ない。しかしミツバチやゴキブリなどでは，一般臭を混合物のまま識別し，しかもそれを学習する事例が以前から知られていた（例えば von Frisch 1967）。昆虫の

嗅覚系にはフェロモンなどの特異的情報を処理するスペシャリストとともに，一般臭の受容に関係する多くのジェネラリスト受容体がある．触角葉の中では，同じタイプの嗅覚受容細胞から伸びる神経ごとに糸球体と呼ばれるひとつの塊を形成していて，糸球体を中心とするネットワークで符号化され，高次中枢へと投射されると考えられている．ネットワークには幾つかのモデルが提唱されているが，特定するにはどれも決め手を欠いている．筆者らは触角葉における匂い情報の処理時間に注目した．濃度を下げたり別の匂いを混ぜて識別を妨害したときに，情報処理動作の繰り返しが増えて，匂い識別が遅くなるのではないかと考えた．いずれかのモデルに合致した結果が得られたならば，昆虫の脳で瞬時に行われている匂い情報の識別機構の特定も可能となろう．匂い刺激の時間を精密に調整することから，研究が開始されている．

■匂い源を探る昆虫の行動プログラムを調べる

では昆虫は環境をどのように見て，環境に作用しているのだろうか？　我々とはセンサーも情報処理系も異なる昆虫が，同じように環境を見ているとはとても思えない．そこで第3章では，まず，動物が知覚して作用する「環世界」について，そして環境から知覚する情報の有用性を示す「アフォーダンス」という概念について紹介する．これら心理学の概念と現在の認知科学や人工知能の開発，そしてロボティクスとの直接のつながりについてきちんと考察されたことはないが，いずれにせよ考え方には相通ずるものがある．今では一般的になった移動体ロボットの包摂アーキテクチャも (Brooks 1986)，昆虫の制御系を彷彿させる．昆虫でも反射あるいは制御された行動からなる目的ごとのサブルーチンが想定されるからである (Wehner 1997)．逃避行動などの反射は最も基本的な階層にあり，探索行動など制御された行動はある階層を持って並んで，環境からの情報により互いに競合しながら実行されるのではないだろうか．昆虫がそのような制御をしているのかどうかは，調べてみなければわからない．アプローチとしては，感覚と運動制御の関係からその概要を捉える行動学的方法と，神経系ネットワークをたどって制御系を検証する生理学的方法とが必要である．

第3章では，昆虫の匂い源探索に焦点を絞り，匂いという媒体まかせの曖昧な情報から，いかにして方向の情報を引き出して匂い源に向かうのかについて，虫に直接聞いてみる行動学的アプローチを紹介する．といっても昆虫が話してくれる訳ではないので，与えた情報 (cue) に対する行動反応を精確に記録するしか方法はない．

野外の実験でそれができれば理想的だが，匂いのコントロールが難しい。そこで，昆虫の自由な行動を妨げずに，しかも精確に情報を伝え，行動出力を記録できる仕掛けが必要となる。そのひとつ，サーボスフィア移動運動補償装置について，虫を自由に走らせながらも一点に留めるそのメカニズムをまず説明する。その装置を使えば，虫の動きから匂い情報をリアルタイムに調節して，フィードバックをかけることも可能である。サーボスフィアの作る無限の広さの平面上に現実の化学空間を模して，濃度勾配や匂いの境界線，さらに「仮想誘引源」を設定して，昆虫の移動運動を解析する実験を紹介する。

■匂いとイメージの両方を使って仲間を見つける

　もしも昆虫が異種のセンサーからの情報を組み合わせて制御を行っていたならば，情報の精度は格段に上がるはずだ。実際，第3章では匂いを感じたときにだけ風上に向かう反応で，風上に位置する誘引源に到達できることを紹介している。匂いによる走風性は飛行中の昆虫でも観察されている。飛んでいるときには空気という流体の中にいる昆虫は，進行方向を視野の流れ (optic flow) で知覚する。この場合には匂いが視覚を調節していることになる。

　第4章では第3章に引き続き，昆虫を取り巻く環境からの情報について，多種感覚情報の利用を中心に紹介する。昆虫の配偶行動は嗅覚情報だけではなく，さらに視覚や機械感覚など他の感覚情報との組み合せや段階的利用によって成立していると考えられる。ここではカミキリムシとコガネムシなどコウチュウ目の昆虫を中心に，様々な感覚種の情報によって複雑に構成された配偶行動の実態が明らかにされている。いずれも性フェロモンが関与するものの，それだけでは行動の説明としてはほとんど意味をなさないほどである。たとえば嗅覚情報が視覚によるイメージの識別までをも調節している事実が明らかにされる。性フェロモンの香りで風下から飛んできた雄は，最後は雌を見てその黒色のイメージに接近するのである。これはまるで美味しそうな匂いに誘われて店の近くまでやってくると，今度は店の看板を探し始めるようなもので，我々ヒトの定位戦略のお株を奪うようなやり方である。匂い源に向かって風上に進む反応から，嗅覚刺激によって誘導される視覚目標に定位する反応への行動の切り替わりが，明快な実験で証明されている。最後に，配偶行動における情報利用の進化についての行動生態学と，害虫管理等への多種情報の応用についての夢が語られている。

■昆虫の体表と界面の材料科学

　環境との関わりの中で数億年の進化を経て生き残ってきた昆虫の体には，機械材料としても優れた特性を持つ素材が多く含まれている。昆虫の外骨格を考えてみよう。これはタンパク質の架橋でできたプラスチックを，キチンの糖鎖からなる繊維で強化した複合材料で，軽量でしかも剛性の高い素材である。炭化水素を含むワックス層で，防水加工も施されている。脱皮のたびごとにそのほとんどが分解されて再吸収され，新たな骨格の原料として再利用される (Nijhout 1994)。素材の物性をさらに特徴づけているのは，その外骨格を覆う表皮や毛である。昆虫の体表を覆う毛は感覚器だけではない。表皮の物性を劇的に変化させる特殊な構造や配列を持ったものもある。毛が変化してできたガの鱗粉には，胸部を綿のように覆って保温して，飛翔筋のウォーミッグアップを助けているものもある。毛の機能は保温ばかりではない。昆虫の住む小さな世界では，虫体表面の物性が我々の考えが及ばないほど重要な意味を持つ場合がある。たとえば昆虫の脚の驚異的な接着力も，毛の微細構造が関係している。ガラス面を落ちずに歩き回るハエや，葉の裏面を自由に歩きまわるハムシでは，液体を含んだ中空の毛の先端が面に接するときの毛細管現象や，リボン状の毛が凹凸に付着する時に発揮される分子間力で基質と接着することが，最近の研究で明らかになってきた (Gorb 2003)。昆虫の体表の物性は実にナノテクノロジーの領域にまで踏み込んでいるのである。

　第5章に登場するアメンボは，水面という水と空気の界面で働く力学を実に巧みに利用して，水面を滑走しながら溺れた獲物をえさにして生活している。アメンボが溺れてずぶぬれにならないのには訳がある。ワックスで覆われた昆虫の表皮にはそもそも撥水性が備わっているが，アメンボにはそれを超える「超撥水性」が備わっていて，水をかぶっても一瞬で水をはじいて決して濡れることがない。この章では，その超撥水性の原因が，体表の剛毛とその規則正しい配列にあることが明らかにされる。アメンボの体表を被う毛は，水面生活にとって不可欠な物性を虫体に持たせているのである。そのほかアメンボが水面を滑走するメカニズムや，適応戦略に応じた力学特性まで，アメンボの界面の力学がいかにその生活を決定付けているのかが示される。そのほか，長距離移動するマダラチョウの翅の撥水性についてもトピック1でとりあげられる。トピック2のハダニの空中分散もまた，物体と空気との界面で起こる現象である。物体の表面を風が流れるとき表面のごく近くは無風状態になる。ハダニは普段その中で生活しているが，条件が悪くなって移動分散への機運が高まると脚を挙げたり胴体部を立てて，風をまともに受ける分散姿勢をと

る。ハダニは小さくて軽いがために，風を受けるように姿勢を変えるだけで，空中に飛び立って移動し，ダメージもあまり受けずに着地することができる。我々には到底かなわない芸当である。

■ **フィールドで働く六脚歩行ロボットをつくる**

　第6章で取り上げる脚歩行ロボットは，精密農業を支援するための情報探査を行うプロトタイプである。圃場をくまなく探索しながら，上空からのリモートセンシングだけでは測定できなかった耕作地の情報を，近傍からリモートセンシングで調べることを目的としている。不整地や傾斜地での移動を目的とした脚歩行ロボット開発の試みは以前からあった。実際，ヒトが乗って移動できるほどの巨大な脚歩行ロボットも試作されている。しかし情報収集を目的としたロボットでは，それほど大きなサイズを必要としない。小さなボディで不整地を飛ぶように脚歩行しながら，情報収集を行ないつつ目的のゴールに向かうタスクは，歩行昆虫にとっては日常の行動である。昆虫の機能に学べば，このような情報収集ロボットも現実味を帯びてくる。

　精密農業からはまた別の要求がある。作物に関する情報収集を効率よく行い，位置情報とともにプロットするためには，不整地をまっすぐに移動できることが望ましい。著者らは昆虫の歩行システムを制御する中枢パターン発生器（central pattern generator）を模倣してロボットの電子回路に組み込み，さらに歩き方（歩容）と旋回のタイプを切り替えることで，路面状況や地形によらない安定した歩行運動を実現しつつある。さらにGPSを組み込んで情報の位置を特定しようとしている。圃場の情報として著者らはガスに注目した。土壌窒素に由来するアンモニアから植物ホルモンのエチレンまで，ガスの検知と発生源の探索は重要な使命である。ロボットにガスセンサーと風向センサーを取り付け，制御プログラムにはゴキブリの匂い源探査行動を模倣したアルゴリズムを搭載して（第3章），匂い源を模したガス源へとロボットを導くことができた。

4　昆虫のメカニズムに学ぶ

　技術と科学は表裏一体の関係にある。生物に学ぶ技術のバイオミメティクスもまた生物科学とは切り離して考えることはできないが，その両者は決して同じではない。たとえば，生物を模倣したロボットには大きく二つの流れがある。一つは，生

物の機能に触発されて，その機能を産業や人間社会の場で生かすことを目的としたロボットであり，もう一つは生物学上の仮説を証明するために，生物のシステムをコピーして実世界で検証するためのバイオロボットである（Webb 2000）。前者はプロトタイプも含めた自律機械としてのロボットであり，後者は科学実験の作業仮説である。目的がうまく合致して，生物の機能そのものが産業の場で採用されることもあるが，そうならないときもある。

　昆虫を模倣したロボットについて考えてみよう。昆虫のシステムに根ざした技術も，そこから派生した技術も，昆虫にアイデアを触発された技術も含めて，多数の「昆虫ロボット」が作られている。六脚歩行する昆虫ロボットを例にとっても，ゴキブリの歩行システムを忠実に再現したものから（Quinn and Espenschied 1993），昆虫の分散処理システムに触発されたとも受け取れる包摂アーキテクチャを搭載したものまで（Brooks 1986）千差万別である。このことは，脚歩行ロボットにとどまらない。昆虫を模倣したロボットには，視運動反応アルゴリズム，視運動系や中枢パターン発生器の神経回路，匂い源定位や偏光コンパスによる航行，アリの群れ行動の再現，ミツバチの言語の実験等に関連したバイオロボットが作られて，昆虫の機能を調べる研究に使われている（Webb 2000；Consi and Webb 2001）。その中には集積回路に焼き付けられて，移動体の運転や制御にすぐにでも使えそうなテクノロジーも含まれているが，多くは生物学実験の一手段として，仮説の検証のために使われている。

　行動の制御回路（コントローラ）には，神経回路から学習アルゴリズムまで様々なレベルがある。そのデバイスやアルゴリズムをロボットに実装して環境中に置いてみると，シミュレーションでは想定できない，しかも事の本質に関わるヒントを得ることもできる。またロボットの実体の性能とともに環境中での物理データがすべて測定できることも強みである。ロボットを使う実験では「本当に生物を再現できているのか」との批判が常につきまとう。それでも実際にロボットを動かして初めてわかる事実も多く，動物行動の新たな仮説も生まれている。ロボットは，アクチュエータとセンサーを備え，自律的に目的指向の知的制御を行う機械である。そしてそれらの条件は，同時に動物が課せられた課題でもある。行動を究極の表現型と考えたとき，バイオロボットによる検証の意味は大きい。

　昆虫COEの副題は"エントモミメティクサイエンス"（昆虫に学ぶ科学）である。それは昆虫のアイデアを拝借する技術とも受け取れる。しかし昆虫のテクノロジーを科学的に特定する前に，性急に技術転用を求めたところで実りは少ないだろう。

これはロボットに限らず，第3部で紹介するすべてのテーマに当てはまることでもある。昆虫は確かに数億年の進化の歴史を経て，現在の地球環境に適応し尽くしたシステムを有しているはずだ。しかし，それはまた同時に進化の歴史を引きずってきたとも言えよう。昆虫のシステムには非効率な部分や様々な制約があり，昆虫の部品そのもののカーボンコピーや神経回路のシリコンコピーを作ったところで，あまり使い物にはならないだろう。それを承知の上で昆虫のテクノロジーを利用するならば，味覚センサーや匂い識別回路，匂い源定位アルゴリズムや超撥水性表面加工が，現実の技術としてどこかで利用できるようになるかもしれない。ちょうど気管鰓が転用（diversion）によって翅に進化したように，昆虫が進化で会得した技の神髄を理解して現在の技術に応用するならば，全く新しいテクノロジーが生まれるものと確信する。

▶▶参考文献◀◀

Brooks, R.A. (1986) A robust layered control system for a mobile robot. *J. IEEE Robotics & Automation*, 2: 14-23.
Consi, T.R. and Webb, B. eds. (2001) *Biorobotics : Methods and Applications*. AAAI Press, Stanford.
Gorb, S. (2003) From micro to nano contacts in biological attachment devices. *PNAS* 100 : 10603-10606.
Kaiser, A., Klok, C.J., Socha, J.J., Lee, W.-K., Quinlan, M.C. and Harrison, J.F. (2007) Increase in tracheal investment with beetle size supports hypothesis of oxygen limitation on insect gigantism. *PNAS* 104: 13198-13203.
Nijhout, H.F. (1994) *Insect hormones*. Princeton University Press, Princeton, N.J.
パーカー，A. (2006)『眼の誕生：カンブリア紀大進化の謎を解く』渡辺政隆・今西康子訳，草思社．
Quinn, R.D. and Espenschied, K. (1993) Control of a hexapod robot using a biologically inspired neural network. In: *Biological neural networks in invertebrate neuroethology and robotics* (eds R.E. Beer, R.E. Ritzmann, and T.McKenna), 365-381. Academic Press. San Diego.
Schmid-Nielsen, K. (1984) *Scaling*. Cambridge University Press, Cambridge.
下澤楯夫 (1993)「昆虫の音感覚」『日本音響学会誌』49：413-420．
von Frisch, K. (1967) *The dance language and orientation of bees*. The Belknap Press of Harvard University Press, Cambridge.
Webb, B. (2000) What does robotics offer animal behaviour? *Anim. Behav.* 60: 545-558.
Wener, R. (1997) Sensory systems and behaviour. In: *Behavioural ecology: an evolutionary approach, 4th ed.* (eds. J.R. Krebs and N.B. Davies), pp. 19-41. Blackwell Science, Oxford.

第1章

昆虫の化学センサー

勝又 綾子／西田 律夫

　生物は外界から必要な情報を抽出する感覚器（センサー）を備えている。昆虫でも哺乳類でいうところの視覚，触覚，聴覚，嗅覚，味覚の五感が存在する。それらの受容システムは刺激の種類や物性に合わせて特化しており，多くの場合は複合的に機能して，食物や産卵場所の探索行動，また繁殖行動を含む仲間とのフェロモンコミュニケーションを支えている。その昆虫にとってどのような種類の情報が大切か，またどのような感覚が主要に働くかは，生態や行動の種類によって異なるが，とくに，昆虫の多くは嗅覚や味覚の化学センサーを研ぎ澄ましている。外骨格のクチクラに包まれた微小な脳において，化学感覚に関わる神経領域が広いことからも，昆虫の行動にとって化学物質の受容と情報処理がいかに重要であるかが窺える。

　昆虫の化学感覚に関する研究では，ハエやガ，ゴキブリなどにおける感覚器の形態や分布，そこに含まれる化学受容細胞（感覚神経）の受容特性などが，1900年代前半から調べられてきた。哺乳類のラットを用いた研究では1991年に嗅覚受容体遺伝子の論文が発表されたが（Buck and Axel 1991），昆虫では1999年にキイロショウジョウバエの味覚・嗅覚受容体ファミリーが報告されて以降，分子生物学的側面からのアプローチも飛躍的に進んだ（Vosshall et al. 1999）。現在ではモデル生物であるショウジョウバエとカイコガを筆頭に，嗅覚受容体と味覚受容体をコードする遺伝子が続々とクローニングされており，昆虫の化学感覚の仕組みが次第に明らかになってきている。

　本章では昆虫の嗅覚・味覚の化学感覚器の基本構造と受容機構について，また化

学感覚が昆虫の行動にどのように寄与するかを，いくつかの具体例を挙げて紹介する。

1-1 化学感覚器の構造と機能

(1) 化学感覚器の基本的な構造と化学受容プロセス

　昆虫の化学感覚器の多くは突起状または毛状で，化学感覚子（化学感覚毛，chemosensillum）とも呼ばれる。化学感覚子は嗅覚感覚子と味覚感覚子に大別される。嗅覚感覚子は主に触角に，味覚感覚子は主に口器に集中して分布する。さらに味覚感覚子の場合はハエやチョウ，ゴキブリなど昆虫種によって肢や翅，分泌腺の周辺にも認められる。両感覚子とも基本構造は似通っており，内部は空洞で，感覚子基部に存在する支持細胞が分泌する親水性のリンパ液（受容器リンパ）に満たされている。同じく感覚子基部に存在する受容細胞（感覚神経）の樹状突起は受容器リンパに浸った状態で感覚子の先端へ伸びている。感覚子のクチクラの表面から内部にかけては小孔が貫通しており，外界の化学物質はこのクチクラ小孔から感覚子の内部へ入る。嗅覚感覚子の表面は多孔性で，空気中に拡散する匂い物質（主に，揮発性・疎水性・低分子化合物）が小孔を通過する。味覚感覚子は感覚子先端に単孔を持ち，水などに拡散する味物質（主に，不揮発性・親水性・高分子化合物）が小孔を通過する（図1-1A）。

　化学受容の基本的なプロセスも両感覚子で共通している。外界の化学物質は小孔を通過して受容器リンパへ溶け込むが，この際，疎水性の化合物である花の匂いなどはそのままでは受容器リンパへ分散することが難しく，受容器リンパ内に多量に含まれる親油性物質結合タンパク質（キャリアタンパク質）と結合して受容器リンパへ溶け込む。一方，「味覚」として受容される糖やアミノ酸などの親水性の化合物はそのまま受容器リンパに溶け込む。感覚子基部に存在する受容細胞（化学感覚神経）の樹状突起上には基質特異性を持つ受容体タンパク質が発現しており，受容器リンパを通過した化合物が受容体と結合することで，受容細胞のイオンチャンネルが開き，活動電位が発生する。「匂い」と「味」の化学物質の情報はこのようなプロセスで，受容細胞において神経シグナルに変換され，受容細胞の神経軸索を通して脳の一次中枢領域へ伝達された後，さらに高次の中枢領域で行動解発のための複雑

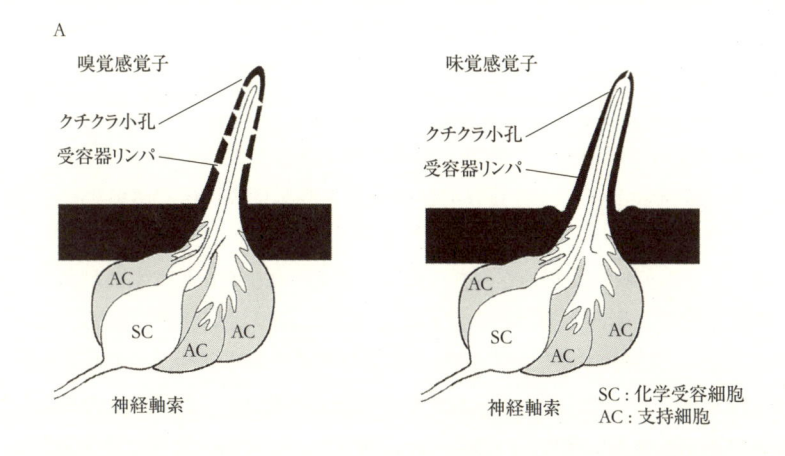

図1-1 昆虫の化学センサー

A. 嗅覚感覚子と味覚感覚子の模式図。外界の化学物質はクチクラ小孔から感覚子内へ入り、受容器リンパを通過して化学受容細胞に受容される。化学物質の情報は化学受容細胞で神経シグナルに変換され、神経軸索を通って脳へ伝達される。
B. 雄のカイコガ（左）とその触角の電子顕微鏡写真（右）。触角上には雌の性フェロモンを受容する毛状の嗅覚感覚子が多数存在する。

な情報処理を受ける（第3部第2章参照）。

(2) 嗅覚受容と味覚受容

　嗅覚感覚子と味覚感覚子はともに化学受容を担うが、内部に含まれる受容細胞がどのような受容体を発現させているか、また受容細胞の神経軸索が脳のどのような神経領域に繋がっているかによって、受容し伝達する情報の種類が異なると考えら

れている。たとえばショウジョウバエには嗅覚受容体をコードする遺伝子が62種類存在する (Hallem and Carson 2004)。嗅覚受容体は7回膜貫通型のタンパク質で、触角の約1200個の嗅覚受容細胞で発現している。すべての嗅覚受容細胞には嗅覚受容体Or83bが発現しており、その他、特異的な1種類の嗅覚受容体がそれぞれの嗅覚受容細胞に発現している。特異的に発現した嗅覚受容体はOr83bと2量体を形成して化学受容に寄与し、どの匂いを受容するかといった受容特性を各嗅覚受容細胞に与えている。嗅覚受容細胞の神経軸索は脳の一次嗅覚中枢である触角葉へ繋がり、触角葉内で局所介在神経と出力神経とともに「糸球体」と呼ばれるシナプスの球状構造を43個形成する。同じ種類の嗅覚受容体を発現させている嗅覚受容細胞の神経軸索はすべて同じ糸球体へ繋がる。嗅覚受容細胞から伝達された神経シグナルは触角葉で局所介在神経と出力神経へ伝達され、脳の高次領域で情報処理される。昆虫種によって嗅覚受容体、嗅覚受容細胞、糸球体の受容特性や種類、数などは大きく異なる。

　一方、ショウジョウバエの味覚受容体は68種類が遺伝子にコードされている (Thorne et al. 2004)。味覚受容体の発現様式は嗅覚受容体の場合と異なり、一つの味覚受容細胞上に多種類の受容体が「共発現」している。それぞれの味覚受容細胞は「甘味に関与する化学物質の受容（糖受容）」「苦味に関与する化学物質の受容」など機能別に特化しており、種々の化合物の化学情報は味覚受容細胞レベルで「甘味」「苦味」などに振り分けられ、脳へ伝達される。ショウジョウバエにおいてトレハロース受容体Gr5aを発現している味覚受容細胞は、ショ糖、グルコース、マルトースなどにも応答し、Gr64a〜64fの受容体群が共発現して甘味に関わる化学物質を受容する。そのためその細胞は糖受容細胞（甘味受容細胞）と呼ばれる。クロキンバエを含む多くの昆虫において、糖受容細胞の応答が摂食行動の解発に関与することが示されている (Amakawa 2001)。またショウジョウバエでは、カフェインなどさまざまな苦味に応答する苦味受容細胞上に、カフェイン受容体Gr66aと少なくとも6種の味覚受容体が共発現している。苦味は一般に「毒の味」に対応していることが多く、クロキンバエの苦味受容細胞は経口毒のリモネンを摂食阻害物質として受容する (Ozaki et al. 2003)。一般に昆虫の味覚受容細胞の神経軸索は、脳の一領域である食道下神経節へ繋がる。そこには嗅覚系の触角葉のように明瞭な糸球体構造は認められないが、「甘味受容」や「苦味受容」などを担う味覚受容細胞の神経軸索はそれぞれ食道下神経節内の別の領域へ繋がって味覚情報を伝達する (Thorne et al. 2004)。味覚系は昆虫全般において、生命維持に関わる糖やアミノ酸などの栄養物質、

またカフェインやアルカロイドなどの毒物質，その他に塩などの情報を処理する。昆虫種によって嗅覚系の受容体と受容細胞数のバリエーションには大きな差があるが，味覚系はどの生物にとっても生存してゆく上で重要な化学物質を受容する側面が強いためか，昆虫種間のバリエーションは嗅覚系ほど大きくないと考えられている。

このように昆虫では，嗅覚系で「1受容細胞に1種の特異的な受容体が発現」し，味覚系で「1受容細胞に多種類の受容体が発現」して，外界の化学物質の情報を感覚子レベルで振り分けるという情報処理様式が見られる。化学受容体の構造や構成は昆虫と脊椎動物でまったく異なるが，嗅覚・味覚それぞれの化学センサーシステムで使われている情報処理の様式自体は，昆虫と脊椎動物でよく似ていると考えられる。

(3) フェロモン受容

昆虫は同種他個体とのコミュニケーションにフェロモンを用い，繁殖をはじめ，自己や子どもの保護行動などを通して種を存続させる。そのため一般的な嗅覚や味覚とは別に，フェロモン受容に特化した神経系を発達させている。フェロモンの多くは揮発性であるが，不揮発性，親水性，疎水性などさまざまな性質の化合物も知られており，それらを受容するフェロモン受容体は，脊椎動物のように独立した遺伝子ファミリーを形成せず，味覚・嗅覚受容体遺伝子ファミリーに分類される。

多くの昆虫の雄成虫は雌が放出する揮発性の性フェロモンによって誘引される。これまでカイコガの性フェロモン「ボンビコール」の受容体が発見され，その受容機構が明らかにされている (Sakurai et al. 2004)。カイコガの雄成虫の触角には，雌の性フェロモン受容を専門に担う嗅覚感覚子が多数存在する (図1-1B)。嗅覚感覚子内には，疎水性を示す性フェロモンと特異的に結合するフェロモン結合性キャリアタンパク質 (親油性物質結合タンパク質に属する) や，性フェロモン受容体 (嗅覚受容体に属する) を持つフェロモン受容細胞 (嗅覚受容細胞に属する) が存在する。フェロモン受容細胞の神経軸索は触角葉内にある大糸球体へ繋がっている。大糸球体は雄特異的な構造で，フェロモンの情報は食物などの一般臭に対する情報処理経路と区別され処理される。

一方，不揮発性のフェロモンの受容の研究は，近年ようやく進められてきている。ショウジョウバエ (Bray and Amrein 2003) やカミキリムシ (Fukaya et al. 1999)，ゴ

キブリ (Nishida and Fukami 1983) の雄は配偶行動の際に雌の体に直接タッピング（前肢や触角で，相手の体表面を，軽く叩くように繰り返し触れる行動）をし，雌の体表上の不揮発性・疎水性の炭化水素を性フェロモンとして受容する。ショウジョウバエでは雄の跗節上の味覚感覚子に味覚受容体 Gr68a が発現した受容細胞が含まれている。Gr68a が正常に機能しない雄ではタッピング後の交尾行動が減少するため，Gr68a とそれを発現させた受容細胞は雌の不揮発性の性フェロモンである体表炭化水素の受容に関与すると考えられている (Bray and Amrein 2003)。

1-2　チョウの寄主選択と化学センサー

　昆虫の基本的な栄養要求性はほぼ共通しているが，具体的にどの資源を利用するかという寄主選択性（食性）が種によって異なる。寄主（食物）の選択には種特異的にチューニングされた化学感覚を用いている。チョウの成虫の多くは花蜜を食物源にするが，タテハチョウのなかには花蜜の他に樹液や腐った果実も食物とするアカタテハなどがいる。樹液や腐った果実には糖と同時に生体に有害なアルコールや酸が含まれ，同じタテハチョウ科のツマグロヒョウモンなどはこれを摂食しない。この食性の違いは口吻における味覚感覚の違いに対応している。ツマグロヒョウモンでは味覚感覚子内の糖受容細胞の応答が，糖溶液に含まれる酸やアルコール濃度の上昇に依存して抑制され，一方，アカタテハの糖受容細胞の応答は，糖溶液に含まれるこれらの有害物質の濃度がある程度高くなっても，ツマグロヒョウモンほど抑制を受けない。これらのチョウの食物選択行動には，こうした糖受容細胞の応答性の違いに影響を受けると考えられる (Omura et al. 2008)。

　また狭食性のチョウ類は，成虫は直接その食物を摂食しないにもかかわらず，次世代の幼虫の寄生（食物）を的確に選択して産卵する習性を持っている。たとえばアゲハの幼虫はミカン科植物しか食べず，雌成虫は幼虫の食草を正確に探し出し産卵をすることで，幼虫の生存率と成育を保障する。ウンシュウミカン葉の抽出液をしみ込ませたろ紙をアゲハの雌成虫に与えて産卵行動を調べると，ミカン葉に含まれる二次代謝成分が特異的な産卵反応を誘導することが見出された（西田 1995）。フラボノイド，アルカロイド，サイクリトールなどで構成されるこれらの産卵刺激物質 10 種は，単独で与えても効果はないが，すべてを混合した場合に雌成虫の産卵行動を解発する。さらに，雌が産卵前に寄主の葉を前脚で叩くこと，雌の前脚跗節

昆虫の化学センサー　第1章

A

B

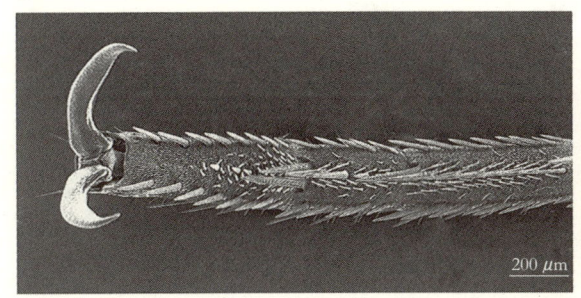

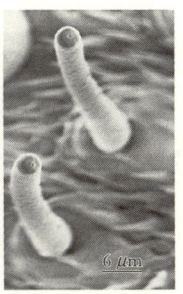

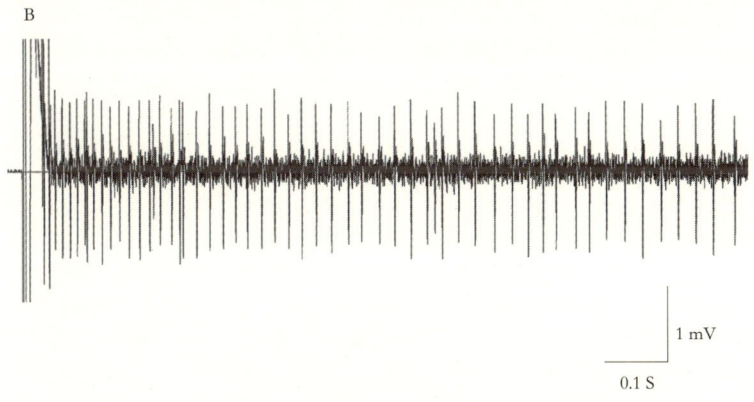

図1-2　アゲハの前脚と味覚感覚子における寄主成分に対する神経応答
A. アゲハ雌成虫の前脚跗節（左）と寄主植物成分を受容する味覚感覚子（右）。
B. 味覚感覚子から得たウンシュウミカン葉抽出物に対する味覚受容細胞の応答。

にはブラシ状に生えた味覚感覚子が雄に比べてとくに多いこと（図1-2A），実際に電気生理学的な手法の一つであるチップレコーディング法を用いて，これらの味覚感覚子をミカン葉抽出液で刺激すると，感覚子内の複数の味覚受容細胞による活動電位が明瞭に記録されることが明らかになっている（図1-2B）。寄主成分に対して発生する活動電位の発生パターンは非寄主植物成分で刺激したときのそれと異なるため，アゲハの雌成虫は脚の味覚感覚で寄主・非寄主を区別している可能性が高い。これまで同定されている個々の産卵刺激物質やそれらを足し合わせた混合溶液が，味覚受容細胞からどのような応答を引き出すかを調べ，それを寄主成分に対する応答性と比較し，さらに産卵行動と味覚受容細胞の応答性との関係を詳細に調べてゆけば，複合受容と産卵行動のメカニズムを明らかにできると期待される。アゲハ類の産卵行動に関わる化学物質は，アゲハの他に同じミカン科植物を寄主とするクロ

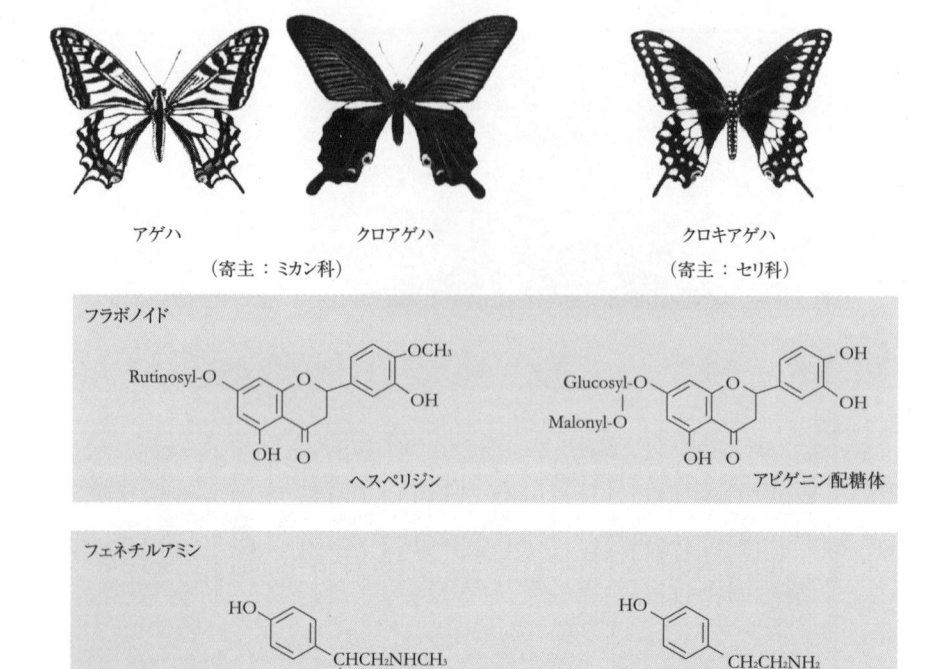

III 昆虫の構造・機能に学ぶ技術

図1-3 3種のアゲハチョウにおける相互に共通の産卵刺激物質

アゲハ，セリ科植物を寄主とするクロキアゲハなどでも同定されている（本田と西田 1999）（図1-3）。これらの3種のチョウは進化過程において寄主転換（ホストシフト）を経て種分化したと推測されており（西田 1995），実際に，フラボノイドやアルカロイドなど，相互に共通の系統の植物成分を産卵刺激物質として寄主認識に用いている。雌成虫の前脚の味覚感覚子における化学受容基盤が寄主認識の鍵を握るとするなら，そこに発現している味覚受容体などを種間で比較することにより，アゲハ類の寄主転換の歴史を進化系統樹のなかに描くことができるかもしれない。

昆虫の寄主選択性はこのような成虫の産卵選択性だけでなく，幼虫の食性によっても規定される。たとえば前述のように，アゲハの幼虫はミカン科植物しか摂食しない。そのため成虫と幼虫がともにミカン科のみ選択するという生得的な行動が，アゲハという種の寄主特異性を磐石にしている。では，果たして幼虫と母チョウはまったく同じような化学センサーを備えて，寄主成分を感じているのだろうか？

一般にチョウ目幼虫の寄主選択には口器上の化学感覚子が重要な働きをすると考えられている。これらの化学感覚子に含まれる味覚受容細胞は糖やアミノ酸など生育に欠かせない植物一次代謝成分の他に，植物の特異的な二次代謝成分に対しても応答する。植物の二次代謝産物群にはカフェインやニコチン，アリストロキア酸など，「苦味」による忌避効果や有毒性によって昆虫の摂食阻害物質として働く化合物が多く含まれる（第2部第1章参照）。しかし昆虫のなかには，そうした有毒の植物二次代謝産物をむしろ摂食刺激物質として積極的に受容し，寄主を選択する種もいる。アゲハチョウの仲間のホソオチョウの幼虫は，寄主植物であるウマノスズクサに含まれる複数の化合物を摂食刺激物質にしており，その一つはウマノスズクサに特徴的に含まれる有毒アルカロイドのアリストロキア酸である。アリストロキア酸はタバコスズメガ幼虫などでは苦味物質として受容され，幼虫がこれを摂食すると生育阻害が起きる（Glendinning et al. 2001）。しかしホソオチョウの幼虫はこれを摂食刺激物質として口器上の味覚感覚器で受容する。そして摂食刺激物質である糖類・脂質・アリストロキア酸をそれぞれ別々に与えても摂食行動を示さないが，これらを混合して初めて，ウマノスズクサ抽出液を与えたときとほぼ同じ摂食行動を示す。電気生理実験により幼虫の口器の味覚感覚子内の味覚受容細胞からウマノスズクサ粗抽出物や各摂食刺激物質に対する味覚応答を記録したところ，すべての化合物を混合したときにだけ，粗抽出物を与えたときに匹敵する特徴的な神経応答パターンを記録することができた。そのような神経応答パターンは糖類・脂質・アリストロキア酸それぞれを単独で与えたときには見られないため，結局，幼虫にとっての寄主植物の「味」とは個々の摂食刺激物質の味覚情報ではなく，摂食刺激物質がブレンドされたときに初めて得られる「複合的な味覚情報」であることが分かった。アゲハ幼虫の寄主選択行動にもウンシュウミカン中の糖を含む複数の摂食刺激部物質が関与しており，それらの物質もやはり単独では効果がないが，混合すると幼虫の摂食行動を誘起する。アゲハ類の幼虫の寄主認識では，栄養資源としての糖や脂質の化学情報と，寄主特異的な植物成分の化学情報を複合受容することが重要であるように見える。そして，少なくとも植物成分の複合受容が要であるという点で，成虫と幼虫の寄主認識の仕組みは共通しているかもしれない。今後，アゲハ類の成虫の産卵刺激物質と幼虫の摂食刺激物質が詳細に比較され，成虫跗節と幼虫口器の味覚感覚子における複合受容の情報処理メカニズムや分子基盤を明らかにすれば，寄主転換と食性進化の謎に迫れるものと期待される。

1-3 ゴキブリの配偶行動と化学センサー

　繁殖行動は種の存続に必要不可欠で，いかに的確で効率よく交尾相手を惹きつけるかが成功の鍵になる．そのため昆虫は種特異的な性フェロモンを生合成する能力を備え，そのフェロモンを検出するための特別な化学センサーも発達させている．ゴキブリは昆虫のなかで最も原始的なグループであるが，配偶行動はかなり複雑で，さまざまなタイプのフェロモンを用いている．多くのゴキブリの配偶行動は図1-4に模したように，A) 配偶相手の誘引と発見（コーリング行動），B) 雌雄の接触，C) 雄による雌の誘引，D) 雌による雄の背面分泌物の舐め取りあるいは摂食，E) 交尾といった，順序だったプロセスを経る場合が多い（Gemeno and Schal 2004）．配偶行動の各ステップにおいて，雌雄は揮発性や不揮発性のフェロモンを触角や口器の化学感覚子で的確に受容し，決まったパターンの行動（定型行動）を示す．たとえばワモンゴキブリの雌成虫は遠距離から雄を誘引するためユニークな化学構造を持つペリプラノンAおよびBを放出する．雄はこの匂いを触角でかぐと，匂い源の風上へ定位して走り，触角で雌へ接触して翅を広げ激しく震わせる．これらの化合物のどちらか一方を単独で与えるより，両者を自然状態と同じ比率で混合して与えたときに，雄は匂い源へ最も定位し易くなる．ペリプラノンBは低濃度でも長距離から雄を誘引する効果を持ち，Aは近距離で雄の行動を持続させる効果を持つと推測されている．ワモンゴキブリ雄成虫の触角上の化学感覚子は1970～90年に同定され，現在までに受容細胞の数や応答性が調べられている．一般に昆虫の雄は成虫期間が短く，そのほとんどの時間を配偶行動に費やす．タバコスズメガ雄の触角で嗅覚感覚子の約80％が雌の性フェロモンを受容するために特化しているのは，そのためかもしれない．一方，ワモンゴキブリは寿命が半年から2年ほどで，雄の触角上には雌のフェロモンを受容する嗅覚感覚子の他に，食物を探索するための嗅覚感覚子や味覚感覚子も多い．機械刺激，湿度，温度を感受する感覚器も多数存在する．雄成虫の触角上にある約6万5500個の化学感覚子内には約20万個の受容細胞が含まれ，そのうち3万7000個の受容細胞がペリプラノンAとBに応答すると推定される（Boeckh and Ernst 1987）．Single-walled type Bと呼ばれる嗅覚感覚子はテルペンやアルコールなど食物の匂いに応答する受容細胞を二つ含む他，ペリプラノンAとBそれぞれに応答する受容細胞をさらに二つ含む（Boeckh and Ernst 1987）．ワモンゴキブリ雄はこのような化学センサーを備えて雌に誘引された後，さらに触角

で雌にタッピングして翅を広げる行動が起きる。雄に翅を広げられた雌は雄の腹部背面を探るように舐め取る行動を示し，両者は交尾に至る (Gemeno and Schal 2004)。雄が翅を広げる行動はペリプラノンAとBの存在下で雄が雌の体表成分に触角で接触すると誘起されるが，雌の体表に含まれる接触化学性のフェロモンは未だ同定されていない。また雌の舐め取り行動を引き起こす雄の体表上の接触化学性のフェロモンも未同定である。

一方，チャバネゴキブリの配偶行動は，雌によるコーリング行動（図1-4A）から始まる。雌の性フェロモンに誘引された雄は出会った雌にタッピングすると（図1-4B），体を180度転回して翅を高く上げ，自らの背面分泌腺を雌へ提示する（図1-4C）。ワモンゴキブリの場合と異なり，雄の腹部背面にはよく発達した分泌腺が存在し，雌はこの分泌腺の分泌物を執拗に摂食する（図1-4D）。この明瞭な摂食行動は「婚姻摂食」といわれ，雌が摂食行動を示すあいだのみ，雄は，移り気であちこち歩き回る雌を適切な交尾位置に引きとめておくことができる。雄は雌が婚姻摂食をしているあいだに雌の交尾器を自らの交尾器で捕らえ，交尾に至る。

こうしたチャバネゴキブリの配偶行動には少なくとも3タイプのフェロモンが関わっている。コーリング行動で雌から放出される化合物は，ワモンゴキブリのペリプラノンとは系統の異なるキノンエステルのブラテラキノンで，種特異的な揮発性の性フェロモンである (Nojima et al. 2005)（図1-4A）。次いで雌に誘引されてやって来た雄はしきりに触角を動かして雌の体に触れる（図1-4B）。雌の体表ワックス中には雌特異的なフェロモンが含まれ，雄はこれを触角で感知して翅上げ行動を起こす。この化合物は3, 11-ジメチル-2-ノナコサノン，およびその末端がアルコールおよびアルデヒドになった類縁体で，炭素数31個もある種特異的で不揮発性の性フェロモンである。これらの成分は雌の体表ワックス（高級炭化水素）のなかに溶け込んでいる (Nishida and Fukami 1983)（図1-4B）。空中を漂って伝わるブラテラキノンや不揮発性のジメチルノナコサノン類を受容するチャバネゴキブリの雄の触角は，ワモンゴキブリのそれと形態がよく似ているが，具体的にどのような化学感覚子がどのフェロモンを受容するかはまだ調べられていない。

また，雄は雌の体表成分を感知して翅上げをし，腹部背面の第7節と8節上でよく発達した分泌腺を雌に提示する。雌はこの分泌液に口器で触れると，きわめて執拗に'婚姻摂食'を示す（図1-4D）。一般にフェロモンというと種特異的でユニークな化合物であり，それらを受容する化学センサーも特化していることが多いが，チャバネゴキブリの雌に婚姻摂食を引き起こす分泌液は，オリゴ糖やアミノ酸，リ

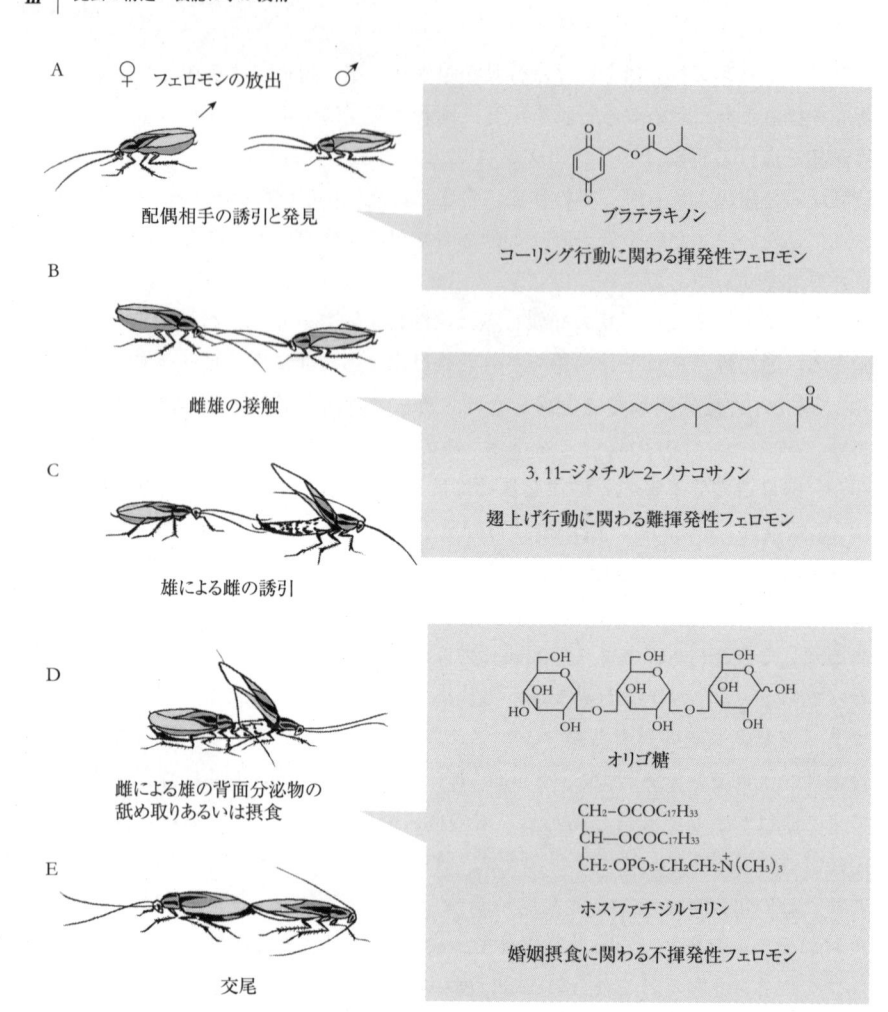

図1-4 チャバネゴキブリの配偶行動とフェロモン

チャバネゴキブリは順序だったプロセスで配偶行動を示す。A. 配偶相手の誘引と発見（雌のコーリング行動），B. 雌雄の接触，C. 雄による雌の誘引，D. 雌による雄の背面分泌物の摂食，E. 交尾。

ン脂質など一連の栄養物質で構成される複雑なブレンドである（Nojima et al. 2002; Kugimiya et al. 2003）（図1-4D）。これらはいずれもゴキブリ類が雌雄や齢にかかわらず好んで摂食する食物成分で，雄はわざわざこれらを婚姻贈呈フェロモンとして分泌している。分泌物を受容する化学感覚子を電気生理学実験で詳細に調べたところ，それらは雌雄の口器に共通して存在し，一般的な食物を受容する味覚感覚子であることが分かった。しかし興味深いことに，雌の感覚子に含まれる糖受容細胞は，分泌物に対して雄よりも強く応答する。また，オリゴ糖を単独で与えたときの糖受容細胞の応答に雌雄差はないが，分泌液の組成を真似て糖溶液にリン脂質のホスファチジルコリンを混ぜた場合には，分泌物に対するのと同様の雌雄差が現れる。このような甘味感覚の電気生理実験の結果は，雌は雄に比べて分泌物や糖と脂質の混合溶液をより執拗に摂食するという行動実験の結果とよく対応していた。したがってチャバネゴキブリは，食物として糖を感知する能力は雌雄とも共通で備えているが，甘味を感じる仕組みには雌雄差があり，雄は雌の甘味感覚を効率よく引き出すブレンドの分泌物を調合していることを示している。昆虫のなかにはキリギリスやコオロギのように雄が雌に栄養物質を含む分泌物を与えることで雌の卵巣発達を助ける種がいるが（Vahed 2007），チャバネゴキブリの場合は1頭の雄が持つ分泌液の量は約40nlと微量なので，栄養物質を含むとはいえ，分泌物が実際に雌の体の栄養となるかどうかは疑問である。そのため本種の婚姻摂食は，雌がもともと備えている甘味感覚を雄が利用し，食物資源を模した少量の分泌液を自ら分泌することで，雌を引きつけて配偶行動へ誘う「感覚搾取 sensory exploitation」の進化基盤を持つのではないかと考えられる（Bell et al. 2007; Vahed 2007）。

　ゴキブリはその配偶行動のなかでさまざまなフェロモンと化学感覚を駆使している。とくにチャバネゴキブリの婚姻摂食では，雄が雄特異的でユニークな性フェロモンによって雌を引きつけるのではなく，食物に含まれるような味物質をわざわざ分泌して雌の味覚感覚にアピールする。こうした事例に関する研究は現在のところほとんどされていないが，昆虫の化学感覚が行動に対していかに重要で密接な働きをするかを示している。

1-4　アリの社会行動と化学センサー

　アリは社会性の昆虫でコロニーと呼ばれる集団を形成し，巣を作って生活してい

る。コロニーメンバーには繁殖を担う女王と，女王の子を養育し巣を維持する働きアリが含まれる。さらに働きアリは形態や日令によって採餌や育児などに分業特化している。このようなメンバー同士が多様なフェロモンを用いて多様なコミュニケーションを行うことで，コロニーはひとまとまりの組織として機能する。フェロモンは性，誘惑，集合，分散，警報，道しるべ，テリトリー，表面接触，死体認識フェロモンの九つが機能別に分類されており（Ali and Morgan 1990），最も重要なものの一つとして「巣仲間識別フェロモン」が挙げられる。アリにとって，出会った相手が巣仲間であるかどうかを識別する能力は，コロニーを維持するために必要不可欠なものである。コロニーのメンバー全員がもし巣仲間識別能力を失ってしまえば，近親交配の危険は勿論，餌資源やテリトリーの確保をはじめとしたコロニーメンバーに対する優先的なケアができなくなり，同時に，よそ者である捕食者や寄生者の略奪を容易に許してしまうだろう。巣仲間識別は社会性昆虫の自他の識別においてコロニーを維持するための最初のボーダーラインであり，個体間のコミュニケーションとその後の社会行動にも大きな影響を与える。

　アリは巣仲間とそれ以外の個体を識別するとき，触角で相手の体表面へタッピングし，接触した相手が巣仲間であればそのまま相手を無視したり，餌を分け与えるなどの積極的な社会行動を示す（図1-5A）。しかしそれ以外の相手にはたった一度の接触で，攻撃，威嚇，または逃避行動などの拒絶的な行動を示す。こうした拒絶的な定型行動は，触角による接触なしでは決して引き起こされないので，アリの体表面には巣仲間識別のための不揮発性の化学物質が存在すること，また触角にその受容器が存在することが推察されていた。近年は巣仲間識別に用いられるフェロモンの正体は体表に存在する不揮発性・疎水性の炭化水素であるとの報告が多くなされている。体表炭化水素類はほぼすべての昆虫の体表に存在し，水分の蒸散や病原菌の侵入を防ぐ役割を果たす。またその組成は種特異的である。さらにアリの場合はその組成比がコロニーによって異なるので，体表炭化水素は「巣仲間識別フェロモン」として，「コロニー臭」（巣に運び込まれた食べ物，造巣場所の土，排泄物の匂いなどの環境由来の化学物質群）とともに，巣仲間識別に有効な鍵刺激だと考えられている。

　昆虫において体表炭化水素の接触化学受容メカニズムは未解明の部分が多い。しかし唯一，クロオオアリでは，体表炭化水素を受容する触角上の嗅覚系の感覚子が同定され（図1-5B），その感覚子から，炭化水素に対する電気生理学的な応答が記録されている（図1-5C）（Ozaki et al. 2005）。クロオオアリは日本国内で一般的に見ら

昆虫の化学センサー | 第1章

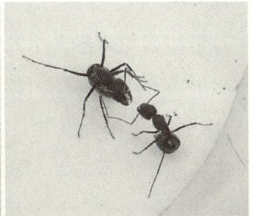

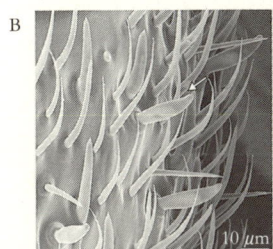

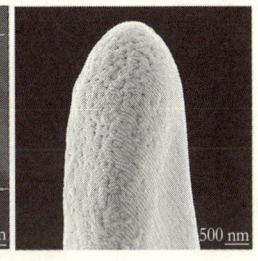

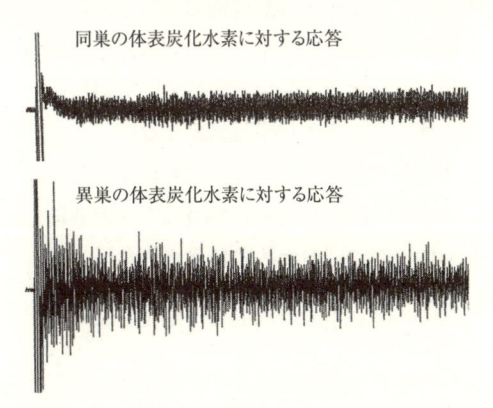

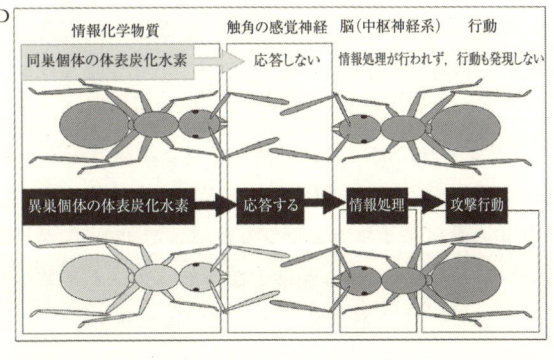

図 1-5 クロオオアリの巣仲間識別行動と化学受容メカニズム

A. クロオオアリは同巣の個体同士は仲がよいが（左）異巣の個体同士は相手に噛み付き，腹を曲げて蟻酸を吹き付けるほどの喧嘩をする（右）。

B. 巣仲間識別フェロモンとして機能する体表炭化水素は，触角上の炭化水素感受性感覚子（左，矢印）によって受容される。この感覚子には多数の小孔が開いていることから，形態的に嗅覚感覚子に分類される（右）。(Ozaki et al. 2005 改変)。

C. 同巣と異巣の体表炭化水素に対する炭化水素感受性感覚子から得た電気生理学的な応答。感覚子内の受容細胞群は同巣の体表炭化水素組成比には応答しないが，異巣の体表炭化水素組成比に対して激しく応答を示すことで，同巣・異巣の情報を区別する。(Ozaki et al. 2005 改変)。

D. 巣仲間識別の化学受容メカニズムの模式図。同巣の炭化水素組成比は炭化水素感受性感覚子の神経応答を引き起こさない。そのため情報は脳へ伝達されず，攻撃行動が起こらない。一方，異巣の炭化水素組成比は感覚子の神経応答を引き起こす。そのため情報は脳へ伝達され，攻撃行動が起こる。

335

れる大型のアリで,公園の石畳や木の根元に営巣している。巣穴間の距離が10cmほどと近接していても,それぞれの巣に属する働きアリは自らの巣穴を識別し,異巣の個体に触角でタッピングすると攻撃的に振舞う(図1-5A)。本種の体表炭化水素は炭素数23から29にまたがる18種以上の化合物群で構成される。その組成にはコロニー間で差異がなく,組成比に差があることが統計学的に明らかになっていた。しかし組成比の違いが巣仲間識別の鍵刺激として具体的にどう情報処理されるかは不明であった。働きアリの触角に含まれる親油性物質結合タンパク質や界面活性剤のTritonX-100を溶かした水溶液中にクロオオアリの体表炭化水素を分散させ,これを刺激として働きアリの触角上に感覚子で電気生理学的な実験を行ったところ,嗅覚感覚器に分類される特徴的な形態の感覚子が体表炭化水素を受容することが分かり,さらにその内部に100個以上もある受容細胞群は同巣のアリから抽出した体表炭化水素に対しては神経生理学的な応答を示さず,異巣の体表炭化水素に対しては激しい応答を示すことが分かった(図1-5C)。このことは,感覚子内の受容細胞群が同巣・異巣の体表炭化水素組成比の差異を区別し,同巣の情報を感覚器レベルでフィルターカットして,異巣の情報だけを脳へ伝達する能力を持つことを示している。また,この感覚子の体表炭化水素に対する応答率は実際に生きた個体に同巣または異巣の体表炭化水素を与えたときの攻撃行動の発現率によく対応したことから,炭化水素感受性感覚子が巣仲間識別に起因する攻撃行動にとって重要なセンサーであることが推測される。従来,同巣・異巣の情報はすべて脳に伝達され処理されると推測されていたので,巣仲間識別のための情報が感覚器レベルで振るい分けされるという実験結果は,フェロモンの受容と識別メカニズムに新説を与えることとなった(図1-5D)。

　アリが外界の化学情報をどのように触角で受容し処理するかについて,クロオオアリではさらに最近,働きアリと次世代の繁殖個体(次世代の女王と雄)の触角葉の詳細な形態比較が行われている(Nishikawa et al. 2008)。一般に糸球体の数や大きさは昆虫の生態や生活様式を反映した種特異性を持つ。そのため,アリではコロニーメンバーの役割の違いがメンバーそれぞれの触角葉糸球体構造に反映されるのではないかと考えられている。クロオオアリにおいては,働きアリと次世代の女王には約430個の糸球体が,また雄では雄特有の大糸球体と約215個の糸球体が存在することが確認されている。糸球体の数はキイロショウジョウバエで43個,カイコガで約60個,セイヨウミツバチのワーカーで166個ほどなので,クロオオアリの糸球体の数は昆虫種間でも非常に多い。また触角葉の後部内側領域postero-medial region では性差が激しく，ワーカーおよび次世代女王はその領域に非常に多くの糸球体群を有する一方，雄ではその領域の糸球体群は大幅に少ない。クロオオアリの生活史では，雄は結婚飛行時期まで巣外へ出ず，交尾後はすぐに死亡し，コロニーの形成に関与しない。一方，女王や働きアリはコロニーを形成し長期間それを維持して次世代を育てる。そのため雄における大糸球体は雄にとって重要な交尾行動，たとえば雌の性フェロモンの受容に特化しており，働きアリや女王がとくに多く持つ糸球体群は，雄が直接関係しない社会行動に関与するのではないかと推測されている。もしもクロオオアリの雄が巣仲間識別をしないメンバーであるとしたら，女王や働きアリにおいて雄よりも特異的に多い糸球体群のなかには，コロニーの形成と維持に重要な巣仲間識別フェロモンの情報処理領域が含まれており，炭化水素感受性感覚子の受容細胞群はそこへ繋がっているかもしれない。

1-5 チョウとアリの共生と化学センサー

　昆虫のなかには，アリの巣に寄生もしくはアリの巣内で共生することで，アリの幼虫を食物源としたり，アリから餌を与えられたり，またアリが野外から採集してきた食物を餌として生活する好蟻性昆虫が存在する。これらの昆虫はコオロギやハサミムシ，アブラムシ，ハエ，チョウなど多様であるが，いずれの種もアリが巣仲間以外の相手を攻撃するというシステム，つまりアリの巣仲間識別の境界を超えてアリの巣へ進入を果たし，かつアリの生活に溶け込んでいる。これは好蟻性昆虫がパートナーであるアリ種と同じフェロモンを用いてアリを騙したり，アリの攻撃性を抑制する物質を分泌するためだと考えられている (Thomas et al. 2005)。

　好蟻性昆虫の代表の一つであるシジミチョウ科のチョウは，幼虫時代にアリと生活をともにして食物源を確保し，アリを身の回りにひきつけてガードさせることで捕食寄生者からの攻撃を免れる。多くの場合，シジミチョウは種によってパートナーとするアリの種が違い，もし幼虫がパートナーでないアリにさらされると捕食されてしまう。パートナーであるアリに受け入れられるために，たとえばシジミチョウ *Maculinea rabeli* の幼虫はパートナーのクシケアリ属の幼虫に体表成分を似せて化学的に擬態する (Fiedler et al. 1996)。また多くのシジミチョウ幼虫はアリが普段から好む糖やアミノ酸を含む分泌物を腹部背面分泌腺から分泌し，身の回りにアリを引き付ける。興味深いことにシジミチョウ幼虫の分泌物の組成には種特異性が認められ，

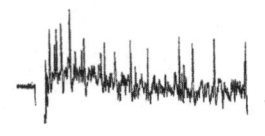

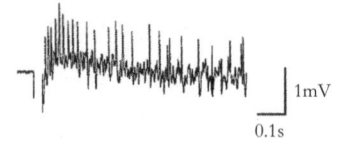

III　昆虫の構造・機能に学ぶ技術

図1-6　クロシジミの幼虫とクロオオアリの味覚感覚
A. クロオオアリはクロシジミの幼虫が背面腹部から分泌する分泌液を好んで舐める。Wada et al. (2001) 改変。
B. クロオオアリの口器の味覚感覚子の糖受容細胞は、グルコースを単独で与えたときに応答を示す（上）。さらにグルコースにグリシンを混合した溶液を与えると、グルコースを単独で与えたときよりも多くの活動電位を発生させる（下）。Wada et al. (2001) 改変。

オーストラリアの *Jalmenus evagoras* ではセリンが（Pierce and Nash 1999）、ヨーロッパの *Lysandra hispana* ではメチオニンが（Maschwiz et al. 1975）その分泌物中に多く含まれる。クロオオアリをパートナーとするクロシジミ（*Niphanda fusca*）幼虫はクロオオアリのオスに体表成分を似せて擬態しており（Hojo et al. 2008a）、その分泌物には、グリシンがグルコースやトレハロースとともにとくに多く含まれる（Nomura et al. 1992; Hojo et al. 2008b）。クロオオアリは自然界で花蜜やアブラムシの排泄物を食物源とするが、クロシジミ幼虫の分泌物は花蜜やアブラムシの排泄物の組成とは異なり、クロオオアリの働きアリに強く好まれる（図1-6A）（Nomura et al. 1992）。実際にグリシンをはじめとした数種のアミノ酸と、グルコースやトレハロースなど数種の糖を組み合わせてクロオオアリに与えると、クロオオアリはグリシンとグルコースの混合溶液やグリシンとトレハロースの混合溶液に対してとくに高い摂食活性を示し、それらはグルコースやトレハロースを単独で与えたときよりも高い。フルクトースやショ糖とグリシンを組み合わせても、アリの摂食活性はフルクトースやショ糖を単独で与えたときと変わらない。また電気生理学的実験で糖とグリシンに対するクロオオアリの味覚感覚を調べると、口器上の味覚感覚子内の糖受容細胞は糖には応答するが、グリシンには1M以上という非常に高濃度の刺激に対してさえもほとんど応答しない。これは自然条件下において、クロオオアリはグリシンの味を感じないことを示している。しかしながらグルコースやトレハロースをグリシンと混合して

刺激すると，糖受容細胞は糖を単独で与えたときよりも活発に応答する（Wada et al. 2001; Hojo et al. 2008b）（図1-6B）。このことは，クロオオアリのグルコースやトレハロースに対する甘味感覚にグリシンが増強効果をもたらすことを示しており，クロシジミの幼虫はその分泌物として糖にグリシンを加えることで，クロオオアリの甘味感覚を効率よく引き出すことに成功していると考えられる。他のシジミチョウ幼虫でも分泌物中の糖とアミノ酸の組み合わせは種特異的なので，その組成とパートナーのアリ種の味覚感覚の成り立ちを対比すると，各種のシジミチョウが各種のアリとパートナーとなった進化的な背景に迫ることができるかもしれない。

おわりに

　昆虫の行動の多くは，匂い，味，フェロモンの情報の受容によって引き起こされる。本章ではそうした化学受容を支える化学センサーとその役割について紹介した。化学センサーは基本的な構造は昆虫種間で共通し，受容細胞上に発現する化学受容体の種類や機能によって受容特性を発揮する。化学受容の研究は現在のところハエやガなど実験室内のモデル生物を使ったものが主流だが，それらの情報を元に，将来的には自然界に生きるさまざまな昆虫の特徴的な化学受容システムの成り立ちを論じることができるであろう。また昆虫由来の特徴的な化学受容体を培養細胞などに発現させ，高感度，高分解能を持つ人工的な化学センサーを開発することが現実となるとともに，きわめてコンパクトな昆虫の神経ネットワークを模して，精錬されたその化学情報の伝達・処理システムを工学分野で構築・活用することも夢ではなくなるだろう。

▶▶参考文献◀◀

Ali, M. F., and Morgan, E. D. (1990) Chemical communication in insect communities: a guide to insect pheromones with special emphasis on social insects. *Biol. Rev.* 65: 227–247.

Amakawa, T. (2001) Effects of age and blood sugar levels on the proboscis extension of the blow fly *Phormia regina. J. Insect Physiol.*, 47: 195–203.

Bell, W. J., Roth, L. M. and Nalepa, C. A. (2007) Cockroaches, ecology, behavior, and natural history. The Johns Hopkins University Press, Baltimore.

Boeckh, J. and Ernst, K. D. (1987) Contribution of single unit analysis in insects to an understanding of olfactory function. *J. Comp. Physiol. A* 161: 549–565.

Bray, S. and Amrein, H. (2003) A putative *Drosophila* pheromone receptor expressed in male-specific taste neurons is required for efficient courtship. *Neuron* 39: 1019-1029.

Buck, L. and Axel, R. (1991) A novel multigene family may encode odorant receptors: a molecular basis for odor recognition. *Cell* 65: 175-187.

Fiedler, K., Hölldobler, B. and Seufert, P. (1996) Butterflies and ants: The communicative domain. *Experientia*, 52: 14-24.

Fukaya, M., Akino, T., Yasuda, T. Tatsuki S. and Wakamura, S. (1999) Mating sequence and evidence for female sex pheromone in the white-spotted longicorn beetle, *Anoplophora malasiaca* (Thomson) (Coleoptera: Cerambycidae). *Entomol. Sci.* 2: 183-187.

Gemeno, C. and Schal, C. (2004) Sex pheromones of cockroaches. In *Advances in Insect Chemical Ecology*. (Cardé, R. T., Millar, J. G. eds.), Cambridge University Press, Cambridge, 179-247.

Glendinning, J. I., Domdom, S. and Long, E. (2001) Selective adaptation to noxious foods by a herbivorous insect. *J. Exp. Biol.* 204: 3355-3367.

Hallem, E. A. and Carson, J. R. (2004) The odor coding system of *Drosophila*. *Trends Genet*. 20: 453-359.

Hojo, M. K., Ayako Wada-Katsumata, Akino, T., Yamaguchi, S., Ozaki, M. and Yamaoka, R. (2008a) Chemical disguise as particular caste of host ants in the ant inquiline parasite *Niphanda fusca* (Lepidoptera: Lycaenidae). *Proc. R. Soc. B*, 276: 551-558

Hojo, M. K., Wada-Katsumata, A., Ozaki, M., Yamaguchi, S. and Yamaoka, R. (2008b) Gustatory synergism in ants mediates a species-specific symbiosis with lycaenid butterflies. *J. Comp. Physiol. A*, 194: 1043-1052

本田計一・西田律夫 (1999)「チョウ類の産卵刺激・阻害物質」日高敏隆・松本義明監修,本田計一・本田洋・田付貞洋編『環境昆虫学：行動・生理・化学生態』東京大学出版会,333-350.

Kugimiya, S., Nishida, R., Sakuma, M. and Kuwahara, Y. (2003) Nutritional phagostimulants function as male courtship pheromone in the German cockroach, *Blattella germanica*. *Chemoecology* 13: 169-175.

Maschwitz, V., Wust, M. and Schrian, I. (1975) Blaulingsraupen als Zuckerlieferauten fur Ameisen. *Oecologia* 18: 17-21.

Nishida, R. and Fukami, H. (1983) Female sex pheromone of the German cockroach, *Blattella germanica*. *Mem. Coll. Agric. Kyoto Univ.* 122: 1-24.

西田律夫 (1995)「蝶と食草：その食性進化の謎」高林純示・西田律夫・山岡亮平共著『共進化の謎に迫る：化学の目で見る生態系』平凡社,11-102.

Nishikawa, M., Nishino, H., Misaka, Y., Kubota, M., Tsuji, E., Satoji, Y., Ozaki, M. and Yokohari, F. (2008) Sexual dimorphism in the antennal lobe of the ant *Camponotus japonicus*. *Zool. Sci.* 25: 195-204.

Nojima, S., Kugimiya, S., Nishida, R., Sakuma, M. and Kuwahara, Y. (2002) Oligosaccharide composition and pheromonal activity of male tergal gland secretions of the German cockroach, *Blattella germanica* (L.). *J. Chem. Ecol.* 28: 1483-1494.

Nojima, S., Schal, C., Webster, F. X., Santangelo, R. G. and Roelofs, W. L. (2005) Identification of the sex pheromone of the German cockroach, *Blattella germanica*. *Science* 307: 1104-1106.

Nomura, K., Hirukawa, N., Yamaoka, R. and Imafuku, M. (1992) Problems on the symbiosis between the lycanid butterfly larva, *Niphanda fusca* Shijimia and the ant *Camponotus japonicus* (1). *Trans Lepidopterol. Soc. Jpn.* 43: 138-143.

Omura, H., Honda, K., Asaoka, K. and Inoue, T. A. (2008) Tolerance to fermentation products in sugar reception: gustatory adaptation of adult butterfly proboscis for feeding on rotting foods. *J. Comp.*

Physiol. A 194: 545-555.

Ozaki, M., Takahara, T., Kawahara, Y., Wada-Katsumata, A., Seno, K., Amakawa, T., Yamaoka, R. and Nakamura, T. (2003) Perception of noxious compounds by contact chemoreceptors of the blowfly, *Phormia regina*: putative role of an odorant-binding protein. *Chem. Senses* 28: 349-359.

Ozaki, M., Wada-Katsumata, A., Fujikawa, K., Iwasaki, M., Yokohari, F., Satoji, Y., Nisimura, T. and Yamaoka, R. (2005) Ant nestmate and non-nestmate discrimination by a chemosensory sensillum. *Science* 309: 311-314.

Pierce, N. E. and Nash, D. R. (1999) The imperial Blue, Jalmenus evagoras (Lycaenidae). Kitching, R. I., Sheermeyer, E., Jones, R., Pierce, N. E. (eds.), Monographs on Austrian Lepidoptera, vol. 6. The biology of Australian Butterflies. CSIRO Press, Sydney, 277-316.

Sakurai, T., Nakagawa, T., Mitsuno, H., Mori, H., Endo, Y., Tanoue, S., Yasukochi, Y., Touhara, K. and Nishioka, T. (2003) Identification and functional characterization of a sex pheromone receptor in the silkmoth *Bombyx mori*. *Proc. Natl. Acad. Sci. USA.* 23: 16653-8.

Thomas, J. A. and Elmes, G. W. (1998) Higher productivity at the cost of increased host-specificity when *Maculinea* butterfly larvae exploit ant colonies through trophallaxis rather than by predation. *Ecol. Entomol.* 23: 457-464.

Thorne, N., Chromeg, C., Bray, S. and Amrein, H. (2004) Taste perception and coding in *Drosophila*. *Curr. Biol.* 14: 1065-1079.

Vahed, K. (2007) All that glisters is not gold: Sensory bias, sexual conflict and nuptial feeding in insect and spiders. *Ethology* 113: 105-127.

Vosshall, L. B., Amrein, H., Pavel S., Morozov, P. S., Rzhetsky, A. and Axel, R. (1999) A spatial map of olfactory receptor expression in the *Drosophila* antenna. *Cell* 96: 725-736.

Wada, A., Isobe, Y., Yamaguchi, S., Yamaoka, R. and Ozaki, M. (2001) Taste-enhancing effects of glycine on the sweetness of glucose: a gustatory aspect of symbiosis between the ant, *Camponotus japonicus*, and the larvae of the lycaenid butterfly, *Niphanda fusca*. *Chem. Senses* 26: 983-992.

第2章

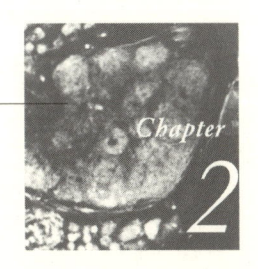

少ない神経細胞をいかに用いて情報処理するか？
昆虫の匂い識別アルゴリズム

岡田　公太郎／佐久間　正幸

2-1 「ヒトの100万分の1の脳」

　昆虫の中枢神経系 central nervous system (CNS) は，複数の神経節より形成されており，それらの神経節が2本の神経束で結合している。この神経束を縦連合と呼ぶ。各神経節内において神経節の左右は，複数の神経束により結合されており，これを横連合と呼ぶ。縦連合，横連合，神経節が梯子状の構造をなすことから，これらの神経系の形態を梯子状神経系と呼ぶ（図 2-1）。各神経節は感覚情報処理から運動出力制御までを担っており，それらを縦連合を通して協調させている。昆虫の中枢神経系は神経節ごとの局所回路で構成された分散情報処理システムを構成している。

　中枢神経系は昆虫の頭部で頭部神経節を形成しており，これは脳と呼ばれる。脳は前大脳，中大脳，後大脳に分類される（図 2-2）。前大脳は脳の背側部であり，主な神経線維網として，キノコ体，中心複合体，側副葉を含む。中大脳は前大脳の腹側に位置し，触角葉と触角機械感覚運動中枢より構成される領域である。後大脳は中大脳のさらに腹側に位置し，食道の周り，および食道下神経節を含む領域である。

　昆虫の嗅覚系の主な脳内情報伝達経路は，次のとおりである。まず，触角上の嗅受容細胞で受容された匂いは，電気的な信号に変換され，スパイク状の電位変化として嗅受容細胞の軸索を伝播し，触角葉へ伝播する。触角葉の出力神経は，キノコ

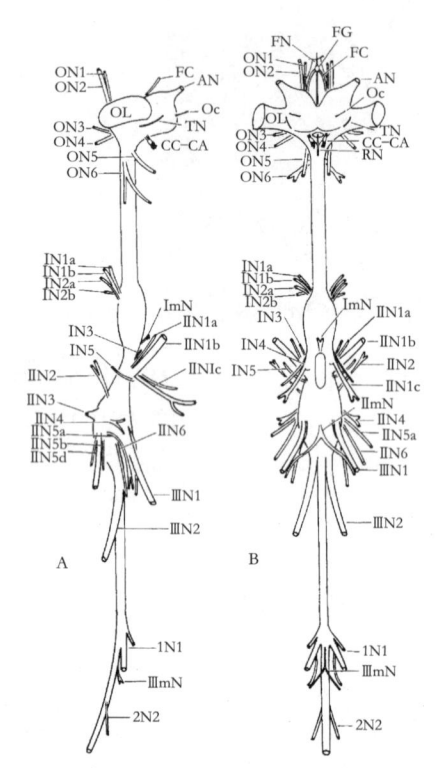

図2-1 昆虫の中枢神経系（タバコスズメガ成虫）横（A）と腹側（B）からのスケッチ。脳および神経節からの神経束の名称が記載されている。（Nüesch 1957 より引用）

体，および前大脳側方領域へ複数の経路を介して投射する。さらに，キノコ体，前大脳側方領域から側副葉へ信号は伝播する。側副葉は前運動中枢のひとつであり，運動中枢への運動制御信号を生成し，腹髄神経索を介して運動中枢である胸部神経節へと信号は伝達する（図2-3）。

　昆虫の脳は，脳に直接投射している受容細胞を除き，約 10^5 個の神経細胞により構成されている。人の脳の神経細胞の数が約 10^{11} 個であることを考えると，人の脳に比し100万分の1の数の神経で，花の匂いを嗅ぎ分け，視覚により獲物を捕獲し，聴覚を用いて他個体の位置を認識し，敵から逃げ，記憶し，学習する。本章では昆虫がこの少ない神経細胞をいかに用い，どのように情報を処理しているかを，嗅覚

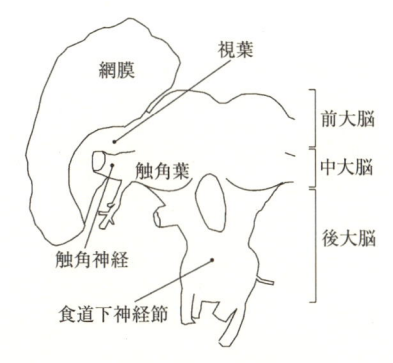

図 2-2　昆虫の脳（ワモンゴキブリ）正面図。脳は前大脳，中大脳，後大脳より構成される。

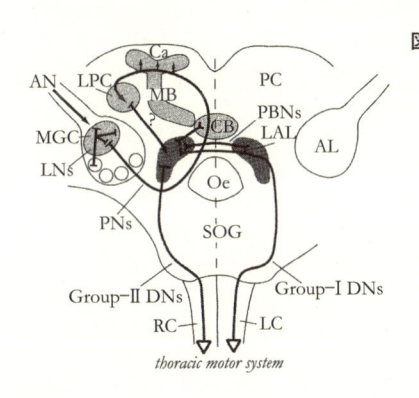

図 2-3　昆虫（カイコガ）のフェロモン情報処理の経路。触角で受容された匂い情報は触角葉（AL）のなかの大糸球体（MGC），キノコ体（MB），前大脳側方領域（LPC）から側副葉（LAL）へ伝達し，グループⅠ，Ⅱと名づけられた下降性神経（Group-Ⅰ，Ⅱ DNs）を通して，胸部運動系 thoracic motor system に伝達される。AN：触角神経，Ca：キノコ体傘部，CB：中心複合体，LNs：触角葉局所介在神経，LC：左腹髄神経索，Oe：食道，PBNs：左右の側副葉を連結する両側性神経，PC：前大脳，PNs：触角葉出力神経，RC：右腹髄神経索，SOG：食道下神経節。(外池・渋谷　2003，27頁から引用)

系に焦点をあて解説する．同時に，現在の昆虫における嗅覚系の情報処理の研究の問題点および，最新の研究成果を紹介する．

2-2　脳への入力／脳情報処理機構から見た【匂い情報】の特性

　匂いの元となる化学物質は，触角上の嗅受容細胞で受容されると細胞内カスケードにより電気的な信号に変換される．それらは活動電位 action potential と呼ばれるスパイク状の電気信号となり，触角葉に伝達する．嗅受容細胞で発生するスパイクの頻度は，匂いの元となる化学物質の濃度を定義域としたシグモイド関数に従う．

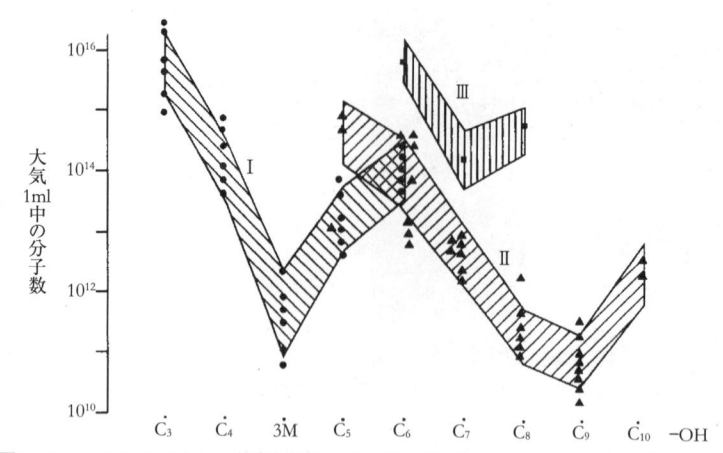

III 昆虫の構造・機能に学ぶ技術

図 2-4 ワモンゴキブリの嗅受容細胞タイプ別の脂肪族アルコールシリーズに対する応答感度曲線。横軸は脂肪族アルコールの種類（炭素鎖長順）縦軸には各アルコールの濃度を示す。試験された嗅受容細胞の応答閾値をプロットした。試験に用いた脂肪族アルコールシリーズに対して，ゴキブリの嗅受容細胞は3タイプ（図中，I，II，IIIで表示）にタイプ分けされる。(Boeckh et al. 1983より引用)

すなわち嗅受容細胞は受容した物質の濃度情報をスパイク頻度に変換し，触角葉へ伝達する。

　匂い物質の種類に対する応答特性の違いにより，嗅受容細胞はスペシャリストと呼ばれるものとジェネラリストと呼ばれるものの2種類に分けられる。スペシャリストは単独の化学物質以外にほとんど応答しない。交尾行動のキーとなる性フェロモン用の嗅受容細胞はその典型的な例であり，カイコガの性フェロモンの主成分であるボンビコールの異性体に対してすら，雄カイコガのスペシャリストは1000分の1の感度しか持たない。一方ジェネラリストは，一つのジェネラリスト受容細胞が複数の物質に対し異なる感度で応答する。この感度の分布を応答スペクトラムと呼ぶ。異なるジェネラリスト間では応答スペクトラムは異なる（図2-4）。ジェネラリストは一般臭の情報処理に対応している。

　スペシャリストが応答すれば，スペシャリストが感度を持つ特定の物質を受容したという情報が得られ，また，そのスパイク頻度からその物質の濃度情報が得られる。極論すれば，スペシャリストの場合，必要な情報は一つの受容細胞で得ることができる。複数の匂い物質の混合臭が存在する場合でも，スペシャリストは特定の物質にしか感度を持たないため，ターゲットとなる物質に対し独立に応答する。一

方ジェネラリストでは,複数の応答スペクトラムの異なる受容細胞の協調なしには,物質の種類の識別,濃度情報は得られない。たとえば,図2-4において▲(領域Ⅱ)で示されるジェネラリストは脂肪族アルコールに対してC_5からC_{10}の範囲で異なる応答閾値を示す特性を持つが,この受容細胞がある強度の応答を示した場合,この受容細胞単一の情報では,高濃度のC_6を受容しているのか,低濃度のC_8を受容しているのか判別することができない。しかし,図中■(領域Ⅲ)で示される受容細胞の応答を考慮することで初めて,匂い物質の種類と濃度の情報を得ることが可能となる(Boeckh et al. 1983)。

触角上の嗅受容細胞から脳へ送られてくる信号についてまとめると,入力強度はシグモイド曲線で示される特性で,スパイク周波数に変換され,匂いの種類情報は,スペシャリストの場合,応答の有無でコードされる。ジェネラリストの場合は,応答スペクトルの異なる複数の嗅受容細胞から,それぞれ匂いの種類が未同定の状態で応答強度が脳へ送られる。

2-3 嗅覚系一次中枢の構造とタスク

触角上の嗅受容細胞からの神経信号は脳では中大脳の嗅覚系一次中枢である触角葉へ伝達される。また,口器上にある嗅受容細胞も,食道下神経節を経由して触角葉に直接入力する。触角と口器の各嗅受容細胞は,触角葉のなかで,異なる領域に投射することが知られている(Stocker et al. 1990)。

触角葉は上記の嗅受容細胞と,触角葉内のみに終末する局所介在神経,上位中枢に信号を伝達する出力神経,さらに上位中枢からの情報を触角葉へ伝達する遠心性神経よりなる。それらの神経群は触角葉上で糸球体 glomeruli と呼ばれる球状のニューロパイル中で複雑にシナプスを形成する(図2-5)。

糸球体は神経線維が集まった中心繊維核の周りを取り囲むように位置し,その数は種類により異なる(表2-1)。糸球体は互いにグリア細胞により隔てられている。糸球体はサイズ,触角葉内の位置,形状の違いにより同定可能であり,ミツバチ,ショウジョウバエ,カ,複数のチョウ目(鱗翅類 Lepidoptera)昆虫,ゴキブリですでにマッピングされている(Arnold et al. 1985; Chambille et al. 1985; Rospars et al. 1992)。一方サバクトビバッタの触角葉の糸球体構造は特異的であり,非常に小さな糸球体が1000のオーダで存在している(Leitch et al. 1996)。

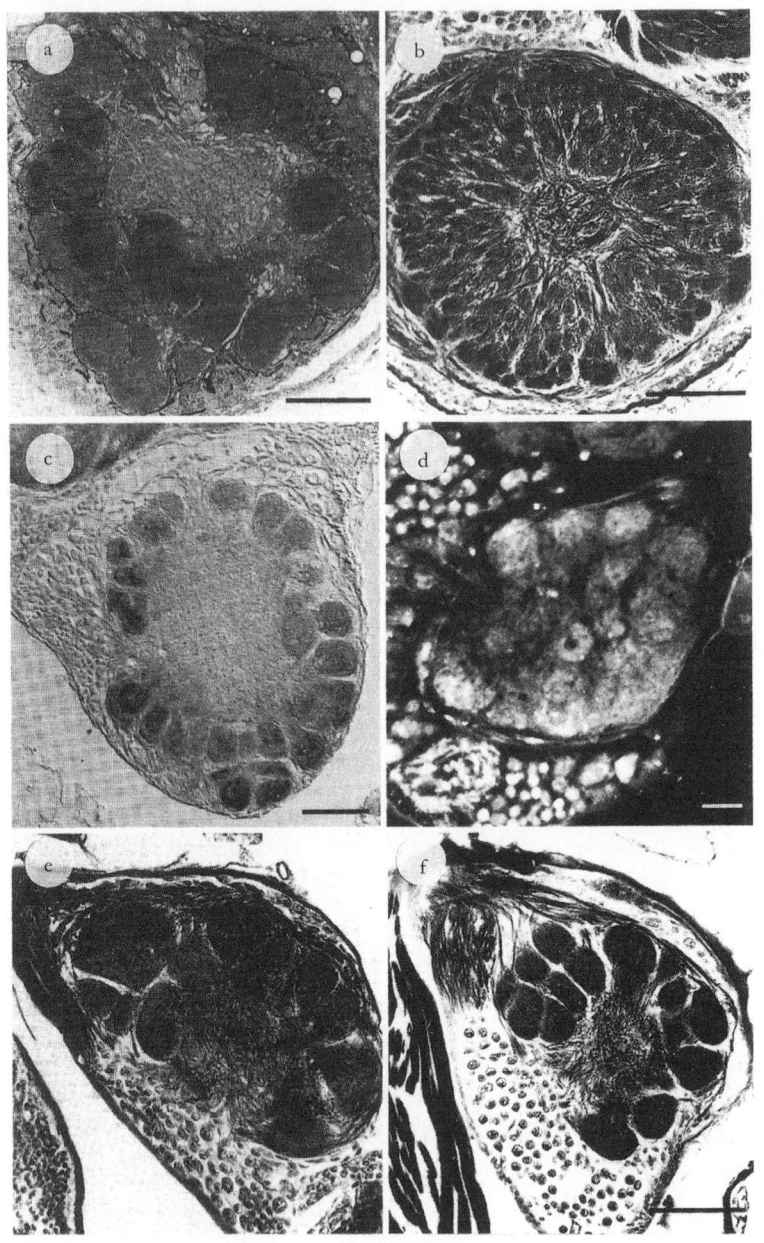

図 2-5 各種昆虫の触角葉の構造。A：マデイラゴキブリ，B：サバクトビバッタ，C：セイヨウミツバチ，D：キイロショウジョウバエ，E：エジプトヨトウ雄，F：同雌。（Hansson 1999，100 頁から引用）

第2章 少ない神経細胞をいかに用いて情報処理するか？

表2-1 数種の昆虫と甲殻類および脊椎動物における，糸球体とそれを構成する神経の数の概要

種	ORNs	Glomeruli	LNs	PNs	参照
タバコスズメガ(雄)	3×10^5	66	360	900	Sanes and Hildebrand (1976); Rospars and Hildebrand (1992); Homberg et al. (1989)
ワモンゴキブリ(雄)	2×10^5	125	300^e	700^e	Ernst et al. (1977); Boeckh et al. (1984); Malun et al. (1993); Kraus (1990)
キイロショウジョウバエ	1200	43	未計測	200^e	Stocker (1979, 1994); Stocker et al. (1990)
トノサマバッタ	1.06×10^5		300^e	700^{be}	Ernst et al. (1977); Chapman (1982);
サバクトビバッタ		1000^e		830^{be}	Leitch and Laurent (1996); Laurent (1996)
セイヨウミツバチ 働き蜂 雄蜂	6.5×10^4 3×10^5	166 107	750^a	1000^e	Esslen and Kaissling (1976); Arnold et al. (1985, 1988, 1989); Schäfer and Bicker (1986); Mobbs (1982); Menzel and Müller (1996)
アメリカイセエビ (甲殻類)	ca. 3.5×10^5	1100	1×10^5	2×10^5	Schmidt and Ache (1992, 1996); Blaustein et al. (1988)
ラット (脊椎動物)	8.3×10^6	3000	3.1×10^{6c}	2.3×10^{5d}	Menco (1980); Meisami and Safari (1981); Struble and Walters (1982)

[a] GABA-immunoreactive LNs のみ。[b] IACT 中の PNs のみ。[c] 顆粒細胞 [d] 僧帽細胞，房飾細胞 [e] 推定値

　糸球体の構造は，ハチ目（膜翅類 Hymenoptera），チョウ目，ゴキブリ目（網翅類 Dyctiopteva）で性的二形性を持つことが知られている（Rospars 1988）。これらの昆虫にはオス特異的に複数のコンポーネントから成る巨大な糸球体構造がみられ，これを大糸球体 macroglomerular complex（MGC）と呼ぶ。大糸球体は性フェロモンのみに感度を持つスペシャリスト嗅受容細胞が投射している。複数の大糸球体コン

349

ポーネントにはそれぞれ性フェロモン成分に対応して応答するスペシャリストが投射している。このことから，大糸球体は性フェロモンの情報を処理する場であると考えられる。また，雌特異的な糸球体としてタバコスズメガでは，寄主植物（タバコ生葉）の匂い成分にのみ感度を持つ嗅受容細胞が投射する糸球体が挙げられる。その他の糸球体は雌雄にともに存在し，ジェネラリストの嗅受容細胞が投射することから，一般臭に関する情報を処理する場であると考えられている。

　触角葉の神経回路構造はP・G・ディストラーらにより，ワモンゴキブリを材料として詳細に調べられている（図2-6）。かれらは細胞内染色法を用い出力神経をHRPで染色し，次に同じサンプルに対して，GABA作動性局所介在神経を抗体染色し，さらに触角神経を切断することで，嗅受容神経を退行変性させた上で電子顕微鏡により観察した。すなわち，嗅受容細胞，局所介在神経のうちのGABA作動性神経，出力神経をそれぞれ識別できるようラベルし，観察した。その結果糸球体中の各神経のシナプス結合では以下のパターンが確認された（Dister et al. 1997）。

①嗅受容細胞から出力神経への伝達
②嗅受容細胞から局所介在神経への伝達
③局所介在神経から局所介在神経への伝達
④局所介在神経から嗅受容細胞への伝達
⑤局所介在神経から出力神経への伝達
⑥出力神経から局所介在神経への伝達

　これより，糸球体内ではフィードフォワード経路（上記①，②，⑤）と，フィードバック経路（④，⑥）が存在することが明らかにされた。一方，電気生理学と薬理学を組み合わせた実験より，ネットワークが研究されてきた。現在推定されているネットワークモデルを図2-7に示す（神崎ら1999）。いずれも，各種のシナプス伝達物質 synapse transmitter に対応した作用薬，阻害薬を作用させ，出力神経または，局所介在神経の活動電位を計測し推定されたものである。示した回路の一方は出力神経に対して遅い経路と早い経路の二つの経路を持ち，早い経路は抑制性のシナプス結合を持つものである。もう一方は，匂い刺激のない状態では，自励発火する出力神経を自励発火する局所介在神経が常に抑制しており，刺激の入力とともに出力神経に抑制をかけている局所介在神経自体が抑制を受け，その結果出力神経が自励発火を始めるという，いわゆる，脱抑制の回路である。

　触角葉の行うタスクは，主に細胞内記録・染色法により研究されてきた。この方

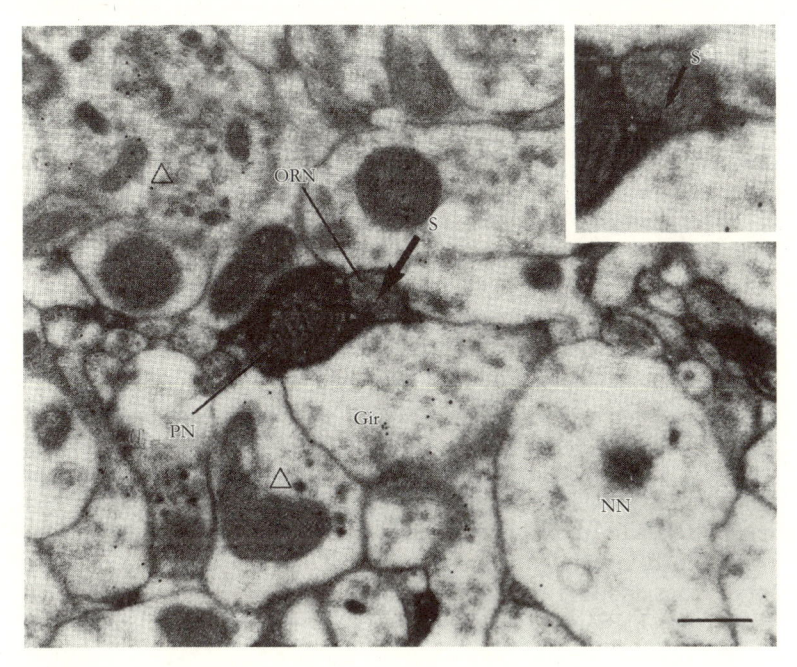

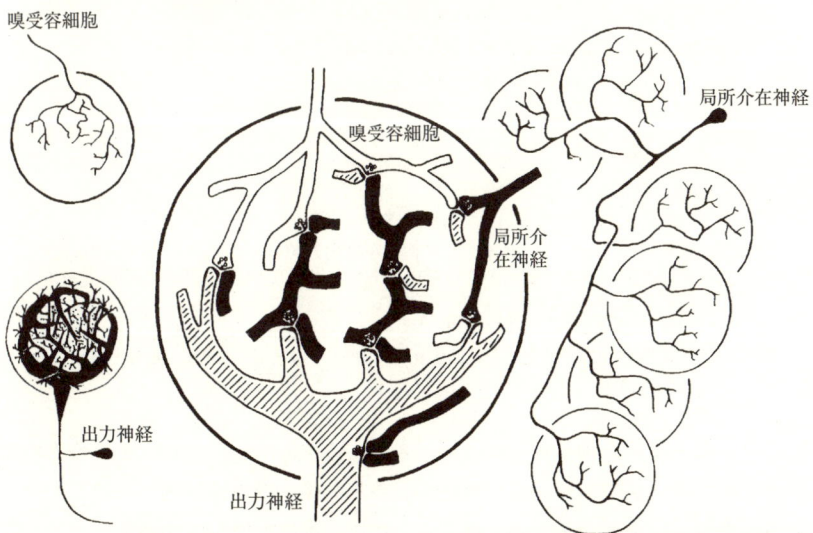

図 2-6 糸球体内のシナプス結合様式。上：ワモンゴキブリの糸球体の電子顕微鏡写真。嗅受容細胞（ORN）が GABA 免疫染色応答を示す局所介在神経（Gir）と出力神経（PN）にシナプス結合している（矢印）。△は GABA 免疫反応を示している他の局所介在神経。NN：GABA 免疫反応を示さない神経, S：シナプス領域。下：糸球体内での各神経細胞のシナプス結合形態（Distler et al. 1997 より引用）

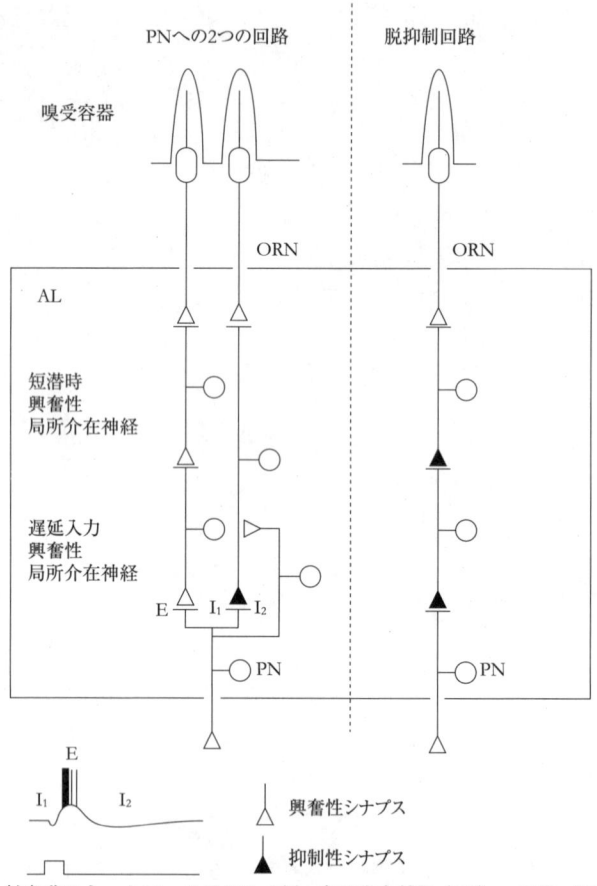

III 昆虫の構造・機能に学ぶ技術

図 2-7 触角葉のネットワークモデルの例。左は出力神経（PN）への早い抑制入力の経路と遅い興奮性経路の二つを持つモデルであり，右は脱抑制の経路である。両者とも形態学的にも生理学的な実験でも確認されている。下図は刺激に対する典型的な出力神経の応答パターン。早い抑制（I_1）と興奮応答（E），続いて持続的抑制応答（I_2）が見られる。AL：触角葉，ORN：嗅受容細胞（神崎ら 1999 より引用）

法はガラス微小電極を神経細胞に直接刺入することで，刺入された神経のみの活動電位を記録する方法である。活動電位を記録した後，微小電極内に充填しておいた荷電色素を電気泳動的に細胞内に導入し，後ほど神経形態を確かめることで，記録した神経を同定する。匂いの種類，濃度を変えて刺激し，触角葉の情報の出口である出力神経から応答を計測することで，触角葉の神経回路への入力（匂いの種類と濃度）に対する出力（出力神経の応答）を計測することができる（図 2-8）。このよう

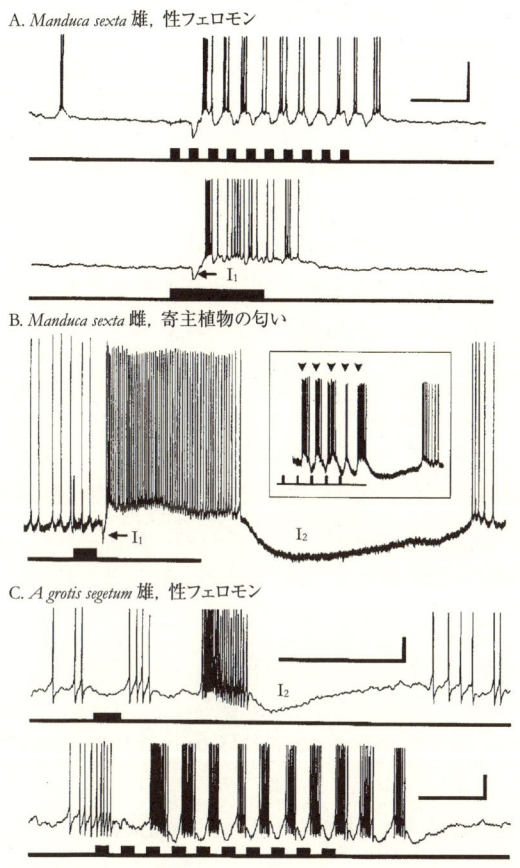

図 2-8 触角葉出力神経からの細胞内記録。A：雄タバコスズメガの性フェロモン刺激に対する応答。スケールバー：300 ms/20 mV.：雌タバコスズメガ，寄主植物の匂いに対する応答。C：雄カブラヤガの性フェロモンに対する応答。スケールバー：500 ms/10 mV. (Hansson 1999 より引用)

にして，触角葉の機能は匂いの種類と濃度，すなわち質と量 quantity and quantum の情報を処理していると考えられている。

2-4　嗅覚情報の脳での符号化形態：マップコーディング

　糸球体の数はタバコスズメガで60，ワモンゴキブリで125，セイヨウミツバチのワーカーで166個と同定されている。匂いの種類ごとに応答する糸球体の組み合わせが異なることが，多くの研究から示唆されている。この，匂いの種類を糸球体の応答分布をケモトピックマップ chemotopic map という。触角葉ではケモトピックマップは匂い情報の二つの異なる符号化によるものであると考えられている。それらはラベルドライン labelled-line code とアクロスファイバパターン acrossfiber pattern of coding と呼ばれる (Dethier 1976)。

　ラベルドラインは，①スペシャリストタイプの嗅受容細胞の信号が入力となるため，入力はスペシャリストが感度を持つ匂いの情報に限られる。②出力神経はスペシャリストが感度を持つ匂い以外に応答しない，という特徴を持つ。すなわち，特定の糸球体がスペシャリストのみから入力を受け，その情報は，他の匂い情報とは干渉せずにその糸球体に入力部位を持つ出力神経に伝達される系である。匂いの種類の識別はスペシャリストの嗅受容細胞が応答するかどうかまたは，それらが特異的に投射している糸球体が応答するか否かによりなされている。出力神経の匂い濃度—発火頻度曲線は，シグモイドで近似される。すなわち，この系においては感度域のなかでの匂いの濃度の対数は，出力神経の発火頻度に比例する形で符号化される。多くのチョウ目昆虫の性フェロモン，サバクトビバッタの集合フェロモン，コロラドハムシの食草の単一匂い成分に対して，各昆虫でラベルドラインの系が報告されている。

　これに対し，アクロスファイバパターンは複数の受容細胞の情報が干渉し合う系である。アクロスファイバパターンでは入力源はジェネラリスト受容細胞である。一つのジェネラリスト受容細胞は，複数の匂いに対し異なる感度で応答する（応答スペクトラム）。この場合，単独の容細胞の応答のみを使っては，匂いの識別，濃度の算出はできない。すなわち，一つのジェネラリスト受容細胞の応答を見たとき，その受容細胞に対して感度が低い匂い物質が大量にあるのか，感度が高い匂い物質が少量あるのか区別ができない。匂いを識別し，濃度情報を算出するためには，同一の匂い物質，濃度に対する，感度の異なる複数の受容細胞の応答情報が必須となる。アクロスファイバパターンでは，一つの匂いに対して異なる感度を持つ複数のジェネラリストの受容細胞の応答を統合し，匂いの識別および濃度を算出する神経

機構であり，応答スペクトルの異なるジェネラリスト受容細胞の情報が互いに干渉する点でラベルドラインと異なる．アクロスファイバパターンは一般臭の情報処理の系であると考えられている．各糸球体の出力神経の応答と刺激強度（匂いの濃度）の関係は，次に示す相乗作用を示す神経以外は，シグモイド関数に従う．

　アクロスファイバパターン下の出力神経のなかには相乗作用を示すものがある．たとえば匂い A を用いて刺激した場合，ある出力神経は応答を示さない．匂い B を用いて刺激した場合はその出力神経は弱い応答を示す．しかし，匂い A と B の混合臭で刺激した場合その出力神経は，A と B の線形和とならず，非常に強い応答を示す場合がある．このような出力神経は相乗作用があるという．

　これまで，出力神経の応答をもとに匂いの種類の識別と濃度の符号化方法について述べてきた．これらは，単一神経レベルでの情報の符号化である．近年，複数の神経間の応答の関係が精力的に調べられており，その結果，匂いの種類の識別には，単一細胞の発火する・しないの自由度に加え，複数の神経細胞の同期・非同期の自由度を持つ可能性が指摘されている．このように，単一神経細胞の発火の自由度に加え，複数神経間の発火の同期・非同期の自由度を加えた情報符号化方法をアンサンブルコーディング ensemble coding と呼ぶ．

　その代表的な例として，キノコ体での振動現象が挙げられる．キノコ体は触角葉出力神経の投射先の一つであり，一般臭に応答する多くの触角葉出力神経が収斂している．サバクトビバッタ，ミツバチ，スズメバチ，ゴキブリのキノコ体から局所外界電位 local field potential (LFP) を記録すると，匂い刺激に対応して 30Hz 近傍の振動が観察される．サバクトビバッタの触角葉の出力神経とキノコ体の局所外界電位の 800 例以上の同時記録の結果から，次に示すモデルが提唱されている（図 2-9, Laurent et al. 1994）．図 2-9 では，匂い A および B で触角を刺激したときの触角葉の出力神経 9 個の匂い応答を例に挙げている．図上段はキノコ体からの局所外界電位の波形を示し，その下のトレース群は触角葉出力神経 1 から 9 の発火パターンを示す．匂い A, B いずれに対しても出力神経 1 から 9 は発火する．しかし匂い A に対しては出力神経 1, 2, 4, 5 のスパイクタイミングが同期し，B に対しては 4, 5, 7, 8 の出力神経が同期する．各神経のとりうる状態は，発火する，発火しない，発火して同期する，発火して同期しない，の 4 状態であり，この 4 状態の組み合わせで表現される表現可能なパターンの総数は膨大になる．

　タバコスズメガでは，マルチ電極により，触角葉の複数神経間でのスパイクの同期非同期が調べられており，サバクトビバッタのように，一定周波数の振動と

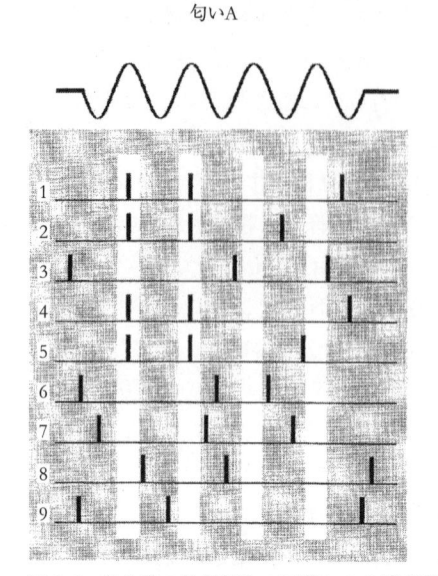

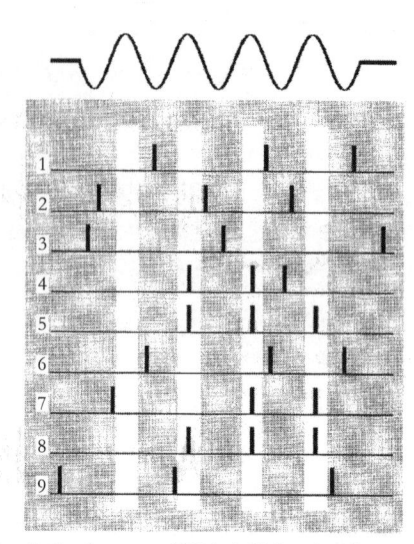

Ⅲ 昆虫の構造・機能に学ぶ技術

図 2-9 触角葉の神経細胞の同期による情報符号化。左は，匂いAで刺激した場合，右は匂いBで刺激した場合のキノコ体からの局所外界電位と触角葉出力神経（トレースの各番号は出力神経を表す）の発火タイミング。匂いA・Bともに9個の出力神経は発火する。しかし，匂いA刺激時は，局所外界電位のピークと同期して，出力神経1, 2, 4, 5が同期発火する。匂いB刺激時は，出力神経4, 5, 7, 8が同様に同期する。触角葉での情報の符号化においては，発火する・しないのみではなく，同期・非同期の情報も利用される。(Laurent et al. 1994 より改変引用)

いう形ではないが，スパイクの同期，非同期を匂いの種類の符号化情報として使っていることが示唆されている (Hansson 1999)。アンサンブルコーディングのモデルの優れた点は，少ない自由度の組み合わせにより，組み合わせ爆発 combinatorial explosion 的に表現形の数を増やせることにある。

アンサンブルコーディングの機能について興味深い報告がなされている (Stopfer et al. 1997)。神経伝達物質の一つである γ-アミノ酪酸 (GABA) の拮抗薬であるピクロトキシンをサバクトビバッタ，セイヨウミツバチの触角葉に注入すると，触角葉の出力神経の匂い刺激に対する発火・非発火の状態はほとんど変化がないが，出力神経間の同期を消失させることが可能である。同期発火の消失の結果，キノコ体の局所外界電位の振動は消失する。この薬理現象を利用し，神経間の同期をコントロールしてその機能を調べたものである。セイヨウミツバチの口吻，または触角先端に砂糖水を与えると口吻を伸展させる無条件反射 (吻伸展反射) がみられる。砂糖水を与える直前に，匂い刺激を行うという試行を数度繰り返すことにより，セイヨウミ

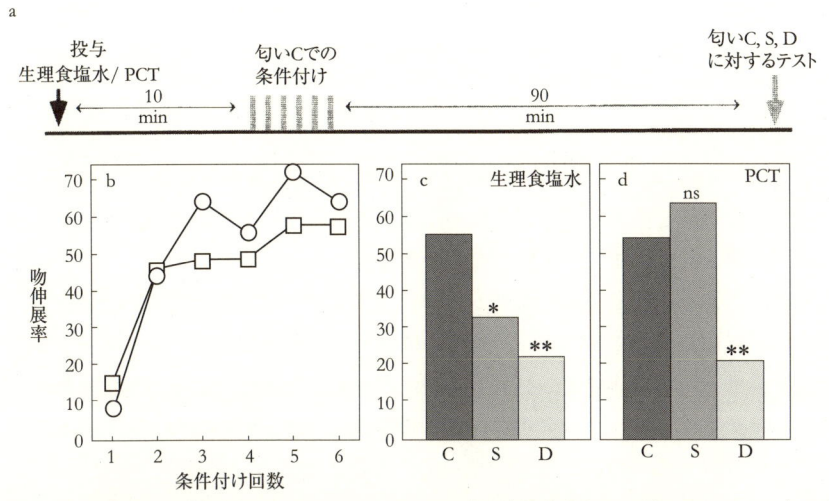

図 2-10 触角葉での匂いのファインチューニング。生理食塩水または，ピクロトキシン（PCT）を触角葉に投与したミツバチに味と匂い（匂い C）の連合学習を行った。ピクロトキシンを投与された個体の触角葉出力神経は同期発火が抑制される。a：実験シーケンス。b：生理食塩水（〇）またはピクロトキシン（□）を投与された個体の学習曲線。C：生理食塩水を投与された個体の匂いの識別成績。条件づけに用いた匂い C，C と構造が類似している物質 S，および C とまったく異なる構造を持つ物質 D でそれぞれ試験した結果，それぞれの匂いに対する吻伸展反射の発生する割合にはいずれも有意に差が見られた。d：ピクロトキシンを投与した個体の匂い識別成績。C と構造の近い S の区別が不能となった。（Stopfer M et al. 1997 より引用）

ツバチは匂い刺激のみで，吻伸展を見せるようになる。これは味と匂いの連合学習と呼ばれる。ハチは関連づけられた匂い以外には口吻を伸展させない。図 2-10 に示すように，学習前にピクロトキシンを触角葉に注入した個体と，コントロールとして生理食塩水を注入した個体で，匂い C について学習させ，匂い C，C と炭素鎖の長さが 2 異なる匂い S，構造のまったく異なる匂い D について吻伸展が見られるかどうか試験したものである。生理食塩水を触角葉に注入したものについては，匂い C，S，D を区別することができているのに対し，出力神経の同期を消失させるためにピクロトキシンを注入した個体は C と D は区別するが，構造の近い C と S は区別不能になるとの結果が報告されている。すなわち，出力神経の同期は近い匂いを区別するファインチューニングで重要な役割を果たしていると考えられる。

2-5 脳への新たなアプローチ：情報処理時間の高精度測定

　今まで，嗅覚系の一次中枢の触角葉の構造，ネットワーク，単一神経での情報の符号化，複数の神経の発火タイミングによる情報符号化に関する知見を述べてきた。脳の情報処理機構を解明し応用するためには，応用の基礎となる理論，具体的には脳の情報処理を数式にまで抽象化したものが必要である。しかしながら今までに紹介してきたとおり，触角葉の中のネットワークトポロジ（神経間での結合形態）も大まかにしか判明しておらず，ましてや系の挙動を支配する要素の一つであるシナプスの結合強度（シナプス荷重）も不明である。このような状況下ではあるが，種々の触角葉の神経ネットワークモデルが提唱されており（Bazhenov M et al. 2001），各モデルでそれぞれ嗅覚系の特徴を説明している。しかしながら，神経間の結合状態や，各シナプスの荷重が不明確であるため，モデル化の自由度が大きい。筆者らは，このモデル化の自由度を減らすため，"情報処理時間"というネットワークのモデル化における新たな拘束条件を見つける試みを始めている。

　嗅覚における情報処理時間を，触角で匂いを受容してから行動が発現するまでの時間と定義する。触角で匂いを受容する正確な時間を知り，併せてそのときの匂いの濃度も正確に決定するために，小型の風洞を使用した刺激装置を作成した（図2-11）。匂いの元となる物質を揮発槽に入れ，気密条件下で熱により強制揮発させることで，既知の濃度の匂い付け空気を作成した。この気体を小風洞中の整流（流速の乱れは5%以下）のなかにピトー管により導入することで，再現性高く匂い刺激を行うように刺激装置は作製された。図2-12に神経生理学分野でしばしば使用されるパフ法による刺激との比較を示す。この刺激装置によりミリ秒オーダで匂いを受容した時間が決定可能である（Okada and Sakuma 2009）。

　行動発現のモニタについては，匂い刺激が行われてから，体のどの部位が一番最初に動き出すかを調べ，一番最初に動き出す部位の運動（正確にはその運動を引き起こす筋肉の筋電位）を計測することで行われた。高速度ビデオ撮影により，匂い刺激時の体の部位の運動を計測した結果，小顎鬚の運動が匂い刺激に対し1：1で応答し，かつ一番早く現れる運動であることが確認できた。小顎鬚の運動神経は触角からの嗅受容細胞と直接シナプスしておらず，小顎鬚は嗅覚系の処理系を経た情報により駆動されていると考えられる。

　この方法により計測した，匂いの濃度に対するワモンゴキブリの情報処理時間の

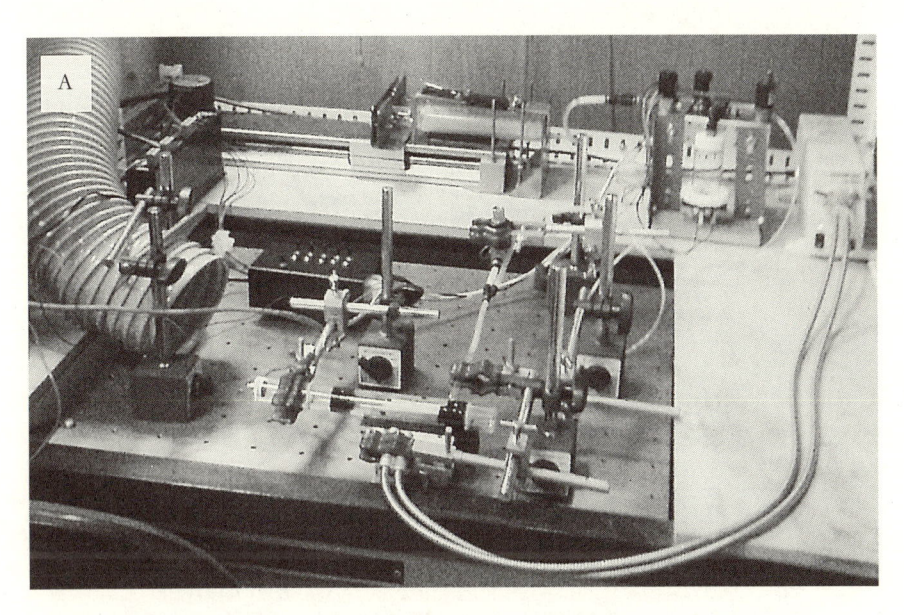

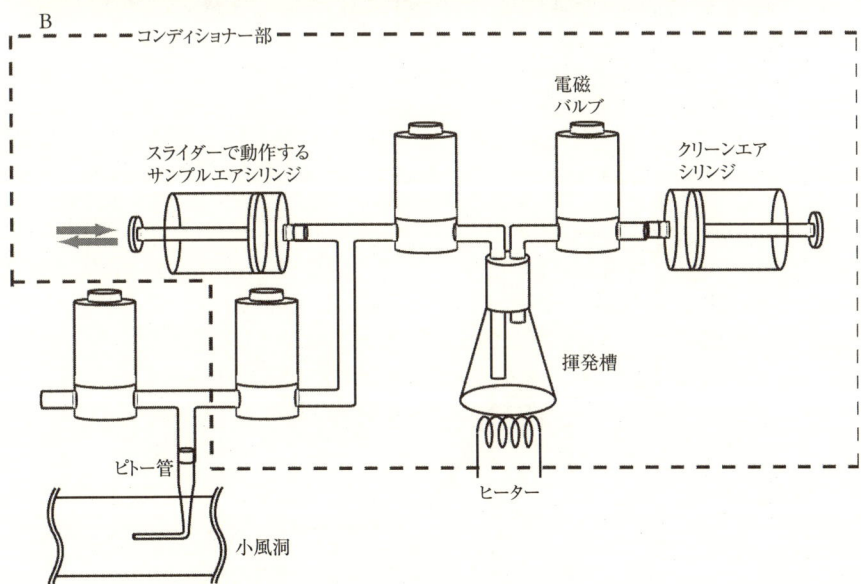

少ない神経細胞をいかに用いて情報処理するか？ | 第2章

図 2-11 昆虫用匂い刺激装置。数ミリ秒の誤差範囲で匂いの刺激・終了タイミングを制御可能。
（Okada and Sakuma 2009 から引用）

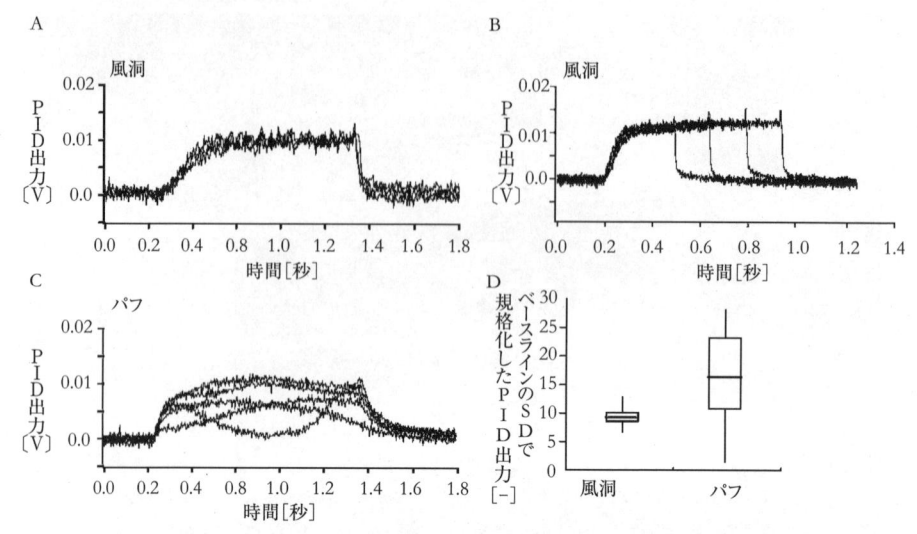

III 昆虫の構造・機能に学ぶ技術

図 2-12　匂いの時間パターン。A：小風洞中での匂いの濃度の経時変化。別々に記録された4トレーズを重ね合わせた。B：刺激期間を変えた場合の匂い濃度の経時変化。C：パフ刺激法による匂いの濃度の経時変化。匂いの濃度は渦などにより刺激ごとに異なる変化を示す。D：小風洞とパフ刺激時の濃度のばらつきの比較。

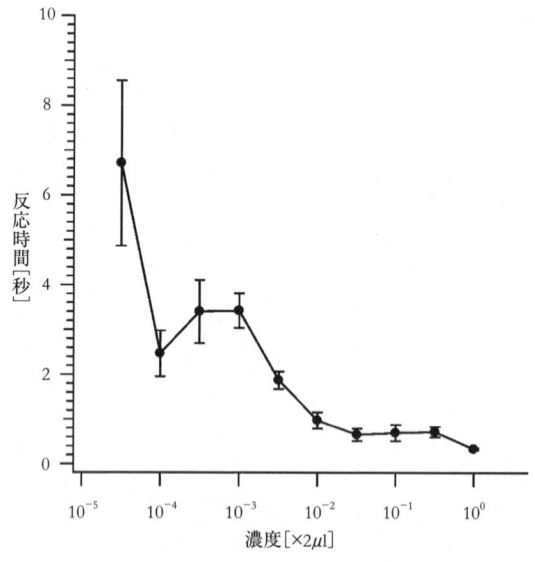

図 2-13　β-カリオフィレンの匂いに対する反応時間。横軸は刺激匂いの濃度，縦軸は匂い刺激を行ってから，行動発現までの情報処理時間を示す。(Okada and sakuma 2009 より引用)

変化を図 2-13 に示す。使用した匂いは一般臭のひとつである β-caryophyllene を使用した。図 2-13 において，標準偏差の大きさから，$2\times10^{-4.5}\mu l$ の応答はゴキブリが匂いを感じることのできる量以下であると考えられる。それを考慮すると，匂いに対する情報処理は，0.3-3.6 秒のあいだで行われることが分かった。さらに，濃度変化に対しなだらかに変化するのではなく，非常に薄い濃度領域（2×10^{-4} から $2\times10^{-3}\mu l$）と，比較的濃い濃度領域（2×10^{-2} から $2\times10^{-0.5}\mu l$）で，応答時間がフラットになることが分かった。その中間の濃度域では両者を滑らかにつなぐ曲線となった。

このように脳の濃度処理は入力強度依存的に非線形で，特徴的な変化をする特性を持つことが示唆された。既知の知見によると，匂いの濃度に関する演算は触角葉で行われていると示唆されている。現在，触角葉の既知の神経結合様式等のデータをもとに，このような時間特性を持つアーキテクチャモデルの試作を行っている。また，同時に触角葉からの局所外界電位の同時記録も行っており，一定の処理時間を示す，高濃度，低濃度時の刺激に対する応答の違いを計測中である。

2-6 新しい情報処理システムを目指して

昆虫の脳の，嗅覚系の機能を神経生理学的知見から解説してきた。単一神経レベルでは匂いは脳内のマップに反映され，濃度は神経スパイクの周波数にコードされる。さらに各神経のスパイクの同期・非同期を利用することで，さらに表現型の数を増大させている。最後のトピックとして，脳を理解するための筆者らのアプローチを紹介した。脳研究において，電極による神経電位の計測が主流であるが，近年，細胞内カルシウムおよび膜電位のイメージング，さらには逆行性伝達物質でもある NO のイメージングが盛んに実施されている。興味深い例としては，カルシウムイメージングで，匂いと罰の連合学習前後のショウジョウバエの糸球体で異なる糸球体が応答すること（ケモトピックマップの変化）が計測され，糸球体での学習による可塑性が明らかになった（Yu et al. 2004）。各種イメージングと，既存の電気生理学的手法をを相補的に用いることによりさらに深い知見が得られつつある。

自然の淘汰を生き抜き，地球上に大繁栄している昆虫の脳の情報処理機構はわれわれにとって有効なアイデアに満ちていると思われる。これを理解するには，現象を記録し，応用可能な形の抽象化（数式化等）が必要不可欠であると考えられるが，

十分なレベルには至っていない。昆虫の触角葉は，数千から数万の受容細胞の入力を受け，触角葉内の約 1000 個の神経により，数秒以内に匂いの識別と濃度算出を行うブラックボックスであり，その応用範囲は，匂いを識別するセンサのロジック作製のみならず，多数の入力を少ない素子により効率的に識別するロジック，ノイズに対する頑強な処理系の構築まで含まれると考えられる。

▶▶参考文献◀◀

Arnold, G., Masson, C. and Budharugsa, S. (1985) Comparative study of the antennal lobes and theirafferent pathway in the workerbee and the drone *Apis mellifera* L. *Cell Tissue Res.* 242: 593-605.

Bazhenov, M., Stopfer, M., Rabinovich, M., Huerta, R., Abarbanel, H.D., Sejnowski, T.J. and Laurent, G. (2001) Model of transient oscillatory synchronization in the locust antennal lobe. *Neuron* 30: 307-309.

Chambille, I. and Rospars, J.P. (1985) Neurons and identified glomeruli of antennal lobes during postembryonic development in the cockroach *Blaterus craniifer* Burm. *Int. J. Insect Morphol. Embryol.* 14: 203-226.

Distler, P.G. and Boeckh, J. (1997) Synaptic connection between identified neuron types in the antennal lobe glomeruli of the cockroach, *Periplaneta americana*: I. Uniglomerular projection neurons. *J. Comp. Neurol.* 378: 307-319.

Dethier, V.G. (1976) The role of chemosensory patterns in the discrimination of food plants. *Colloq. Int. CNRS Paris* 265: 103-114.

Hansson, B.S. (eds) (1999) *Insect Olfaction*. Springer, New York.

Hyber, F. and Markl, H. (eds) (1983) Neuroethology and behavioral physiology. Springer.

神崎亮平・藍浩之・岡田公太郎・熊谷恒子（1999）「昆虫の脳における匂い情報の処理と行動発現」『日本味と匂い学会誌』6：121-137.

Laurent, G. and Davidowitz, H. (1994) Encoding of olfactory information with oscillating neuronal assemblies. *Science* 265: 1872-1875.

Leitch, B. and Laurent, G. (1996) GABAergic synapses in the antennal lobe and mushroom body of the locust olfactory system. *J. Comp. Neurol.* 372: 487-514.

Nüesch, H. (1957) Die morphologie des Thorax von *Telea polyphmus*. Cr. (Lepid). II. *Nervensystem. Zool. Jahrb. (Anat).* 75: 615-642.

Okada, K. and Sakuma, M. (2009) An odor stimulator controlling odor-temporal pattern applicable in insect olfaction study, submitted.

Rospars, J. P. (1983) Structure and development of the insect antennodeutocerebral system. *Int. J. Insect. Morphol. Embryol.* 17: 243-294.

Rospars, J. P. and Hildebrand, J. G. (1992) Anatomical identification of glomeruli in the antennal lobes of the male sphinx moth *Manduca sexta*. *Cell Tissue Res.* 270: 205-227.

Stocker, R.F., Lienhard, M.C., Borst, A. and Fischbach, K-F. (1990) Neuronal architecture of the antennal lobe in *Drosophila melanogaster*. *Cell Tissue Res.* 262: 9-34.

Stopfer, M., Bhagavan, S., Smith, B.H. and Laurent, G. (1997) Impaired odour discrimination on desynchronization of odour-encoding neural assemblies. *Nature* 390: 70-74.

外池光雄, 渋谷達明 (2003)『アロマサイエンスシリーズ 21, 2：においと脳・行動』フレグランスジャーナル社.

Yu, D., Ponomarev, A. and Davis, R.L. (2004) Altered representation of the spatial code for odors after olfactory classical conditioning; memory trace formation by synaptic recruitment. *Neuron* 42: 359-361.

第3章

昆虫はいかにして匂い源に向かうのか？
サーボスフィアで探る昆虫の環世界

佐久間　正幸

3-1　昆虫の知覚する世界

　昆虫やダニは，我々ヒトと同じように世界を見ているのだろうか？　その問題を動物一般について提起したヤーコプ・ヨハン・フォン・ユクスキュルは，環境世界（あるいは環世界 Unwelt）と言う概念を提唱した（ユクスキュル 1995）。生理学者から見ると，あらゆる生物はヒトの世界の中では物体であり，未知の生存機械である。しかし生物学者のユクスキュルは，あらゆる生物がそれぞれ独自の世界 ── 時間的にも空間的にも ── に住むと考えた。感覚器は「知覚器官」，効果器は「作用器官」であり，あらゆる生物主体は知覚と作用の両方の腕で，外界にある客体をとらえている。そして客体の標識を知覚し認知した生物主体は，作用器官を動かして客体に作用標識をつけ，生物はそれをまた知覚するという「機能環」の中に居るとする。環世界とはその生物主体の知覚世界と作用世界が作り出す全体をさしている。環世界の中で生物は，主体としてある目的を追求するために，その生物が知覚できる範囲で外界を視て，その生物のやり方で外界に作用して，その結果外界から受けるフィードバックも知覚して，さらにまた作用するのである。ダニにはダニが知覚する世界があり，ヒトにはヒトの世界がある。

　知覚心理学者にもよく似た立場の先達がいる。ジェームズ・J・ギブソンは，なぜ世界がこのように見え，聞こえるのかを問い直すアフォーダンス affordance とい

う概念を創出した。生理学的な「刺激」ではなく，環境からその中に住む生物体に与える(afford)価値ある情報ということである。1980年代以降，アフォーダンスは人工知能の設計原理や認知科学者に注目され，現在では用語として定着している。ギブソンは，空軍パイロットの視覚認識の研究から始まる一連の視覚の研究で，網膜への結像こそが視覚であるという古典的解剖学由来の既成概念を見直して，面のテクスチュア，そのレイアウト，動き，方位光など，結像を必ずしも必要としない視覚理論を発展させていった。そういえば，昆虫の複眼は網膜上に結像する構造にはなっていない。

さて，環境の中を進むとき，自己の視点が変わるにつれて，様々な情報が入ってくることに気付くだろう。見えの変化から，自己の姿勢や動く方向，速度，加速度の情報が入ってくる。環境を知覚することは，実は自己を知覚することでもあるのだ。そこに情報としての価値が現れてくる。ヒトは隙間の幅が肩幅の1.3倍以下になると肩を回転しはじめ，カマキリは前肢の幅で捕獲できる大きさの獲物が，手の届く範囲に来たときに初めてカマを延ばすという。「すり抜けられる」「捕獲できる」といった価値ある情報，つまりアフォーダンスが認知されるのである(佐々木1994)。

もう一つ，知覚した情報に基づく行動上の意思決定(decision making)あるいは制御(control)の問題がある。動物は必ずしも意識的な選択や与えられた課題の計算による評価をしているわけではなく，むしろ一見複雑な行動上の決定も意外に簡単な過程によるものなのかもしれない。生理学者は，神経系は外界をかなり複雑な形で内部表現していて，その全表現に由来する情報を使い，ある特定の行動を制御すると考えるだろう。表現のパラダイムとして認知科学者からも支持されているこの伝統的な考え方に対して，最近，行動の多くは，それほど詳しい外界の表現を必要としないのではないかという考え方がでてきた。動物が外界と関わる時の制約を活用することで，目的を絞った作業指向のプログラムで，行動上の問題点をより効果的に解き明かすことができるかもしれない(Wener 1997)。これは環世界やアフォーダンスに直結する考え方である。

昆虫における具体例を挙げよう。砂漠のアリ *Cataglyphis fortis* は天空の偏光の分布を見ながら採餌に出かける。そのとき空のほんの一部さえ見えていれば，方向が分かるという。アリはなにも複雑な計算をしているわけでもなさそうで，偏光を感じる個眼と視覚システムのどこかにある簡単なフィルターのようなものを使って，知覚した段階で有用な情報だけを抽出して照合しているらしい。このアリは餌を採る

と，ほぼ直線的な経路で帰巣することが知られている（そうしなければ乾涸びてしまう）。そのためには，偏光から得た方向の情報が積算されていて，採餌とともに直ちに読み出されるはずだ (Wener 1997)。また採餌直後のアリに竹馬をはかせたり，脚を短く切って歩かせた実験の結果から，距離は「歩数」として覚えているらしい (Wittlinger et al. 2006)。つまり極座標系でナビゲーションを行っているのである。研究がさらに進めば，方向や歩数の積算機構や情報の読み出し機構の詳細が明らかにされるかもしれない。このように，アリの「環世界」は我々ヒトのそれとは似て非なる様相を呈し，アリはアリ用の「アフォーダンス」を環境から得ているのだ。

　このように昆虫はもともと体に備わった感覚・運動系により，様々な行動上の制約を受けているが，その一方で，ハビタットやニッチにより生理学的環境も変わり，特定の感覚チャンネルを発達させてもきた。また感覚システムごとに空間認識の解像力も違ってくる。その結果，特定の生息環境にだけ通用するような行動タスクが出来上がったと考えても不思議ではない。昆虫に環境からの知覚情報をもたらす個々の感覚を特定し，生態系におけるその機能と適応について調べるには，野外での観察と試験が一番である。しかし，知覚とそれに続く行動とのコンテクストから制御の仕組みを明らかにするには，室内に持ち込んで感覚刺激が制御された環境で行動を調べる方が確実である。

　この章では，昆虫の匂い源定位行動に焦点をしぼり，移動中の昆虫の知覚と行動応答とのコンテクストを実験室で調べる方法について考える。さらに移動運動補償装置を使った筆者らの実験例を幾つかとりあげて，昆虫とダニの環世界について具体的に解説する。

3-2　昆虫の知覚と行動応答を調べる実験法

　動物がある目標に向かって進むとき，動物は匂いや音などの感覚情報を外界から受けて行動を調節し，結局は目標に到達するように自身を誘導する。この種の「定位行動」を調べるときには，実験者は，試験しようとする感覚情報を完璧に制御できていなければならない (Kennedy 1977a)。つまり情報の受け取りを動物の自由に任せていては，刺激のタイミングや強度，方向性，複数の刺激の組み合せなどと行動応答との因果関係がよく分からないまま，誘引・忌避といった行動の結末だけを調べることになってしまう。音や光のように明確な方向性を持った物理的情報ならば

III　昆虫の構造・機能に学ぶ技術

図3-1　風洞を使った実験の模式図
風洞の中では匂い源から風下に向かってプルームが形成されている。プルームの位置は予測できるが，匂い源に向かう虫の行動は虫の自由に任されている。匂いや風の感覚情報と虫の運動出力との因果関係は間接的にしか分からない。

いざしらず，匂いのようないい加減な刺激をたよりにその発生源に向かう場合には，なおさら曖昧な結果しか得られないだろう。しかし従来の方法では，動物に与える情報をあらかじめ設定しておくことが難しかった。

　昆虫の定位行動の解析に良く使われる風洞を例に考えてみよう（図3-1）。風洞の中には流れを整えた気流が一定の風速で流れている。風上に置いた匂い源からは，「プルーム」と呼ばれるガスの帯が風下に伸びていて，多少乱れていてもその範囲は予想できる。さらに風洞の中には視覚目標を配置して，視覚の影響も調べることができる。これだけ感覚情報を制御できた自然に近い環境ならば，感覚情報と行動応答との因果関係を解明できないはずがない，とも思われる。しかし風洞の中を移動する昆虫は，風の流れを自由に横切ってプルームに出入りするので，昆虫が実際に受ける感覚の方向や刺激強度の情報の取得については虫のなすがままに任せていることになる。これでは，感覚―運動の関係を間接的にしか調べることができな

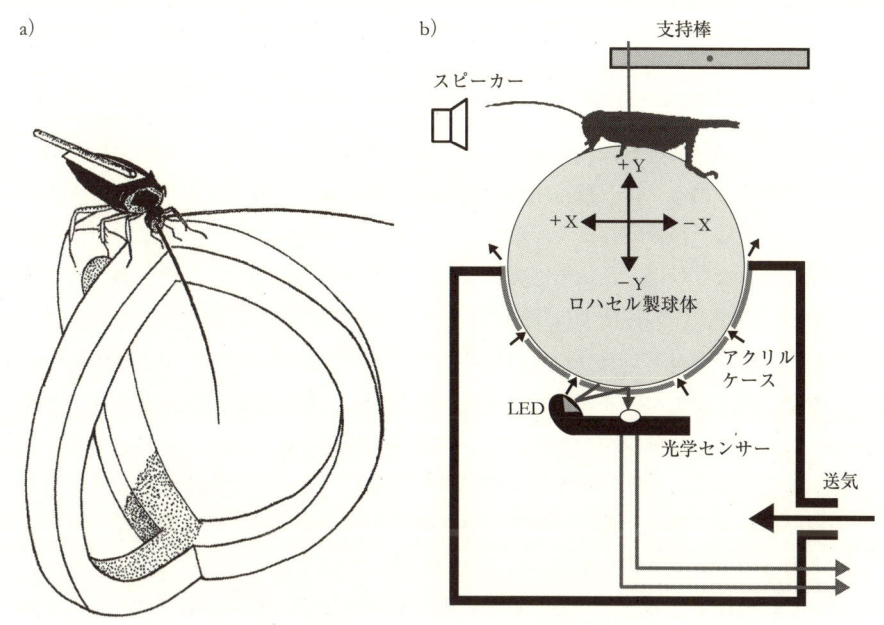

図 3-2 虫体の固定をともなう定位行動の記録方法

a) Y-maze lobe を使った方向選択試験：背面を固定してつり下げたゴキブリは，発泡スチロールでできた三叉の籠をぶら下げながら歩く．三叉の分岐点にさしかかると，左右いずれかの叉を選ぶので，二者択一の方向選択の結果が得られる．ゴキブリの触角にはフェロモンを含む気流を当てて，匂いに対する定位反応を調べている．(Rust et al. 1976)．
b) トラックボールを使った移動運動の記録：エアで浮かせた発泡ポリイミドの球体の上にコオロギを載せて歩かせ，球体の回転を光学マウスのセンサーでコンピュータに記録する．虫体の位置がずれないように背中で固定してある．音源に対する定位反応を調べている (Hedwig and Poulet 2004 の図を参考に作成)．

い．

　それならば虫体を固定してしまえば，刺激の与え方を実験者の思い通りに制御できるはずである．胸部の背面で固定して吊るし，虫に地面の方を動かしてもらえば良い．「地面」は軽く，しかも容易に動かなければならない．たとえば 3 本の発泡スチロールのひもを 2 カ所で結んで籠状にしたものを抱かせて歩かせる Y-maze lobe 法がある．虫はひもをぶら下げながら歩き，分岐点に来ると二股に分かれた枝のいずれかを選ぶことになる．枝を選択した二項確率から，刺激に対する走性を調べることができる (Rust et al. 1976)（図 3-2a）．さらにエアーで浮かせた軽いピンポン玉のようなボールの上に，吊るした虫を軽く置き，ボールの回転を光学センサーで検知するトラックボールや，映像からデジタイザで取り込んだ位置データを，コ

ンピュータに記録する方法もある (Hedwig and Poulet 2004; Kanzaki and Shibuya 1992)(図 3-2b)。吊るされた虫には匂いを含む風を送ったり (Kanzaki and Shibuya 1992; Rust et al. 1976)，スピーカーから雌の鳴き声を聞かせたりして (Hedwig and Poulet 2004)，刺激に対する運動応答を調べている。歩いている虫ばかりでなく，飛んでいるつもりの虫を背中で吊るせば，飛行中の行動応答を調べることもできる。そのとき虫体に電極を刺せば，神経応答まで記録できてしまう (Gray et al. 2002)。もしも昆虫の動きが妨げられなければ，昆虫の感覚・運動系を調べる装置として，決定版になりそうだ。ところが，この方法では昆虫は背中で支点に糊付けされるので，どうしても動きが不自由になってしまう。また吊るされた昆虫は，同じ場所でいくら転回したところで，脚に抱えた物体を回転させるだけなので，刺激源の位置を変えない限り常に一定の方向から刺激が来るという不自然な環境下に置かれる。支えを軸に回転できるようにしても今度は踏ん張りが効かなくなる。そのことが感覚入力に影響しないわけはない。方向を探る体軸の動きだけは虫の自由にまかせるならば，動きと感覚入力とのコンテクストを調べることが可能になる。

　それを可能にする装置がある。虫を自由に歩かせながら床面をモーターで逆方向に動かして，虫の空間位置を一点に保つサーボスフィアである。球体の頂上に虫を載せて，虫が歩いて頂点からはずれると球体を逆方向に回転させ，常に虫が球体の頂上に位置するように自動制御する装置である (Bell and Kramer 1979; Kramer 1976; MacMahon and Guerin 2000; Sakuma 2003; Thiery and Visser 1986; Weber et al. 1980; Wendler and Vlatten 1993)。制御は瞬時に行われるので，虫がいくら走り回ろうとも頂点から外れることはない。

3-3　サーボスフィア移動運動補償装置のメカニズム

　サーボスフィアは，供試虫が球体の頂点からわずかに移動するズレを検知して，サーボ機構により球体を回転させて頂点に引き戻す仕掛である。装置は光学位置検出器とモーター，それにサーボ機構から成り立っている。サーボスフィアのプラスチック球体は，その底部をフリーベアリングで，また経度 90°離れて赤道に接する X と Y の二つの車輪で支えられている。それぞれの車軸にはモーターが取付けられていて，球体表面を上下に動かすと，球体の頂上では X 軸と Y 軸に沿った水平方向の動きになる。昆虫から見て，球体の曲率を平面に近づけるために，直径 30-

50cmのプラスチック球体がよく使われている。

　初期の装置は特殊な光学位置検出器とアナログ回路で構成されていた。黒くコーティングした球体の真上にある検出器からは赤外線が落射照明され，虫の背面にはりつけたリフレクターで反射される。それをレンズで集光して，回転するドラムに開けたスリットを通して中にある光センサーに導き，パルス電圧を発生する構造になっている。ドラムの円周には「ハ」の字状に一定間隔で2列のスリットが開けられていて，二つの光センサーのそれぞれにパルス列を発生させる。スリットが円周に対して斜めに開いているため，リフレクターの輝点が球体の頂上から離れると，パルスのタイミングが微妙に前後する。この位相のずれをアナログ回路（Ramp/Hold回路）で電圧に置き換え，増幅してX軸とY軸の二つのDCモーターを動かす。虫が動いて輝点が画面の中心から離れると電圧が設定値からはずれ，モーターは回転して輝点を中心に向けて引き戻す。すると位相のズレは減少して電圧差がなくなり，輝点が中心に来たときにモーターは停止する（Visser, H. 私信）。

　上記の制御機構をデジタルに置き換えたデジタルサーボスフィアも開発されている（Sakuma 2002）（図3-3）。動く目標を自動的に追尾するビデオトラッカーで球体上の虫を追いながら，虫のイメージの重心座標をコンピュータに刻々報告する。コンピューターは座標位置をモーターの制御パルス数に換算し，制御基板からパルス列を発生して，虫を原点に戻すようにサーボモーターを駆動する。虫の動きを補償する点では，アナログ制御の装置との違いはない。しかし数値制御にしたため動作が確実で，取り扱いが容易になっている。制御に使う処理画像を直接見ながら操作できるので，コントラストを微調整すれば背中の反射テープなしでも虫を追尾できる利点がある。さらに産業用ロボットに使うモーター制御基板とデジタルACサーボモーターにより，滑らかで素早い動きを実現している。

　いずれの制御方法でも，装置の性能は光学位置検出器のサンプリング速度と，得られる制御目標値の正確さに大きく依存する。アナログの検出器では，光学系の精度とともに回転ドラムスリットが発生する高頻度のパルスとその時間精度が求められるはずである。一方，ビデオトラッカーでは，画面を書き換えるリフレッシュレートを通常のテレビの1フレーム30Hzから120-360Hzにまで上げた特殊なカメラが必要になる。さらに画像処理からモーター制御基板がパルスを送り始めるまでをミリ秒以下に抑えるために，専用基板を使った高速データ処理が必要になってくる。デジタルサーボスフィアには，最近，市販品も現れたが，テレビの規格をそのまま使っているために，補償速度が遅く観察対象が限られているようだ。

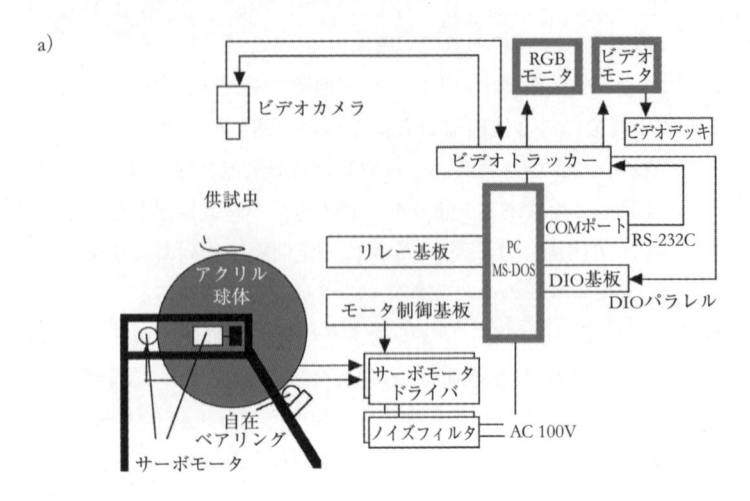

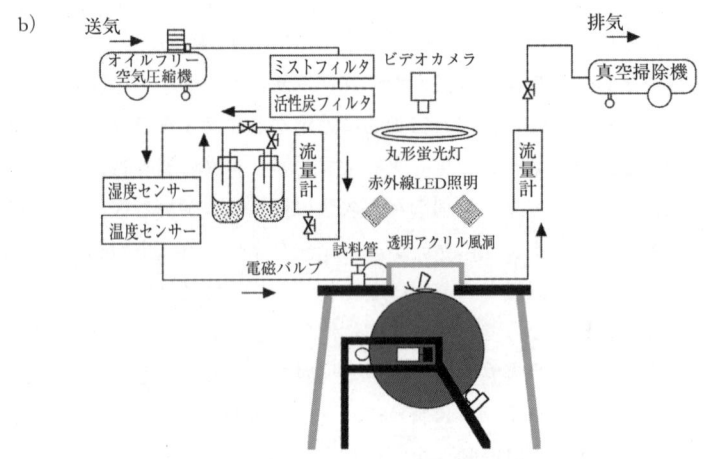

III 昆虫の構造・機能に学ぶ技術

図3-3 デジタルサーボスフィア（Sakuma 2002）

a）システム構成：黒く塗った球体の頂上を歩く虫の映像を上方からビデオカメラで捉え，ビデオトラッカーで画像処理して虫の位置座標を求めてコンピュータに送る。コンピュータは虫の位置を画面中央に引き戻すように，モータ制御基板からサーボモータに制御パルスを送る。球体は，赤道面に直交して接する2軸のサーボモータに取り付けた車輪とユニバーサルベアリングの3点で支えられている。サーボモータの回転とともに球体も回転し，移動した虫はまた画面中央の球体の頂上へと引き戻される。刻々の制御パルス数を記録して，移動運動を記録する。またリアルタイムに動きを解析した結果に基づき，リレーボードから電磁バルブを開閉して，気流と匂い刺激を操作する。

b）風洞と吸排気系：サーボスフィア装置の上に中央に穴の開いたテーブルを置き，穴にアクリルの覆いを被せて風洞とする。風洞にはエアーコンプレッサからの空気を浄化し，加湿して供給する。風洞の手前で電磁バルブを操作して，流路を試料と対照で切り替える。風洞内に流入した気流は風洞の反対側から真空掃除機で排気して，空気の流入量と流出量の均衡を保ち，閉鎖系に近づける。

移動運動補償装置は，動物の歩行データを記録して初めて実験装置となる。虫は一点に留められながら歩いているので，軌跡は床面の動きをちょうど逆にしたものである。アナログサーボスフィアでは，球体の底に2軸のロータリーエンコーダに車輪をつけたものを接触させ，発生するパルスをコンピュータに記録する。デジタル制御の場合には，モーターの制御に使ったパルス数をそのまま記録すればよい。虫の移動はパルス数の時系列としてメモリーに記録され，実験が終了したあとで詳細に軌跡を解析することになる。しかし実験中に軌跡を解析して，進行方向，歩行速度や転回角速度，歩行エリアなどの運動の要素を抽出できれば，環境情報をリアルタイムに制御する全く新しい実験が可能になる。これは感覚と行動の文脈依存性を操作するバーチャルリアリティー実験とも言えよう (Sakuma 2002)。この目的のためには，動きの変化を検出したその瞬間に刺激の制御を開始できるような，システムの即時性が必須である。この点，刺激の制御に使う情報をモーター制御の目標値から直接得た方が，モーターが動いたあとでエンコーダの位置情報から得るよりも有利である。デジタルサーボスフィアは，この種の実験にとってうってつけの装置と言えよう。それでは古典的な例も含めて，サーボスフェアとそのミクロ版の微小移動運動補償装置で行った仮想現実実験のいくつかを紹介しよう。

3-4 サーボスフィアを使った仮想現実実験

サーボスフィアは定位刺激に対する昆虫の走性を調べる実験に使われている。たとえば，歩行中のカイコガや (Kramer 1976)，ゴキブリ類 (Bell and Kramer 1979; Wendler and Vlattten 1993)，コロラドハムシ (Thiery and Visser 1986)，ダニ (McMahon and Guerin 2000) などに水平方向からフェロモンや植物の匂いを含む風を送って，正の走風性を調べている。風や匂いばかりではない。コオロギの雌成虫にスピーカーから雄の鳴き声を聴かせて，雌の音源定位反応を調べた例もある (Weber et al. 1981)。これらの実験では，風や音や光などの方向性のある刺激を一方向から与え続けるのが常である。しかし中には，回転する球体が作り出す（擬似）無限平面上の位置により刺激の強さを制御して，昆虫の進路の変化を調べている例もある。

その一つに，花香の濃度が吸蜜の時に学習した濃度に達すると，今まで風上に向かっていたセイヨウミツバチ *Apis mellifera* が風下に向かいだす現象を調べた実験がある。8の字ダンスで巣仲間に花の位置を伝える「ダンス言語」に代わる，走

風性仮説の証拠とされていた。この実験では、匂いを学習したワーカーをサーボスフィア上に飛来させ、水平に流れる風に花香を加えて「匂いによる走風性 odour modulated anemotaxis」を調べている。ハチの位置をプロットする X-, Y- プロッターにすり鉢状の蓋をかぶせ、記録ペンには可変抵抗が取り付けられている。ペンがすり鉢の底から移動するとペン先が戻されて抵抗値が変わり、原点から離れるほど試料の混入率を高くして濃度を上げるように調節する (Kramer 1976)（図 3-4）。この実験では、風上の花畑に向かうミツバチが経験するであろう花香の濃度変化が、サーボスフィア上の位置情報に応じた制御で再現されている。昆虫の仮想現実実験としてはおそらく最初の試みであろう。結局ミツバチは、砂糖水の報酬とともに学習した花香の濃度になるまで風上に歩き、行き過ぎると風下に戻ってその濃度域に滞在した。ただし、ダンス言語の有効性自体は、その後ミツバチを模したロボットを使って、ダンス言語によりワーカーがリクルートされることで実証されている (Michelsen et al. 1992)。

サーボスフィアの作る無限平面上に匂いプルームを模した帯状のゾーンを設けた実験もある (Bell 1986)。サーボスフィアの頂上を歩く虫に水平に風を吹き付けて、仮想平面上での虫の位置が帯の幅に収まったときにだけバルブを開けて、匂いを送り出すようにしている。バルブ開閉の制御に限られてはいるが、データ集積用のコンピュータを活用したデジタル制御になったところが画期的である。この実験で、キマダラカツオブシムシ *Trogoderma variabile* の雄は、プルームの中を進むことはほとんどなく、プルームの縁に沿って風上に向かった。カツオブシムシは人工プルームの中では一定濃度の匂いに晒されており、ミツバチでも匂いは緩やかに変化するもののなくなるときがない。ところが自然界では匂いの分布は不連続で、プルーム自体も細かな繊維状の構造をしていることが分かってきた (Murlis and Jones 1981; Murlis et al. 2000)。カツオブシムシは一定の匂いのする人工のプルーム内よりも、匂いの変化が繰り返されるプルームの境界を風上に向かって進んだのである（図 3-5）。

この二つの実験では、仮想平面上の虫の位置情報だけによって、匂いの有無や変化を制御している。しかし地図を読めない昆虫が XY 座標を直接読み取って定位しているとは考えにくい。定位にとって重要な情報は、方向と距離である。昆虫は目標への方向と距離を感覚から読み取っているに違いない。ところが虫が歩けばそれだけで体軸の方向は変化する。また移動すれば目標との相対位置も刻々と変化する。その結果、刺激の受け方が変化し、刺激の変化によりさらに行動が影響を受ける。このクローズドループの過程が何度も繰り返されるうちに、虫は目標に向かって接

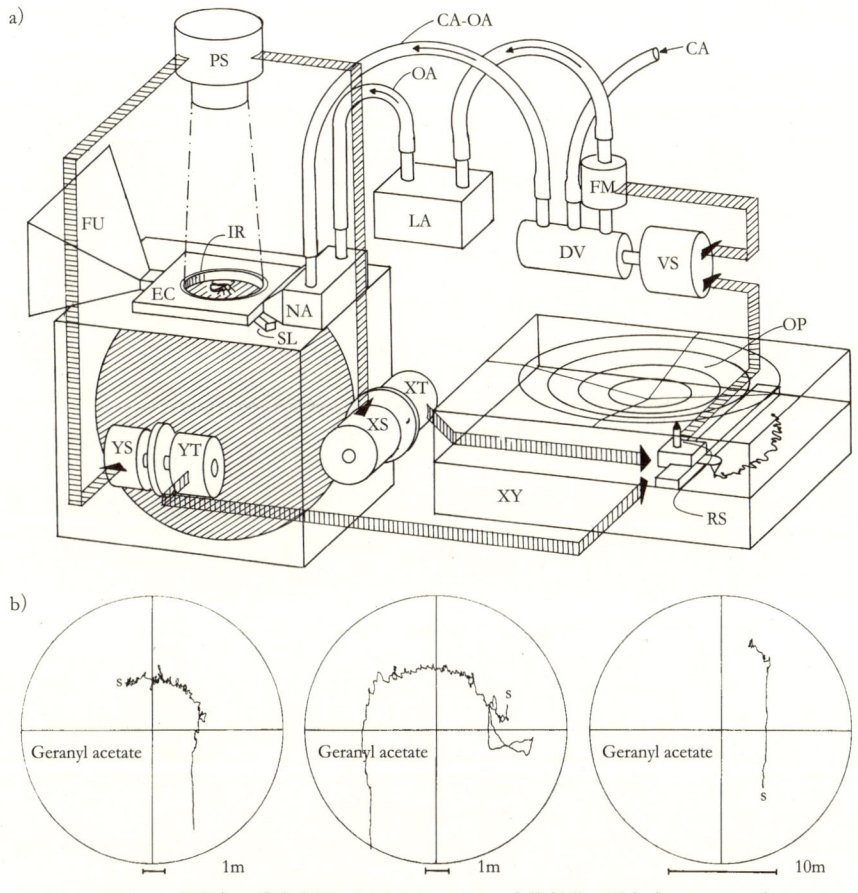

第3章 昆虫はいかにして匂い源に向かうのか？

図 3-4 仮想匂い濃度空間におけるミツバチの定位行動の測定（Kramer 1976）

a) サーボスフィアと匂い濃度空間の作成装置：光学位置検出器（PS）で球体上のミツバチを検出して，サーボモーター（XS, YS）で車輪を介して球体を回し，ハチが移動しても常に同じ位置に戻るように調節する。回転する球体が作り出す無限の平面上におけるハチの位置は，車輪と同軸に取り付けられたタコジェネレータ（XT, YT）の出力から割り出され，XY ペンレコーダ（XY）上にプロットされる。ペンレコーダには濃度空間のモデルを反映するすり鉢状の蓋（OP）がかぶせられ，ペンの上に取り付けたセンサーの先端がそれに接触している。ペンが動くとともにセンサーの先端の高さが変わって抵抗値が変化すると，バルブサーボ（VS）が差動バルブ（DV）の位置を調節して，匂い源（LA）を通る流路（OA）とバイパスの流路（CA-OA）に流れる気流の分配率を調節して，ノズル列（NA）から流れる気流の匂い濃度を決定する。隣の部屋の巣から飛来したハチは，匂いの充満したチェンバ（EC）の中で砂糖水の報酬を与えられ，匂いの濃度を学習して巣にもどる。試験はチェンバに戻ったハチについて行われる。報酬はスライドレバー（SL）を操作して与える。
b) ゲラニルアセテートの濃度空間におけるミツバチの歩行軌跡：ハチは出発点 s から図の上方の風上に進み，学習した匂い濃度に達すると等濃度のラインに沿って移動する。ライン上で走風性が正負逆転することがわかる。

375

a) フェロモンを一定濃度で常に流したとき

b) プルームを模してフェロモンを流したとき

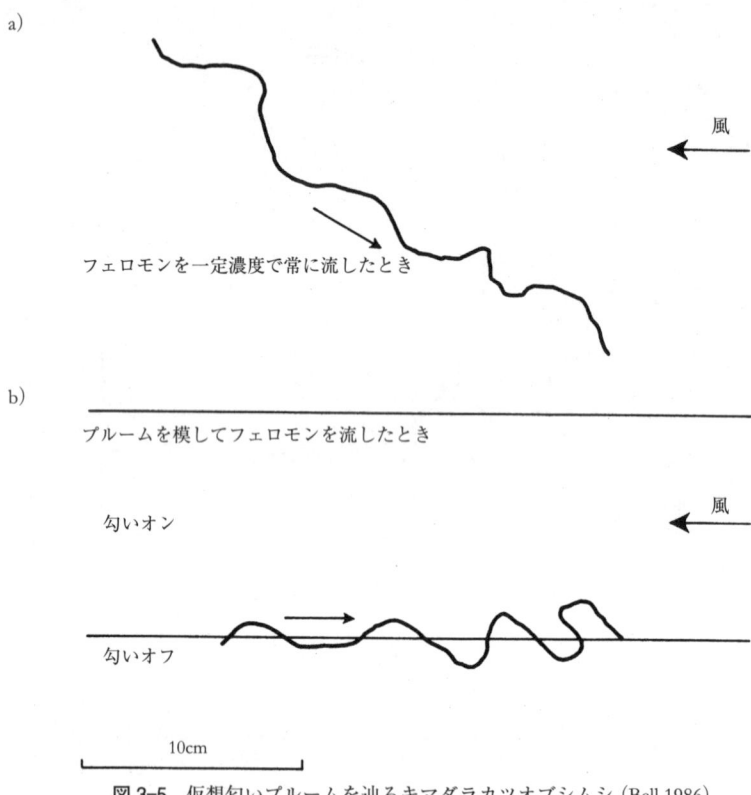

匂いオン

匂いオフ

10cm

図 3-5 仮想匂いプルームを辿るキマダラカツオブシムシ（Bell 1986）
a) 一様に性フェロモンを含む気流を流したときの歩行軌跡。
b) 風向の軸に沿って 10cm 幅で性フェロモンを流すゾーンを設定してプルームとした時の虫の歩行軌跡。プルームの端から外に出るとまたプルームの中に戻る反応を繰り返し，結局プルームのエッジに沿って風上に進んだ。

近してゆく。一見単純そうに見える昆虫の定位行動も，実はかなり複雑なフィードバックで成り立っている可能性がある。

　しかも，刺激の方向が目標の方向そのものである光や音とは異なり，匂いのように方向性のない情報をたよりに発生源に向かうためには，さらなる工夫が必要となる。ある虫は匂いを感知すると視覚情報や風向を参照して方向を知り（第 3 部 1 章参照），またある虫は道々匂いをサンプリングしながら，その濃度に応じて行動を変化させることで，結局は匂い源へと向かうのだろう。サーボスフィアを使えば，このような定位行動で移動中の虫に対して，精密に刺激を与えることが可能になる。また虫の移動速度，進行方向，転回角速度などの移動運動要素とその変化をリ

アルタイムにモニターできるので，情報を操作して運動を制御することが可能なはずだ。このようなサーボスフィアの特長を生かして行ったカイコガでの仮想現実実験，さらに微小移動運動補償装置を使ってコナダニについて行った実験について紹介する。

3-5 カイコガは羽ばたいてフェロモン源の方向を知る

雄のカイコガ *Bombyx mori* は雌ガの性フェロモンを感知すると，グルグルと回りながら歩行する「婚礼ダンス」を踊り始める。そのときなぜか羽ばたきも開始する。そして，匂い源の雌に向かって歩き続け雌に到達して交尾するまで，羽ばたきを止めることはない。その間，翅は前方の雰囲気を触角に呼び込む送風機として働くと言われている (Obara 1979)。雄をサーボスフィア上に留めながら雌を 20-30cm 離して止まり木に吊るし，無風状態で雄の定位歩行を観測したところ，雌に向かって直線的に歩き続けた。また雄のすぐ横にフェロモンを含む気流を流すと，雄は目の前を横切るフェロモンの匂いの帯（プルーム）の方に向きを変えて歩き続けた。フェロモンと同時に煙を流すと，煙の帯はちょうど触角に当たるように吸い込まれてゆくことが観察された。また一方の翅だけを切除した雄は雌に向かって翅の残された方に傾きながら歩き続けるが，両方とも切除した雄は全く定位できなかった。羽ばたきによる送風は，婚礼ダンスによる雄ガの匂い源定位行動にとって，必須の行動要素であることが分かる (Sakuma 2002)。

羽ばたきの機能について考えてみよう。羽ばたくことで前方から空気を吸い込み，広い範囲から匂い情報を集めていることは分かる。しかしそれだけでは目標への定位にとって不可欠な，方向の情報が得られない。ここで婚礼ダンスが旋回歩行から成り立っていることに意味がありそうだ。雄ガはグルグルと回りながら羽ばたきを続けることで，360度の方向から空気をサンプリングしていることになる。そして旋回中にフェロモンの匂いを感じたその瞬間には，ちょうど前方に匂いの塊がある成り行きになっている。もしも匂いを感じたときに転回をやめて前進へと行動が切り替わるならば，虫は匂いのする方向へと突き進み，結果的に匂い源の方向を選んだことになる。この行動の切り替えの神経メカニズムの多くについてはすでに解明されている (Kanzaki et al. 1994)。

ここで，雄ガに翅がなく，前方の空気を吸引できなかった場合を考えてみよう。

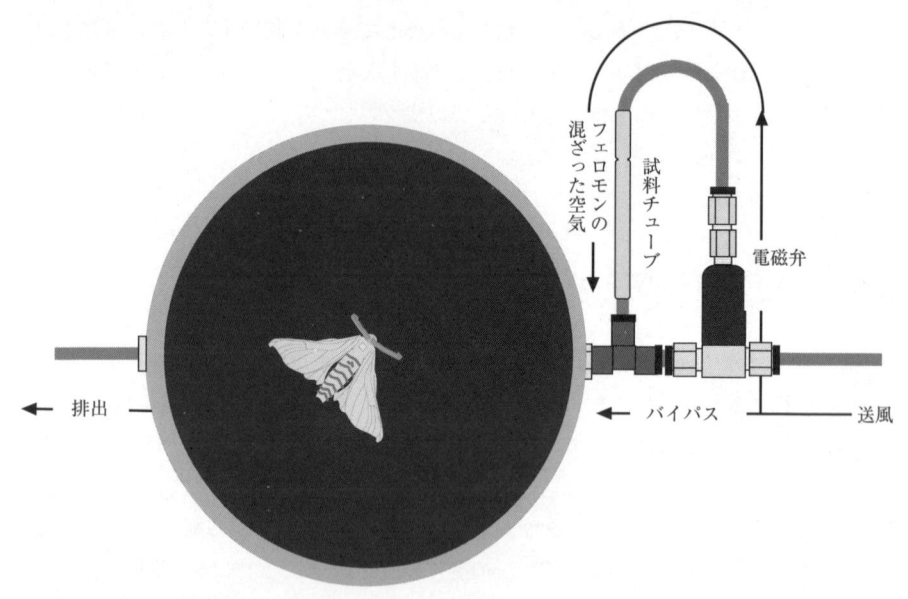

図 3-6　サーボスフィア上の雄のカイコガと匂い刺激装置

テーブルの穴から雄蛾を載せた球体の頭が覗いている。透明な天蓋を持った円筒形の風洞で穴を覆い，側壁の一方から試料気流を流し反対側から排気する。電磁バルブで流路をバイパスからフェロモンの入ったチューブに切り替えて，試料気流の匂い付けを行う。カイコガの仮想誘引源の特徴は，ガの進行方向が誘引源を向いたタイミングで匂い刺激が与えられることにある。雄ガの位置情報の履歴から進行方向を算出し，仮想平面上にあらかじめ設定した目標の方向との誤差が 22.5°以内のとき，バルブを開けて匂いを流す。(Sakuma 2002)

　雄ガは旋回歩行を続けるが，どの方向を向いても匂いの強さに変わりはない。空気が流れていても同じことで，たまたま匂いが来たときに旋回をやめるだけで，どの方向に進むかは運任せである。実際，翅を全て切除した雄ガに風洞の中を歩かせると，風上に置いた雌に到達できる場合はほとんどなく，すぐ横に来ても雌ガに気づかずに通り過ぎる場合がしばしば観察される。一方，雄ガが翅を羽ばたかせて前方の空気を吸引していれば，ガが匂い源の雌の方を向いたちょうどそのタイミングで匂いを嗅ぐことになる。雄ガは旋回を止め，結局雌蛾に向かって直進することになるだろう。この「目標を向いたタイミングで匂い刺激を加える」機能を，羽ばたきの代わりに，コンピューターと刺激装置で再現した仮想現実実験を行った (Sakuma 2002)。

　匂い刺激装置にも工夫がいる。乱れた外気の影響を避けるために，球体の頭をテーブルの穴から覗かせてその上に透明な風洞を置き，電磁バルブで流路をバイパスか

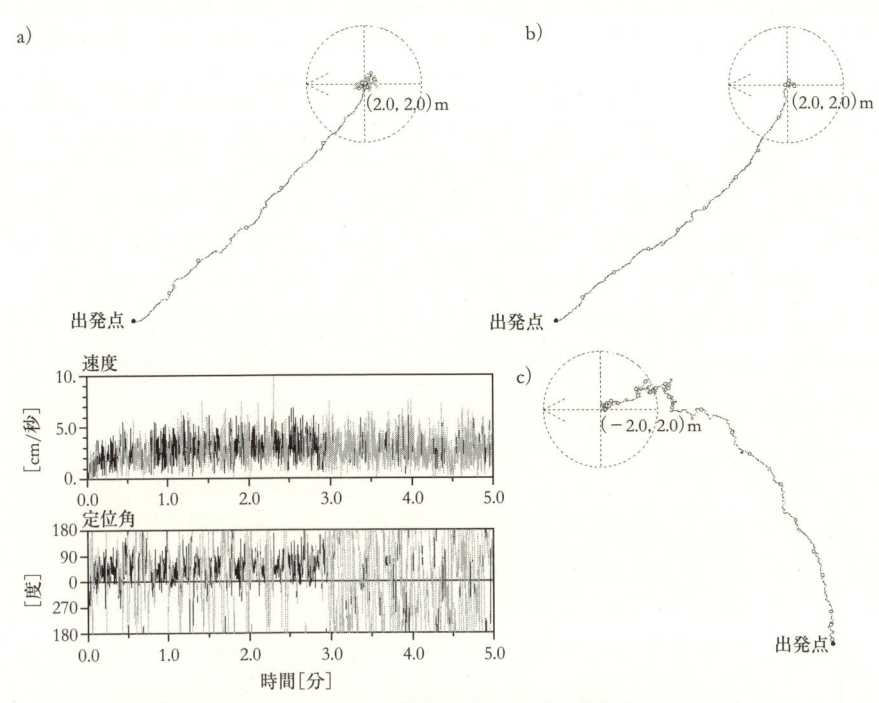

図 3-7 仮想誘引源に向かう雄のカイコガの歩行軌跡（Sakuma 2002）

a) 無処理の雄ガの歩行軌跡：スタートを原点（0m, 0m）として，仮想誘引源を（2m, 2m）の位置に設定した．ほぼ直線的に目標に向かっている．軌跡の実線部分で匂い刺激を与えている．速度と方向をグラフで示す．ほぼ一定速度で歩行し，目標に到達するまでは実線部分が多く，45°方向にある目標に向かって直進していることが分かる．3分後に目標に到達してからは，進行方向はランダムになっている．マーク間の時間は30秒．
b) 同じ雄ガの両翅を切除したときの歩行軌跡：無処理と同様に目標に到達した．
c) 仮想誘引源を風下に設定したときの歩行軌跡：仮想誘引源を（2m, −2m）の位置に設定して両翅を切除した同じ雄蛾を歩かせると，風を後方から受けながらも風下の目標に向かった．

らフェロモンの入ったチューブに切り替えて，匂い刺激を発生させる（図3-6）．まず実験の前に，回転する球体が作りだす無限の広さの「平面」上の任意の1点を目標の仮想誘引源とする．そして実験開始後，サーボスフィア上の雄蛾が仮想誘引源を向いたときにだけ匂いを与えれば，翅のある雄ガと同じように誘引源に向かうはずだ．実際には，ビデオトラッカーが報告する雄ガの刻々の位置情報から進行方向を計算し，雄ガが目標を向いたとき，つまり現在位置から見た目標の方向と進行方向とのズレが一定の角度以内に収まったときに，バルブを動かして匂いを与える．このルーチンを毎秒10回繰り返すプログラムを走らせたところ，雄ガは目標に向

かって直進し，目標に到達するとその周辺から離れることはなかった．さらに無反応だった両翅を切除した雄ガも，無処理のガと同様目標に向けて直進し，滞在した（図 3-7）．

　この結果から，雄ガは羽ばたきによる前方の雰囲気のサンプリングと転回運動の組み合せにより，匂い源の方向の情報を得ていることが分かった．目標は仮想平面上のどこにでも設定できる．自然界ではあり得ないことだが，虫体の後ろから風を送り，風下の誘引源へと誘導することもできた．ただ目標が風上にある場合と比べると，到達までの時間が大幅に増したことから，走風性の要素も含まれることが示唆された．もちろん，この実験の仮想現実でカイコガの環世界の全てが表現されたわけではない．しかしこのようにして環境からの情報を操作することで，定位行動を構成する感覚と運動の文脈を一つずつ検証することができる．

3-6　チャバネゴキブリは匂いを嗅ぐと風上に向かう

　集合性昆虫のチャバネゴキブリは，住処を集合フェロモンで標識して若虫から成虫までコロニーのすべてを誘引して集合を促す．フェロモン成分のうち揮発性成分は誘引性を持ち，T 字管オルファクトメーターの中央からゴキブリを導入して，試料を含む枝管と対照の枝管を選ばせると，ほとんどの個体が試料側を選ぶ強い走化性が観察された（Sakuma and Fukami 1990）．同じオルファクトメーターを使って風に対する反応を調べることもできる．水平の管の，例えば右から左に風を流しながら中央からゴキブリを導入しても，風上にも風下にも同程度にしか進まない．しかし集合フェロモンを気流に混ぜると，ほとんどの個体が風上側を選んだ．つまり匂いを与えたときにだけ現れる走風性（匂いによる走風性）が観察されたことになる（Sakuma and Fukami 1985）．オルファクトメーター試験ではそれ以上の行動を解析することはできない．そこでサーボスフィア上で匂い刺激を制御しながら，ゴキブリの風に対する行動応答を調べた（佐久間 2006）．

　チャバネゴキブリをサーボスフィア上で捕捉しながら自由に歩かせると，停止と直進を交互に繰り返す 2 様式の歩行パターンを繰り返す．さらに集合フェロモンで匂い付けした気流を触角に向けて流すと，微風条件下で正の走風性を引き起こした．幅広い風洞で一様な風を流しながら，30 秒ごとに電磁バルブを切り替えて匂いづけの ON/OFF を行うと，匂いのするあいだは風上に直進したが，匂いがなくなる

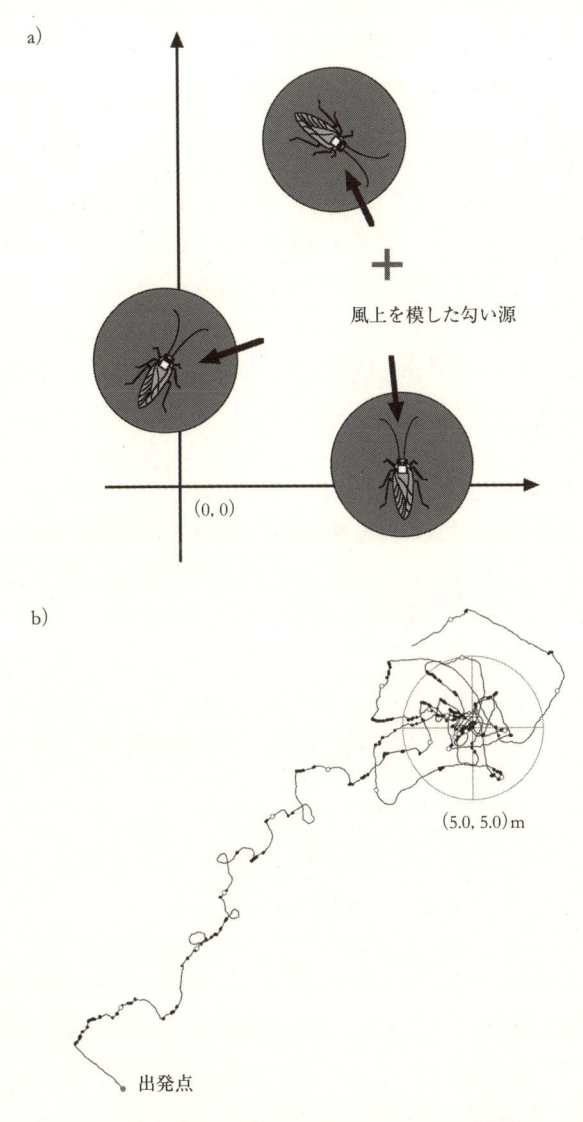

図 3-8 チャバネゴキブリの匂いによる走風性
a) チャバネゴキブリの仮想誘引源：ゴキブリが歩行を停止したときに仮想誘引源の方向から匂いを含む風を与えることに特徴がある。円筒形のチェンバーの壁に沿って電磁バルブを8個取り付け，ゴキブリが停止した瞬間に目標の方向に最も近いバルブを開けて集合フェロモンを含む気流を流す。
b) 仮想誘引源に向かうチャバネゴキブリの歩行軌跡：仮想誘引源を (5m, 5m) の位置に設定したところ，4分程度で目標に到達している。ゴキブリは太線の位置に停止し，匂いを含む気流を目標の方向から受けている。マーク間の時間は30秒。

と速度を緩めて同じ場所での転回を繰り返した。さらに歩行速度をリアルタイムに処理しながら，停止時にだけ電磁バルブを開けて匂いを流すと，転回頻度は増加したが風上に定位した。一方，歩行中にだけ匂いを流すと，直進性は増加したが風上には定位しなかった。さらに歩行中に匂いを100msのパルス状にして与えると，パルスの周波数が0.5から2Hzに増加するにつれて，直進性が増した。このことから，歩行中にはパルスが入るたびに転回のリセットが行われている可能性が示唆された。この頻繁にパルスを受けると直進性が増す行動反応は，カイコガと共通のメカニズムによることを示唆している（Kanzaki et al. 1992）。

　先の結果から，ゴキブリは停止中に風向を検知することで風上の誘引源へのベクトルを取得し，体軸をその方向に向けて直進することで誘引源へと接近する定位戦術をとっている可能性が示唆された。その戦術を証明するため，8個の電磁バルブを放射状に取り付けた円筒形の風洞で装置を覆い，仮想現実実験を行った。装置の作る仮想平面の任意の座標位置に仮想的誘引源を設定して，刻々の供試虫の位置と歩行速度をリアルタイムで演算しながら，歩行速度が設定値以下になったとき，誘引源の方向に最も近いバルブを開けて，匂いを含むパフを発生するように自動制御した。100cm/s以上の風量ではゴキブリは誘引源と逆の方向に逃避したが，風量を20cm/sに下げると仮想誘引源に直ちに到達し，実験終了までその周辺から離れなかった。したがって，この定位戦術は証明され，同時に仮想現実実験の有効性も証明された（図3-8）。

3-7　コナダニは歩いて匂いの濃度変化を知る

　匂い源の方向を知ることができなければ，歩き回って匂いの情報を「足で稼ぐ」しかない。基質に近いミリメートル以下のスケールの世界では空気の流れが少なくなり（第3部トピック2参照），匂い分子の濃度勾配が安定して保存されているかもしれない。翅のないダニが匂い源に集まるメカニズムについて，微小移動運動補償装置 Micro Locomotion Compensator で調べた結果を紹介する（Kojima et.al. 2003）。
　「微小移動運動補償装置」といっても小さなサーボスフィアではない。球体を回す代わりに直交する2本の電動スライダーの上にガラス板を乗せて，その上を歩く微小動物の動きと逆方向に水平移動させ，動物が常にビデオトラッカーのカメラの下に位置するように制御する装置である。カメラに顕微鏡のレンズを装着すると，

体長 0.5mm 以下のダニの毎秒 0.5mm の動きを追尾できる。この装置では球体のように無限に続く「平面」は得られないが，対象の動物が十分に小さく動く範囲が狭ければ，有限の平面を使っても実用上の支障はない。また床面の上下動がないので，対象が顕微鏡の焦点から外れることはなく，床面に接地するぎりぎりの高さに微小な風洞を被せることができる（図 3-9a）。

貯穀害虫のケナガコナダニ Tyrophagus putrescentiae をペトリ皿に入れて，餌の乾燥酵母の抽出物を浸み込ませた濾紙片を置いて蓋をすると，濾紙は，集まってきたコナダニで数分以内に埋め尽くされる。さらに濾紙がコナダニに直接触れられないようにペトリ皿の床面から浮かせると，コナダニは蓋の裏側をぶら下がって移動して，濾紙の真上に集合する。無風のペトリ皿の中のコナダニにとって，方向に関連した情報は，匂いの濃度勾配だけのはずである。匂いの濃度だけをたよりに誘引源に到達する行動は「走化性」として知られているが，意外なことにその原理についてはまだ不明な点が多い。コナダニの研究を紹介する前に，まず走化性について少し詳しく説明しよう。

濃度勾配を検知して匂い源に集まる走化性 chemotaxis にはいくつかの行動反応が含まれている (Kennedy 1977b)。複数の化学感覚器を離れた位置に持ち，濃度の違いを同時に比較して向きを変える転向走性 tropotaxis が考えられるが，このメカニズムは一般には匂い源のすぐ近くでなければ有効ではない。感覚器を左右に動かしたり，あるいはジグザグの動きでからだ全体を大きく振って，動きと連動した濃度の時間的な違いを検知して向きを変える屈曲走性 klinotaxis の方が，より広い範囲で使われているはずだ。無定位運動性 kinesis の要素も考えられる。「無定位運動性」では言葉として長過ぎるので，走性に対して「動性」と呼ぶことにする。匂いの濃度が高まると転回の頻度が増せば，その結果，匂い源付近に滞在することになる (direct klinokinesis：「順屈曲動性」)。また濃度が高まったときに停止してしまえば，それでも匂い源に留まることになる (inverse orthokinesis：「逆真正動性」)。

では，屈曲走性と「順屈曲動性」のどこに違いがあるのかと問われると，判然とした答えは出てこない。化学物質の濃度変化に応じて転回の調節を行って資源を探索する行動は，バクテリアや線虫を含めてあらゆる動く生物から知られている。しかし，今までの走性の概念では感覚と運動出力が切り離されておらず，走性のメカニズムにまで言及するにはどうしても限界があった (Bell and Tobin 1982)。走性をこのように一つ一つ分類していると際限なく増えてゆくが，当の動物にとっては，環境の情報を受けて，それを処理して，次の動きに反映させているだけのことであ

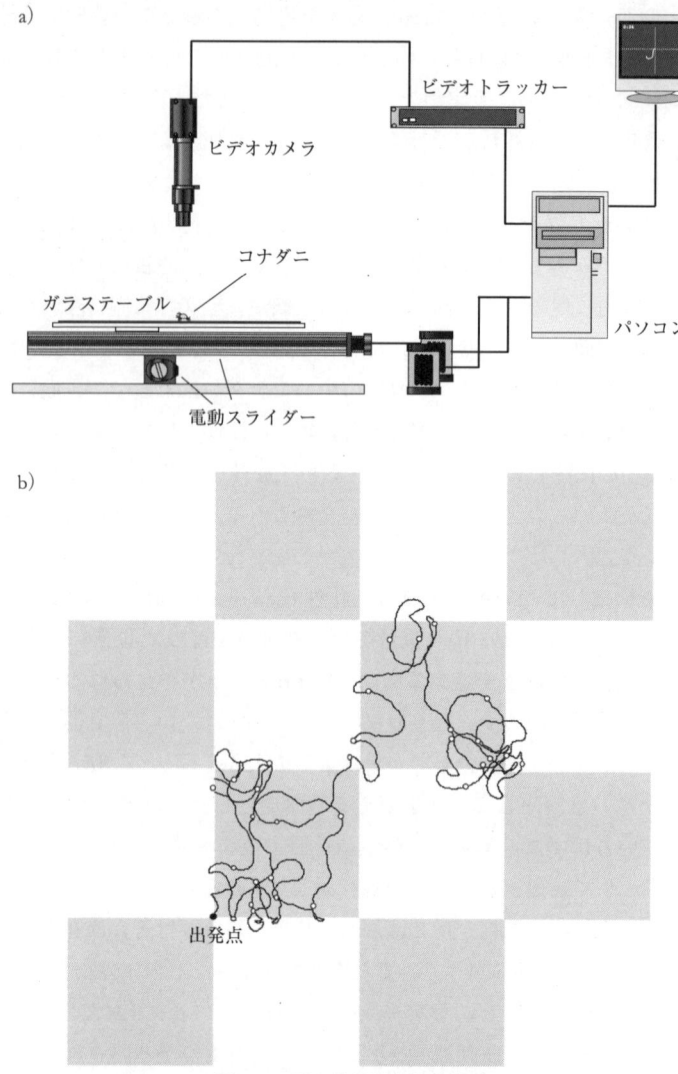

III 昆虫の構造・機能に学ぶ技術

図 3-9 微小移動運動補償装置

a) システム構成：図 3-3 のデジタルサーボスフィアと基本的には変わらない。直交する 2 本の電動スライダーの上にガラス板を乗せて，その上を歩く微小動物の動きと逆方向に水平移動させ，動物が常にビデオトラッカーのカメラの下に位置するように制御する。ビデオカメラにはマクロレンズを装着して，微小動物の動きに追随できる（Kojima et al. 2003）。
b) 匂いのする区画に滞在するケナガコナダニ：影をつけた試料区は食餌誘引物質の乾燥酵母の抽出物で匂い付けしている。コナダニは試料区から出ると転回して，またもとの試料区に戻っている。その結果試料区に滞在することになる。区画の一辺の長さは 15mm で，マーク間の時間は 20 秒。

る。走性の概念もまた，感覚受容による環境情報の取得と，神経系による運動制御，脚や翅など効果器の動きから考え直す必要があろう。走化性で古い概念がいまだに通用しているのは，匂い刺激の制御に伴う実験上の制約に影響されたのかもしれない。

匂いの濃度勾配だけで匂い源に到達するコナダニは，走化性のメカニズムを知るために非常に適した実験材料である。ペトリ皿の中の閉じた微小空間で起こっている現象を，微小移動運動補償装置を使って作り出す匂い空間で再現できれば，匂い刺激とコナダニの行動との因果関係の解析が初めて可能になるはずだ。実際には，ガラス板上を歩くケナガコナダニが常にビデオカメラの真下に位置するようにガラス板を水平に動かして制御しながら，ダニを覆うようにして支えた内径5mmの風洞から微風を送り，ミニチュア電磁バルブで試料と対照の流路を切り替える。この方法で，匂いのする試料区の形と大きさを，コンピュータプログラムで自由にまた正確にデザインすることが初めて可能となった。

試料区と対照区を市松模様状に展開した最も単純な例では，図3-9bの結果が示すように，コナダニの試料区への滞在時間は84％に達し，試料の匂いに確かに「誘引」されたことが分かる。しかしガラス板上を歩き回るコナダニには気流が上から降り注いでいるので，匂いによって走風性が誘起されたわけではない。またコナダニは全身で匂いの変化を感じているはずなので，左右の入力の違いにより方向を決めているわけではない。ところがコナダニの軌跡を見ると試料区に入ったときには直進を続けるが，試料区から出て対照区に入ったときに大きな転回をしていることが分かる。このことから，試料区から対照区に出たときの匂いの濃度変化がコナダニに大きな転回を解発させ，その結果，元の試料区に戻る行動が繰り返されていることが分かる。また対照区から試料区に入ったときには，その戦略的な転回は全く見られない。

これは匂いの有無という極端な濃度勾配で分けられた空間へのダニの局在化を見た結果ではあるが，コナダニの走化性のメカニズムの一つには違いない。ペトリ皿の中で形成されたより緩やかな濃度勾配の中では，さらに別のメカニズムも加わっている可能性がある。戦略的転回を引き起こす濃度の時系列変化についてもさらに詳しく調べる必要がある (Kojima et al. 2003)。匂いの時間的勾配とダニの行動との因果関係，さらに行動と匂い源のスケールとの関係が明らかになったときに，初めてコナダニの走化性を説明できたと言えよう。

3-8 昆虫はそれほど手の込んだことをやってはいない

　サーボスフィアで見た匂い源探査法からは，昆虫やダニのかなり大雑把なやり方が見て取れる。カイコガは前方から匂いを吸い込んだ瞬間に転回を止めることで，結局，匂い源の方向を知ることになった。匂いがしたときにだけ風上に向かい，匂いが切れるとその場で転回するゴキブリは，風上に必ずある匂い源に接近できた。匂いがなくなったとたんに大転回をするコナダニは元の匂いのする場所に戻り，結局，匂い源に留まることになる。匂い源は音源や光源と比べて方向の特定が難しく，精緻な神経回路もあまり役には立たないだろう。むしろ確率的に分布する匂いを効果的にサンプリングしたり，匂いと連動して風や視覚など方向性のある別の感覚を調節して（第3部4章），情報の曖昧さを補っている。しかしそれ以上に，そもそも昆虫の制御そのものが工学者の考えるような制御とはかなりかけ離れているのかもしれない。動物は環境から抽出してきた情報を「脳」の中で再現して，それにもとづいて距離や方向などのパラメーターを演算し，そこからある目標値を設定して，その値に近付けるように位置制御を行っていると普通は考えるだろう。しかし昆虫は果たしてそんな難しいことをやっているのだろうか。砂漠のアリのように，環境の中を移動する昆虫の多くは，運動することで，刻々と変化する何らかの知覚情報を環境から受け続けている。

　その運動と知覚情報が連動する関係を使って運動を制御すると，なにも複雑な演算までしなくても効果的にナビゲーションができる場合があることが分かってきた。そのとき昆虫は簡単なフィルター（テンプレート，ウィンドウ）のようなものを使って，知覚した段階で有用な情報だけを抽出して照合する（Wehner 1997）。中央演算装置を持たずに意味ある情報（アフォーダンス）を読み取って，その問題解決に特化した情報処理プロセスを複数用意するやり方は，ロボットに搭載されて成功をおさめている（Brooks 1986）。本書第3部5章で紹介する脚歩行ロボットは，ゴキブリの匂いによる走風性を模倣したナビゲーションで，CO_2の発生源を目指して歩いている。

▶▶▶ **参考文献** ◀◀◀

　Bell, W.J. (1986) Responses of arthropods to temporal chemical stimulus changes: simulation of a humidity differential and pheromone plume. In *Mechanisms in Insect Olfaction* (Payne, T.L., Birch, M.C., Kennedy, C.E.J. eds.), Clarendon Press, Oxford.

Bell, W. J. and Kramer, E. (1979) Search and anemotactic orientation of cockroaches. *J. Insect Physiol.* 25: 632-640.

Bell, W. J. and Tobin, T. R. (1982) Chemo-orientation. *Biol.Rev.* 57: 219-260.

Brooks, R. A. (1986) A robust layered control system for a mobile robot. *J.IEEE Robotics & Automation* 2: 14-23.

Gray, J. R., Pawlowski,V. and Willis, M. A. (2002) A method for recording behavior and multineural CNS activity from tethered insects flying in virtual space. *J. Neurosci. Methods*, 120: 211-223.

Hedwig, B. and Poulet, F. A. (2004) Complex auditory behaviour emerges from simple reactive steering. *Nature* 420: 781-785.

Kennedy, J. S. (1977a) Behaviorally discrimination assays of attractants and repellents. In *Chemical control of insect behavior: Theory and Application* (H.H. Shorey and J. J. McKelvey Jr. eds.), New York: Wiley-Interscience, pp. 215-229.

Kennedy, J. S. (1977b) Olfactory responses to distant plants and other odor sources. In: *Chemical control of insect behavior: Theory and Application* (H. H. Shorey and J. J. McKelvey Jr. eds.), New York: Wiley-Interscience, pp. 67-91.

Kanzaki, R., Ikeda, A. and Shibuya, T. (1994) Morphological and physiological properties of pheromonetriggered flipflopping descending interneurons of the male silkworm moth, *Bombyx mori. J. Comp. Physiol. A* 175: 1-14.

Kanzaki,R. and Shibuya,T. (1992) Personal computer-based processing technique for analyzing insect mating behavior in response to sex pheromone odor. *Sensors and Materials* 4: 1-9.

Kanzaki, R., Sugi, N. and Shibuya, T. (1992) Self-generated zigzag turning of *Bombyx mori* during pheromone-mediated upwind walking. *Zool. Sci.* 9: 515-527.

Kojima, T., Sakuma, M., Fukui, M. and Kuwahara, Y. (2003) Spatial orientation of the mould mite, *Tyrophagus putrescentiae* (Schrank) (Acarina: Acaridae), in the computer-programmed olfactory field. *J. Acarol. Soc. Jpn.* 12: 93-102.

Kramer, E. (1976) The orientation of walking honeybees in odour fields with small concentration gradients. *Physiol. Entomol.* 1: 27-37.

McMahon, C. and Guerin, P. M. (2000) Responses of the tropical bont tick, *Amblyomma variegatum* (Fabricius), to its aggregation-attachment pheromone presented in an air stream on a servosphere. *J. Comp. Physiol. A* 286: 95-103.

Michelsen, A., Andersen, B., Storm, J., Kirchner, W. H. and Lindauer, M. (1992) Sound and vibrational signals in the dance language of the honeybee, *Apis mellifera. Behav. Ecol. Sociobiol.* 30: 143-150.

Murlis,J. and Jones, C. D. (1981) Finescale structure of odour plumes in relation to insect orientation to distant pheromone and other attractant sources. *Physiol. Entomol.* 6: 71-86.

Murlis, J., Willis, M. A. and Cardé, R. R. (2000) Spatial and temporal structures of pheromone plumes in fields and forests. *Physiol. Entomool.* 25: 211-222.

Obara, Y. (1979) *Bombyx mori* mating dance: an essential in locating the female. *Appl. Entomol. Zool.* 14: 130-132.

Rust, M. K., Burk, T. and Bell, W. J. (1976) Pheromone stimulated locomotory and orientation response in the American cockroach. *Anim. Behav.* 24: 52-67.

Sakuma, M (2002) Virtual reality experiments on a digital servosphere: guiding male silkworm moths to a virtual odour source. *Comput. Electron. Agric.* 35: 243-254.

Sakuma, M. and H. Fukami (1985) The linear track olfactometer: an assay device for taxes of the German cockroach, *Blattella germanica* (L.) (Dictyoptera: Blattellidae) toward their aggregation pheromone. *Appl. Entmol. Zool.* 20: 387-403.

Sakuma, M. and Fukami, H. (1990) The aggregation pheromone of the German cockroach, *Blattella germanica* (L.) (Dictyoptera: Blattellidae) : Isolation and identification of the attractant components of the pheromone. *Appl. Entmol. Zool.* 25: 355-368.

佐久間正幸(2006)「昆虫行動の生物検定法 ── オルファクトメータから仮想誘引源まで」『農業生態系の保全に向けた生物機能の活用』(農業環境研究叢書,第16号),独立行政法人　農業環境技術研究所編,養賢堂.

佐々木正人(1994)『アフォーダンス-新しい認知の理論』岩波書店.

Thiery, D., Visser, J.H. (1986) Masking of host plant odour in the olfactory orientation of the Colorado potato beetle. *Entomol. Exp. Appl.* 41: 165-172.

Weber, T., Thorson, J. and Huber, F. (1981) Auditory behavior of the cricket. *J. Comp. Physiol.* 141: 215-232.

Wendler, G. and Vlatten, R. (1993) The influence of aggregation pheromone on walking behaviour of cockroach males (*Blattella germanica* L.). *J. Insect Physiol.* 39: 1041-1050.

Wener, R. (1997) Sensory systems and behaviour. In *Behavioural ecology: an evolutionary approach, 4th ed.* (J.R. Krebs and N.B. Davies eds.), pp.19-41. Blackwell Science, Oxford.

Wittlinger, M., Wehner, R. and Wolf, H. (2006) The ant odometer: stepping on stilts and stumps. *Science* 312: 1965-1967.

ユクスキュル,ヤーコプ・ヨハン・フォン(1995)『生物から見た世界』第2版,日高敏隆・野田保之訳,新思索社.

第4章

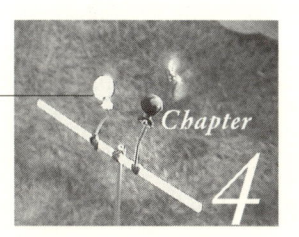

無駄の少ないエレガントな情報システム
昆虫の配偶定位・配偶認知における多種情報利用

深谷　緑

4-1　昆虫の生態情報とその特徴

(1) 昆虫の生態情報に関する研究の経緯

　昆虫の情報利用システムは「思考」「推論」を前提としない，比較的単純な系であるとされる。その一方で昆虫は多様な環境に適応し，繁栄を享受している。生存・繁殖に不可欠な行動を，微小な中枢神経系により少数の刺激要因を利用して遂行しているのであるから，昆虫の情報利用システムは，無駄の少ないエレガントなものといえるだろう。

　動物は一般に視覚，触覚，聴覚，嗅覚，味覚などの感覚情報を利用する。これらの感覚を刺激する要因には環境中の光，振動，化学物質など様々なものがあるが，このうち化学物質，すなわち情報化学物質 semiochemical の研究はとくに昆虫において盛んに行われ，大きな成果を上げてきた。

　昆虫に限らず，生物一般の相互干渉・環境認識に関わる化学物質は，化学生態学 chemical ecology という分野で扱われ，化学分析手法の進歩とともに研究も発展していった。一方，非化学的な感覚要因，すなわち視覚や聴覚，触覚を刺激する要因などは同じ感覚要因の研究でありながら化学生態学とは異なる歩みをたどっている。たとえばよく知られているミツバチをはじめとする訪花昆虫の視覚，チョウ

などの配偶選択における視覚，ウンカやコオロギの振動・音響交信（eg. Prokopy and Owens 1983; Claridge et al. 1984; Balakrishnan and Pollack 1996）などは，行動学，昆虫学，生理学といった動物，昆虫全般を扱う分野の中で扱われており，視覚生態学・音響生態学というような情報要因を特定した枠組みで扱われていない。

　動物は一般に1種類の情報要因のみで行動を遂行するのではなく，多くの場合複数の情報要因を組み合わせて利用し，行動の精度を上げている。昆虫の場合も同様である。しかしフェロモンで定位，交尾するガ，縞々の紙に交尾を試みるアゲハ（Hidaka and Yamashita 1975）のように，情報を一義的な鍵刺激として利用する事例があまりに印象的であるためか，それのみで特定行動（たとえば配偶定位）を解発する主要で不可欠な情報要因（たとえば性フェロモン成分）が解明できれば，他の情報要因の影響が検討されない傾向にあった。ところが実際の昆虫の情報利用は，1刺激－1反応のような対応関係にはなっていない。したがって昆虫の巧妙な認知・行動制御システムを理解するためには，一つの行動を引き起こす主要因の物理的・化学的構造（化学構造や周波数など）だけでなく，同時に関わる他の情報も含め，単独，あるいは組み合わせにおける機能を詳細に解析することが必要である。昆虫の情報利用・認知システムを解明するためには分野の壁を取り払うこと，すなわち「感覚生態学 sensory ecology」「認知生態学 cognitive ecology」などの枠組みでの扱いが必要であり，実際，この分野の研究はそのような方向に動きつつある。

　本章では，とくに生態化学物質に加えて他要因を同時に利用している事例を中心に紹介し，昆虫の行動制御システムを生態情報利用の観点から考察する。とくに昆虫の個体をブラックボックスとし，外側から刺激要因と行動反応を解析した研究を扱う。このようなアプローチは，生態環境への適応を考える上でも重要であるが，人間の認知心理学と同様，材料種の認知システムや脳の機能の推測につながり，個体内部から解析する神経生理学などと補完し合う関係にあると言える。

(2) 使用する生態情報を制限する条件

　昆虫が行動を遂行する上で用いる信号は，少なくとも以下の三つの要因によって制限されていると考えられる。これらは表裏一体の不可分の関係にある。

(1) 情報信号の物理的性質：信号情報の性質はそれぞれ異なっている。たとえば，聴覚信号，嗅覚信号は拡散するが，視覚信号は拡散しない。また聴覚信号は ON/

表 4-1 異なる感覚情報の性質とコミュニケーションのモデル：情報要因（信号）のタイプ

	聴覚	嗅覚	視覚	接触化学感覚	接触物理感覚
媒体の必要条件	空気または水	気流・水流	包囲光	―	―
到達範囲 (range)	大	大	中	小	小
伝達速度	高	低	高	―	―
減衰	早い	遅い	早い	遅い	遅い
障害物への耐性	有	有	無	無	無
位置の指向性（局在性）	中	変動	良	―	―
発信方向の調節	可	不可	可	―	―
複雑性	大	小	大	小〜中	小
エネルギーコスト	高	低	低	低	低
搾取されるリスク	中	低	高	低	低

Larsson and Svensson (2004) の表 (Some characteristics of different sensory models of communication: Type of signal) に接触化学・物理感覚を加筆

OFF が瞬時に可能（発信をやめれば存在しなくなる）であるが，視覚信号ではそれが難しいなど (Larsson and Svensson 2004)（表 4-1）。そのため性質の異なる情報を複数同時に利用することにより，より効率よく行動を遂行できることになる。一部の情報信号の性質についてはあとで詳述する。

(2) 生態的特性：環境条件によって利用しやすい情報信号がある。たとえば暗黒条件の場所においては包囲光を要する視覚情報の利用には限界がある。同じ葉上あるいは近隣で求愛する昆虫の場合，振動情報は有効に利用可能であるが，たとえば遠距離・砂上ではそれは難しい。

(3) 受容者・発信者の生理的・形態的特性：たとえば性能のよい眼を持たない種では解像度の高い画像としての視覚情報は得られない。ゆえに化学感覚・物理感覚，聴覚などへの依存性が相対的に高くなることが予測される。一方，発信者においても生理的，形態的条件（たとえば発音器官，フェロモン分泌器官などの特定器官，代謝系などの存在）からの制約がある。

また，情報そのものがもつ物理・化学的特性とは独立に，受け手にとっての情報としての価値の違いがある。個々の情報要因は特異性が高いもの（特定の種，性，ステージなどが有する），また行動の誘導に不可欠 (essential) なものから，特異性が低い，また補助的に機能するものまで様々である。特異性が高い情報要因は単独でも機能

することが多いが,特異性が低い情報要因は他情報と組み合わせて初めて機能することになる。

昆虫の行動連鎖図をみると,多くの場合,各行動カテゴリーの誘導に種類の異なる複数の情報要因が関わることに気づく。以下,本章では,同種異性との遭遇・配偶認知における多種の情報 mutimodal information の介在の様相を,行動のステップごとに異なる情報要因が機能することで,特定行動が遂行される場合(段階的な情報利用)(4-2 節)と,機能が異なる複数(多種)情報が同時に作用することで行動が遂行される場合(情報の統合利用)(4-3 節)という二つの見方から紹介する。

4-2 段階的な情報利用

(1) ゴマダラカミキリの配偶行動における生態情報利用

配偶定位から交尾成立までの一連の行動連鎖の間に,複数の情報要因(信号)が段階的に用いられる分類群のひとつに,カミキリムシ科甲虫がある。これまでの様々な研究の蓄積から,カミキリムシでは,(1) 遠距離定位:寄主由来の揮発物質,またはフェロモンによって寄主木あるいは異性近辺まで飛来する,(2) 近距離定位:樹上において近距離で機能する誘引物質により配偶定位する,(3) 配偶認知:接触化学物質,または数 mm 以内のごく近距離で作用する化学物質により雄が雌を認識するという段階を経て (4) 交尾が成立する,という流れが典型的であると考えられている (Hanks 1999; 岩淵 1999; Allison et al. 2004 など)。

フトカミキリ亜科のゴマダラカミキリ *Anoplophora malasiana* では,配偶行動に介在する情報要因がとりわけ徹底的に研究され,利用される様々な情報の構造(化学構造など)が明らかになっている。ゴマダラカミキリはカンキツほか果樹の重要害虫であるが,さらにヤナギ,プラタナス,ハンノキなど様々な樹木を寄主とする多食性の種として知られる。幼虫期を寄主樹木の幹の内部で過ごし,蛹化,羽化の数日後に成虫は外界に脱出する。雌雄成虫は寄主上で多回数の交尾を行い,雌は寄主樹木の樹皮に穴を開け(産卵加工)1 穴に 1 卵ずつ,1 日数卵産卵する。

以下,このゴマダラカミキリの交尾に至る過程にかかわる情報要因について述べ,その後,他の種を含め段階的 stepwise な情報利用の様相について述べる。

■ Step 1：寄主樹木への到達

　カミキリムシは樹木との関係が深く，成虫が幼虫の寄主成分に誘引され寄主に飛来し，そこで雌雄が遭遇する種が多い。とくに自然界で希少資源である衰弱木，枯死木を幼虫の寄主とする種では，雌雄成虫が寄主樹木の匂いに誘引されて寄主上に集合することにより高頻度の交尾機会を得られると考えられている (Hanks 1999)。しかしゴマダラカミキリは資源として希少ではない生木を食樹とする。すなわち寄主の場所が限定的ではないため，たとえ寄主成分に誘引されたとしても同種個体に遭遇できる可能性はあまり高くはならないと予想される。カンキツ果樹園内でゴマダラカミキリの雌雄は樹間をランダムに移動している。移動距離，頻度とも雄の方が大きく，雌は雄より緩やかに移動するが，いずれも特定の樹への集合は示唆されていない (Adachi 1990)。このような条件では，遠距離（1m以上）で作用する誘引性フェロモンを利用することが，効率よく雌雄が遭遇するために有益と予測された。ブドウトラカミキリ，スギノアカネトラカミキリや *Neoclytus acuminatus acuminatus* ほかカミキリ亜科のいくつかの種は，雄または雌雄両性が前胸背板にフェロモン腺を持ち，揮発性の性フェロモンを分泌して遠距離から雌または両性を誘引する（たとえば岩淵 1999; Lacey et al. 2004）。しかしゴマダラカミキリの属するフトカミキリ亜科ではこのような遠距離で作用する性フェロモンの存在は報告されていない。野外や室内での観察結果からも，本種には揮発性のフェロモンは存在しないと考えられていた (Fukaya 2003)。

　ゴマダラカミキリの雌雄の体から揮発する物質によって，雌雄が寄主樹木に飛来すること，さらにこの誘引物質が寄主であるカンキツ樹皮・葉に由来するセスキテルペン類であることが最近明らかにされた。この揮発物質は本種が羽化したときには虫体に存在せず，成虫が寄主であるカンキツの枝を囓ることによって飛散するテルペノイドが，体表ワックスに吸着されたものであることが示されている (Yasui et al. 2009)。摂食により体内に取り込んだ食草由来成分を前駆体としてフェロモン成分を合成する昆虫（マダラチョウ類など　本田 2005 を参照）は存在するし，また植物の揮発成分と雄の誘引性フェロモンが協力的に作用する場合が他のカミキリで知られる (Nakamuta et al. 2007; Silk et al. 2007)。しかし植物由来の誘引性物質を（消化管を経ず）体表に吸着するという例は，ゴマダラカミキリのほかには報告されていない。さらに雌雄がカンキツの枝を囓る間にも，このセスキテルペン類が枝から揮発することが明らかになっている。

　本種にとって，このセスキテルペン類を放出している樹木には同種個体が存在し，

樹皮や葉を摂食している可能性が高いことになる。このセスキテルペン類は，植食者であるゴマダラカミキリにとってカイロモン（第2部序163頁参照）であるといえるが，同種他個体に自己の存在を知らせるフェロモン的な機能を持っている（Yasui et al. 2009）。体表や摂食場所から揮発するセスキテルペン類は「ゴマダラカミキリ」という種に特異的なものでも，また性特異的なものでもない。しかし通常の状態で寄主樹木から放出される量は微量であるし，カンキツ枝葉を盛大に食害する（寄主成分を多量に放出させる）動物はそう多くない。ゆえにこの寄主の揮発成分は，同種個体の存在を示す情報として機能すると考えられる。

　先に述べたようにゴマダラカミキリでは特定の樹木への集合は観察されず（Adachi 1990），また虫体やこの寄主由来セスキテルペンを放出するルアーを設置した樹木での密度が著しく高まるわけではないことなどから，この揮発成分が「集合」を引き起こしているとはいえない。むしろこのセスキテルペン類は，同種個体がその樹木に存在することを示す有力な情報として機能する，すなわち誘引性の「性フェロモン的な機能」を担うと考えられる。この誘引物質を設置した野外の寄主樹木では，雄の飛来数が雌の飛来数よりも多い。また雄のほうが移動頻度が高く，雌のほうが同一樹木内に留まっている時間が長いことから，雄側が採餌中の雌のいる樹木に飛来するかたちになると考えられる。

■ Step 2：寄主樹木に着地してから配偶相手に遭遇するまで

　Step1で寄主樹木に至っても，直ちに雌雄が遭遇できるのではない。樹木に着地後，本種は雌雄とも歩行し異性を探索するが，雌が待ち伏せ（静止）中に雄が接近し両性が遭遇することが多い（Fukaya et al. 1999）。ゴマダラカミキリは寄主樹木に高い密度で集合することはないことから，ランダムに木の上を歩き回るだけでは，相手に遭遇する機会はあまり多く得られないと考えられた。後で述べるように本種は接触によって配偶認知を行い交尾に至るが，直接接触する前に異性への定位が可能であれば交尾の機会が高くなるはずである。

　本種は雌雄ともに接触前に配偶相手を認識できるとは考えられていなかった。フトカミキリ亜科では野外で効果を示す誘引フェロモンが報告されていなかったこと，室内観察（平面）で，雌雄がごく近くにいても接触するまで無反応に見えることが多いこと，野外観察，T字管や風洞を用いた実験からは誘引物質の存在は示唆されなかったことなどが理由である（深谷2007）。しかし，雄は直接接触する前に雌に定位することが，本種の負の走地性（斜面を登る性質）を利用した新たな生物検定

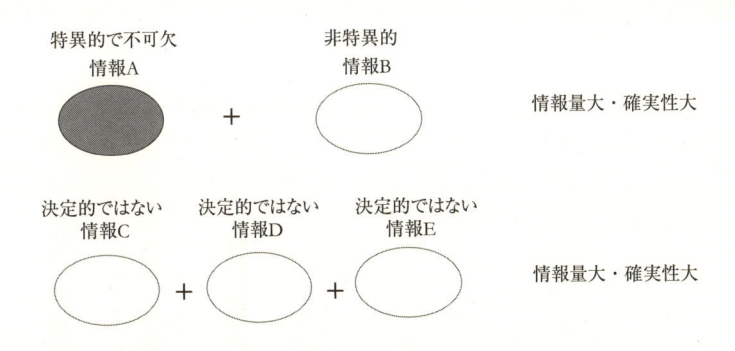

第4章 | 無駄の少ないエレガントな情報システム

図4-1 特異性の異なる情報の加算。特異的で不可欠（essential）な情報Aだけでなく，単独では意味をなさない非特異的な情報が加わることにより，より意味が確実になる。
単独では意味をなさない情報C，D，Eが存在することで初めて情報が確実となる場合。

法（以下，坂登検定）によって明らかになった（Fukaya et al. 2004a）。以下，この実験と解釈について紹介しよう。

[嗅覚情報＝主要因] 雄を急な斜面（仰角75°）に静かに導入すると，ほとんどの雄が垂直上方向に直進する。しかし，新鮮な雌死体を斜面の中央に設置し，その斜め下方（中央から横方向5cm，下方向10cm）から雄を導入すると，雄は触角で接触する前に雌方向に向きを変え（定位），さらに進んで雌に到達する。斜面中央に雌鞘翅ヘキサン抽出物を処理した場合，あるいは抽出物を処理したガラス棒（雌モデル）を設置した場合にも，雄が処理点に接触前に向きを変え（定位），到達した。以上から雄は雌由来の揮発性物質で雌に定位することが明らかになった（図4-2）。この物質は，セスキテルペン類であり，飛翔定位の際に用いられる植物由来物質と同じものであるが，歩行定位の場合にはピンポイントで作用し雄を雌へと導く。なお，匂い源（セスキテルペン，抽出物，新鮮な死体）が存在しない場合には定位が引き起こされないことから，嗅覚情報が近距離定位を引き起こす主要因 essential factor であるといえる。

[視覚情報＝協力要因] さらに，この近距離での歩行定位の際に，視覚要因も重要な機能を担う。上述の坂登検定では，視覚要因の作用を嗅覚要因と独立あるいは同時に検定することが可能である。斜面上に雌抽出物を処理した雌モデルを設置した場合，雌モデルが白や透明である場合よりも黒である場合に有意に高い比率で雄が

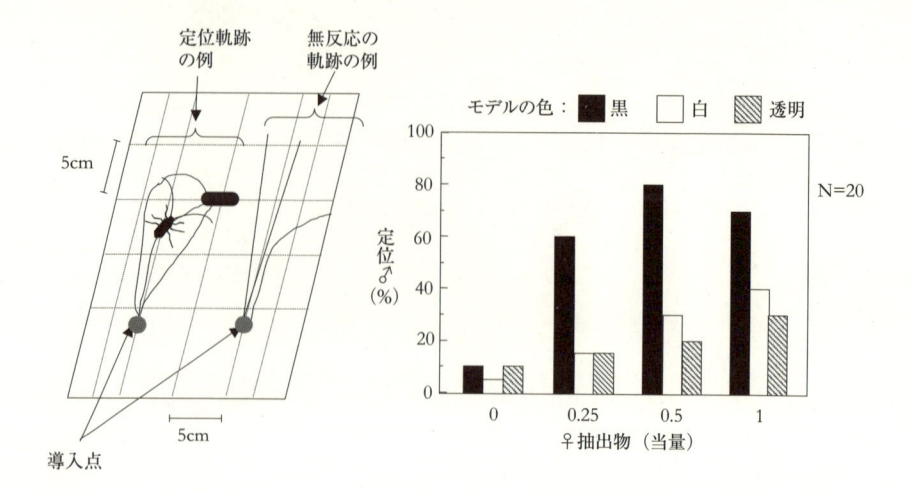

III 昆虫の構造・機能に学ぶ技術

図4-2 (左) ゴマダラカミキリ成虫の近距離定位率の生物検定。仰角75°に立てた板の上にラインを引いた白紙を張り、抽出物を処理した、または無処理のガラス棒（モデル：直径12mm、長さ35mm）を設置する。図の左右いずれかの導入点から雄（又は雌）を上向きに静かに導入する。
定位：接触する前にモデルに向かって曲がった場合。無反応：直進、またはモデルの反対側にそれるなど、定位しなかった場合。図中には典型的な軌跡の例を記入している。
(右) 色の異なるモデルへの雄の定位反応。黒色、白色、または透明なモデルに雌鞘翅抽出物0〜1雌当量を処理した場合（Fukaya et al. 2004; 深谷2007より改変）。

定位することから、雄は配偶定位の際に視覚を用いていることが解る（図4-2）。しかし、雌抽出物を処理しない場合、モデルの色にかかわらず、雄が有意な反応を示さないことから、近距離定位を引き起こす主要因は雌由来の嗅覚要因であり、視覚はこの嗅覚要因存在下で定位反応を増幅する「協力要因 synergistic factor」と考えられる。

黒色に対して定位反応が高かったが、実は「黒」という色彩を他の色から識別しているのではない。抽出物を処理した異なる色（赤、緑、黄、青、黒、白）の雌モデルを設置したとき、雄の反応は色彩によって異なったが、実は定位反応率はこのモデルの色の明度と相関しており、雄は明度が低い色に対し高い比率で定位することが明らかになった。さらに無彩色（白〜灰〜黒）のモデルを用いた実験にいても、明度は定位率と逆相関した。すなわちこのカミキリは色の3要素（色相・明度・彩度）のうち明度を重要な要因として配偶相手に定位していると推測される（図4-3）（Fukaya et al. 2005a）。

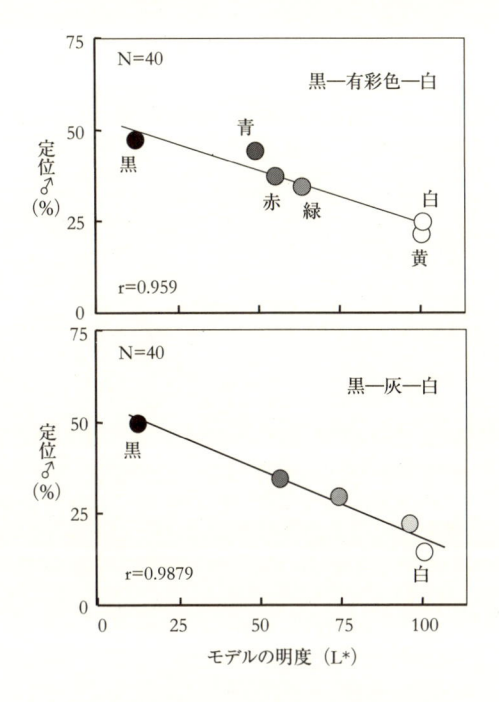

第4章 無駄の少ないエレガントな情報システム

図4-3 色の異なるモデルに対するゴマダラカミキリの雄の定位反応。モデルは直径12mm×長さ35mm、カプセル型の色ガラス。それぞれ0.5雌当量の雌鞘翅抽出物を処理。
明度はCIE1976L*b*c*による使用モデル色のL*値（Fukaya et al. 2004cより改変）。

　また配偶行動を行う対象となる物体（雌モデル，雌）とその背景（台紙，寄主樹木など）のコントラストが視覚認知に関わることが明らかになっている（Fukaya et al. 2005a）。しかし単純にコントラストが強いほど定位が起きやすいということではない。白または灰，黒の背景上に白〜灰〜黒のモデルを設置して坂登検定を行ったところ，どの背景の上においても明度が低いモデルへの定位が最大になったが，この傾きは背景が白＞灰＞黒の順で急であり，すなわち同色モデルに対する反応は背景色が薄いほど高くなった。すなわち強コントラストであっても黒い背景に白モデルは反応が低い。また背景色より明度が高いモデル二つの間では，より暗いモデルに定位が起きやすい（図4-4）。以上から，定位対象としては常に明度が低い物体が認識されやすいが，その背景の明度がより高いときに認識されやすい，ということが

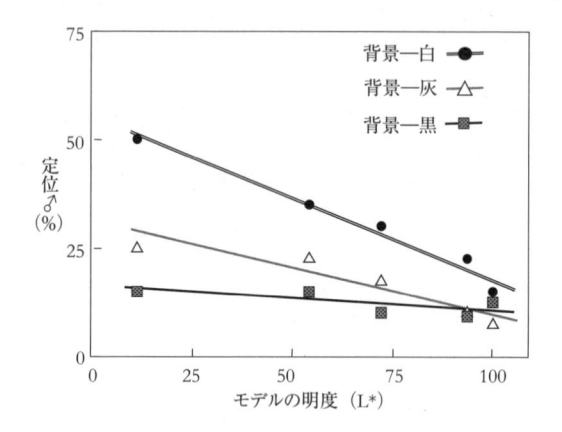

図4-4 ターゲット（雌モデル）の背景色と雄の定位。モデルは直径12mm×長さ35mm，カプセル型の色ガラス。それぞれ0.5雌当量の雌鞘翅抽出物を処理。
背景―白：L* 99.49　　$Y = -0.146X + 21.879$　　$r = 0.9879**$（P = 0.0016）
　　　灰：L* 80.02　　$Y = -0.079X + 11.847$　　$r = 0.9326*$（P = 0.021）
　　　黒：L* 32.92　　$Y = -0.02X + 6.294$　　$r = 0.7015$（P = 0.19）
背景の明度（L*）：白：99.5，灰：80.0，黒：32.9。
（Fukaya et al. 2005a を改変）

いえる（Fukaya et al. 2005a）。

　また配偶相手の大きさも視覚要因として機能している。大きさの異なる黒色モデルに雌抽出物（0.5雌当量）を処理した場合，雄の定位反応率はモデルが大きいほど高い（Fukaya et al. 2005a）。

　一方，雌もまた定位の際に視覚を協力要因として用いている。すなわち，雌は雄抽出物を塗布したダミーに定位するが，モデルが黒いときには，白い場合より有意に高い比率で定位行動を示す。抽出物処理がない場合には有意な反応がないことも同様である（Fukaya et al. 2005b）。

　以上要するに，配偶相手から揮発する匂い要因によって飛翔定位し，樹木上に着地した後，この匂い要因と同時に配偶相手の視覚要因を用いて，配偶相手と遭遇するのである。

■ Step 3：接触刺激性のフェロモンによる雄の雌認知，正しい方向へのマウント

　カミキリの雌の体表には，接触刺激性あるいはごく近距離で直接接触することによって受容されるフェロモンが存在する。雄が雌に接近し直接接触することにより配偶認知がなされ，交尾に至る。成分が同定されている種は多くないものの，様々なカミキリの行動観察，抽出物の活性試験などから，すべての種がこのような接触刺激性フェロモン（コンタクトフェロモン）をもつと考えられるに至った（岩淵 1999; Allison et al. 2004）。

　ゴマダラカミキリ雄は，触角で雌に触る，あるいは雌のごく近くに達すると，雌に駆け寄り，脚で触れた後に雌を抱え込み（捕捉），体軸を雌に合わせて前，中脚で雌を抱え（マウント），腹部末端を曲げ，交尾に至る。一部は駆け寄ることなく雌に脚で触れた後雌の体を抱え込む。この間，雄は雌の背面に口ひげで接触（リッキング）する行動が頻繁に見られる。以上は他の多くのカミキリ雌雄の遭遇から交尾までの行動連鎖と共通している。同じフトカミキリ亜科のキボシカミキリでは，触角で駆け寄り，脚のふ節と口ひげで捕捉以降の一連の行動を引き起こす刺激を受容することが解っている（Fukaya and Honda 1992）。このリッキング行動は甲虫一般に広く見られ雌を宥める行動とされているが，キボシカミキリやゴマダラカミキリにおいては雌体表に存在する化学情報を受容する意味もあると考えられる。

　ゴマダラカミキリが受容している化学情報とはいかなるものであろうか。ガラス製のダミーに雌抽出物を塗布し，雄に提示すると雄は雌に対するのと同様に上述の行動連鎖を示す（動画（深谷 2005）参照）ことから，雌抽出中に雄の配偶行動を引き起こす物質が存在することが証明された（Fukaya et al. 1999）。

　コンタクトフェロモン成分の化学構造がカミキリムシ科では初めて報告されたキボシカミキリにおいては，体表炭化水素成分の60％以上を占める炭素数36の長鎖の不飽和炭化水素 (Z)-21-methyl-8-pentatriacontene がフェロモン主成分であり単独で雄の腹曲げを引き起こすが，その活性は雌粗抽出物より著しく低かった（Fukaya et al. 1996, 1997）。それ以後に報告されたカミキリのコンタクトフェロモン成分は (Z)-9-nonacosene など長鎖の炭化水素であり（Ginzel et al. 2006），体表を覆い水分蒸散を防ぐ体表ワックスそのものとしても機能しているものと考えられた。

　一方，ゴマダラカミキリにおいては，体表炭化水素もコンタクトフェロモン成分ではあるが，さらに極性の高い物質がコンタクトフェロモンの不可欠な成分として機能していることが明らかになった。本種のフェロモン成分としてはこれまで (a) 八つの炭化水素，(b) 四つのケトン (c) 三つのラクトン成分が同定されている（図

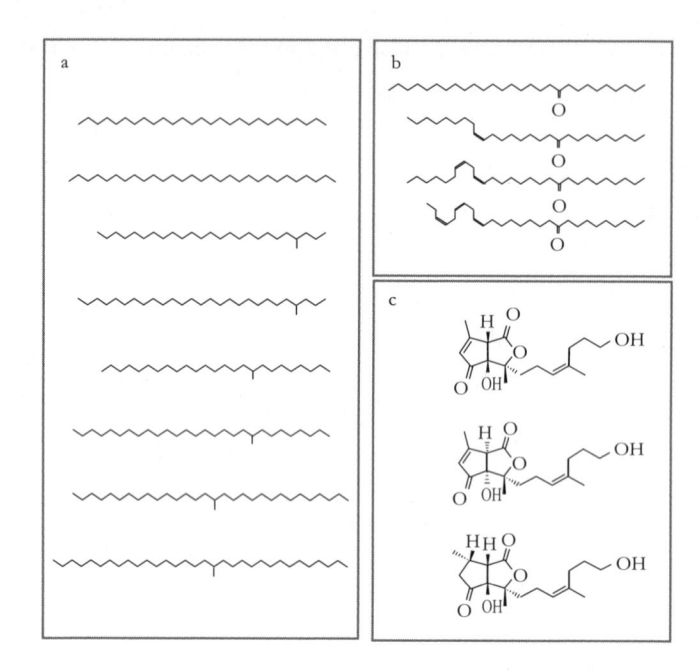

図4-5 ゴマダラカミキリの雌体表のコンタクトフェロモン活性成分。(各グループ上から)
(a) 炭化水素:heptacosane, nonacosane, 4-methylhexacosane, 4-methyloctacosane, 9-methylheptacosane, 9-methylnonacosane, 15-methylhentriacontane, 15-methyltritriacontane.
(b) ケトン:heptacosan-10-one, (Z)-18-heptacosen-10-one, (18Z,21Z)-heptacosa-18,21-dien-10-one, (18Z,21Z,24Z)-heptacosa-18,21,24-trien-10-one.
(c) ラクトン:Gomadalactone A[1S*, 4R*,5S*)-5-hydroxy-4-[(E)-7-hydroxy-4-methylhept-3-enyl]-4,8-dimethyl-3-oxabicyclo [3.3.0] octan-7-en-2,6-dione, GomadalactoneB[(1R*, 4R*, 5R*)-5-hydroxy-4-[(E)-7-hydroxy-4-methylhept-3-enyl]-4,8-dimethyl-3-oxabicyclo [3.3.0] octan-7-en-2,6-dione], Gomadalactone C [(1S*, 4R*, 5S*, 8S*)-5- hydroxy-4- [(E)-7-hydroxy-4-methylhept-3-enyl]-4,8-dimethyl-3-oxabicyclo [3.3.0]octan-2,6-dione]

4-5)。これら3グループの活性物質群は,同時に作用することではじめて雌抽出物に匹敵する活性を呈し,雄の交尾試行を引き起こす(図4-6, 7)という「厳密な」協力関係を持つ(Fukaya 2003a; Akino et al. 2001; Yasui et al. 2003a, 2007a)。

活性成分である(a)の炭化水素は直鎖,およびメチル側鎖を持つ長鎖炭化水素であり,体表炭化水素(ワックス)成分群のなかの主な物質である。本種の体表炭化水素の組成には性的2型があり,雌は(a)の8成分を持つが,雄はより炭素数が少ない成分が多い(図4-8)(Akino et al. 2001)。この性差は配偶認知に機能しているほ

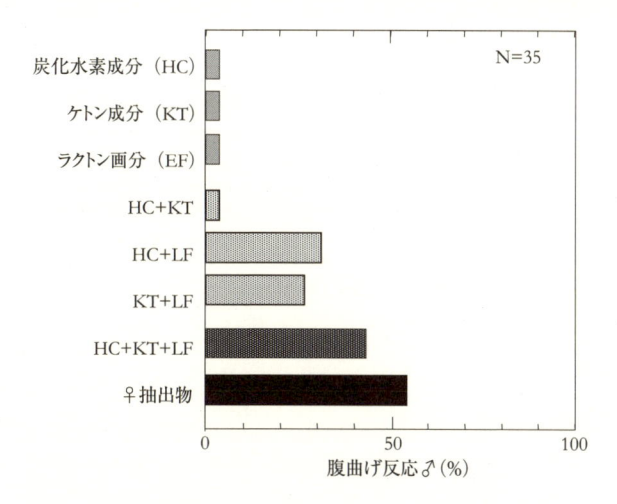

図 4-6 3成分群を処理した雌モデルに対する雄の腹曲げ（交尾試行）反応率。炭化水素成分：炭化水素8成分の合成品混合物，ケトン成分：ケトン3成分の合成品の混合物，ラクトン：ラクトン成分群を含む画分。各成分群については図5参照。（Yasui et al. 2003を改変）

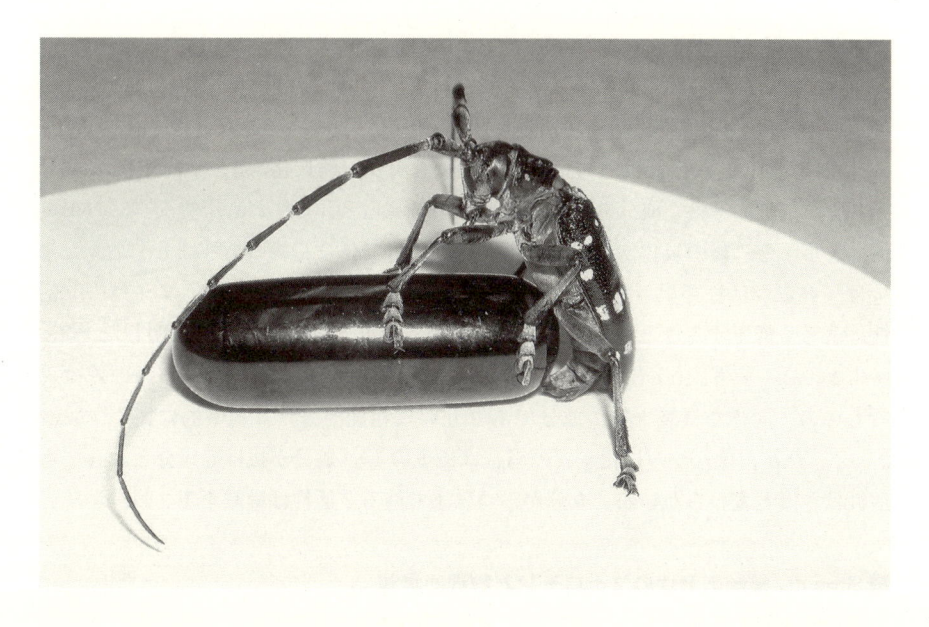

図 4-7 コンタクトフェロモン成分を処理した雌モデル（黒色ガラス）への雄の腹曲げ（交尾試行）反応

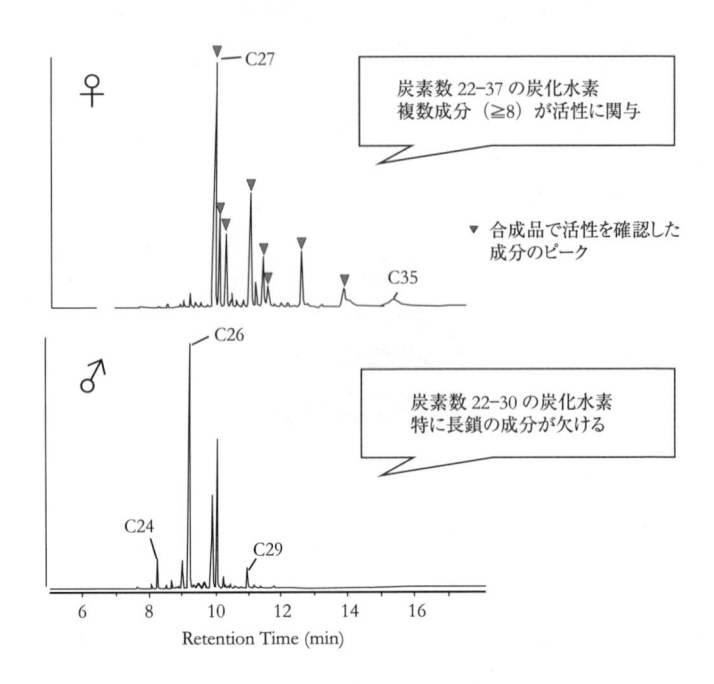

図4-8 ゴマダラカミキリ雌雄の体表炭化水素のガスクロマトグラム
(Akino et al. 2001を改変)

か，他の成分を保持する溶剤的な機能があると考えられている。

(b)および(c)成分群はさらに重要な機能を持つ．雌炭化水素，雄炭化水素画分それぞれに他の極性2成分群を含む雌画分を加えると，いずれも十分なフェロモン活性を示すが，雌の炭化水素成分に雌の極性画分ではなく雄の極性画分を加えた場合は，有意な活性を呈さない．とくにラクトン成分群を欠く場合，フェロモン活性は著しく低下することから，このラクトン成分群が主活性成分と判明した (Yasui et al. 2003a)．一方，(a)(b)(c)の各群に属する数成分については，強弱の差はあるものの，同様な機能を持つ成分であり互いに相加的または補償的に働く (Fukaya 2003a)．たとえば八つの炭化水素の場合は任意の1-2成分が抜け6成分となっても活性はさほど変わらないが，成分が二つにまで減ると活性は激減する．

■ Step 4：接触刺激性のフェロモンと物理的情報

雄が雌を捕捉したのち，マウントし交尾器で結合，精子を注入するには，体の位置を調節し，さらに外部生殖器の位置をあわせなくてはならない．このとき雌をつ

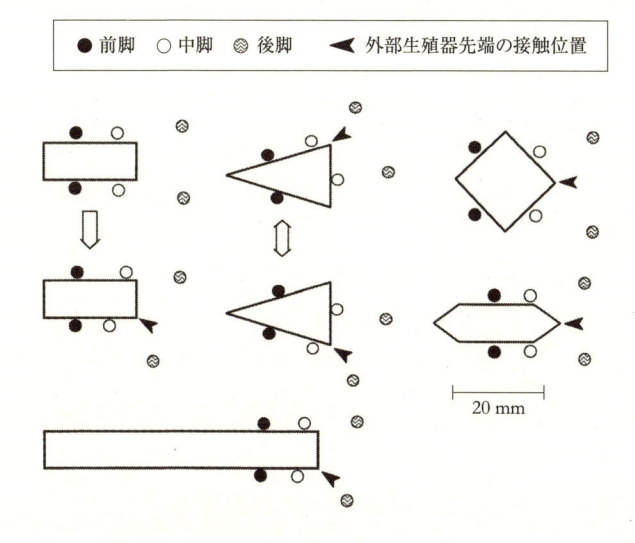

●前脚　○中脚　⊗後脚　◀外部生殖器先端の接触位置

図4-9　キボシカミキリ雌鞘翅抽出物を塗布した様々な形態の雌モデル上での雄のマウント位置の模式図。モデルの高さはすべて8mm。雄の前・中脚のモデルに触れる位置, 後脚末端の位置, 外部生殖器末端 (paramere) のモデルへの接触位置を図示。(Fukaya and Honda 1996)

かんだときの脚の配置や腹部末端の位置の物理感覚情報で体の位置を決定すると考えられている。ジンサンシバンムシの雄は雌を抱え込んだ後, マウント方向を雌の体表面の毛の向きにより決定する (Word 1981) が, カミキリムシでは雌の体表の毛を利用しているとは考えられていない。キボシカミキリの雄は, コンタクトフェロモンが表面に存在する物体 (抽出物処理雌モデル・雌) を抱え込んだのち, 自分の脚の位置が平行かつ対称になる位置でマウント姿勢を取り, 腹部を下方に曲げ, 腹部末端の交尾器を突起や凸曲面に接触させる。そのような構造物に腹部末端が当たらない場合には, 左右に腹部末端をずらし, 突起物を探る。突起物を探り当てたとき, 腹部末端の位置と体軸がずれている場合は, 脚の位置, 体の位置を調節する。雌モデルを用いた場合, 突起物 (モデルの角) の位置が最初のマウント姿勢における体軸から大きくずれる場合, 腹部末端の横への移動によりモデルの捕捉が続けられなくなり, 雄はモデル上を旋回することになる (図4-9) (Fukaya and Honda 1996)。

ここで, 「抱え込める」というアフォーダンス (本書第3部3章, 365頁; Gibson 1979参照) はマウント行動を成立させる重要な情報要因となっている。キボシカミキリの場合, 様々なモデルに雌抽出物を塗布して雄に提示したとき, 雄は球, 直方体な

ど抱え込める形・サイズの物体には駆け寄り,抱え込もうとするが,半球,プリズム型など,脚が滑る物体には抱え込みやマウントを試みることはなかった。また,雌抽出物を塗布した様々な高さ・長さ・幅の直方体モデルを雄に提示したとき,雄の捕捉・腹曲げ反応は,平均的な雌の高さ・長さ・幅辺で極大となった。とくにモデルが低い(2mm以下)場合,雄は全く反応しない(Fukaya and Honda 1996)。このことから雄の配偶相手の認知,またマウント腹曲げに至る姿勢の維持には,雌の形態,とくに高さが重要であることがわかる。

なお,雌を抱え込んでから腹曲げし交尾に至るまでの間,雄は雌の背面に口鬚で繰り返し触れる(リッキング行動)。この行動により雄は雌の体表成分を繰り返し口ひげで受容し,再確認することになると考えられる(Fukaya and Honda 1992)。

(2) 情報の組み合わせと作用の順序,文脈の発生

4-2節で紹介したゴマダラカミキリは寄主樹木までの飛翔定位には嗅覚,歩行定位は嗅覚に加えて視覚,配偶認知には接触化学感覚,さらに交尾姿勢の調節には接触機械感覚を利用していた。このうち種・性特異性が最も高い情報要因は,接触化学感覚として受容されるものであった。雄は,相手が同種個体である可能性が高いものの同種雌であることが確実ではない状態で接近する。そして直接の接触後に同種雌の種・性特異的な情報を確認し,交尾に至るのである。

配偶定位―認知において情報が段階的に作用する事例は多い。たとえばある種のチョウでは雌の翅の色=視覚要因によって雄が飛来し,最終的には近距離で作用する雄のフェロモンによって雌が雄を認識し,受け入れることで交尾に至る(Vane-Wright and Boppré 1993)。雌雄双方が交互に情報を発し,あるいは受容することにより,確実に同種異性の交尾を確実にすることもある(Thornhill and Alcock, 1983)。

配偶定位―配偶認知を行う場合,これに利用されるすべての情報の要素を重ねていったときに種・性特異性が確保されなければならない(そうでなければ同種異性以外と交尾し繁殖成功度を激減させかねない)。すなわち配偶定位―配偶認知に至るまでのいくつかのステップで複数の情報を使う場合,単独で種・性を特定できる決定的な要因を一つ以上用いるか,あるいは個々では不確定である複数の情報のみの組み合わせにより,文脈的に種・性が特定可能となっているはずである。

情報の文脈依存性は様々な意味合いから論じられている(例えば『現代思想』vol. 25-7参照)。昆虫の生態情報もいくつかの単語に相当する情報の要素の組み合わせ

によって文を形成しており，情報の意味は文脈によって異なると考えることができる．なお，この文の中には，ここでは単独では意味のない言葉（情報）も混在している．たとえば，【寄主のテルペノイドの匂いがする（同種存在可能性高），2-4cmぐらいの抱え込める立体で，黒っぽく，コンタクトフェロモン成分が存在する（主要因）物体】は，ゴマダラカミキリの雌である，【黄色くて，動きがあり，翅裏と翅表が交互に見える物体】はミドリヒョウモン（チョウの一種）の雌である，といった文になっているとみることもできる．同じ情報の要素が存在しても，その他の環境条件（時間帯や照度，気温など）や受け手自身の条件（性や発育ステージ）によっても意味が異なってくる．

4-3 複数情報の利用による行動制御：多種感覚情報の統合利用

情報担体には長所・短所がある．性質の異なる複数情報が組み合わさることにより，確実な環境認識が可能となり，効率よく特定行動が遂行できる．

(1) 嗅覚情報，音響情報の不自由

昆虫の生態情報物質としてフェロモンは重要な機能をもち，とくに揮発性のフェロモンではそれのみで定位・交尾が触発されるものと認識されていた．カミキリムシの一種 Neoclytus acuminatus acuminatus の雄のフェロモン源には20m先の雌が訪れている (Lacey et al. 2004)．しかしこれは探索飛翔とフェロモンによる近距離での定位の複合的効果によるかもしれない．実は匂い情報は方向を知るにはあまりよい情報とはいえないのである．

空間に匂い分子が均一に充満し，空気が流動しない状態においては方向という情報はない．しかし空気中に浮遊する分子の分布に勾配があれば，昆虫側が移動することでその勾配の方向や傾きを検出することができる．実際には野外では風があり，匂い分子が均一でとぎれない濃度勾配を作る状態にはならない．理屈としては匂い存在下で風上に向かうことで，匂いの発生方向に向かうことになる．また，匂いの流れからそれないよう向きを修正する動きも必要である (Kennedy and Hars 1974)．この場合匂い感覚子の他に毛状感覚子などで気流を感知しなくてはならない．フェロモンや寄主の嗅覚情報が存在する下で，昆虫が風上飛翔する性質は多くの種で報

告されている (Fadamiro et al. 1998 など)。風上飛翔の際，視覚情報が定位目標の位置特定の信号情報となっているわけではなく，風の中で姿勢，速度を保持・調節するために視運動反応が機能する。

フェロモンの流れの構造そのものが飛翔行動を制御することがガにおいて判明している。スジマダラメイガの雄は，フェロモンが帯状に流れているときはゆっくりしたジグザグ飛翔，短いパルス（フェロモンの塊）に接触すると，一瞬の無反応ののち短時間のみ風上に向かう (Mafra-Neto and Cardé 1994)。このような飛翔行動の制御と，視覚によって調節される風向定位が，雄の匂い源への到達をもたらす (Charlton and Cardé 1990)。しかし揮発性の性フェロモンの空間構造で高度な行動制御がなされ匂い源に到達することが，すべての種で確かめられているわけではない。

視覚が機能する以上は，匂いだけでなく，位置情報として安定な視覚要因も用いた方がより合理的である。Hidaka (1972) はアメリカシロヒトリの雄が，雌フェロモン成分に加え，雌由来の視覚情報により定位，交尾を行うことを示した。イラクサギンウワバにおいても，配偶定位の際，雌の形態が重要な情報になっていることが示されている (Shorey and Gaston 1970)。ハエの仲間においても，フェロモンを主要因として用いているが，それと同時に雌由来の視覚要因の重要性も認められているものがある (Thornhill and Alcock 1983; Wall 1989)。

一方，聴覚情報は風依存性は低い。また ON/OFF がしやすく，タイミングが計りやすい情報である。ただし位置情報としての確実性は視覚と嗅覚情報のあいだぐらいであり，昆虫にとって使いやすい位置情報とは考えられない (Larsson and Svensson 2004)。音の方向性は二つの聴覚器官での強さの差，感覚器官の向きからから得られるが，昆虫の場合体が小さいため方向の認識は自分が動くことがないかぎり難しく，音源への定位は可能であってもピンポイントでの定位は必ずしも容易ではないと推測される。匂いの場合と同様，視覚などの要因と組み合わせることで情報の精度が高まると考えられる。

(2) 視覚情報の難点

一方，視覚画像は位置情報として安定である。しかし，物理的な遮断に弱い（たとえば枝葉に遮られると使えない），包囲光に依存する（環境の明るさに依存）といった欠点がある。また視覚情報だけで種および性特異的なシグナルとするには特殊な波長・文様・形態を見分ける認知能力が必要であるし，色彩視が可能な包囲光が必要

であるから時間的な限定も生じる。目立つことによって捕食の危険性も高まる。とくに動かないターゲットに対し視覚要因のみで種・性認知を行うには受容者側の「視力」が問題である。逆に発信側は視覚的にそのような特異な形質を発生させることが可能でなくてはならない。

　昆虫の場合，複眼の構造的な制約から，画像の解像度はあまり高くない。たとえばある種のチョウの雄は飛翔中の雌を視覚により認知するが，3m以上の距離では雌に反応しない (Rutowski 2000)。多くのチョウは色覚を持ち，視覚を配偶行動の解発要因としているが，野外実験で同性の死骸に求愛するなど，視覚のみによる性認知が不完全な場合もある。ハエや甲虫など視覚定位が見られる種でも異種間の求愛行動が見られる (Cobb and Jallon 1990 など)。擬態種が同所的に多く存在する場合，視覚による種認知はさらに難しくなる (Estrada and Jiggins 2008)。

　しかし配偶相手の動きや，動きから生じるフラッシュ効果も視覚刺激として機能する。またターゲットに接近した後，雌または雄の近距離で作用するか，あるいは接触刺激性であるフェロモン，音響信号など新たな情報を受容して種・性認知を行うのであれば，情報は補完され，特異性の問題は解決する。

　昆虫の場合視覚刺激，とくに体色や模様を急に変えることは難しい，つまり視覚刺激は ON/OFF しにくい。物陰に隠れる，信号が目立たない色の場所に隠れる，翅を開閉して目立つ部分を隠す，などの特別な行動をとらない限り，その信号は常に発信状態となる。昆虫の主要な捕食者である鳥類は主に視覚を用いて餌を認識する。また捕食性の昆虫も視覚により餌の依存的に餌を探すものがよく知られている。すなわち体を晒すことにより捕食される危険性が増すことになる。発信を調節可能な (ON/OFF しやすい) 嗅覚信号あるいは音響信号と組み合わせることで問題は少なくなる。すなわち探索接近する側の性が，捕食の危険性の少ない目立たない色や形態を持つ，あるいは身を隠している同種異性を，時々発信される別の信号を用いて探し出すことが可能になる。

　ヒトはたとえば焼鳥の匂いを手がかりに焼鳥屋の存在に気づき，おおまかな方向を知ることができる。しかし晴眼者なら店にはいるときはのれんや看板などの視覚要因で確認するであろうし，カレーの皿を鼻だけで探り当てることはなく，視覚，触覚を利用するであろう。これはヒトが視覚優位な生物だから視覚に依存するということだけでなく，視覚が位置情報として優れているが嗅覚は位置情報としては使用しにくい性質を持つ情報であることにも起因する，より普遍的な様相なのである。

(3) リュウキュウクロコガネの雄の配偶定位：嗅覚定位から視覚定位への切り替え

嗅覚情報と視覚情報を異なる機能で同時に利用する事例として，リュウキュウクロコガネ *Holotrichia loochooana* の配偶行動について述べる。

リュウキュウクロコガネは雌がアントラニル酸を腹部末端のフェロモン腺から放出する。この単一成分のフェロモンは雄の配偶定位と交尾試行を引き起こす雄の性フェロモンであるとともに，雌を誘引し集合を形成させる機能を持つ（Arakaki et al. 2003; Yasui et al. 2003）。

宮古島西平安名崎において，夕方，雌が食樹であるクサトベラ上に集合しコーリング姿勢をとることが観察される。そこへ雄が飛来し，雌にピンポイントで定位，雌の背面にダイレクトに着地する。この雄の着地には，フェロモンだけでなく視覚が介在していることが雌モデルを用いた野外実験から明らかになった。白または黒い布でくるんだ綿（綿球）にフェロモンを処理したものを発生地に置くと，白綿球には，近辺まで雄が飛来するものの着地はほとんど見られないが，黒綿球には雄が高い頻度で着地する。一方，色にかかわらずフェロモン処理されていない綿球には雄は接近も着地もしない。このことから，視覚要因は，フェロモン存在下で配偶定位の協力要因として機能していることが判明した。ゴマダラカミキリの歩行定位の場合と同じように，雄は明度の低い色により高頻度で着地することから，雄は色覚によるのでなく明度によって雌に定位していると考えられる（Fukaya et al. 2004c, 2006）。

さらにここでの視覚要因と嗅覚要因の機能は異なっている。フェロモン未処理黒球［(−P) 黒モデル］とフェロモン処理白球［(+P) 白モデル］を近距離に設置したとき，雄はフェロモン処理していないにもかかわらず (−P) 黒モデルに着地する。(−P) 黒モデルへの着地率はこの2球間の距離が近いとき高いが，この2球間の距離を広げていくと (−P) 黒モデルへの着地率は落ちていく。このとき (+P) 白モデルへの着地が増えるわけではない。2球の距離が 5cm 程度の時，風下から飛来した雄は白モデル方向から黒モデル方向へ向き直って着地する（図4-10）。2球間の距離が 20cm の場合には，2球の手前風下側をホバリングしながら振り子のように行き来するが，ほとんどの場合どちらにも着地しない（動画参照：深谷 2006）。以上から雄は，嗅覚定位により着陸目標近辺（20cm 以内）に至った後，視覚定位に切り替えていることが判明した。このシステムにより雄は雌の体上に確実にピンポイント

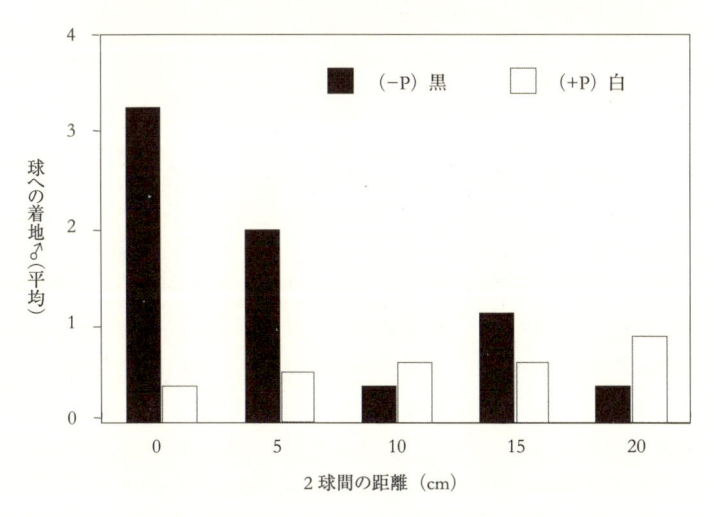

図4—10　(上) 視覚定位により雌モデルに着地寸前のリュウキュウクロコガネの雄。フェロモン処理した白綿球 [(＋P) 白] と未処理の黒綿球 [(－P) 黒] を風向きに平行に設置。雄はフェロモンに誘引されて風下から飛来するが, フェロモン未処理の黒色モデルに着地する。(深谷　2006 の動画より)
(下) フェロモン処理した白綿球 [(＋P) 白] と未処理の黒色雌モデル [(－P) 黒] の間の距離を変えたときの各モデルへの雄の着地 (N = 14) (Fukaya et al. 2005)

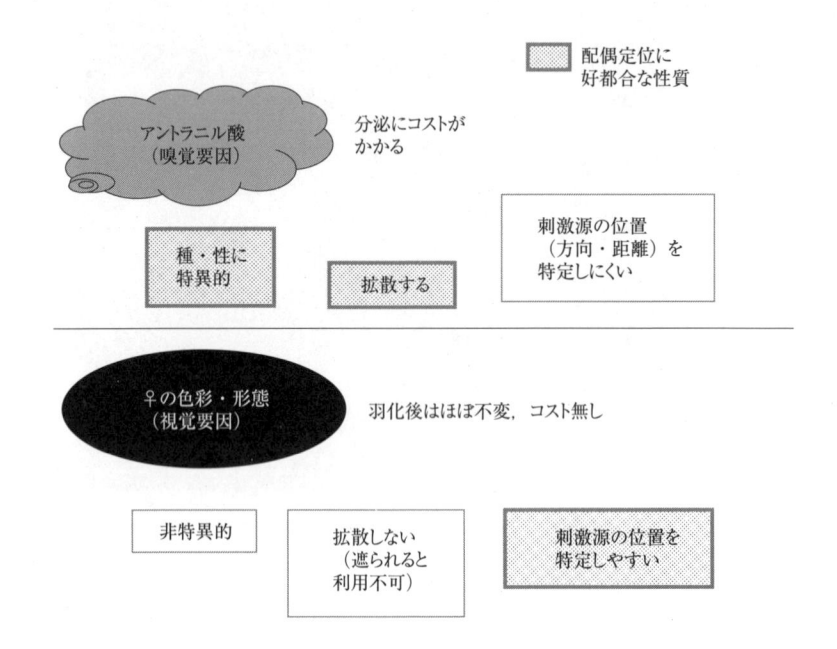

図 4-11 リュウキュウクロコガネの雄の配偶定位の際に用いられる嗅覚要因と視覚要因の性質(アントラニル酸は本種雌の放出する揮発性のフェロモン)。

着地するものと推測される (Fukaya et al. 2006)。

　嗅覚要因であるアントラニル酸は,本種では種・性特異的で,かつ食樹の葉などの障害物を越えて拡散するが,位置情報としては不安定である。一方,視覚要因は位置情報として優れているが,本種雌の視覚要因として作用する条件は,黒っぽい色であり,さらに1cm程度以上の大きさの立体で把握または着地できることである。これは雄にも共通する性質で,周囲にもその条件を満す物体がある可能性が考えられる非特異的情報要因である。本種は複数の情報を利用することにより,効率よく配偶定位・着地を行っていると考えられる。

4-4　配偶戦略と生態情報利用,行動の進化

　信号情報と行動の解発は,鍵刺激として行動学の黎明期には盛んに研究されてきた課題である(たとえばローレンツ,ティンバーゲン)。その後行動学は神経行動学や行動生態学などの分野に分かれ,適応度に直結しない信号情報そのものの解析的研

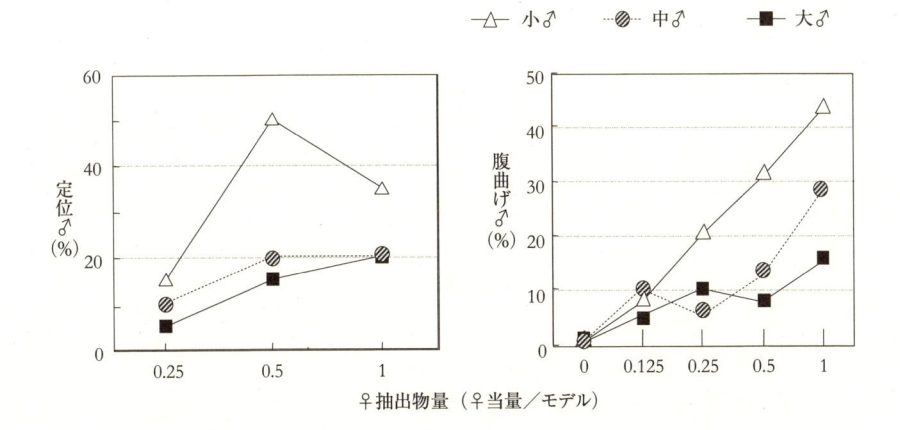

図 4-12 ゴマダラカミキリの雄体サイズと雌鞘翅抽出物（フェロモン・誘引物質を含む）に対する反応。雄体長：小：25mm 未満，中：27mm 以上 29mm 未満，大：31mm 以上。黒色モデル（直径 12mm × 長さ 35mm）に各薬量の雌抽出物を処理。左：定位反応。生物検定法は図 2 と本文参照。右：腹曲げ反応（交尾試行）。生物検定法は図 7 と本文参照。(Fukaya et al., 2004 を改変)

究は，行動学の雑誌では目立たなくなった。しかし，至近要因（生理的・物理的なメカニズムなど）を棚上げにして究極要因（適応上の意義）のみを追求するような風潮が薄れてくると，感覚情報利用システムがその生物種の様々な行動を決定していることが再認識されるようになった。

(1) 交尾による利益と情報戦略

　雌の配偶者選好性は雌の感覚システムの生理的背景の副産物で，自然選択によって形成されたものであり，そして雄はその感覚システムの特徴に合致するように自分の性質を進化させてきたと考えられている（たとえば Endler and Basolo 1998）。

　雌に選好される性質は，交尾により直接的に雌に利益を与える別の性質と相関していることがある。雌が体サイズの大きい雄を選ぶことにより，精子や付属腺分泌物の栄養から直接的に利益を得，卵の数や大きさ，生存率を上昇させる可能性がある。また雄の体色の濃さや放出するフェロモン成分量なども摂食の履歴や生育状態を反映すると考えられている（Griffith et al. 2006; Yasui et al. 2006）。

　しかし雌に選ばれる雄の形質は，必ずしも雌の繁殖成功度を上げるために直接は寄与しない。オドリバエの雄は獲物ではなく吐糸でつくられた空洞の物体を婚姻贈

III 昆虫の構造・機能に学ぶ技術

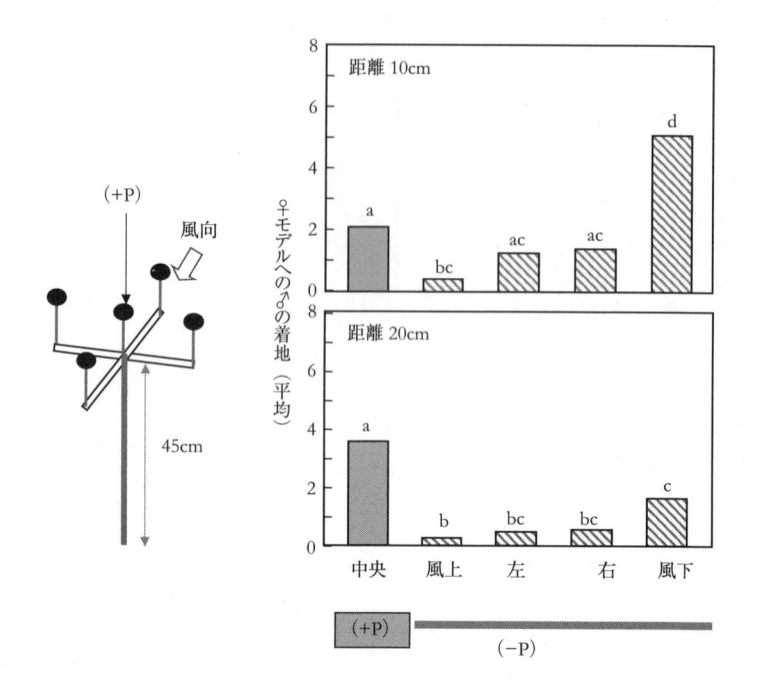

図 4-13 左：リュウキュウクロコガネのフェロモン放出雌［(+P) モデル］の周囲に 4 個の非放出雌 (−P モデル) を配置した雌集団モデルの模式図。(+P) モデルには 10 mg/1 ml のアントラニル酸メタノール溶液 1 ml を処理。地面からモデルまでの高さは約 55 cm。ひとつのアームが風向きと一致するように配置。中央のモデルと周囲のモデルの間の距離は 10 cm または 20 cm。
右：(+P) モデルと，位置の異なる非放出雌［(−P) モデル］への 1 日当たりの雄の平均着地数 (N=14)。$\sqrt{着地雄数+0.5}$ の値についてモデル間の距離 10 cm，20 cm ともブロック分散分析でモデルの位置により有意差 (P<0.05)，また a～c 同文字添付のない位置間で Tukey-Kramer test で有意差あり (P<0.05)。

呈物として提示する。大きな贈答物を作れる雄が優秀な遺伝子を持っているか，あるいは雌に選好されるのであれば，そのような雄を選ぶことで，優秀な遺伝子を持ち雌に好まれる息子を持つことができる，という間接的な効果は期待できる。しかし雌が贈答物を摂食することで産卵数を増やすという効果は期待できない (Vahed 2007)。繁殖行動とは無関係に発達した雌の感覚を利用して雄が雌を獲得する，感覚便乗 (sensory exploitation) の例である。雄の婚姻贈答物を見かけの大きさで評価して交尾受け入れを決める性質が進化するより前に，雌が狩りをするときに視覚的に

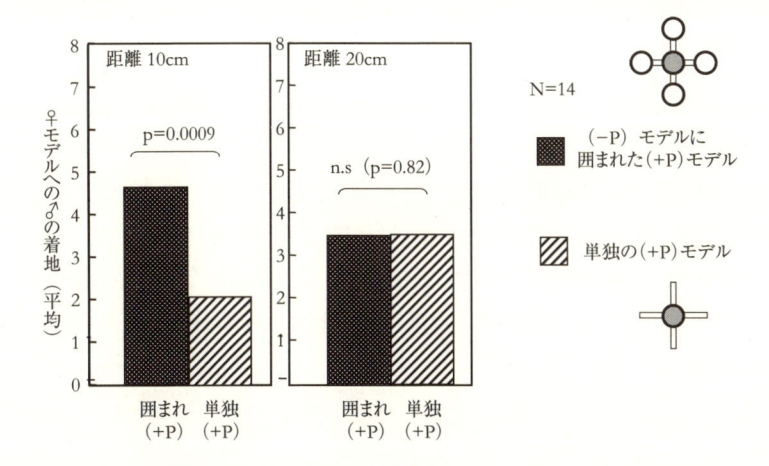

図4-14　リュウキュウクロコガネのフェロモン非放出雌(−P)モデルに囲まれたフェロモン放出雌(+P)モデルと，単独の(+P)モデルへの雄の1日当たりの雄の平均着地数。p値は$\sqrt{着地雄数+0.5}$についてStudent's t-testによるもの。

大きな餌を視覚的に識別し，選好する，という性質が先にあったと考えられるのである(Ryan 1998)。

なお雌雄の配偶行動における感覚便乗では，視覚情報についての報告例が多いが，アワノメイガの，雌近傍で超音波を発し雌を静止させる雄の行動は，捕食者であるコウモリの超音波を感知して静止し，被食回避する雌の性質に便乗して進化したものと考えられている(Nakano et al, 2006)。このほか化学物質を介した感覚便乗や感覚トラップも存在する。

生態情報の構造，機能と，行動の研究をあわせて進めることにより，情報利用システムの進化と雌雄間の葛藤についても明らかになって来るであろう。

(2) カミキリムシの体サイズとフェロモン感受性

体サイズと行動，繁殖成功度の関係は進化生態学における重要課題である。

体の大きさは，繁殖上の有利不利にも作用する。配偶者選択においては雌の選択・雄の選択ともに大きな体の個体が好まれる例が多い。同性間の闘争においても大きな個体が有利である。とくに繁殖成功度については小さい雄が不利であることが多く，体サイズの大きな雄のそれを小さな雄が上回る事は特殊な場合を除きほとんど

ない。

　個体自身の大きさは，行動の特性としばしば関係する。体の大きな個体が武器のサイズが大きく闘争性が高い，小さな個体は武器のサイズが小さい，闘争性が低いなどの傾向が知られる。カミキリの一種 *Dendrobias mandibularis* では，大きな個体は食草上の樹液がしみ出す場所で待ち伏せし，樹液に近づく雌を獲得するが，小さな雄の場合は樹液がしみ出す場所以外を徘徊中に雌を獲得する (Goldsmith 1987) など，小さな個体が大きな個体と同じ行動を取らないことがある。全般に小さな雄は，縄張りを作らず「スニーカー雄」「サテライト雄」的な行動を示す例が多い (Thornhill and Alcock, 1983)。

　このような体サイズによりもたらされる行動の変異・多型を，情報受容側の感覚への反応から説明できる場合がある。

　カミキリムシは，同一個体群内での体サイズの変異が大きく，キボシカミキリの大きな雄と小さな雄では体長差で3倍の違いがみられる。ゴマダラカミキリ，キボシカミキリの体の小さい雄は雌に好まれず，大きな雄よりも高い頻度で交尾拒否行動を受ける。しかし小さい雄は，雌に活発に接近，交尾を試みる（小さな雄は数打てば当たる？）。カミキリムシは大きな雄の方が小さな雄よりも触角が長い。長い触角で接触することにより，雌を高い確率で認識できるため雌へのアプローチする回数が増えるという報告がある (Hanks et al. 1996)。しかしこで紹介している2種では，触覚の短い小さな雄のアプローチ頻度は大きな雄よりも高かった。キボシカミキリ，ゴマダラカミキリの小さな雄は，雌が揮発する誘引物質や，雌の体表に存在するコンタクトフェロモンに対して反応性が高いことが判明したが，このことはキボシカミキリ，ゴマダラカミキリの小さな雄個体が，雌に対して活発である要因の一つであることが示された (Fukaya 2004; Fukaya et al. 2004)。

　体の大きさは遺伝のみで決まるのではない。幼虫期に他の植物体に移動できない穿孔性昆虫は，幼虫期の寄主植物の環境の影響を受けやすく，同一個体群内での体サイズ変異が著しいものが多いといわれる。カミキリムシの1種 *Phoracantha semipunctata* は飼育条件で体サイズが変わる (Hanks et al. 2005)。キボシカミキリでは4齢幼虫の特定時期に餌条件が悪いとその後5齢にならずに蛹化する (Munyiri et al. 2003) こと，また発生までの期間が長いほど（成虫発生が卵の産下の当年，翌年，2年後の成虫がある）体が大きくなることが知られる（伊庭 1993）。環境条件が悪くとも死んでしまうよりは小さくとも繁殖に参加する方がましと思われる。キボシカミキリ，ゴマダラカミキリでは小さな雄は雌に好まれず繁殖上不利であるが，体が小さ

くなってしまった雄成虫が繁殖上の不利を雌フェロモンへの高い反応性によってある程度補っていると考えられ，"Make the best of a bad job"，すなわち不利な形質をもつ個体が有利な個体と異なる戦術により不利を縮小する，という事例であると推測される (Fukaya 2004)。

(3) 集合形成と情報〜雄の定位システムから成り立つ，雌の労働寄生

第3節でリュウキュウクロコガネ雌雄の定位システムについて説明した。このリュウキュウクロコガネの雌は夕方食草上に集団を作り，フェロモン成分であるアントラニル酸を放出する (Yasui et al. 2003b)。そこに雄が飛来し雌の背に着地するが，雌は雄との交尾を拒否せずそのままペアが成立する。しかし雄の飛来が終わる日没時になっても集団中には単独の雌が多数残っている。すなわち実効性比は雌に偏り，雌間で雄を巡る競争が存在すると考えられる。なぜ雌は集団を形成するのだろうか。

本種は雌も雌フェロモンに誘引されるが，雄の場合とはその様相が異なる (Arakaki et al 2003)。すなわち交尾場所に飛来してきた雌は，フェロモンを放出中の雌の背中に止まるのではなく，食樹の葉に着地，緩やかな集合を形成する。雄の場合とは異なり，雌は他雌の視覚刺激を着地目標にしているとは考えられず，嗅覚情報をたよりに緩やかに集合を形成する (Yasui et al. 2007d)。

雌集団中の雌のフェロモン放出量は変異が大きく，コーリング姿勢を取っていてもフェロモンを放出していない雌が集団中に混在する (Yasui et al. 2007b)。本種の雄は，雌フェロモンに誘引されて雌近辺まで飛来し，フェロモン源近辺 (20 cm 以内) に至って視覚定位に切り替えて視覚目標定位，着地する。この雄の配偶定位システムから，フェロモンを放出している雌 (放出雌) の近くに待機するフェロモンを放出していない雌 (非放出雌) が雄を獲得する可能性があると推測された。

フェロモンを処理した黒綿球 [(+P) モデル] を放出雌のモデルとし，フェロモン処理しない黒綿球 [(−P) モデル] 非放出雌モデルとし，(+P) モデルを中央におき，その周囲 10 cm または 20 cm の距離に (−P) モデル四つを十字に配した「混成集団モデル」を野外に設置した。このとき中央の (+P) モデルだけでなく，周囲の (−P) モデルにも雄は着地した。とくに中央の (+P) モデルの 10 cm 風下の (−P) モデルへの着地は (+P) モデルへの着地よりも有意に多かった。以上からフェロモン非放出雌も放出雌の近く (とくに近くの風下) で待機することにより，交尾相手

の雄を得ることができると考えられた。(Yasui et al. 2007d)。

　しかし，自力で雄を誘引できる放出雌にも集合するメリットはあるのだろうか。(−P) モデルで囲まれた (+P) モデルでは，単独で設置した (+P) モデルよりも雄の着地頻度が低くなることから，非放出雌に囲まれると放出雌は飛来する雄を非放出雌に横取りされ，繁殖のチャンスを減少させる可能性があると考えられた。一方，(+P) モデルを五つ配した「放出集団モデル」では，風上側以外の場所で，(+P) モデルを単独で設置した場合よりも着地率が高くなる傾向が見られた。放出雌が単独でフェロモン放出を開始し，雄を得る前に非放出雌に囲まれてしまうよりは，フェロモン放出雌を含む集団風下に加わったほうが得をする可能性があると考えている。一方，野外にフェロモン処理したルアーを設置した場合，雌の集合がルアーの風下側に伸びてゆく傾向が認められた (Yasui et al. 2007d)。野外集団が風下側に伸長することは，自分にとって有利な場所に雌が定位しているということでもある。

　以上，要するに，嗅覚定位から視覚定位に切り替えて雌にピンポイント着地するという雄の定位システムから，フェロモンを放出していない雌が雄を獲得する，いわば雌の労働寄生の可能性が生じ，さらに雌が集団を形成することのメリットが生じると推測される。

4–5　昆虫の行動制御における情報利用システムの応用可能性

(1) 害虫管理への応用

　信号刺激とくに嗅覚情報や視覚情報を用いた昆虫の行動制御は，まず農業において利用されてきた。化学情報利用としては，フェロモンによる交信攪乱，大量捕殺やモニタリングなどがある。視覚情報を利用するものには，紫外線の遮断や反射による視覚情報の攪乱による定位の阻害，光による誘殺などがある。とくに黄色など特別な波長の光を用いることで特異性を高めることもできる。振動，音波などによる誘引や忌避なども検討されてきた。しかしフェロモンなど化学成分が同定されている種数に比して，防除のために実用的に利用されている製剤は少ない。野外試験で交信攪乱や誘殺効果は確認されてもフェロモンの合成など製剤化にかかる費用が膨大であるとか，その害虫の被害が少なく採算が合わないなど，経済的な理由によって実用化されない場合もあろうが，フェロモンの野外での効果が低く実用に適さな

いと考えられる場合もあるだろう。

たとえば室内試験で同定されたフェロモンが、野外での誘引（トラップ）試験で効果が低い場合、あるいは交信攪乱効果がない場合、その原因として様々な可能性が考えられる。フェロモンの微量成分の欠如、外部からの移入が多いなどその種の生態的特徴が原因であることもあるが、なかには視覚や振動など、フェロモン以外の定位に関わる情報要因を考慮することで効果が上がる場合があるだろう。たとえば農業ではなく家庭用の製品であるが、ハエ取り器に、性フェロモン、果実の揮発成分と水色の水玉模様を同時に利用したものがある（ワイパア　ハエゾロゾロ、白元）。すなわち、匂い化学刺激に視覚定位のためのターゲットを加えた形である。またフェロモン製剤による交信攪乱においては、これまでのように揮発性フェロモンによって交信を妨げるだけでなく、UV反射シート、UVカットシートなどによる視覚定位阻害を同時に施すことで効果が上がる可能性がある。

昆虫が行動を遂行する際に用いる情報は文脈に依存していることを先に述べた。すなわち情報はそれを構成する要素の組み合わせや、その他の生態的・生理的条件によって意味を持つ。たとえ特異的で不可欠な刺激要因（たとえば性フェロモン）が存在しても、そこに単独では重要に見えない他の情報要因が加わることによって、受け手個体の行動の精度が高まっていくのである。効果的な害虫管理を行うために、害虫や天敵が用いる匂い化学物質、接触化学物質、接触物理刺激、音、風、光要因（UV、可視光その他）、視覚要因（包囲光存在下でのターゲットの画像イメージ）など、種類の異なる情報要因を同時に用いた、多種（multimodal）情報利用システムを検討する必要がある。

(2) 他分野との関係と応用可能性

昆虫は環境中の多数の情報要因を組み合わせて用いることにより、情報としての精度を上げ、複雑な行動を巧妙に遂行している点ではヒトと同じである。ただし、昆虫の方が、情報によって引き起こされる行動の可塑性が小さい、またターゲットが備えている特徴のうち利用している要素が少ない（たとえばリュウキュウクロコガネは、交尾対象となるターゲットが暗色で、かつ、雌フェロモンの匂いが存在すれば、サイズや表面構造が雌に類似しなくても交尾を試みる）。すなわち、より単純な情報と単純なプログラムで複雑な（しかし可塑性が少ない）行動を遂行しているといえる。微小脳を持つ昆虫での研究は、動物の情報利用システムの普遍的なメカニズムの解明

に貢献するはずである。

　すでに昆虫の中枢神経系と行動，環境への応答に関する研究は進んでおり，昆虫をモデルにした制御系の工学的方面への応用への方向も見えている。昆虫の単純で効果的な情報利用システムにおける知見は，人間の認知システムに効果的に作用するための情報デザイン，あるいは感覚器を補助する製品に生かせるかもしれない。ユニバーサルデザイン，とくに最小限の情報量で効果的に機能する情報デザイン（たとえば最小限の情報量で，コントラストをくっきりと明確につけて表示した誘導板）やME（医療電子工学，とくに感覚代行システム開発）などへの応用も考えられる。

　生物が行動遂行する上で最適な情報は，情報担体の性質や環境条件に依存して決まる面があり，また神経の基本的な仕組みは分類群を超えて共通する部分がある。視覚生態学，認知生態学においては，情報利用システムには種を超えて普遍性があることが標榜されてきた（Gibson 1979; Dukas 1998 など）。心理学，情報学関連分野においては，生命における普遍的な情報の意味や構造，機能についての理論的研究（たとえば Brooks and McLennnan 1997; Gernert 1997）は盛んであるが，昆虫の情報利用に関する知見を反映させることでさらに大きな進展がもたらされると考える。

▶▶参考文献◀◀

Adachi, I. (1990) Population studies of *Anoplophora malasiaca* adults (Coloeoptera : Cerambycidae) in a citrus grove. *Res. Popul. Ecol.* 32: 15-32.

Akino, T., Fukaya, M., Yasui, H. and Wakamura, S. (2001) Sexual dimorphism in cuticular hydrocarbons of the white-spotted longicorn beetle, *Anoplophora malasiaca* (Coleoptera : Cerambycidae). *Entomol. Sci.* 4: 271-277.

Allison, J. D., Borden, J. H. and Seybold, S. J. (2004) A review of the chemical ecology of the Cerambycidae (Coleoptera). *Chemoecology* 14: 123-150.

Arakaki, N., Wakamura, S. Yasui, H., Sadoyama, Y. and Kishita, M., (2003) Sexually differentiated functions of female-produced pheromone of the black chafer *Holotrichia loochooana loochooana* (Sawada) (Coleoptera : Scarabaeidae) *Chemoecology* 13: 183-186.

Balakrishnan, R. and Pollack, G. S. (1996) Recognition of courtship song in the field cricket, *Teleogryllus oceanicus*. *Anim. Behav.* 51: 353-366.

ブルック, D. R.・マクレナン, D. A.（野村収昨訳）(1997)「物質情報としての生物信号」『現代思想』青土社, vol. 25-7：118-127.

Claridge, M. F., Hollander, J. and Morgan, J. C. (1984) Specificity of acoustic signals and mate choice in the brown planthopper *Nilaparvata lugens*. *Entomol. Exp. Appl.* 35: 221-226.

Cobb, M. and Jallon, J. M.（1990）Pheromones, mate recognition and courtship stimulation in the drosophila-melanogaster species subgroup. *Anim, Behavi.* 39: 1058-1067.

Dukas, R. (ed.) (1998) *Cognitive Ecology, the Evolutionary Ecology of Information Processing and Decision Making.*

The University of Chicago Press, Chicago and London.

Endler, J. A. and Basolo, A. L. (1998) Sensory ecology, receiver biases and sexual selection. *Trends Ecol. Evol.* 13: 415-420.

Estrada, C. and Jiggins, C. D. (2008) Interspecific sexual attraction because of convergence in warning colouration : is there a conflict between natural and sexual selection in mimetic species? *J. Evol. Biol.* 21: 749-760.

Fadamiro, H. Y., Wyatt, T. D. and Birch, M. C. (1998) Flying beetles respond as moths predict : optomotor anemotaxis to pheromone plumes at different heights. *J. Insect Behav.* 11: 549-557.

Fukaya, M. (2003) Recent advances in sex pheromone studies on the white-spotted longicorn beetle, *Anoplophora malasiaca. JARQ* 37: 83-88.

Fukaya, M. (2004) Effects of male body size on mating activity and female mate refusal in the yellow-spotted longicorn beetle, *Psacothea hilaris* (Pascoe) (Coleoptera : Cerambycidae) : Are small males inferior in mating? *Appl. Entomol. Zool.* 39: 603-609.

深谷 緑 (2005)【動画】「ゴマダラカミキリの配偶行動 1. メス抽出物を塗布したガラス棒に交尾を試みるオス 2. メスの臭いと色によるオスの配偶定位」動物行動の映像データーベース Movie Archive of Animal Behavior (http://www.momo-p.com/) データー番号 (1) : momo050921am01b ; (2) : momo050921am02b.

深谷 緑 (2006)【動画】「リュウキュウクロコガネの配偶定位実験 (1), (2), (3)」動物行動の映像データーベース Movie Archive of Animal Behavior (http://www.momo-p.com/), データー番号 (1) : momo040305hl01a ; (2) : momo040305hl02a ; (3) : momo040305hl03a.

深谷 緑 (分担執筆) (2007)「カミキリムシのフェロモン」河野義明, 田付貞洋編『昆虫生理生態学』朝倉書店, 164-174pp.

Fukaya, M. and Honda, H. (1992) Reproductive biology of the yellow-spotted longicorn beetle, *Psacothea hilaris* (Pascoe) (Coleoptera : Cerambycidae). I. Male mating behaviors and female sex pheromones. *Appl. Entomol. Zool.* 27: 89-97.

Fukaya, M. and Honda, H. (1996) Reproductive biology of the yellow-spotted longicorn beetle, *Psacothea hilaris* (Pascoe) (Coleoptera : Cerambycidae) IV. Effects of shape and size of female models on male mating behaviors. *Appl. Entomol. Zool.* 31: 51-58.

Fukaya M., Yasuda, T. Wakamura, S. and Honda, H. (1996) Reproductive biology of the yellow-spotted longicorn beetle, *Psacothea hilaris* (Pascoe) (Coleoptera : Cerambycidae) III. Identification of contact sex pheromone on female body surface. *J. Chem. Ecol.* 22: 259-270.

Fukaya, M., Wakamura, S., Yasuda, T., Senda, S., Omata, T. and Fukusaki, E. (1997) Sex pheromonal activity of geometric and optical isomers of synthetic contact pheromone to male of the yellow-spotted longicorn beetle, *Psacothea hilaris* (Pascoe) (Coleoptera : Cerambicidae). *Appl. Entomol. Zool.* 32: 654-656.

Fukaya et al. 1999.

Fukaya, M., Akino, T., Yasuda, T., Wakamura, S. Satoda, S. and Senda, S. (2000) Hydrocarbon components in contact sex pheromone of the white-spotted longicorn beetle, *Anoplophora malasiaca* (Thomson) (Coleoptera : Cerambycidae) and pheromonal activity of synthetic hydrocarbons. *Entomol. Sci.* 3: 211-218.

Fukaya, M., Akino, T., Yasuda, T., Yasui, H. and Wakamura, S. (2004a) Visual and olfactory cues for mate orientation behaviour in male white-spotted longicorn beetle, *Anoplophora malasiaca. Entomol. Exp.*

Appl. 111: 111-115.

Fukaya, M., Yasuda, T., Akino, T., Yasui, H., Wakamura, S., Fukuda T. and Ogawa, Y. (2004b) Effects of male body size on the mating behavior and female mate refusal in the white-spotted longicorn beetle, *Anoplophora malasiaca. Appl. Entomol. Zool.* 39: 731-737.

Fukaya, M., Arakaki, N., Yasui, H. and Wakamura, S. (2004c) Effect of colour on male orientation to female pheromone in the black chafer *Holotrichia loochooana loochooana. Chemoecology* 14: 225-228.

Fukaya, M., Akino, T.and Yasui, H., Yasuda, T., Wakamura, S. and Yamamura, K. (2005a) Effect of size and color of female models for male mate orientation in the white-spotted longicorn beetle *Anoplophora malasiaca* (Coleoptera : Cerambycidae). *Appl. Entomol. Zool.* 40: 513-519.

Fukaya, M., Yasui, H., Yasuda, T., Akino, T. and Wakamura, S. (2005b) Female orientation to the male in the white-spotted longicorn beetle, *Anoplophora malasiaca* by visual and olfactory cues. *Appl. Entomol. Zool.* 40: 63-68.

Fukaya, M., Wakamura, S., Arakaki, N., Yasui, H., Yasuda, Y. and Akino, T. (2006) Visual 'pinpoint' location associated with pheromonal cue in males of the black chafer *Holotrichia loochooana loochooana* (Coleoptera: Scarabaeidae). *Appl. Entomol. Zool.* 41: 99-104.

Gernert, D. (1997)「記号・モデル・解釈　生物学におけるセマンティクスの現代的諸側面」.【ディーター・ゲルナート／右田正夫訳】『現代思想』青土社, vol. 25 (7): 210-219.

Gibson J. J. (1979) *The Ecological Approach to visual Perception*. Lawrence Erlbaum Associates. Hillsdale, New Jersey, London. (1986. ed.) 336p.

Ginzel, M. D., Moreira, J. A., Ray, A. M., Millar, J. G. and Hanks, L. M. (2006) (Z)-9-Nonacosene, major component of the contact sex pheromone of the beetle, *Megacyllene caryae. J. Chem. Ecol.* 32: 435-451.

Goldsmith, S, K. (1987) The mating system and alternative reproductive behaviors of *Dendrobias mandibularis* (Coleoptera : Cerambycidae). *Behav. Ecol. Sociobiol.* 20: 111-115.

Griffith, S. C., Parker, T. H. and Olson, V. A. (2006) Melanin- versus carotenoid-based sexual signals : is the difference really so black and red? *Anim. Behav.* 71: 749-763.

Hanks, L. M. (1999) Influence of the larval host plant on reproductive strategy of cerambycid beetles. *Ann. Rev. Entomol.* 44: 483-505.

Hanks, L. M., Millar, J. G. and Paine, T. D. (1996) Mating behavior of the eucalyptus longhorned borer (Coleoptera : Cerambycidae) and the adaptive significance of long "horns". *J. Insect Behav.* 9: 383-393.

Hanks, L. M., Paine, T. D. and Millar, J. G. (2005) Influence of the environment on performance and adult body size of the wood-boring beetle *Phoracantha semipunctata. Entomol. Exp. Appl.* 114: 25-34.

Hidaka, T. (1972) Biology of *Hyphantria cunea* Drury (Lepidoptera : Arctiidae) in Japan. XIV. Mating behavior. *Appl. Entomol. Zool.* 7: 116-132.

Hidaka, T. and Yamashita, K. (1975) Wing color pattern as the releaser of mating behavior in the swallowtail butterfly, *Papilio xuthus* L. (Lepidoptera : Papilionidae). *Appl. Entomol. Zool.* 10: 263-267.

本田計一 (2005)「配偶行動」(本田計一・加藤義臣編『チョウの生物学』東京大学出版会), pp. 302-349.

伊庭正樹 (1993)「桑園におけるキボシカミキリの生態ならびに防除に関する研究」『蚕糸・昆虫農業技術研究所　研究報告』8: 1-119.

岩淵喜久男 (1999)「カミキリムシの性フェロモン」日高敏隆, 松本義明監修『環境昆虫学』東京大学出版会, pp. 436-463.

Kennedy, J. S. and Marsh, D. (1974) Pheromonal regulated anemotaxis in flying moths. *Science* 184: 999-1001.

Lacey, E. S., Ginzel, M. D, Millar, J. G. and Hanks, L. H. (2004) Male-produced aggregation pheromone of the cerambycid beetle *Neoclytua acuminatus acuminatus. J. Chem. Ecol.* 30: 1493−1507.

Larsson M. C. and Svensson, G. (2004) Methods in insect sensory ecology. [in Christensen, T. A. ed. *Methods in Insect Sensory Neuroscience.* (Frontiers in Neuroscience Series), 435p, CRC Press] pp. 27−58.

Mafra-Neto, A. and Cardé, T. (1994) Fine-scale structure of pheromone plumes modulates upwind orientation of flying moths. *Nature* 369: 142−144.

Munyiri, F. N., Asano, W., Shintani, Y. and Ishikawa, Y. (2003) Threshold weight for starvation-triggered metamorphosis in the yellow-spotted longicorn beetle, *Psacothea hilari*s (Coleoptera : Cerambycidae). *Appl. Entomol. Zool.* 38: 509−515.

Nakamuta, K., Leal, W. S., Nakashima, T., Tokoro M., Ono M. and Nakanishi, M. (1997) Increase of trap catches by a conbination of male sex pheromones and floral attractant in the longicorn beetle, *Anaglyptus subfaciatus. J. Chem. Ecol.* 23: 1635−1640.

Nakano, R., Ishikawa Y., Tatsuki, S., Surlykke A, Skals, N. and Takanashil T. (2006) Ultrasonic courtship song in the Asian corn borer moth, *Ostrinia furnacalis. Naturwissenschaften* 93: 292−296.

Prokopy, R. J. and Owens, E. D. (1983) Visual detection of plants by herbivorous insects. *Ann. Rev. Entomol.* 28: 337−364.

Rutowski, R. L. (2000) Postural changes accompany perch location changes in male butterflies (*Asterocampa leilia*) engaged in visual mate searching. *Ethology* 106, 453−466.

Shorey, H. H. and Gaston, L. K. (1970) Sex pheromones of noctuid moths. XX. Short-range visual orientation by pheromone-stimulated males of *Trichoplusia ni. Ann. Entomol. Soc. Am.* 63: 829−832.

Silk, P. J., Sweeney, J., Wu, J., Price, J., Gutowski, J. M. and Kettela, E. G. (2007) Evidence for a male-produced pheromone in *Tetrepium fuscum* (F.) and *Tetropium cinnamopterum* (Kirby) (Coleoptera: Cerambycidae). *Naturwissenschaften* 94: 697−701.

Thornhill, R. and Alcock, J. (1983) *The Evolution of Insect Mating Systems*. Harvard University Press, Cambridge, Massachusetts and London.

Vahed, K. (2007) All that glisters is not gold : sensory bias, sexual conflict and nuptial feeding in insects and spiders. *Ethology* 113: 105−127.

Vane-Wright, R. I., and Boppré, M. (1993) Visual and chemical signaling in butterflies : functional and phylogenetic perspectives. *Phil. Trans. R. Soc. Lon*d. B., 340: 197−205.

Wall, R (1989) The roles of vision and olfaction in mate location by males of the tsetse fly *Glossina morsitans morsitans. Med. Vet. Entomol.* 3: 147−152.

Word, J. P. (1981) Mating behaviour and the mechanism of male orientation in the anobiid bread beetle, *Stegobium paniceum. Physiol. Entomol.* 6: 213−217.

Yasui, H., Akino, T., Yasuda, T., Fukaya, M., Ono, H. and Wakamura, S. (2003a) Ketone components in contact sex pheromone of the white-spotted longicorn beetle, *Anoplophora malasiaca*, and pheromonal activity of synthetic ketones. *Entomol. Exp. Appl.* 107: 167−176.

Yasui, Y., Wakamura S., Arakaki, N., Kishita M. and Sadoyama Y. (2003b) Anthranilic acid: a free amino-acid pheromone in the black chafer, *Holotrichia loochooana loochooana. Chemoecology* 13: 75−80.

Yasui, H., Akino, T. Yasuda, T., Fukaya, M., Wakamura, S. and Ono, H. (2007a) Gomadalactones A, B and C : novel 3-oxabicyclo [3.3.0] octane compounds in the contact sex pheromone of the white-spotted longicorn beetle, *Anoplophora malasiaca. Teterahedron Lett.* 48: 2395−2400.

Yasui, H., Yasuda, T., Fukaya, M., Akino T., Wakamura, S., Hirai, Y., Kawasaki, K., Ono, H., Narahara, M.,

Kousa, K. and Fukuda, T. (2007b) Host plant chemicals serve intraspecific communication in the white-spotted longicorn beetle, *Anoplophora malasiaca* (Thomson) (Coleoptera : Cerambycidae). *Appl. Entomol. Zool.* 42: 255−268.

Yasui, H., Wakamura, S., Arakaki, N., Yasuda, T., Akino T. and Fukaya, M. (2007c) Collection and quantification of airborne pheromone from individual females of the black chafer *Holotrichia loochooana loochooana* (Coleoptera : Scarabaeidae) : Heterogeneity of feral females in respect to pheromone release. *Appl. Entomol. Zool.* 42: 143−150.

Yasui, H, Fukaya, M., Wakamura, S., Akino, T., Yasuda, T., Kobayashi, A. and Arakaki, N. (2007d) Aggregation of the black chafer *Holotrichia loochooana loochooana* (Sawada) (Coleoptera : Scarabaeidae) : Function of female pheromone and possible adaptive significance. *Appl. Entomol. Zool.* 42:. 507−515.

Yasui, H., Akino, T., Fukaya, M., Wakamura, S. and Ono, H. (2009) Sesquiterpene hydrocarbon kairomones with a releaser effect in the sexual communication of the white-spotted longicorn beetle, *Anoplophora malasiaca* (Thomson) (Coleoptera : Cerambycidae). *Chemoecology* 18: 233−242.

第5章

アメンボの生体力学
水面のエクスパート

ペレズ-グッドウィン，パブロ／藤崎　憲治

5-1　アメンボについて：その生物学

　アメンボ科の昆虫は，500を超える種から成り，water striderやwater skaterとして知られている。体長は大小さまざまの，非常に長い脚を持ったカメムシ目異翅亜目昆虫で，水面をすばやく滑走する。彼らは水面で動けなくなった動物の捕食者であり，また死体を片付ける腐食者でもある(Andersen 1982)。カメムシ目昆虫のご多分に漏れず口器は口吻となり，小顎は内側の管そして大顎は外側の軸を形成して，唇弁により保護されて所定の場所に収まっている。前翅は鞘翅状に硬くなるか半分が硬化しており，使っていないときは膜状の後翅を保護している。この昆虫グループは，翅の縮小が起こっている種が多く，それは短翅型から無翅型まで変異に富んでいる(Zera and Denno 1997)。

　アメンボは考えられるあらゆる自然の陸水域に進出している。実際，彼らの生息地は，小さな水溜り，それも木の洞から，果ては大きな湖や河川に至るまで広範囲にわたる。アメンボはまた，水辺，水面上，さらに水面下でも生息できる。水辺の湿ったところ，もしくは滝による水しぶきを受けている岩の上にも生息している。さらに大きく広がった海洋や海岸にも生息し，そのようなさまざまな自然空間で完全な生活環を送ることのできる唯一の昆虫である(Andersen 1982)。

　アメンボは水と空気の界面で生活し，その混合された環境の制約を克服するため

に，大きく特殊化している。アメンボの体と脚は密な毛で覆われているため，銀色に輝いたりつや消し状に見えたりする。この体表を覆う毛の層には，種によって，またそのアメンボと水との関係によって，違いが見られる (Perez Goodwyn 2008)。そして毛の被覆は，水がはじき落とされるのを促進することで，虫体の防水性を効果的に高め，水から身を守るための主要因になっている。

(1) 水と空気との界面，接触角，防水性表面と加圧下の耐水性を示す表面との相違点

昆虫のクチクラ表面はそもそも撥水性を示し，水滴とクチクラ表面との接触角 (CA：物体表面と水滴—物体の接点における法線のなす角) は，平らで凹凸のない部分で計測されたときに 90 〜 100°となる (Wagner et al. 1996)（トピック 1 参照）。これは上クチクラの表面にワックスが存在するためと考えられてはいるが (Holdgate 1955)，それよりも遙かに大きな，160°を超えるほどの接触角 CA の報告が多くの昆虫でなされている (Wagner et al. 1996)。昆虫クチクラの"超撥水性"効果は 50 年以上も前から注目を集め (Holdgate 1955)，そのまま現在に至っている (Zheng et al. 2007)。化学的な組成を変えずに，どのようにしてふつうの撥水性表面が"超撥水性効果"を示すに至るのだろうか？

その答えは，表面の構造にあった。昆虫のクチクラは比較的なめらかなものから，ざらざらしたもの，縁飾りのあるもの，あるいは無数の突起が出ているものまである。これらの凹凸が規格通りの構造を持って適切に配列されたときには，高い接触角を作ることができる。このとき水滴は突起の先端だけで支えられていて，突起のあいだのすきまから浮き上がっている。この突起の先端による水滴の懸架は，超撥水性表面に特徴的な非常に大きな見かけの接触角（150°を超える）を生み出す。これは Cassie-Baxter 状態として知られている現象である。逆に水滴がごくふつうの凹凸面に置かれたときは，大抵は突起のあいだのすきまに吸い込まれてしまい，水滴は広がり，大きな接触角は得られない（第 3 部トピック 3-2 参照）。小さな接触角と強い水滴の接着により，接触した液体は凹凸のあいだの空間に浸入する。これは Wenzel 状態として知られている (He et al. 2003；Extrand 2004；Zheng et al. 2007)。突起の間隔が開いているほど，また突起が尖っていて水との接触面積が小さいほど，接触角はより大きくなる。したがって，アメンボの場合毛の間隔が広がるほど，接触角を大きくできるのかもしれない。このことがとくに効果的な防水性表面を作り出

アメンボの生体力学 | 第5章

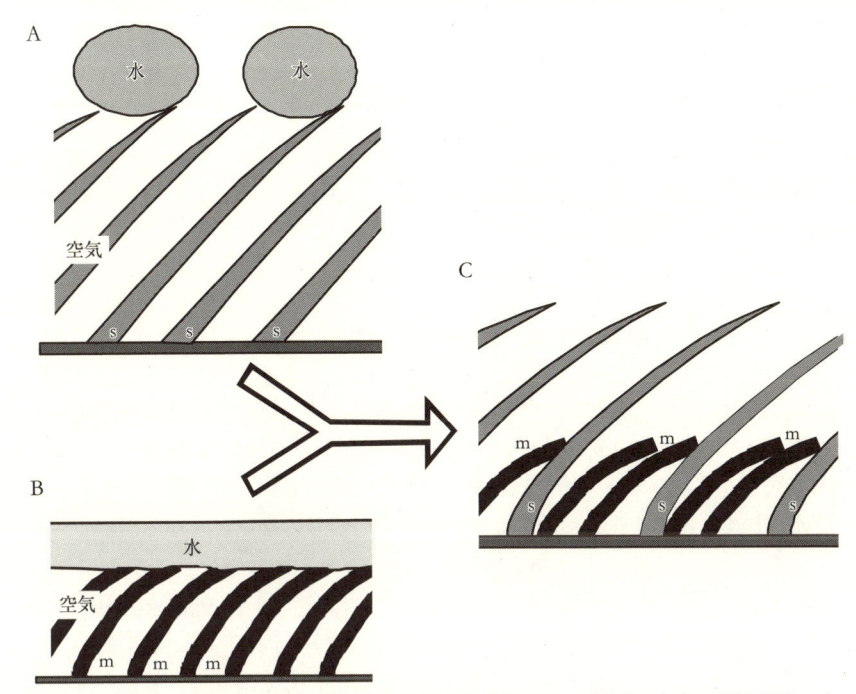

図 5-1 アメンボ科昆虫の体表を覆う毛の略図。A) 長くて固い剛毛 (s: setae) の撥水機能，B) 短く細い微毛 (m: microtrichia) による水中に沈んだときの空気層による耐水性，C) 突出した剛毛と下層の微毛からなる二層構造。

しているのだろう（図 5-1A）。

　一方，水圧が均等にかかった状態での耐水性要求は，上で説明したような簡単な防水性（防雨性とでもいおうか）とは異なる。これに相当するケースとして水中での呼吸に関連した空気貯蔵泡がある（たとえば毛板とそれに付着する圧搾気泡 (Perez Goodwyn 2008)）。加圧下で水の浸入に耐えるには，固体と液体の強い接着を伴う強固な微細構造が求められ，昆虫の毛板で実際にそれを見ることができる。毛の束が水中にあるとき，個々の毛を曲げようとする水圧の力は，界面にかかる付着させた圧搾空気の応力で相殺される。このとき鍵となる要因は毛の配列の規則正しさと高い密度にある（図 5-1B）。

　最初に触れた不均等な濡れでは（たとえば乾いた表面に接する水滴），毛の片面だけが濡れるかもしれない。表面張力が濡れた部分に働いて，毛同士を引き寄せてひとかたまりにしてしまい，そのため防水性が破れてしまう。したがって，この横方向の力に耐えるために，水中での耐水性で求められるよりも，毛は長く太くなる傾向

がある。水がはじき落とされるのを促進するためには，水と表面とのあいだで見かけの接触角を高くする必要がある。すでに述べたように，この防水効果を実現するには，液体が可能な限り最小の面積で固体と接するような，できるだけ隙間の空いたすかすかの表面が必要である。したがって不均等な濡れに求められる条件は，太い毛と毛のあいだのより大きな間隔となる。このように防水性と加圧下の耐水性の要件は部分的には相反するものとなる。

(2) アメンボの防水：二層二機能理論

アメンボの毛の生え方は虫体と脚とでは大きく異なっている。Andersen (1977) さらに Perez Goodwyn (2008) によると，虫体表面の被覆は長さと起源，またその機能も異なる毛，すなわち剛毛 (setae) と微毛 (microtrichia) の二層からなる複合体で構成されている (図5-2)。剛毛は長く先細りの複数の細胞からなる突起で，クチクラ表面にソケットを介して挿入されている。これらの剛毛は長さが $40 \sim 60\mu m$ で，体表面に対し $30 \sim 50°$ 傾斜して，1m あたり $3000 \sim 1$ 万 2000 本の密度で生えている (Andersen 1977；Perez Goodwyn 2008) (図5-2C，図5-3)。微毛は長さが $1 \sim 10\mu m$，太さ 500nm の繊維状をした細胞内の突起で，クチクラから垂直に立ち上がり，先端は不規則に折れ曲がっている。そして $1mm^3$ あたり 80 万〜 90 万本の密度で見いだされる。対照的に，脚はもっぱら剛毛だけで覆われており，それは長さ $20 \sim 80\mu m$ で脚の先端に向けて生えている。脚の剛毛の密度は $1\ mm^3$ あたり 1 万 2000 〜 2 万 7000 本で，虫体のそれよりもわずかに密である (Andersen 1976；Perez Goodwyn 2008) (図5-2B，図5-4)。

アメンボ科昆虫の成虫では，撥水性 (防水性) を促進する長い剛毛 (図5-3) と，水に潜ったときに圧縮された空気の泡を保持する (加圧下の耐水性) 微毛 (図5-4) とのあいだにトレードオフが存在する (Andersen 1977；Perez Goodwyn 2008)。このトレードオフは前項 "水と空気の界面" での説明から考えれば，より理解し易い。堅くて間隔の空いた毛は容易に水滴を転げ落とせるだろう。水中にあるときにはこれらの毛は役に立たないだろうが，細く密にある下層の微毛が毛板を形成して，水と空気の界面を保つ一体となった毛の層となり，体表を覆う貯蔵空気を保持している。

幼虫では完全に形態が変わるので，機能は発育に伴って形成される。幼虫の虫体では微毛は非常に短く (約 1 μm)，防水性は発揮するものの水中で空気を保持することはできない (図5-5) (Perez Goodwyn et al. 2008)。これはおそらく毛の層が薄す

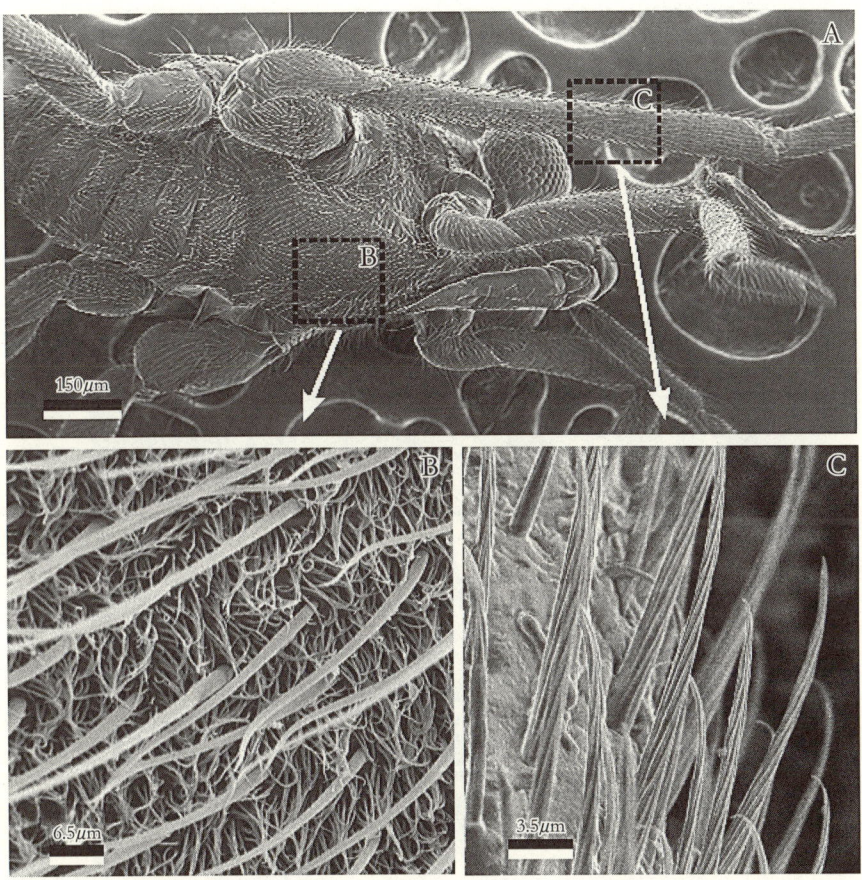

図 5-2　A) アメンボの虫体の走査型電子顕微鏡写真。異なるタイプの毛で覆われている。B) 胸部腹側の拡大図。二つの機能を持った複合二層構造。C) 中脚の拡大図。剛毛だけからなる一層構造。

ぎるためであろう。剛毛も存在するが密度は低い。幼虫が長く水中に潜っているときには，おそらく表皮での呼吸に依存しているに違いない。

　成虫に向かって脱皮を重ねるにつれ，微毛の長さもまた剛毛の密度も，何度も増加する。かくしてアメンボは虫体の周りに空気の泡を保持することが可能となる。

　一方，いつも硬い毛で覆われている脚では，孵化後の幼虫から成虫まで，毛の長さと密度は実質的に同じである。これは脚における機能は常に防水であり，決して空気の泡を保持することではないからである。

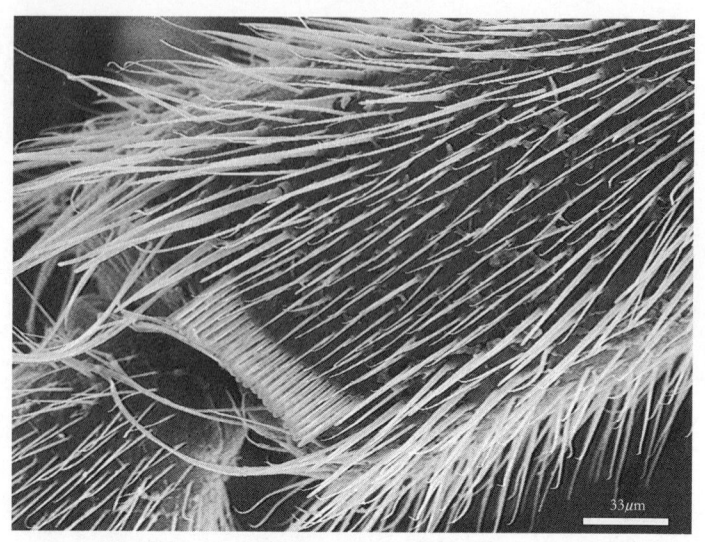

III 昆虫の構造・機能に学ぶ技術

図5-3 アメンボの前脚の詳細。剛毛で密に覆われている。

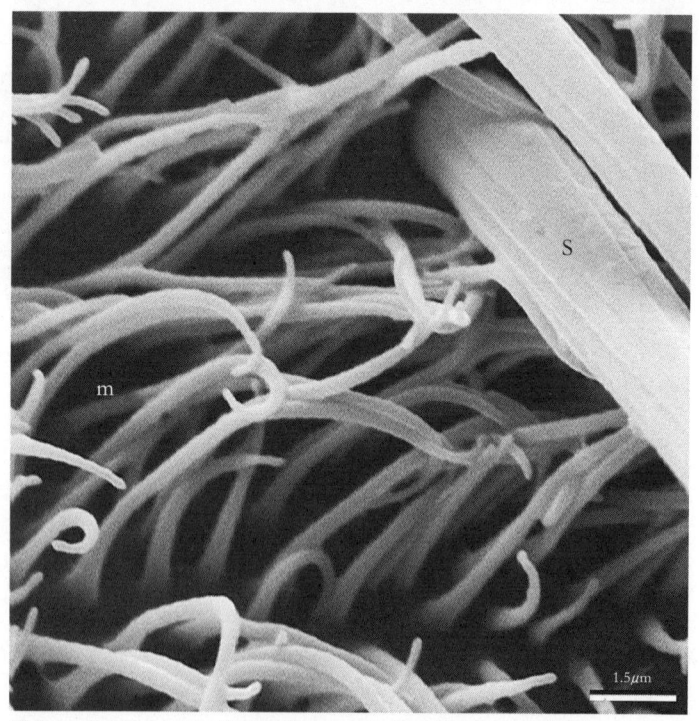

図5-4 オオアメンボの胸部の詳細。下層の微毛層（m）から剛毛（s）が2本突き出ている。

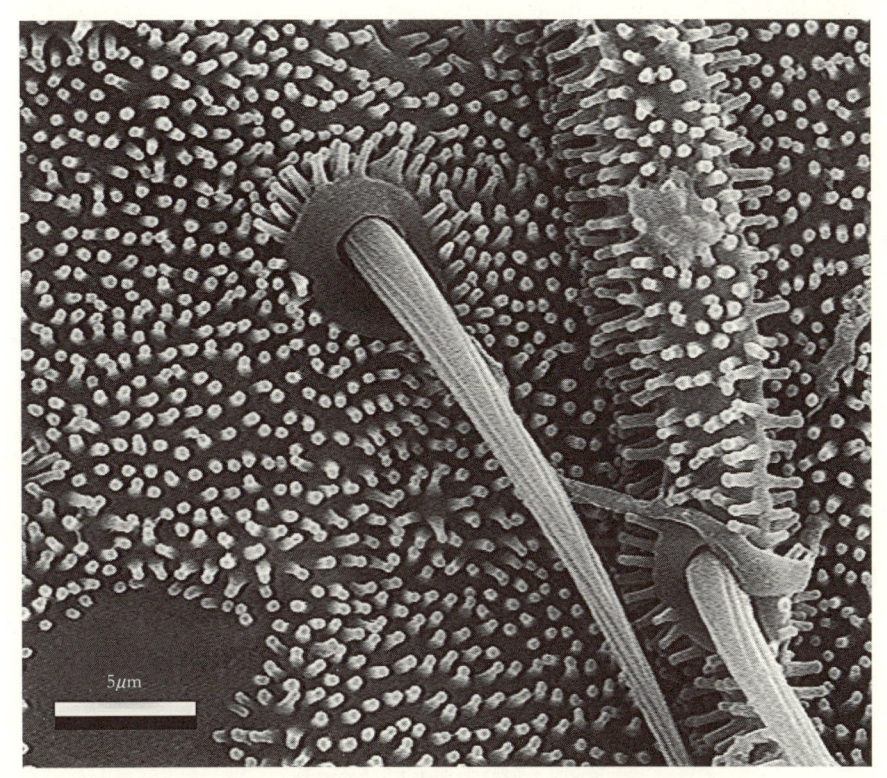

図 5-5　アメンボの 4 齢幼虫の短い微毛。短すぎて空気の層を保持できない。

(3) 水面上の移動：アメンボはどのようにして水面上を移動しているのか

　力学の面からいえば，脚は移動運動の際に最も重要な部分である。アメンボの体重により，脚は表面張力の層をわずかに沈ませて，水面に凹みを作り出す（図 5-6）。アメンボは毎秒 35 〜 40 cm で移動することができる。水は力を受けると非常に変形し易い基質として振る舞うので，水面上の移動は地面のように固い基質の上の移動とは根本的に異なる（Bush and Hu 2006）。アメンボが側面の脚を同時に動かして虫体を前方へとせり上げながら推進するとき，水のかき始めに脚を水面からわずかにはなす。わずかに空中に浮いた後，再び水面に接触し，一定の距離を滑り続ける。Darnhofer-Demar (1969) と Andersen (1976) は，アメンボは水をかいているときに脚を動かすことによってできた波を後方に押すことで前に進んでいると述べている。しかし Denny (1993) はアメンボ科の若齢幼虫のような小さい昆虫では，必

III　昆虫の構造・機能に学ぶ技術

図 5-6　水面に浮かぶオオアメンボ

要とされる脚の速度が得られないため，表面波を作ることができないことを示した。Suter らは，水面に生息するクモの 1 種 *Dolomedes triton* (Walckenaer) において，層流のなかやアルコールを加えた水のなかでも脚にかかる力に影響のないことから，脚が水を押しているときに手応えを作り出している主要なメカニズムは抗力であって，船首波や表面張力によらないことを実証して，この矛盾を解いた (Suter et al. 1997)。抗力は動いている物体（この場合，脚によって作られる水面の凹み）と液体との速度の違いによって生じる。抗力は物体の動きと拮抗するので，脚は水を押すことができ，体を前に進めることができる。Hu らはアメンボの 1 種 *Aquarius remigis* (Say) で脚により作られる渦を高速ビデオで分析して，脚のモーメントは表面張力波よりもこの半球形の渦を介して下層の水に伝えられていることを明らかにした (Hu et al. 2003)。後に Bush と Hu は，湾曲させる力（たとえば，表面張力）もまた少なくとも水をかいているときは重要であることを示唆している (Bush and Hu 2006)。

水面の凹みが消え抵抗も最小まで減少してしまうので，脚は水をかいているときに表面張力の層を壊してはならない。Hu らによると，表面張力層は 1cm あたり 1.4mN の力で崩壊する。アメンボがすばやく移動するのに必要な力は，キタヒメアメンボ *Gerris lacustris* の重さと加速に基づいて Andersen (1976) によって 0.5mN と算出されている (Hu et al. 2003)。後年，Hu らは，水面にアメンボの移動によって作られた渦の大きさと速度を分析することで，間接的にこの力を算出した (Hu et al. 2003)。唯一，直接計測された力はアメンボ *A. paludum* で，1 〜 1.2mN を示した (Perez Goodwyn, unpublished)。この値が大きいのは，体が大きいためであろう（次節「アメンボの生態と生体力学」(3) 項の「力とサイズ」参照）。この力は水をかく脚のそれぞれに分けることができる（中脚 70％，後脚 30％，Perez Goodwyn and Fujisaki 2007）。この大きさの力でも表面張力層は壊れず，安全には十分な余裕がある (Baudoin 1976)。

5-2 アメンボの生態と生体力学

　生物は独立した機械ではない。生物は生態系の一部である。そして繁殖するために他の個体と関わり，生き残るために他の種や非生物的な諸要因と関わっている。われわれは生体力学から得られた知見から，これらの生態学的な問いに答えることができる。
　たとえば，飛翔能力は昆虫の進化的な成功にとって鍵となる特質である。しかしながら，多くの昆虫は，たとえばアメンボが翅長に非連続的な多型性（長翅，短翅，また無翅）を持っているように，分散能力に関して多型性を示す (Harrison 1980)。
　飛翔のための筋肉の維持と使用には多くのエネルギーを必要とする。そのエネルギーは飛翔に用いられないのであれば生殖に分配される (Zera et al. 1999)。しかし，移動に関してのトレードオフは存在するのだろうか？　一方でアメンボは，交尾前の雄間競争が通例である戦略を採るものや，競争を行わない戦略を採るものなど，非常に柔軟な生殖行動を示す。生殖戦略の違いは雌雄の相対的な移動能力にどのように影響しているのだろうか？　アメンボの種には数 mm からほぼ 15cm と体サイズに非常に大きなバリエーションがある。アメンボはすべて水面という生息環境を共有しているが，小さいものと大きなもので水面上の移動に違いはないのだろうか？

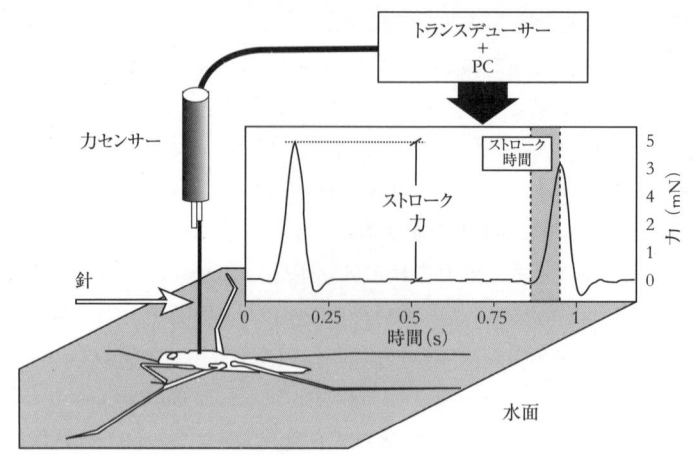

図 5-7 アメンボ類が水をかく力（ストローク力）を計測する装置。（Perez Goodwyn and Fujisaki 2007）を改変。

　水面の移動能力とその生態学的な関係の疑問については，Perez Goodwyn and Fujisaki（2007）によって記述されている。彼らは，飛翔と飛翔の消失のあいだに存在するトレードオフに関する水上の移動パフォーマンスと雌雄間闘争の役割を記述するために，生態学的かつ生体力学的な考察を含む，補完的なアプローチを用いている。目的はアメンボが水面を漕ぐときに生じる力を計測することであり，また異なる翅型間と種間でその能力を比較することである。アメンボ科から Gerrinae, Halobatinae, Rhagadotarsinae の三つの亜科を選んだ。主な論点は，特定の翅型は移動能力の上で有利なのか？　体サイズが異なる種間で水をかく力に違いはあるのか？　種間の移動能力に何らかの傾向はあるのか？　またある性はもう一方の性よりも優れているのか？　といったことである。

　この課題について，画期的な装置が作り出された。すべての標本は二酸化炭素に数分さらすことで麻酔され，体の腹背軸に対して垂直にパラフィンにピンで固定された（図 5-7）。標本は通常の移動姿勢とまったく同じように水と接するようにされた。ピンは力センサー〔cell-force transducer, WPI Fort 10 (Sarasota, FL, USA)〕に取り付けられた。このデータは Biopac MP100 システム（Santa Barbara, CA, USA）を用いて収集され，ソフトウェア AcqKnowledge 3.8.1 (r) を用いて解析された。1 ストロークでの始点と最高点の力の違いが計測された（図 5-7）。水をかく力（mN）と体重あたりの力の比率（質量×動加速度 g mN/mN, したがって無次元）のデータはそれぞれの

種で，性，翅型ごとに測定された．体重あたりの力 (f/w) は無次元の性能として考えた．

(1) 力と性

アメンボ科昆虫の生殖行動については多様なあり方が知られており (Spence and Andersen 1994)，これらの多様性は生殖の方式によって大きくタイプⅠとタイプⅡといった二つの戦略に分けることができる (Arnqvist 1997)．タイプⅠは，交尾前・後の闘争と雄によるガード行動（雄が雌の背中にとどまる）から，著しく強い雌雄間の対立によって特徴づけられる．それに対してタイプⅡの生殖行動には，競争はほとんど関係しない．というのも激しい闘争は起こらず，また雄のガード行動はないか，少なくとも物理的な接触が存在しない．雌雄間の対立コストは雌の方で高い傾向がある (Fairbairn 1993; Amano and Hayashi 1998)．

Perez Goodwyn and Fujisaki (2007) による能力の比較の結果，力 / 重量 (f/w 比) は種間で異なるパターンを示した．ヒメアメンボ *G. latiabdominis*，アメンボ *A. paludum*，ヤスマツアメンボ *G. insularis* の雄は，雌より高い f/w 比を示した．逆に，トガリアメンボ *Rhagaclotarsus kraepelini*，ハネナシアメンボ *G. nepalensis*，オオアメンボ *A. elongatus* の雌は，雄より高い f/w 比を示した．このような結果は，進化生態学的な観点で解釈されるべきである．交尾中，雌は雄を背負って移動しており，移動速度が下がって捕食される危険が大きくなるので，雌は雄よりも高いコストを支払っていると考えられる (Fairbairn 1993; Amano and Hayashi 1998)．これらのコストを埋め合わせるために，雌での高いパフォーマンスが考えられた．しかし，実験に用いられた 7 種のうち 4 種で逆の現象が生じていることが明らかになった．

雄の方が雌より高い f/w 比を示す種，たとえばアメンボ，ヤスマツアメンボ，シマアメンボ *M. histrio*，またヒメアメンボはタイプⅠの生殖戦略を示した．タイプⅠの生殖戦略を示す種の雄は，雌の抵抗を抑え込む必要がある．そのために，パフォーマンスのバランスが雄に傾いているのだろう．残りの 3 種については，雌のパフォーマンスは雄を上回っている．オオアメンボ (Arnqvist 1997)，ハネナシアメンボやトガリアメンボ (Hoffmann 1936) はタイプⅡに属すると考えられている．これらの種では，生殖競争，交尾やガード時間は最小化されている．雌が雄より優れているのは，この状況によるものと考えられる（表 5-1）．タイプⅡの戦略を採る雌における高いパフォーマンスは，この戦略の進化の流れとちょうど一致している．

表 5-1. 体サイズの大きい順に並べられた 7 種のアメンボ類における体重当たりのストローク力の性間と翅型間の比較 (Perez Goodwym and Fugisaki, 2007 より)

種（体サイズの大きい順）	パフォーマンスの高い性[1]	パフォーマンスの高い型[2]	
		♂	♀
オオアメンボ	♀		
アメンボ	♂♂	Mc	Bc
ヤスマツアメンボ	♂		
シマアメンボ	♂		
ハネナシアメンボ	♀♀	Ap	Ap
ヒメアメンボ	♂		
トガリアメンボ	♂♀	n.s.	Mc

注 1) 二型の場合は性の記号がダブルで示されている。アミ無し：タイプⅠ，アミかけ：タイプⅡ。
注 2) Ap：無翅；Bc：短翅；Mc：長翅

(2) 力と翅

　Guthrie (1959) や Brinkhurst (1960) によって裏づけられている Poisson (1924) の説は，飛翔筋の欠如によって胸部内の空間に余裕が生じているということである。その代わり，この空間的な余裕は別の移動用筋肉のために用いることができる。Andersen (1973, 1982) は長翅型よりも翅が減少している型で，水面の移動に関係する筋肉がより発達していることを報告している。

　翅型におけるパフォーマンスの比較は，Perez Goodwyn and Fujisaki (2007) の研究において，異なる種で異なるパターンを示した（表 5-1）。実験ではハネナシアメンボでのみ，無翅型は長翅型よりも明らかに高いパフォーマンスを示した。逆に，アメンボとトガリアメンボの 2 種においては，一方の翅型のパフォーマンスが他よりも有意に高いということはなかった。これらの結果から，生息地の選好性が翅型間のパフォーマンスパターンに影響を与えていると解釈するのが適当だろう。ハネナシアメンボは，広い面積の浮遊性の葉を持つヒシ *Trapa natans* のある安定した水面を好む。ハネナシアメンボの無翅型の高い適応度は，穏やかな冬季後における冬眠後の高い生存率の結果によるものであると，Harada (2003) は述べている。ハネナシアメンボは永続性の高い環境を好む。この環境では飛翔能力と環境の安定性のあいだのトレードオフから予想されるように，無翅型が有利となる（Harrison 1980;

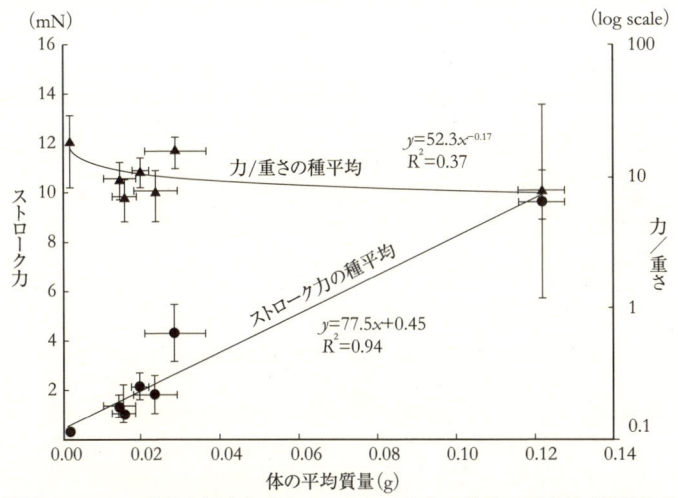

図 5-8 アメンボ科の種それぞれのストローク力と体重の平均値(標準誤差を線で示す)の回帰と,ストローク力／体重比。回帰線とともに回帰式と相関係数 R^2 を示す。ストローク力／体重比の対数と体重との関係も示す。

Spence 1989)。代替戦略を用いて,アメンボはその高い分散能力に基づき,さまざまな環境で,一時的にせよ恒常的にせよ発生する (Harada and Taneda 1989)。トガリアメンボは日本における最近の侵入種であり,アメンボと比べても非常に高い分散能力を持つ (Hayashi and Miyamoto 2002)。したがって,トガリアメンボの有翅型と無翅型の移動パフォーマンスの類似は,この生態学的ニッチに依存するという解釈をさらに裏づけるものである。

Perez Goodwyn and Fujisaki (2007) の研究は,水面上の移動と飛翔移動とのあいだにあるトレードオフが f/w 比において特異的な性能として現れていることを示唆した。有翅型もしくは翅を減少させている型の傾向は種に依存しており,また生息環境の選好性に関係している。安定した環境を好むアメンボは無翅型のパフォーマンスを増加させるが,このことは不安定な環境を好むアメンボについては必ずしも正しいとはいえない。

(3) 力とサイズ

力はおおよそ体重に対して直線的に増加するが,Perez Goodwyn and Fujisaki

(2007)によると体重の増加に対しf/w比は減少する。しかし，このf/w比の減少は力の増加ほどはっきりとしたものではない（図5-8）。Alexander (1985) は，陸生動物において，ある動物の全サイズにわたる体重の大きさを計測した。彼は形状のよく似たサイズが異なる種のあいだでは，f/w比は体重の3分の1乗に比例するはずだと述べている。Perez Goodwyn and Fujisaki (2007) のデータでも，それぞれの種の平均をプロットしたもので同様の傾向を示す。なぜならアメンボのf/w比は体重の0.17乗に比例したからである。この指数はAlexanderが示した3分の1よりわずかに低い。たとえこの結果が傾向のみを示すものだとしても，アメンボのボディー構造の生理学的な許容力には限界があることを示している。本章で扱っている種のように効率的に水面上を進むのには，最大のアメンボ（*Gigantometras gigas*）の出す力がおそらくその上限に近いのだろう。

　水面を湾曲させる力（推進力を得るために水面をゆがめるのに必要不可欠）は，とても小さな動物では，利用可能な力の合計に近い（Bush and Hu 2006）。したがって，小さいアメンボでも，水面上の移動のために高いf/w比を必要とする。もうひとつの限界として，アメンボのデザインには，サイズの上限がありそうだ。体サイズの増加は浮力（Hu et al. 2003）だけでなく，推進力もその限界に近づけるからである（Perez Goodwyn and Fujisaki 2007）。

5-3 「水面の生活」

　アメンボは，表面張力層の静寂を乱すことなく，水面上ですばやく動くために十分な力を持ち，実際，十分な余力があるなかで安全に活動している。アメンボの生体力学は，生態学的また進化的な要因によって影響を受けている。性的な行動や生態学的なニッチに関する研究によって，性や翅型に依存する相対的なパフォーマンスは異なっていることが分かった。

　アメンボの全身は機能的な二重の毛の層で覆われており，この層で撥水性を持ちなおかつ短時間の潜水も可能にしている。体を覆っている素晴らしい防水被覆，水中での効果的な空気保持力，そして水面を乱すことなくすばやく移動するのに十分な力のどれをとっても，アメンボの構造は完全に「水面の生活」に適応しているのである。

▶▶参考文献◀◀

Alexander, R.M. (1985) The maximum forces exerted by animals. *J. Exp. Biol.* 115: 231-238.

Amano, H. and Hayashi, K. (1998) Costs and benefits for water strider (*Aquarius paludum*) females of carrying guarding, reproductive males. *Ecol. Res.* 13: 263-272.

Andersen, N.M. (1973) Seasonal polymorphism and developmental changes in organs of flight and reproduction in bivoltine pondskates (Hem. Gerridae). *Entom. Scand.* 4: 1-20.

Andersen, N.M. (1976) A comparative study of locomotion on the water surface in semiaquatic bugs (Insecta, Hemiptera, Gerromorpha). *Vidensk. Meddr. dansk. naturh. Foren.* 139: 337-396.

Andersen, N.M. (1977) Fine structure of the body hair layers and morphology of the spiracles of semiaquatic bugs (Insecta, Hemiptera, Gerromorpha) in relation to life on the water surface. *Vidensk. Meddr. dansk. naturh. Foren.* 140: 7-37.

Andersen, N.M. (1982) The Semiaquatic Bugs (Hemiptera, Gerromorpha). *Phylogeny, Adaptations, Biogeography and Classification*. Scandinavian Science Press, Klampenborg.

Arnqvist, G. (1997) The evolution of water strider mating systems: causes and consequences of sexual conflicts. In: *The Evolution of Mating Systems in Insects and Arachnids*. Eds. Choe, J.C. and Crespi, B.J.: 146-163. Cambridge University Press, Cambridge.

Baudoin, R. (1976) Les insects vivant à la surface et au sein des eaux. In *Traité de Zoologie*, Ed. Grassé, P. P.: 843-926. (in French).

Brinkhurst, R.O. (1960) Studies on the functional morphology of *Gerris najas* DeGeer (Hem. Het. Gerridae). *Proc. Zool. Soc. Lond.* 133: 531-559.

Bush, J.W.M. and Hu, D.L. (2006) Walking on water: Biolocomotion at the interface. *Ann. Rev. Fluid Mech.* 38: 339-369.

Darnhofer-Demar, B. (1969) Zur fortbewegung des wasserläufers *Gerris lacustris* L. auf der wasseroberfläche. *Zool. Anz. Suppl.* 32: 430-439. (in German)

Denny, M.W. (1993) *Air and water: The biology and physics of life's media*. Princeton University Press, Princeton, USA.

Extrand, C.W. (2004) Criteria for ultralyophobic surfaces. *Langmuir* 20: 5013-5018.

Fairbairn, D.J. (1993) Costs of loading associated with mate carrying in the waterstrider, *Aquarius remigis*. *Behav. Ecol.* 4: 224-231.

Guthrie, D.M. (1959) Polymorphism in the surface water bugs. *J. Anim. Ecol.* 28: 141-152.

Harada, T. (2003) Comparative study of diapause regulation and life history traits among four species of water striders, *Aquarius paludum, Gerris latiabdominis, G. nepalensis*, and *G. gracilicornis*. *Rec. Res. Dev. Entomol.* 4: 77-98.

Harada, T. and Taneda, K. (1989) Seasonal change in alary dimorphism of a water strider, *Gerris paludum insularis* (Motschulsky). *J. Insect. Physiol.* 35: 919-924.

Harrison, R. G. (1980) Dispersal polymorphisms in insects. *Ann Rev. Ecol. Syst.* 11: 95-118.

Hayashi, M. and Miyamoto, S. (2002) Discovery of *Rhagadotarsus kraepelini* (Heteroptera, Gerridae) from Japan. *Jpn. J. Syst. Entomol.* 8: 79-80.

He, B., Patankar, N. A. and Lee, J. (2003) Multiple equilibrium droplet shapes and design criterion for rough hydrophobic surfaces. *Langmuir* 19: 4999-5003.

Hoffmann, W. E. (1936) Life history notes on *Rhagadotarsus kraepelini* Breddin (Hemiptera: Gerridae) in

Canton. *Ling. Sci. J.* 15: 477-482.

Holdgate, M. W. (1955) The wetting of insect cuticles by water. *J. Exp. Biol.* 32: 591-617.

Hu, D.L., Chan, B. and Bush, J. W. M. (2003) The hydrodynamics of water strider locomotion. *Nature* 424: 663-666.

Perez Goodwyn, P. J. (2008) Anti-wetting surfaces in Heteroptera (Insecta) : Hairy solutions to any problem. In: *Functional Surfaces in Biology.* (ed. Gorb, S.N.). Springer Verlag, Dordrecht, In press.

Perez Goodwyn, P. and Fujisaki, K. (2007) Sexual conflicts, loss of flight, and fitness gains in locomotion of polymorphic water striders (Gerridae). *Entomol. Exp. Appl.* 124: 249-259.

Perez Goodwyn, P.J., Voigt, D. and Fujisaki, K. (2008) Ready to dive and skate: functional morphology of the hair cover in *Aquarius paludum* Fab. (Heteroptera, Gerridae) during ontogenesis. *J. Morphol.* 269: 734-744.

Poisson, R. A. (1924) Contributions à l'etude des Hémiptéres aquatiques. *Bull. Biol. Fr. Belg.* 58: 49-305. (In French).

Spence, J. R. (1989) The habitat templet and life history strategies of pondskaters (Heteroptera: Gerridae) : reproductive potential, phenology and wing dimorphism. *Can. J. Zool.* 67: 2432-2447.

Spence, J. R. and Andersen, N.M. (1994) Biology of water striders: interactions between systematics and ecology. *Ann. Rev. Entom.* 39: 101-128.

Suter, R. B., Rosenberg, O., Loeb, S., Wildman, H. and Long, J.H. (1997) Locomotion on the water surface: propulsive mechanisms of the fisher spider *Dolomedes triton. J. Exp. Biol.* 200: 2523-2538.

Wagner, T., Neinhuis, C. and Barthlott, W. (1996) Wettability and contaminability of insect wings as a function of their surface sculptures. *Acta Zool.* 77: 213-225.

Zera, A.J. and Denno, R.F. (1997) Physiology and ecology of dispersal polymorphism in insects. *Ann. Rev. Entomol.* 42: 207-230.

Zera, A.J., Sall, J. and Otto, K. (1999) Biochemical aspects of flight and flightlessness in *Gryllus*: flight fuels, enzyme activities and electrophoretic profiles of flight muscles from flight-capable and flightless morphs. *J. Insect Physiol.* 45: 275-285.

Zheng, Y., Gao, X. and Jiang, L. (2007) Directional adhesion of superhydrophobic butterfly wings. *Soft Matt.* 3: 178-182.

TOPIC 1

超高性能防水コートをまとったアサギマダラ

■ペレズ-グッドウィン，パブロ■
■前園泰徳■　■藤崎憲治■

1. チョウの翅の撥水機構

　古くからチョウの翅は，その色彩によって多くの人々を惹きつけてきたが，近年ではその撥水性や自浄作用についても注目されている（Wanger et al. 1996）。この自浄作用は，"lotus leaf"効果と呼ばれる。ハスの葉は，汚れがきわめて付着し難い。その秘密は特殊な表面構造にある。ミクロやナノレベルの複雑な模様が"超撥水性"を生み出し，水滴がすぐに転がり落ちてしまうため，葉の表面は濡れることがない。さらに，その際に，砂，土，胞子，もしくは埃の粒子のような親水性の高い汚れをも，捕捉して排除してしまう。

　チョウの翅にも高い撥水性があることは知られてきたが，われわれは，長距離移動を行うアサギマダラ *Parantica sita* (Kollar 1844) の翅から，これまで知られていたチョウの撥水性をはるかに上回る，ハスの葉と同様の，きわめて強力な撥水性を見い出した。

　アサギマダラは，東アジアに広く分布するマダラチョウ科の美しいチョウである（図1）。そして，その翅には黒や褐色の有色部分と和名の由来となっているアサギ色の半透明部分の2種類の領域が存在する。まず，有色領域は，一般的なチョウと同様の"cover"と"ground"と呼ばれる2種類の鱗粉が，重なり合いながら完全に表面を覆っている（図4左）。一方，半透明領域の鱗粉は，一般的なチョウのそれと

Ⅲ　昆虫の構造・機能に学ぶ技術

▶図1　アサギマダラの成虫

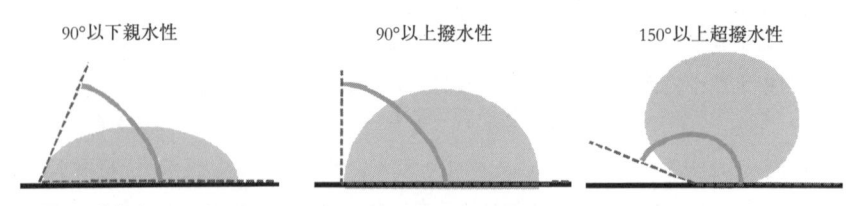

▶図2　接触角 CA 計測方法：親水性，撥水性と超撥水性の場合

は著しく異なっている。これらの鱗粉は一般的な鱗粉よりも小さく細長いだけでなく，鱗粉同士がまったく重ならず，翅の基質ともいえる部分がむき出しになっている（図4右）。半透明領域では，この鱗粉が表面のわずか18〜35％を覆っているにすぎない。

2. アサギマダラの超撥水性とその適応的意義

　撥水性は，水の接触角により判定する。容易かつ正確な方法は sessile drop 法である（Zheng et al. 2007, Perez Goodwyn et al. 2008）（図2）。これは定量の水滴をサンプル表面に置き，その水滴が翅表面と接する点と水滴表面の接線と，平面間の角度を

トピック I ▶超高性能防水コートをまとったアサギマダラ

▶図3　アサギマダラの翅の半透明部分に乗る水滴。高い接触角（CA）で超撥水性を示している（左）。ウスバシロチョウの翅の上の水滴は低いCAを示している（右）。

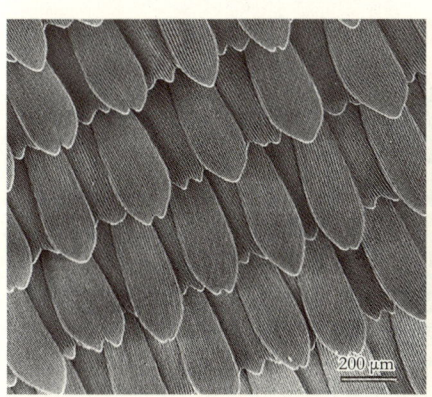

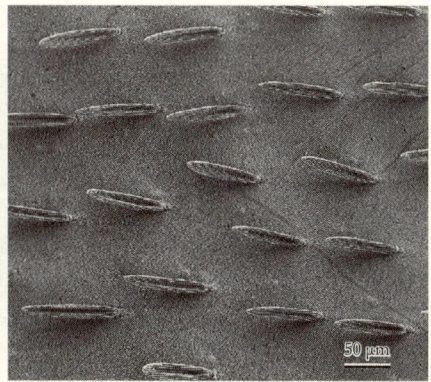

▶図4　アサギマダラの翅の有色部分の電子顕微鏡写真（左），同じ翅の半透明部分（右）

計測するものである。ここでは，90°以下の接触角（CA）は親水性，90°以上は撥水性（防水性）と定義される。撥水性を示すCAのなかで，とくに150°を越えるものは超撥水性と定義される。

　一般的なチョウのCAは150〜160°と高いが，それは鱗粉が密に重なり合った構造によるところが大きい。ところが，アサギマダラの翅の半透明部分のCAは，鱗粉がまばらにしか覆っていないにもかかわらず，人工撥水素材であるテフロン（CA＝90〜120°）を越え，160°以上もの測定値を示した（図3左）。それは，特殊な鱗

粉が一定の間隔で並ぶことで，アメンボの毛のように水滴を懸架するからである（5章1節を参照）一方，同様に半透明で，鱗粉がまばらなウスバシロチョウの翅を比較対象として計測したところ，CAは100〜130°程度であった（図3右）。

アサギマダラがこのような強力な撥水性を持つことの適応的な意義は何だろうか。アサギマダラは，日本では春に琉球列島から北上し，秋には逆に南下することが，マーキング調査により明らかになりつつある（Miyatake et al. 2003）。かれらの翅は，鳥の羽のように"破損したら生え換わる"ことができないにもかかわらず，約6ヶ月にも達する成虫寿命期間中に，最長で2000km以上もの移動をこなしながらも，その機能を維持する（Kawabe 1994, Sato 2006）。上述のウスバシロチョウが，一般的に飛翔する成虫としては約1ヶ月と寿命が短い上に移動性がない（Konvicka and Kuras 1999; Auckland et al. 2004）ことと比較すると，アサギマダラではこの超撥水性の翅こそが，その驚異的な移動や寿命を支える重要なファクターとなっていることは疑いようがない。この適応的意義を追求するためには，寿命や移動距離の異なるさまざまなチョウの翅を用いたさらなる研究が必要になるであろうが，生態学的，行動学的，進化学的に，興味深い研究となるであろう。一方，ハスの葉の表面構造を模した自浄作用の高い撥水性塗料（Lotusan ®）が実用化されているように，アサギマダラの超撥水性を生み出す翅の構造解析が，今後の新たな撥水素材への応用にも繋がる可能性もある。自然から学ぶことは，まだまだ果てしなくあるようだ。

▶▶参考文献◀◀

Auckland, J. N., Debinski, D. M. and Clark, W. R. (2004) Survival, movement, and resource use of the butterfly *Parnassius clodius*. *Ecol. Entomol.* 29: 139-149.

Kawabe, S. (1994) Inference of life pattern on "*Parantica sita niphonica* Moore"［sic.］in Okayama prefecture (in Japanese). *Bulletin of the Okayama University Science,* A 30: 141-151.

Konvicka, M. and Kuras, T. (1999) Population structure, behaviour and selection of oviposition sites of an endangered butterfly, *Parnassius mnemosyne*, in Litovelske Pomoravil. Czech Republic. *J. Insect Conser.* 3: 211-223.

宮武頼夫・福田晴夫・金沢至（編）(2003)『旅をする蝶アサギマダラ』むし社.

Perez Goodwyn, P., De Souza, E., Fujisaki, K., and Gorb, S. (2008) Moulding technique demonstrates the contribution of surface geometry to the super-hydrophobic properties of the surface of a water strider. *Acta Biomat.* 4: 766-770.

佐藤英治（2006）『アサギマダラ　海を渡る蝶の謎』山と渓谷社.

Wagner, T., Neinhuis, C. and Barthlott, W. (1996) Wettability and contaminability of insect wings as a function of their surface sculptures. *Aeta Zool.* 77: 213-225.

Zheng, Y., Gao, X. and Jiang, L. (2007) Directional adhesion of superhydrophobic butterfly wings. *Soft Matter* 3: 178–182.

第6章

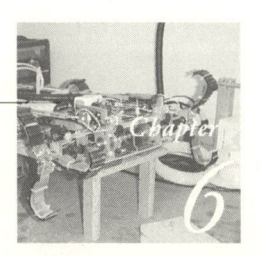

フィールドで働く六脚歩行ロボットを作る

梅田　幹雄／飯田　訓久

6-1　農業用ロボット研究

　1980年代初めにマイクロコンピュータが普及し始めた．これにより機械に知能を付加する可能性が生じ，ロボット研究が各方面で着手された．カーネギーメロン大学ロボット工学研究所の金出武雄は「ロボットはボディ（体），センス（感覚），インテリジェンス（知能）からなる」と簡潔に定義した．

　1980年代の我が国の製造業においては，人手を削減することが製品のコスト削減に繋がったため，マニピュレータ型のロボットが世界に先駆けて製造ラインに取り入れられた．

　農業分野でもほぼ同時期にロボット研究が開始された．当初は手の代わりをするロボットが製作できるとの期待があり，マニピュレータとハンドを有したトマト，夏ミカン，オレンジ等の収穫ロボットが，我が国はじめフランス，アメリカ等で開発された．また，オーストラリアでは羊の毛を刈るロボットが開発され注目された．しかし，人間による農作業をロボットで置き換えることは，当時の技術では費用対効果の面で実用化が困難であると判断され，マニピュレータ型ロボットの研究は1990年代初めには下火になった．これに代わって登場したのが，従来の農業機械の自律走行である．我が国ではトラクタはじめ車両の自動化の研究が進められ，これらが農業ロボット研究の主流となった．

III 昆虫の構造・機能に学ぶ技術

図 6-1 群管理システムによるイネの収穫

　筆者らは，運搬車両の自律走行，スイカ収穫ロボット等とともに，図 6-1 に示す「コンバインの群管理システム」を開発した（飯田ら 1999）。コンバインとは穀物を収穫する機械のことである。群管理システムとは先行車両を操縦者が操作し，2 台目以降は先行車両を追従させることで，結果として 1 人の操縦者が複数の車両を操作する方法である。このシステムを図 6-2 に示す。追走車両からトリガー信号が出ると赤外線発信器（IT）から近赤外線（ピーク発光波長 970nm）が発信される。先行車両の中央の赤外線受信器（IR）がこの赤外線信号を受け取ると，先行車両の右側の超音波発信器（UT 右）から，20Hz のバースト波に 40kHz の搬送波を乗せた超音波が発信される。この信号を追走車両の左右の超音波受信器（UR 右，UR 左）が受信する。到達時間と音速から発信器と受信器間の距離 d_1 と d_2 が計算できる。次に左側の超音波送信器（UT 左）が超音波を発信する。追走車両の左右の超音波受信器（UR 右，UR 左）が受信し，距離 d_3 と d_4 を計算する。先行車両と追走車両間の四つの距離（d_1〜d_4）から先行車両と追走車両の関係（距離とオフセット）が決定できる。追走車両に搭載したコンピュータは，あらかじめ与えられた距離とオフセットとなるよう速度と向きを制御する。

　旋回時には，操縦者が先行車両の IR が赤外線信号を受け取っても超音波信号を

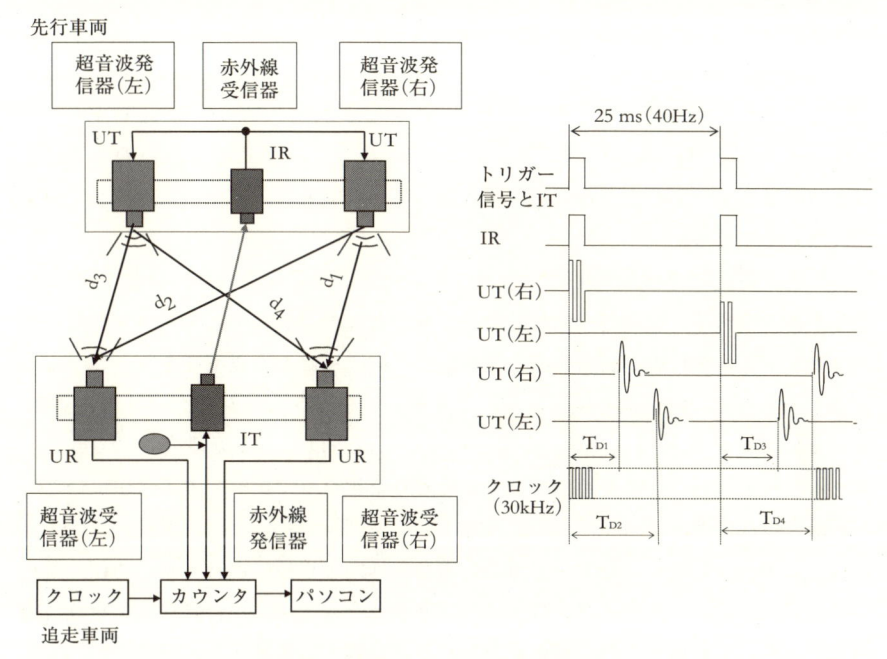

図 6-2 群管理システムの信号のやり取り

発信しないようにする．超音波信号が受け取れなくなったことにより，追走車両のコンピュータは先行車両が旋回の意思表示をしたと判断する．操縦者は旋回を始め，旋回終了位置でIRが赤外線信号を受け取ったら超音波を発信する状態で待機する．農作業の場合は，90°あるいは180°旋回したところで追走車両を待つことになる．追走車両は超音波が停止した位置まで前進し，旋回を始める．追走車両が先行車両と同方向になるまで，先行車両は追走車両の出す赤外線信号を受け取ることができないので，超音波信号は発信されない．このため，追走車両は先行車両と同方向となるまで旋回を続ける．同方向になると先行車両が追走車両の赤外線信号を受け取り，超音波信号を発信する．結果として追走車両は，超音波を受信するまで旋回を続ければよく，超音波信号を受信すると追走を再開すればよい．この操作により追走車両は，先行車両の動きに合わせて，旋回と追走を行う．

　コオロギの雄は翅をこすり合わせて，約4kHzの音を3〜5回繰り返して発する．コオロギの鼓膜は左右の前脚にある．雌は雄の発する音だけを聞き分け，鼓膜に直接届く音と胸の気門から気管を通って体の内部から鼓膜に伝わる時間の差により音源（雄）の方向を特定する．

群管理システムでは，赤外線と超音波の信号を受信器の特性により選択することで，特定の信号を聞き分けている。また，左右の超音波の到達時間の差から距離を計算し，先行車両との距離とオフセットを特定している。この点でコオロギの音源定位システムと機能はきわめてよく似ている。しかし，著者らが昆虫の研究に加わったのはこの発明がなされた数年後であって，結果的にエントモミメティクを実践したことになる。

ロボット研究の発展と活用のもう一つの方向は精密農業である。精密農業とは，土壌条件，生育量，収量等を仮想的な小区画ごとにセンシングしてマップ化し，最適な施肥や灌水を行い，食料生産と環境保全の両立をはかる農業である。このためには，圃場内での作業機の位置計測，生育量のリモートセンシング，可変作業機，収量モニター付コンバイン等が必要である。これらはこれまで研究されてきたロボットの技術の適用により可能であり，しかもロボットに比べて実現性が高いことから研究が進んだ。

現在，オーストラリアやアメリカの広大な農地内を正確に走行するために，現在位置を表示するオートガイダンス，これに基づく有人であるが自動操縦を行う技術が実用化されている。また，精密農業では生育状態，害虫被害など圃場情報の収集が重要であるため，各種のセンサーを搭載した情報収集車両が開発されている。不整地走行に優れた六脚型のロボットは圃場情報収集機として期待されている（図6-3）。

6-2　昆虫ロボットの研究

昆虫ロボットの研究の動機は二つある。ひとつは昆虫学者が明らかにしてきた昆虫の構造や機能をロボットにより再現し，これまでの成果を検証する研究である。もう一方はロボット研究者の立場からの興味である。アミューズメント系ロボットの研究を行っていた三浦は，脳細胞の少ない昆虫の動きのほうが知能ロボットよりも生き生きしていることに興味を持ち，昆虫の知能と判断力をロボットに具体化する研究を開始し（三浦2001），六脚ロボットや機械に生きた昆虫の器官をセンサーとして搭載したロボットなどを製作した。また，学生でも製作できるよう比較的入手し易い部品を使用し，昆虫の機能をロボットに具体化する研究を行っている。

ケースウエスタンリザーブ大学のQuinnは，図6-4のような昆虫の六脚歩行

第 6 章 フィールドで働く六脚歩行ロボットを作る

図 6-3　トウモロコシ畑を歩き回る六脚歩行ロボット

CWRU Prof. Roger E. Quinn

図 6-4　六輪不整地走行車両　Whegs™ II。車輪ではなく，車軸から伸びた 3 本の肢を回転させる。連続回転でありながら三脚台歩容が行え，凹凸面を走破できる。

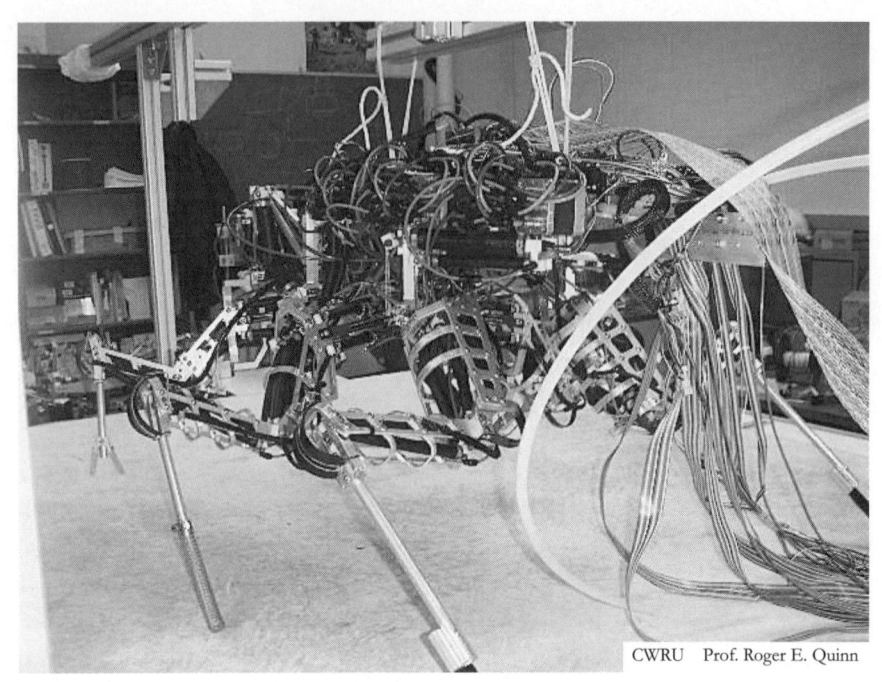

Ⅲ　昆虫の構造・機能に学ぶ技術

図6-5　ゴキブリロボット Robot V (Ajax)

を再現する3本の突起を持つ Whegs™ と呼ぶ小型6輪車両を開発した。Wheg は Wheel と Leg の合成語である。Quinn はその後，昆虫の機能を再現する Cockroach Robot の開発を開始した。6本の2自由度の脚を持つ RobotⅠ，接地可能な場所を探す脚を有する RobotⅡ に続き，RobotⅢ（Quinn 1998）では，前脚5関節，中脚4関節，後脚3関節，左右合わせて24自由度の関節が空気圧シリンダで駆動され，ゴキブリの形を具現化している。RobotⅣでは空気圧シリンダに代えてゴムチューブを編み上げナイロンで囲んだものに変え，より動物の筋肉に近くなった。図6-5に示す Cockroach Robot Ⅴではさらにゴキブリに近くなり，究極のゴキブリ構造再現ロボットといえる（Kingsley 2002）。

6-3　匂い源探索機能付き六脚歩行ロボットの開発

　第3部第3章の佐久間のチャバネゴキブリの「匂い検知」と「匂い探索行動」を

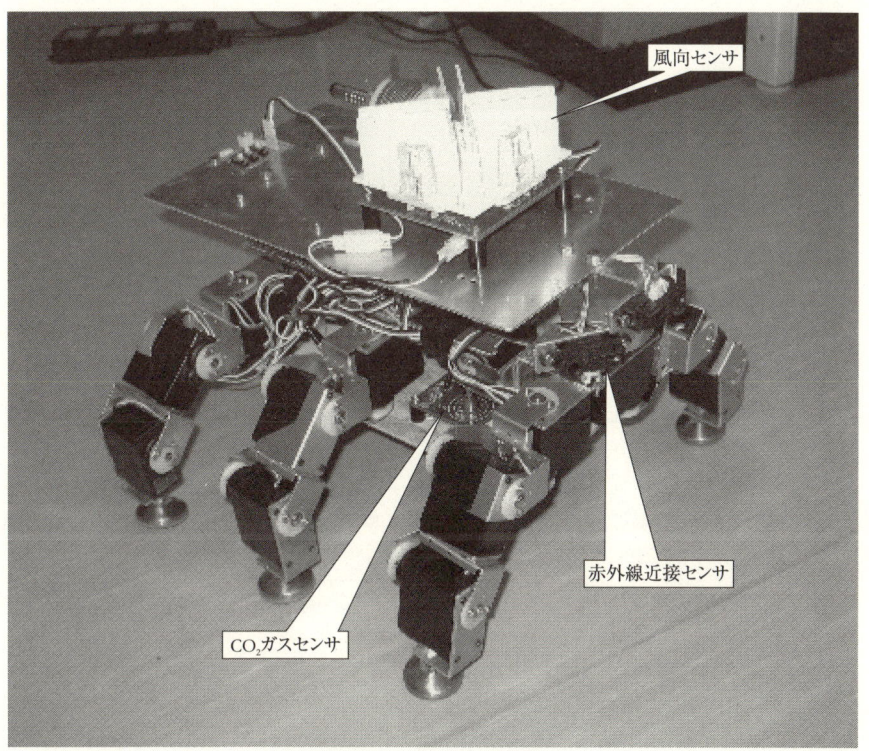

第6章 フィールドで働く六脚歩行ロボットを作る

図6-6 ロボットの外観

（図中ラベル：風向センサ、赤外線近接センサ、CO_2ガスセンサ）

再現するため，図6-6に示す六脚歩行で移動するロボット（飯田ら2008；Kaug et al. 2009；Taniwaki et al. 2009）を開発した。空中に存在する匂い分子は不連続な匂いの塊（フィラメント）として存在している。昆虫は，この匂い分子を触覚により感知する。佐久間はゴキブリの匂い源定位行動をフェロモンと風という二つのパラメータに分けて分析を行った（Sakuma 2002）。チャバネゴキブリは，風のみの場合ではフェロモンを探すためにランダムに歩行するが，フェロモンが風とともに吹いて来る場合に風上に向かって歩行することを明らかにした。ただし開発したロボットでは，フェロモンに代えて炭酸ガスを使用した。

昆虫の歩行移動は，6本の脚を前後・上下方向にリズミカルに運動させて達成されている。脚の運動パターンは中枢パターン発生器（Central Pattern Generator: CPG）によって形成される。6本の脚が安定した運動を達成するためには，それぞれの脚の運動は相互に何らかの関係で繋がっている必要がある。BeerらやGallagherらは，

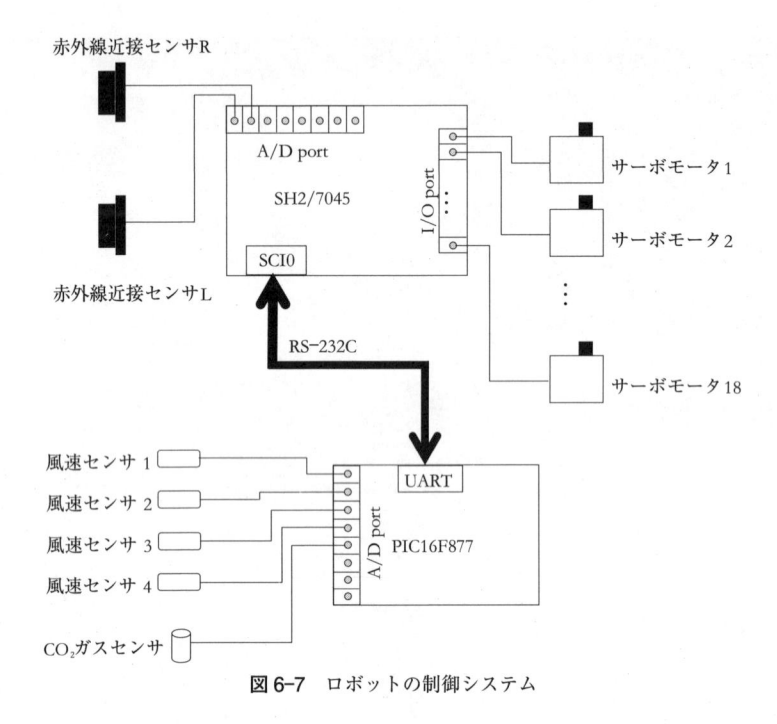

III 昆虫の構造・機能に学ぶ技術

```
赤外線近接センサR ──┐
                    ├─ A/D port
                    │   SH2/7045    I/O port ── サーボモータ1
赤外線近接センサL ──┘   SCI0                  ── サーボモータ2
                          │                        ⋮
                          │ RS-232C             ── サーボモータ18
                          ▼
風速センサ1 ──┐
風速センサ2 ──┤   UART
風速センサ3 ──┤ A/D port  PIC16F877
風速センサ4 ──┤
CO₂ガスセンサ ─┘
```

図 6-7　ロボットの制御システム

　この隣り合った脚の運動ニューロンの結合を移動運動の制御回路モデルとして提唱した (Beer et al. 1991; Gallagher et al. 1996)。Beer らは，そのモデルから実際の六脚歩行機械を試作した (Beer et al. 1991)。この歩行機械では，CPG を半導体による電子回路で歩行パターンを発生させた。

　試作した六脚歩行ロボットは，立ち止まった姿勢で全長 310mm，全幅 270mm，高さ 230mm である。ロボットの質量はバッテリーも含めて 2.5kg である。搭載したバッテリーで自在に歩行移動し，すべてのセンサー，サーボモータ，ならびに制御装置を限られたスペース内に組み込んでいる。このため，6 脚のそれぞれの運動制御は，あらかじめプログラムされた歩行パターンを中央演算装置 (Central Processing Unit: CPU) で，センサーから入力される外部刺激によって変更した (図6-7)。このロボットでは，CPU として 32 ビットマイコン (ルネサス テクノロジ，SH7045) を使用した。

　ロボットの各脚には，三つの小型サーボモータを組み込んであり，1 個のモータで前後方向に，残りの 2 個で上下方向に運かすことができる。サーボモータの回転

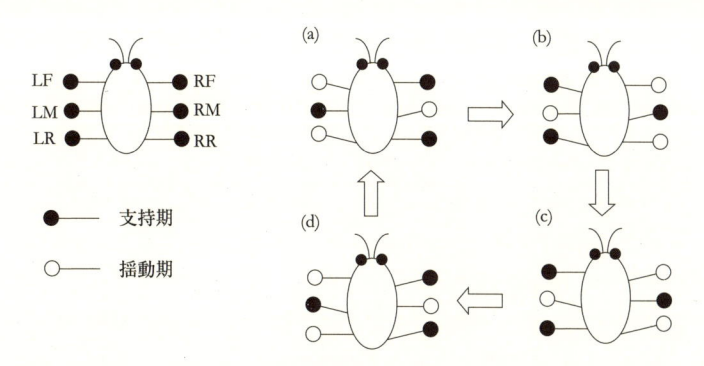

第6章 フィールドで働く六脚歩行ロボットを作る

LF ● ● RF
LM ● ● RM
LR ● ● RR

● — 支持期
○ — 揺動期

a）三脚台歩容 tripod gait

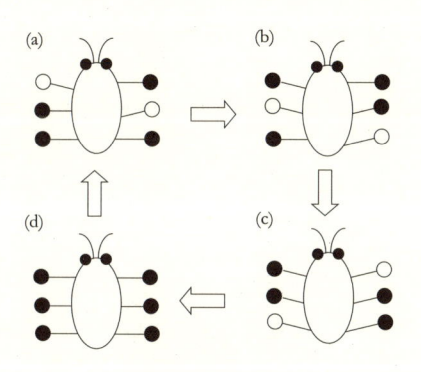

b）四脚台歩容 tetrapod gait

c）五脚台歩容 pentapod gait

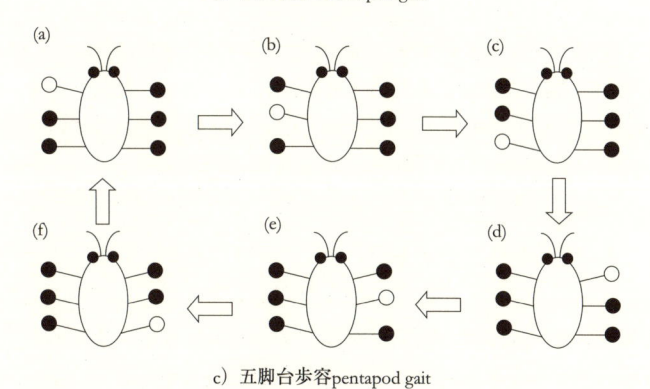

図 6-8 歩行パターン

角度は，CPUのI/Oポートから出力されるPWM信号のデューティー比に比例して，−90〜90度の範囲で制御した。

　ロボットは，脚を地面に接地して体を支持するとき（支持期 stance phase）と，空中を移動して前方に振り出すとき（揺動期 swing phase）の二つの動きを切り替えて歩行する。この脚の運動を切り替える周期を調節することで，図6-8に示す三脚台歩容 tripod gait，四脚台歩容 tetrapod gait，ならびに五脚台歩容 pentapod gait と呼ばれる歩行パターンを繰り返す。

　三脚台歩容では3脚ずつ，四脚台歩容では2脚ずつ，五脚台歩容では1脚ずつ揺動期になるため，三脚台歩容が最も速く歩行できる。しかし，五脚台歩容では必ず5脚が地面に接地する支持期になるため，重いものを積載して安定した歩行を行うことができる。歩行速度は1歩の歩幅と周期を変えることで1〜3 m/min の範囲で調節でき，15°の斜面を登ることができる（Kang et al. 2009）。左右旋回は緩旋回と急旋回の2種類の歩行パターンで行うことができる。緩旋回は旋回する方向の脚すべての歩幅を直進時の半分にすることで，左右の脚に速度差を与えて緩やかに旋回する。急旋回は旋回する方向の脚すべてを後進にすることで超信地旋回のようにその場所で旋回する。

6-4　センサー

　開発したロボットには外部からの刺激を感知するため，図6-6と図6-7に示すような前方の障害物を検知するため赤外線近接センサー，風向センサー（Taniwaki et al. 2008）およびCO_2ガスセンサーを搭載した。赤外線近接センサーの出力は，障害物までの距離に比例して0〜5 Vで変化する電圧信号であるため，CPUのA/D変換ポートで読み込んだ。

　次に匂い源定位行動を模倣するため，匂いを運ぶ風がどの方向から吹いているのかを感知する風向センサーを開発した。風向センサーは，ロボットの頭部に取り付けた。風向センサーは四つの風速センサーを四方に配置し，そのあいだをアクリル板で仕切ることでセンサーに当たる風の方向を制限している（図6-9）。この構造によって，風が吹いてくる側のセンサーは，直接風が当たり，それ以外のセンサーでは風がほとんど当たらないので，センサーから出力値に差が生じる。このセンサー間の出力差を用いて，風向ϕ［度］（ロボットの進行方向を0度とする）を次式で求め

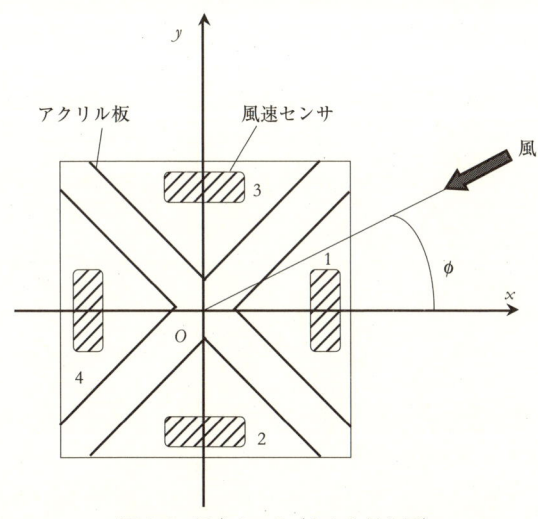

図6-9　風向センサ（上から見た図）

た。

$$\phi = \mathrm{atan2}\,(\Delta v_y,\ \Delta v_x) \quad (5.1)$$
$$\Delta v_x = v_1 - v_4 \quad (5.2)$$
$$\Delta v_y = v_3 - v_2 \quad (5.3)$$

ここで，v_i：各風速センサー（$i=1,\ 2,\ 3,\ 4$）の出力 [m/s]，atan2 関数はC言語等のプログラミング言語で用いられる関数で，$\arctan(\Delta v_y/\Delta v_x)$ の解を $-\pi$ - π の範囲で求めることができる。

電動ファンを用いて，風向センサーによる風向の検出精度を試験したところ，風速 1.8-3.8 m/s の範囲において，風向を精度よく推定することができた。

CO_2 ガスセンサーは，CO_2 ガスが空気の比重よりも重いことを考慮して，ロボットの腹部に取り付けた。このセンサーは，空気中の CO_2 濃度が一定以上かどうかを検出するために用いた。使用したセンサーは，空気中の CO_2 濃度を 400-4000 ppm の範囲で測定できる。また，センサーの応答性をよくするため，ゼオドライト製フィルタキャップは取り外して使用した。

風向センサーと CO_2 ガスセンサーは，ロボットの歩行制御のためのCPUとは別のマイコン（マイクロチップ，PIC16F877）で計測を行い，風向と CO_2 濃度に変換した。風向と CO_2 濃度のデータは毎秒 5 Hz のシリアル通信（RS-232C）でCPUに送

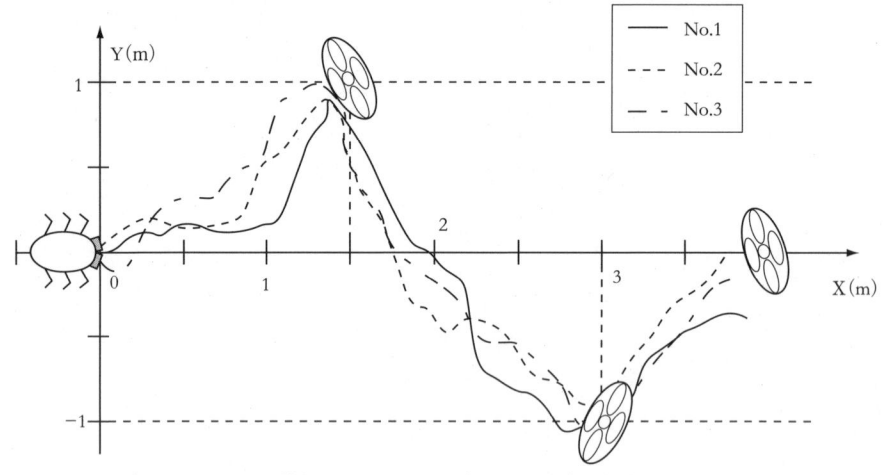

III 昆虫の構造・機能に学ぶ技術

図6-10 風向センサで風上を検知しながら，風源（電動ファン）を探索する実験の装置レイアウトとロボットの歩行した軌跡

信された。

6-5 探索行動

はじめに風のみを用いて風上にロボットが辿り着けるかを確認する実験を行った。ロボットは三脚台歩容により 2 m/min の速さで歩行した。この速度は風速と比べて十分遅いため，歩行移動により生じる風速の変化は問題とならない。

風は，電動ファンを使って決まった方向に送風した。図6-10のように電動ファンを3ヶ所に配置して，ロボットが風向センサーで風向きを感知して，順番に風源に向かって歩行する行動を行うようにした。

ロボットの歩行パターンは以下の6種類とした。

1) 風速 0.5 m/s 以上の風を検知していない場合は同じ位置に停止する。
2) 風向 ϕ が $-10 \sim 10°$ の範囲のときは直進歩行を続ける。
3) 風向 ϕ が $-30 \sim -10°$ の範囲のときは右へ緩旋回する。
4) 風向 ϕ が $10 \sim 30°$ 範囲のときは左へ緩旋回する。
5) 風向 ϕ が $-180 \sim -30°$ の範囲のときは右へ急旋回する。

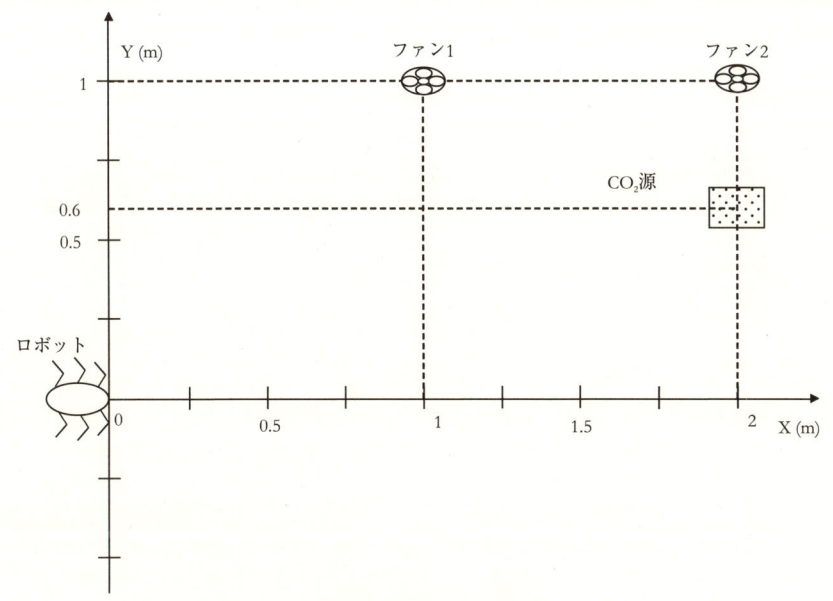

図 6-11 CO_2 源探索実験のための装置レイアウト

6) 風向 ϕ が 30 〜 180°の範囲のときは左へ急旋回する。

この風源探索行動でロボットが 3 回歩行した軌跡を纏めて図 6-10 に示す。これらの歩行軌跡は，ロボットの後尾に取り付けたチョークで地面に歩いているときの線を描かせたものを後から測定した。ロボットは細かく蛇行しながら歩行しているが，3 回とも確実に風源を探索できた。

図 6-11 に CO_2 源探索行動実験のための装置配置を示す。CO_2 ガスは水を溜めた容器にドライアイスを入れて発生させた。この CO_2 源に電動ファンで風を流し，一定方向の CO_2 ガスの流れを発生させた。これとは別に，CO_2 源無しで電動ファンによる送風のみの風源も設置した。ロボットにこの二つの風源に直交する経路を歩行させ，CO_2 ガスを感知すれば風源を探索する行動を行い，CO_2 源に到達させることを目的とした。

ロボットの歩行パターンは，以下の 6 種類とした。

1) CO_2 ガス濃度 490 ppm 未満，または風速 0.5 m/s 以上の風を検知していない場合は，方向を変えずに前進続ける。
2) CO_2 ガス濃度 490 ppm 以上で風向 ϕ が $-10 \sim 10°$ の範囲のときは，直進歩

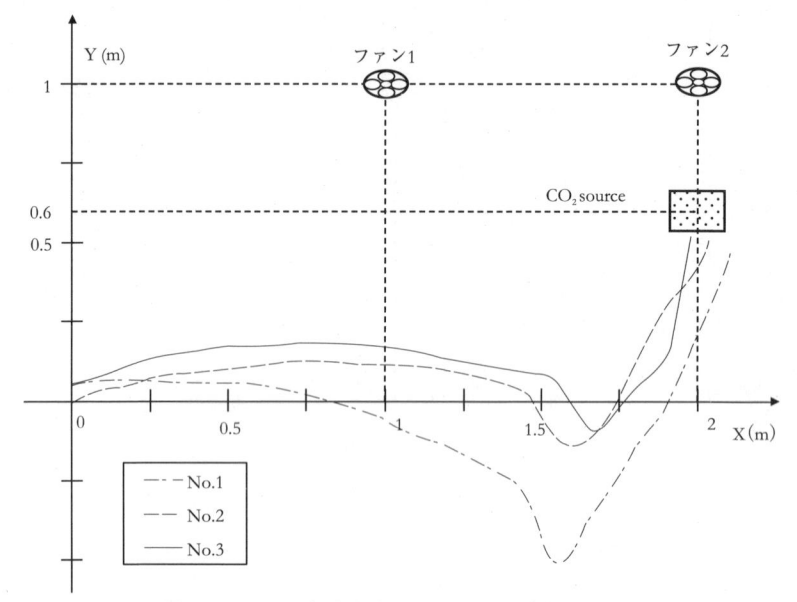

図6-12 CO_2源探索実験でのロボットの歩行した軌跡

行を続ける。

3) CO_2ガス濃度490 ppm以上で風向ϕが$-30 \sim -10°$の範囲のときは，右へ緩旋回する。
4) CO_2ガス濃度490 ppm以上で風向ϕが$10 \sim 30°$の範囲のときは，左へ緩旋回する。
5) CO_2ガス濃度490 ppm以上で，風向ϕが$-180 \sim -30°$の範囲のときは，右へ急旋回する。
6) CO_2ガス濃度490 ppm以上で風向ϕが$30 \sim 180°$の範囲のときは，左へ急旋回する。

図6-12に，ロボットがCO_2源探索行動を3回行ったときの歩行軌跡を示す。歩行軌跡は前節と同じ方法で測定した。これらの歩行軌跡では最初ロボットが右側へずれて歩行しているが，これは風とCO_2ガスの影響ではなく，ロボット自体の歩行の癖である。この歩行軌跡から，1 m付近の最初のCO_2ガスの含まない風源には反応せずに前に向かって歩行していることが分かる。次に，1.5 m付近をすぎたところでCO_2ガスを検知したため，ロボットは左へ向きを大きく変えている。測

定した歩行軌跡は右方向へ大きく曲がっているが，この理由はロボットの後尾に取り付けたチョークで描いた軌跡を測定したためである．ロボットは一度 CO_2 ガスを感知すると，わずかに蛇行しながら CO_2 源に接近している．このように 3 回繰り返した実験すべてで CO_2 源探索行動を行うことが確認できた．

6-6　昆虫ロボットの夢

　昆虫の機能の再現を目指して風向センサーと炭酸ガスセンサーを搭載した六脚歩行ロボットを開発した．昆虫型ロボットはボディが小さいため，耕うんや収穫といった農作業はできない．しかし小型であるため安価に製作でき，また小型でも不整地走行が可能である．このため既存の農業機械と組み合わせて圃場情報収集に利用すれば，より効率的な収集が可能となり精密農業のあらたな進展が期待できる．たとえばエチレンセンサーを搭載した六脚ロボットで作物の損傷を探知できれば，農薬の使用を最小限に抑えることが可能となる．

　昆虫は人間の 100 万分の 1 の脳細胞しか持たないが，飛行や餌の探知などすばらしい知的活動を行うことができる．ただし，「人間の 100 万分の 1」とはいえ，それでも 10 万個の脳細胞を有している．これは，われわれの扱っているコンピュータに比べると大変な数である．また，「新材料なくして新技術なし」といわれるように，機械では新材料の開発が重要である．たとえば前章で紹介されているような昆虫の表面を模した材料を作り出すことは現在の技術では難しい．しかし技術は日進月歩であり，コンピュータのさらなる進歩と新素材の開発が期待でき，昆虫ロボットの実用化が比較的早く可能となろう．これらの技術に支えられた農業が人類の未来を支えることになる．昆虫ロボットへの夢は尽きない．

▶▶参考文献◀◀

Beer, R. D., Chiel, H. J. and Sterling, L. S. (1991) An artificial insect, *Am. Sci.* 79: 444−452.
Gallagher, J. C., Beer, R. D., Espenshied, K. S. and Quinn, R. D. (1996) Application of evolved locomotion controllers to a hexapod robot. *Robotics and Autonomous Systems* 19: 95−103.
Iida, M., Kang, D., Taniwaki, M. and Tanaka, M. and Umeda, M. (2008) Localization of CO_2 source by a hexapod robot equipped with an anemoscope and a gas sensor. *Comput. Electron. Agric.* 63: 73−80.
飯田訓久・前川智史・梅田幹雄 (1999)「無人追走方式の研究 (第 1 報)」『農業機械学会誌』61: 99−106.

Kang, D. H., Iida, M. and Umeda, M. (2009) The walking control of a hexapod robot for collecting field information. *J. Jpn. Soc. Agric. Mach.* 71: 63-71.

Kingsley, D. A., Quinn, R. D. and Ritzmann, R. E. (2002) A cockroach inspired robot with artificial muscles, Proceedings of the 15th International Conference on Climbing and Walking Robots, Paris.

三浦宏文 (2001)『知能ロボットと昆虫ロボット』サイエンティフィックシステム研究会資料.

Quinn, R. D. and Ritzmann, R. E. (1998) Construction of a hexapod robot with cockroach kinematics benefies both robotics and biology *Connection Science* 10: 239-254.

Sakuma, M. (2002) Virtual reality experiments on a digital servosphere: guiding male silkworm moths to a virtual odour source. *Comput. Electron. Agric.* 43: 243-254.

Taniwaki, M., Iida, M., Izumi, T., Kang, D. H. and Umeda, M. (2008) Walking behavior of a hexapod robot using a wind direction detector. *Biosys. Engine.* 100: 516-523.

山口恒夫他 (2005)『もうひとつの脳：微小脳の研究入門』培風館，23-54.

TOPIC 2

ハダニの空中分散
飛び立ちの空気力学

■刑部正博■　■梅田幹雄■

　翅を持たないハダニは，通常は，歩行により移動するが，しばしば風や上昇気流を利用して空中分散することが知られている。風分散はカイガラムシなどの微細な昆虫やハダニ類の天敵（捕食者）であるカブリダニ類でも観察されているが，翅がなく，しかも体が小さいこともあってか，これらの分散は「単に偶然風に吹き飛ばされただけ」で，それら自身の行動とは関係ないものと勘違いされがちである。もちろん，偶然の事故の可能性もあるかもしれないが，実はカイガラムシ the ice plant scale, *Pulvinariella mesembryanthemi*（Vallot）におけるこの風分散が行動的な適応の結果であることを示す研究が Washburn and Washburn（1984）によって発表された。

　植物体を含めて，空気の流れのなかで物体の周囲には境界層 boundary layer と呼ばれる薄い摩擦層が生じ，そのなかでは流れは急速に弱まり，物体の表面でゼロになる。微細な昆虫やダニが葉の表面上などで通常の姿勢を取っている場合，多くはこの境界層のなかにいることになり，風の影響は小さくなる。かれらを吹き飛ばすためにはこの境界層のなかでの流れが，植物体をつかんでいる脚などによって生じる摩擦力を十分に凌駕するだけのエネルギーを持つ必要がある。Washburn and Washburn（1984）によって紹介されたカイガラムシの幼虫は，風分散に際してⅡおよびⅢ脚で体を支えてからだの前方を高くして立ち上がり，さらにⅠ脚を持ち上げて境界層の上にある強い流れを利用して抗力 drag を得ることにより風分散するという。すなわち，偶然吹き飛ばされるのではなく，積極的に風の力を利用して分

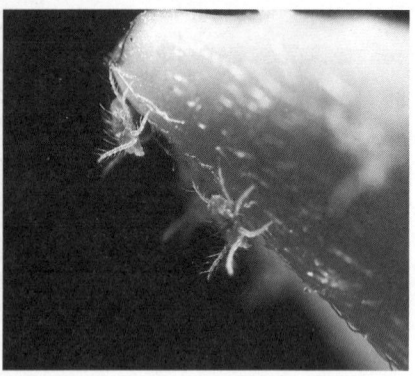

III 昆虫の構造・機能に学ぶ技術

▶図1 チャの新芽で第一脚を挙げて風分散の姿勢を取るカンザワハダニ雌成虫
（撮影　久保田　栄　氏）

散していると考えられる。同様の行動は他のカイガラムシでも観察され（Gullan and Kosztarab 1997），多くのカブリダニも風分散に際して類似の姿勢を取ることが明らかになっている（Johnson and Croft 1976; Croft and Jung 2001　ただしチリカブリダニについては Sabelis and Afman 1994 参照）。

　これらの空中分散は，翅を持たない昆虫やダニなどが，環境が劣悪になった生息場所からより好適な生息場所へ移動するために，相対的に長い距離を分散する手段として進化したのかもしれない。長距離移動の手段として糸を使ったクモのバルーニングが有名であり，Bell et al. (2005) がチョウ目幼虫やハダニも含めてバルーニングの進化について解説している。なお，Bell et al. (2005) は，このトピックの後半で主に扱うナミハダニの風分散もバルーニングに含めているが，後に述べる理由からこれは明らかな間違いである。

　体長 0.5 mm 程度と微細なハダニにとっても，空中分散は長距離移動の重要な手段と考えられる。ハダニの空中分散は，行動的特徴から風分散とバルーニングに大きく分けられる。Tetranychus 属のナミハダニ（Smitley and Kennedy 1985）やカンザワハダニ（図1），あるいは Banks grass mite（Oligonychus pratensis (Banks); Margolies 1987）では，風を感じてI脚を上に挙げ，また胴体部の前方を持ち上げて風を受け，空中分散する。このとき，これらのハダニは吐糸をまったく用いていないため，この点でバルーニングとは異なる。一方，Panonychus 属のミカンハダニや Oligonychus 属の the avocado brown mite（O. punicae (Hirst)）や the tea red spider mite（O. coffeae (Nietner)），Eotetranychus 属の the six-spotted mite（E. sexmaculatus (Riley)）では，むしろ風があまり

A. 風分散姿勢　　　　　　　　　　　　B. 通常姿勢

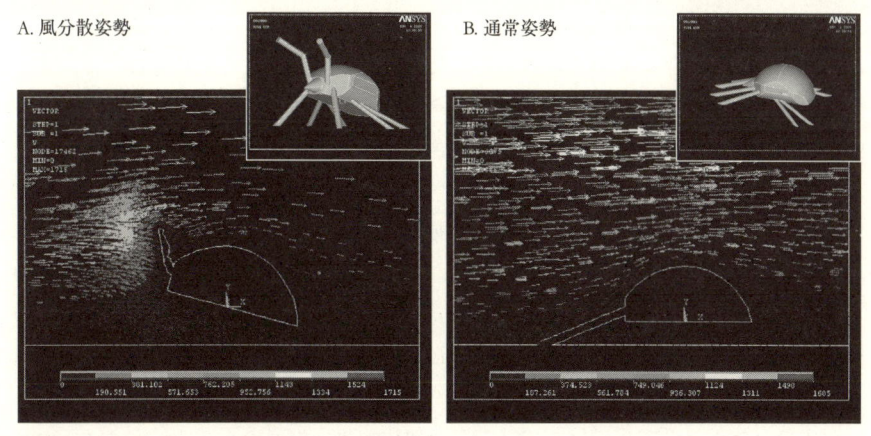

▶図2　ナミハダニの三次元モデルと空気の流れのシミュレーション

吹いていない状況で寄主植物の葉から吐糸を使って懸垂し，上昇気流などの空気の流れを利用して，バルーニングにより空中分散することが，古くから確認されている（Fleschner et al. 1956; Das 1959）。

　これらハダニの空中分散方法のうち，ナミハダニなどが風分散の際に取る分散姿勢は，先に紹介したカイガラムシのものとよく似ている。しかし，カイガラムシが風を感じたときに風下を向いて（すなわち，風上に対して背を向けて）この姿勢を取る（Washburn and Washburn 1984）のに対して，ナミハダニが分散姿勢を取るためには風と光の両方の刺激が必要で，風の吹く方向とは無関係に光源に背を向けてこの姿勢を取り，結果的に風を正面から受ける状態になると風分散が最も高頻度に起こる（Smitley and Kennedy 1985）。カブリダニも，風分散に当たってカイガラムシと同様に風上に背を向けて分散姿勢を取ることがJohnson and Croft（1976）により報告されている。これらの姿勢が抗力を得るのに合理的だとしたら，ナミハダニはなぜ光源に背を向けて分散姿勢を取り，さらにカイガラムシやカブリダニとは逆に風上を向いているときに分散が起こるのであろうか？

　この疑問に答えるためには，まずナミハダニが分散姿勢を取ったときに体にどのような力が働くかを調べてみるのが先決であろう。しかし，直接計測するにはあまりにも小さすぎる。そこでOsakabe et al.（2008）は，ナミハダニの体を計測して，通常の姿勢と分散姿勢を三次元モデル（3D）として再現し，コンピュータ上で解析モデルによる比較実験を行った（図2）。これらの3Dを水平面上に乗せ，正面からさまざまな速度の空気の流れをあてたときに体表面に掛かる圧力と摩擦応力から，

ハダニが風によって後ろ向きと上向きに受ける力が解析された。その結果，上に挙げた I 脚はより大きな上向きの力を，また胴体部の前方を持ち上げることは，より大きな後ろ向きの力を得るのに効果的であった。なお，通常の姿勢では I 脚には下向きの力が働き，胴体部に掛かる後ろ向きの力は分散姿勢のほぼ半分であった。

このように分散姿勢は通常の姿勢に比べてより大きな力を風から受けるのに有効であるが，得られる力は風分散に十分であろうか？　モデル解析によって計算された上向きの力は，分散姿勢で風速 2.5 m/s の場合に 0.045 μN であり，後ろ向きの力 (0.13 μN) に比べて小さかった (Osakabe et al. 2008)。ナミハダニの風分散は発育時の密度と関係が深く，高密度の環境で発育した脱皮後 1 日程度経った既交尾の雌成虫が，最も多く風分散する (Li and Margolies 1994)。Mitchell (1973) によれば，このときの雌成虫の体重は低密度環境下で発育した個体の半分程度の 5～7 μg (0.049～0.069 μN) であり，2.5 m/s の風速では飛び立つために上向きに十分な力が得られないことが明らかになった。しかし実際には，ナミハダニは風速 1.5m/s くらいから風分散し，風速が強まるに連れて分散個体の割合が増えることが知られている (Boykin and Campbell 1984; Smitley and Kennedy 1985)。ここでハダニが風から後ろ向きに受ける力に注目すると，上向きにかかる力よりかなり大きく，条件が整えばハダニを移動させるのに十分な大きさの力が掛かっている。ハダニはこの力をうまく利用して風分散しているのではないだろうか？

実際の分散時の様子 (図 1) を見ると，カンザワハダニもナミハダニも葉の下面で分散姿勢を取っている。そこで，風 (1.5～4 m/s) がハダニの正面から来るという条件を保ちながらハダニがいる面を傾斜させたときに，風および重力によってハダニに掛かる力の大きさと向き (Q) が解析された (図 3a, b)。その結果，分散姿勢では通常姿勢に比べて Q が大きく，この差は風速が増すに連れて大きくなった。Q の大きさは体重によっても異なるが，体重による影響よりも姿勢による影響のほうが大きかった。ハダニが飛び立つためにはこの Q の向きが水平よりも上を向き，なおかつ飛び立ち面から離脱する方向に働く必要があろう。また，歩行分散に比べて長距離の移動を目的とすると考えると，できるだけ遠くまで飛べる条件が重要かもしれない。そこで，飛び立ったハダニが放物線運動をすると仮定して，最も遠くへ飛べる葉面の傾斜角度が算出された。その結果，水平面から 91.4～113.5°の角度を持つ傾斜面 (すなわち植物であれば葉の下面や図 1 にあるように新芽の下面など) で下を向いて分散姿勢を取るのが最適な条件であると推定された (Osakabe et al. 2008)。

これらの解析結果を踏まえて，実際にどのような場所を選んで飛び立つかを検証

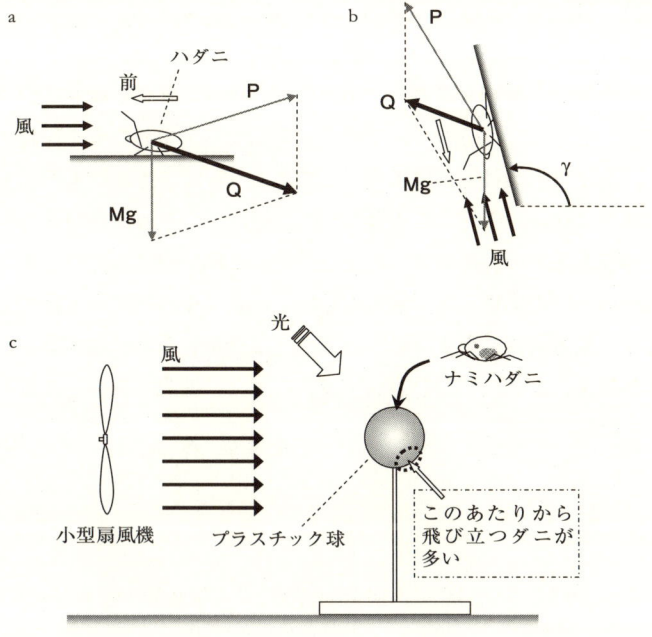

▶図3 面が水平の場合 (a) と傾斜している場合 (b) に分散姿勢のハダニに掛かる力の方向と大きさ (P：風から受ける力, Mg：重力, Q：風から受ける力と重力との合力, γ：飛び立ち面の傾斜角度) とナミハダニの飛び立ち場所を調べた実験装置 (c)

するため，恒温室内に球状のプラスチックを設置して，その上にナミハダニの雌成虫を放し，一方から風と光をあてて実験が行われた (図3c)。その結果，球体の風下側の下部に最も多く定位し，かつ実際に分散する個体も多かった (Osakabe et al. 2008)。これは前述の野外での観察結果 (図1) と一致し，またモデル解析とも矛盾しない。したがって，ハダニの風分散は主に葉裏など，傾斜の下面から飛び立つのが合理的で，また実際にナミハダニやカンザワハダニは「偶然に吹き飛ばされる」のではなく，合理的に飛び立てる場所を選んで分散しているといえそうである。

ここで紹介したモデル解析では，飛び立つ際の力学的有利さだけが考慮されたために，ハダニが飛び立った後に放物線運動をするという仮定を用いて総合的効果が評価された。しかし，実際にはダニたちは遙かに複雑な運動をするはずである。Jung and Croft (2001) によれば，数種のカブリダニおよびナミハダニの風分散による到達距離は，それらの落下速度や出発点の高さ，風速および乱流を seed flux model (Green and Johnson 1989) にあてはめた推定値とよく適合する。ただし，かれ

らが落下速度の測定に用いたナミハダニの体重は 23 〜 28 µg であり，実際の分散個体に比べると遙かに重い．今後，実際に飛び立つ位置や分散個体の落下速度，空中での姿勢等の詳細を解析することにより，より正確に移動距離を推定できるものと考えられる．しかし，風分散中の空中で，微細なハダニの姿勢を記録するのは容易ではなく，高度な映像技術が求められるであろう．マーキングも容易ではないハダニ類の移動を間接的に推定する手段として，遺伝子マーカーを用いた個体群構造の解析は有効な方法の一つであろう．また，同様に風分散する天敵のカブリダニも含めて，地域的分散の実態を解析することは，不安定なハビタットに生息するハダニがどのように地域個体群を維持しているか，またかれらが構成するメタ個体群のなかで，薬剤抵抗性などの特定の遺伝子がどのように拡散するかを知る上で有意義であろう（第1部5章参照）．

▶▶参考文献◀◀

Bell, J. R., Bohan, D. A., . Shaw, E. M., and Weyman, G. S. (2005). Ballooning dispersal using silk: world fauna, phylogenies, genetics and models. *Bull. Entomol. Res.* 95: 69−114.

Boykin, L. S. and Campbell, W. V. (1984). Wind dispersal of the twospotted spider mite (Acari: Tetranychidae) in North Carolina peanut fields. *Environ. Entomol.* 13: 221−227.

Croft, B. A. and Jung, C. (2001). Phytoseiid dispersal at plant to regional levels: a review with emphasis on management of *Neoseiulus fallacis* in diverse agroecosystems. *Exp. Appl. Acarol.* 25: 763−784.

Das, G. M. (1959). Bionomics of the tea red spider, *Oligonychus coffeae* (Nietner). *Bull. Entomol. Res.* 50: 265−274.

Fleschner, C. A., Badgley, M. E., Ricker, D. W., and Hall. J. C. (1956). Air drift of spider mites. *J. Econ. Entomol.* 49: 624−627.

Gullan, P. J. and Kosztarab M. (1997). Adaptations in scale insects. *Ann. Rev. Entomol.* 42: 23−50.

Johnson, D. T., and Croft. B. A. (1976). Laboratory study of the dispersal behavior of *Amblyseius fallacis* (Acarina: Phytoseiidae). *Ann. Entomol. Soc. Am.* 69: 1019−1023.

Li, J. and Margolies. D. C. (1994). Responses to direct and indirect selection on aerial dispersal behaviour in *Tetranychus urticae*. *Heredity* 72: 10−22.

Margolies, D. C. (1987). Conditions eliciting aerial dispersal behavior in banks grass mite, *Oligonychus pratensis* (Acari: Tetranychidae). *Environ. Entomol.* 16: 928−932.

Mitchell, R. (1973). Growth and population dynamics of a spider mite (*Tetranychus urticae* K., Acarina: Tetranychidae). *Ecology* 54: 1349−1355.

Osakabe, Mh., Isobe H., Kasai A., Masuda R., Kubota, S. and Umeda M. (2008). Aerodynamic advantages of upside down take-off for aerial dispersal in *Tetranychus* spider mites. *Exp. Appl. Acarol.* 44: 165−183.

Sabelis, M. W. and Afman, B. P. (1994). Synomone-induced suppression of take-off in the phytoseiid mite *Phytoseiulus persimilis* Athias-Henriot. *Exp. Appl. Acarol.* 18: 711-721.

Smitley, D. R. and Kennedy, G. G. (1985). Photo-oriented aerial-dispersal behavior of *Tetranychus urticae* (Acari: Tetranychidae) enhances escape from the leaf surface. *Ann. Entomol. Soc. Am.* 78: 609-614.

Washburn, J. O., and Washburn, L. (1984). Active aerial dispersal of minute wingless arthropods: exploitation of boundary-layer velocity gradients. *Science* 223: 1088-1089.

TOPIC 3

ダニアレルギー最前線

■森　直樹■　　■桑原保正■

　気管支喘息，通年性鼻炎，アトピー性皮膚炎等のアレルギー性疾患に関与する主要アレルゲンとして，室内塵性ダニに属するコナダニ亜目（無気門亜目）コナヒョウヒダニ *Dermatophagoides farinae* とヤケヒョウヒダニ *D. pteronyssinus* が注目されている。その体長は0.3mm程度であり，体色が半透明ゆえに肉眼ではほとんど識別できない。このヒョウヒダニ類から，システインプロテアーゼ，セリンプロテアーゼなど，少なくとも17種のタンパク質性アレルゲンが報告されている。

　上記のアレルギー性疾患のなかでも，アトピー性皮膚炎は，多くの児童や学生が罹患するだけでなく，日本では重篤な成人型アトピー性皮膚炎の症例も多く，国民病とさえいえる難治性の皮膚炎である。永年アトピー性皮膚炎に取り組んでこられた皮膚科医の中山秀夫氏は，アレルギー性皮膚疾患の予防や治療には，その原因アレルゲンの確認がきわめて重要と考えていた。その原因アレルゲンを探索する最も有力な方法は，パッチテストである。すり潰した生ダニやダニから抽出した脂質成分を用いてパッチテストを行うと，アトピー性皮膚炎患者の健全な皮膚に明瞭な陽性反応が見られる。中山氏らは，脂質成分でも陽性反応が認められた点に注目した（Sakurai et al. 1991）。おそらく，ヒョウヒダニ類由来の低分子化合物がタンパク質と反応し易く，反応したタンパク質が異物として認識されると考えたのである。

　一方，著者の一人は1980年頃から，コナダニ亜目に属するダニ類が発する香り成分，すなわち低分子有機化合物を網羅的に調べ，植物や微生物からは認められ

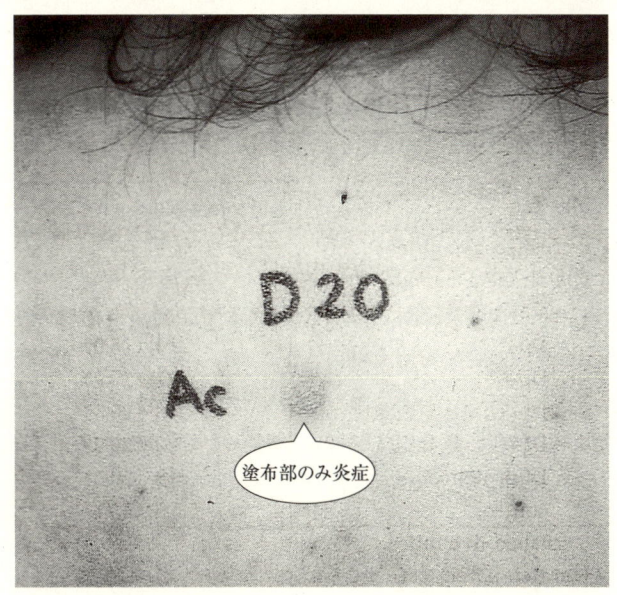

▶図1 α-アカリジアールがアトピー性皮膚炎患者の健全な皮膚に誘導した湿疹
塗布後20日後でも湿疹は消失せず，遅延型アレルギー反応が引き起こされていることが示唆される。（写真提供 中山秀夫）

ないダニ類特有のさまざまな珍しい化合物を同定していた。日本ダニ学会を通して知己であった中山氏の依頼を受け，著者らはダニ類由来の種々の低分子化合物を合成し，中山氏がこれらの化合物を用いてパッチテストを実施した。すると著者らも驚いたことに，オオケナガコナダニから同定された新規化合物α-アカリジアール（α-acaridial）がアトピー性皮膚炎患者の健全な皮膚に顕著な湿疹を誘導し，その湿疹は20日間も持続した。（図1）。

α-アカリジアールの構造を図2に示す。α-アカリジアールは，生体内で必須脂肪酸の一種リノレン酸が酸化ストレスに伴う化学反応によって生じる4-オキソ-2(E)-ノネナール（4ONE，図2）と類似した構造を持っている。4ONEはタンパク質や核酸などの生体成分と反応し易く，がんを含む種々の疾病の発生・進展や老化との因果関係が示唆されている（Esterbauer et al. 1991; Toyoda et al. 2007）。

そこで著者らは，α-アカリジアールを用いた湿疹発症機構の免疫科学的な研究に乗り出そうと考えた。しかしながら，著者らだけでは免疫学的な研究の実施は到

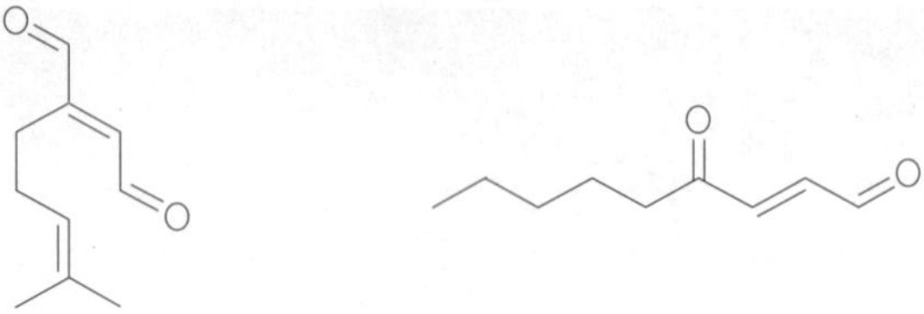

▶図2 α-アカリジアール（左）と4-オキソ-2(*E*)-ノネナール（右）の構造

底不可能である．そんなとき，著者の一人は，ある研究報告会で当時日本医科大学教授だった杉田昌彦氏の講演を聞く機会に恵まれた．杉田氏は，脂質分子がリンパ球に認識される分子機構について素晴らしい報告をされた．その後杉田氏が京都大学ウイルス研究所に異動されたのを契機に，杉田氏と松永勇氏の御協力を頂き，免疫科学的な研究を進めることができた．その結果，α-アカリジアールはマウスの耳介にも発赤と腫脹を誘導すること，すなわち接触アレルギー反応を引き起こすことが判った．またマウス耳介にはCD4陽性リンパ球が浸潤しており，α-アカリジアールにより修飾されたタンパク質またはペプチドがリンパ球に認識されていると考えられた．さらに，牛血清アルブミンをモデルタンパク質として同化合物との反応性を調べると，タンパク質中のシステインやリシン残基に対して高い反応性を示した．したがって，α-アカリジアールは皮膚から浸透し，生体中のタンパク質やペプチドのシステインやリシン残基が修飾され，これが真の抗原（完全抗原）として作用することが示唆された（Sasai et al. 2008）．以上から，ダニ類由来の脂質成分がハプテンとなり，接触性皮膚炎を引き起こす機構が明らかになった．

著者の一人が新規化合物としてダニから同定したα-アカリジアールの研究が，免疫科学という当初思いも掛けない方面に広がって行ったプロセスについて簡単に記した．現在科学研究において異分野の交流が求められているが，これはまさしく異なる分野の融合研究であった．

▶▶参考文献◀◀

Esterbauer, H., Schaur, R. J. and Zollner, H. (1991) Chemistry and biochemistry of 4-hydroxynonenal, malonaldehyde and related aldehydes. *Free Radic. Biol. Med.* 11: 81–128.

Sasai, T., Hirano, Y., Maeda, S., Matsunaga, I., Otsuka, A., Morita, D., Nishida, R., Nakayama, H., Kuwahara, K., Sugita, M. and Mori, N. (2008) Induction of allergic contact dermatitis by astigmatid mite-derived monoterpene, α-acaridial. *Biochem. Biophys. Res. Commun.* 375: 336–340.

Sakurai, M., Nakayama, H., Kumei, A., Tsurumachi, K. and Takaoka, M. (1991) Results of patch tests with mite components in atopic dermatitis patients. *Am. J. Contact Dermat.* 2; 222−230.

Toyoda, K., Nagae, R., Akagawa, M., Ishino, K., Shibata, T., Ito, S., Shibata, N., Yamamoto, T., Kobayashi, M., Takasaki, Y., Matsuda, T. and Uchida, K. (2007) Protein-bound 4-hydroxy-2-nonenal: an endogenous triggering antigen of anti-DNAresponse, *J. Biol. Chem.* 282: 25769−25778.

IV
昆虫を用いた環境教育・科学教育

序

　昆虫ほどわれわれにとって身近な動物はないだろう。なぜ，昆虫が身近なのかといえば，われわれの周辺には植物が生えているからである。昆虫と植物は，「花と蝶」という言葉があるように，共進化の産物としての，自然生態系のなかで対となる存在だからである。都市化が進行し，昔のような自然の豊かさは失われつつあるとはいえ，植物がある限り，まだまだ多くの昆虫の姿を見ることができるし，その鳴き声を聞くこともできる。

　かつてわが国がまだ貧しかった時代は，子どもたち，とりわけ男の子にとって昆虫はよき遊び相手であったし，時として食用にもなった。大人が特別な教育などしなくても，子どもたちは自然と戯れた。幼児期から自然と触れ合い，両親や祖父母が常日頃から自然について語っておれば，自然をいつくしむ気持ちは自然と培われていくに違いないのである。

　しかし，現代では，都会の少年にとってそのことは困難になってしまっている。一見，豊かな自然に取り囲まれた田舎の子どもにとってすら，自然の尊さを理解するのは難しくなっているのかもしれない。それは，人間が意識のなかで自然環境を疎外するようになったことと無関係ではないであろう。したがって，自然と人とのあるべき関係をもう一度取り戻す教育というのが，今こそ必要になっているに違いない。自然と接触することによってしか，人間本来の感性は醸成されないからである。偉大なアリ学者で社会生物学の創始者でもる E. O. ウィルソンは，「人間は本来自然な環境を好むように遺伝的に進化してきた」というバイオフィリア (biophilia) 仮説を提唱した。それは，生命に対する人間の情緒的な結びつきを，進化論的な観点から説明しようとしたものでもある。自然のなかで育まれることは，人間にとって好ましいことなのである。ここに自然教育の原点があると考えられる。

1 「昆虫を用いた教育」の取り組み

　この点で，最も身近な自然的存在としての昆虫を通して，自然への窓口が開かれることは，大いに期待できる。とくに，自然史博物館や昆虫館などで行われている環境教育や昆虫を素材とした教育や啓蒙活動は，大きな役割を果している。2007

年9月に開催された日本昆虫学会大会では,「2050年の博物館」というテーマのシンポジウムがあった（日本昆虫学会第67回大会　講演要旨）。関西や中国地方の博物館や昆虫館からの報告であったが,なかなか興味深いものであった。

　たとえば,伊丹市昆虫館では,昆虫の魅力を引き出し,より分かり易く伝えるためのさまざまな工夫を凝らしているという。その工夫とは,以下のようなものである。

1. ほんものに触れること。
2. ほんものの魅力を引き出すこと。
3. フィールドへ導くこと。
4. 共に発見し感動すること。
5. ネットワークを広げ,多彩な切り口で情報発信すること。

　昆虫館は,昆虫をきっかけにして,さまざまな人が集い,新たな発見や喜び,さらなる人と人との繋がりを生み出していく場として位置づけられる。そこでは,昆虫たちは,市民の喜びを増やし,市民の生活を豊かにしていくための生物的存在として考えられているのである。

　鳥取県立博物館では,「カメラ付き携帯電話でしらべる昆虫地理」というプロジェクトを実施している。これは,フキバッタを材料に,標本では消失してしまう色彩の地理的変異を,携帯電話による撮影画像をネットワークで結ぶことにより,住民参加型で調査するというものである。それは当初,生物地理学的な興味から始められたことだったが,携帯電話やインターネットが昆虫や自然への興味を喚起する「教育用ツール」となる可能性が見えてきたということであるから,思わぬ副産物が得られたわけだ。

　また,大阪市立環境科学研究所は,研究という業務以外に市民の環境教育や自然教育に取り組んでいる。失われゆく自然を身近に復元し,昆虫を含む多様な生物と触れ合う目的で,「自然体験観察園」といったビオトープを作ったり,市民参加型の生物調査を実施したりしている。このような調査では,科学的なデータをきちんと残すことが重要なのはいうまでもないが,同時に大切なのは,事業のリーダーとなる人材を意識的に育成することである（今井2007）。市民におけるリーダー的存在を再生産していくことは,事業の継続性にとって不可欠だからである。

　全国的に見れば,矢島稔博士が園長を務められている「ぐんま昆虫の森」（群馬県桐生市）は単なる昆虫の展示だけでなく,広大な里山のなかで自然や昆虫と触れ合

うことを目的としたものとして，子どもたちだけでなく大人も含めての，昆虫を利用した自然教育の良いモデルとなっている。

2 昆虫を用いた教育・研究の方法論の開発

昆虫は博物館・昆虫館での環境教育や自然教育の素材として重要であるだけではない。初等教育，中等教育，そして高等教育の多岐にわたる教育場面で，教材として広く用いられる可能性を持っている。

保育園や幼稚園といった幼児教育においては，いわゆる"虫捕り遊び"を通じて，子どもたちは多くのことを学ぶことができよう。さらに，小学校や中学校では，自然教育や環境教育の教材として，昆虫たちは活用されるに違いない。しかし，昆虫は，子どもたちを対象にした教育の素材として重要であるばかりではない。昆虫は，その手頃なサイズ，飼育の容易さ，種多様性，生態系における役割の重要さ，急速な進化的反応，そして農業や衛生の場面，あるいは文化的な意味合いでの人間との深い関わりなどから，大学や大学院における生物学，進化学，環境学，農学，および人文科学などの，さまざまな教育における優れた教材として活用できる可能性に満ちている。

そこで，昆虫COEでは，昆虫を教材とした教育を具体的に実践することを試みてきた。まず，大学院の特論として新たに「エントモミメティクサイエンス」(昆虫から学ぶ科学)を開講し，プログラムの拠点メンバーのリレー講義として，さまざまな研究分野の立場から「昆虫から学ぶ科学」の基礎と応用について講義してきた。これは大学院のさまざまな専攻をまたがる，農学研究科初めての講義であり，その効果が期待されるところである。

さらに，「昆虫科学フィールド実習」として，いくつかのプログラムを立ち上げ，実践してきた。これはフィールド科学教育研究センターの研究林や試験地で行われている，COE関連の昆虫科学に関する研究について，フィールドでの実地体験を通して，調査法や生態学的概念を習得するものである。この教育プログラムに関する報告が第4部1章の「フィールド教育の実践」である。本章では，「虫を見て森の変化を知る—小規模伐採が地上徘徊性昆虫に与える影響—」というコラム記事が盛り込まれているが，オサムシやゴミムシのような地上徘徊性昆虫が環境攪乱の指標になりうるかどうかが，そこでは考察されている。それは，直接的には教育とは関係ないが，フィールド実習の場として活用されている上賀茂試験地における研究の

IV 昆虫を用いた環境教育・科学教育

好例として，紹介したものである。

さて，このような身近なフィールドを活用した実習とは別に，鹿児島県の奄美大島で展開されている環境教育に大学院生を講師やインストラクターとして携わらせ，環境教育技術のトレーニングも行ってきた。奄美における環境教育は，私たちの昆虫 COE，龍郷町，および地元出身の実業家による産官学の共同プログラムとして，2006 年に立ち上げたものである。龍郷町の小学校と中学校のすべてを対象にして，専用の教材を作り，多様な観点からの環境教育プログラムを実践してきた。ここには，東京大学や九州大学の大学院で外来動物の研究に携わり，生態系のあらゆる生物に精通している優秀な研究者である前園泰徳をポスドク研究員として雇用し，環境教育担当として派遣した。主に小中学校での総合学習の時間を環境教育にあてているが，夏休みなどを利用した特別の授業においては，大学院生を複数派遣し，昆虫学に関する講義や実習を担当させてきた。これまで延べ 8 名の大学院生とポスドク研究員 1 名がその任に当たってきた。このプロジェクトの教材の一つとして作成したテキストに掲載した挨拶文に筆者は，以下のように書いた。

奄美群島には人類の財産ともいうべき，かけがえのない自然生態系とそれが育む貴重な野生生物がかろうじて残存しており，それらの保全は火急の課題となっています。しかし，その保全のためには住民の理解と協力が不可欠なのです。「灯台下暗し」ということわざにあるように，あまりにも身近なものはかえって見え難いものです。失ってからその価値に気づいても遅いのです。

自然を守り育てるためには，自然に対する慈しみと畏敬の念を持たなければなりません。自然に対するそのような感性は，大人になってからでは，なかなか培われないものです。それに対して子どもたちは，自然のなかでのさまざまな体験を通して，驚くほど早くそのような感性を身に付けることができます。その次に必要なのが正しい知識です。「なぜ？」という素朴な好奇心こそが，人類をここまで導いた知的原動力であります。大人には子どもたちの素朴な問いに答える責任があります。自然に対する豊かな感性と知性を備えた子どもたちは，大人になっても自然のことを正しく理解し大切にするようになるに違いありません。ここに，子どもたちに対する環境教育あるいは自然教育の大切さがあるのです。

「地球社会の調和ある共存」をその基礎理念としている京都大学の 21 世紀 COE プログラム「昆虫科学が拓く未来型食料環境学の創生」は，龍郷町教育委員会とともに龍郷町環境教育プロジェクトを 2006 年に立ち上げ，小学生や中学生に対する

環境教育を実践しつつあります。このテキストが環境教育や自然教育を考え，実践する教員の皆様や子どもたちにとって，自然に触れ，関心を持ち，さらに自分で考える能力を磨くきっかけになることを期待します。

　このテキストは生態系のさまざまな生物群を含む総合的なものである。そこでは，生命の尊さ，生態系の繋がり，そして自然と文化の関わりなどが，多くの自然の教材を通して教え込まれる。昆虫を教材としたプログラムも当然織り込まれている。たとえば，「アサギマダラの旅」，「セミの音はどんなふうに聞こえる？」，「昆虫から学ぼう」，などの項目である。とりわけ，アサギマダラの場合は，奄美が越冬地であることもあり，スイゼンジナ（方言ではハンダマ）の植栽による成虫の誘引やマーキング活動も行うなど，最も重要なプログラムとなっている。環境教育プログラムの理念と実践，およびその有効性について詳しく述べたのが，第4部2章の「奄美大島における環境教育の実践」である。

3　昆虫文化の再生に向けて

　さて，昆虫は日本人にとって文化的な意味でも，特別な存在であった。古来，虫を愛でる独特な文化があり，多くの詩歌や俳句，そして小説やエッセイのなかにかれらは登場してきた。そこでの昆虫の描かれ方を通して，私たちは作者の自然観や人生観，そして宇宙観までも知ることができる。ちっぽけな昆虫が人間の心の琴線に触れるとき，美しい響きを奏でるときもあれば，「もののあわれ」という日本人独特の感性を呼び起こすこともある。そこで第4部3章では，「昆虫文化の再生のために」というタイトルの下に，科学的な見方だけではなく，文学的あるいは文化的な観点も入れながら，昆虫と人間との関係性について見つめ直してみた。そこには，「エントモミメティクサイエンス」という，私たちの昆虫COEを創生するに当たっての情緒的原点が示されているのである。

▶▶参考文献◀◀

今井長兵衛 (2007)「市民参加型生物調査の進め方：大阪市環境マップ作成事業の経験から」『生活衛生』51：66-84.
ぐんま昆虫の森 (2007)『ぐんま昆虫の森　ガイドブック』群馬県立ぐんま昆虫の森発行.
『日本昆虫学会　第67回大会講演要旨』(2007年9月15日〜17日，神戸大学).

山﨑一夫・高倉耕一・大島詔・中谷憲一 (2007)「鶴見緑地に建設された田園型ビオトープ：自然体験観察園の水生動物」『大阪市立環境研報告』69：37-40.

第1章

フィールド教育の実践

山崎　理正／中島　皇

1-1　フィールド研究を教育に活かす

(1) 研究の場としてのフィールド

　ここまで，第1部から第3部で紹介してきた昆虫にまつわる様々な研究は，大別すれば野外で行われるフィールド研究と室内で行われる実験の2つで成り立っている。昆虫科学にとってはいずれも欠かせない要素であるが，とくに前者のフィールドに根ざした研究は，昆虫COEの拠点となった京都大学の伝統的な学問分野の一つである。京都大学ではその土台となってきた諸施設（演習林・試験地，水産実験所，亜熱帯植物実験所，臨海実験所）を統合し，2003年にフィールド科学教育研究センター（以下，フィールド研）を発足させた。本章ではその諸施設の一つである森林ステーション「芦生研究林」に焦点を当て，フィールドの持つ貴重な研究上の意義と，それを学部，大学院教育，さらに社会教育に活かす試みについて述べる。

　芦生研究林は京都府の北東部，福井県と滋賀県との県境付近に位置する。植生区分では冷温帯林と暖温帯林の移行帯にあたるので，植物の多様性が高い。1921年に芦生演習林として設定されて以来，大学におけるフィールド教育とフィールド研究の場として維持されてきた。農学部・大学院農学研究科の林学科（現在は森林科学科）の学生の実習の場として，植物学はもちろんのこと昆虫学の研究の場として

も長年その機能を果たしてきた。

■**長期継続研究**

　芦生研究林のようなフィールドの持つ最大の特長の一つは、長期研究が可能だという点である。すなわち、教育研究の場として大学が維持管理している森林なので、10年、20年という継続した研究が可能なのである。例えば第1部第3章で紹介したモンドリ谷では、1992年にプロットが設定されて（山中ら 1993）以来現在まで、15年以上にわたった継続調査が行われている。具体的には、16haにわたるプロット内の8000本以上の樹木について、5年ごとに直径の測定と生死の確認が行なわれている。樹木の更新や成長、枯死といった森林の動態を把握するためには、このような研究から得られる長期観測データが不可欠であるが、言うまでもなく、それは他の様々な研究にも利用できる貴重なデータでもある。同じく第1部第3章で紹介したナラ枯れ被害拡大の研究がその一例である。長期観測データがあったからこそ、大面積に分布する被害木の特性を詳細に解析することができたわけだ。逆に言えば、長期観測データを欠いた議論は、実証性という点では弱点を持つ。この点、京都大学のフィールド研は、かけがえのない資産を持っていると言える。

　近年、地球温暖化の傾向を示すのに世界各地の温度上昇のグラフがよく用いられるが、このようなデータは多くは研究者が自ら観測したものではなく、気象観測所などのデータが用いられている。それに対して、芦生研究林のようなフィールドでとられたデータは、気象データと同様の、場合によってはそれ以上の利用価値もあるわけである。ただし、樹木の成長を長期間にわたって追い続けるのは簡単なことではない。温度や湿度等の気象観測であれば自動的な記録装置を野外に設置しておけばデータがとれるが、樹木の成長のような生態観測の場合はそうはいかない。大面積で数千本の樹木が対象だとなおさら大変である。しかし、長期にわたる環境変化が実際に生態系に及ぼしている影響を明らかにするためには、こうした生態観測が、気象データとセットになって長期にわたって行われる必要がある。このような状況を踏まえ、野外における長期生態観測を整え支援する事業を環境省が立ち上げ、2003年から実際に始まっている（石原ら 2007）。樹木や鳥類、昆虫など基礎的な環境情報を、全国の1000以上のサイトで長期にわたって継続して収集するというこの事業（「モニタリングサイト1000（重要生態系監視地域モニタリング推進事業）」）には、フィールド研からも芦生研究林を含む複数のサイトが参加している。今後この事業により、全国の様々な植生帯の基礎情報が誰でも手軽に利用できるようになってい

図1-1 芦生研究林での (a) 防鹿柵の設置作業風景。(b) 設置後の柵。尾根に沿って2km近くにわたり柵が設置されている。

くことが期待される。

■大規模な操作実験

　大規模な操作実験も，管理が行き届いたフィールドでしかできない研究の一つである。芦生研究林では，2006年6月に集水域単位の防鹿柵を設置した。近年芦生研究林では，下層植生の衰退が著しい。20年ほど前にはササで覆われて歩くのもままならなかった林内が，今はササを含め下層の草本や低木がことごとく衰退し，皮肉なことに非常に歩きやすくなっている。原因は個体数密度が上昇したニホンジカ（以下，シカ）による過採食だと考えられている。そのようなシカが下層植生にもたらす効果が不可逆的なものなのかどうかを検証するために，大規模な防鹿柵を設置したのである。10ha以上の集水域を囲むように防鹿柵を設置するのは簡単なことではない。資材の搬入，支柱の固定，網の設置など全てが手作業である（図1-1 (a)）。その上作業場所は平地ではなく，場所によっては斜面傾度が40度にもなる斜面である。昆虫COEの大学院生を含め5日間で延べ150人近くの人々がこの作業に参加し，何とか事故もなく作業を終えることができた（図1-1 (b)）。

　現在，設置した柵の中と外で植生の変化を追う調査が行われている（阪口ら2008）。シカに食べられることがなくなった柵内では下層植生が徐々に回復しており，特に谷部のギャップではかき分けないと歩けないほどにまでなっている。植生の他にも，水生昆虫や土壌動物に関する調査も始まっている。シカが及ぼす影響は植物だけにはとどまらないと考えられるからだ。今後長期にわたって調査を続けていくことで，貴重なデータが蓄積していくことになるだろう。

IV 昆虫を用いた環境教育・科学教育

■過去の観測データ・標本の蓄積

　シカが昆虫に及ぼす間接効果については，第1部のトピック1-4やトピック1-5で紹介した。例えばトピック1-4では，芦生研究林では20年前と比べて訪花性昆虫の種数が激減していたこと，またトピック1-5では，1種に限って解析してみると遺伝的多様性は意外にも維持されていたことが紹介されているが，前者は20年前に同じフィールドでとられたデータがあったからこそできた研究である。また，博物館に保存されていたマルハナバチの標本を利用し，現在のものと比較した後者の研究も，標本とセットでフィールドがしっかり残されていたからこそ可能になった研究である。

　教育研究の場として長年にわたって維持管理されているフィールドは，そこで行われた数々の研究，それによって蓄積した標本やデータそれ自体が資産であり，今後様々な利用可能性があるのである。

(2) 教育の場としてのフィールド

　昆虫COEは，京都大学農学研究科の8分野，フィールド研の4分野が参画して2004年にスタートした。これらの分野は，昆虫という共通のキーワードはあるものの多種多様な人々で構成されており，特に室内での実験が主な仕事である実験系の学生と，野外での調査を主とするフィールド系の学生との間には，研究手法だけとってみても大きなギャップがある。そこでこのギャップを埋め融合的な研究の芽を育てる目的で，芦生研究林や同じくフィールド研の施設である上賀茂試験地で「フィールド教育プログラム」が実施されてきた。上賀茂試験地で行われたプログラムについては次節1-2で述べることにして，ここでは芦生研究林で行われたプログラムについて簡単に紹介しよう。

　このプログラムは，植食者と樹木の相互作用系という視点から，フィールドで行われている研究を現地で紹介する形で2005年7月に開催された。芦生研究林で行われている森林昆虫や動物，その餌となる樹木を対象にした研究について，現地で対象生物を観察しながら紹介する形式である。

　現地では森林昆虫に関する研究に加え，樹木のフェノロジーや繁殖様式，更新，生活史などについての研究も紹介した。昆虫を対象に研究を行っている学生には，一見不必要な教育と思われるかもしれない。実際，自分の研究対象の生物には興味を持っても，それ以外の生物には目もくれないような学生も多い。しかし，植食性

図1-2 樹冠観察用タワーでの研究紹介。このあと保護具を装着して、タワーに登り樹冠上部の葉群を観察した（芦生研究林にて）。

　昆虫の場合，その餌は樹木などの植物であり，昆虫と餌植物との間には何らかの相互作用がある。送粉共生系（第2部の各章を参照）を理解する上でも，昆虫と植物の両側の理解は不可欠である。つまり，昆虫研究者にとって，植物の性質は無視できない重要な要素である。このことは本書をここまで読み進めていただいた読者には，よく分かっていただけるに違いない。

　しかし，ただの研究紹介なら，別に野外で行わなくても室内でよいのではないかと思われる方がいるかもしれない。あえて野外で行った目的のひとつは，昆虫に比べると静かで動かないという樹木のイメージを，実際に解説を聞きながら観察することで改めてもらうということだった。樹木は毎年新しい葉と枝を生産し，その枝上の芽から翌年また新しい葉と枝が生産される。長い目で見るとダイナミックなその伸長様式は様々であり，同じような長さの枝をたくさん生産する樹種もあれば，時間的，空間的に枝の長さに大きな変異がある樹種もある。このような情報は字で

読むよりも，現物を見た方が理解が早い。百聞は一見にしかずである。とはいえ，例えば樹冠内の空間的な変異などはなかなか観察が難しいが，このプログラムでは樹冠観察用タワーを利用できたので，これが達成できたわけである（図1-2）。

この教育プログラムは，大学院生を対象にしたプログラムだったが，紹介される側だけでなく，現地での研究を紹介する側も，その大部分を大学院生に担当してもらった。「教えることを学ぶ」のも教育の一環だと考えたからである。1泊2日の短いプログラムではあったが，異分野のギャップを埋めるという所期の目的は達成したと自負している。前述したように教育される側とする側の両方を大学院生とすることで，一方通行になりがちな教育プログラムの形を多少とも崩すことができたのではないかと思っている。

(3) 研究成果を教育に活かす

フィールドで今まで蓄積されてきた研究成果を，教育に活かすにはどうすればよいのだろうか。もちろん報告書や論文を参照すれば，その内容を知ることはできる。しかし，現物がそこにあるなら見るのが一番理解が早い。前述のモンドリ谷の調査プロットは1992年に設定され，現在に至るまで調査が継続されている。2007年の調査時には昆虫COEに参加する研究室の大学院生にも，「昆虫科学フィールド実習」の一環で参加してもらった。「昆虫科学フィールド実習」は前述の「フィールド教育プログラム」をカリキュラム化し，大学院生向けの実習として位置づけ2007年より始めたものである。調査では16haのプロットを歩き回って樹木の生死を確認し，その胸高直径を測定していく（図1-3）。前回の調査が5年前なので，直近5年間の生存と枯死，成長量がその場で確認できる。5年間で数cm成長した個体もあれば，ほとんど成長していない個体もある。上層木に被圧されて枯死した個体もあれば，台風で倒された個体もある。林冠を形成しているような高木が枯死したり倒れたりした場合には，上を見上げれば大きなギャップができており，林床が明るくなっている。そこでは稚樹が生育していて，何十年か後にはその稚樹がギャップを埋めていることが想像できる。普通にハイキングしているだけでは静かに見える森林が，実際は動いていることが見えてくる瞬間である。

森林の動態を捉えるには，10年20年と継続した研究が必要である。そのような研究の場としてのフィールドの重要性を認識してもらう上でも，フィールド教育は有効である。芦生研究林は，名前からも分かるとおり，研究をするための森林である。

図1-3 芦生研究林モンドリ谷での調査風景。プロット内の数千本の樹木についてその直径を測定していく。

利用するためには申請書を提出し，承認されなければならない。逆に言えば，承認されれば自由に研究ができるのである。これが例えば大学の近くの森林だったらどうだろうか。そこで研究を行うためには，まずその森林が誰が所有しているものか調べなければならない。所有者に申請して許可がおり研究を始めても，心ない入山者によって意図的に（または無意識に）研究対象の樹木が折られてしまうかもしれない。とくに植物の繁殖生態を研究している場合は，花や実をとられてしまうとせっかくの研究が台無しである。基礎研究を行う場所として，研究林などの管理が行き届いたフィールドは非常に貴重なのである。

　防鹿柵についてはどうだろうか。その設置に多くの大学院生に関わってもらったことは既に述べたが，その後の柵の維持管理にも積極的に参加してもらっている。芦生では冬期に2m近く積雪することがあり，柵をそのままにしておくと損傷するおそれがあるので，雪が降る前に一旦柵を下ろし雪解け後また上げるという作業を毎年行っている。柵を上げる際には区域内に鹿が1頭もいないことを確認するため，

大人数で一斉に踏査しなければならない。毎年多くの大学院生に参加してもらって作業を行っているが，このような作業に参加してもらうことにも教育的な効果があると期待している。普段は主として室内実験に従事している大学院生に見識を広げてもらうのはもちろんのこと，フィールド系の院生にとっても，回復してきた植生を目の当たりにすることで，大型動物が森林の植物に及ぼしている影響を肌で感じ取ることができ，より広い視点で生態系を捉えることができるようになるのではと考えている。

ところで，土日ともなると，研究林内ではハイキングを楽しむ人々の姿をたくさん見かける。防鹿柵を用いた研究などでは，そのような一般の方々への教育効果も大きいと考えられる。下層植生が衰退したのがシカのせいだと言っても，奈良公園のようにその場でシカが草を食べているのを見る訳ではない。したがってイメージしにくく伝わりにくいのだが，防鹿柵の内側で急速に植生が回復しているのを見れば，シカが原因なのは，誰にも一目瞭然である。柵内では植生調査などが進行中なので一般の方々に気軽に入っていただくことはできないが，現在，歩道を設置して決まった場所を歩いてもらうようにして植生へのダメージを最小限にした上で，一般の方々にも柵内の植生回復具合を見ていただけるように準備している段階である。

このように，フィールドにおける研究は，その現場での生の教育に活かすことができる。しかもそれが長期に継続したものであればなおさら大きい教育的効果が期待できる。芦生研究林のようなフィールドが教育研究用に長年維持されてきた所以でもあるが，それだけでは教育研究用のフィールドの存在価値はなかなか認めてもらえないのも事実である。フィールド研究はその時間尺度が長いために論文などの成果があがるスピードが遅く，昨今の成果主義の中では研究林のような施設に対する風当たりもきつい。フィールド研究に携わる一人として，長期生態観測の重要性などアピールしつつ，これから進学してくる若い学生たちに，フィールドなくしては研究が成り立たないこと，さらには，フィールドでなければできない研究があることを，積極的に伝えて行かねばならないだろう。劇的に環境が変化しつつある今，今しかできない研究テーマがフィールドの中にはたくさん転がっているのである。

（山崎理正）

1-2 フィールドで伝えられること，フィールドから伝えられること

(1) 現場を知り哲学を持った研究者を育てる

さて，このように環境を語るには，フィールドに出ることは必須の条件になるのだが，近年，農学研究科・農学部に入学してくる多くの学生を見ていると，実物に触れた経験や現場での体験を持つ者が大変少なくなっていると感じる。マスメディアの発達や優れた映像器機の開発により，鮮明な画像が容易く見られることは大変良いことだが，大切な情報が抜け落ちている場合があることを認識しておく必要がある。幼少時の原体験は非常に大きな意味を持つと言われているが，実際の生物とその生息環境に触れた経験の少ない研究者は，大きなハンデを克服するためにも，フィールドに出なければならない。現場での時間軸，現物の持つ大きさや広がりといった要素を考慮して注意深く観察し，そこから様々な情報を取り出す。「データから考える」という場合，現場をイメージしておくことが大変重要なのである。

そもそも，ここでいう「環境」とは何にとっての環境であろうか？「環境にやさしい」というキャッチフレーズがマスメディアに溢れ，誰もがこぞってこの言葉を宣伝に用い，イメージアップに努めているわけだが，この「環境」とは何だろう？普通に使われている意味では，環境は，多くの場合人間にとっての環境であり，その中心となるものは人間の社会，街，家，人間そのもの等である場合が多いが，地球そのもの場合や自然とほぼ同義的に使っていることもある。例えば「森林環境」というとき，それは，①森林が中心でその周り，②森林そのものが人間にとっての環境である，③地球の一部としての森林すなわち自然としての森林，等々，他にも色々な解釈があるのかもしれない。仮に③の意味で使われるとして，では「森林環境の保護」というとどういうことになるだろう。私は学生時代から，「自然保護」という言葉に違和感を覚えて仕方がなかった。確かに貴重なものは大切にしなければいけない，そしてその精神は素晴らしい。しかし，「保護した自然」とは，本来の自然からは見たとき，何なのだろう？ 地球の一部としての存在なら，森も人も同格のはずである。この言葉の背後には，「万物の霊長」の奢りはないのか？どうにも納得がいかないのだ。そんなに目くじらを立てなくても，単なることばの問題だけではないかという人もいるだろうが，「環境」や「自然」を相手にする農学研究科・農学部の学生たちにとって，こうした語がまさしく「ことばだけ」のものになっ

ているように感じるのである。

　大学院生は研究者の「たまご」であると同時に，後進の指導に当たる教育者の「たまご」のとしての一面を持っている。研究の基礎を積み，誰もが解っていないことを一つ一つ明らかにして研究者として成長していくことは勿論であるが，それのみでは不十分で，自分の行っている研究を社会に向けて発信し，どのように生きるべきかについての「哲学」を語れるような教育者の資質も兼ね備える必要がある。このような観点から 2005 年と 2007 年に，フィールド教育として 2 つのプログラムを大学キャンパスから少し離れたフィールド科学教育研究センターの上賀茂試験地で開催した。これら 2 つのプログラムの概要を紹介し，それらに対する大学院生の感想や評価から，フィールドを活かした教育の意義を考えてみたい。

(2) 大学院生が実物に触れて学び，異分野との交流を行う

　大学院生による昆虫科学とフィールド研究シンポジウム「秋の京都で語り合おう in 上賀茂試験地」は 2005 年 9 月に行われた。昆虫 COE 対象分野のみならず他学部・他大学の院生にまで参加を呼びかけ，昆虫科学とフィールド研究の異分野交流を目的としたシンポジウムである。基調講演は当時総合地球環境学研究所所長をされていた日高敏隆氏に依頼し，「現代ナチュラルヒストリーとは何か」と題して，氏が昆虫少年だった頃のエピソードや，研究上の苦労を聞かせていただいた。

　続く話題提供として，まず「話題提供 1」では，博士論文提出前後の人たち，つまり参加者の直近の先輩であり，目標でもある人たちから，昆虫科学およびフィールド研究（特に上賀茂試験地での研究）を紹介してもらった。

　また「話題提供 2」では，教育者かつ研究者として指導にあたる教員の立場でフィールド研究を進めている 3 人の研究者が，日本国内から海外まで，昆虫から植物まで，自身の経験や実感を含めた様々な話題を話した。

　一方，参加主体である大学院生自身が発表用ポスターを作成し，自分の研究を教員や同僚にプレゼンテーションする方法を工夫する「ポスターコンクール」を催した（図 1-4）。このコンクールは，いかに解りやすく説明をしているか，ポスターとしての完成度はどうかの二点で評価が行われたが，より理解を深めるために，発表者が口頭で簡単なプレゼンテーション（3 分程度）を行い，参加者は全てのポスターの説明を聞けるような工夫がなされ，その後ディスカッションタイムを設けた。参加していた教員研究者からも鋭い質問が飛び，それぞれのポスターの前では熱い議

図1-4 大学院生によるシンポジウム「秋の京都で語り合おう in 上賀茂試験地」でのポスター発表会の様子

論が交わされていた。最後に，参加者全員が2票ずつ（自薦可，同一名不可，1名のみ不可）を投票する方法で優秀ポスターが選ばれた。成績優秀者には賞状と賞品が送られ，ポスター発表は終了となったが，終了後も多くの学生が会場に残り，それぞれに議論や質問を行っていたのが印象的であった。

　参加者数は3日間で延べ128名，ポスター発表時の参加者は41名であった。以下，参加した大学院生たちの感想文を抜粋する。

○高校時代に憧れていた日高敏隆先生の講演を目の前で直接聞けて嬉しい機会になった。
○学会等であれば，似たような研究テーマを持つ人が集まるのが普通であるが，今回のように調査地を共有した様々な分野の研究者（学生によるポスター発表でも，チョウ，ハチ，シカ，クモ，キノコ，低木，高木などなど），が集まるシンポジウムは新鮮であった。
○「他分野の方々との交流」常にその必要性と願望を感じるものの，なかなか実現

しないことと考えていた。しかし，今回は同じ対象を全く別の視点から捉えている人たちと意見交換ができ，自分には思いもよらない意見や同じ結果から考えられたおもしろい考察を聞くことができた。
○異分野の人に自分の研究をうまく説明することの難しさを実感した。
○フィールドを直接肌で感じながら講演を聞き，議論できたことによりマクロな視点を意識することができた。
○自分の研究テーマにしか目がいかなくなってしまっているが，色々な研究の話を聞けたことで身近な生物について，どの様な研究がなされているかが判り興味深かった。同時にもっと視野を広げなければと刺激を受けた。
○自分の研究を考え直す機会になり，様々な質問をもらって，「おもしろい」と言ってもらったのが嬉しかった。
○温暖化の問題や外来種による在来生態系の攪乱への対処のためにも中長期的なデータを蓄積する必要性が言われているが，堀道雄先生の上賀茂試験地におけるハンミョウの個体群変動の研究は素晴らしい「継続」的研究だと感じた。また，安定したフィールドの必要性を実感した。
○単に「聞き慣れないから新鮮」と言うだけでなく，新しい視点からの議論が行きかう面白さがあった。
○学生実行委員として，今までに経験したことのない裏方の苦労を知った。司会者としての事前準備や当日の進行など大変なことも多かったけれど良い勉強になった。
○ポスターコンクールやトラベルアワーズ（優秀な発表行った学生には旅費を支給する）は，学生にとって励みになった。

　このように，参加者の感想からは，シンポジウムを高く評価する意見が多く見られた。講義室から望める，まさにその森の中で行われた研究内容の臨場感あふれる紹介という好環境は，聴衆からの質問やより詳しい説明を求める声を促し，また，異分野交流の重要性と醍醐味を実感出来るものになった。議論が共同研究の進め方にまで進んだのも，COE プログラムとして大変興味深い。
　このプログラムは COE 教育プログラムの催しとしても，教育研究施設としてのフィールドステーションが進んでいく方向を探るプログラムとしても，多くの示唆を与え，可能性を示してくれたものと考えている。

(3) 大学院生が企画し，教える自然観察会

2007年9月1日，上賀茂試験地で「夏の一般公開自然観察会」が開催された。もともと上賀茂試験地では季節毎に一般公開を行っていたが，そこに昆虫COEの大学院生教育プログラムという性格を併せて取り組まれたのが，この「夏の一般公開自然観察会」である。参加者募集は上賀茂試験地が担当し，ポスター，ホームページや新聞報道などによって，京阪神一円から50名の応募があり，45名が参加した（定員は50名。夜の部があるため小学生は保護者同伴，中学生以上は迎えを参加条件に加えた）。

通常の一般公開と違い，今回は，プログラムの立案や会の進行方法，上賀茂試験地の下見・打合せなど裏方の仕事も含めた実行委員を大学院生から募った。すなわち「大学院生が実物を使って，フィールドで教える」という，一歩進んだ教育プログラムがこの企画のもう一つの顔である。

午後1時に幕のあいた観察会は，主催者の挨拶に続いて簡単なクイズでスタートした。このクイズは引き続いて行われる講義の導入という役目を持っている。これによって，保護者も含めた多くの参加者がリラックスしたようであった。いよいよ講義に入っていく。「講義」に小学生が耐えられるかどうか心配していたが，「昆虫のはなし」は，ハナバチについての説明をテンポ良く続け，参加者は皆引き込まれていった。「樹のはなし」では，4つのテーブルを囲んで，10種類の木を手に持って触り，特徴を見極めながら検索表を使って樹種を特定する方法にトライした。「ああそうかあ」「違うなあ」「こうかなあ」と，各班それぞれに，笑い声や歓声が絶えなかった。

3時からは休憩も兼ねて野外へ出た。事前に仕掛けておいたトラップにかかっている昆虫の確認を行ったが，天気が良かったので，下見の時以上に花には昆虫が訪れており，それらの観察のために時間がオーバーしてしまった。再び教室に戻ると「サソリの話」が待っている。参加者はサソリの毒を害虫に対する農薬として応用する研究が進んでいる（本書第2部トピック2-4参照）ことに驚き，日本にいるサソリの実物を見て，子供たちは目を輝かせ，講師は質問攻めにあう結果となった。

総じてプログラム構成は適切に組まれており，参加者を飽きさせることはなかった。実行委員のプログラムは，内容の設定も時間配分もほぼ満点であった。

夕食後，あたりがまだ明るいうちに夜の部（夜の森林・昆虫観察）がスタートした。参加者は，上賀茂試験地の自慢である世界のマツの見本林を通って，説明を受けな

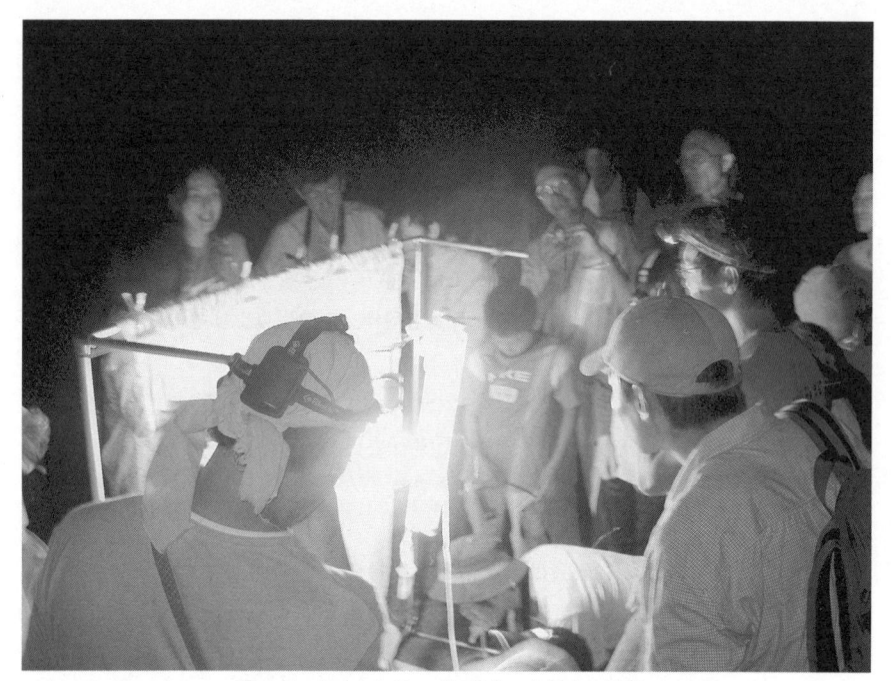

Ⅳ 昆虫を用いた環境教育・科学教育

図 1-5 ライトトラップに集まった昆虫の観察

がら展望台まで登った。京都の街にあかりが1つ2つと灯る頃で，街がどんどん浮かび上がる。皆，暫し夕景に見とれていた。夜の森での一般公開は，フィールド研でもあまり行われておらず，上賀茂試験地としては初めての試みであった。林道をゆっくり歩いて山を下って行く。班によっては，各自の懐中電灯を消してじっと耳を澄まし，目を凝らしてみた。多くの人にとって真っ暗な森は，初めての経験だったようである。小さなクワガタを捕まえた人もいた。林道脇に前もって準備してあったライトトラップには，多くの昆虫が集まり，この森に色々な種類の虫がいることが実感出来た（図1-5）。最後は講義室に戻ってアンケートを記入して，夏の観察会は終了となった。しかし，終了後もそれぞれの講師には，子供たちからの質問が続き，講師からは嬉しい悲鳴があがっていた光景が強く印象に残っている。

夜の部でも，試験地職員の全面的なサポートはあったものの，スタッフの大学院生各自がそれぞれの持ち場で役割を果たしたため，円滑な運営が可能になり，予定の時間内に全てのプログラムを無事に終了することが出来た。次世代を担う子供たちに「環境問題」を伝えるのは，年の近い大学院生がまさに適任であった。

実行委員として企画から準備，運営，司会・進行，講師などの役割をこなしてくれた大学院生の感想を以下に抜粋する。

○小学生から高校生，その保護者と対象者の年齢幅が非常に広いため，自分たちの行っている研究や研究対象を解りやすく伝えるにはどうすればよいかを常に念頭において準備・調整に取り組んだ。特に配付資料の見やすさ，講義内容の分かり易さなど細かい気配りが必要なことに難しさを感じた。
○小学生については集中力の持続に不安を感じていたが，予想に反して子供たちは熱心に講義のメモを取り，クイズには積極的に参加し，屋外での観察では率先して昆虫を追いかけていた。
○異分野の大学院生が協力することにより，お互いの専門知識を結集して一つの会を開けたことが大変良い経験になった。
○奄美大島での環境教育プログラムで教わった子供たちへのプレゼンテーション，「見やすく，文字をつめこまず，テンポよく，どんどん画面を変えていく……」方法で，何度もスライドを修正し，講義を行った。反省点は少し早口だったところである。
○昆虫は研究しているものの，観察会となると現地ではどんな虫が出てくるかわからず，名前を言い当てられない場面もあった。幅広い知識を持っていなければいけないと痛感した。
○各研究室がそれぞれの分野の研究を紹介するイベントは，社会への知識の還元という意味で，たいへん重要なことだと思った。
○サソリの毒や農薬が専門で，昆虫よりは化学の分野であるが，サソリの話をすることになり，サソリの生態について一生懸命調べて，講演に望んだ。サソリの観察タイムを設けるなどの工夫をした。小・中学生の興味を引く難しさ，講演者としての責任や自分自身の知識の乏しさを実感した。
○実行委員によるリハーサルでは子供たちの反応を予想したが，本番では想像よりもずっと皆が生き生きしていた。

(4) 科学者が規範を示せるか

　大学院生の時期は，将来どんな職業に就くにしても自分を磨く時である。その意味でも，2つのプログラムは昆虫 COE の教育・研究にとって大きな成果であった。

昆虫COEのホームページには，次のような内容の一文（一部改変）が掲げられている。

　未来型の食料・環境問題は政治家や研究者などの一部の人間に限られるものではなく，多くの一般の人たちの関心と知識の吸収や改善された環境負荷の小さい生活様式の実行によって，希望が開けてくるものであろう。このためには，地球社会の重要な構成員として，その双璧にあるとされる人類と昆虫との"共生"を理念とし，そのための教育と研究を図ることを目的としている昆虫COEの活動は，「アジェンダ21」の理念である「自然は人類存続の基盤である」とも合致する。21世紀を生き延びるための持続的な発展を図る上で不可欠のもので，克服すべき対象として自然に対峙する西洋的な哲学の限界性を超え，我が国本来の謙虚な考えを持って自然に対して行くことが必要になってきている。

　この「我が国本来の謙虚な考え」に関わって，フィールド研では10年以上前から演習林実習や環境に関係する講義（森林情報学特論Ⅰ等）を受けた学生に，以下のような設問を出し，回答を求めている。

設問．以下のことばをグループ分けし，その理由もつけよ。

徹底的	定量的	もったいない
自然保護	中庸	良い加減
自然に優しい	水に流す	罰（バチ）
ありがたい	eco（エコ）商品	wise use（ワイズユース）
環境問題	罰（バツ）	frontier spirit（開拓者魂）

　答えは様々であり（実際模範解答はない）大変興味深いが，同じ設問を京都大学の全学共通科目（対象は全学部1～4回生）のリレー講義「森里海連環学」や「森林学」でも出席者に与えている。多くの場合，出題と同時にざわめきが起こる。「先生は何を問いたいのか？」「こんなことは講義中に話していない」「ことばの意味がわからないから勉強します」などの意見や感想もあるが，多くの学生が真剣に2～5のグループに分けて，その理由を自分の考えで書いてくれる。実習や講義では技術や知識を学ぶことと同様に，その背景にある考え方と時間の軸に気づくことが重要だ。こうしたメッセージを私たちは若い学生たちに送りたいと思っている。

　フィールドで考える！　作業や生産の効率は大切な考え方であるが，実行に際してはその影響も十分考慮されなければならない。バランスが重要であり，自然の中

では「ひとり勝ち」は通用しない。今が良ければ良いのではない。自然が持つ時間の尺度を忘れてはならない。科学者には「中庸」の基準提示が求められており，多くの現代人には「人間は自然のほんの一部」との認識が求められている，のだと。
(中島皇)

▶▶参考文献◀◀

石原正恵・豊田鮎・中村誠宏 (2007)「野外研究サイトから (8) モニタリングサイト 1000 (森林調査)」『日生態誌』57：438-442.

阪口翔太・藤木大介・井上みずき・高柳敦 (2008)「芦生上谷流域の植物多様性と群集構造：トランセクトネットワークによる植物群集と希少植物の検出」『森林研究』77：43-61.

山中典和・松本淳・大島有子・川那辺三郎 (1993)「京都大学芦生演習林モンドリ谷集水域の林分構造」『京大演報』65：63-76.

TOPIC 1

虫を見て森の変化を知る
小規模森林伐採が地上徘徊性昆虫に与える影響

■大澤直哉■

　現在里山と呼ばれる森林の多くは，入会林と呼ばれる農村共有地で，伐採および採草などの森林利用が地域社会で厳密に管理されてきた（たとえば，松波 1919）。これら利用形態は，燃料ための落ち葉・芝などの採取，薪炭の製造のための定期的な伐採，堆肥の製造のための落ち葉の採取，タケノコやきのこなど特用林産物の採取などである。これら伝統的な森林利用の形態は，森林を小規模に攪乱・伐採することで森林の遷移の進行を止め，過度に攪乱しないことを配慮した環境負荷の少ない持続的森林利用の形態であると考えられている。日本では近年，里山が都市近郊における緑地や憩いの場としての役割，あるいは生物多様性維持に果たす役割が再認識されている。小規模な伐採を繰り返し行うことで，森林の遷移の進行を止め，遷移途上の森林に生息する動植物の多様性を維持するという旧来の日本の森林利用の形態は，後年の生態学研究に照らしても，理に適った方法であると思われる。中程度の攪乱が，環境内に多様な生息場所をもたらし，熱帯雨林や珊瑚礁での生物多様性を高めるという J. H. コンネル（Connell 1978）の研究は，中程度の攪乱が環境の異質性を増加させ，結果として生物の多種共存をもたらすという点で，攪乱が人間によって引き起こされるか自然現象かの違いはあるものの，日本の里山の森林利用形態と同じである。

　第二次世界大戦以降，日本は工業化の道を歩み，エネルギーの利用形態も薪炭・石炭の利用から電気・石油・ガスに変化し，農業生産における化学肥料の利用と相

まって，里山の人間生活での重要性が低下した．さらに，都市に人口が集中し，農村部では過疎化が進行し，里山をめぐる地域社会の人間関係も希薄になった．その結果，里山は利用されない遊休地として放置され，あるいはスギやヒノキの造林地や宅地に転用され，面積も減少したと思われる．さらに，人々の利用や管理という人為的攪乱でとどまっていた森林植生の遷移が進行し，動植物相に変化が見られるようになった．

里山には多くの動植物が生息しているが，本トピックで紹介するのは，地上徘徊性のオサムシ科やクビホソゴミムシ科のコウチュウ目（鞘翅目 Coleoptera）に属する昆虫である．主に夜行性で，石の陰・倒木の下・落ち葉の陰など，目立たないところに生息している．それら地上徘徊性昆虫類は，日本で1000種ほど，世界中で3万種を超える大きな分類群で（上野ら1985），世界中の多様な環境に生息している．一部の種は，後翅が退化して飛べないため移動分散が難しく，環境の影響を受け易いと考えられ，生息環境の特徴を表す環境指標生物の一つと考えられている（たとえば，石谷1996）．ヨーロッパやアメリカでは，耕作地における害虫防除の観点から，地上徘徊性昆虫の研究が多く行われており，環境指標生物としても，森林の植生や伐採方法との関連でも，数多くの研究がなされている（Holland 2002）．しかし，日本の里山で行われていたような持続的な森林利用様式である小面積伐採が，地上徘徊性昆虫群集にどのような影響を与えるかはこれまで調べられていない．旧来の森林利用の形態が，果たして本当に森林に与える環境負荷の少ない利用形態であるか否かは明らかになっていない．さらに，もし旧来の森林利用形態でも，環境変動に敏感な地上徘徊性昆虫に何らかの影響を与えていることが分かれば，地上徘徊性昆虫を調べるという比較的簡便な方法で，「森林攪乱の程度」という抽象的な事象を，昆虫を通じて理解することができる．

本トピックでは，日本の里山で伝統的に行われていた小規模な森林伐採でも，地上徘徊性昆虫群集に種依存的な影響を与えるとの仮説のもと，旧来の森林利用形態に似せた小規模森林伐採を行い，伐採の前後で生息する地上徘徊性昆虫の個体数やニッチ幅が，種レベルでどのように変化したか，またその要因は何かを，明らかにすることを目的としている．

調査は，100年ほど前まで利用され，その後放置されている都市近郊の里山である京都大学フィールド科学教育研究センター上賀茂試験地（京都市左京区）で行った．同試験地の（ヒノキが優占種）斜面に，伐採区（3ヶ所；30m×30m，30m×20m，15m×40m，一部に残存木あり），非伐採区（3ヶ所；各20m×20m）を設定した．調査

▶図1　トラップに捕獲されたオオオサムシ。

方法は，5m置きにトラップ（紙コップ製；開口部7cm，深さ8cm）（各箇所9ヶ所，計54ヶ所）設置し，トラップ（月1回1日間）に捕獲された地上徘徊性昆虫を，翌日サンプリングするという方法である（図1）。トラップのごく周辺の昆虫のみを調査するために，トラップには餌や誘引剤を用いなかった。トラップには，主に夜間にトラップ周辺を餌や配偶相手を求めて徘徊する昆虫が，落ちて脱出できなくなり捕獲される。地上徘徊性昆虫の個体数に与える森林環境の影響を調べるために，伐採区および非伐採区6ヶ所の，伐採前後の植生（木本のみ），土壌有機物層（L層およびFH層）の重さ，土壌含水率を測定した。調査期間は1999年6月から2001年5月の2年間で，2000年1月に，伐採区で小規模な伐採を実施した。採集された地上徘徊性昆虫のうち，成虫のみ種同定し，解析を行った。

　2年間で，303個体13種の地上徘徊性昆虫が捕獲され，比較的小型のゴミムシであるクロツヤヒラタゴミムシ・マルガタヒラタゴミムシおよび大型のオサムシであるオオオサムシの3種が優占していた（Osawa et al. 2005）。捕獲された種の生息場所の特徴から，本調査地はやや攪乱された森林に特徴的な種が多く分布しており，本

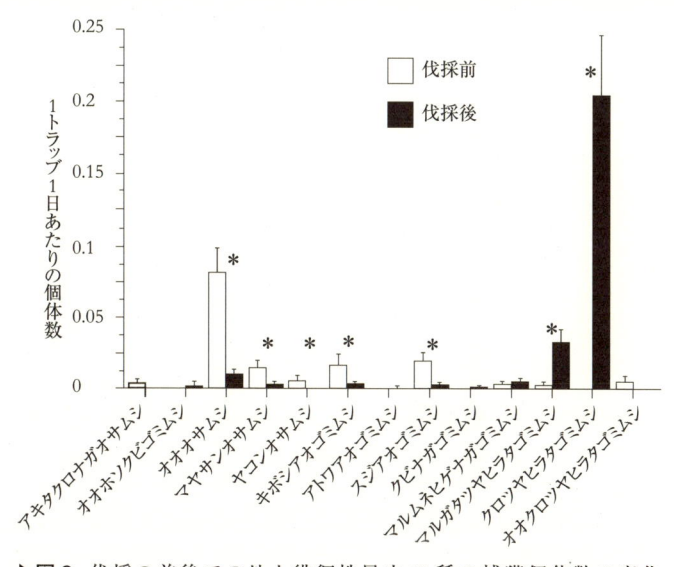

▶図2 伐採の前後での地上徘徊性昆虫13種の捕獲個体数の変化（Osawa et al. 2005を改変）。＊は，$P = 0.05$で有意な差があることを示している。

調査地の過去の管理記録と一致していた（Osawa et al. 2005）。それぞれの種の個体数の変動をみると，大別すると，夏に個体数が増加する種と秋に増加する種という，二つの個体数増加パターンがみられた（Osawa et al. 2005）。

日当たり・トラップあたりの個体数の比較から，大型で一般的な肉食者（ミミズなどの大型土壌動物を食べる）や昆虫食者のオオオサムシ・ヤコンオサムシ・キボシアオゴミムシ・スジアオゴミムシの4種は，伐採により個体数の減少やニッチ幅（調査地内の分布程度を表す指標。値が大きいほど，調査地内の広範囲に分布していることを示す。詳細は，Osawa et al.（2005）参照）の縮小が見られたが，小型で種子等も捕食すると考えられているマルガタツヤヒラタゴミムシ・クロツヤヒラタゴミムシの2種は，伐採による個体数の減少やニッチ幅の縮小は見られず，伐採の影響はきわめて少ないと考えられた（図2および3）。木本植物の多様度（値が大きいほど，多様性は高い。詳細は，Osawa et al.（2005）参照）と地上徘徊性昆虫の個体数および種数の関係をみると，伐採前では地上徘徊性昆虫の個体数および種数は，植生の多様度があがるに従って増加したが，伐採後はそのような関係はみられなかった（図4）。さらに，調査場所の有機物層の重さの平均値が増加すると，マルムネヒゲナガゴミムシの総個体数は増加し，クロツヤヒラタゴミムシでも増加する傾向が見られたが，土壌含

IV 昆虫を用いた環境教育・科学教育

伐採前

(縦軸) ニッチ幅

□ コントロール
■ 伐採予定あるいは伐採

伐採後

アキタクロナガオサムシ / オオホソクビゴミムシ / オオオサムシ / マヤサンオサムシ / ヤコンオサムシ / キボシアオゴミムシ / アトワアオゴミムシ / スジアオゴミムシ / クビナガゴミムシ / マルムネゴナガゴミムシ / マルガタツヤヒラタゴミムシ / クロツヤヒラタゴミムシ / オオクロツヤヒラタゴミムシ

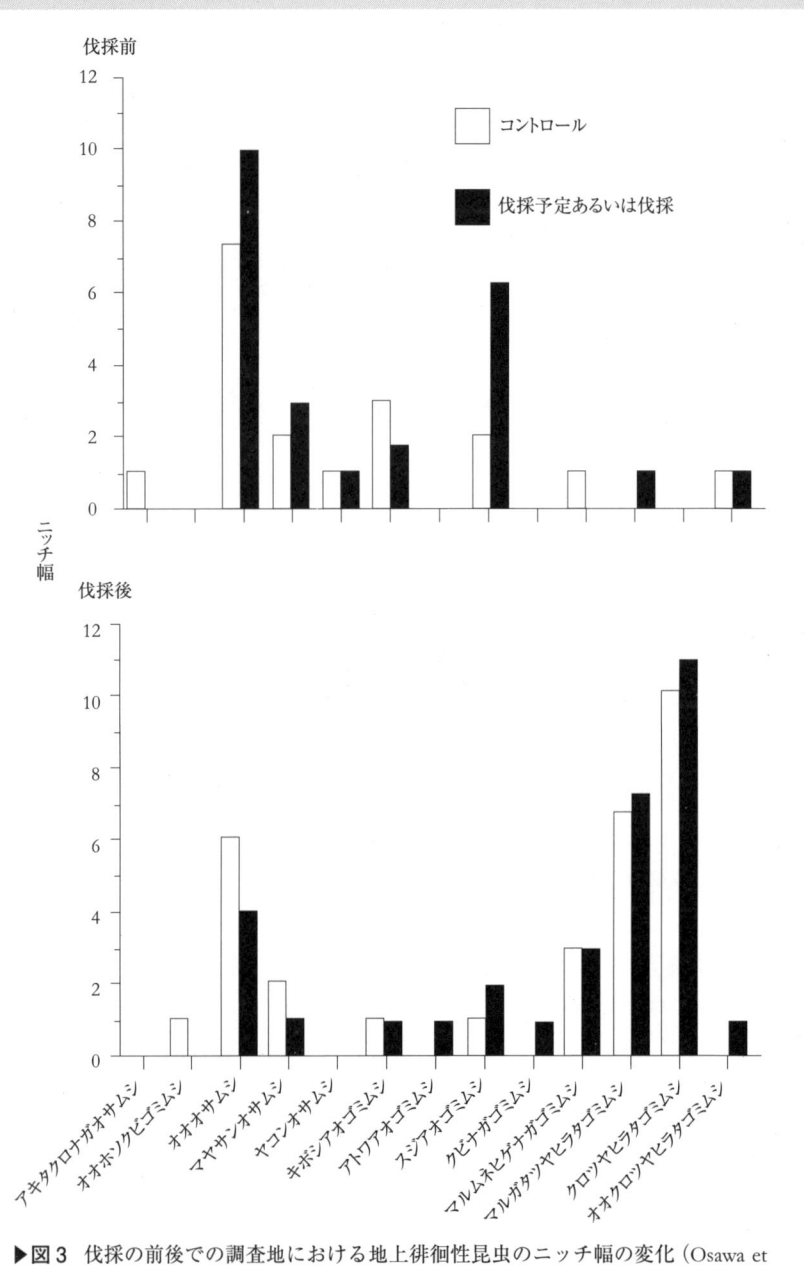

▶図3 伐採の前後での調査地における地上徘徊性昆虫のニッチ幅の変化（Osawa et al. 2005 を改変）。

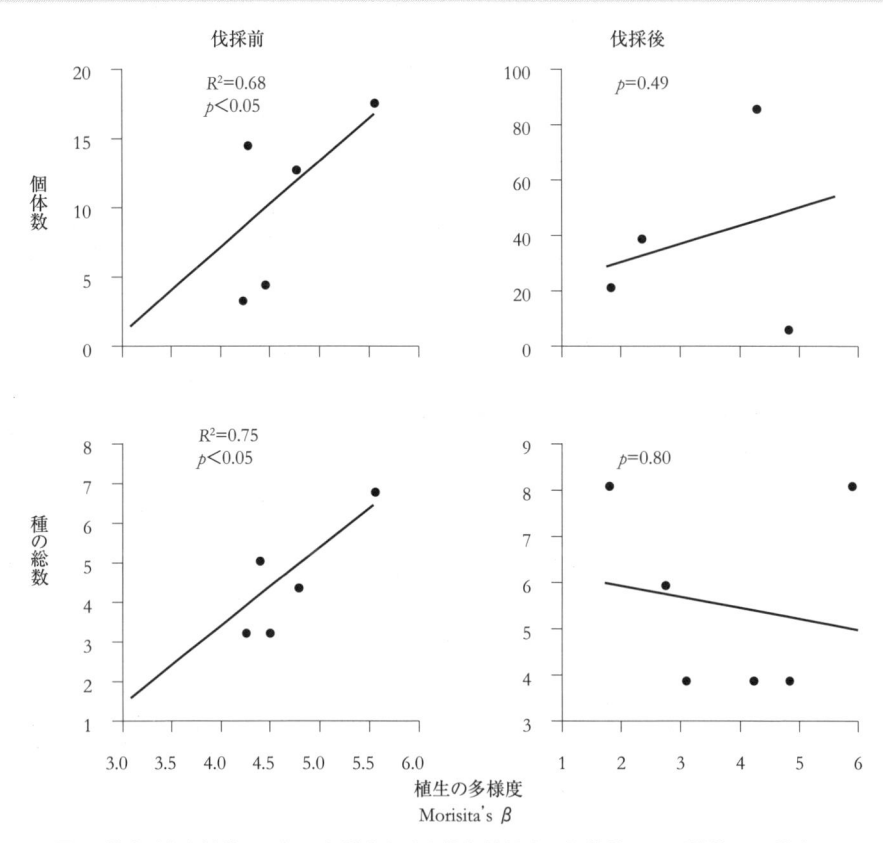

▶図4　植生（木本植物のみ）の多様度と地上徘徊性昆虫の個体数および種数の関係（Osawa et al. 2005 を改変）。

水率は，いずれの種でも有意な関係は見られなかった（Osawa et al. 2005）。これらの結果から，日本で従来から行われている小規模伐採でも，伐採直後には大型のオサムシ類やゴミムシ類で，個体数の減少など負の影響がみられることが示された。さらに欧米の研究（たとえば，Thiele 1977）で，その重要性が指摘されてきた土壌含水率が，本調査地の地上徘徊性昆虫群集の多様性や密度を決定するのに大きな役割をはたしてはいない可能性が示唆された。これらの結果は，土壌有機物層や植生の多様性という，潜在的な食物や生息場所の豊富さが，地上徘徊性昆虫の種数や密度を決定する要因として重要であり，小規模伐採でも，大型のオサムシ類やゴミムシ類に負の影響を与えることを示している。伐採後の 2006 年および 2007 年に，同じ調査地の伐採区と非伐採区で，オオオサムシ成虫の個体数を再調査した結果，いずれ

の年も非伐採区よりも伐採区でオオオサムシ成虫が多く捕獲された（安藤2007）。この結果から推測すると，小規模伐採の場合，伐採後少なくとも6-7年経過すると，伐採地では，草本植物や木本植物の実生定着により植物の多様性が増加し，土壌有機物層も結果として発達することで，昆虫類の潜在的な食物や生息場所が増加し，伐採前よりもかえって大型のオサムシ類やゴミムシ類の個体数が増加したものと考えられる。

　私たちのこの研究から，日本の里山で行われていた小規模伐採は，大型のオサムシ類やゴミムシ類の個体数を一時的に減少させる種依存的な影響を与えることが示された。この結果から判断すると，大型のオサムシ類やゴミムシ類は，森林の環境変動に鋭敏に反応する昆虫であると考えられる。その理由として推測されるのは，それら大型種の食物要求性の高さである。大型種は繁殖や移動に小型種に比べて多くの食物を必要とし，そのため伐採直後の生息場所の攪乱による餌の減少に対応し伐採場所から移出したために，一時的に伐採地での捕獲個体数が減少したのではないかと考えられる。しかし，少なくとも6-7年経過すればその影響は見られず，少なくとも大型のオサムシ類にとっては，伐採後の環境は前よりもむしろ好適な餌条件や生息場所をもたらす環境になったと思われる。したがって，地上徘徊性昆虫から見ると，旧来里山で行われていた森林管理の方法は，環境負荷が比較的少ない管理方法であり，この管理法により森林内動植物の生息場所の多様性が維持され，多くの生物が里山で共存してきたと思われる。ただし，本研究の小規模伐採の際に材の搬出のため林内に設置された林道は，オオオサムシ個体の移動を制限することが指摘されており（安藤2007），現代における機械を用いた小規模伐採は，環境に影響を与えない管理手法で地上徘徊性昆虫に与える影響は少ないと即断するのは危険である。昆虫における移動の制限は個体群の分断化をもたらし個体群の遺伝構造に少なからぬ影響を与える可能性があり，とくに飛翔による移動手段を持たない地上徘徊性昆虫にとっては，その影響は小さくないものと推測される。今後，地上徘徊性昆虫の遺伝構造に関する調査等，小規模伐採に関する長期的な追跡調査が必要であると思われる。

▶▶参考文献◀◀

安藤公（2007）「オオオサムシの活動と環境の異質性」京都大学大学院農学研究科修士論文（未刊行）.

Connell J. H. (1978) Diversity in tropical rain forests and coral reefs. *Science* 199: 1302–1310.
Holland, J. M. (2002). *The Agreecology of Carabid beetles: their ecology, survival and use in agroecosystems.* Intercept, UK.
石谷正宇（1996）「環境指標としてのゴミムシ類（甲虫目：オサムシ科，ホソクビゴミムシ科）に関する生態学的研究」『比和科学博物館研究報告』34：1-110.
松波秀實（1919）『明治林業史要』大日本山林会.
Osawa N., Terai A., Hirata K., Nakanishi A., Makino A., Sakai S. and Sibata S. (2005) Logging impacts on forest carabid assemblages in Japan. *Can. J. For. Res.* 35: 2698–2708.
Thiele H. U. (1977) Carabid beetles in their environment. Springer-Verlag. Berlin.
上野俊一・黒澤良彦・佐藤正孝（1985）『原色日本甲虫図鑑　Ⅱ』保育社.

第2章

奄美大島における環境教育の実践

前園　泰徳

2-1　環境教育の重要性と課題

　近年，我々人類は，著しい生活スタイルの変化や開発行為などによって，地球環境そのものまでを劇的に変化させる力を持つに至っている。地球温暖化やオゾンホールはその最たる負の遺産であろう。とくに地球温暖化に伴う急激な気温の変化が，生物多様性や農作物にさまざまな影響を及ぼしていることについては，科学的データがまだ不十分とはいえ，多くの科学者によって支持されている。すでに現在が危機的状況であると指摘する科学者もいる（岩槻2008）。そして，科学者だけでなく，もう多くの人が感覚的には「おかしい」と感じ始めているのではないだろうか。しかし，この経済最優先の世の中では，地球温暖化をはじめとする一見間接的な環境問題，すなわち，すぐに自分たちの生活に大打撃を与えないような問題は，常に後回しにされてきた。ほんの少しの知識と客観的な視点さえ持てば，現在の人間活動が自分や子孫の首を確実に締めつけていると容易に想像できるにもかかわらず，根本的な問題解決のための行動を日常的に行っている人は，そう多くはないはずだ。

　また，近年，いともたやすく人や動物を傷つけ命を奪い去るような，凶悪犯罪や少年犯罪のニュースが，毎日のように流れるようになった。すでに人の心の荒廃が問題視されるようになって久しい。日本では，戦後から続く経済最優先の金至上主義，リアルからバーチャルな世界への変化に伴うコミュニケーション不足，地域の

結びつきの希薄化に伴う公共心や倫理観の欠如，二転三転するばかりで一貫性のない政策や教育方針など，指摘されている要因は挙げればきりがない。しかし，今のところこの現状に対し，根本的な対応策と呼べるものは見いだされておらず，改善の兆しどころか悪化の一途をたどっているように思える。

　この自然環境と人の心の荒廃とは，無関係であるとは思えない。人の心が荒れれば，自然も荒らされ，荒れた自然の下では，さらに人の心が荒れるという悪循環を繰り返すのではないだろうか。環境問題についても，結局その発生と深刻化は，人の心のありかたに起因すると考えられている (小池 2005)。人が自然にまったく依存せずに暮らすことは不可能であり，健全な心の育成にも支障が出ることは，疑いようがない。私は，自然環境の保全のためには人の心の成熟が必要であり，同時に健全な心の育成には自然の存在が大きく寄与する，というように，相互には密接な関係があるものと考えている。

　では，自然環境を保全しつつ人の心や暮らしを豊かにするためには，どのようなことが必要なのだろうか？　ここで「教育」が重要であることは，いうまでもない。たとえば，1972年の「国連人間環境会議」，1992年の「環境と開発に関する国連会議」，2002年の「持続可能な開発に関する世界首脳会議」などにおいて，さまざまな経済活動に起因する環境問題の根本的な解決策こそ教育であると謳われている。ここでの教育とは，もちろん環境教育を指している。しかし，後述するが，すでに常識が凝り固まってしまった大人への教育だけでは，大きな成果を期待することはできない。私は，子どもたちへの日常的な環境教育こそ，現状を根本的に変えるための唯一の切り札ではないかと考えている。

　では，まず，なぜ環境教育なのだろうか？　そもそも環境教育とは何を目的に，どのようなことを目指す教育なのであろうか？　日本の場合，強く環境教育が叫ばれたのは，高度経済成長に伴う大気汚染や水質汚染などの公害が目に余る状態になった1960～1970年代である (鈴木・町田 2005)。そのイメージが現在も強く残っているせいか，日本では「環境教育＝公害など環境問題について学ぶ教育」という認識が強い。では，現在では，環境教育はどのような認識で捉えられているのだろうか。最近の辞書では「人間も地球に生きる多様な生物の一種であるという認識に立ち，環境について自然や地理・歴史などの総合的な学習を行うこと。持続可能な社会形成の担い手育成が目標とされる」(松村 2008) とある。このように近年の環境教育では，「総合的な学習」と「持続可能な社会実現」ということがキーワードとなっている。これらキーワードの実現のために，2004年には「環境の保全のための

意欲の増進および環境教育の推進に関する法律」が環境省と文部科学省より施行され，学校だけでなく，家庭，地域，職場などすべての生活の場において，環境教育を推進することが目標として掲げられている（環境省・文部科学省 2005）。

次に，環境教育では，具体的に何をすればよいのだろうか？　そして，日本ではどの程度実践されているのだろうか？　上述の環境省・文部科学省発行のパンフレットでは，環境教育の内容として以下が記されている。

・環境に関連する人間と環境，人間と人間の関わりの学習
・科学的な視点を踏まえて客観的，公平な態度でとらえる
・豊かな環境とその恵みを大切に思う心をはぐくむ
・いのちの大切さを学ぶ

そして，そのためにさまざまなプログラム開発などを行う，と書いてある。しかし，現実はどうだろう？　後に詳しく述べるが，学校教育の現場では，具体的かつ体系的な環境教育の教材もなく，指導案も存在しない。中央は主導を放棄しており，ほぼすべてが現場まかせといえる状態である。また，決定的に足りないのが「日常化」である。まだ環境教育は「特別なイベント」であるという印象がぬぐえない。さらに，欧米ではNGOなど民間団体との連携による環境教育が一般的であるが，日本ではその民間団体に資金力がなく，国の支援もわずかである。このように，日本の環境教育への公的な取り組みは，世界的なレベルからはかなり遅れているといわざるをえない（鈴木・町田 2005）。

では，なぜ子どもを最優先とするのだろうか？　その理由の一つ目として，子どもは頭だけでなく，全身で物事を感じ，理解する能力に長けていることが挙げられる。感性が豊かであると言い換えることもできるだろう。二つ目の理由として挙げられるのが，まだ常識が固まっていないことである。大人は，新しいものを柔軟に受け入れ，常識を更新し続けることは難しい。三つ目の理由は，基本的に子どもは価値観が「金銭」で占有されていないことにある。大人では頭で理解できても，価値観に金銭が絡んでいると，たちどころに意志がゆらいでしまう。一方，子どもは余計な価値観にとらわれず，純粋な気持ちで自らの行動や物事を捉えることができる。だからこそ，環境教育の効果が現れ易いと考えられる。四つ目の理由は，義務教育期間であれば，「もれなく全員に」一定の教育を施せることにある。大人では，もはや全員に対して一定の教育を行う術はなきに等しい。

日本では，2002年より学校教育において，総合的な学習の時間（以下「総合学習」

と略す）が設けられた。総合学習は1998年に当時の文部省が告示した新指導要領において，紹介されている。そして，中央教育審議会第一次答申において，総合学習の目的を「生きる力」を育成することとしている。ここでは，「生きる力」の育成に必要な要素を，「いかに社会が変化しようと，自分で課題を見つけ，自ら学び，自ら考え，主体的に判断し，行動し，よりよく問題を解決する資質や能力，自らを律しつつ，他人とともに協調し，他人を思いやる心や感動する心など，豊かな人間性。そして，たくましく生きるための健康や体力」としている。そのために，教科の枠を超え，横断的，総合的に学習を実施すると記されている。そして，そこでの学習課題として，国際理解，情報，環境，福祉，健康などが取り上げられている（文部省1998）。

　上記のように，環境教育はいちおう総合学習の課題の一つに挙げられてはいる。そして，実際に代表的なテーマとして各学校で実施されている（本田2007）。ところが，ヨーロッパなどにおいて，環境教育が持続可能な社会構築において最も大切な教育の一つと捉えられている一方，日本の文部科学省は具体的な方向性を示しておらず，最低限の知識や感性を養うための専用の教材すらないことが大半であり，指導は各学校の教師まかせという状態であった。私たちが環境教育を行ってきた奄美大島でも，自力でプログラムを作成できる知識・技術・熱意・時間を持つ教師は限定され，教科を超えた横断的な学習も実際はほとんど行われていなかった。そこで，通常は外部から講師を招いて話を聞くか，ゴミを拾うなどのイベント的な活動だけで終わる傾向が多く，体系的かつ日常的な学習の機会はほとんどなかった。このイベント化は，総合学習における他の課題，たとえば，国際理解，福祉などについても，ほぼ同様であるということを現場の教師から聞いた。さらに，各教師，各校の取り組みは，評価も蓄積も共有もされることなく，教員の異動とともにゼロから再スタートすることが大半であった。

　この背景には，文部科学省をはじめ，教師が環境教育の本質を捉えきれていない状況が予想できる。とくに30代以上の教師にとっては，環境教育はなじみが薄い。また，度重なる教育方針の変更によって，現場では混乱が続いている。端的に表現すれば，政府にも現場にも環境教育実践が可能な人材，つまりは環境に関する豊富な知識を有し，問題の本質を見極めることができ，プログラム作成までできるような人材が不足している。これ以上現場に無理にまかせても，日本全体の環境教育のレベルアップはおそらく望めず，本当の意味での「総合」的な生きる力の育成にも繋がるはずがない。中央からの根本的対策が求められていた。ところが，2007年

に文部科学省は，総合学習の時間がもたらした効果について明確な効果の評価も行わず，具体的指導案を配布するなどの改善もしないまま，学力低下の原因を総合学習に代表される「ゆとり教育」に押しつける形で，総合学習の時間削減を打ち出した。総合学習の成果たる「生きる力」というものが，わずか数年で現れ，そしてそれが数値で端的に評価できるものではない，という「生きる力」の本質を理解していれば，この変更はきわめて短絡的である上，将来的に本質的な学力向上には繋がらないといっても過言ではないだろう。人材不足だけでなく，その実施の場さえ不足するようでは，学校教育における環境教育は，発展どころか，さらに日の当たらない存在となってしまう可能性がある。

2-2 奄美における環境教育の実践

　私は，幼少時のうちに，ある程度の正確な科学的知識を身につけさせるとともに，なぜ自然が大切なのか，なぜ命が大切なのか，なぜ繋がりが大切なのか，などを自然のなかでの体験を通して，日常的に自分で納得がいくまで考えさせることが重要だと考えている。そして，それらを通し，自分で問題に気づき，自分で考え，解決へと行動する力，つまり，「人間の総合力」の育成が欠かせないと考えている。これらの力の育成によって，他者を思いやることができるように人の心が成熟してこそ，自然環境の荒廃を抜本的に食い止め保全しつつ，人間として平和的に発展を続けること，つまり「理想的な生き方」ができるのだと思う。この「理想的な生き方」の教育というものが，私の目指す環境教育である。
　このような理想と現場とのギャップを埋めるテストの場として選ばれたのが，奄美大島の龍郷町である。私たちは，その龍郷町の全小中学校において，総合的な学習の時間を利用した正規授業として独自の環境教育を組み込むことで，1) 子どもたちの知識や意識にどのような変化が現れるのかを捉え，2) 総合的な能力を発達させ，3) さらに，子どもたちを通して保護者や地域住民がどのように変化していくのかを明らかにすることを目的に，連携プロジェクト，DEEP AMAMI (Dragon Environmental Education Project Amami) を立ち上げた。
　本プロジェクトは 2006 年に活動を開始した。これは，1) 知識を与え，考える力をサポートする「京都大学大学院農学研究科 21 世紀 COE プログラム（昆虫科学が拓く未来型食料環境学の創生）」（以下昆虫 COE），2) プログラム開発および各企画の

実行機関として，奄美を拠点に活動する有志を集めた「龍郷町環境教育プロジェクト」，3）実行の場であるとともに，生徒の統率を担う「龍郷町教育委員会と町立の全小中学校（小学校7校，中学校3校）」，の連携により成り立っている。そしてさらに，龍郷町出身の実業家，渡伸一郎氏（コーンズ・アンド・カンパニー・リミテッド代表取締役）個人と，関連会社による資金や機器の提供が，教材開発をはじめとするさまざまな活動を支えている。これまでも，早稲田大学大学院環境・エネルギー研究科と小中学校との連携による環境教育をはじめ，学術機関と特定学校の連携という例はあった。しかし，本プロジェクトのように，学術機関と行政が連携し，町の全学校を対象として環境教育を日常化させ，さらに地元出身者や民間企業が活動資金を提供するような「産官学連携プロジェクト」は，全国的にも他に類を見ない大変先進的なものといえる。しかも，授業の多くを直接研究者が担当することで，これまであまりにも実践例の乏しかった「日常的な環境教育」を実現している。このことは，今後の環境教育の方針決定に大きな影響を及ぼす貴重な先進事例となろう。

　奄美を環境教育の舞台に選んだ背景には，島特有の事情が深く関与している。奄美は，アマミノクロウサギやルリカケスをはじめとする固有の希少種が数多く生息する世界的にも貴重な自然を残す島である。現在世界自然遺産登録を目指す動きも始まっている。また，鹿児島本土とも沖縄とも異なる独自の文化が色濃く残っている島でもある。しかし，残念ながらその自然や文化の希少性に強い関心を持ち，深く理解している住民は少数である。そのため，開発，森林伐採，家庭排水流入，外来種の持ち込みなどの人間活動により，自然の荒廃が著しい。また，近年では地球温暖化など地球規模の環境変化に伴い，1998年のサンゴ礁の大規模な白化現象に代表されるような変化が頻発し，海も山も生態系のバランスが徐々に崩れつつある印象を強く抱く。これらの変化は，自然だけにとどまらず，その特殊な自然に培われてきた独自の文化をも失う要因にもなっている可能性がある。

　これらの島の宝が失われつつあるのに，なぜ住民の関心は低いのだろうか？　その背景には，何よりも島の自然や文化を学ぶ機会が，きわめて少ないことが挙げられる。学校教育の現場では，自然や文化のまったく異なる鹿児島本土出身の教師が多数を占めることから，奄美の特殊な自然や文化について，具体的な教材や指導要綱なしで教えることは，まず不可能である。また，島の経済が補助金に依存した土木建築業主体のもので成り立っていることもあり，自然の価値が過小評価されてきたことも理由の一つになっているかもしれない。このように，奄美は固有の自然環境と文化を有し，それが危機的な状況にあるにもかかわらず，これまで体系的な環

境教育はほとんどなかった場所であるといえる。そのため，体系的な環境教育が急務であった。

地球規模（グローバル）な問題に目を向けるためには，まずは各地域で身近（ローカル）な問題を見つけ，自分たちで解決するというプロセスを体験することが重要である（鈴木・町田 2005）。その基礎がなくては現実感に乏しいままとなり，地球全体を保全するようなアクションは起こせないだろう。そこで，本プロジェクトでは，以下の四つを奄美における活動の具体的な目標とした。

1. 自然や文化への強い関心と豊かな知識を持ち，奄美に住むことを誇りに思える子どもたちを育てる。
2. 感性を磨き，思いやりの心を育てるとともに，さまざまな問題を発見し，自分で考え，解決へ向かって行動できる，人間の「総合力」を育成する。
3. 連携プロジェクトであることを最大限活かし，研究者が環境教育に携わることで，子どもと研究者の双方にとってどのような利点が生まれるのかを見いだす。
4. 常に地球全体を考えるグローバルな視点と想像力を有し，地球環境の保全を推進する一方，持続可能な社会を担う人材を育成する。

この環境教育プロジェクトの特徴は，以下の五つが複合的かつシステマティックに機能していることである。1) 専用教材を用いた基礎コース，2) 探求コース，3) ネットサポート，4) 子ども博物学士講座，5) 研究者による研究サポート，特別授業，シンポジウム，などである。それぞれについて，以下で説明する。

(1) 専用教材を用いた基礎コース

総合的な学習の時間は，各学校の特色を出し易い自由度の高い時間だが，教師の実力やモチベーションの差が如実に反映されるため，内容にも大きなレベルの差が生じるという問題が指摘されてきた（鈴木・町田 2005）。奄美の学校でも環境教育について関心が高まってきているものの，外部講師への依存度が高く，体系的な授業といえるものは，ほとんどなかった。これは，環境教育が現場の教師のみでは扱いが難しい専門知識を要する分野であるにもかかわらず，専用の指導要綱や教材がなかったことが大きな要因と考えられる。そこで，まず，2006 年より 1 年間，龍郷町教育委員会や各校の教師とともに，試行錯誤しながら，さまざまな活動案とオリ

Ⅳ　昆虫を用いた環境教育・科学教育

図 2-1　環境教育プロジェクトにおいて開発したオリジナルの教材。左は生徒用テキスト，中央は，授業補助用のファイルの入った CD-R，右はティーチャーズガイド。

ジナルの教材を作成した（前園 2008）。次に，2007 年度より，龍郷町の全小中学校（小学校は 5・6 年生，中学校は全学年）において，総合的な学習の時間の正規プログラムとして生徒用教材を全員に配布し，使用を開始した（図 2-1 左：総ページ数 70 ページ）。教材導入により，総合学習の時間を有効利用し，どのような知識レベルの教師が使っても，子どもたちが一定以上の知識を取り入れられるよう配慮した。また，授業では，体験型のプログラムも用意し，子どもたちが楽しく遊びながら自然に学ぶことで，感性を磨けるよう工夫してある。

　生徒用テキストは，トライアンドエラー形式とし，子どもたちの成長過程を視覚的に分かるようにしてある。また，完成形の冊子を渡されるのではなく，授業ごとに各プログラムのページが配布されるようになっている。そして，シールなどを多用することで，手先を動かしながら学ぶ工夫がされている（図 2-2）。さらに，従来多く見られた文字だらけのモノクロ印刷のテキストではなく，美しい写真やイラストをフルカラーでふんだんに掲載することで，見るだけで楽しく，また，本物を容易にイメージできるようにした（図 2-3）。このように，「徐々に自分で作り上げるテキスト」というスタイルをとることにより，教材にも愛着を持ってもらえるよう

奄美大島における環境教育の実践 | 第 2 章

図 2-2　シールを切り取ってプログラムを進めている生徒の様子（プログラム 1：アサギマダラの旅）。

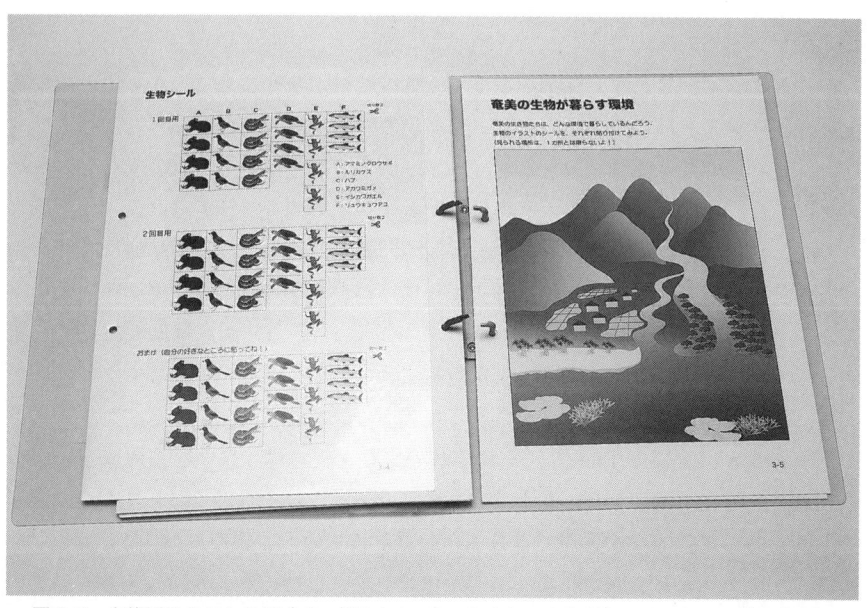

図 2-3　生徒用テキストの例（プログラム 3：アマミノクロウサギとルリカケスの暮らす島）。

IV 昆虫を用いた環境教育・科学教育

図 2-4 プロジェクターを使ってプログラムを進行させている龍郷町の小学校の教師。ここで使用されているのが授業進行補助用のプレゼンテーションプログラムである。

に工夫した。

　前述のように，これまで体系的な環境教育の教材がなかったことから，とくに奄美に赴任直後の教師には，地元に合った環境教育は実施不可能であった。そこで本プロジェクトでは，教師用教材としてティーチャーズガイドも人数分配布し，教師の専門分野，経験の有無，得手不得手を問わず一定の内容を伝えられるよう配慮した（図 2-1 右：総ページ数 70 ページ）。さらに，現場の教師が授業の準備に時間をかけることなく授業を円滑に進められるように，パソコンとプロジェクターによるプレゼンテーション用ファイルや動画ファイルを入れた CD-R も補助教材として配布した（図 2-1 下）。この画期的な補助教材により，どの教師が使ってもクリック一つで，ある程度均質な内容を伝えられる授業が可能になった（図 2-4）。

　プログラムは全部で 13 あり，それぞれのプログラムは，自然を主題にしながらも，理科，社会，道徳など，さまざまな分野で扱う内容を含んでおり，本来の意味での横断的・総合的な学習ができるよう配慮されている。また，1 年間を通してすべてのプログラムを実施すれば，一定の知識や意識を持てるように，体系的にプログラムを組んであることも特筆すべき点である。これらが従来の環境教育教材と

第 2 章 奄美大島における環境教育の実践

表 2-1 環境教育の基礎コースにおける，年間のカリキュラム一覧表

年間指導計画

月	取扱	教材プログラム	年間アクティビティ	
			アサギマダラ研究	メダカ飼育
4	2H	①：アサギマダラの旅	知る ↑	飼う ↑
	必修	アクティビティ：感性体操		
		（チョウの視点から奄美の位置，気候などを知る）		
		（奄美と世界のつながりを認識する）		
5	1H	②：メダカの命とみんなの命		
	必修	（命の不思議さと大切さを知るとともに，絶滅について考える）		
	1H	③：アマミノクロウサギとルリカケスの暮らす島		
	必修	アクティビティ：塗り絵		
		（"知る"ことの重要性，様々な自然環境と生物のつながりを知る）		
6	1H	④：ウミガメの涙	気づく	気づく
	必修	（ウミガメの特徴と，かれらをとりまく砂の減少やゴミ問題を学ぶ）		
	1H	⑤：海の森，サンゴ	調べる	調べる
	必修	アクティビティ：サンゴのスケッチ		
		（サンゴの特徴や役割，減少要因を知る）		
7	1H	⑥：陸のハブと海のハブ	育てる	育てる
	必修	（身の回りの危険と対処法を学ぶ）		
8		夏期休業		
		研究サポート，研究発表大会		
9	1H	⑦：エイリアンはだれ？		
	必修	アクティビティ：校庭の生き物マップ作り		
		（外来種と在来種，外来種の影響について学ぶ）		
	2H	⑧：セミの音はどんなふうに聞こえる？		
	選択	アクティビティ：音マップ作り		
		（感性を磨き，人それぞれの違いを認識する）		
10	1H	⑨：ハブとソテツと大島紬	考える	考える
	必修	（食う喰われる，共生，自然と文化などの関係を知る）		
		（つながりがあるものの 1 つが失われた場合を考えてみる）		
11	1H	⑩：消えるイシカワガエルとアマミセイシカ		
	必修	（天然記念物，希少種，それらをとりまく様々な問題を知る）		
		（問題の解決方法を考えてみる）		
	1H	⑪：昆虫から学ぼう		
	選択	（昆虫の優れた能力を学ぶ）		
		（昆虫から生まれた技術などを紹介し，身近なものに目を向けさせる）		
12		冬期休業		
1	1H	⑫：考えよう，奄美の未来	まとめ	まとめ
	必修	（奄美の現状と，世界の環境教育先進事例の比較）		
		（地球温暖化など地球規模の変化がもたらすもの）		
		（理想とする奄美について考える）		
	1H	⑬：奄美自然マスター検定	伝える ↓	伝える ↓
	選択	（年間アクティビティのまとめと成果の確認）		

の最も大きな違いであるといえる。また、プログラム12には、学習の成果として、奄美をはじめ、地球の未来について考えるテーマを組み込み、最後のプログラム13では、知識と意識の再確認のための検定問題を用意している。各プログラムのタイトルと狙いについては、表2-1のカリキュラム一覧を参照していただきたい。

(2) 探求コース

これは2008年度から開始した。上記の基礎コースを終了した生徒（小学校高学年以上と中学生）を対象とし、本格的な研究のプロセスを学ばせることを通して、「考える技術」と「人に伝える技術」を主に習得させることを狙いとしている。基礎コースで教材を一通り実施することで、最低限の基礎知識、感性、問題発見能力などを発展させる準備段階が整ったと仮定し、その上で1年間を通して、一つのテーマについて探求するプログラムである。「考える」とは、知識や経験に基づいて、筋道をたてて頭を働かせることである（松村2008）。したがって、知識や経験がない状態では考えることはできず、一方で、知識と経験があっても、論理的に頭を使えなければ、「考える」とはいえないことになる。そこで、本プロジェクトでは、まず1年は興味を持たせながら知識と経験を増やし、2年目以降にそれらを活かす学習を開始したのである。この課題発見・探求型学習は「プロジェクト・メソッド」と呼ばれる子どもたちの自発性に基づいたプログラムであり、総合学習で扱う環境教育のプログラムとして適していると考えられる（本田2007）。しかし、いくつかの学校の例を見る限りでは、いきなりこの形式のプログラムを実施しても、知識も経験も乏しい子どもたちと、専門知識と考える技術の乏しい教師では、内容に深まりが出ないことが多い。実際は、インターネットや文献で情報を集め、並べ替えて纏めただけで終わるパターンが大半である。ひどい場合にはコピー＆ペーストでほとんどの作業が終わってしまっていた。そこで、基本的に私がすべての探求コースの授業を担当し、以下の条件を設けることで、より深くテーマについて探求させた（図2-5）。

- ・テーマは子どもたちの興味があるものを最優先するが、同時に自分たちで調べることができる範囲であること（分野は自然関係に限定しない）。
- ・インターネットなどですぐに情報が得られるものではなく、実際に実験や調査を行わなければ考える材料を得られないものであること。

図 2-5 「探求コース」の重要性を 1 面トップで報じた奄美新聞。

・最後に学校だけでなく地域の人々に向けて発表の機会を作ること。

　このテーマ設定，実現可能性の見極め，発表指導には，われわれ研究者をはじめ，ある程度研究の過程について習熟している者，つまりは「考える技術」を有した者，のサポートが必須である。参考までに，龍郷町の子どもたちの選んだ三つのテーマを紹介する。一つは，「リュウキュウツバメはどのような場所に巣を作る？」これは学校の校舎に数多く巣を作るリュウキュウツバメが，どのような場所を選択しているのか，パターンの抽出とともに，その理由を考えさせることを目的としている。二つ目の，「集落にはどのような外来種がいるのだろう？　そして，これから外来種を増やさないためにはどうしたらよいのだろう？」というテーマでは，身近な外来種の種類，影響，原産地，どうやって持ち込まれたか，などを調べることで，今後，外来種が及ぼす可能性のある影響を予測させることや，外来種の新規移入を抑

える方法を考えさせることを目的としている。三つ目の「奄美におけるレジ袋とエコバッグの使用量はどのくらいか？」というテーマでは，コンビニエンスストアや大型スーパーなどでレジ袋の使用量やエコバッグの普及率を調べ，どのようにすればレジ袋の使用を減らせるかを検討させるものである。とくに海洋に流れ出たレジ袋は，ウミガメが間違って食べることで死亡する事故が知られていることから，奄美では深刻な問題であることも背景にある。

　この授業の流れは以下のとおりである。1) テーマ設定，2) 調べる，3) 纏める，4) 考える，5) 伝える・分かち合う。

　従来の総合学習と異なる点を以下に挙げる。まず研究者によるサポートが授業毎に行われる。そこで，論理的な考え方，計画的・効率的な時間の使い方などができるようになることが期待される。また，学校においてのみならず，広く地域の人々に向けて発表する機会を設けているため，プレゼンテーション能力や適切な質疑応答の能力までも鍛えられる。さらに，インターネットを用いた情報収集や，パソコンとプロジェクターを用いた発表まで研究者が適切にサポートすることで，情報の収集能力や最新機器の取り扱いまでをも，習得させるチャンスがある。

　私は多いときで1ヶ月に15コマほどの授業を担当してきた。そのような頻度で学校現場に入ることで，はじめて生徒たちがある程度の研究のプロセスを習得していく様子を継続的に見ることができ，現場の教師とともに，生徒たちに適切なサポートができたように思う。

(3) ネットサポート

　各学校とプロジェクトメンバーを，インターネットのソーシャルネットワークサービス (SNS) の mixi (ミクシィ) とメーリングリストによってつなぎ，情報の共有と発信を行う場を構築した。また，各学校の教師だけでは質問をフォローできない場合は，各分野のエキスパートに返答をしてもらえるサポート体制も築いている。常に最先端の知識が得られる先進のシステムといえる。また，ここで得られた現場の教師からの意見は，次の教材開発などにフィードバックされている。このシステムは，リアルタイムで情報を共有できることに加え，ファックスでの些細な連絡など無駄な紙資源を使用しない点においても先進的である。ただし，担当教師のなかには，環境教育への関心の有無もさることながら，パソコンの扱いに慣れていない者が予想以上に多かったため，普及には時間がかかった。

図 2-6　2007年11月の子ども博物学士講座の様子。アサギマダラの渡りの時期に合わせて開催し、マーキングを行った。

(4) 子ども博物学士講座

　これは，龍郷町にて2005年度よりほぼ月に1度実施されている体験型の講座である（図2-6，図2-7）。対象は小学生以上とし，保護者も参加可能である。この講座は，自然と文化に広く精通した，感性豊かな人材の教育を目的としている。感性の育成は，体験なくしては得難いものであるためである。この講座では学校で実施したプログラムの内容に近い講座を，プログラムを実施した時期に合わせて開講することで，学校で得た知識を，体験を通してより強固なものとして定着させることを意図している。講師は，私をはじめ，地元のプロジェクトメンバーなど，地域において専門的知識を持つエキスパートが引き受けている。ここでは可能な限り本物に触れさせることで，子どもたちの興味と関心を引き出し，多くの知識が得られるよう努めている。

　また，この講座では，年度末に学習成果を確認する検定を実施している。この検定において，自分の知識や意識の変化を客観的に捉えることを促している。また，優秀者にさまざまな副賞をつけることで，子どもたちのモチベーションを高めると

Ⅳ 昆虫を用いた環境教育・科学教育

図2-7 2008年6月の子ども博物学士講座の様子。サンゴ礁における生物観察と，テーマ学習を行った。

図2-8 子どもたちが参加した体験ダイビングの様子。環境教育プロジェクトにより，これまでに町内の30人以上の生徒がダイビングを行い，地元の海のすばらしさとサンゴの減少などの問題点を実感している。

ともに，努力に見合う達成感を味わえる場としている。なお，プロジェクトでは，この検定以外にもさまざまな企画で副賞を与えている。この副賞は，子どもたちの興味と関心を引き出し，自分の暮らす島の環境について見直すきっかけになるようなものを選んでいる。たとえば，デジタルカメラの授与，体験ダイビング（図2-8），クロウサギウォッチングの権利授与などである。これらは，いずれも豊富な資金があってこそ可能になることであるとともに，通常の学校生活ではまず得られない貴重な機会である。上記の体験活動や副賞が，生徒たちの人生を大きく変えるきっかけとなることに期待したい。

(5) 研究者による研究サポート，特別授業，シンポジウム

本プロジェクト開始時より3年間，夏休みの自由研究を，昆虫COEに関与する計6人の若手研究者がサポートしてきた（図2-9）。上記の探求コース同様に，テーマ設定や研究の進め方など，実際の研究とはどういうものかをプロが伝えることにより，論理的なものの考え方，研究の手法，発表の手法を身につけさせることが第一の狙いである。研究により得られた成果は，発表大会を設けて，多くのギャラリーの前で発表させている。これらの積み重ねにより，プレゼンテーション能力が磨かれ，自分の意見を大勢の前でしっかりと述べられるようになりつつある。また，小学生でパソコンを自在に扱い，プロジェクターを使った大人顔負けのプレゼンテーションを行う子どもも増えてきた（図2-10）。この活動は，子どもたちの潜在能力を開花させるための貴重な機会を創出しているといえるだろう。

また，京都大学の研究者2名が来島した際に，飛び込みで研究分野に関する授業を行ってもらった（図2-11）。そして，奄美において，すでに2回のシンポジウムも開催している（図2-12）。2006年6月は「なぜ"自然について知ること"が大切なのか？　～子どもたちへの環境教育が拓く奄美の未来～」というテーマで，2007年7月には「旅するチョウ，アサギマダラから見た奄美　～「自然から学ぶ」ことの面白さ，大切さ，再発見～」というテーマで，京都大学をはじめ各分野の専門家を招き，講演を行った。最新の知見や，研究者に触れる機会の少ない島の子どもや住民にとって，これらは貴重な経験となったはずである。たとえば，アサギマダラのシンポジウムを通して，アサギマダラの渡りに関心を持つ人が増え，小学校で独自にマーキングを行うところも出てきている。シンポジウムについては，地元新聞が一面を使い，数日間にわたって詳細に様子を伝えている（図2-13）。島という場所では，

Ⅳ 昆虫を用いた環境教育・科学教育

図 2-9 2008 年度の夏休みの研究サポートの様子。生物調節化学分野の松下修門氏によるプレゼンテーションの実演。

図 2-10 発表会で地域のギャラリーを相手に発表を行う小学生。

奄美大島における環境教育の実践 | 第 2 章

図 2-11 小学校における特別授業において，自然界の撥水性素材について語る，昆虫生態学研究室のパブロ・ペレズ-グッドウィン氏。

図 2-12 2006 年のシンポジウムで基調講演を行う，昆虫 COE のプロジェクトリーダー藤崎憲治氏（本書編者）。

Ⅳ 昆虫を用いた環境教育・科学教育

旅するチョウ アサギマダラから見た奄美

龍郷町・環境教育シンポジウム 下

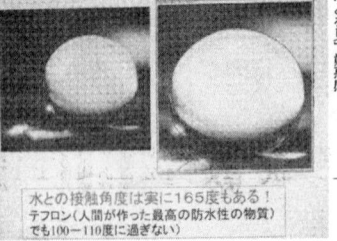

藤崎教授「謎解きは保護に」
矢原教授「共通感覚持つ」

九州大学理学研究院 矢原徹一教授(53)
京都大学大学院農学研究科 藤崎憲治教授(59)

アサギマダラの翅は超防水性！
水との接触角度は実に165度もある！
テフロン(人間が作った最高の防水性の物質)でも100～110度に過ぎない

図2-13 シンポジウムについて大きく紙面を使って紹介した2007年7月23日の奄美新聞(旧大島新聞)。年間30回以上はプロジェクト関連の記事が新聞各紙に掲載されている。

こういった研究成果の還元が，いかに新鮮かつ大きな意味を持つかを物語っている例であろう。

2-3　昆虫を教材に用いた環境教育

奄美における本プロジェクトの教材や野外プログラムでは，昆虫が頻繁に登場する。ここでは昆虫を教材として用いることの意義やメリットについて，具体例を挙げながら考えてみよう。

まず教材としての昆虫の特徴を以下に挙げる。ここでは，他の生物と比較した特徴と，子どもの視点を重視した。内容的に多少の重複があることをご理解いただきたい。1) 国内ではほぼあらゆる環境においても身近で見られる，2) 個体数が多い，3) 種類や形や色のバリエーションに富む，4) 特異な能力や行動を持つ，5) 直接触れられる，6) サイズが比較的小型，7) 小スケールの環境ごとに異なった種が見られる，8) 捕獲が容易，9) 飼育が容易，10) ライフサイクルが短いものが多く1世代を通した観察が可能，11) 孵化や羽化の際に形態や色彩の劇的な変化がある，12) 文献やインターネットで関連情報を得易い，などである。

教材の13のプログラムにおいて，昆虫は随所に登場する。なかでもプログラム1，8，11では，中心的な存在となっている。まずプログラム1「アサギマダラの旅」では，奄美で春と秋に数多く見られ，長距離を移動するアサギマダラを取り上げている。ここではアサギマダラに代表される渡りをする動物の旅を通して，奄美の位置を学習するとともに，世界との繋がりや，アサギマダラの特殊な能力を見習って，各生徒らの感性を磨く試みも実施している。この授業では，担任教師から「単純に地理の時間として奄美の位置情報を学習するよりも，はるかに子どもたちが集中していた」という感想をいただいている。実際に実物のアサギマダラに触れてマーキングまで実施することも学習の効果を上げているのだろう。プログラム8「セミの声はどんな風に聞こえる？」では，奄美で見られる8種のセミの声をはじめとして，代表的な生物の声を文字にして表現させることで，感性とは人それぞれであり，正解も不正解もないものである，ということを伝えている（図2-14）。セミという，夏場であればどこでも声が聞こえる存在は（奄美では5月から11月まで鳴いている），教材として非常に利用価値が高い。またプログラム11「昆虫から学ぼう」では，昆虫が地球上で最も繁栄するに至ったさまざまな能力と，それを模倣，応用した科学

Ⅳ 昆虫を用いた環境教育・科学教育

音の聞こえ方は人によって違う

(例)

	日本語	英語
ニワトリ	コケコッコー	カッカ・ドゥードゥル・ドゥー COCKA-DOODLE-DOO
イヌ	ワンワン	バウワウ BOW-WOW
ネコ	ニャーニャー	ミャオ または ミュー MEOW MEW
ブタ	ブーブー	オインク OINK

次の生き物の鳴き声は、みんなには、どんなふうに聞こえたかな？
それぞれ、文字で表してみよう。

アカショウビン　[　　　　]

アマミノクロウサギ　[　　　　]

イシカワガエル　[　　　　]

オオシマゼミ　[　　　　]

人によって、それぞれ、いろいろな聞こえ方があるんだね！

図 2-14　プログラム 8（セミの声はどんな風に聞こえる？）の 1 ページ。奄美の代表的な生物の声を聞かせ，その音を文字にして記入させることで，感性が人それぞれであり，完全な正解というものがないことを伝える。

　技術を紹介することで，昆虫がいかにすぐれた生物であり，人類にとって有用な生物であるかを，認識させるプログラムとした（図 2-15）。ここでは昆虫という一番身近ともいえる生物が，素晴らしい能力を秘めていることを伝えることで，毎日見ているようなものをあらためて客観的に見直すきっかけをも与えている。

　このように，昆虫は最も身近かつ有用な自然教材として，高い可能性を有していると思われる。これはなにも奄美に限定したことではない。日本中どの地域であっても，最も身近な生物といえるのではないだろうか。一般的に小中学校で使用され

図 2-15 プログラム 11（昆虫から学ぼう）の 1 ページ。昆虫から生まれたさまざまな応用例を紹介している。

ている教科書でも，理科に限らず，国語，生活，社会，図工，音楽と，幅広い分野にわたり，昆虫が登場する（ぐんま昆虫の森 2008）。この背景には，日本人と昆虫との長い関わり合いの歴史もあるだろう。ただし，従来の教科書では，いずれも昆虫の魅力を十分に伝えているとはいい難い。昆虫は，自然の不思議さを探求する入り口を指し示す存在となりうる。今後，さらにこの魅力的な教材を効果的に活用することが望まれる。

2-4　研究者が直接関わることの意義

　環境教育に研究者が携わることにはどのような意義があるのだろうか？　まず，研究者側のメリットについて論じる。研究者にとっては，環境教育に直接関与することで，直接的な社会還元の場が出来ることになる。この場を通して，自分の研究の意義を再認識することにもなろう。研究室は半閉塞空間ともいえる特殊な環境である。この特殊な空間にばかり何年も閉じこもっていれば，一般の人々とのあいだに，一般常識やニーズの乖離が生じることも多々あるだろう。これまで日本の研究者は，直接的な社会還元に非常に消極的であったのは否めない。しかし，大学の独立行政法人化や少子化が進む今後は，研究者も積極的に研究室を飛び出して，直に一般の人々と交流する機会を増やすことが求められるだろう。なぜなら，地元に根ざした魅力ある大学作りが急務であるからだ。地元の人々の協力を得て，優秀な学生を確保することができない大学は，今後消えてしまう可能性がある。その事態を避け，大学を存続させるためには，一般向けの講座や，本プロジェクトのような学校や行政との連携が，効果的なアピール法となりうるだろう。さらに，学校との連携によってその分野の研究者を目指す子どもが増えれば，将来的に優秀な研究者を確保することにも繋がるかもしれない。一方，一般向け，とくに子どもに向けて話をする，ということは，物事の本質を理解することに繋がる。研究者同士で通じる会話であっても，そのままでは概して子どもには通じない。本質まで理解してこそ，子どもにもある程度理解できるような，かみ砕いた話ができるのだ。さらに，子どもたちの集中力を切らさず，内容を理解させるプレゼンテーションを行うには，大人のみを相手にしていては培われ難い特別な技術を必要とする。優秀な研究者であっても，一般向けや子ども向けの話はお世辞にもうまいと言えない人が多いことからも，この特別な技術の存在は明らかである。そこで，この「どのような相手に対しても分かり易いプレゼンテーション技術」を会得することができれば，生涯どのような立場においても重宝するだろう。とくに若手の研究者にとって，この経験は，その後の研究に対する姿勢やプレゼンテーションに，さまざまな正の影響を及ぼすと考えられる。昆虫COEの若手研究者の研究に対するモチベーションやプレゼンテーション能力が，環境教育プログラムに参加した事前事後で明らかに変化した，という喜ばしい声も聞くことができた。

　次に，環境教育を受ける子どもたち側のメリットについて論じる。一般的に，一

人前の研究者とは，好奇心の塊であるとともに，最新の知見を含む豊富な知識，客観的な広い視野，論理的な思考，などを持ち合わせていると考えられる。この特性が環境教育に活用できれば，体系的で科学的な教材開発，長期的なプログラムの展開，成果の評価，などに大きく貢献できる可能性がある。子どもたちが，体系的かつ最新の知見を得ることに繋がるのだ。しかし，子どもたちの興味関心を引き出すこと，日常的に細かくサポートすること，分かり易く伝える技術などに関しては，残念ながら研究者のみの関与では不十分であろう。そこで，その部分に長けている現場の教師や民間の環境教育団体の連携による助力が得られれば，教育の効果は格段に上がるはずである。

　研究者の果たせる役割としてとくに注目したいのが，論理的に考える技術のサポートである。これは，物の考え方をある程度習得していなくては伝えることが難しいことであり，一般の教育現場ではこれが十分に伝えられているとは言い難い状況である。そこで，考えるプロである研究者が適切なサポートを行うことができれば，環境教育をはじめ，日本の教育全体を大きく躍進させることができるかもしれない。また，一般にはあまり知られていない「研究」という仕事とその深さや面白さについて，媒体を介さずに直接話を聞く機会を創出することで，子どもたちの進路選択に影響を及ぼす可能性もある。実際，京都大学より派遣された研究者の授業を受けた子どもたちのなかには，自然への興味や関心と研究者への憧れが高まり，研究者を目指す子どもが現れている。人生の選択肢を増やし，それを自分の意志で選んでいく，という「生きる力」の育成に，研究者が貢献できることは，予想以上に大きいのかもしれない。

　このように，研究者と子どもたちの出会いは，双方にさまざまなメリットを産み出しつつある。さまざまな形でこの出会いの場を設けていくことで，今後どのような変化が生まれるのかが楽しみである。

2-5　子どもたちと彼らをとりまく人々の変化

　これまでの活動を通じ，子どもたちや地域住民に確実な変化が生じつつことを実感している。まずは，龍郷町の教師による子どもたちの変化の報告を紹介する。

・これまで貴重な自然環境に囲まれていることをあまり認識していなかったが，

写真や実物に触れること，体験することで身近な生物に興味を持つようになった。とくに外来種についての印象は深いようで，意識するようになった。
・命の大切さ，繋がりの大切さ，自然の大切さについて，体験を通して，強く感じるようになっている。
・これまで総合的な学習の時間や各教科で「調べ学習」を進めてきたが，本年度，環境教育（探求コース）によって机上で調べる（図鑑・インターネット）ことから自分の足や目で実際に確かめることの必要性を感じることができるようになった。そのなかで，とくに取材の仕方や実験観察の手順，目的を達成するための見通しを持って活動する意識が芽生えた。
・発表の機会を設けることで「相手意識を持って伝える」ことの必要性を感じ，どうすれば分かってもらえるか，伝わるかを考えるようになった。また，発表の際に原稿の棒読み，または原稿の丸暗記が多かったが，質問の受け答えをすることで，調べたことが本当に自分の物になっていないと対処できないことを実感し，自分の考えを発表できるようになった。
・調べたことの丸写しではなく，実生活と関連づけて考える機会を設けたことで，今の社会，未来の社会に対して提言する意識を育むことができた。
・探求コースでの学習法や経験が他教科にも波及し，とくに社会科の時間に役立っている。今なぜこうなったのか，何が問題か，これからどんな社会を作るべきなのか，今自分たちにできることは何なのかなどを常にモチベーションを高めながら授業展開することができるようになった。

　目に見える成果の一つと考えられるのが，2007年と2008年の「鹿児島子ども環境大臣賞」への選出である。2007年は，鹿児島全土からの516点の応募から優秀賞9名，奨励賞7名が選出されたうち，龍郷町の子どもが優秀賞に2人，奨励賞に至っては4人も含まれていた。また，2008年には417点の応募から，優秀賞9名中2名，奨励賞9名中6名が龍郷の子どもで占められていた。両年とも市町村あたりの選出人数は，県内で突出していた（図2-16）。また，両年とも12市町村より構成される奄美群島全体において，選出されたのが奄美大島の龍郷町の子どもたちだけであったことも特筆すべきことだろう。町内の子どもたちがいかに強い関心を持ち，それを適切に表現できるようになったのかを窺い知るとともに，彼らを指導する教師や保護者にも関心が高まり，協力体制が築かれつつあることが想像できる。実は選出された生徒数には学校間で大きな偏りがある。やはり，とくに環境教育に関心の高

図2-16 龍郷町から多数の環境レター入賞者が輩出されていることを新聞1面トップで報じた奄美新聞（2008年7月26日）。

い教師がいる学校で，子どもたちが多く選ばれている。環境教育を進める上で，いかに普段の生活を見守る教師の役割が大きいかが，この結果から示された。環境教育の発展は，連携するだけではなしえない。現場の教師の協力と理解があってこそ，達成できるように思う。だからこそ，環境教育において外部講師が携わる場合は，まず現場の教師との意志の疎通をはかることが，短期間でさまざまな効果を生み出

す第一歩であると考えている。

　さらに，今後は，プログラムを実施した龍郷町の子どもたちと，実施していない周辺市町村の子どもたちの，意識や知識レベルを問うアンケート調査も実施する計画がある。上記の変化が，龍郷町と周辺地域を比較した際に，数値としても明確に現れることを期待している。

　子ども博物学士講座やシンポジウムなどを通して，町内の保護者や地域住民にも子どもたちへの環境教育の重要性を理解し，その活動を後押しするとともに，地域の宝である自然をあらためて見直し，保全しようという体制が整いつつある。本プロジェクトの活動は，2006年，2007年と，それぞれ年間30回以上も各新聞に掲載されている（DEEP AMAMI 2008）。そのおかげか徐々に学校外でも活動の知名度が増し，各種活動への参加者も増えつつある。保護者からは，活動に参加することでいかに自分たちが島のことを知らないかを認識したという感想や，親子で共通の会話が増えたという感想をいただいている。

　PTA活動として環境教育への助力を行う学校も出てきた。ある学校では「チョウの舞う学校作り」をPTAの活動のテーマとし，食草などを学校内に植え，子どもたちの環境学習に協力を行っている。こういった作業や体験活動においては，地元の人々の協力が不可欠である。この協力がなければ，環境教育は決して地元において持続しない。そして，この協力が世代や職業の枠を超えたとき，初めて住民レベルの意志の同意が生まれ，本格的な環境の保全へとアクションが起こされるのではないだろうか。事実，龍郷町では，町内の道路整備などにおいても，希少種などへの作業の影響がないか，事前に専門家に調べてもらうような仕組みが出来つつある。また，2008年には，われわれの環境教育活動に対し，地元の企業や個人がさらに活動資金を提供してくれた。子どもたちへの環境教育が，町内の大人の知識や意識をも徐々に変え，さらに地元の大人が活動を支えることで，自らの生活環境の改善と，自然の保全が進められようとしている。今後も，このよい流れをより活発にできるような取り組みが必要である。

2-6　今後の環境教育に求められるもの

　環境教育を，持続可能な社会を築き，幸福に過ごすための理想的な生き方教育だと捉えれば，誰しもその重要性が理解できるはずだ。しかし，我が国における現在

の教育体制では環境教育の時間数と内容の質ともに，世界標準に比べ，不充分といわざるをえない（鈴木・町田 2005）。環境教育が不充分であることの背景には，経済最優先という日本全体の価値観や，「考えること」ではなく「知識量」を重視する文部科学省の教育方針をはじめ，さまざまな要因があるだろう。そのなかで，私はその要因の一つがわれわれ研究者の姿勢にもあると考えている。2-4節において述べたように，研究者は，最新の知見と考える技術を有していながら，それらを直接的に一般，とくに次世代を担う子どもたちに還元することを，これまであまりにも怠ってきたのではないだろうか。論文を書くことはもちろん研究者の重要な仕事であるが，論文が一般向けに解釈されるまでには，通常かなりの時間を有する。また，サイエンスライターと呼ばれる職業が欧米に比べて明らかに未発達な日本では，一般に知られることなく埋もれている知見も数多く存在するだろう。環境問題は複合的な要因によって引き起こされるものであり，まだまだその各要因やそれらの影響について研究が不足しているのが実状である（岩槻 2008）。このような状況において，日本では科学的根拠のない話や迷信が一般の人々のあいだにまことしやかに広まっていることがしばしばある。この傾向はインターネットの普及とともにさらに拡大しつつあるように思えるが，それらに対しても研究者はあまりにも無関心であったように思う。一般の人々のあいだにまかり通る誤解や偏見を適宜修正することも各専門分野のエキスパートたる研究者の役割と言えないだろうか。前述のように，研究者が直接一般の人々，とくに子どもたちと交流することには，双方に大きなメリットを生じさせると考えている。今後は研究者がより積極的に一般の人々へ知見の還元をする機会を増やすとともに，環境問題に関する意識と知識を共有し，さらに大学院レベルにおいて，環境教育の専門家を育成することが望ましい。

　総合的な学習の時間は，明確な目的と適切な教材の下で有効利用すれば，子どもたちに通常の教育課程では得ることのできない知識を与え，意識変化を促し，心や暮らしまでも豊かにする時間となるはずである。また，それが蓄積され，彼らの成長に伴って社会の常識となれば，地方だけでなく，国レベルで自然環境を保全し，人として理想的な生き方ができるようになることは夢物語ではないはずだ。この目的のために最低限必要であると思われる五つの要素を以下に示す。

　まず一つ目は，環境教育の「日常化」である。環境教育は現在総合的な学習の時間に主体が置かれてきたが，実際に現場で見た限りでは，その内容はいずれも外部講師に依存したイベント的で断続的なもの，つまりは非日常的なものであり，環境教育が日常的に行われることは少なかった。実際，奄美大島において，龍郷町以外

の市町村の総合学習担当教師15人にアンケートを実施したところ，全員が現在の環境教育を不十分であると答え，適切な教材不足，時間数不足，各教科間の連携や情報不足などを問題点として挙げている。「環境教育は未来の日常を創ること＝新たな常識を身につけること」と捉えれば，日々の生活のなかにごく自然に存在し，かつ深く浸透したものでなくてはならないはずだ。そのためには，まずは政府が環境教育の重要性を再認識することが必要である。その上で，各地に適した具体的な指導方法やプログラムを確立し，環境教育を，国語や英語などと同様に，専門科目として設定することが望ましい。2008年9月には，日本学術会議の環境学委員会環境思想・環境教育分科会が，「学校教育を中心とした環境教育の充実に向けて」という提言を発表した。この提言では，環境教育という専門領域を設け，専門の教員を配置し，教育養成課程においても環境教育を義務づけるべきであると記されており（日本学術会議2008），私の意見と合致する。この提言の内容が実現すれば，環境教育は日常化に向けて大きく変わるはずである。本プロジェクトでは，探求コースにおいて，私がほぼすべての授業を担当することで，環境教育の日常化をはかってきた。本プロジェクトは，上記の提言の実現に対し，「体系的内容を備えたテキストと，専門家による日常的なサポートがあれば，環境教育が多大な効果を上げられる」ということを示唆する，貴重な先行事例となるであろう。

　二つ目は「連携」である。興味を持たせるだけでなく，体系的かつ最新の知見を盛り込むためには，各分野の専門家の助力が必要である。つまり，学校と学術機関や自然教育の専門機関との連携は必須条件ともいえる。実際，環境教育の先進地であるヨーロッパ各国では，学校とNGOの連携が一般的である。日本や発展途上国では，まだ「環境教育＝自然保護＝経済発展の妨げ」というようなイメージが根強いが，ヨーロッパでは「持続可能な発展を続ける社会を創る教育」として重要視され，さらに発展し定着しつつある。私たちの実施している産官学連携型の環境教育が，今後どのような成果を生むかを論じるのは時期尚早であろうが，このスタイルが先進事例として日本各地においてもスタンダード化され，展開されていくことを強く望む。

　三つ目の要素は，「環境教育のプロの育成と雇用創出」である。前述のように，学校現場まかせの環境教育では，ごく一部の熱心な教師による部分的な効果は認められても，全体的なレベルアップは難しい。現状の打開のためには，まず現場教師の環境教育に関する研修を積極的に実施すべきだろう。龍郷町の学校において，年度初めに教職員の環境教育研修を行ったところ，学校全体の環境教育への理解と協

力が深まり，生徒の指導もスムーズに実施された。教職員の研修を行っていない学校では，環境教育担当教員のみが活動に協力するだけであるため，学校全体の協力体制の構築が難しかった。そして，教職員の環境教育への理解を高めた上で必要なのが，環境教育を専門で扱う人材の育成とその雇用であろう。各学校専属は難しいとしても，数校を担当する環境教育専門講師が存在すれば，各校の事情や地域的な特性に合わせて教材開発や体験活動の展開が可能となるはずである。環境教育を担当する者は，高い志，協調性，長期的ビジョン，専門性，豊富な知識，考える技術，分かり易く伝える技術などを有していることが望ましい。しかし，これらは一朝一夕で身につけられるものではないのは明白であることから，将来的には，環境教育のプロを育成する大学院などで理論と実践を学んだ，環境教育に関して博士号取得クラスの人物がこのポジションに座ることが理想である。博士号を有し，考える技術を持つ，つまり，自分の哲学を持つに至るくらいでなければ，環境教育の真の目的は果たせないように思う。現在ポストがないまま日本中にあふれているポスドクが存在することを考慮すると，とくに自然系のドクターホルダーに環境教育教官としての雇用の道を開くことも，一考に値するかもしれない。

　第4の要素は，「資金」である。日本では，環境教育をはじめ，「環境」と名前のつくものには，ボランティアが当然という暗黙の了解に似たような状況があった。しかし，現実的には，ボランティアに依存するだけでは，質の高い活動を維持し続けることは難しい。とくに新しい教材の開発や，さまざまな体験活動を長期的に行うには，材料費や交通費などをまかなう資金が必要であるとともに，サポートをする人々のモチベーションの維持として，相応の対価の支払いも重要であろう。生活の不安なく環境教育に専念できる優秀な人材を確保するためにも，豊富な資金が必要なのである。日本政府は先進諸国に比較して，教育へかける金額が少ないことで有名であるが，政府によって十分な資金が投入されなければ，誰もが十分な環境教育を受ける状況は実現できない。さらにその上で，本プロジェクトのように，活動に理解を示す地元の企業や住民が活動資金を提供する，という仕組みを構築することも積極的に進めるべきである。

　五つ目の要素としては，「成果や効果を評価し，共有するシステム」の構築が挙げられる。従来の環境教育は，基本的に学校単位で行われていたが，ここには具体的な達成目標，成果の評価，共有システムが存在していないことがほとんどであった。有効な方法があれば，それを共有し，さらに随時改良していくような仕組み作りが必要である。今後，その情報共有にあたり大きな可能性を秘めているのが，イ

ンターネットである。テキストの公開，関連情報の集約，意見交換などが，地理的な距離やタイムラグなくして実現可能である。本プロジェクトでも，学校間とプロジェクトメンバー間は，ネット接続をして情報交換や共有を行ってきたが，さらに将来的にはネット上において，テキストの公開とダウンロードまでを可能にすることを予定している（DEEP AMAMI 2008）。

　私たちの目指す環境教育では，即時的な点数による成果を重視した学力ではなく，将来的に学んだことが徐々に花開くような，「生きる力」の育成を最重要視している。どのような状況においても適切な対応策を考え，持続可能な世界を構築するような「生きる力」を育むことこそが，人間としての真の学力を培う教育であるはずだ。そして，本来総合学習の時間で目指したものは，まさにその力の育成であったはずだ。学校教育における総合的な学習の時間は，使いようによっては，「環境」という学習課題だけをとっても，子どもたちに大変貴重な機会を与える絶好の時間となりうる。そのことを昆虫COEの成果は示唆しているように思う。具体的な指導も，適切な評価も行わずに内容の大幅変更や時間削減を行っていくよりも，まずはあらためてその意義を問い，適切なケアを行い，長い目で成果を見守っていく，という大人側の心構えを変えることの方が順序として先なのではないだろうか。私たちの実施した環境教育から生まれる成果が，今後の日本の環境教育だけでなく，学校教育そのものに変化を促し，将来的には人の心の健全な育成とともに，持続可能な発展を可能とする社会の構築に大きく貢献できるよう，現地での教育の充実化と，全国にこのスタイルを浸透させていく活動を進めていきたい。

▶▶参考文献◀◀

文部省（1998）「小学校学習指導要領」文部科学省ホームページ．http://www.mext.go.jp/b-_menu/shuppan/sonota/990301b.htm

環境省・文部科学省（2005）『「つながり」に気づき，あなたから始めよう．環境保全の意欲の増進および環境教育の推進について』環境省・文部科学省パンフレット（pdf版）．

小池俊雄（2005）「巻頭：はじめに」，小池俊雄・井上雅也編著，環境問題研究会編『環境教育と心理プロセス』山海堂．

鈴木晃子・町田勝（2005）「第2部第1章　環境教育の変遷を俯瞰する」『環境教育と心理プロセス』，小池俊雄・井上雅也編著，環境問題研究会編『環境教育と心理プロセス』山海堂．

本田清（2007）「3章5：総合学習で進める環境教育」，横浜国立大学教育人間科学部環境教育研究会編『環境教育：基礎と実践』共立出版．

DEEP AMAMIホームページ（2008）http://homepage3.nifty.com/deep-amami/index.html.

ぐんま昆虫の森（2008）「第5回企画展　くらしのなかの昆虫展」パンフレット，群馬県立ぐんま

昆虫の森.
岩槻邦男 (2008)「巻頭：はじめに」, 岩槻邦男・堂本暁子編『温暖化と生物多様性』築地書館.
前園泰徳 (2008)「龍郷町環境教育プロジェクト教材（ティーチャーズガイド・生徒用教材・授業進行用 CD）」龍郷町環境教育プロジェクト・龍郷町教育委員会・京都大学大学院 21 世紀 COE プログラム〜昆虫科学が拓く未来型食料環境学の創生〜.
松村明監修 (2008)『デジタル大辞泉』小学館. http://dic.yahoo.co.jp/guide/jj/index.html
日本学術会議 (2008)「提言　学校教育を中心とした環境教育の充実に向けて」環境学委員会環境思想・環境教育分科会. 日本学術会議ニュース・メール. No. 164.

第3章

昆虫文化の再生のために

藤崎　憲治

はじめに

　第1部から第3部までで詳しく論じたように，昆虫という生物的存在を自然科学的視点から見ることにより浮かび上がってくることは，"天才"ともいえる，その優れた生理的，行動的，および生態的特性である。また，害虫としての人類との関わりの歴史から，かれらのしたたかさを学ぶとき，共存の道しかないことも結論として理解される。

　しかし，人類にとっての昆虫という存在は，理学や農学といった自然科学の研究対象としての枠を超えた，もっと大きくて広い存在である。昆虫はさまざまな意味合いで私たちの身近な存在であったし，都会ではその存在がかなり希薄になってしまっているとはいえ，今でも最も身近な存在の一つであるといえるだろう。そして，季節によりその種類やあり様を変える，季節的存在でもあった。したがって，昆虫は私たちを取り巻くあまたの自然的存在のなかでも，「もののあわれ」という日本人特有の情感を育む，文化的存在でもあった。このような視点も，昆虫を教材とした環境教育や自然教育において重要である。そこでここでは，昆虫を文化的あるいは文学的視点から，エッセイ風に眺めてみることにする。そのことを通じて，昆虫の持つ文化的意味や自然教育について考察することが本章の目的である。

3-1　虫が育む感性

　日本人独特の情感に「もののあわれ」がある。それは，本居宣長により，『源氏物語』や和歌から見出された，平安時代の文学や貴族の生活の根底を流れる美意識のことである。それは，「見る物聞く事なすわざに触れて情（こころ）の深く感ずる事」と定義されているが，「外界の事象に触れて生じるしみじみとした情感」や「目の前の風景や情景に心を寄せること」といった方が分かり易いかもしれない。

■もののあわれと日本人

　日本人の自然に対する鋭敏な美的感性は，四季と，さらに生き物による細やかな季節のすみ分けが存在することによって育まれてきたといえる。たとえば，セミを例にとってみよう。私が学生時代を過ごした30年から40年前の京都では，ニイニイゼミが鳴きだすと初夏の訪れであり，アブラゼミが鳴きだすと盛夏の到来であり，そしてツクツクホウシが鳴きだすと夏も終わりに近づいていた。盛夏でも山間地の鞍馬に行くと，ヒグラシが涼しげに鳴いていた。セミという昆虫によって，私たちは四季よりももっと細かい季節の区切りを区別することができたのである。セミだけではない。トンボであったり，ホタルであったり，鳴く虫であったり，多くの昆虫が季節の使者としての役割を果してきたのである。

　カゲロウ類の研究にヒントを得てすみわけ理論を提唱した今西錦司は，「虫の音」というタイトルを付したエッセイのなかで，次のように書いている。

　　われわれは虫の音を聞いて，楽しむであろうか。鳥の声もよいにはちがいないが，鳥よりももっと非人情な虫の音のなかにこそ，なにかもっと直接に，もののあわれを伝えるものが，ないであろうか。

　さらに同じエッセイのなかで，次のような文章もある。

　　このころの郊外はよいかな。初秋の空はすみ，冷風は颯々として袂をはらう。虫の音――エンマコーロギのコロコロコロリー，オカメコーロギやミツカドコーロギのジッ・ジッ・ジッ・ジッ，ササキリ類のジリジリジリー，クサヒバリやヒゲジロスズのフィリリリリー，イブキギスのリィリ・リィリ・リィリ・リィリ，カンタンのフィリ・フィリ・フィリなど。夜になって満月は皎々とさえ，葉末におく露の玉がきらきらと輝

く野辺に立てば，これらの音に和してなお，セスジツユムシのキチキチキチ・ギーチ，エゾツユムシのシーキチキチ・シーキチキチ，クサキリ，クビキリバッタのジーッと長くひく音，もちろん野生のマツムシ・スズムシ・クツワムシの音も，これに加わる。

　驚くべきこと，今西は実に15種の野辺に鳴く虫たちの鳴き声を聞き分け，描写している。このエッセイは1940年に書かれたものである。現代に生きている私たちのいったい誰が，このような多種類の鳴く虫の声を区別し，それを描写できるだろうか。私たちはちょっと前の時代の人たちが持っていた，自然に対する鋭く強い感受性，そして豊かな情感に，ただ驚くだけである。もともと日本人は農耕民族である。そこでは1年を通しての農作業のスケジュールがあり，それは季節性を反映した歳時記として記載されている。そこに日本人の季節に対する感受性の原点があるに違いない。しかし，同じ日本人とて，都会に住む人々にとって，その原点は確実に薄らいでいるのではなかろうか。

　そしてもう一つ，私たちの四季に対する感覚を狂わせているのが温暖化である。地球温暖化やヒートアイランドにより，京都の平均気温は100年前に比べて3℃から4℃ほど高くなっている。セミにも異変が生じ，盛夏には大音量のクマゼミの声しかほとんど聞こえなくなってしまった。それには，気温の上昇だけでなく地面の乾燥化も大きく関係していることが，大阪市立大学の沼田英治博士のグループの研究により明らかにされた（沼田・初宿　2007）。幼虫が地中に入るためには地面を掘らなければいけないが，乾燥した固い土壌に潜ることができるのは，掘る力の強いクマゼミだけなのである。温暖化や乾燥化といった環境の激変は，これまでの四季に対する私たちの感覚を狂わせ始めているのである。

■**虫の声を美しいと感じるのは日本人だけか？**

　鳴く虫に対する感受性については，国民や民族により大きく異なるが，それは右脳と左脳のいずれで聴いているのかにより決定されるという脳科学的説明がある。言語野は左脳にあるが，日本人は虫の声も同じ左脳で聴いているゆえに，雑音ではなく言語として聞こえるのだという説である（小林　1999　参照）。確かに，今西錦司の虫の鳴き声の記述を見ると，この説には大いに説得力があるが，それなら，右脳で虫の声を聴いているといわれる西洋人では，美しい虫の声もやかましい雑音あるいは機械音にしか聞こえないのであろうか。ところがどうやら必ずしもそうではないようなのである。M・マール・ハルトマンによる『野の草・虫・蝶……』という

タイトルの本があるが，翻訳者である齋藤慧子氏による「訳者あとがき」のなかに興味深いくだりがある。それは以下のようなものである。

　それからしばらく経ったある日のテレビ番組で，南仏プロヴァンスの自然が紹介されていました。印象深かったのは，「虫の声」に対するフランスの人々の反応です。パリの通行人に日本で録音した「虫の声」を聴かせますと，ほぼ全員から「耳ざわり」，「金属的な音で気に障る」とネガティブな反応が返ってきました。ところが同じ虫の声をプロヴァンスの人々は全く好ましいものとして捉えていたのです。「まるで音楽のよう」とか「きれいな声」と答えていた人々の笑顔が印象的でした。一口にヨーロッパ人といっても同じ国の中でさえ，地域によって人と自然との関わりかたや自然に対する感覚がこんなにも異なるということに気付かされるのです。

　プロヴァンス地方といえば，アンリ・ファーブルのふるさとである。ヨーロッパでも珍しくセミが鳴いており，お土産にもなっているそうである。プロヴァンスに行った知人からのお土産に戴いたのが，石膏で作ったセミであった。フランスのなかでも自然が豊かで，虫が多いところなのである。ヨーロッパでも，このような地域で生まれ育った人々にとっては，日本人同様，虫の鳴き声は音楽のように心地よいものであることを，上記の文章は示している。このことを示すもう一つの証拠がある。それは，『沈黙の春』で著名なレイチェル・カーソン女史の遺作『センス・オブ・ワンダー』のなかの一文である。因みに，センス・オブ・ワンダーとは，「美しいもの，未知なもの，神秘的なものに目を見はる感性」のことをいう。

　なかでも心ひかれてわすれられないのは，「鈴ふり妖精」とわたしがよんでいる虫です。わたしはまだ一度もその虫を見たことはありません。それにほんとうのところは，あいたいと思っていないのかもしれません。彼の声は ── きっと姿もそうに違いないと思うのですけども ── この世のものとも思えないほど優雅でデリケートです。わたしは，これまでにいく晩も彼を見つけようとしましたが，けっして姿をあらわしてはくれませんでした。
　ほんとうにその音は，小さな小さな妖精が手にした銀の鈴をふっているような，冴えて，かすかで，ほとんどききとれない，言葉ではいいあらわせない音なのです。この鈴の音がすると，どこからきこえてくるのだろうと，息をころして緑の葉かげのほうに身をかがめてしまいます。

　これでも西洋人が虫の声を鑑賞することができないというのだろうか。同じ民族

でも豊かな自然のなかで育てば，虫の声を美しく感じる繊細な感性が醸成されるし，都会の喧騒のなかで育てば，同じ声が雑音になってしまうのである。自然が希薄な都会のなかで，勉学に追われ，時間的余裕を失ってしまった子どもたちにとって，鳴く虫の声はどのように聞こえているのであろうか。あるいは聞こえてすらいないのだろうか。日本人だから虫の音を美しく感じる感性を持っているということは，もはや幻想にしかすぎないのかもしれない。

3-2 ホタルを鑑賞する文化の意味

　日本人が鳴く虫の声を鑑賞する習慣は古くからあるようであるが，もうひとつ大好きな昆虫がホタルである。日本人ほどホタルを好む民族は他にないに違いない。水辺の暗闇のなかを点滅しながら飛ぶ，その不思議な姿にわれわれは何を感じてきたのであろうか。美しさ，清らかさ，はかなさ，哀れさ，そして霊魂。人により，地域により，そして時代により，それは同じではないだろう。しかし，日本人がこの虫に対して，ある種の風情と親しみを覚えてきたことだけは確かであるに違いない。日本は水の国である。多くの川があり溜め池や湖があり，水田が田園の風景として存在してきた。それらはさまざまな恵みをもたらす好ましい水系として，ホタルと対をなし，私たちの心の原風景となってきた。

　日本には約50種のホタルがいる。そのうち最もポピュラーなゲンジボタル（源氏蛍）とヘイケボタル（平家蛍）は幼虫が水生である。ゲンジボタルは大型の種で，カワニナを餌にしている。一方，ヘイケボタルは小型で，ヒメモノアラガイやタニシなどを捕食している。国内的にも世界的にも圧倒的に幼虫が陸生のホタルが多いなかで，水生というのはとても珍しいことである。ホタルといえば水辺という連想はおそらく日本人特有のものであろう。そのことでホタルをいわば水辺の"妖精"として私たちの心のなかにインプリンティングされてしまったに違いない。ヨーロッパでは一般に不気味な虫とされてきたことは，われわれにとって不思議な感じさえする。

　このようにゲンジボタルとヘイケボタルはわが国における二大ホタルであるのだが，小泉八雲（ラフカディオ・ハーン）は「蛍」という小文のなかで次のように記している。

IV 昆虫を用いた環境教育・科学教育

日本には，一般にゲンジボタル（源氏ボタル），ヘイケボタル（平家ボタル）といわれている2種の蛍が広く分布する。伝説によると，これはそれぞれ昔の源氏と平家の武士の亡霊で，今でこそ蛍に姿をかえているが，あの十二世紀の恐ろしい氏族闘争をいまだに忘れることなく，毎年一回，旧四月二十日の晩になると，宇治川で大合戦をするといわれている。

それではその"大合戦"のありさまというのはどのようなものであろうか。小泉八雲は次のように描写している。

宇治は，かの有名な茶どころの中心に位置する小さな町で，宇治川に臨み，名産の茶の名に劣らず，蛍でもまたその名を知られている。毎年，夏になると，京都や大阪から宇治へ臨時列車が出て，蛍見物の人びとを幾千人となく運んでいる。もっとも，今いう蛍合戦の壮観が見られる場所は，この町から数km離れた川上で，全山緑におおわれた小高い丘陵のあいだを，蜿蜒と流れる宇治川の両岸から，幾千幾万の蛍が一時にどっと舞い出して，水の上でたがいに入り乱れ，からまりあって戦うのである。あるいは群れかたまって，忽然，光の雲のように，あるときはまた一団の光花のごとくなると思うと，たちまちにして火雲は飛び散り，団塊の火花はくずれ落ちて水に砕け，落ちた蛍はなおも光りながら流れ去ると，すぐにまた新手の軍勢がもとの場所に集まる。見物の人たちは，夜もすがら舟を水に浮かべて，この奇観をながめるのである。

蛍見物の人々を運ぶために臨時列車が出たというのは驚きである。それほどの見物人を引きつけたのであるから，それは凄ほどのスペクタクルであったのだろう。このホタルは明らかにゲンジボタルのことである。ホタルは配偶相手を求めて生殖の営みを繰り広げる。雄の発光は同調的に起こり，雌は葉の上などで光りながら待機している。だから，"合戦"は雌をめぐって同種の雄同士で起こるのであり，ゲンジボタルとヘイケボタルの種間で起こるわけではない。それではなぜ源氏と平家なのであろうか。国語学者の金田一春彦は，その著書『ことばの歳時記』で，次のように述べている。

ホタル合戦などということばを聞くと，いかにもこの源氏ボタルと平家ボタルがあらそうようだが，柳田国男によると，その源氏ボタルという名前は，元来は験師ボタルのつもりだったという。「験師」とは，昔民衆にとっては尊崇の的であった山伏のことで，大きなホタルの見事さをほめて，この名を贈ったものだったというが，いつか，源氏ボタルと解釈されてしまい，それに連れて小さい方は平家ボタルとしゃれたわけである。

偉大な国語学者がいうことだから間違いないと思うが，確かにそのことを示すわらべうたがある。

　ほーたるこーい　ちちくれる
　やまぶきこーい　やーどりしょ
　あっちのみず　たみず
　こっちのみず　しみず
　しーみず　ばったり
　まってこーい　まってこーい

　これは「虫のわらべうた」（斎藤たま採録）に採録されたものであるが，その解説に「やまぶきは蛍の大型のものを他ではヤマブシというので，それのくずれたのだろう。」とある。ヤマブシとは「山伏」のことであろう。因みに，しみず（清水）の対のたみずは田水。大型の蛍とはとりも直さずゲンジボタルのことであろう。このホタルはヘイケボタルに比べてより清流を好むので，「こっちのみず　しみず」といううたの文句はその生態を知ってのことであるに違いない。
　ホタルは現代の人々も大好きであり，多くの地域でホタルを復活させようと努力がなされていることはよいことである。ただし，遠く離れたところで採集されたホタルを放したりすると遺伝子の攪乱が起きるリスクもあり，放飼はしっかりとした科学的裏づけのもとになされる必要がある。
　ホタルはもともと水田生態系とそれを取り巻く里山の生き物である。したがって，ホタルを取り戻すことは，里山を復活させることに他ならない。それはコウノトリやトキを定着させるための地域環境を全体として取り戻すことと同じである。ホタルの再生，ホタル文化の復興は，地域の環境と暮らしの再生そのものなのである。

3-3 「昆虫好きの少年」と「昆虫嫌いの少女」：本当の虫好きを育てる

　マツムシやスズムシなどの鳴く虫とホタル類は，現代でも人気がある昆虫類には違いないが，子どもたちに最も人気があるのはなんといってもカブトムシとクワガタムシである。とりわけ日本の少年にとっては，これらの昆虫を採集したり，これらと遊んだりするのは，大人になる過程での一種の通過儀礼のようなものであった。こんな昆虫好きの国民はおそらく，世界中で他に類を見ない。そのことと日本

列島における昆虫相の豊かさとは決して無関係ではないだろう。奥山の自然というよりは，もっと身近な里山の自然こそが，人間と昆虫たちとを結びつけた場であったものと思われる。里山の代表的な樹木であるクヌギの樹液に群がる昆虫たち，とりわけカブトムシやクワガタムシは少年たちの垂涎の的であったに違いない。

■**昆虫産業，擬似自然から少年を解放しよう**

　カブトムシは大きく力持ちであること，雄は立派な角を持っていること，黒褐色に光る体色，それでいて滑稽な仕草，どこか愛嬌のある顔，どれをとっても嫌われるわけはない。強いヒーロー的存在に憧れる少年たちがカブトムシを好きになるは当然のことである。この昆虫はこれまでいかほどの少年たちの心を鼓舞し，あるいは慰めてきたことであろうか。カブトムシには，厳密にいえばカブトムシの雄には，昆虫でありながら，昆虫離れした何か風情があることも確かである。

　一方のクワガタムシはクワガタムシ科に属し，カブトムシとは分類学的に区別される。クワガタムシの幼虫は朽木にすみ成虫は木の洞穴などに見いだされる。羽化するまで何年もかかるものが多く，増殖率は高くない。それなのに，その見事な容姿と強さ故，すっかり人気者になっており，個体数の減少が危惧される。オオクワガタなどは，とんでもない値段で売買されている。節操のないペット業者と，これまた金でしかその価値を測ることのできない貧しい心の人たちにクワガタムシは翻弄されているのは悲しいことである。

　子どもたち自身，「ムシキング」とかいうゲームにこの前まで夢中になっていた。このような「昆虫産業」が成り立つのは，おそらく日本くらいで，そういう意味では日本人の昆虫好きは現代にも脈々と引き継がれている。しかし，ムシキングは闘いのゲームであり，その主役はクワガタムシやカブトムシである。少年たちが格好よく強いものに憧れる心理を否定するものではないが，ムシキングというゲームを通して夢中になっている世界は自然界ではありえない，バーチャルな世界である。昆虫の名前を覚えたり自然に詳しくなっていいのではと肯定する向きもあるが，自然に対するきわめて皮相で誤った認識しか持ち得ない子どもたちしか生産されないとしたら，それは問題であろう。

　本当は，そんなゲームに子どもたちを夢中にさせるよりは，生きたままの昆虫に対して好きなようにやらせるほうがまだましである。生きたカブトムシに喧嘩をさせたり，トンボの翅やしっぽをむしったり，糸をつけて飛ばしたり，アリ地獄の巣にアリを落としたり，蜂の巣をたたき落としたり，大人には残酷に見えることが子

どもにとっては楽しき本能の発露である。私も含めて昔の子どもは皆やってきたことである。そういった遊びを通して，子どもたちは，危険な生物を体得したり，生命の何たるかを学んでいった。昔の子どもは満ちあふれる自然のなかで生活していたので，自ずと昆虫たちとも戯れた。現代の子どもでも昆虫と戯れるときは実は同じである。幼稚園での子どもたちの虫遊びを観察・記述した，日本発達心理学会大会における発表論文（麻生・藤崎 2005）によれば，片端からアリを踏みつぶしたり，アリをちぎって砂に混ぜてアリご飯を作ったりするという。このような昆虫との幼児の遊びはごく自然な行為であり，私たちは暖かく見守り，それが死とは何か，生命とは何かといった重要な事柄を子どもたちが体得していく一つの契機として捉えていくべきであろう。小さな虫たちは，私たちが実感できる「生命―非生命」の境界にあるからこそ，「命とは何か」という問いを私たちにつきつけてくれる貴重な存在であるのかもしれない（藤崎 2006）。

　自然が遠ざかりつつある現代の都会では，昆虫と遊ばなくても，楽しいテレビがあり，刺激に満ちたゲームがある。自然や昆虫のことにしても，美しい写真に満ちた絵本や科学本があり，リアルな映像の科学番組であふれている。実物のカブトムシだって，デパートに行けば簡単に手に入る。野外に出なくても“自然”で体験したかのような錯覚を覚えてしまう。しかし，それはあくまで，“擬似自然”にしかすぎないのに。

　本当の自然は，野外の自然のなかで五感をもってしか体験できない。今，親や教師をはじめ大人たちが子どもたちに対してやってあげられることは，彼らを自然のなかに連れ戻すことである。何も深山幽谷である必要はない。里山や河原，それがなければ，近くの公園，原っぱ，自宅の庭，路傍，どこであっても植物が生えていれば，それでよい。春先の陽光のなかでナナホシテントウが歩き回っていたり，ショウリョウバッタがキチキチと音を立てて急に飛び出したら，それで結構である。そのときに大人たちは感動の叫びを上げることが大切である。いや，そんなささいな自然にも素直に感動する感性を大人が持つことが大切である。子どもたちは大人の後ろ姿を見て成長していくからだ。普段は虫の姿など気にかけもしないのに，ゴキブリを家で見つけたら，大声を上げて追いかけ回し，新聞を丸めてたたきつぶしてしまう。もし母親のそのような“殺人鬼”のような姿しか子どもたちが見ていないとしたら，自然や昆虫が好きな大人になることなど到底期待できないに違いない。

　このごろは，昆虫は捕まえたり殺したりしないで観察しなさいといった教育が主流を占めている。生命を尊ぶことを教える教育は何よりも重要である。しかし，そ

れが本来リアルな自然との関係のなかで成長してきた人類の在り方と矛盾した不自然なものになっていないか，少し懸念するのである。大人があれこれ注意し，命令し，規制をかけることは，子どもたちの気ままで自由な自然との接触の機会を奪い去ってしまうからである。大人は子どもたちに自然と触れ合う場を提供するだけでも十分であるに違いない。名前を聞かれたときにのみ，それを教えてあげればよい。

3-4　日本女性は本当に虫が嫌いか？

　日本の少年は世界的にも大の虫好きである一方，その正反対に少女は一般に虫嫌いであるといわれる。なぜであろうか。エリック・ローラン (1999) は，民族科学の観点から，『堤中納言物語』の一編「虫めずる姫君」を引き合いに出し，女性が，毛虫やイモ虫を収集したり，遊んだりするのは女性らしいことではないとなっていることから分かるように，日本女性の虫嫌いは，日本の文化的決まりであると結論した。おそらく，このような古くからの文化的決まりが，現代にまで引き継がれているのが真相だろう。あるいは，明治以降の富国強兵の政策の下で，男性はより男らしく女性はより女らしくという風潮のなかで，「男が虫好きなら，女は虫嫌い」という極端な対立的構図が助長されていったのかもしれない。

　服に付いている毛虫を怖がっている女性に対して男性は愛おしく思い，勇気を持って退治してくれる男性を女性は頼もしく思う。そこには性差を前提とした心理のキャッチボールもあるような気がする。しかし，『昆虫大全』を書いたメイ・R・ベーレンバウムによれば，昆虫に対する不合理な恐怖と定義される「昆虫恐怖症」は，アメリカ合衆国での調査によれば，2歳から7歳の幼児期に最も現われ易く，この年頃では男女同比率で現われるという (ベーレンバウム 1998)。したがって，この場合の男女差は，生得的なものではないことが分かる。一般にそれは，12歳までには消えるが，大人に持ち越される場合は，女性のほうがずっと多くなるという。ここでも何か後天的な社会の影響があるものと思われる。

　どうやら女性の昆虫嫌いは，多分に社会からの影響を受けた結果として存在しているようだ。同じ昆虫でも，カイコ，ホタル，鳴く虫，タマムシなどを女性は嫌わない。カイコは美しい絹糸を生産してくれる家畜的存在であるし，ホタルは妖しくも美しい光を放つ観賞昆虫であり，スズムシやマツムシなどの鳴く虫は美しい声を奏でるからであろう。タマムシは，色彩が美しいばかりでなく，箪笥に入れれば服

が増えると信じられている虫だからであろう。このように考えると，同じ昆虫であっても，それが人間との関わりのなかで持っているイメージにより，女性から好まれたり嫌われたりすることが分かる。やはり昆虫に対する好き嫌いは，すこぶる文化的感情であるようだ。

　私は，岡山大学にいたとき，実習のなかで，昆虫採集と標本作成を行ってきた。意外にも，女子学生の多くが，捕虫網を振り回してチョウを採集することに，喜々として興じていた。狩猟本能を満足させるこのような行為は，女性だって面白くないはずはない。昆虫採集と標本作りの技術を身につけた女子学生たちが，結婚してわが子どもたちに得々としてそれを教え，大いに尊敬される。そのような子育てがあったらよいなと思う。それは昆虫文化の再生に確実に繋がっていくはずだから。

　私の研究室に，とある県の中学生の少女が「ひとづくり」に関する財団の作文大会で優秀賞を取り，ご褒美として短期研修に来たことがある。大の昆虫好き少女で，作文も昆虫に対する愛情に満ちた素晴らしいものであった。作文だけでなく，昆虫たちをモチーフにした美しい油絵も描いている。いろいろと話を聞いてみると，父親が昆虫好きで，しばしば野山に昆虫採集に連れて行ってくれるというのである。やはりそうなのだ。子どもたちは少女であれ少年であれ，身近にいる大人に大きな影響を受ける。そこでの，性により差別化しない教育，それは教育における基本的態度として肝要なものであるだろう。わが国でも昆虫少年だけでなくもっと昆虫少女が増えて欲しいものである。

3-5　文学作品から学ぶ「昆虫文化」

　昆虫たちは小説や詩などの文学作品のなかにしばしば登場する。そこでどのように昆虫たちが描かれているかを見ることにより，人々の持っている感情や感覚，そして昆虫観を知ることができる。『昆虫探偵』という，探偵も昆虫なら，犯人も刑事も昆虫，謎解きに使われる論理も昆虫世界のものであるという，奇妙奇天烈な推理小説がある。『中空』という作品で第21回横溝正史ミステリ大賞優秀賞を受賞した鳥飼否宇という推理小説家によるものである。筆者は，この小説の文庫化に際して「解説」を依頼された。そのなかで，以下のようなことを書いた。

　わが国の小説には昆虫がよく登場してきた。いくつかの例を挙げてみよう。夏目漱石

が絶賛したという，中勘助の自伝的小説『銀の匙』では，身近な昆虫たちへの素朴で豊かな感動が無垢な少年の心を通して綴られている。小説の神様，志賀直哉には『城の崎にて』という短編の名品がある。怪我の養生のために宿泊した城崎温泉の旅館で，玄関の屋根に営巣して活発に動き回る蜂の傍らで孤独に死んでいた蜂を淡々と記述することを通して，生と死の不思議さに思いを寄せた。『檸檬』という著名な青春小説で知られている梶井基次郎は『桜の木の下には』という小品のなかで，渓の水溜まりに無数に浮いたカゲロウの死骸を幻想的な心象風景として描いた。あるいは『城のある町にて』でツクツクホウシの鳴き声と姿態をこの上なく生き生きと描写した。前衛的な小説家，安部公房の不朽の名作『砂の女』の主人公は，ニワハンミョウを採集しに海辺の砂丘に迷い込んだ。砂に埋もれた家で見知らぬ女性と暮らすことになるが，それは巨大な蟻地獄を連想させる。川端康成の『雪国』や三島由紀夫の『潮騒』というあまりにも有名な小説でも，蝶や蛾などの昆虫たちが効果的なワンポイントとなっている。

このように少し"採集"してみただけでも，多様な昆虫が小説などに登場することが分かる。とりわけ多いのがチョウ類である。それは見た目の美しさや飛翔の優雅さ，草花との密接な関係によるところが大きいに違いない。有名な小説や詩のなかにチョウたちがどのように登場し，描かれているのかを紹介することを通して，芸術作品のなかの昆虫の役割について少し考察してみよう。

先ほどの文章で挙げた，三島由紀夫の『潮騒』から始めることにしよう。漁師の若者である新治と海女の少女である初江の純粋な愛の物語である。映画化もされたし，ご存じの読者は多いに違いない。嵐のなかの廃墟で，たき火を挟んで相対する二人，そのとき少女がいった台詞「その火を飛び越して来い。その火を飛び越してきたら」はあまりにも有名である。この小説のなかでチョウの姿が描かれている次のようなシーンがある。新治のことで悩んでいた母親が海辺に考えごとをしに行き，そこでふと目にした黒揚羽（クロアゲハ）の行動である。

　蝶は高く舞い上り，潮風に逆らって島を離れようとしていた。風はおだやかにみえても，蝶の柔らかい羽にはきつく当った。それでも蝶は島を空高く遠ざかった。母親は蝶が黒い一点になるまで眩ゆい空をみつめた。いつまでも蝶は視界の一角に羽博いていたが，海のひろさと燦きに眩惑され，おそらくその目に映っていた隣の島影の，近そうで遠い距離に絶望して，今度は低く海の上をたゆたいながら突堤まで戻って来た。そして干されている縄のえがく影に，太い結び目のような影を添えて，羽を息めた。

この後，新治の母親の心に，何故かしら無鉄砲な勇気が生れ，ある行動に打って出るのである。チョウが潮風に逆らって島を離れようとしたことに対して，母親はある種の無謀ともいえる勇気を感じたに違いない。このように私たちは動物たちの何気ないふるまいからある種の感慨を覚えることがよくある。昆虫ではないが，『生活の探求』で著名な小説家である島木健作は『赤蛙』という短編小説のなかで，必死に川を泳ぎ渡ろうとしながら力尽きてしまうアカガエルに深い感慨を覚える。急流に無二無三に突っ込んで行った姿や洲の端につかまってほっとしている姿に，表情を見，心理を認め，明確な目的意志を感じたのである。馬とか犬とか猫といった人間と一緒にいる動物ではない，カエルのごときとるにたらぬ小動物からさえこのような感慨を受けたという事実に強く打たれたという。小動物に対するこのような感覚を単なる擬人化として斥けるのは安いが，自然のなかの生物や生命に対してシンパシーを覚えるのは，自然のなかで進化してきた人類にとって，むしろ当然のことであるといわねばならない。人間の本来の姿を自然のなかに見，自然のなかに感じることこそ，今必要なのではなかろうか。

稀有の虫好きの作家，北杜夫の『どくとるマンボウ昆虫記』では海を渡るチョウに関する記述がある。

> 昆虫も海を渡る。ウミアメンボ，ウミユスリカなどは海を棲家としているが，そうでない種類もうすい翅に頼って大海をとびこしたりする。蝶の仲間ではスジグロカバマダラがよく大群をなして海峡をわたるという。その光景は想像しただけでも胸がときめく。南国のギラギラする群青の空，その下にひろがるさらに色濃い大海原，そこを何万という蝶の群があるいは高くあるいは低く，ときには白く泡立つ波頭に翅をふれるようにして移動していく。マダラチョウはおおむね南方産の蝶で，その色彩も常ならず鮮やかである。日本内地に唯一種いるアサギマダラにしてもフェアリーそのままの優雅な蝶だ。そうした美しい蝶の大群が目ざしてゆく遙かな水平線に，ぽおっと椰子林の茂る南の島の蜃気楼がうかびあがるのだ。

スジグロカバマダラはオレンジ色の翅に黒い筋の入った美しいチョウである。渡りをする習性がある上に，温暖化が関係していると思われるが，近年わが国において北上しつつある。かつて私が沖縄に住んでいたのは 1980 年代であったが，その当時は八重山諸島でよく見かけるだけであった。しかし，その後沖縄本島に侵入し，さらに奄美大島でも定着している。私も奄美大島で 2006 年の秋にたまたま採集した。カバマダラと思ったらスジグロカバマダラであった。かれらが今目指している

のは椰子林ならぬ桜並木なのであろうか。急速な温暖化が進行するなか，日本本土に侵入・定着するのも時間の問題ではなかろうか。

さて，チョウといえばドイツの作家フリードリッヒ・シュナックによる『蝶の生活』という博物誌に触れなければならない。ヨーロッパに生息するチョウ類とガ類の美しさや生態，それにまつわる神話や伝説などをこの上なく詩的な文体で綴ったものであり，それはほとんど文学といっても差し支えないだろう。取り上げられたチョウ類は，コヒオドシ，クジャクチョウ，オオアカタテハ，キベリタテハ，シータテハ，ヒメアカタテハ，ヤマキチョウ，キアゲハ，トラフタイマイ，コムラサキ，オオイチモンジ，ヒョウモンチョウ類，シジミチョウ類，オオモンシロチョウ，クモマツマキチョウ，アポロウスバシロチョウなど，日本人にもなじみの深いものが多い。そのなかで私が好きなチョウの話は，クジャクチョウに関するものである。クジャクチョウは孔雀の羽の紋様のような目玉模様（眼状紋）を持った美しいチョウであるが，その"眼"について次のように記している。

　これらの不思議な深淵のような眼は，内側の黄色味を帯びたアーチ型と，外側の青黒色の三日月形に嵌めこまれている。明るく輝く涙の滴が暗い瞑想的な眼から真珠のようにこぼれ落ちている。

　クジャクチョウに関する伝説は，この涙のような紋様に関するものである。神ゼウスはイオという人間の少女を愛し，浮気を気付かれぬように白い牝牛に変えてしまったが，妻のヘラに知られることとなり，少女はナイル河のほとりに追い立てられることになった。

　葦の茂った河岸に，追い立てられた少女は，打ちひしがれ，死んでしまいたいほど悲しい気持ちで横たわっていた。そのとき，見知らぬ国の太陽が射しはじめると，イオの膝に一頭の生まれたばかりの蝶が止まった。それは愛らしいクジャクチョウであった。見捨てられた少女の涙がその羽の上にこぼれ落ちた。蝶は，涙の最後の一滴が流れてしまうまでじっと待っていた。このときからクジャクチョウはその前翅に，見捨てられたすべての娘たちの消えることのない恋の悲しみのしるしとして，涙の跡をもっているのである。

　何とロマンチックで悲哀に満ちた言い伝えであろうか。確かに前翅の目玉模様の下に2粒の涙のような白い小さな紋がある。それを涙に見立てたその感性に人間の心の美しさとロマンティシズムを感じる。

フランス人の虫好きは，ジェラール・ド・ネルヴァルの「蝶」という詩（奥本大三郎，『虫の宇宙誌』による）にもっと鮮明に浮かび上がってくる。

蝶！　茎もなく，
飛ぶ花，
摘むには網が要る花。
無限の自然の中の
植物と
鳥との調和！……

長い詩なので，冒頭のさわりだけにとどめておくが，12種のチョウと5種の蛾が登場する詩であり，かれらに対する賛美と慈しみと同情に満ちた，希有な詩であるといわざるをえない。さすがに『昆虫記』のアンリ・ファーブルを生んだ国である。しかし，ヨーロッパの昆虫嗜好は，何もフランス人に限った話ではない。わが国では『車輪の下』という小説で著名なヘルマン・ヘッセはドイツ人である。彼は「クジャクヤママユ」というガの名前の短編小説のなかで，チョウの採集の喜びについて次のように書いている。

　今でも特に美しい蝶を見かけたりすると，ぼくはあの頃の情熱を感じることがたびたびある。そんなとき僕は一瞬，子どもだけが感じることのできる，あの何とも表現しようのない，むさぼるような恍惚状態におそわれる。少年の頃はじめてのキアゲハにしのび寄ったときのあの気持ちだ。またそんなとき，ぼくは突然幼い頃の無数の瞬間や時間を思い出す。草いきれのする乾燥した荒野での昼さがり，庭での涼しい朝のひととき，神秘的な森のほとりの夕暮どき，ぼくは捕虫網を持って，宝物を探す人のように待ち伏せていた。そして今にもとてつもないすばらしい驚きやよろこびにおそわれるのではないかと思っていた。そんなとき，蝶に出会い ── その蝶は特別な珍品である必要は全然なかった ── その蝶が日のあたった花にとまって，色あざやかな羽を息づくように開いたり閉じたりしているのを見ると，捕えるよろこびに息もつまりそうになり，そろりそろりとしのび寄って，輝く色彩の斑紋の一つ一つ，水晶のような翅脈の一筋一筋，触角のこまかいとび色の毛の一本一本が見えてくると，それは何という興奮，何というよろこびだったろう。こんなよろこびと，荒々しい欲望の入りまじった気持は，その後今日までの人生の中でもうめったに感じたことはなかった。

　かつて昆虫少年だった読者なら，ヘッセが美しくかつリアルに描いたような，チョ

ウを捕虫網で採集するときのあのドキドキした胸の高まりを瞬時に思い出すことができるに違いない。どんな捕食者でも獲物を狙うときの興奮の高まりには共通なものがあるだろう。それは動物としての本能である。しかし，動物の場合は餌を得るための行為であるのに対して，人間の場合は必ずしもそうではない。チョウの場合，もちろん餌として捕りたいのではなく，美しいから我がものにしたくて捕るのである。そこには美しいものに憧れる感性がある。だから昆虫採集は，本能に裏打ちされているとはいえ，すこぶる人間的な文化でもあるのだ。

さて，日本の詩ではチョウはどのように描かれているのであろうか。萩原朔太郎はその病的なほど鋭い感覚で前衛的な詩を書いた詩人であるが，チョウを形容した「恐ろしく憂鬱なる」という詩がある。冒頭の部分を紹介してみよう。

こんもりとした森の木立のなかで
いちめんに白い蝶類が飛んでいる
むらがる　むらがりて飛びめぐる
てふ　てふ　てふ　てふ　てふ　てふ　てふ
みどりの葉のあつぼったい隙間から
ぴか　ぴか　ぴかと光る　そのちひさな鋭い翼
いっぱいに群がってとびめぐる　てふ　てふ　てふ　てふ　てふ　てふ　てふ　てふ
てふ　てふ　てふ　てふ
ああ　これはなんといふ憂鬱な幻だ
……

この詩には註がついている。それは次のようなものである。

　「てふ」「てふ」はチョーチョーと讀むべからず。蝶の原音は「て・ふ」である。蝶の翼の空気をうつ感覚を音韻に寫したものである。

蝶のもともとの発音が「て・ふ」というのは，この詩を読めば納得がいく。耳を澄ませばその羽ばたきが聞こえてきそうな，薄くて優雅な翅を確かにチョウは持っているのだ。

チョウの翅が空気を打つかすかな音が聞こえる詩人の感性，これは日本人ではないとなかなか持ち合わせていないに違いない。もう一つ日本人が得意な能力は季節を感じる繊細な感性に他ならない。おそらく日本のように四季が明瞭な国はないはずである。そのことに対応して変わる美しい自然。その長い歴史のなかで研ぎ澄ま

された感性なのである。そのことを示す，私が最も愛している詩は，三好達治の「北の国では」である。この詩は，次のような文章で始まっている。

　　北の国ではもう秋だ
　　あかのまんまの　つゆくさの　鴉揚羽の八月は
　　秋は夏のをわりです。

そして，次のような文章で終っている。

　　八月は私の生まれ月
　　あかのまんまの　つゆくさの　鴉揚羽の八月は
　　北の国ではもう秋だ

　私は北国で少年期の多くを過ごしたので，この詩は感覚的に理解できる。「あかのまんま」はイヌタデという植物のことで，かつて少女たちがままごと遊びで赤飯（あかまんま）としてこの植物の小さな実を使用したことで，このような名が付けられている。つゆくさはもちろん露草のことで，楽しい夏休みの花として誰しもよいイメージを持っているはずの青い清楚な花である。そして鴉揚羽（カラスアゲハ）は青光りする黒い翅を持った，大型の美しいチョウである。これらの夏の生き物たちは，北国では足早にやってくる秋の風情に満ちた予兆なのである。わが国において文学のみならず絵画や音楽のなかでもチョウがしばしば登場するのは，かれらが移り行く自然からの美しい使者であるからだろう。厳しい冬を耐え，春を待ちわびる人々にとって，早春に姿を現すチョウは，それがどのような種であれ，心をときめかせるものなのである。

　小泉八雲の随筆に，『蝶の幻想』というのがある。そこで綴られた文章にはチョウに対する深い愛情と感動が込められている。

　　自然は，絶妙な魔法の使い手であるが，自ら食べて育った花々の，変幻きわまりない万華鏡にも似た色と形を，その小さな翅の上に再現して見せてくれる蝶ほど名状しがたく愛らしき生物は，おそらく他にはいないであろう。いかなる微妙な色合も，どのような鮮麗な色彩の混交の妙も，思いもつかない形の薄い膜のような翅も，熱帯から温帯にかけての地域に生息する，妖精の翅をもった蝶や蛾のどれかに，必ず見いだすことができるのである。

「耳なし芳一」などの『怪談』で有名であり，日本を欧米に紹介した功績が大きかった小泉八雲は，無類の虫好きでもあった。そこにあるのは単なる好奇心を越えた，生き物に対する繊細な感性と愛情である。しかし，昆虫以上に彼が興味を抱いたのは，昆虫までも愛でることができる日本人の自然に対する素晴らしい感性と文化であったのである。

3-6 糞虫から見る自然観

ところで，このように文学的な事例だけを挙げて行くと，ある種の偏りに陥るのも事実だ。つまり，文学に登場するのは，いかにも，可憐な美しい虫が多いからである。しかし，チョウやホタルばかりが「昆虫文化」の担い手ではない。そこで次はフンチュウ（糞虫）という，一般にはあまり好まれない昆虫から見える世界に触れてみよう。チョウとはまた別な人間の感性や想念が見えてくるに違いない。

フンチュウは動物の糞を餌にして育つ甲虫の総称である。分類学的には，コガネムシ科，コブスジコガネ科，センチコガネ科に属するものに分かれる。ファーブル『昆虫記』のフンコロガシ（糞転がし）の話は有名だから，ご存じの方も多いに違いない。糞を転がして球状に丸め，そのなかに産卵をする。幼虫はそれを食べながら発育するのである。この仲間に特別な意味を与えたのは，古代エジプト人である。古代エジプトにはケペラという神がいて，それは神々を創った神，すなわち最も偉い神であり，あらゆることを司っている。太陽を朝から夜まで押して動かしているのもこの神である。エジプト人が聖甲虫スカラベとフンコロガシを崇拝するのは，糞球を転がして運ぶ姿をこの神の仕事に例えたからに他ならない。フンコロガシはケペラ神の使いなのである。また，エジプト人は，スカラベの幼虫が地中の糞球のなかで育ち，完全な成虫になってから地上に出現するということにも，独特のシンボリズムを見いだした。それは魂の再生の象徴でもあった。

日本人は外国の事柄が大好きである。舶来のものを好むためであろうか，自国の歴史より外国の歴史に興味を持つ人も多い。ある意味でとても変な民族で，わが国では見られないフンコロガシのことを，ファーブルの『昆虫記』を通して，あるいはエジプトの聖甲虫スカラベを通して，あたかも日常的に接しているかのごとく，よく知っている。もっとも，日本のフンチュウでは転がすタイプは全くいない（糞の下にトンネルを掘ったり，糞の下に潜んでいるようなタイプばかり）と考えられてき

たが，近年，マメダルマコガネという小さな種が 5 mm ほどの糞塊を転がすことが観察されているから，皆無であるというわけではないことも分かっている。

さて，昆虫コレクターに人気がある糞虫は，センチコガネという一見美しい響きの名を持つ仲間である。このフンチュウは成虫が緑や青の金属色に輝く種が多い。ところが，「センチ」とは古い日本語で「便所」のことであるから，"便所黄金虫"という，とても汚らしい名前なのである。採集家は動物の糞をひっくり返しながらフンチュウを探すのであるから，知らない人にとってはとんでもない変人に写るに違いない。

加藤楸邨に「虫ふたつ」という随筆がある。その冒頭に

糞ころがしと生れ糞押すほかはなし

という俳句がある。何とも意味深げな哀愁の漂う俳句である。運命という名の宿命を感じさせる句である。楸邨とてフンコロガシを実際に見たはずはないから，ファーブルなどの著作から知ってのことであろう。外国の昆虫がわが国の人間にこんなに有名であるというのも変な話である。

さて，この句を受けて楸邨は次のように述べている。

　　人間の生涯も，どうかすると糞ころがしに見えてくることがある。人間という小さな型のなかで考えたり感じたりしているかぎり，決して糞ころがしには見えたりはしないが，その人間の型から一歩踏みだして，大きな自然のなかに生きている生き物の一つとしてふりかえってみると，これは生まれてきて，飲み，食い，語り，笑い，泣き，ひとを恋い，子を産み，やがて，老いて死ねという筋道を見ると，糞ころがしの生涯とあまり変わったものではなさそうに見える。殊につまらぬ名誉などというものに憂身をやつして，何でもかんでも肩書きをつけることに熱中し，挙句の果てに人間を喪失する人など，考えてみるまでもなくそのまま糞ころがしの一生にも及ばないといって，一向さしつかえないであろう。

生物は生まれ育ちそして生殖の営みを通じて子孫を残す。そのような形でDNAを引き継いでいく。逆にいえば，地球上に生命が誕生して以来，そのような営みをうまく繰り返してきたものだけが，今生物として生き延びているにすぎない。これまで先祖たちがうまくあるいは幸運にも生き延びてきた結果として，私たちは今生きているのである。生物の種によって，そのやり方はさまざまであるが，それぞれのやり方で生き延びてきた結果としてそれぞれの生があるという意味では，何の変

わりもない。その意味で生物たちはみな対等である。フンコロガシも人間も根っこは同じ生物である。そもそも糞をころがすという習性があたかも下品で劣っているかのように思ってしまう人間の心理こそが，人間中心主義の現れに他ならない。かれらの存在がなければ，あのエジプトのピラミッドだって分解されない糞で埋まってしまうに違いない。分解者として生態系のなかで不可欠な役割をかれらは果たしているのである。

　人間は自分たちのことを万物の霊長という。霊長類というのは立派な分類学の用語である。一番優れた生物であるという意味である。何をもって一番優れているというのであろうか。分類学の用語は客観的で科学的であるべきなのに，そこには人間中心主義的主観が入っている。確かに人類は，異常に発達した脳のおかげで，生物学的な遺伝子とは別に"文化"というもう一つの継承可能な"遺伝子"を発明した。人間は，生きるためのさまざまな智恵のみならず，言語を発明し，それを用いた抽象的思考のなかに悠久の時間を見据え，宇宙まで内包してしまった。美しい詩や音楽を創作し，数学や哲学的あるいは宗教的世界を創造した。そして，皮肉にも，自分がいずれ死ぬ運命にあることを知ってしまった唯一の生物になってしまった。そのことは，死の恐怖という呪縛から逃れられない不幸をもたらすと同時に，生きることのありがたさと喜びを私たちに賦与したのである。

　フンチュウは，私たちの身勝手な側面を映し出してくれる存在といえよう。

おわりに

　人類はたった一つの種でありながら，北極から南極までの地球上のほとんどの地域に進出し，自然を改変し，そして搾取し尽くした。植物や動物を品種改良し，奴隷の如く栽培あるいは飼育し，食してきた。翼を持たないのに鳥よりも早く空中を飛び回り，足は遅いのにチーターより早く走り，少ししか息が持たないのにマッコウクジラよりはるかに長く深く海中に潜っていることもできるようになった。科学技術なるものの成果である。なるほど万物の霊長と自負するだけのことはありそうだ。しかし，人類としてはたかだか700万年の歴史しかないことに私たちは思い知るべきである。生物が地球上で誕生してから現在までを1年の暦に換算すれば，人類の歴史はわずか15分程度にしかすぎない。まだ15分しか試されていないのであるから，今後ともその社会が持続していく保証などありはしない。でも15分のあいだに，いや産業革命以来のほとんど一瞬のうちに，自然生態系を破壊し，多くの

生物種を絶滅させた。人類は生物種の 10％から 20％をすでに絶滅させたと考えられている。マンモスもネアンデルタール人も絶滅したのは人類によるのではという説が浮上しつつある。そして，今，人類は地球温暖化というかつてないほどの急速な環境変動をもたらし，さらに多くの種を絶滅の淵に追いやりつつある。自然生態系は人類がいなくても存続しうるが，人類は自然生態系なくして存続はできない。これは自明の理である。狂気ともいえる"叡智"のはてに，愚かにもあっけなく自滅してしまうかもしれない。4 億年も前からこの地球に出現し，圧倒的な種数とバイオマスをして繁栄している昆虫たちのほうが，持続的生存をはかるという生命の本質的特性からすれば，よほど優れているのではなかろうか。私たちはかれらの叡智から学ぼうとする謙虚さを持つ必要がある。私たちはこの地球上で現れた生物の一つにすぎない以上，人間中心主義のその小さな枠にしばられた視点のみからしか世界を見つめることができないのであれば，真に叡智ある存在にはなれないに違いない。昆虫という異質な生物的存在の"複眼"を通して自然や世界を見つめ直してみることも，必要なのではなかろうか。

　本書冒頭でも述べたように，近年，バイオミミクリーという耳慣れない言葉が世界的に広まりつつある。アメリカ合衆国のサイエンスライターのジャニン・M・ベニュス女史は *Biomimicry* という本を 1997 年に出版した。それは人類や生物たちの叡智から学ぶということが人類の未来にとっていかに重要であるかを主張したものである。そのような思想は西欧文明の根元的反省のなかから生み出されたものである。

　　自然を征服し，「改善する」ことに慣れている社会にとっては，自然を尊重してまねようとする姿勢は革新的なアプローチであり，まさしく革命です。バイオミミクリー革命は，産業革命とは違って，われわれが自然界から「搾りとれる」ものではなく，「学べる」ものを重視する時代をひらく先達なのです。……

　この思想は，何億年といった進化的歴史を生き抜いてきた現存する生物たちを畏敬し，かれらから謙虚に学ぶことを通して，人類の生き残りの方策を探っていこうとするものである。バイオミミクリーにおいて模倣するべき生物はさまざまであるが，そのなかでも昆虫類が目立っていることは，けだし偶然ではないだろう。ここでも昆虫の"天才"は際立っている。西洋人にとっては，確かにそれは意識的革命であるに違いないが，われわれ日本人にとっては本来，自然は畏敬の対象であり，そのなかの生物たちから学ぶことを行ってきたのであり，このような思想に対する違和感は少ないに違いない。

日本人は歴史的に世界のなかで最も昆虫好きの民族であったし，現在でもそうであることは間違いない。それはおそらく，日本列島という，豊饒の自然と人々が共存してきたことの証であるだろう。そのなかで日本人が創生してきた昆虫文化を"歴史的遺産"として封じ込めてしまってはいけない。再度，昆虫文化を発掘し，昆虫を自然教育や環境教育，および生物学教育における優れた教材として活用していくための感性的基礎として，復興させていくことが望まれるのである。

▶▶参考文献◀◀

麻生武・藤崎亜由子（2005）「虫の命で遊ぶ園児たち（1）」『日本発達心理学会第16回大会発表論文集』，678-679．
Benyus, J. M. (1997) Biomimicry: Innovation Inspired by Nature, Perrenial, New York.
藤崎亜由子（2006）「「人と虫との関係」をめぐる研究の現在と展望」『大阪経済法科大学　総合科学研究所年報』25：3-14．
フリードリヒ・シュナック『蝶の生活』（岡田朝雄訳，岩波文庫）岩波書店．
萩原朔太郎「恐ろしく憂鬱なる」『萩原朔太郎詩集』（三好達治選，岩波文庫）岩波書店．
ハルトマン・M. マール『磁器絵付ハンドブック　野の草・虫・蝶……』（齋藤慧子訳）美術出版社．
ヘッセ，ヘルマン「クジャクヤママユ」『蝶』（V. ミヒュルス編，岡田朝雄訳）岩波書店．
今西錦司『私の自然観』筑摩書房．
ベーレンバウム，メイ・R（1998）『昆虫大全』（小西正泰監訳）白揚社．
カーソン，レイチュル『センス・オブ・ワンダー』
加藤楸邨「虫ふたつ」『日本の名随筆　35　虫』（串田孫一編）作品社．
北杜夫『どくとるマンボウ昆虫記』（新潮文庫）新潮社．
金田一春彦『ことばの歳時記』（新潮文庫）新潮社．
小林正彦（1999）「なぜ日本の女性は虫が嫌いか：生物学的視点から」『人と動物の関係学会誌』4：94-100．
小泉八雲「蛍」『蝶の幻想』（長澤純夫訳）築地書館．
三島由紀夫『潮騒』（新潮文庫）新潮社．
三好達治「北の国では」『三好達治詩集』（河盛好蔵編，新潮文庫）新潮社．
ネルヴァル・ジェラール「蝶」．
沼田英治・初宿成彦（2007）『都会にすむセミたち』海游社．
奥本大三郎『虫の宇宙誌』青土社．
ローラン，エリック（1999）「なぜ日本の女性は虫が嫌いか：文化人類学的視点から」『人と動物の関係学会誌』4：88-93．
島木健作『赤蛙』（新潮文庫）新潮社．
ローラン，エリック（1999）「なぜ日本の女性は虫が嫌いか：文化人類学的視点から」『人と動物の関係学会誌』4：88-93．
齋藤たま（採録）・瀬川康男（画）「虫のわらべうた」『こどものとも』365号，福音館書店．
鳥飼否宇『昆虫探偵』（光文社文庫）光文社．

あとがき

　メンデルやダーウィンを生んだ19世紀は生物学の黎明期ともいえるが，すでに「昆虫学」という学問領域が形作られ，その後遺伝学や進化生物学に格好の材料を提供し続けてきた。昆虫分類学に始まり，20世紀には，昆虫生態学・昆虫生理学・昆虫生化学・昆虫病理学・養蚕学・森林昆虫学・衛生昆虫学など，きわめて多岐に細分化された学際的分野となって発展を遂げてきた。21世紀に入った今，新領域として台頭してきた昆虫分子生物学の急速な進展には目を見張るものがある。これも遺伝学や養蚕学など連綿として培われてきた先輩たちの努力の賜物といえよう。
　果たして21世紀の昆虫学の進むべき方向は？　と問いかけていた矢先，われわれ京都大学大学院農学研究科を拠点とするメンバーが立案した21世紀COEプログラム「昆虫科学が拓く未来型食料環境学の創生」が採択されることとなった。ずいぶん欲張りな名前を付けたものであるが，これも昆虫の生物としての素晴らしさを日々実感し，また自然生態系や農業生態系における彼らの重要性を思い知らされていたことに端を発している。このプログラムは，われわれが同じキャンパスで何らかの「昆虫」の研究に携わっていながら，あまりにも専門分野が深く縦割りになっていて，横糸がほとんど繋がっていないことを今さらのように気付くきっかけとなった。この絶好のチャンスを生かすために，われわれは幾度も領域を超えたセミナーやシンポジウムの機会を持ち，全く違う専攻の間での研究と教育の交流が始まった。想い起こせば，われわれの世代の師と仰ぐ先輩たちが築いてくれた，昆虫生態学，昆虫生理学，農薬化学などの礎を本学においてどのように受け継いで発展させていくかを考える，よき機会でもあった。昆虫という地球上で圧倒的な種多様性を誇る生物を共通の研究対象に，しかしミクロからマクロまで多様な切り口で彼らの本質を究明する分野横断的な研究者集団が形成され，組織間のブレークスルーが図られたこと，そのことこそがCOEの最大の成果であったのかもしれない。
　昆虫科学の拠点形成に向けて出発したプログラムも4年半の期間を経て次の段階に差しかかろうとしている。われわれの間では，スタートの時点ですでに『昆虫科学の未来』のようなイメージの本を全員で書こうという暗黙の了解はできていた。しかし，実際の研究現場は，それほど容易に展望が開けるわけでもなく，試行錯誤の連続であったことは否めない。とにかく，お互いの持ち場を守りつつ，皆で山や

川へ出向いたこともたびたびあった．素晴らしい実体験をしながら連携を深め，本書についての構想を次第に熟成さていくことができた．

　高邁な目標に向け —— そのゴールは遥か彼方にあることは間違いないが —— それぞれの想いを込めて，ここに一冊の本に仕上げることとなった．あまりにも奥が深い未知の領域に畏れを抱きながらも心を弾ませ，お互いに議論しあるいは共鳴しながら執筆した部分も多い．将来を展望するために，もう一幅大きな枠組みにしようとの思いから，COEプログラムが始まる前に京都大学を離れた松浦健二氏（現岡山大学)，あるいはプログラムに参画したばかりの深谷緑氏にも執筆を依頼した．また，プログラム半ばで本学を離れた田中晋吾氏（現北海道大学）にも1章を執筆していただいた．各部のトピックは，研究現場からの最新レポートとして新進気鋭の研究者を中心に執筆をお願いした．もちろん本書の行間には，研究の最前線に立ち，教育プログラムにも積極的に参画してくれた数多くの学生諸君の努力の成果が凝集している．この企画を底辺から支えていただいた皆さんに，この場を借りて厚く御礼申し上げたい．

　果たして次の100年を見通すようなことが少しでも書けただろうか？　1000年後の子孫へのメッセージが込められたであろうか？　その頃も，あの頃のように豊かな自然が連綿と続き，子供たちが虫と戯れているだろうか…

　　"虫たちは常に私たちの友であり，師である"

そのような強い思いと願いを込めて本書の結びとしたい．

　末筆ながら，本企画から完成までの一部始終をサポートして下さった京都大学学術出版会の鈴木哲也氏と高垣重和氏に編著者一同心より感謝の意を表する．また，京都大学教育研究振興財団からは出版助成をいただいた．別して感謝したい．

編集者一同

索引（事項・地名 / 人名 / 生物種名）

■事項・地名索引

21世紀COEプログラム「昆虫科学が拓く未来型食料環境学の創生」 iii
CA →接触角
Cassie-Baxter状態　424
CO_2ガスセンサー　454
CPU　452
DIMBOA　171
Reynolds数　311
Wenzel状態　424
Y-maze lobe法　369

アカリジアール　469
アクロスファイバパターン　354
アゴニスト　139, 278-279, 282, 294, 296
芦生研究林　81-82, 88-94, 102, 106, 109, 481-484, 486-488
新しい害虫防除素材　v
アトピー性皮膚炎　468
アフォーダンス　314, 365-367, 386, 403
アミノ酸　168, 192, 238, 276, 305-306, 312, 322
アルカロイド　166, 248, 326, 329
アレルゲン　468
アレロケミカル　163
アロモン　163
アンサンブルコーディング　355-356
アンタゴニスト　282, 294　→アゴニスト
アントシアニジン　194-195
アンモニア植物　62
イオンチャンネル　322
異化作用　65-66
意思決定　366
イソチオシアネート　170

一次寄生蜂　117　→寄生蜂
一次消費者　63
一次中枢　347
一般臭　314, 350
遺伝子　92, 120, 135, 161, 169, 191, 227, 276-277, 306, 321, 412, 466, 547
　遺伝子型　145
　遺伝的交流　151
　対立遺伝子　141
　遺伝子多様性　192
　抵抗性遺伝子　137, 144
　遺伝子マーカー　150
　遺伝子流動　136, 146
遺伝的多様性　91-93, 95, 98, 299
遺伝的浮動　137, 146-147, 150
遺伝的分化　151-152
遺伝的変異　21
移動運動補償装置　370
移動分散戦略　52
移動運動要素（移動速度 / 転回角速度 / 進行方向）　376
イメージング　361　→脳
インテリジェンス（知能）　445　→ロボット
衛生害虫　135　→害虫
栄養段階　58, 116
エクジステロイド　273
エクジソン　273-275, 277, 284
餌資源　192
エストロゲン（応答配列）　281
越冬生存率　28, 33-34
エバギネーション　273
エリシター　176-178, 185, 293-295
エントモミメティクサイエンス　iii, ix, 318, 477
オートミミクリー　213　→種内擬態

565

音源定位　369, 373, 448
温暖化　vii, 5-9, 13, 41, 55, 100, 218, 482, 507, 543
　温暖化シミュレーション装置　31
　地球温暖化　5, 11, 13, 49, 55, 218, 482, 507, 543, 561
温度適応　37

ガード行動　433　→行動, 交尾
外骨格　316
害虫
　衛生害虫　135
　家屋害虫　225
　害虫駆除技術　245
　総合的害虫管理　14, 296
　農業害虫　135
　農業害虫化　216
　害虫防除　271
界面　160, 165-166, 187, 316, 423-426
外来種　10　→在来種, 侵入種
外来生物　10
カイロモン　163, 394
花外蜜腺　259
化学感覚子　322　→感覚子
化学擬態　198, 230　→擬態
化学コミュニケーション　226　→情報
化学シグナル　237
化学受容　322
化学障壁　286
化学生態学　163, 212, 312, 389
化学センサー　312, 321, 325-326, 328, 330-331, 333, 337, 339
化学的防御　165, 170
鍵刺激　390, 410
核外遺伝子　140　→遺伝子
拡散共進化　214　→共進化
学習（昆虫の）　115, 193, 313, 344, 373-374
学習（人間の）　508, 538
攪乱　80, 498

花香　163, 196-199, 205, 207, 210, 212-214, 373-374
カスケード効果　38
風分散　461
仮想現実実験　→バーチャルリアリティ実験
下層植生　80, 93, 109, 483　→シカ害
仮想誘引源　379, 381
活動電位　312, 322, 327, 345, 350, 352
カブリダニハウス　266　→カブリダニ（生物名索引）
花粉　4, 95, 163, 191-194, 221, 264
　花粉塊　203
　花粉媒介　4, 191
　花粉媒介者　95
　花粉分析　216
上賀茂試験地　477, 484, 490, 492-494, 499
花蜜　4, 163, 191-194, 198, 221-222, 326, 338
夏眠　24, 36　→休眠
カラシ油配糖体　166
カルデノライド　168
カロテノイド　194
感覚
　感覚器官　311
　感覚搾取／感覚便乗　333, 412-413
　感覚情報　389
　感覚生態学　390
感覚子　322, 327
感覚毛　311, 322　→毛
環境
　環境汚染　11
　環境教育　475, 477-478, 508-509, 530, 541
　環境指標生物　81, 499　→指標生物
　環境ストレス　51
　環境変動　5, 8-9, 14, 37, 55-57, 88-90, 194, 499, 504, 561
慣性力　310
環世界（環境世界）　314, 365
間接効果　38
間接的な相互作用　117

索引 (事項・地名／人名／生物種名)

間接的防御反応　174
カンブリア爆発　3, 309
気管　309
気候適応　21　→温暖化, 適応進化
擬交尾　198　→交尾
寄主植物　10, 14, 126, 146, 163, 261, 312, 327, 350, 414, 463
寄主選好性　128, 130-131
寄主選択　312, 326, 328-329
寄主探索　105, 111-112
寄主転換　328-329
寄生　10, 42, 117, 161, 197, 233, 326　→共生
　寄生圧　125
　多寄生性　117
　労働寄生　415
寄生蜂　11, 174
　一次寄生蜂　117
　高次寄生蜂　117, 129, 131-132
季節適応　6, 16, 22
擬態　229, 232-233, 238, 243-245, 337-338
　化学擬態　198, 231
　種内擬態　213
　卵擬態　229
キチン　316
　キチン合成阻害剤　272
キノコ体　343-344, 355　→神経系
揮発成分　111-112, 174-177, 179, 393-394, 417
忌避効果／忌避作用　196, 213, 222, 329
　摂食忌避効果　213
脚歩行ロボット　317　→ロボット
キャリアタンパク　322　→タンパク質
嗅覚　191, 213, 311, 321, 343, 389
　嗅覚感覚器　336
　嗅覚感覚子　322　→感覚子
　嗅覚系　345
　嗅覚受容体　321, 324　→受容体
究極要因　104　→至近要因
旧翅類　309

急性毒性　296　→毒
急速な（迅速な）適応進化　116, 127, 133
　　→適応進化
休眠　6, 15-19, 21, 24, 29, 34-36, 51, 230
　夏眠　24, 36
　休眠覚醒　35
　休眠打破　24
　休眠ホルモン　272
　休眠誘導　17, 19
　蛹休眠　16, 18
　生殖休眠　24
キュールア　200
教育
　環境教育　475, 477-478, 508-509, 530, 541
　自然教育　475, 477, 541
　総合学習　510, 514
　フィールド教育　481
教材　478
狭食性　151, 216, 326
共進化　5, 96, 161-162, 166, 199, 214, 475
　拡散共進化　214
共生　67, 197, 199, 205, 227, 262, 313, 337, 496
　　→寄生
　系的共生　262
　共生微生物　239
　送粉共生系　88, 218, 485
　相利共生　199
　偏利共生　199
局所介在神経　347
局所外界電位（LFP）　355
局所個体群　137, 152　→個体群
菌食性　66-67, 79, 261
菌核　229
空間認識　367
空中分散　255, 316, 461
屈曲走性　383　→走性
組換え価　137
グリシン　338
グリセロール　19

グルーミング 227
グルコース 19
グルコシダーゼ 171, 239
グルコシルトランスフェラーゼ 172
グルコシル化 172
グルタミン合成酵素 184
グルタミン酸 179
クローニング 277, 283
軍拡競争（競走） 168, 194, 257
群集生態学 11
毛 197, 256, 311, 403, 424, 445, 555
　感覚毛 311, 322
　剛毛 316, 426-427
　微毛 198, 426-427
蛍光タンパク質 282　→タンパク質
警報フェロモン 226　→フェロモン
血縁度 227
血球包囲作用 117
結合解離定数 280
解毒 138, 166, 168-171, 293
　解毒機構 166
ケモトピックマップ 354
ゲラニオール 197
高温障害 32, 36
好蟻性昆虫 337
抗菌活性 306
抗菌タンパク質 236　→タンパク質
抗菌物質 227
高選択性化学薬剤 vi
交差抵抗性 138-140, 143, 146, 149　→抵抗性
高次寄生蜂 117, 129, 131-132　→寄生蜂
交信攪乱 416-417
構造活性相関 289
行動
　行動応答 367, 370
　ガード行動 433
　行動制御 311, 390, 405-406, 416
　行動プログラム 314

社会行動 333
配偶行動
　交尾 211, 299, 399
　交尾後ガード 299
　交尾試行 400-401, 408
　擬交尾 198
　種間交尾 24, 36
　多回交尾 299
剛毛 316, 426-427　→毛
個体群 5, 19, 48, 55, 91, 119, 136, 202, 466, 504
　局所個体群 137, 152
　個体群構造 137, 151
　地域個体群 152
　メタ個体群 137
コレステロール 275-276
婚姻摂食 331, 333
婚姻贈呈 333, 411-412
コンタクトフェロモン 399-400, 414　→接触刺激性フェロモン
昆虫
　昆虫採集 556
　昆虫のスケール 310
　昆虫の体制 309
　昆虫の知覚 311
　昆虫の特徴 310
　昆虫の毛 311, 316　→毛
　昆虫文化 562
　昆虫館 475
　昆虫ロボット 318　→ロボット
　植食性昆虫 119, 484-485
　食葉性昆虫 99, 110
　水生昆虫 51, 53
　穿孔性昆虫 100
　送粉昆虫 192
　地上徘徊性昆虫 499
コンバイン 446

サーボスフィア 315, 370, 373, 375

索引(事項・地名/人名/生物種名)

サーボモーター　371, 452
再交尾抑制物質　301
採餌戦略　221
在来種　10, 115　→外来種，侵入種
材料科学　316
サソリ毒　305
殺虫剤　11, 135, 159, 200, 244, 272, 306
　　殺虫剤抵抗性　→薬剤抵抗性
　　バイオ殺虫剤　306
殺虫性毒素　304
サテライト雄　414
里山　476, 498-499, 504, 547-549
蛹休眠　16, 18　→休眠
酸化酵素　181
三脚台歩容　454
産雄単為生殖　135
産卵刺激物質　326
視運動反応　318, 406
ジェネラリスト　170, 255, 314, 346
シェルター　265
自家花粉　97
視覚　191, 395, 406
自家受粉　95
シカ害　8
色素　191
糸球体　314, 336, 347
至近要因　104　→究極要因
シグナル物質　242
糸状菌　229
自然観察会　493
自然教育　475, 477, 541
自然教材　528
自然史博物館　475
自然生態系　159, 214, 475, 478, 560
自然選択　5-6, 10-11, 116, 213-214, 265, 411
自然保護　489
自動操縦　448
シニグリン　166
シノモン　163, 212

指標生物　57, 62
社会行動　225, 229, 234, 236, 244-245, 333-334, 337　→行動
収穫ロボット　445　→ロボット
集合フェロモン　110-111, 226, 354, 380
　　→フェロモン
従属栄養　65
種間交尾　24, 29, 36　→交尾
種間相互作用　6, 115, 133　→生物間相互作用
縮合酵素　180
受精　135, 226, 299
種内擬態　213　→オートミミクリー，擬態
種分化　217
主要因　395
受容体　160, 271-272, 276-287, 290-295, 314, 321-325, 339　→レセプター
純一次生産　56, 58, 70
生食連鎖　60, 64, 66-67　→食物連鎖，腐食連鎖
消化酵素　240
冗長性分析　84
消費者　58
情報化学物質　389
職蟻　225　→ワーカー
食材性　239
植食性昆虫　119, 484-485
食性ギルド　83
食道下神経節　312, 343
食道上神経節　312　→脳
植物二次代謝物質　166
植物防疫法　154
植物ホルモン　177, 286
食物体　259
食物連鎖　3, 58, 60, 161-162, 251
　　生食連鎖　60, 64, 66-67
　　腐食連鎖　64, 66-67
触角葉　313, 343, 347, 350, 358　→神経系
食葉性昆虫　99, 110

569

自律走行　445
進化　3, 36, 61, 95, 99, 116, 137, 161, 165, 191, 227, 253, 301, 309, 410, 433, 462, 475, 553
　迅速な進化　10
　適応進化　122
　進化的軍拡競走　4　→軍拡競争（競走），ランナウェイ
神経応答　327, 370
神経系　271, 305, 313-314, 325, 343, 366, 385, 389, 418
　キノコ体　343-344, 355
　食道下神経節　312, 343
　食道上神経節　312
　触角葉　313, 343, 347
　側副葉　344
　梯子状神経系　343
ジンゲロン　210
人工飼料　171, 265
真社会性昆虫　225
新翅類　309
真珠体　259
迅速な進化　10　→進化
侵入種　115　→外来種，在来種
水生昆虫　51, 53
スクリーニング　238
ステロイド　248, 275
巣仲間識別　336
スニーカー雄　414
スペシャリスト　170, 255, 314, 346
成育制御剤　296
生育阻害活性　169
生活史形質　6, 36, 51, 53
生活史戦略　7, 51-52
生産者　58
青酸配糖体　166
精子　147, 202, 206, 294, 299, 302, 402, 411
精子競争　299
生殖器　300
生殖休眠　24　→休眠

性選択　213
生息場所の分断化　11
生存機械　310
生態系　55-56, 202
生態系サービス　ii
生態系の機能　8, 86
生態情報　390
生体力学　423
成虫原基　284
正の走風性　373　→走性
性フェロモン　212, 226, 394, 408　→フェロモン
生物間相互作用　i, v, 14, 187, 286　→種間相互作用
生物季節　13
生物指標　56-58, 62-64, 77
生物多様性　vi, 4, 14, 37, 55, 83, 161, 498, 507
生物的防除　259
精密農業　317, 448
セスキテルペン類　393-394
接触角（CA）　424, 441
摂食忌避　213　→忌避効果
接触刺激性　399
摂食阻害物質　165, 324, 329
接着力　316
絶滅　5, 9, 13-14, 37, 49, 115, 137, 202, 561
　絶滅リスク　14, 37
セルロース　59, 70
前胸腺　275
穿孔性昆虫　100
センサー　11, 49, 56, 112, 191, 311, 321, 448, 459
選択圧　120
総一次生産　58　→純一次生産
走化性　380, 383, 385
総合学習　510, 514
総合的害虫管理　v-vi, 14, 296　→害虫
総合的生物多様性管理　vii, 14
操作実験　116

索引（事項・地名／人名／生物種名）

創始者効果　146, 150
走性　373, 383
　屈曲走性　383
　転向走性　383
　走化性　383
送粉共生系　viii, 88, 218, 485　→共生
送粉昆虫　192
送粉者　88, 162, 191
送粉シンドローム　192
相利共生　viii, 199　→共生，偏利共生
疎水性　288

ターマイトボール　229-230
低温耐性　18
大顎腺　223
耐寒性　18
大糸球体　349
耐水性　425
代替餌　261
体表炭化水素　223, 234, 334, 336, 399, 402
対立遺伝子　141　→遺伝子
唾液／唾液腺　235
多回交尾　299　→交尾
多化性　24
多寄生性　117　→寄生
多種の情報　315, 392, 405, 417
龍郷町　478, 511-514, 519, 521, 531-532, 534, 536
脱皮　271
　脱皮動物　309
　脱皮ホルモン　272, 276, 281, 278, 296
ダニ室　261
単為生殖（能力）　227
炭化水素　326　→体表炭化水素
探索行動　→行動
短翅　431　→翅，長翅，無翅
炭素／窒素の比率　74
タンニン　59, 166
タンパク質　192, 235, 276, 306

核内受容体タンパク質　278
　キャリアタンパク　322
　蛍光タンパク質　282
　抗菌タンパク質　236
　輸送タンパク質　276
地域個体群　152　→個体群
知覚　311, 365, 367
力／重量比（f/w比）　433
地球温暖化　v, 5, 13, 49, 55, 218, 482, 507, 543　→温暖化
窒素代謝　182
チップレコーディング　327
チトクローム P450　169
中枢パターン発生器（CPG）　317-318, 451
虫媒花／虫媒性植物　90, 196
聴覚情報　406
聴覚信号　390
長距離移動　151, 439
長翅　431, 434　→翅，短翅，無翅
超撥水性　316, 424　→防水性，撥水性
直接効果　38
地理的勾配　19
地理的変異　19
定位　394
　定位行動　368
　定位刺激　373
低温順化　18
定花性　193
抵抗性　165
　抵抗性遺伝子　137　→遺伝子
　交差抵抗性　138-140, 143, 146, 149
　複合抵抗性　138, 146
　薬剤抵抗性　11, 135, 137
梯子状神経系　343　→神経系
定着反応　258
定量的構造活性相関　288
適応放散　191
適応進化　116, 122, 127, 133　→進化
適応度　221, 302

571

テルペノイド　197, 393
テルペン類　166
転向走性　383　→走性
糖類　192, 337
盗蜜者　194, 208
動性　383
淘汰係数　137
毒　169, 212, 248-249, 296, 304-305
吐糸　254, 462
土壌　55
　　土壌呼吸　66
　　土壌食性　77
　　土壌生態系　80
　　土壌動物（群集）　56, 64-65, 68, 76-77, 81
　　　→トビムシ，ササラダニ等（生物名索引）
トップダウン／トップダウンシステム　61-62
トビムシ群集　72, 77
ドラッグデリバリーシステム　244
トラックボール　369
トレードオフ　124
トレハロース　19
トレハロース受容体　324　→受容体

内分泌系　271
内分泌系攪乱　294
ナビゲーション　367
ナラ枯れ　100
匂い源探索　314, 450
匂い識別　355
匂いによる走風性　374, 380, 405
匂いのマーク　221
嗅受容細胞　343, 345-346
ニコチン　166
二次生産量　67
二次代謝成分　326, 329
ニッチ　23, 63, 227, 243-244, 367, 435-436, 499, 501-502

認知生態学　390
粘性力　310
粘着トラップ　106
脳　312-313, 343　→食道上神経節，神経系
　　脳のイメージング　361
　　食道上神経節　312
農業害虫　10, 14, 22, 135, 140, 159, 161, 216, 256　→害虫
　　農業害虫化　216
農業生態系　11, 159, 162, 215-216, 218, 296
農業用ロボット　445　→ロボット
農薬　263, 296, 302, 306

バーチャルリアリティー実験　373, 378
パイオニア樹種　70
バイオフィリア　475
バイオミクリー　ii, 243
バイオミメティクス　317
バイオロボット　318　→ロボット
バイオ殺虫剤　306　→殺虫剤
配偶行動　311, 326, 392, 407-408
配偶戦略　212, 214, 410
倍数半数性　135, 137
発育限界温度　5
発育ゼロ点　30, 35
発育速度　266
白化現象　512
撥水性　424, 426, 439
バトラコトキシン　248
翅　309
パフ　283
バルーニング　153, 462
バンカー植物　265
繁殖成功度／繁殖成功率　106, 413
半数致死薬量　288
坂登検定　395, 397
ヒートアイランド　28, 34, 543
ピクロトキシン　356
被子植物　4-5, 61, 95, 165, 192, 195-197, 199,

218, 272
微小移動運動補償装置　382
被食者　253
ヒッチハイキング効果　137
ビデオトラッカー　371
微毛　198, 426-427　→毛
病原性微生物　227
表面張力　430
ピレトリン　166
頻度依存選択圧　127
フィールド教育　481
フィトエクジステロイド　273, 284
フィルター　386
風向センサー　454
風洞　368
風媒花　196
フェニルプロパノイド　211
フェノール性化合物　166
フェノロジー　13, 34　→生物季節
フェロモン　22, 111, 147, 162-163, 198, 225, 272, 312, 346, 373, 390, 451
　フェロモン受容体　325
　警報フェロモン　226
　集合フェロモン　110, 226
　巣仲間識別フェロモン　226, 334
　性フェロモン　212, 226, 394, 408
　道しるべフェロモン　226
　卵認識フェロモン　234
不完全優性　140　→薬剤抵抗性の遺伝様式
腐朽菌　239
複合抵抗性　138, 146　→抵抗性
腐植食性　77
腐植物質　66
腐食連鎖　64, 66-67　→食物連鎖，生食連鎖
父性　299
跗節　223
物質循環　225
不妊化虫放飼法　201
プミリオトキシン　249

ブラテラキノン　331
フラノクマリン類　169
フラボノイド　166, 194, 326
プルーム　368, 374
ブルキン　178
分解者　55, 58
分散　254
分散姿勢　463
分子機構　272, 283
吻伸展反射　356
分布域　26-27
分布クライン　121
分布北限　27
ベイト剤　245
ヘテロダイマー　277
ペプチド　274, 305
ペリプラノン　330
偏光　366
ベンゾキサジノイド　171
変態　271
偏利共生　199　→共生，相利共生
訪花性昆虫　8, 88-92, 96, 389, 484
包括適応度　227
防御機構　165
防御物質　59, 80
防除インパクト　vii, 11
防水性　424-425　→撥水性
防鹿柵　483
捕食圧　263, 302
捕食者　3, 58, 80, 116, 161, 213, 253, 286, 334, 407, 423, 461, 556
捕食性　77
捕食—被食関係　49
ホストシフト　217, 328
母性遺伝　140
母性効果　140
ボトムアップ/ボトムアップシステム　62, 68
　ボトムアップ効果　14

ボトルネック　92
ボナステロンA　273
ホモロジーモデリング　285
ポリジーン　136
ポリシチン　166
ポリネーター　9, 223
ホルモン　160, 162-163, 177, 271, 317

マイクロコズム　254
マイクロサテライト　146, 151-152
マイナージーン　136
マップコーディング　354
味覚　191, 311-313, 321, 389
　味覚感覚子　322, 327　→感覚子
　味覚受容体　286, 293, 321, 324, 326, 328
　　→受容体
道しるべフェロモン　226　→フェロモン
蜜資源　192
蜜しるべ　195
ミツバチの（ダンス）言語　318, 373-374, 377　→ミツバチ（生物名索引）
ミバエ根絶事業　200　→ミバエ（生物名索引）
無機化　74
無翅　434　→翅, 長翅, 短翅
虫こぶ　261
無定位運動性　383
メタ個体群　137　→個体群
メチルオイゲノール　200
免疫科学　469
もののあわれ　541-542
森・里・海の連環学　vi

薬剤抵抗性　vii, 11, 135-141, 146, 149, 152-153, 159, 466　→抵抗性
誘引剤　200, 211, 215-216, 500
誘引シグナル　191
誘引物質　200, 203, 206, 209-211, 217, 392-394, 414

有機物層　82
有効積算温度　5, 28, 30
有性生殖　228
優占種　29
誘導抵抗反応　166
輸送タンパク質　276　→タンパク質
幼若ホルモン　272, 295-296
揺動期　454
抑圧防除　201

裸子植物　165, 191
ラズベリーケトン　207
ラベルドライン　354
ランナウェイ　194, 199, 210　→軍拡競争（競走）
卵擬態　229　→擬態
卵認識フェロモン　234　→フェロモン
卵認識物質　230
リガンド　277-278, 280-282, 285, 290-292, 295
リグニン　59, 7
リサージェンス　159
リゾチーム　235
リモートセンシング　317, 448
リモネン　324
リリーサーフェロモン　234, 236　→フェロモン
臨界日長　6, 24
鱗粉　439
リン脂質　173, 333
ルシフェラーゼ　282
レセプター　242, 271, 290　→受容体
レポーター遺伝子　282
連合学習　357
連鎖不平衡　141
労働寄生　415　→寄生
六脚歩行　448
ロボット　291, 314, 317-319, 371, 374, 386, 445-446, 448, 450-452, 454-459

ロボットの歩容　454
　脚歩行ロボット　317
　昆虫ロボット　318
　収穫ロボット　445
　農業用ロボット　445
　バイオロボット　318
　六脚歩行ロボット　445, 448, 452

ワーカー　91-93, 221, 225-231, 236, 244, 336-337, 374

■人名索引

安部公房　552
今西錦司　542
ウィルソン, E. O.　475
鳥飼否宇　551
カーソン, レイチェル　544
梶井基次郎　552
加藤楸邨　559
川端康成　552
北杜夫　553
金田一晴彦　546
小泉八雲　545-546, 557
齋藤慧子　544
斎藤たま　547
志賀直哉　552
島木健作　553
シュナック, フリードリッヒ　554
中勘助　552
夏目漱石　551
ネルヴァル, ジェラール・ド　555
萩原朔太郎　556
ハルトマン, M. マール　543
ファーブル, アンリ　544, 558
ヘッセ, ヘルマン　555
ベニュス, ジャニン, M.　ii, 561
ベーレンバウム, メイ・R.　550
三島由紀夫　552

三好達治　557
ローラン, エリック　550

■生物種名索引

Bactrocera 属　203
Bulbophyllum 属　199
Ophrys 属　198
アオクサカメムシ　viii, 23
アオタテハモドキ　48
アオムシコマユバチ　117
アカガネコハナバチ　223
アカタテハ　326
アカハムシダマシ　96
アカメガシワ　70
アゲハ（アゲハチョウ）　326-329, 390
アサギマダラ　439, 523, 527
アザミウマ　196-197
アシブトムカシハナバチ　222
アズキゾウムシ　i
アブラムシ　14, 110, 337-338
アマミノクロウサギ　512
アメンボ　7, 51-53, 316, 423-424, 426-427, 429-436, 553
アリ　225, 333
アワヨトウ　171-172, 176
イエシロアリ　238
イチジクコバチ　194
イネ　vii, 171
インゲンマメ　42, 257
ウスバシロチョウ　442
ウツギヒメハナバチ　222
ウマノスズクサ　197, 329
ウラジロガシ　102
ウリミバエ　200
エゾスジグロシロチョウ　117
オオアメンボ　433
オオオサムシ　500
オオカバマダラ　168-169

オオゴキブリ 239, 241
オオシモフリエダシャク 10
オオタバコガ 7, 13, 15-19, 21-22, 35, 153, 176, 277-278
オオナガヒワダニ 86
オオバギ 70
オオモンシロチョウ 10, 119
オトヒメダニ 249
カイコガ i, 325, 336, 346, 373, 377, 380, 382, 386
カシノナガキクイムシ 9, 100
カツオブシムシ 374
カブトムシ 548
カブリダニ 254, 461
カミキリムシ 392
カメムシ 10, 24, 28, 34, 160, 274, 278, 299, 301, 423
カラスアゲハ 557
カンザワハダニ 254, 462
キイチゴ 62
キイロショウジョウバエ i, 185, 279, 336
キボシアオゴミムシ 501
キボシカミキリ 399, 414
クジャクチョウ 554
クスノキ 261
クマバチ 223
クモ 279
クリ 102
クロアゲハ 328, 552
クロオオアリ 334, 337-338
クロキアゲハ 170, 328
クロキンバエ 324
クロシジミ 338
クロツヤヒラタゴミムシ 500
クロバエ 276
クロマダラソテツシジミ 41
クワガタムシ 548
ケナガコナダニ 383
ゲンジボタル 546

甲殻類 275
コウズケカブリダニ 260
ゴキブリ 238, 330
コドリンガ 152
コナガ 170
コナダニ 382
コナヒョウヒダニ 468
コナラ 102
コバネヒョウタンナガカメムシ 299
ゴマダラカミキリ 392, 414
コマルハナバチ 96
コロラドハムシ 290
ササラダニ 8, 81
サソリ 279, 304
サワグルミ 63
サワフタギ 70
三葉虫 309
シカ 8 →シカ害（事項索引）
シジミチョウ 337
シダ 191
シマアメンボ 433
ショウジョウバエ 277
シロアリ 67, 225
シロイチモジヨトウ 175, 289
スギ vii, 63
スジアオゴミムシ 501
スジグロカバマダラ 553
スジグロシロチョウ 117
スズメガ 192
セイヨウミツバチ 223, 280, 336, 349, 356, 373
ソテツ 7, 41-49, 191-192, 194, 196
タイサンボク 192, 194
タイリクヒメハナカメムシ 28
タイワンエンマコオロギ 185
タカサゴシロアリ 233
ダニ 11, 135, 138-139, 148-150, 154, 159, 162, 248-250, 254, 261-262, 279, 309, 365, 367, 373, 382-383, 385-386, 461-462, 465, 468-

470
タバコ 177
タバコガ 16
タバコスズメガ 179, 355
チャイロコメノゴミムシダマシ 279
チャバネゴキブリ 331, 380
チリカブリダニ 257, 462
ツキノワダニ 85
ツマグロヒョウモン 326
ツマムラサキマダラ 48
トウモロコシ 171
トガリアメンボ 433-435
トチノキ 63
トノサマバッタ 276
トビムシ 8, 81
トラマルハナバチ 8, 91, 96
ナガサキアゲハ 48
ナミアメンボ 51
ナミエシロチョウ 48
ナミツブダニ 85
ナミハダニ 135, 150, 254, 462
ニカメイガ 279
ニホンジカ 80
ネッタイシマカ 276
ハスモンヨトウ 172-173, 177
ハダニ 254, 461
ハナバチ 192, 221
ハナムグリ 97
ハネナシアメンボ 433
ハリナシバチ 218, 221
ハンノキ 70
ヒメアメンボ 433
ヒメイブリダニ 84
ヒノキ vii
フシダニ 261
フンチュウ 558
ヘイケボタル 546
ベニモンアゲハ 48

ホオノキ 96
ホソオチョウ 329
ホタル 545
マイマイツツハナバチ 222
マルガタツヤヒラタゴミムシ 501
マルガタヒラタゴミムシ 500
マルハナバチ 8, 89, 91-94, 96-98, 221, 223, 484
マルムネヒゲナガゴミムシ 501
ミカンコミバエ 199
ミカンハダニ 151
ミズナラ 101-102
ミツクリヒゲナガハナバチ 222
ミツバチ 221, 373, 375
ミナミアオカメムシ viii, 15, 23
ミバエラン vi, 199
ミバエ類 vi, 199
ミヤコカブリダニ 266
ムラサキツヤハナムグリ 96-97
モンシロチョウ 10-11, 117, 119, 121-133, 170, 174, 192, 554
ヤエヤマサソリ 279
ヤケヒョウヒダニ 468
ヤコンオサムシ 501
ヤスマツアメンボ 433
ヤドクガエル 248
ヤナギラン 62
ヤブガラシ 259
ヤマトシロアリ 227
ユッカガ 194
ラフレシア 197
ラン科植物 198
リュウキュウクロコガネ 408, 415
リュウキュウツバメ 519
リンゴハダニ 138
ルリカケス 512
ワタ 175
ワモンゴキブリ 330-331, 349-350, 354, 358

著者紹介

【　】内は，本書における執筆分担部分

■編　　者

藤崎憲治（ふじさき　けんじ）京都大学大学院農学研究科教授，専門は昆虫生態学・応用昆虫学
　　【はじめに，第 1 部序，1 部 1 章，トピック 1-2，トピック 1-4，トピック 2-1，トピック 2-3，3 部 5 章，トピック 3-1，第 4 部序，4 部 3 章】
　　1947 年福岡県生まれ．京都大学大学院博士課程単位取得退学，沖縄県農業試験場主任研究員，岡山大学農学部教授を経て現職．
　　主な著書に
　　『カメムシはなぜ群れる？：離合集散の生態学』（京都大学学術出版会，2001），『昆虫における飛翔性の進化と退化：飛ぶ昆虫と飛ばない昆虫の謎』（編著　東海大学出版会，2004），『群れろ！　昆虫に学ぶ集団の知恵』（共著　エヌ・ティー・エス，2008）など．

西田律夫（にしだ　りつお）京都大学大学院農学研究科教授，専門は化学生態学・生物有機化学
　　【第 2 部序，2 部 2 章，3 部 1 章，あとがき】
　　1949 年三重県津市生まれ．三重大学農学部学部卒，京都大学大学院博士課程修了，京都大学農学部助手，助教授を経て現職．
　　主な著書に
　　『共進化の謎に迫る：化学の目で見る生態系』（共編著　平凡社，1995），『生物資源から考える 21 世紀の農学　第 3 巻　植物を守る』（分担執筆　京都大学学術出版会，2007）など．

佐久間正幸（さくま　まさゆき）京都大学大学院農学研究科教授，専門は昆虫生理学・応用生物科学専攻
　　【第 3 部序，3 部 2 章，3 部 3 章】
　　1951 年神奈川県横浜市生まれ．京都大学大学院博士後期課程単位修得退学，京都大学農学部助手，京都大学大学院農学研究科助教授を経て現職．
　　主な著書に
　　『農芸化学の事典』（分担執筆　朝倉書店，2003），『生物資源から考える 21 世紀の農学　第 3 巻　植物を守る』（編　京都大学学術出版会，2008）など．

■著　　者

網干貴子（あぼし　たかこ）京都大学大学院農学研究科博士後期課程（日本学術振興会特別研究員）　化学生態学
　　【2 部 1 章】

飯田訓久（いいだ　みちひさ）京都大学大学院農学研究科准教授　フィールドロボティクス
　　【3 部 6 章】

井鷺裕司（いさぎ　ゆうじ）京都大学大学院農学研究科教授　保全生態学
　　【トピック 1-6】

井上みずき（いのうえ　みずき）秋田県立大学生物資源科学部助教　分子生態学
　　【トピック 1-5】

上杉龍士（うえすぎ　りゅうじ）京都大学21世紀COEプログラム博士研究員　分子生態学
【1部5章】
梅田幹雄（うめだ　みきお）京都大学名誉教授　フィールドロボティクス
【3部6章，トピック3-2】
大澤直哉（おおさわ　なおや）京都大学大学院農学研究科講師　森林生態学
【トピック4-1】
岡田公太郎（おかだ　こうたろう）京都大学21世紀COEプログラム博士研究員　昆虫生理学
【3部2章】
刑部正博（おさかべ　まさひろ）京都大学大学院農学研究科准教授　植物ダニ学
【1部5章，2部4章，トピック3-2】
角谷岳彦（かくたに　たけひこ）京都大学総合博物館助教　情報発信系
【トピック1-4】
勝又綾子（かつまた　あやこ）京都大学21世紀COEプログラム博士研究員　化学生態学
【3部1章】
貴志　学（きし　まなぶ）京都大学大学院農学研究科研修員　昆虫生態学
【トピック1-2】
桑原保正（くわはら　やすまさ）京都学園大学バイオ環境学部教授　天然物有機化学
【トピック2-2，トピック3-3】
齋藤星耕（さいとう　せいこう）京都大学大学院農学研究科博士後期課程　森林生態学
【トピック1-3】
清水　健（しみず　けん）岡山大学大学院環境学研究科　昆虫生態学
【1部1章】
武田博清（たけだ　ひろし）同志社大学理工学部教授　森林生態学
【1部2章】
田中晋吾（たなか　しんご）北海道大学サステイナビリティ学教育研究センター博士研究員　昆虫生態学
【1部4章】
東郷大介（とうごう　だいすけ）京都大学農学研究科修士課程修了　昆虫生態学
【1部1章】
中川好秋（なかがわ　よしあき）京都大学大学院農学研究科准教授　生物調節化学
【2部5章，トピック2-4】
中島　皇（なかしま　ただし）京都大学フィールド科学教育研究センター講師　森林保全学
【4部1章】
日室千尋（ひむろ　ちひろ）京都大学大学院農学研究科博士後期課程（日本学術振興会特別研究員）　昆虫生態学
【トピック2-3】
深谷　緑（ふかや　みどり）京都大学21世紀COEプログラム博士研究員　行動生態学
【3部4章】
ペレズ-グッドウィン，パブロ　京都大学大学院農学研究科COE研究員　昆虫生態学
【3部5章，トピック3-1】
前園泰徳（まえぞの　やすのり）京都大学大学院農学研究科COE研究員　昆虫生態学
【トピック1-1，トピック3-1，4部2章】

松浦健二（まつうら　けんじ）岡山大学大学院環境学研究科准教授　昆虫生態学
　　【2部3章】
松木　悠（まつき　ゆう）京都大学大学院農学研究科博士後期課程（日本学術振興会特別研究員）　分子生態学
　　【トピック1-6】
宮下正弘（みやした　まさひろ）京都大学大学院農学研究科　生物調節化学
　　【トピック2-4】
ムソリン，ドミトリ　京都大学大学院農学研究科COE研究員　昆虫生態学
　　【1部1章】
森　直樹（もり　なおき）京都大学大学院農学研究科准教授　化学生態学
　　【2部1章，トピック2-2，トピック3-3】
矢野修一（やの　しゅういち）京都大学大学院農学研究科助教　実験進化生態学
　　【2部4章】
山崎理正（やまさき　みちまさ）京都大学大学院農学研究科助教　森林昆虫学
　　【1部3章，4部1章】
横井智之（よこい　ともゆき）京都大学農学研究科博士課程　昆虫生態学
　　【トピック2-1】
吉田隼平（よしだ　じゅんぺい）京都大学農学研究科修士課程　昆虫生態学
　　【トピック1-4】
吉永直子（よしなが　なおこ）京都大学21世紀COEプログラム博士研究員　化学生態学
　　【2部1章】

昆虫科学が拓く未来　　　　　　　　©K. Fujisaki et al. 2009

2009年4月1日　初版第一刷発行

編者	藤崎　憲治
	西田　律夫
	佐久間　正幸

発行人　　加藤　重樹

発行所　京都大学学術出版会
京都市左京区吉田河原町15-9
京大会館内（〒606-8305）
電話（075）761-6182
FAX（075）761-6190
URL　http://www.kyoto-up.or.jp
振替　01000-8-64677

ISBN978-4-87698-775-7　　　印刷・製本　㈱クイックス東京
Printed in Japan　　　　　　　定価はカバーに表示してあります